手把手教你学Linux

龙小威◎著

中国水利水电出版社
www.waterpub.com.cn
· 北京 ·

内 容 提 要

《手把手教你学 Linux（图解 • 视频版）》以企业工作项目为主干、知识点为脉络，涵盖了 Linux 运维工程师必学必会的知识点和实验项目，是一本基础入门书籍，也是一本自学视频教程。内容包括搭建 Linux 的运行环境、Linux 下的文件操作、Linux 下挑选合适的编辑器、Linux 的用户管理和登录、Linux 的权限机制、在 Linux 操作系统下查看各种性能指标、攻克 Linux 管道符和重定向、Linux 的磁盘管理、挂载和逻辑卷 LVM、Linux 下的软件安装、Linux 下的计划任务和时间同步、Linux 运行级别管理、SSH 服务、CentOS 7 服务与进程实体化、基础网络知识、iptables 防火墙、Linux 和网络协议、Linux 下的日志系统、Shell 脚本编程入门。

《手把手教你学 Linux（图解 • 视频版）》全书采用大米老师的主干链路式的教学新方法，引导初学者快速入门，大量的图文解说，让知识的摄取变得更加便捷。通过本书的学习，读者可以抓住知识的主干，自行而轻松地扩展其他方面的知识点，充分做到融会贯通、学有所用、活学活用，帮助广大读者跨越技术的第一道门槛，快速融入 Linux 的世界。

《手把手教你学 Linux（图解 • 视频版）》适合有意从事计算机技术的求职者和在校理工科大学生学习使用，也可作为相关培训机构的教材，Linux 爱好者、编程爱好者也可参考学习，已从事 Linux 相关工作的人员亦可选择本书作为速查工具。

图书在版编目（CIP）数据

手把手教你学 Linux : 图解 • 视频版 / 龙小威著.
-- 北京 : 中国水利水电出版社, 2020.1

ISBN 978-7-5170-8106-7

Ⅰ. ①手… Ⅱ. ①龙… Ⅲ. ①Linux 操作系统－图解
Ⅳ. ①TP316.85-64

中国版本图书馆 CIP 数据核字(2019)第 247569 号

书　　名	手把手教你学 Linux（图解 • 视频版） SHOU BA SHOU JIAO NI XUE Linux (TUJIE • SHIPIN BAN)
作　　者	龙小威　著
出版发行	中国水利水电出版社 （北京市海淀区玉渊潭南路 1 号 D 座　100038） 网址：www.waterpub.com.cn E-mail：zhiboshangshu@163.com 电话：（010）62572966-2205/2266/2201（营销中心）
经　　售	北京科水图书销售中心（零售） 电话：（010）88383994、63202643、68545874 全国各地新华书店和相关出版物销售网点
排　　版	北京智博尚书文化传媒有限公司
印　　刷	三河市龙大印装有限公司
规　　格	190mm×235mm　16 开本　32.5 印张　707 千字　1 插页
版　　次	2020 年 1 月第 1 版　2020 年 1 月第 1 次印刷
印　　数	0001—5000 册
定　　价	108.00 元

前言

Linux 操作系统是非常强大的，为什么这么说？举几个电影和电视剧的例子，《黑客帝国》和《剑鱼行动》里强大的计算机黑客，不用鼠标，只在键盘上快速敲打，屏幕上出现的都是在别人看来像天书一样的指令。还有一部国外的电视剧《灭世》，里面讲的也是计算机黑客和世界末日的故事，有一段情节让大米哥印象非常深刻。两个计算机天才在一个实验室中，尝试远程破译原子核弹的发射轨迹，其中女黑客对男主角说：我们时间不多了，赶快操作，先切换到 root 用户，然后进入家目录，执行一个脚本。这其实就是 Linux 的基本操作。

当然，我们学习 Linux 并不是为了像黑客那样神气，而是掌握更多的科技知识，拥有更好的工作前景。现如今是互联网和服务器极速发展的时代，在服务器领域中，系统几乎全部被 Linux 操作占据，稳定、高效、开源，让它变得几乎无可替代。然而由于前 20 年的时间中，绝大多数的人都去从事编程开发工作，导致现如今 Linux 系统的相关人才极度缺乏，现在真的是一“人”难求。

大米哥从 2015 年开始涉足教育领域，立志把自己多年的技术经验传授给更多的人，特写此书。

本书特色

1. 主干链路式的教学新方法

这是大米哥从多年的教育经验中领悟出来的一套新教学方法，叫作主干链路式教学新方法。这个和大米哥在大学期间曾专修的神经网络学科有一定的联系。这种教学方法，不同于以往的死板罗列知识点的方法，而采用将知识点作为枝叶，在枝叶之间形成链路，然后通过工作项目这个主干（真实的工作项目是主干，好比大树的树干），把所有的知识融入主干之中。大米哥认为这是最佳学习方式。

2. 只讲和企业实际工作相关的知识

在大米哥看过的绝大部分的技术书籍中，普遍存在一个通病，总希望尽可能地把所有知识点全都放进书中去，没有任何取舍，认为这样才是一本全面的好书。这就跟学习英文单词是一个道理，那么死记硬背 10 000 个单词而不会用好呢，还是真正地掌握好 500 个单词，然后灵活地运用起来好呢？这个问题我想不需要回答。在本书中，所有出现的技术知识点都是经过筛选的，凡是和企业实际工作无关的知识点，我们都没必要去浪费精力在上面。

3．采用大量图文解说

凡是技术类的书籍，学起来难度都不小。为了讲清楚一个知识点，与其长篇大论地写文字，不如多用几幅图讲明白。本书中采用了大量的图文解说（超过 600 幅图片）来让大家更快地掌握重要的知识点。

4．采用问题导入式学习方式，先提出需求或问题，再引出知识点

学习过程中最忌讳的，就是学而不知所用。知识的学习是为了完成任务，或者是解决问题。本书采用问题导入式学习方式，先引出一个小任务或小问题，为了解决它，就必须去学习某个知识，以这样的方式来引导学习。

本书的内容和章节概述

第 1 章　从企业和互联网的角度认识 Linux 运维

在本章中，大米哥希望传授给大家“先宏观再微观”的正确学习思路，也就是说，在盲目地学习 Linux 细节知识之前，必须先搞清楚它的相关职位在企业中的定位，你才能明白自己为什么要学习 Linux，以及能带来的回报。

第 2 章　准备好 Linux 环境

本章主要教会大家如何搭建出属于自己的 Linux 环境，并以这个环境为基础，继续学习。

第 3 章　Linux 下的文件操作

命令行是 Linux 最强大的工具，也是最有魅力的地方。那么 Linux 操作系统有没有和 Windows 操作系统一样的图形界面呢？回答是有的，但是，因为图形界面既浪费资源，又不实用，况且在企业中，几乎 99%的服务器上的 Linux 都强制去掉图形界面，只有命令行；所以，既然开始学习 Linux 了，就要做好放弃鼠标的心理准备。

第 4 章　Linux 下挑选合适的编辑器

我们习惯了在 Windows 下使用记事本来查看文档，编辑文档，但在生产环境的 Linux 下，都是不准许安装图形界面的，那么应该如何来编辑一个文档呢？这就要使用到本章学习的 Vim 编辑器。另外，推荐一款小巧的快速编辑器 nano。跟 Vim 一样，nano 也是 Linux 的文档编辑器，只不过简易了很多。个人建议，Vim 必学，而 nano 可选。

第 5 章　熟悉 Linux 的用户和登录

Linux 用户管理作为一名运维工程师的入门技能，在企业的实际工作中经常出现。从本章开始，将陆续学习 Linux 的用户分类、用户创建、用户相关配置文件和命令行等，最终熟练掌握如何在 Linux 下管理用户账号。

第 6 章　掌握 Linux 的权限机制

本章学习 Linux 的权限机制，可以说是工作中遇到的第一个难点，既是难点也是重点，今后的日常工作中会被反复用到。普通用户没权利来访问 root 的家目录，这就是 Linux 的权限问题。

第 7 章　在 Linux 操作系统下查看各种性能指标

本章的目标是学会在 Linux 操作系统下查看硬盘容量、内存容量、CPU 及扩展相关的命令和原理。先登录一遍所有的服务器，查看一下当前的容量和性能，然后再决定现在的服务器是否够用，还需购买几台等。

第 8 章　攻克 Linux 管道符和重定向

随着学习的深入，在 Linux 命令行上获取到的信息越来越多，如文件内容信息、硬盘信息、CPU 信息、内存信息等。很多时候，杂乱无章的信息不利于快速排查问题，所以如何对获取的信息进行有效的安排是接下来要学习的重点项目。管道符是把前一个命令的输出传递给后一个命令，作为后一个命令的输入。而重定向“>”则是把一个命令的输出传递保存到一个文件中。

第 9 章　Linux 的磁盘管理、挂载和逻辑卷 LVM

从本章开始正式学习 Linux 下的磁盘管理。先从分区机制开始讲起，会陆续学到分区和路径的知识结合、虚拟机添加硬盘的方法、硬盘的分区编号和概念、什么是文件系统，以及分区的挂载和逻辑卷的使用，其中还会有大量的实践结合。

第 10 章　Linux 下的软件安装

在之前的学习过程中使用的各种命令、工具都是 Linux 操作系统自带的，也就是说 Linux 安装好以后，默认就有了如用户管理、磁盘管理、权限等相关的命令和工具。随着学习的深入，仅仅依赖这些自带的工具和命令，已经没有办法满足我们的需求，所以在这一章中来学习一下 Linux 的软件安装方法，让 Linux 拥有更多、更丰富的命令和工具。

第 11 章　Linux 下的计划任务和时间同步

作为合格的 Linux 运维工程师，保证服务器 24 小时持续不断地稳定运行，这是基本要求，但再尽职尽责的 Linux 运维工程师，也做不到 24 小时都盯着服务器。所以，可以把一些工作交给服务器，让它去定时定点执行，这就是本章要学习的 Linux 计划任务，也可以叫作例行性任务。

第 12 章　Linux 运行级别管理

Linux 的命令行确实是最经典、最重要的，但是也不妨看一看 Linux 的图形界面，偶尔转换一下心情也不错。从命令行切换到桌面，这并不容易，还要学习运行级别相关的知识。本章一开始提到 CentOS 7 和 CentOS 6，在运行级别的配置方法上有很大的不同，因为 CentOS 6 目前仍然是主流系统，而 CentOS 7

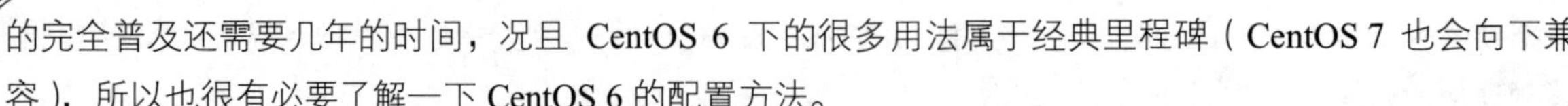

的完全普及还需要几年的时间，况且 CentOS 6 下的很多用法属于经典里程碑（CentOS 7 也会向下兼容），所以也很有必要了解一下 CentOS 6 的配置方法。

第 13 章　Linux 下必会的 SSH 和服务入门

学习 Linux 的运行级别时，讲到有关图形化桌面的知识，但企业中的服务器不可能安装图形界面，只可以走运行级别 3 的命令行模式，而企业中的服务器一般都远在 IDC 中，一个机架上密密麻麻地摆着那么多服务器，又不可能挨个接上显示器，那么平时到底怎么去远程维护呢？这就是本章要讲的一项核心内容——SSH 服务。

第 14 章　CentOS 7 服务与进程实体化

在第 13 章第一次接触到了 Linux 下的服务概念，并且用 SSH 服务作为样板进行了学习。顺着 SSH 的服务思路，本章继续来探索 CentOS 7 下服务更深层的东西，把服务的概念进行实体化学习。systemd 则是 CentOS 7.x 操作系统中非常出彩的一款服务管理平台。

第 15 章　基础网络知识的铺垫

我们不是死学一个 Linux 操作系统，学系统最终是为了服务器这个核心。既然是服务器，就必然会与网络紧密相连，自然学习网络也必不可少。本章让大家快速对网络有一个初步的认知，同时对网络知识的逐渐深入学习做准备。

第 16 章　iptables 防火墙

iptables 作为一款老牌的 Linux 防火墙在企业服务器中的应用非常普及，甚至可以说是随处可见，它给 Linux 操作系统提供了基于内核层级的安全防护机制。将一整套数据包在整个 iptables 中的经过流程进一步清晰化，把 iptables 结合企业集群的实际情况，学习合理的设置方法以达到最有价值的使用效果。

第 17 章　Linux 和网络不分家

在第 15 章的最后引出了 TCP/IP 协议的概念，它是一门很庞大且复杂的学问。做好 TCP/IP 协议的入门，为日后的学习建立信心；强调 TCP/IP 协议的重要性，尤其是针对 Linux 运维工程师和网络工程师，TCP/IP 协议是必修的科目，没有商量的余地。

第 18 章　Linux 下的日志系统

日志是系统维护中非常重要的一个组成部分。作为一名 Linux 运维工程师，需要依靠日志来排查技术问题，开发工程师需要自己在代码中生成日志，用它作为软件调试的手段。作为一名测试工程师，日志是唯一用来评估测试结果的依据。

第 19 章　Shell 脚本编程入门

学编程必须从一门编程语言学起。对于学习 Linux 的人来说，并不一定非要做专职的开发人员，而是只要把编程作为协助工作的一种手段就可以。所以，推荐从脚本编程语言开始学起，因为脚本编程语言入门非常简单，就像本章的 Shell 脚本编程，可以说一学就会。Shell 指的就是平时用的命令行，而命令行是沟通的桥梁。

附录部分列出了几十个常用命令的经验总结，这些命令都是需要反复练习来掌握的。命令以文件为基础，由浅入深，并且分三个层次进行了总结。

本书读者对象

- 计算机技术领域的求职者。
- 已从事 Linux 相关工作的人员。
- 在校理科大学生。
- Linux 的爱好者。
- 编程爱好者。

本书资源获取及交流方式

（1）读者可以扫描下面的二维码或在微信公众号中搜索“人人都是程序猿”，关注后输入“SQL”发送到公众号后台，获取本书资源下载链接（注意，本书提供百度网盘、360 云盘和书链三种下载方式，资源相同，选择其中一种方式下载即可）。

(2) 将该链接复制到电脑浏览器的地址栏中（一定要复制到电脑浏览器地址栏，通过电脑下载，手机不能下载，也不能在线解压，没有解压密码），按 Enter 键。

- **如果用百度网盘下载，**建议先选中资源前面的复选框，然后单击“保存到我的百度网盘”按钮，弹出百度网盘账号密码登录对话框，登录后，将资源保存到自己账号的合适位置。然后启动百度网盘客户端，选择存储在自己账号下的资源，单击“下载”按钮即可开始下载（注意，不能网盘在线解压。另外，下载速度受网速和网盘规则所限，请耐心等待）。
- **如果用 360 云盘下载，**进入网盘后不要直接下载整个文件夹，需打开文件夹，将其中的压缩包及文件一个一个单独下载（不要全选下载，否则容易下载出错）。
- **如果选择书链下载，**执行该操作后，在浏览器左下角将显示正在下载的资源。下载完成后单击 ^ 按钮，在弹出的列表中单击“在资料夹中显示”选项，即可在打开的窗口中找到下载的资源（不同浏览器中界面和文字可能略有不同）。

加入本书学习交流 QQ 群：895431327（若群满，会创建新群，请注意加群时的提示，并根据提示加入对应的群号），读者间可互相交流学习，作者也会不定时在线答疑解惑。

致谢

本书能够顺利出版，是作者、编辑和所有审校人员共同努力的结果，在此表示深深地感谢。同时，祝福所有读者在职场一帆风顺。

编　者

目录

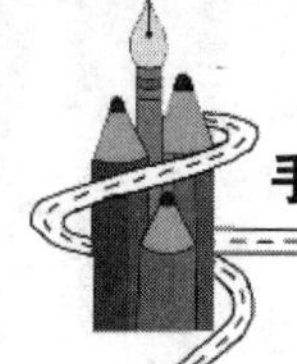

第1章

从企业和互联网的角度认识 Linux 运维

在本章内容中，大米哥以真实企业框架为主干，陆续把服务器、运维、Linux 操作系统、技术铁三角等知识串联起来逐一进行讲解，让大家先搞清楚学习的目的，然后再开始细节知识的学习。

1.1 学习思路的指导

本书是面向初次接触 Linux 操作系统的朋友。不管是否参加工作，即便在该技术领域是一张白纸，相信本书也可以满足学习需求。

大米哥身边有很多的年轻朋友在学习 Linux 相关课程时，经常会有一部分人在首次接触 Linux 时就开始有点打退堂鼓。为什么？大多数人都会说：感觉 Linux 很枯燥，而且学了这项技术后，也完全搞不懂能用它来做什么。

扫一扫，看视频

1.1.1 课程特点和预期目标

站在市场的角度上来说，Linux 运维相关的职业需求越来越大。但对于初学者，或者是准备跨行的人员来说，入门 Linux 运维是一件比较困难的事情。

那么针对这样普遍存在的问题，大米哥在推出的系列书籍中都会融入以下特色来达到更好的教学效果。

- 以更通俗、更容易理解的语言来讲解枯燥复杂的知识点。
- 以尽量多的图解来帮助对知识的掌握。
- 以实际的工作内容作为学习知识点的引导，做到有的放矢。
- 以主干链路的方式进行知识点的综合。

学习完本书以后，除了可以掌握大量 Linux 操作系统的入门知识外，还可以对 Linux 相关的工作内容打下良好的基础，从而帮助到希望入行 Linux 相关工作的朋友。

扫一扫，看视频

1.1.2 以工作项目为学习引导

传统的教学方法是：今天学习知识点 A、B、C，明天学 D、E、F…就这样一项一项学下去，学了后面忘前面，到最后甚至都不知道自己为什么要学这些知识，像这种老式的方法是绝不可取的。大米哥想告诉大家，正确学习方法是：有目的地学习，先知道为什么学，再知道应该学什么，有侧重点，最终把学到的知识都转化为生产力，这才是学习的精髓所在。

所以在本书中都会采取以实际工作项目为开路指导的方式。在学习一个知识点前，先通过一定的篇幅和图解，明白即将学会的知识能做什么，然后再来学习 A、B、C…举个例子，如图 1.1 所示。

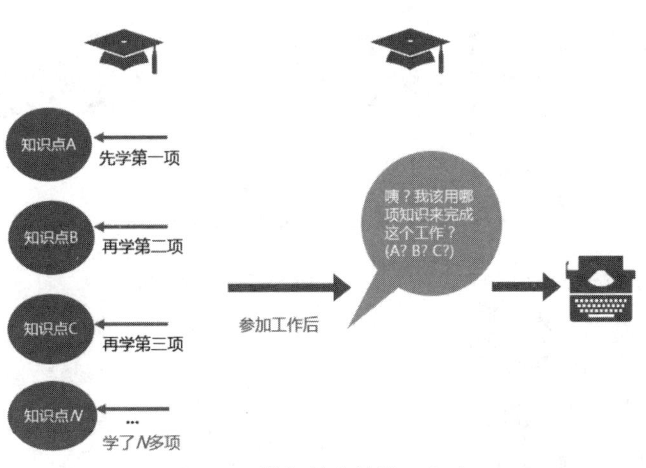

图 1.1　按部就班的学习方式

从图 1.1 中可以看出，老式的按部就班的学习早已过时。从图 1.2 中可以看出，以项目（或者说任务）的方式来学习知识点要靠谱得多。

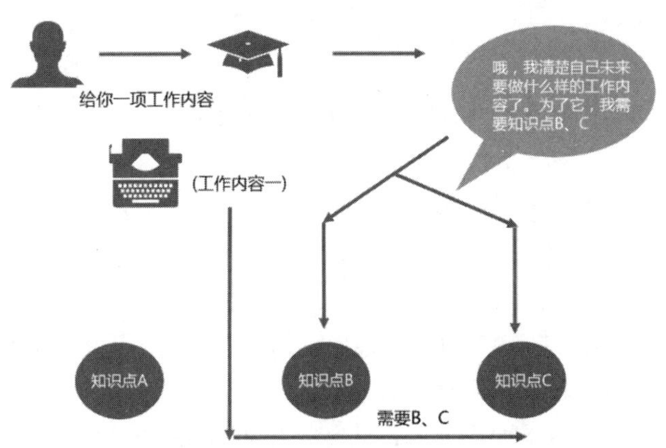

图 1.2　以工作项目为牵引的学习方式

1.1.3　主干链路式的学习方法

扫一扫，看视频

用运维和开发岗位来比较，在知识的学习上有很大的不同。运维讲究的是“广”，而开发讲究的是“细”。所以 Linux 运维对于知识的广度有着很高的要求，需要了解各种各样的技术，以图 1.3 来举例说明。

知识点非常的广泛，而知识点和知识点之间往往不存在直接的关联，这就很容易造成知识的分散和学习的困扰。所以让知识点和知识点结合，以项目和工作内容为主干，把散落的知识点串联起来，这样就是主干链路式的学习方式。

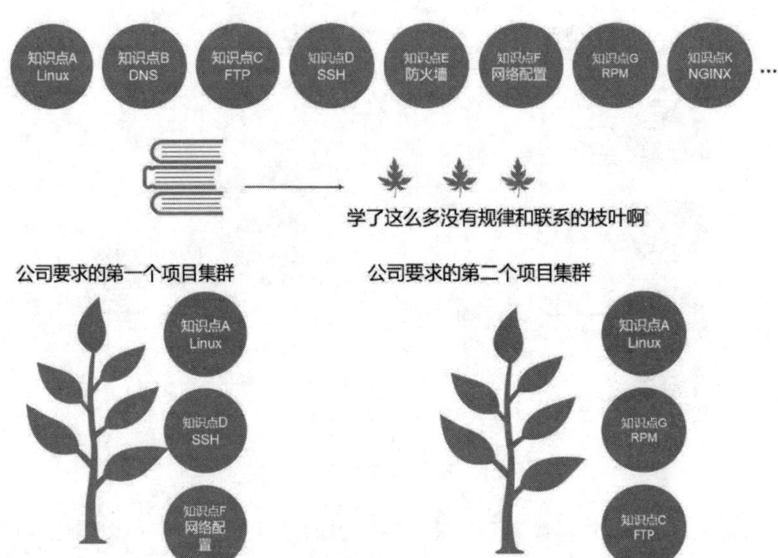

图 1.3　知识技能是枝叶，项目经验是主干

1.2　Linux 运维

现如今，Linux 运维工程师在市面上有很多不同的叫法，如系统运维、Linux 工程师、系统管理员、sysadmin 等，不过其实都一样。随着互联网和服务器爆炸似的发展，Linux 运维工程师变得越来越抢手，甚至出现紧缺的窘境。

之所以会出现人才短缺，是因为从 2000 年开始兴起的互联网，把传统研发人员炒得过于饱和，几乎所有的立志学技术的人，终其一生就只懂得开发，除此之外，由于 Windows 的傻瓜式的图形操作，培养了绝大多数的懒人思维，基于这两个原因，就造成 Linux 和运维工作的人才储备非常稀少，自然价格也就很高了。

既然我们知道未来的价值，接下来就跟着大米哥一起努力。

扫一扫，看视频

1.2.1　Linux 运维的诞生

先来认识一下运维。大家对“网吧”一词很熟悉，它早在 20 世纪 90 年代初期就诞生了。那时的个人计算机和网络尚处于萌芽阶段，一般家庭如果想坐在家中上网并不是很容易的事。所以当时最便利的上网冲浪形式就是去网吧。

十几台老式计算机、几个集线器、一个路由器，再加上一个调制解调器就可以构成一个最小规模的网吧。那会儿的网吧虽然很简陋，但受欢迎程度一点都不亚于现在的网络购物。

然而不管一个网吧规模多小，都时刻需要有一个人在内执勤以保障整个网吧的正常运行，解决各种用户上网出现的问题，这个人就是网管，也可以说是运维工程师的最早雏形，如图 1.4 所示。

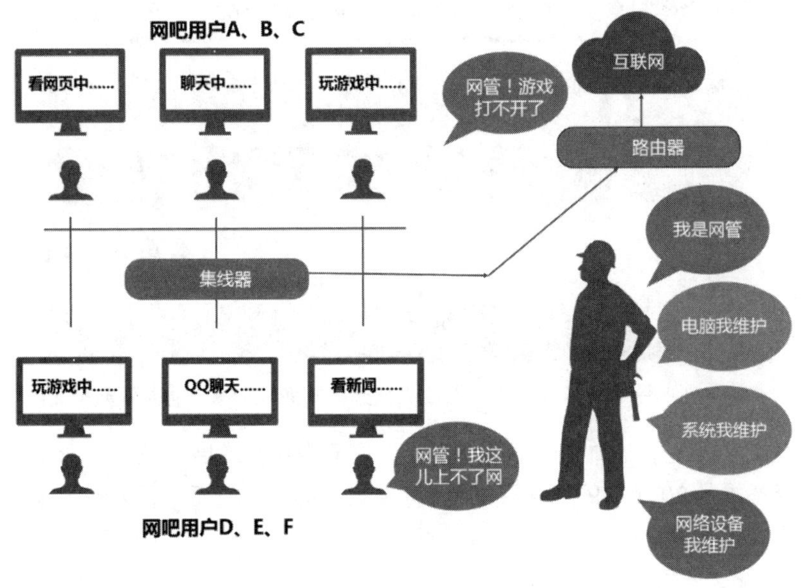

图 1.4　20 年前的网管是运维工程师的雏形

1.2.2　互联网的发展

扫一扫，看视频

互联网一天天在发展，网速越来越快，个人计算机也越来越便宜。渐渐地，大家不再依赖网吧，因为家里上网越来越方便。这样一来就出现一种新的趋势，如图 1.5 和图 1.6 所示。

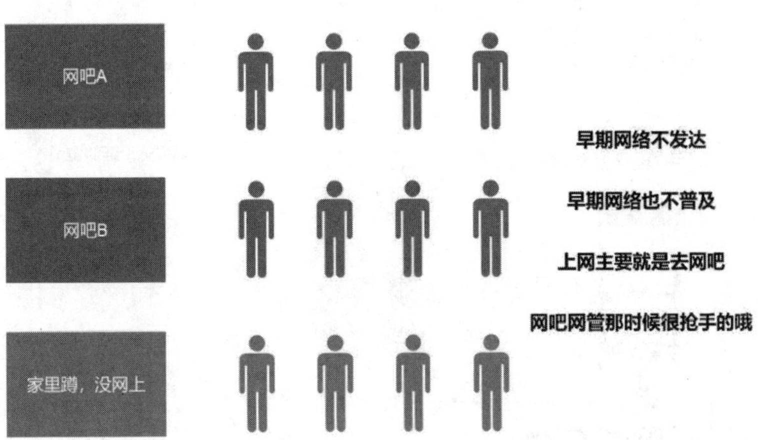

图 1.5　早期网络不普及，大家主要去网吧上网

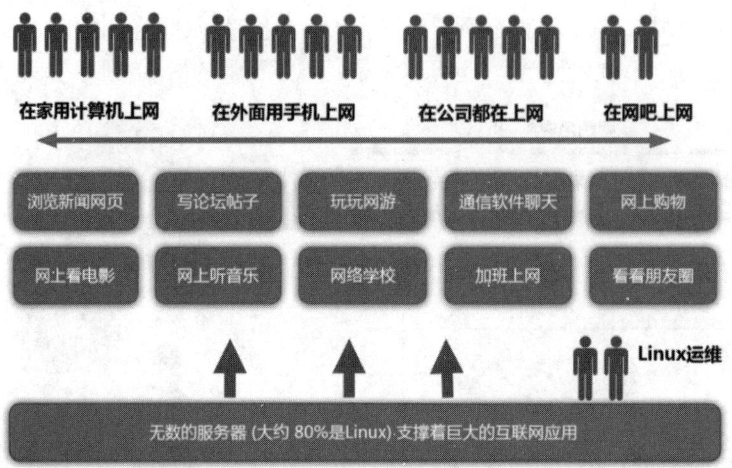

图 1.6　现如今的互联网巨大，无数的服务器提供着支撑，随时随地可上网

由图 1.5 和图 1.6 可见，运维这个职业是随着互联网发展而发展起来的。现如今的运维（尤其是 Linux 运维），已经不再是 20 年前的小网管，而是拿着几十万元（甚至上百万元）年薪，维护着成百上千台大型服务器的高薪职业。

1.2.3　服务器的发展

上一小节最后提到了服务器，这才说到了根本上。服务器是做什么用的？为什么会出现这个概念？随着互联网的不断发展，上网的人越来越多了，而大家上网主要都做什么？其实就是浏览网页、看新闻八卦、发帖子、聊天室谈心、看电影、听音乐等。那么就拿最简单的看新闻主页来说，如图 1.7 所示。

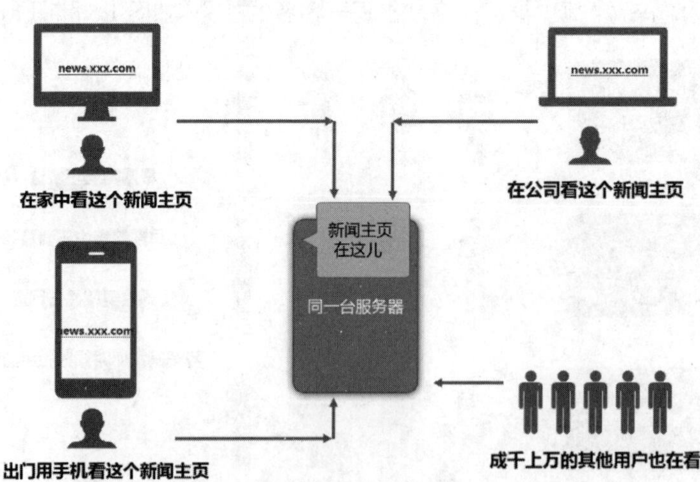

图 1.7　一个简单的新闻主页，也要寄托在服务器之上

首先，当打开任何一台计算机，输入同一个网址 news.xxx.com，立刻就可以看到这个新闻主页。即便换了一个地方，换了一台计算机，输入同样的网址后，依然可以看到同样的主页，不受约束。

出现这种情况，那是不是说看的这个新闻主页是一份份地保存在每一台计算机上？当然不可能，全世界网站有几千万个，再加上不同的网页就得有几十亿个，怎么可能保存在自己用的计算机上。

那么网页保存在哪里？自然就是远方的服务器上。服务器就是功能更强大的计算机而已，没有那么的神秘。以刚才说的一个新闻网站来说，其实你看到的所有新闻页面都是保存在服务器上的，服务器就是为了给用户提供服务的，如图 1.8 所示，可以方便地理解服务器提供的这个服务。

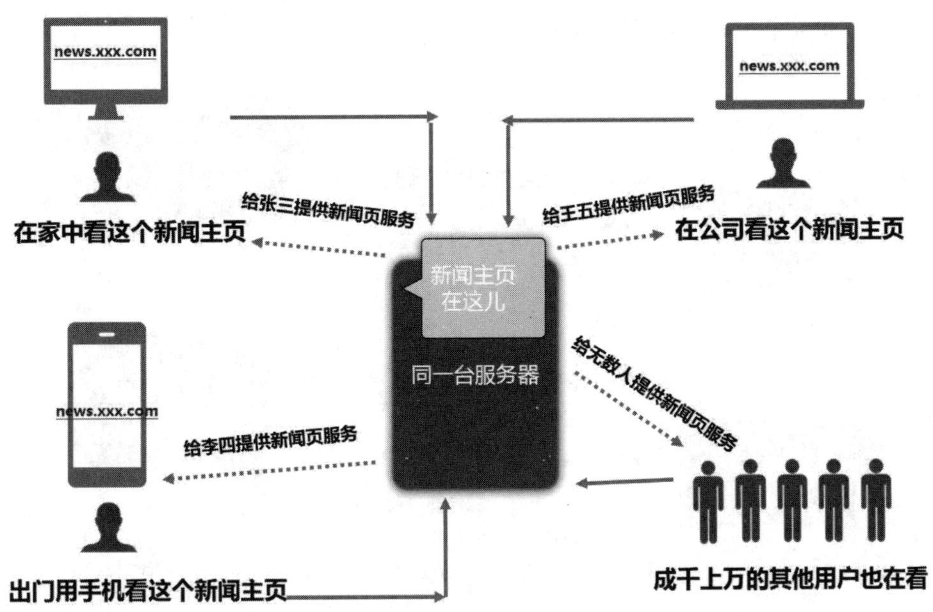

图 1.8 服务器为用户提供服务

注意：

图 1.8 中的几条虚线，就表示了服务器给不同的用户同时提供着服务。

从上面这几幅图我们就对服务器有了一个清晰的认知，没它真的不行。

1.3 Linux 上场

通过前面的章节认识了运维、网站、服务器以及互联网大概的样子。接下来主角登场，那就是

Linux。学完本节后，大家就会明白，为什么非 Linux 操作系统不行。

扫一扫，看视频

1.3.1 服务器和个人计算机的区别

要知道为什么 Linux 操作系统如此重要，还是要继续拿服务器来说明。服务器说到底也是计算机，基本的构造原理和家用计算机没有什么本质的区别。那有人要问了，既然本质一样，为什么还非要服务器不可，普通计算机不行吗？

回答自然是否定的，因为服务器和家用计算机最大的区别，其实是在使用的主动被动上。那使用的主动被动的区别又是什么？看图 1.9 的解释。

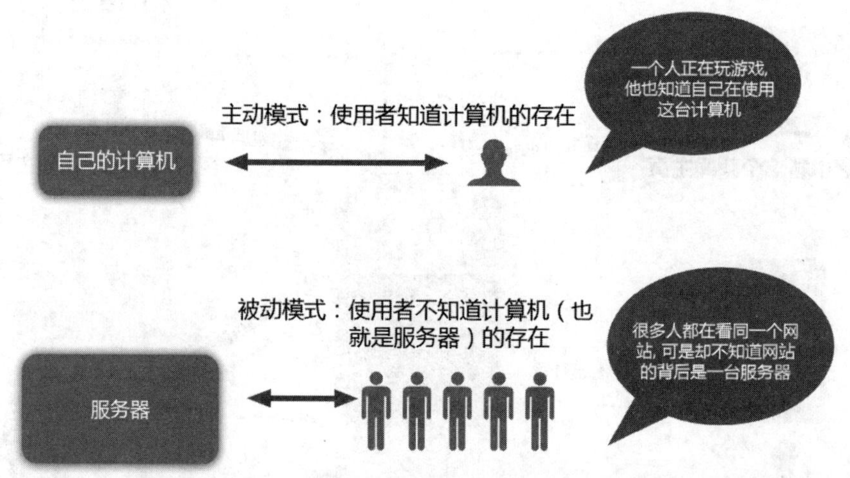

图 1.9　计算机的主动使用和被动使用

图 1.9 给大家解释了什么是计算机的主动使用模式和被动使用模式。主动使用模式：使用者清楚地知道计算机的存在，并主动去使用它，比如普通的一台家用计算机，一般都是个人在使用。被动使用模式：使用者并不知道计算机的存在（这里的计算机指的也就是服务器），比如成百上千的人正在同时访问一个网站，这个网站其实是架设在 *N* 多台服务器上运行的，可是普通用户们根本不知道背后的这些服务器的存在。所以说，区分计算机的主动使用模式和被动使用模式，主要就是看它是个人使用还是公众使用，还有就是用户知不知道计算机的存在。

另外还有一点，就是个人计算机一般用一段时间就关机了，而服务器则是常年累月在运行，中间不可以轻易停掉。这就对机器的稳定性有了很高的要求。举个例子，大家平时玩的手游，其实背后也都是靠服务器的支持，如果服务器不够稳定，正玩着突然就卡住掉线了，这个谁又能接受呢？

所以说追求更快的速度，以及长时间的稳定，这就是服务器不一样的地方。如果能有幸成为一名运维工程师，就会深刻体会到稳定性比速度更重要。看图 1.10 的对比。

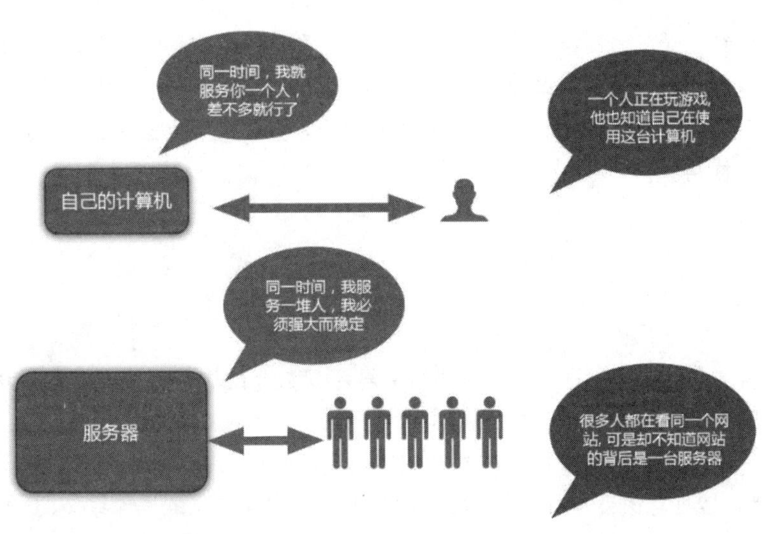

图 1.10　个人计算机和服务器的区别在于量级

1.3.2　Linux 和服务器是绝配

扫一扫，看视频

我们现在知道了，服务器的稳定和速度是多么的重要。大家想一个问题：假如买了一台服务器，质量很好，自身不会出现故障，可是服务器上运行的操作系统出了问题，怎么办？如图 1.11 所示。

图 1.11　光服务器稳定是不够的

服务器就是计算机，而计算机必须依赖操作系统才可以运行。就算服务器的硬件很稳定，但是如果运行在上面的操作系统出了问题，结果只能是白费力气。所以说如果没有一个专门给服务器提供的操作系统平台，那么服务器也无法发挥其本来的功效。

于是，作为服务器最好搭档的 Linux 操作系统就隆重登场了。为什么说 Linux 最适合服务器？主要是有以下几个天生的优势。

- 稳定。
- 开源。
- 安全。
- 小巧。

Linux 最重要的特点，就是它出色的稳定性。只要不是人为破坏，很少会遇到系统崩溃问题。即便偶尔出现了这样的问题，也可以在很短的时间内修复。

什么是开源？简单地说就是把操作系统本身的代码全部开放出来，谁都可以随时查看和修改。这就意味着，只要你懂就可以任意改变操作系统，甚至定制出一个完全自创的操作系统。这样的好处有两点：第一，人人都可以参与 Linux 操作系统的优化改造，它必然越来越完善；第二，只要你觉得 Linux 有底层功能不符合你的使用要求，你就可以自行定制。

说到这里，我们明白了为什么说 Linux 是服务器最好的选择，如图 1.12 所示。

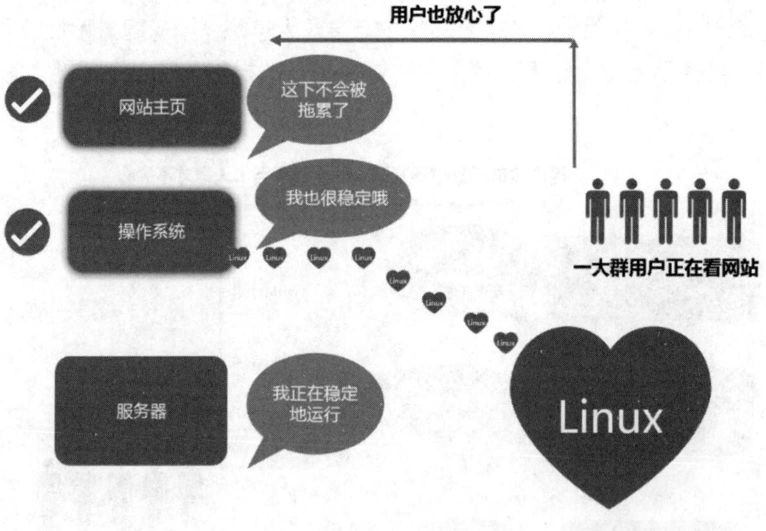

图 1.12　Linux 来救场

扫一扫，看视频

1.3.3　操作系统是怎么回事

在这一小节中，我们来认识一下操作系统和计算机是怎样的关系。“计算机”这个词大家都听过，从最早的巨型计算机，到今天的家用计算机、笔记本等。只要是计算机，其本质都是由图 1.13 所示的这些部分组成。

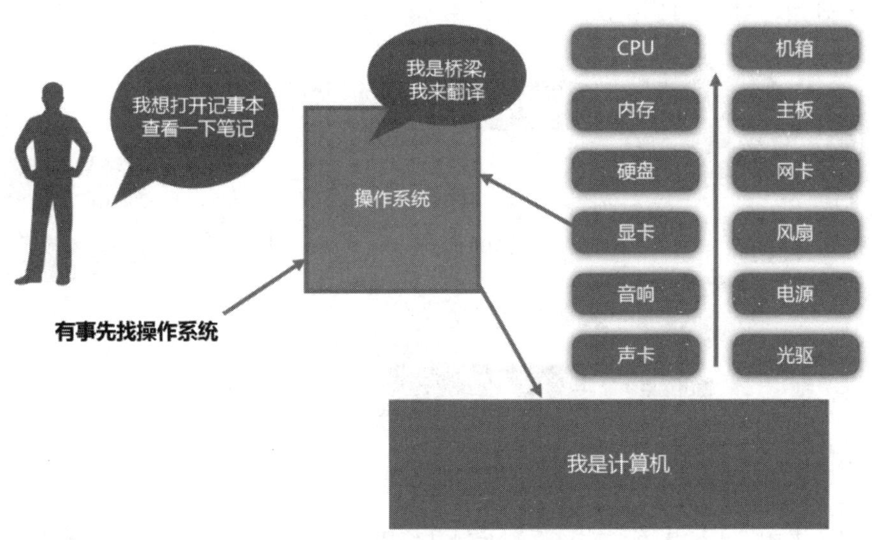

图 1.13　计算机只是一堆零部件

如图 1.13 所示，机箱、主板、CPU、内存、键盘、硬盘、显示器、网卡、风扇等这些零部件都叫作计算机硬件。真正让计算机工作的其实就是它们。而服务器本质也是一样，只不过在外形和规格上有些差异。

这里就有一个问题，如何才能跟计算机的这些硬件沟通呢？所谓的操作计算机，其实就是操作这些硬件让它们各司其职。但是作为一个人，无法直接和这些零件通话并指挥它们做事情。所以，才诞生出了操作系统。操作系统可以简单理解为一个让人和计算机硬件实现沟通的桥梁，如图 1.14 所示。

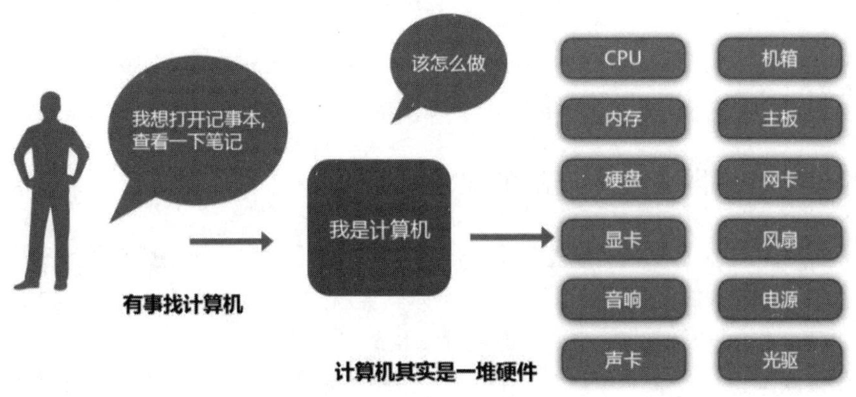

图 1.14　操作系统是人和计算机的沟通桥梁

不过图 1.13 和图 1.14 还不够细致，我们希望更清楚操作系统具体做了什么。接下来，通过一个例子，来认识一下计算机硬件具体如何协调这些硬件工作，就从平时在 Windows 上打开记事本这一个最简单的人机互动开始，如图 1.15 所示。

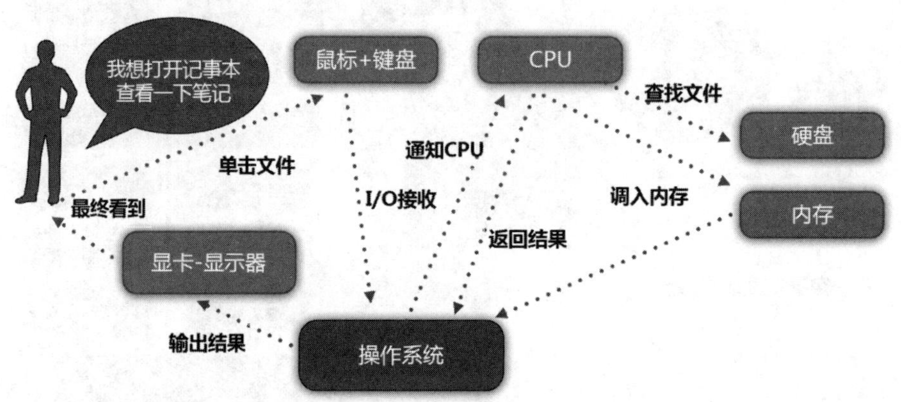

图 1.15　查看文件的操作系统流程

在计算机前做出一个最简单的操作，找到并打开记事本，查看里面内容，具体操作步骤如下。

第一步，用户通过鼠标键盘，单击文件。这一操作通过 I/O 传给操作系统。

第二步，操作系统指挥 CPU，在硬盘上帮我们搜索到的具体文件在哪里。

第三步，访问到文件当中的内容，放入内存中，以供随时调用。

第四步，CPU 把结果返回操作系统，并最终返回给显示器，用户看到。

上面的步骤体现了操作系统跟硬件的沟通，如果没有它，这些不可能实现。

1.4　认识互联网企业的运作

通过前面的学习，我们初步认识了计算机、服务器、操作系统和运维。知识是为了最终形成生产力的，那么接下来就把前面学到的知识融入企业的大环境中，做到融会贯通。

扫一扫，看视频

1.4.1　互联网企业中产品的概念

对于一个企业来说，最重要的是什么？有人说是赚钱。不过赚钱不是空中楼阁，也就是说赚钱必须建立在一个实体的基础之上。所谓的实体其实就是产品。就好比一个小卖部，每天出售食品、饮料、香烟等，作为一个企业，也必须有向外出售的产品才可以。

而对于一个互联网企业来说，这个产品会有多种多样的姿态，如图 1.16 所示。视频网站、论坛、搜索、社交、游戏，这些都是产品。

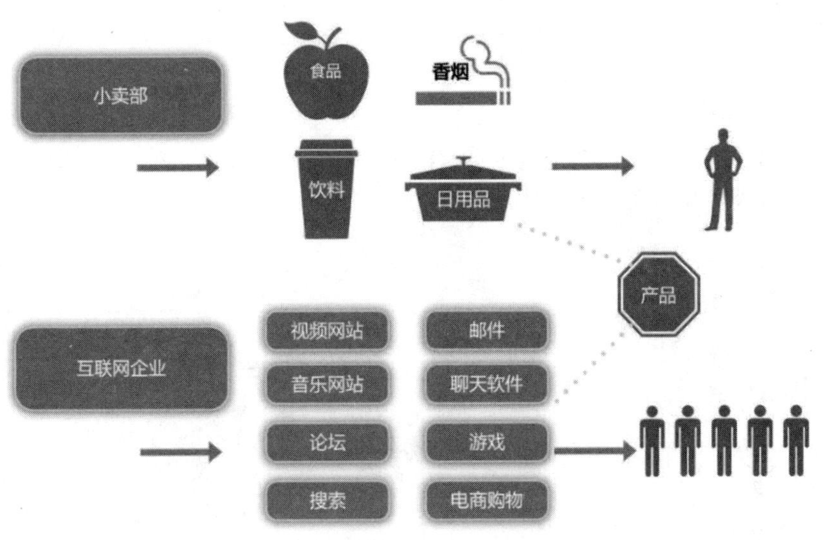

图 1.16　产品是灵魂

如图 1.16 所示，大家也可以看到，现如今的互联网产品，绝大多数都以数字形式呈现。也就是说，不像小卖部出售的那些真实存在摸得到的物体，而是一种利用计算机制作出来的虚拟化产品。

既然是计算机中的产品，那如何制作？在工厂中加工制作？当然不是，自然是通过程序员编程来实现。

1.4.2　用户和生产环境

扫一扫，看视频

通过 1.4.1 小节的学习，我们认识到了两点：第一，一个互联网企业的核心是产品；第二，互联网产品是由程序员开发得来。那么互联网的产品是给谁用？自然是上网的人，也就是互联网的用户。

有了用户的互联网产品，才具有了生命力，所以对于一个精明的互联网企业老板来说，在创业的中前期，他最关心的往往不是今天我赚了多少钱，而是今天增长了多少用户。

在大多数老板的眼中，用户的数量就等同于金钱的数量，如图 1.17 所示。

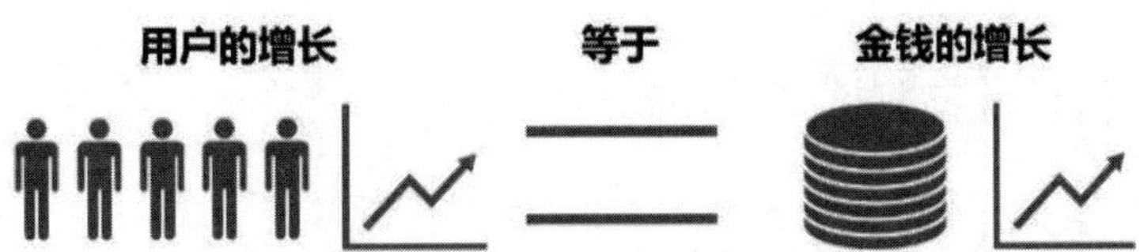

图 1.17　用户 = 金钱

明白了用户和产品之后，接下来看什么是生产环境？前面也说过互联网企业的产品不能是空中楼阁，也要进行实体化的工作。互联网的产品制作出来以后，必须让它运行在一个平台之上，这样才能让广大的用户使用。

这个平台就是生产环境。那么生产环境具体什么样子？下面就举例来说明，当你在玩着一款手机网游时，其实这个游戏的背后，可能是成百上千台的服务器在给你提供着服务。在这么多服务器上运行着操作系统（现阶段大多数以 Linux 为主）、网络传输、游戏的主程序、数据库、缓存、防火墙等，如图 1.18 所示。

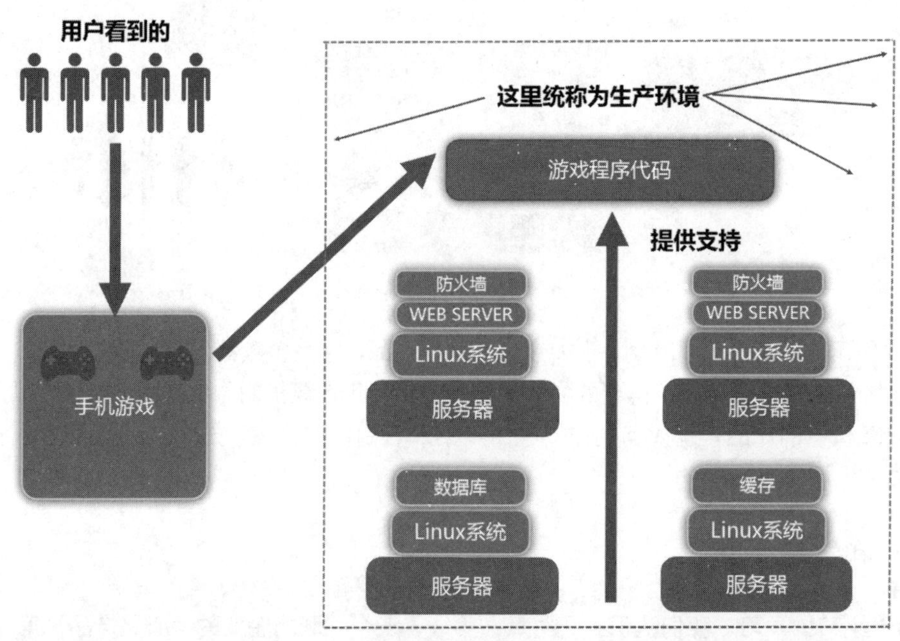

图 1.18　程序是核心，其他的加一起为生产环境

在背后的这些东西中，游戏主程序是实际的核心，而其他剩下的部分加在一起，就统称为生产环境，也可以叫作线上环境。所以说生产环境是给核心程序提供坚实的支撑和服务。然而，核心程序如果脱离了生产环境，也会变得毫无用处。核心程序是由开发工程师制作的，而生产环境则是由运维工程师建设和维护的。

扫一扫，看视频

1.4.3　运维开发测试铁三角模型

接下来，再引入另一个企业中重要的技术职位，那就是测试工程师。从名字上不难看出，任务就是测试，不过到底测试什么东西？测试的是产品。

而对于产品的测试，又分为两种，一种叫作黑盒测试；一种叫作白盒测试。这又是什么意思？具体如图 1.19 所示。

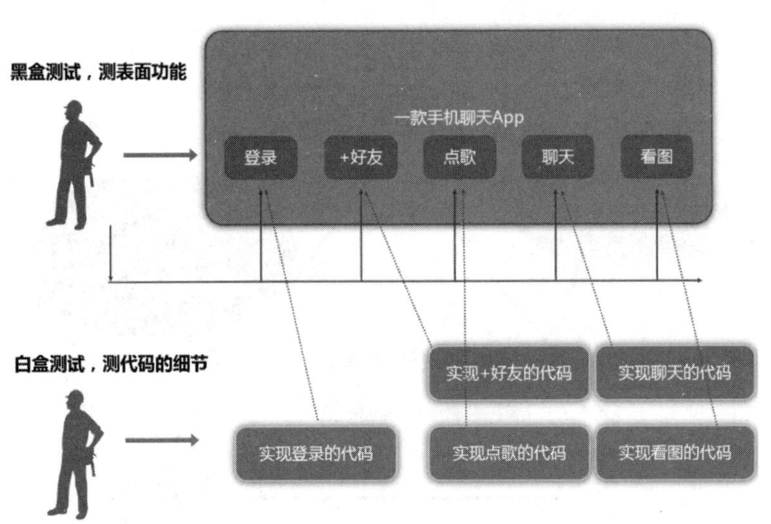

图 1.19　黑盒测试和白盒测试

黑盒测试，代表的是一种整体的测试，一种外围功能的测试。举例来说，一款手机 App 的界面上有许多的功能条目，如登录、搜索、图片、链接、交谈、定位、记事本、登出等，每一种功能在让用户体验之前，都要由测试工程师来测试，保证功能正确。

白盒测试，其实是一种内部的测试，也就是深入代码的层面中去测试。例如，手机 App 的产品，其实是由很多个不同的代码模块组成，每一个模块都有自己独特的功能。而这么多模块在最终被完整组合起来之前，实际上是不能被直接看到或使用。在这种情况下，如果要测试一个模块是不是工作正常，就需要白盒测试深入内部（代码）的层面来更细致地测试。

明白了测试后，我们把开发、运维、测试组合在一起，起个名字就叫作“技术铁三角”，在实际工作中相互扶持，谁也离不开谁。

开发人员写出代码之后，由测试人员先进行各种测试，测试通过后，由运维人员放到事先建设好的生产环境之上，然后用户可以使用。

对于运维工程师来说，生产环境中的一切都是需要保护的对象。不管大型购物网站，还是网页游戏，只要是互联网产品，背后必定是服务器的生产环境在支撑。从它刚刚上线开始，到最终的结束运营，少则半年，多则几年、十几年。所以，这就是一种长期挑战，运维工程师所建设的生产环境必须经过长期不断的改良、优化、扩充，才能符合长期稳定的要求，如图 1.20 所示。

图 1.20 告诉我们，在一个互联网企业中，作为“技术铁三角”的开发、测试、运维是如何配合工作的。从左上角开始，开发工程师写出代码，之后交给测试工程师；测试工程师对代码和功能做出各种测试，测试通过交给运维工程师；运维工程师负责设计和搭建生产环境（这里包括很多的细节，如开源技术的选取、监控、自动化、数据库、IDC、Linux 支持等），之后将测试通过的产品发布到生产环境上，最终用户就可以使用。

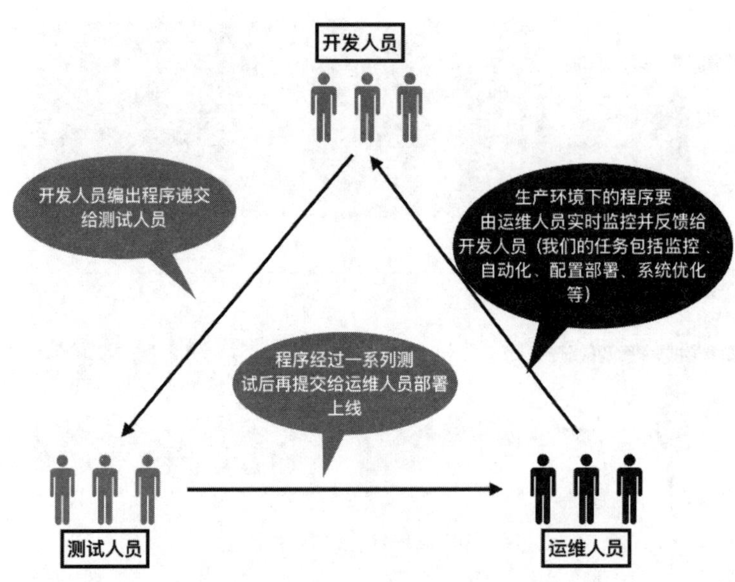

图 1.20 技术铁三角

扫一扫，看视频

1.4.4 互联网企业的整体运行框架

一幅较为完整的互联网企业的运行模式如图 1.21 所示。

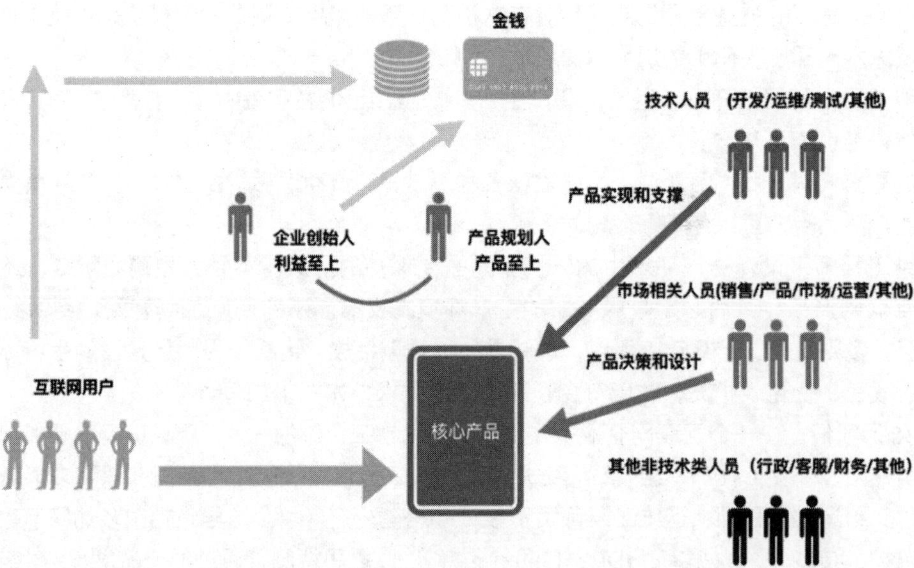

图 1.21 企业的大体构成模式

企业创始人指的是老板，老板目的是赚钱，而赚钱多少取决于产品做的好不好，以及用户多不多。产品想做好，就要有产品策划人，带领一支产品的团队，来负责设计产品的结构和细节。产品设计好以后，由开发人员进行实现。然后测试、运维、开发铁三角共同将产品推上生产环境，最后给用户使用。其他的非技术类的职员，在这里就不再介绍。

1.5　Linux 运维现阶段的薪资状况

本节谈一谈当前运维工程师的市场前景，以增加信心。从图 1.22 中可以看到运维工程师的职业分类和运维工程师的薪资状况。总体来说，运维工程师不受年龄的限制，并且薪资水平也可媲美开发工程师。

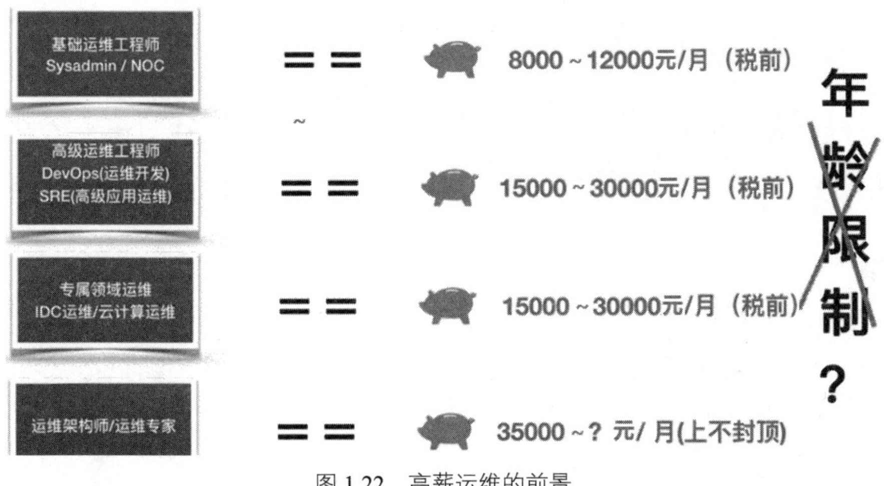

图 1.22　高薪运维的前景

第2章

准备好 Linux 环境

通过第1章的学习，我们对企业环境下的Linux运维有了一定的理解。千里之行，始于足下，接下来就要做好实战的准备。

本章主要教会大家如何搭建出属于自己的 Linux 环境，并以这个环境为基础，继续学习。

2.1　服务器相关知识扩展

在第 1 章中反复提到了服务器，在本节中需要对服务器所处的环境进行一下知识普及。

扫一扫，看视频

2.1.1　一般服务器类型

作为一名合格的运维工程师，不了解服务器有哪些类型，有点说不过去。如今市面上，主流的物理服务器类型分为三种：机架式服务器、塔式服务器和刀片服务器。其中，机架式服务器出场频率最高，如图 2.1 所示。

图 2.1　机架式服务器

机架式服务器中机架这两个字是关键，也就是可以放在机架上的服务器。通常运维也会把机架称为机柜。这个机柜很像一个变魔术的铁笼，不过要精致得多，因为机柜上有刻度。这个刻度其实就是表示一台服务器的高度是多少。

这个高度的刻度有一个标准单位叫 U，1U=4.445cm。而机架式服务器也就继承了这个高度单位，如 1U 服务器、2U 服务器、4U 服务器（2U 服务器比 1U 服务器高出/厚出一倍），如图 2.2 所示。

一台 1U 服务器在机柜中也就是占用了 1U 的机柜高度。所以一个机柜能放入多少台服务器是有定数的。另外，这种机架式服务器并不是简单地放在机柜里的，而是需要安装到机柜上（拧螺丝），运维通常称为服务器上架，如图 2.3 所示。

作为一名运维工程师，把服务器安装上架，这是必修课。一般手动上架一台后，剩下的就不是问题了。

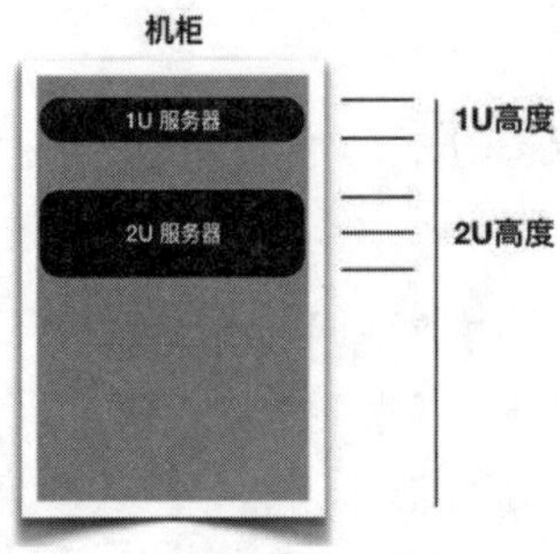

图 2.2　服务器的高度概念

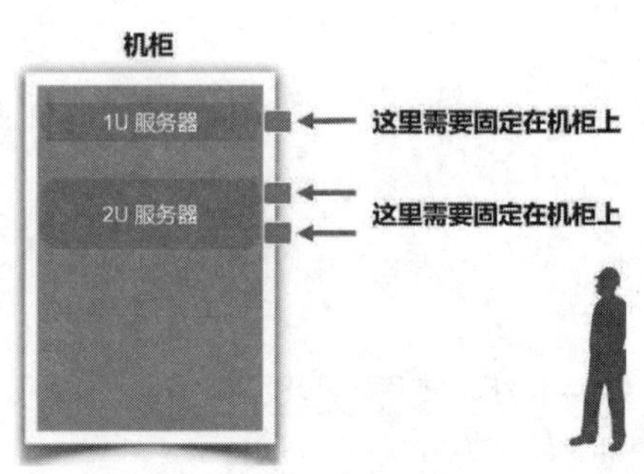

图 2.3　服务器的固定

塔式服务器与一般家庭用的台式计算机，外观差不太多，只是宽一些、重一些而已。一般适合放在办公室里，给内部的员工使用。

刀片服务器很昂贵，动辄就是十几万元、几十万元的价格，而使用它的机会却比较少。为什么叫刀片服务器？如图 2.4 所示，中间一个个像抽屉，其实就是一台扁平的服务器，像刀片一样整齐地插在里面。这样的做法使得服务器很密集地放在一起，适用于某些特殊应用环境。大米哥工作了十多年，只曾在一家公司用过刀片服务器，价格不菲，且维护难度较大。

图 2.4　刀片服务器

扫一扫，看视频

2.1.2　机房 IDC

通过 2.1.1 小节的学习了解了服务器大致的样子。服务器这样大型的设备可不像家用计算机，随便放在一个地方就行，服务器需要集中托管在 IDC（Internet Data Center，互联网数据中心）管理。IDC 是一个集中存放服务器的地方。不过它可不像仓库那么简单，从图 2.5 中可以看到，大量服务器整齐地排列在一个个的机柜中。

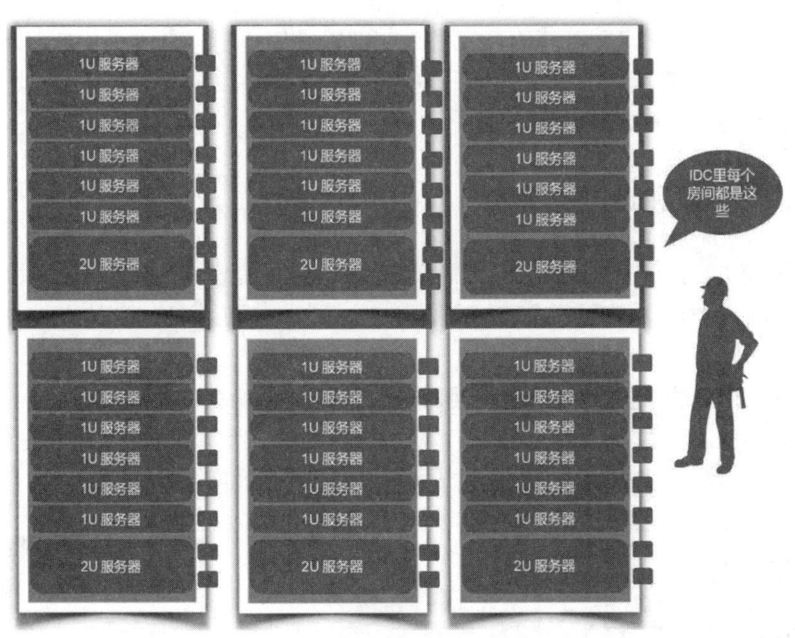

图 2.5　机房的服务器机架

接下来，再说一下托管是什么。所谓的托管，就是企业把自己的服务器托付给 IDC，让他们提供支持，保障服务器的正常运行。IDC 方面会给企业提供机房，提供机架，提供电源接入，提供网络接入，如图 2.6 所示。

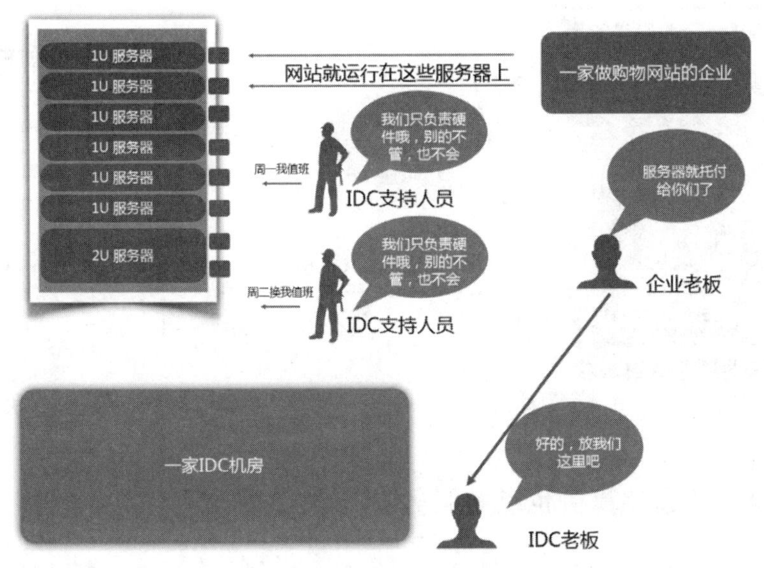

图 2.6　什么是 IDC 托管

当然，IDC 帮你托管服务器是收费的，费用包括电费、机柜费用、带宽费用、人员支持费用等（费用之中以带宽费用花得最多）。顺带一提的是，IDC 的带宽和家用上网的带宽完全不是一个等量级的，这主要体现在价格、速度和稳定性上。

扫一扫，看视频

2.1.3 IDC 和运维的关系

在 2.1.2 小节中提到过 IDC 有人员支持，意思就是说，在 IDC 托管的服务器，会有人帮我们照看和维护。说到这里，大家可能会有一个疑问：服务器本应该是 Linux 运维来维护，那就是说 IDC 的人员就一手包办了？

其实不是这样，IDC 的维护人员只是负责服务器的硬件方面的基础支持。例如，一台服务器的硬盘坏了，我们没办法自己跑过去换，就劳烦 IDC 的维护人员帮忙。服务器上更高级的技术问题，如 Linux 操作系统和上面运行的应用等，那就是 Linux 运维的工作。具体如图 2.7 所示。

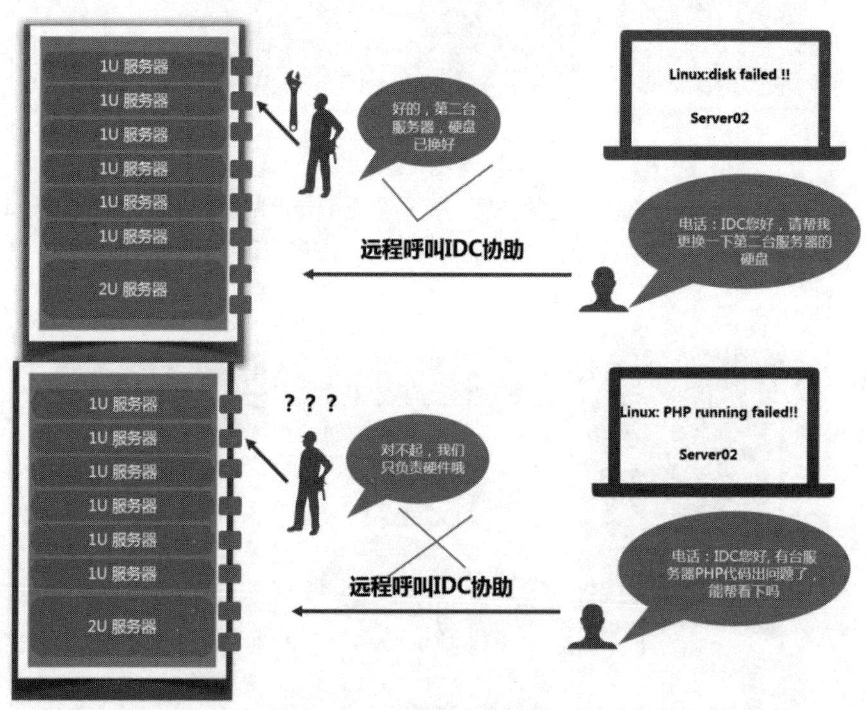

图 2.7　运维工程师和 IDC 的沟通

扫一扫，看视频

2.1.4 普通计算机也能做服务器

之前总是在提服务器，大家可能会有个疑问。请问大米哥，难道我们为了学习，也必须得去弄一台真正的服务器才可以吗?

回答当然不是，普通计算机或者笔记本也一样可以的。之前其实也说过，不管家用计算机，还是放在 IDC 的服务器，本质都是计算机。把 Linux 操作系统安装上去以后，进去看到的一切，其实大同小异。所谓的区别，无非就像是家用计算机上能看到一块硬盘，服务器上却能看到更多块硬盘，或者更多的 CPU 或内存，所以说没有本质的区别，如图 2.8 所示。

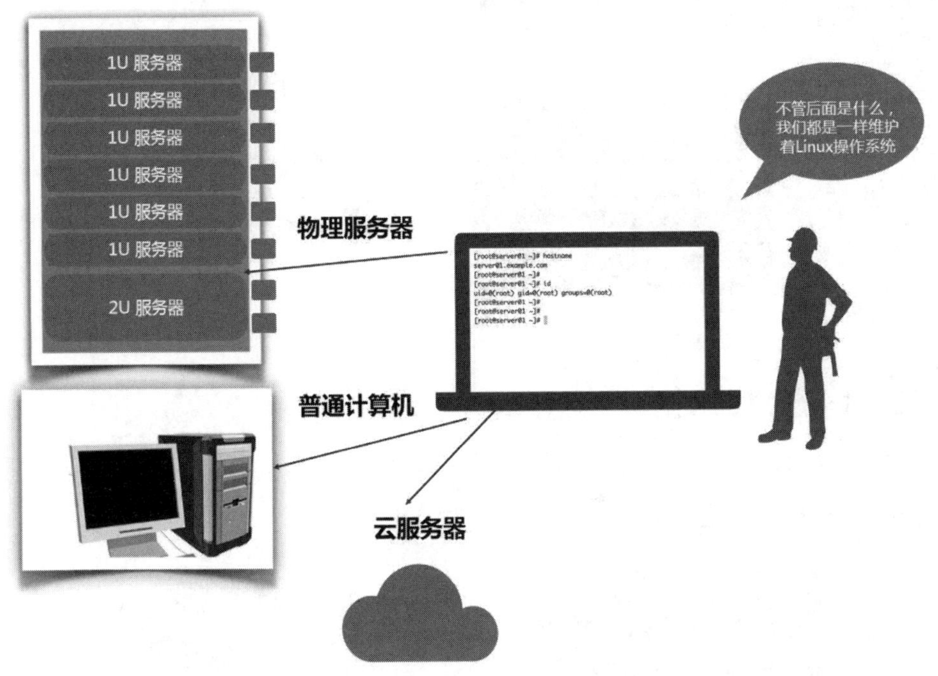

图 2.8　一切皆可算服务器

2.2　虚拟化的入门

扫一扫，看视频

随着学习的深入，我们很快就要开始接触 Linux 操作系统。不过如果真的把一台计算机完全安装成 Linux 操作系统，其实很不方便学习。道理很简单，如图 2.9 所示。

如图 2.9 所示，因为我们在学习的过程中会遇到经常查看笔记、上网查资料、重新启动整个 Linux 的情况。假如只有一台计算机，而你把这台计算机完全安装成 Linux，Linux 操作系统的桌面应用是很不友好的（其实往后学习的 Linux，只用命令行，不用桌面），非常不便于学习。除非有两台计算机，可以尝试一台用来安装成 Windows 方便学习，另一台完全安装成 Linux。我推荐的方法是，在一台 Windows 的计算机中，通过虚拟机软件，再安装一个 Linux，这样大大方便了学习。

图 2.9　虚拟化的便利

扫一扫，看视频

2.2.1　虚拟机和虚拟化是什么

先说虚拟机是什么。如图 2.10 所示，用最简单的话来描述一下，就是在当前的操作系统中，再启动另一个操作系统，两个一起运行，还互不干扰。

图 2.10　虚拟机是什么

像图 2.10 中的例子，你坐在家里的计算机前看电影、听音乐，用的 99.99%是 Windows 操作系统，但现在为了找个好工作，必须学习 Linux，难道为了学 Linux，就把家里唯一的一台计算机整个换成 Linux，那就太不方便了。

最简单的方法就是，在 Windows 里面装一个虚拟机软件，然后在这个软件上安装并使用 Linux。明白了这个以后，我们再扩展一下，看虚拟化是什么。简单来说，虚拟化是一种技术，有了它才有了虚拟机，可以说虚拟化是虚拟机的底层实现方法。

如图 2.11 所示，虚拟化就好比是分蛋糕，原本一台计算机的硬件是固定的，也是不可分割的，但是虚拟化技术却可以把整个计算机当成一个蛋糕，切成好几份，然后再用纸盒子分别包起来。

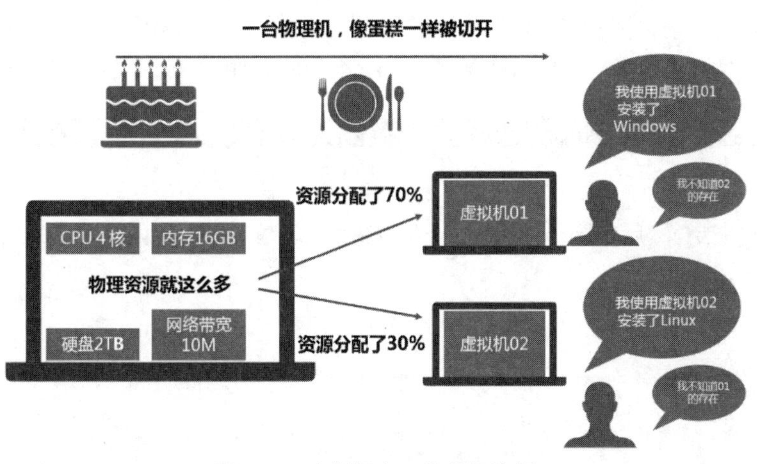

图 2.11　虚拟机占用物理机资源

图 2.11 上显示把一台物理机虚拟成两台虚拟机 01 和 02，让两个人分开使用。两个人其实彼此根本不知道对方的存在，以为只有自己正在用的虚拟机。而且也不知道自己用的这台机器是被虚拟出来的。

2.2.2　自己构建一台虚拟机

扫一扫，看视频

为了让自己的操作系统能跑起来一台虚拟机，首先我们要下载虚拟机的软件，这里推荐的是 VirtualBox。它是一款小巧且免费的软件，不管用 Windows 版本，还是苹果 Mac 版本都没问题，而且安装极其简单。开始动手实践了，跟着大米哥一起来做吧。

先百度搜索 VirtualBox，下载适合的版本。大米哥用的是苹果笔记本，所以下载的是 Mac 版本，在使用过程中版本之间没什么区别。首先我们来到 VirtualBox 的官网，如图 2.12 所示。

图 2.12　官网下载 VirtualBox

如图 2.12 所示，当前最新的是 6.0.4 版本，找到适合的版本，单击即可下载。下载完成之后，显示如图 2.13 所示的文件。注意，Windows 下载的是.exe 结尾的文件，Mac 下载的是.dmg 结尾的文件。

VirtualBox-6.0.4-128413-OSX.dmg　165.4 MB　磁盘映像

图 2.13　选择适合自己系统的版本

双击之后即可安装，然后直接单击“下一步”按钮即可，很简单就装好了。打开 VirtualBox 软件后，就会进入如图 2.14 所示的界面。

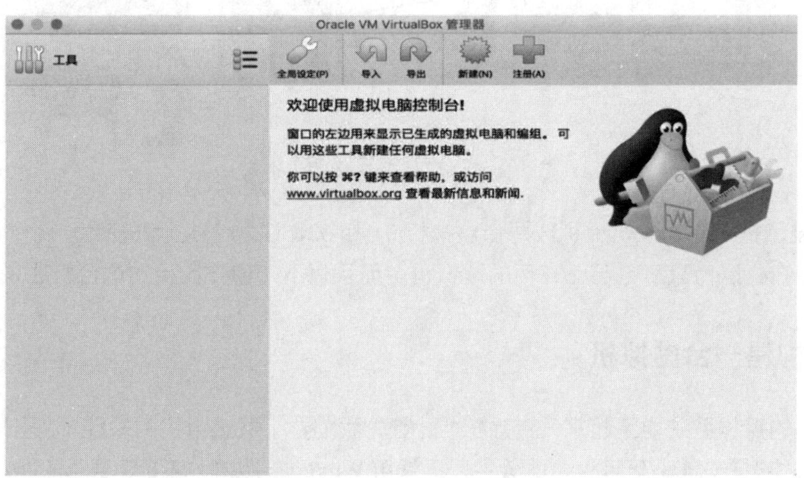

图 2.14　VirtualBox 主界面

这样虚拟机的软件就已经安装好了。不过，虽然虚拟机软件启动，但里面是空的，我们还有两件事要做：

（1）在虚拟机中创建一个实例。

（2）给实例安装上 Linux 操作系统。

接下来看图 2.15，给大家解释一下当前的状况如何。

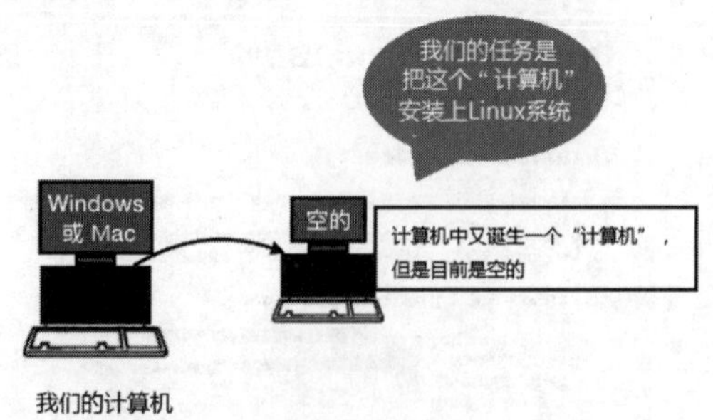

图 2.15　计算机中诞生又一台虚拟机

到这里先暂停一下，学了后面的知识再继续往下操作。

2.3　安装 Linux 操作系统

虚拟机已经准备好了，这相当于盖楼房先打好了地基，接下来把安装 Linux 的流程走完。

2.3.1　Linux 版本介绍和挑选

扫一扫，看视频

为什么 2.2 节最后暂停先不安装？因为想要继续安装 Linux，要知道安装哪个版本的才行。首先要知道，市面上的 Linux 发行版本很多，如果一个个学习，既没有必要，也很难做到。说到这里大家可能会有一个疑问：Linux 如果有一大堆版本，假如学好了一个，其他的就都不会用？这个完全不用担心，借助图 2.16 给大家做个解释。

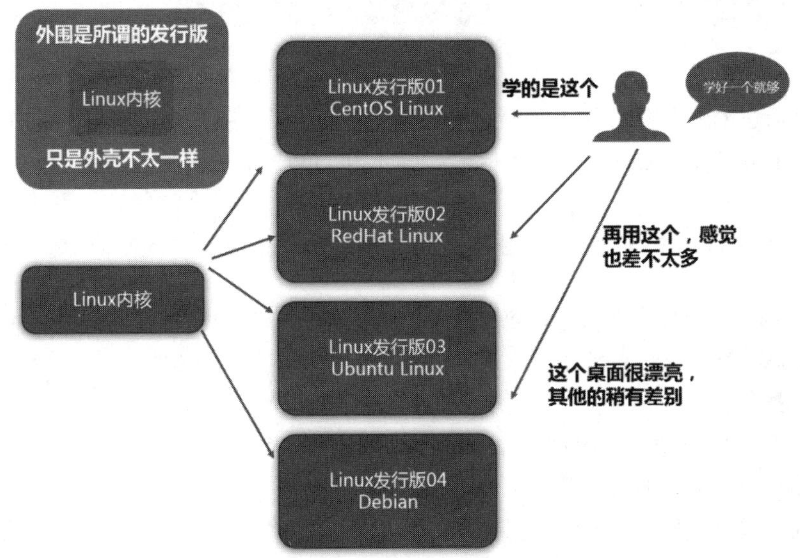

图 2.16　选择一个 Linux 发行版

即便是不同版本的 Linux，其实并没有本质的区别。Linux 这个词，其实指的是内核，这个东西很抽象，可以理解为底层的驱动，也就是最靠近硬件的部分，是由成百上千万行的代码组成。

图 2.17 所示是 Linux 的商业版本和社区版本概况。Linux 所有的发行版本中，RedHat（红帽）知名度最高，使用最为广泛。而且 RedHat 还是一个版本系列，其中 RedHat 的企业版经克隆后，变成社区免费版本 CentOS。而 CentOS 可以说是当前企业中服务器最普及的 Linux 发行版，自然也就成为我们的首选。

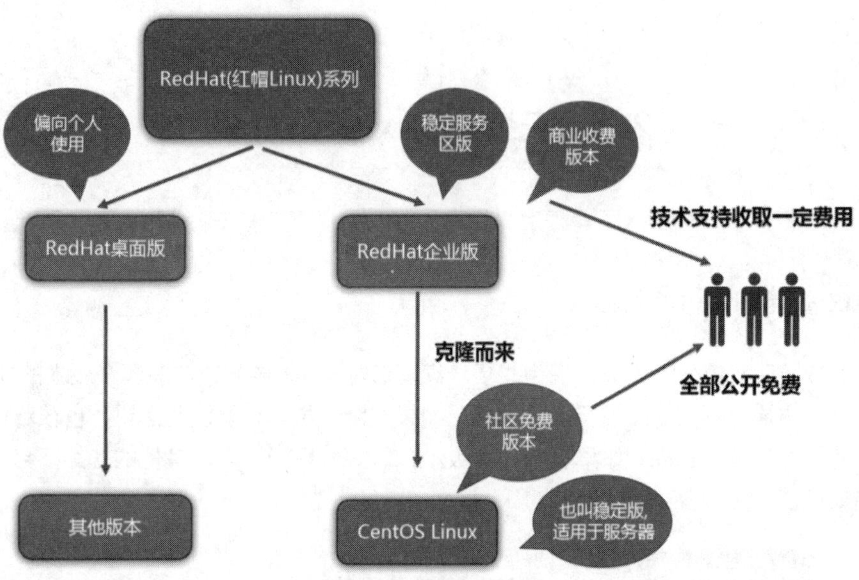

图 2.17　社区版和商业版

在大米哥服务过的所有企业中，出现最多的是 4 种 Linux 发行版：CentOS、Debian、Ubuntu、RedHat。其中 8 家公司中的 6 家使用 CentOS，1 家使用 Debian 和 Ubuntu，1 家使用 RedHat。

扫一扫，看视频

2.3.2　选择合适的镜像文件

相信有计算机的朋友，对安装 Windows 操作系统很熟悉。拿一张 Windows 的光盘放入光驱中，然后重启计算机后，自动就进入了安装界面，剩下的就是一步步（有一个 BIOS 设置让光驱先启动的步骤）操作。

在虚拟机中安装操作系统和在真机上安装其实流程大同小异。不过现如今，不管台式计算机，还是笔记本，可能都不带光驱，那怎么来安装 Linux?

回答就是 IOS 镜像文件。关于什么是镜像文件，这里不浪费篇幅去细讲它。我们只要知道，一个镜像文件就可以等同于一张安装光盘即可，只不过它不是光盘，是一个很大的文件。

接下来去 Centos 的官网下载一个最新版的 IOS 镜像文件 https://www.centos.org/download/。然后选择 DVD IOS 镜像文件，从列表中选择一个下载即可，如 http://mirrors.163.com/centos/7.6.1810/isos/x86_64/entOS-7-x86_64-DVD-1810.iso。下载好以后，存到本地一个固定的位置备好。

扫一扫，看视频

2.3.3　虚拟机创建实例

接下来，回到之前的虚拟机软件的主界面。虚拟机平台现在是空空如也，得先创建一个实例出来。什么是实例？虚拟机软件 VirtualBox 只是一个平台，可以把它想象成是一个空房间，创建一个实例就相当于在这个空房间中构造出来一台计算机。方法很简单，如图 2.18 所示。

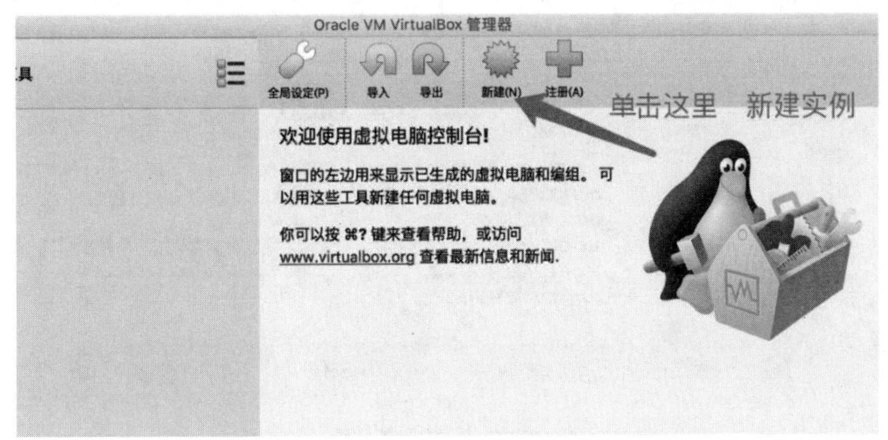

图 2.18　单击“新建”按钮

单击“新建”按钮后，进入如图 2.19 所示的界面。这里要给第一个实例起个名字，选择系统类型、内存大小等。

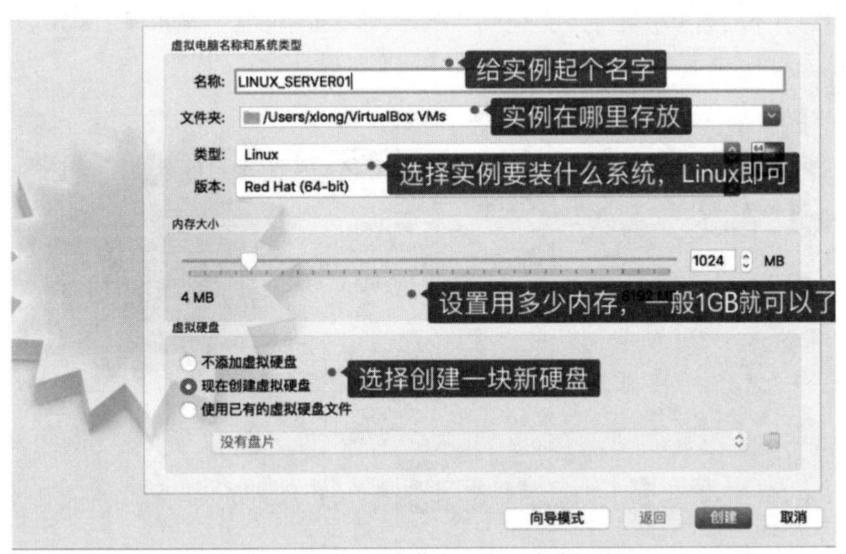

图 2.19　填写当前虚拟机的信息

单击“创建”按钮后，来到图 2.20 所示的画面，设置一下新硬盘大小和存储类型，建议选择动态分配。

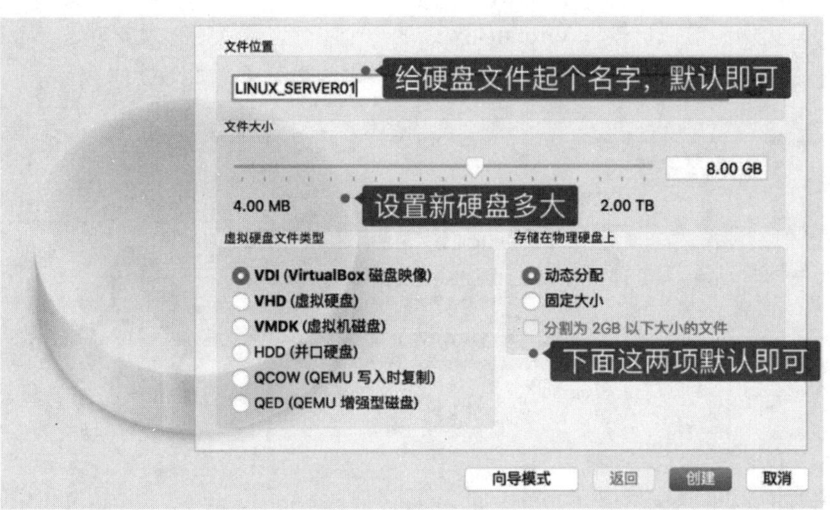

图 2.20　设置硬盘类型

下面解释一下动态分配和固定分配的区别。给虚拟机分配的硬盘，肯定是取自本地的真实计算机中，动态分配的意思是说：如果分配了一个 8GB 的硬盘给这台虚拟机，而虚拟机在运行的过程中，其实只用到了 1GB，则剩下的 7GB 不会从真实计算机中扣除。如果选择了固定大小，那么如果分配了 8GB 的硬盘给了虚拟机，不管虚拟机真正用了多少，在真实计算机中就已经被扣掉了 8GB。

最后一步做完后，“空虚拟机”就准备好了，如图 2.21 所示。

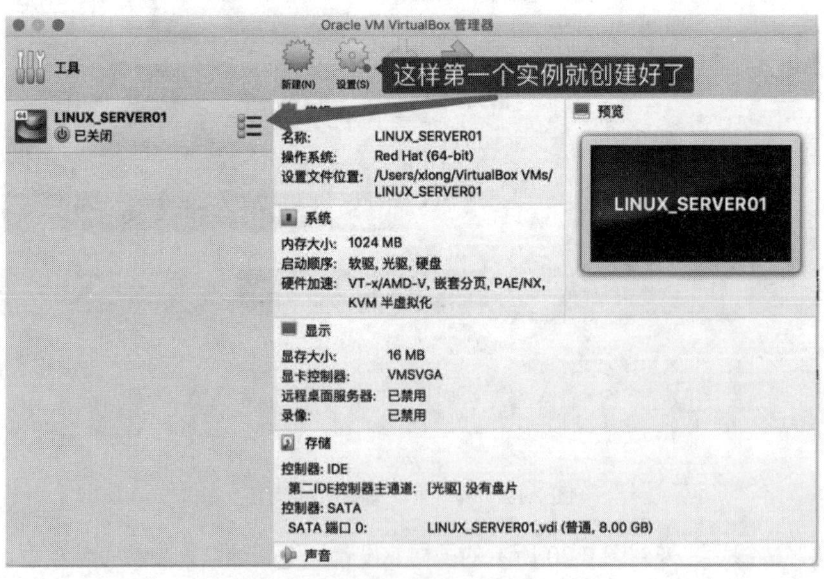

图 2.21　准备好第一台空虚拟机

2.3.4　虚拟机导入光盘并设置启动项

扫一扫，看视频

虚拟机实例创建好后，相当于在一个空房间中创建了一台计算机的裸机。裸机就是空计算机，没有操作系统，没有接网络，目前还没法使用。接下来给这台裸机做些配置。

首先把之前下载好的 IOS 镜像文件当成光盘，插入这台裸机中，跟着下面的步骤一起做。先单击“设置”按钮，如图 2.22 所示。

图 2.22　设置空虚拟机

然后如图 2.23 所示，单击“存储”按钮，单击左边的“没有盘片”，最后单击最右边的小光盘。这是为了加载 IOS 镜像文件，也就是把光盘插入，如图 2.24 所示。

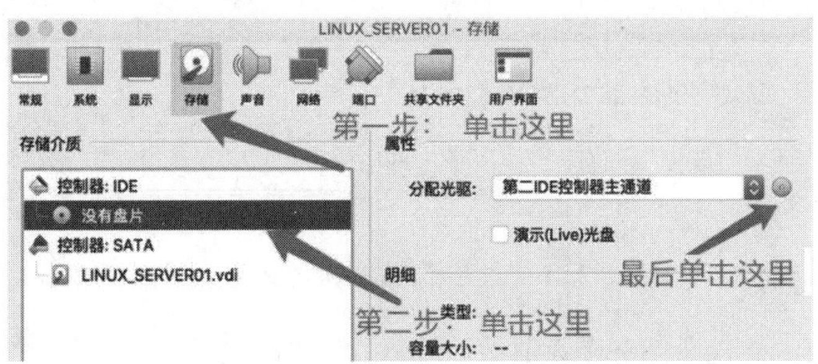

图 2.23　选择“存储”选项卡并添加光盘文件

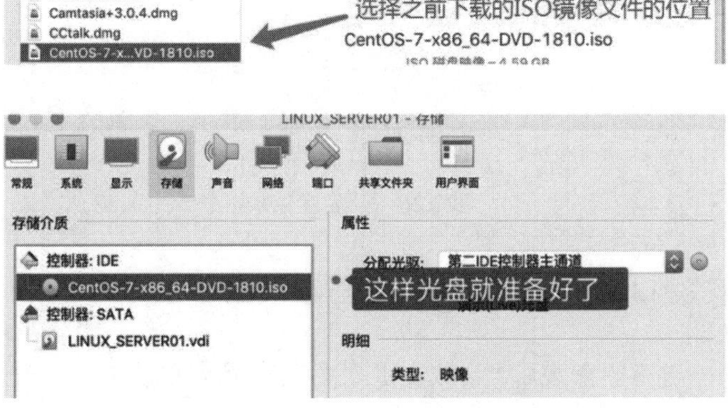

图 2.24　Linux 光盘被放入空虚拟机

光盘准备好以后，进行下一步，也就是设置让虚拟机实例以光盘启动。凡是经常安装 Windows 的朋友对这个再熟悉不过，就是调整 BIOS 的设置，让光盘在硬盘之前启动，这样才可以安装系统，如图 2.25 所示。

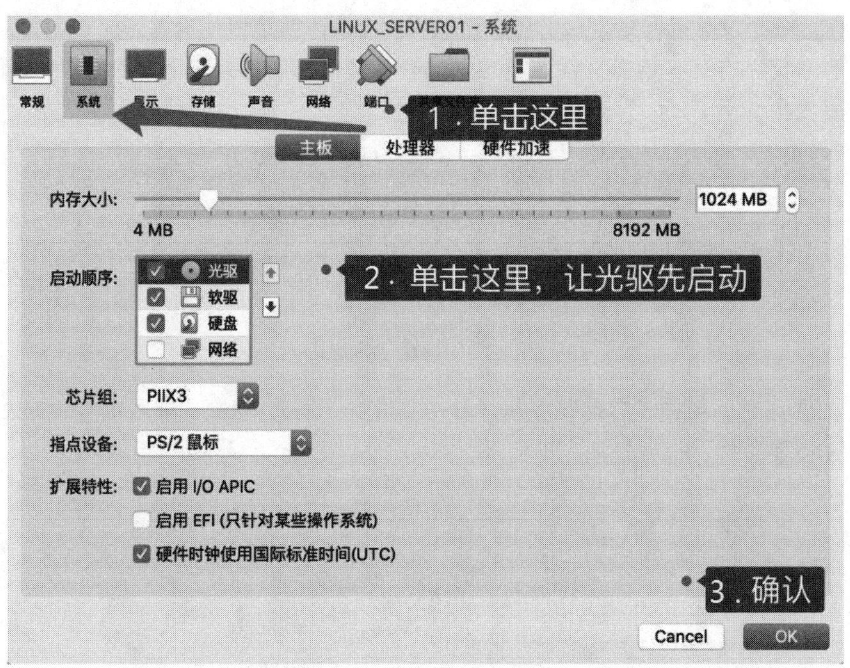

图 2.25　让空虚拟机的光驱先启动

这里只要保证光驱的启动顺序在硬盘前面就可以。全都设置好以后，单击“启动”按钮，如图 2.26 所示。

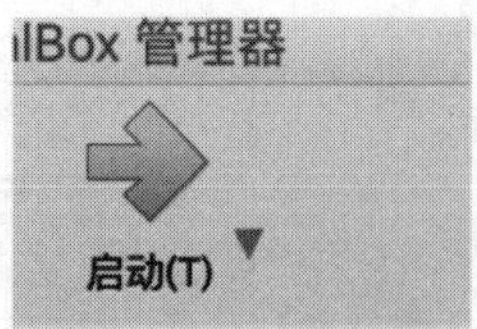

图 2.26　开启虚拟机

扫一扫，看视频

2.3.5　安装 Linux CentOS 中的基本设置

按 Enter 键开始安装后，会依次进入图 2.27 所示的界面。首先选择在安装过程中用什么语言，推荐选择英文。

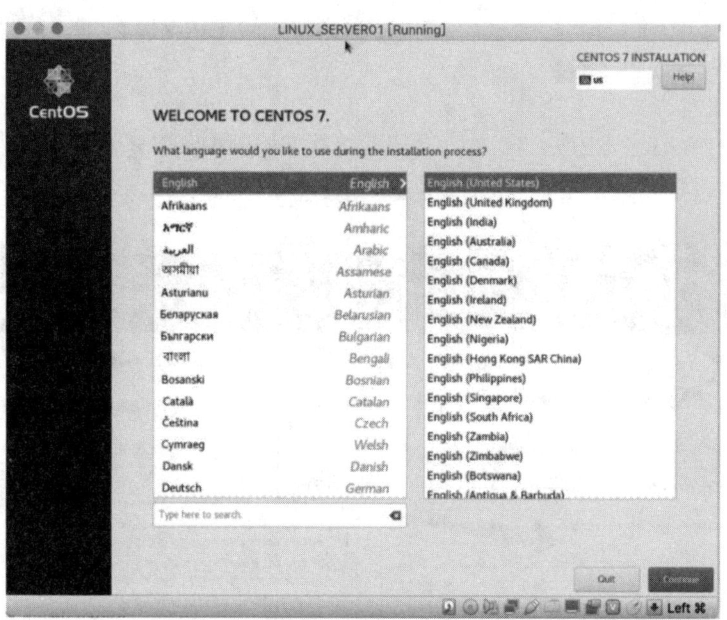

图 2.27　选择安装语言

接下来到图 2.28 所示的这一步。

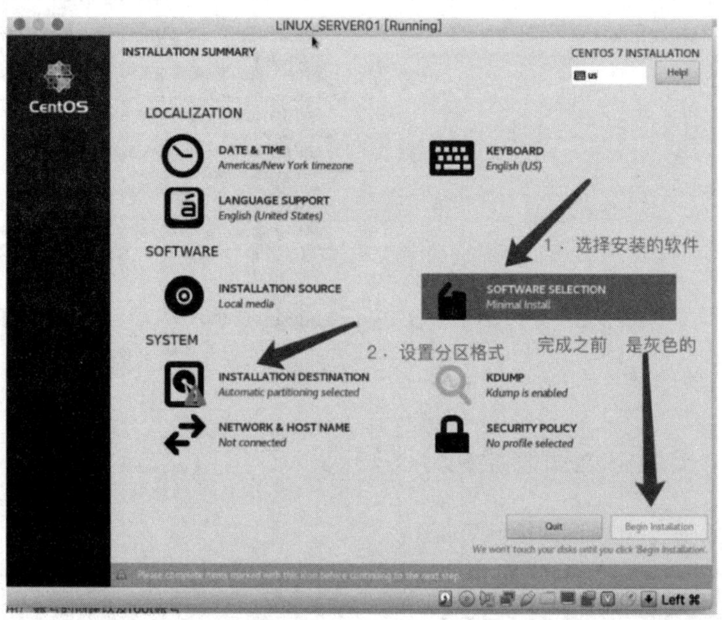

图 2.28　选择安装哪些软件（有套餐提示）

2.3.6 安装中选择软件套餐

首先单击 SOFTWARE SELECTION，这里是选择按照哪种套餐来安装，默认是选择的 Minimal Install，最小安装，这会给新手带来很多不便，不要选它，换成图 2.29 所示的 Basic Web Server 即可。

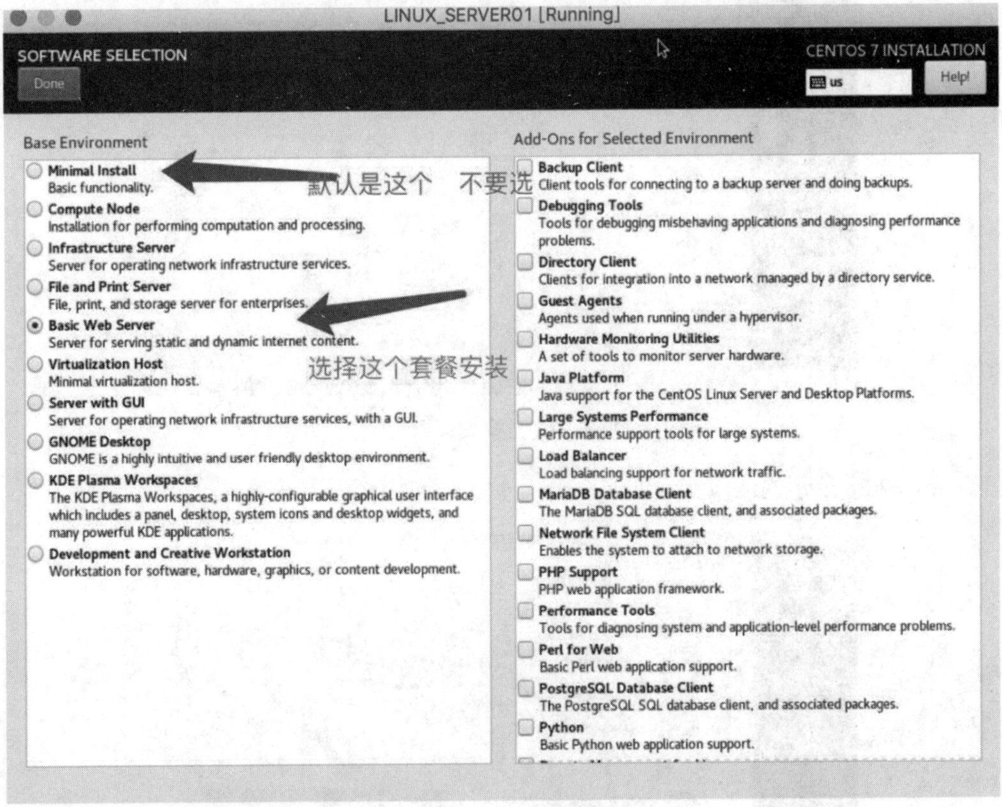

LINUX_SERVER01 [Running]

SOFTWARE SELECTION

Done

CENTOS 7 INSTALLATION

us

Help!

Base Environment

Minimal Install
Basic functionality.

默认是这个　不要选

Compute Node
Installation for performing computation and processing.

Infrastructure Server
Server for operating network infrastructure services.

File and Print Server
File, print, and storage server for enterprises.

Basic Web Server
Server for serving static and dynamic internet content.

选择这个套餐安装

Virtualization Host
Minimal virtualization host.

Server with GUI
Server for operating network infrastructure services, with a GUI.

GNOME Desktop
GNOME is a highly intuitive and user friendly desktop environment.

KDE Plasma Workspaces
The KDE Plasma Workspaces, a highly-configurable graphical user interface which includes a panel, desktop, system icons and desktop widgets, and many powerful KDE applications.

Development and Creative Workstation
Workstation for software, hardware, graphics, or content development.

Add-Ons for Selected Environment

Backup Client
Client tools for connecting to a backup server and doing backups.

Debugging Tools
Tools for debugging misbehaving applications and diagnosing performance problems.

Directory Client
Clients for integration into a network managed by a directory service.

Guest Agents
Agents used when running under a hypervisor.

Hardware Monitoring Utilities
A set of tools to monitor server hardware.

Java Platform
Java support for the CentOS Linux Server and Desktop Platforms.

Large Systems Performance
Performance support tools for large systems.

Load Balancer
Load balancing support for network traffic.

MariaDB Database Client
The MariaDB SQL database client, and associated packages.

Network File System Client
Enables the system to attach to network storage.

PHP Support
PHP web application framework.

Performance Tools
Tools for diagnosing system and application-level performance problems.

Perl for Web
Basic Perl web application support.

PostgreSQL Database Client
The PostgreSQL SQL database client, and associated packages.

Python
Basic Python web application support.

图 2.29　选择 Basic Web Server 套餐

然后是单击第二步的硬盘和分区的选择。

扫一扫，看视频

2.3.7 安装中选择硬盘和分区模式

按照图 2.30 所示的指示来操作。

这里特殊说明一下，选中上面的 8GB 硬盘，这个就是我们最开始创建的那个硬盘。然后下面选择自动分区模式，因为 Linux 的分区知识目前还没学到，且比较复杂，之后我们学到了该章节的知识后再回过来看这里。

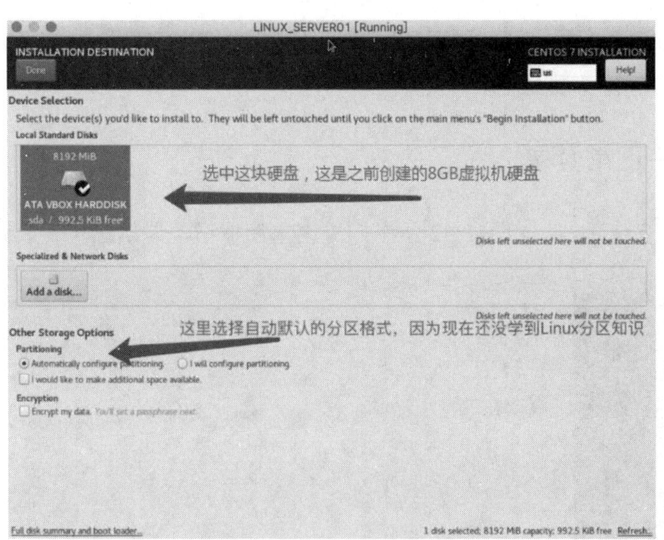

图 2.30　选择之前创建的硬盘

2.3.8　安装中设置管理员 root 密码

单击“开始安装”按钮后，进入下面的步骤。到这里以后，可以看到下面有一个进度条，显示着 Linux 正在执行安装。在这个过程中，记得单击上面的 ROOT PASSWORD，设置一下管理员的密码，如图 2.31 所示。

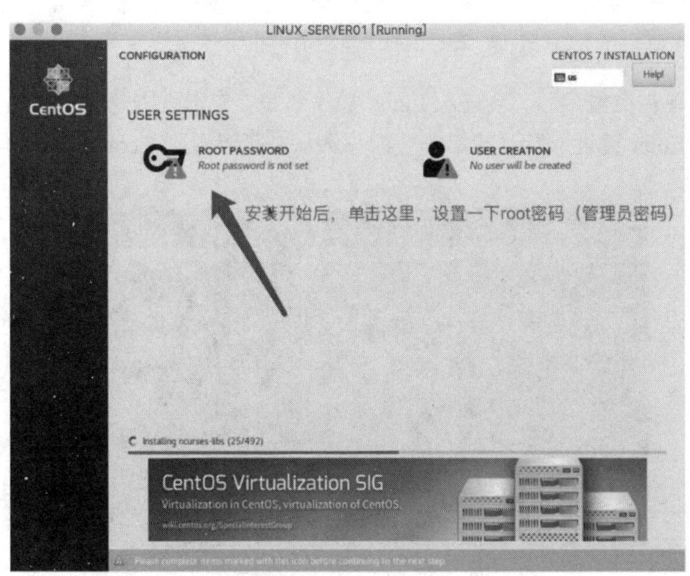

图 2.31　安装过程中别忘了设置 root 管理员密码

Linux 下的管理员用户叫作 root，需要预先设置一下它的密码。注意，设置 root 的密码不可以太简单。剩下的任务，就是等待安装完成。

2.3.9 结束安装并正常登录

Linux 操作系统安装结束后，如图 2.32 所示，单击重启按钮，退出这个安装界面。

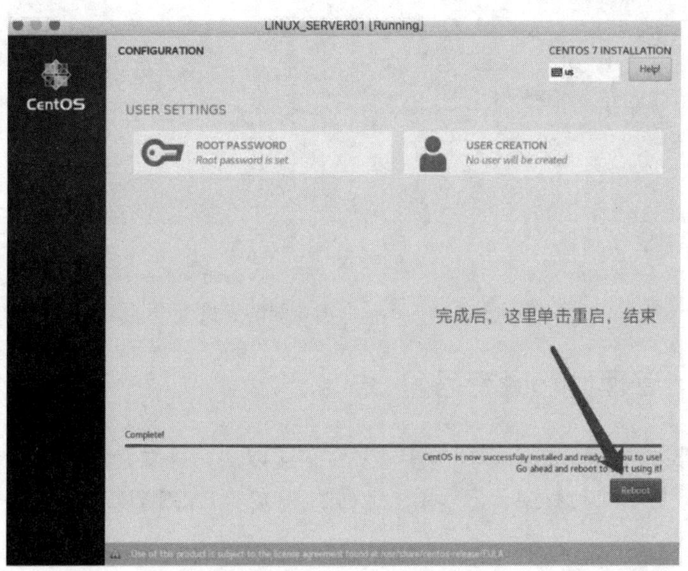

图 2.32　重启虚拟机

如图 2.33 所示，单击完重启后，会进入 Linux 操作系统，先出现的是一个黑色背景的窗口，这其实是引导系统，直接按 Enter 键进入默认的第一项即可，从中可以看到 CentOS Linux 和内核的版本。

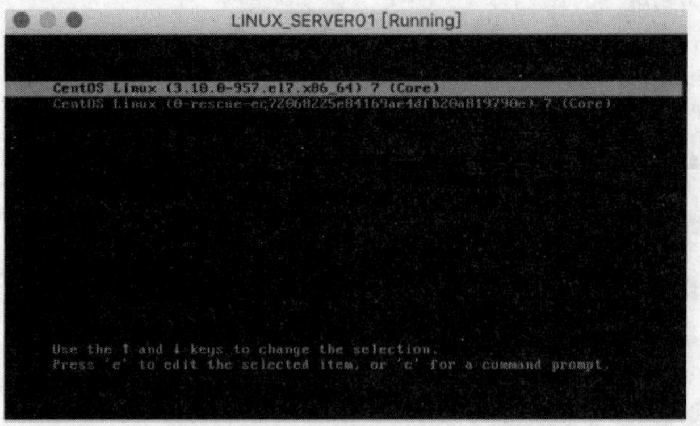

图 2.33　Linux 开机预加载

如图 2.34 所示，Linux 操作系统开始它的启动流程了，这时其实是按顺序逐个启动软件，中间如果出现了零星几个红色的，非 OK 的提示，也无大碍，可以照常继续。

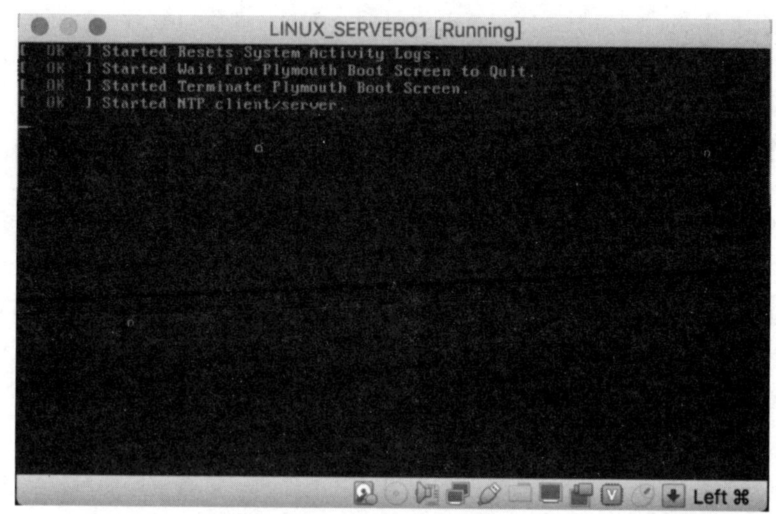

图 2.34　Linux 启动各种软件

如图 2.35 所示，系统启动成功后，就可以看到 Linux 的登录界面了。这个登录界面要求输入账号和密码，账号使用 root，密码是刚刚安装过程中创建的。

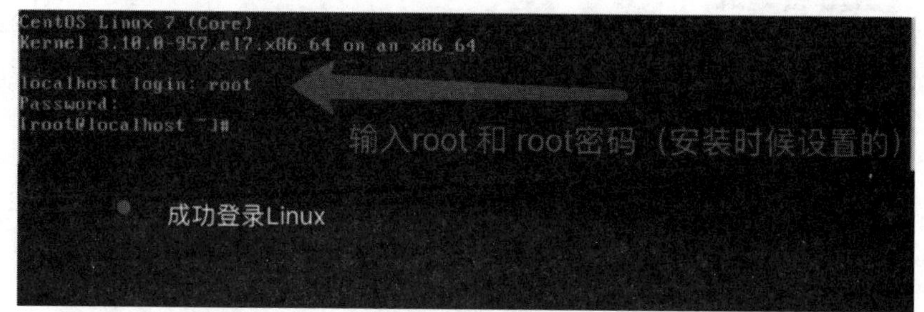

图 2.35　进入登录提示

2.3.10　安装系统中遇到的问题

扫一扫，看视频

安装看似很顺利，其实在自己安装的时候，还是可能会遇到一些意外问题。这里给大家列举几个可能出现的问题。

（1）下载光盘镜像的时候，请确认下载的是 Centos_DVD ISO 的镜像，不要下载错了。

（2）如果创建了一个实例后，想删掉它，一定要选择“删除所有文件”，不然对新手来说，不好清理。

（3）在配置虚拟机平台时，如果在 VirtualBox 最下面是警告提示，则说明某些设置错误，或者无效。

（4）启动虚拟机以后，虚拟机操作系统的窗口和外面的桌面窗口会有一个来回切换的问题，如果用的是 Windows，请按左 Alt 键；如果是苹果计算机，请按左 command。

扫一扫，看视频

2.3.11 扩展知识：初识云机和云计算

我们通过之前的学习，已经成功地在自己的计算机上安装了虚拟机和操作系统。现在就可以想象成，你的一台计算机其实当成两台在使用。把一台物理计算机虚拟成多台使用，这就是虚拟化的功能。不过在当前的互联网领域中，虚拟化并不只是能让我们学习方便，它还有更高层次的作用。

比如说云计算。现在什么都是云，云计算、云主机、公有云，到底是什么意思？本节借助虚拟机这个话题来扩展一些云的知识。

一提到云，我们的第一印象是什么？一团团，含糊不清。其实云这个概念，在刚提出来时，它本来的目的是让用户使用服务器时，忽略所有复杂的建设和底层技术，拿着直接使用，且随时随地可使用。

在 1.4 节中跟大家解释的很清楚，互联网的产品必须交托给服务器，然后上线，用户才可以正常地使用。不过，服务器和机房的建设与后期的维护始终是不能忽视的问题，需要大量的人力去建设，如图 2.36 所示。

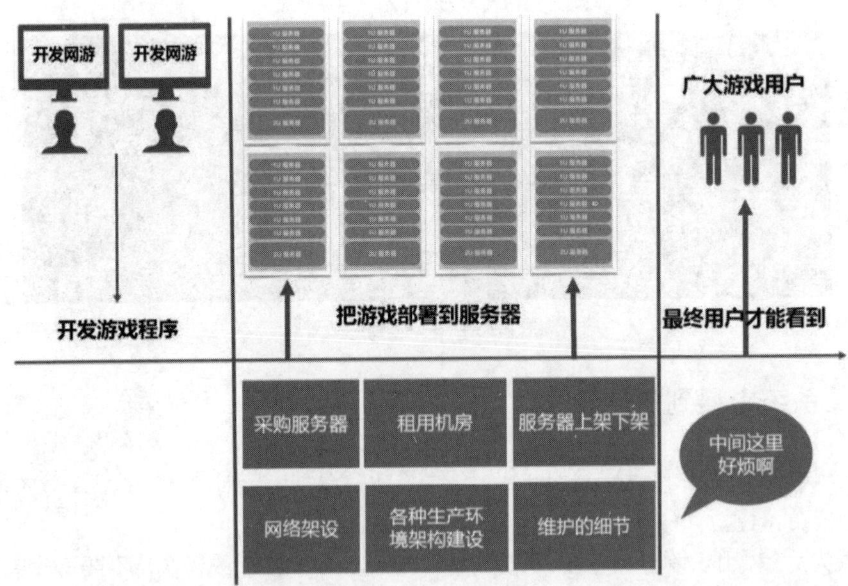

图 2.36　服务器和网游的密切关系

对于一款互联网产品来说，作为运维工程师的我们，肯定知道它的背后必定是硬件服务器在运行和支撑着。这些服务器上还运行着 Linux 操作系统、各种开源软件、各种数据库、各种防火墙、各种 Web 等一堆技术。这些服务器加上上面的各种技术统称为环境，又叫作生产环境。这个生产环境本身非常复杂，实现起来的难度可以说都不亚于产品开发的难度。

举例来说，一个公司想做一个购物网站，在程序还没写好之前，开始筹划采购服务器、网络设备、机架，然后托管到机房。费了很大的力气，最后机房和服务器全都架设好，还要考虑到硬件的损坏、网络不稳定、地点限制等这些底层因素。其实公司的核心业务是为了这个购物网站，而像服务器、机房等，能少花精力最好。

所以说，为了让所有的企业（或者个人）能够尽量把精力集中在自身的产品上，把这些底层的工作解放出去，于是，云的概念就提出来了。如图 2.37 所示就是一种理想的状态。

图 2.37　云的概念

假如能有一种形式，能让工程师们不用再去考虑所有的底层工作，把所有的精力都用在产品的开发上，需要上线时，其他什么都不用管，随时随地地直接放上去，这是最理想的。

但往往理想是美好的，现实是残酷的，为什么这么说？云的概念虽然早就被提出，但云只不过是个理念，真的要用起来，还必须得把它实体化才行。云产品现在确实不少，不过使用最广泛的还是云机。

什么是云机？说的直白一点就是用虚拟化的技术，把一台物理服务器变成多台虚拟服务器，然后把这些虚拟服务器开放出来，让用户使用。

举个工作中的例子，公司为了业务拓展，决定再买三台服务器来使用。如果放在以前，公司得去寻找 IDC、谈价格、购买服务器、搬运上架、接通网络、手动安装 Linux 操作系统和一些基本的软件，一堆麻烦事。现在有了云机以后，由运维工程师直接在购买云机的网站上，用鼠标单击几下，几台服务器就准备好了，可以直接使用。这样一来，确实方便很多，最起码作为运维工程师，不需要再去折腾现实中的物理服务器，而且更换硬盘、接入网络都变成傻瓜式操作了。

既然云机（云服务器）这么便利，那么物理服务器是不是就没人用？肯定不是。

第一，云服务器是众多云产品中的一种，不过它用得最多。云理念体现最多的就是云产品，但是目前任何云产品都达不到我们之前说的理想要求。最多也就是省下了花在机房中的功夫，而服务器上其他的技术，都依然需要人为去干预，主要指的是运维。

第二，购买物理服务器很昂贵，而用云服务器从理论上说，应该便宜很多。但事实不然，如果使用的时间周期比较长且使用的配置较高，云服务器并不比物理服务器便宜（甚至更贵）。

第三，云服务器有一定的安全问题。试想卖家一台物理服务器可能会虚拟出几十台虚拟机，这几十台虚拟机可不见得都碰巧是你在用，也有可能别人也在用。虽然做云的厂商会承诺做好安全隔离，但是有很多用户就是放心不下。

第四，一旦公司使用了云服务器，很多时候会变得缺乏掌控。例如，我们快速购买了一台云服务器，用的时候觉得很便利，但是我们的掌控也只被局限在这台云服务器的操作系统中。假如有一天，我们觉得性能不理想，想在背后的物理服务器中更换更快的硬盘或者网卡/显卡，就不能随便做到，因为所有的硬件（服务器上）都在卖家手中掌控。

另外再举个例子，我们工作中用云服务器时偶尔会收到卖家发来的信息，说您所使用的云服务器所在的物理机需要做迁移，请提前关闭系统、关闭软件等，这都是不可控的因素。

综上所述，云服务器的出现并不能说就取代了物理服务器的使用。

第3章

Linux 下的文件操作

从本章开始，我们来认识和接触 Linux 的命令行。命令行是我们和 Linux 操作系统沟通的方式，大多数 Linux 命令是由一个个的英文单词或缩写组成，如 ls 命令、cat 命令、rm 命令。命令的使用都有固定的格式，只要勤加练习，就可以游刃有余地使用它们。

命令行是 Linux 最强大的工具，也是最有魅力的地方。那么Linux操作系统有没有和windows一样的图形界面？回答是有的，但建议彻底打消这种念头，因为图形界面既浪费资源，又不实用，况且在企业中，几乎99%的服务器上的Linux都强制去掉图形界面，只有命令行。所以，既然开始学习 Linux 了，就要做好放弃鼠标的心理准备。

3.1　首次登录系统

进入公司后，作为一名 Linux 运维工程师，不管老板交给你什么任务，开始工作的第一个问题肯定是要登录服务器(Linux)，看命令行。

扫一扫，看视频

3.1.1　本地登录和远程登录

主管：小威，现在有两台服务器要交给你来维护，一台是公司内部的塔式服务器，一台是在阿里云上的服务器。你这几天的任务，就是先登录两台服务器，熟悉一下每台服务器上都存着什么文件，然后会有备份文件的任务交给你。

小威：好的。

任务明白，可在 Linux 上如何完成任务？两台服务器都没有图形界面，只能用命令行。接下来迈出第一步，先看登录 Linux 操作系统的方式，如图 3.1 所示。

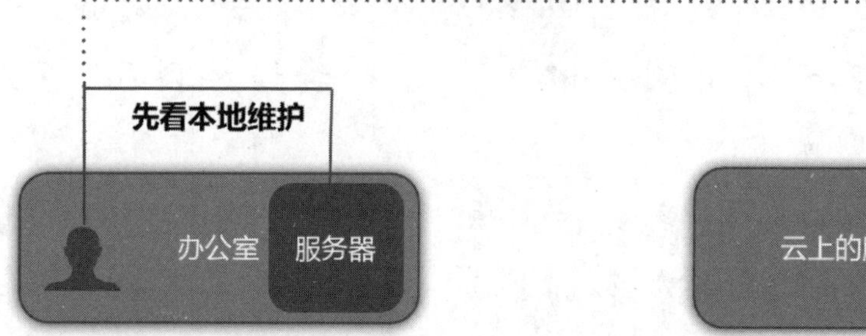

图 3.1　远程维护和本地维护

这两台服务器，一台是在办公室放着的真机，还有一台是阿里云上的云机。阿里云上的云机不在身边，需要用远程命令行的方式去登录，不过我们当前还没学到 Linux 网络和 SSH 等，暂且把这个放在一边，先看放在办公室的真服务器。这种服务器就在身边，是最直接的维护方式，就跟平时使用家用计算机一样，连接显示器、键盘，然后开通电源即可。

接下来显示器就出现了登录画面，如图 3.2 所示，用虚拟机的终端来模拟登录就可以。什么叫终端？现在就理解为一个虚拟的显示器即可。

从图 3.2 中可以看到，当一台虚拟机服务器跑起来后，为了能操作它，就会单独弹出一个终端。这个终端就相当于一个虚拟的显示器，连接上了我们创建的 Linux，然后可以在里面执行操作。

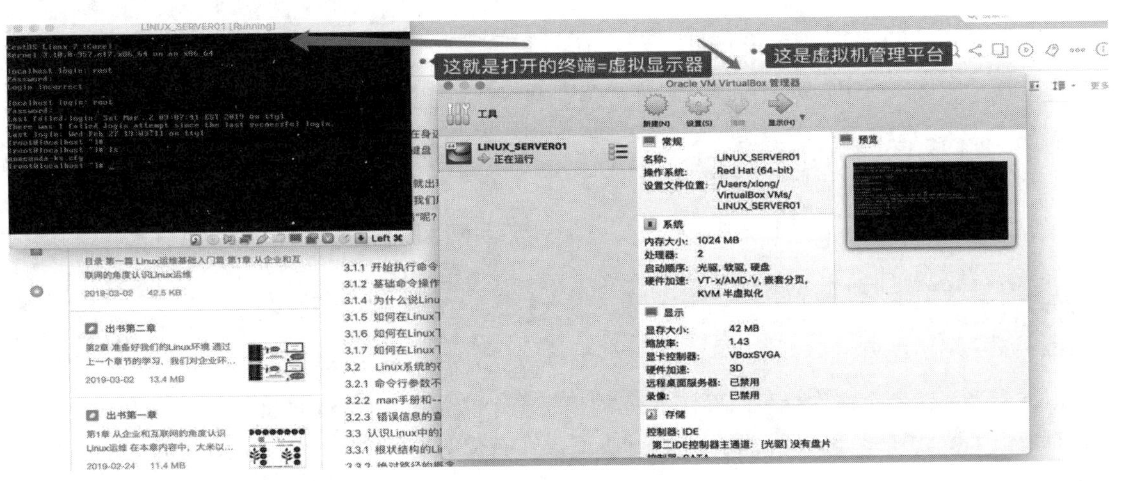

图 3.2　虚拟机的显示器

3.1.2　入门的第一个命令 ls

扫一扫，看视频

Linux 的命令行怎么使用？命令行自然就是输入各种命令。初来乍到，入门 Linux 的第一个命令就是 ls。ls 全称是 list，也就是列表的意思。用 root 账号登录后，别的不管，先一起执行一下 ls，看看结果，如图 3.3 所示。

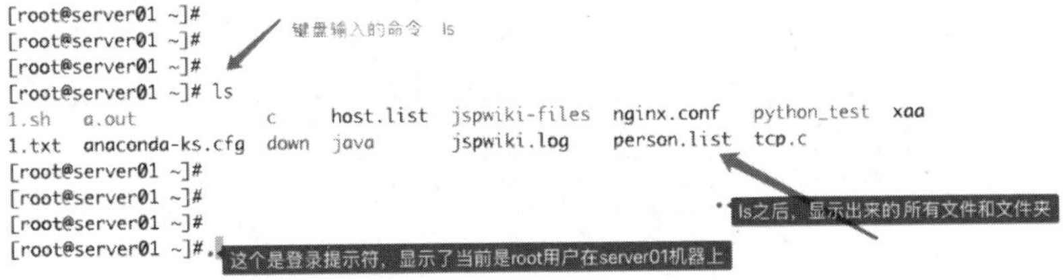

```
[root@server01 ~]#
[root@server01 ~]#
[root@server01 ~]#
[root@server01 ~]# ls
1.sh   a.out            c     host.list  jspwiki-files  nginx.conf   python_test  xaa
1.txt  anaconda-ks.cfg  down  java       jspwiki.log    person.list  tcp.c
[root@server01 ~]#
[root@server01 ~]#
[root@server01 ~]#
[root@server01 ~]#
```


图 3.3　一切从 ls 开始

如图 3.3 所示，命令行输入 ls，然后按 Enter 键，命令就被成功执行了。ls 就这么直接使用，作用是显示当前所处位置下有什么文件或者文件夹。在中间圈起的部分，就是显示输出的结果。在结果中可以看到一个个的文件名或者文件夹名。

那么怎么区分上面的哪个是文件，哪个是文件夹呢？这个暂时先留个疑问，后面讲到文件权限和属性时再看。

接下来找一个名字，试试看它是不是文件夹。怎么确认？很简单，看下面：

```
[root@server01 ~]# ls
1.sh   a.out      c     host.list  jspwiki-files  nginx.conf   python_test  xaa
```

```
1.txt  anaconda-ks.cfg  down  java     jspwiki.log   person.list  tcp.c
```

ls 后面接上文件夹名字，就可以查看文件夹里面的内容。代码如下所示：

```
[root@server01 ~]# ls java
HelloWorld.class  HelloWorld.java
```

如果 ls 后面接上的是一个普通文件的名字，就是单独显示一下这个文件的名字而已。代码如下所示：

```
[root@server01 ~]# ls host.list
host.list
[root@server01 ~]#
```

所以，从上面这两个操作就可以确认 java 的确是一个文件夹，而 host.list 只是一个普通文件。不过，这种确认的方式还是太麻烦，得一个个地去查看，有没有更好的方法？在 3.1.3 小节中需要学会更准确地判断一个文件的属性。

扫一扫，看视频

3.1.3 Linux 判断文件的基本属性

如何查看一个文件都有哪些属性？按图 3.4 所示的方法进行操作。

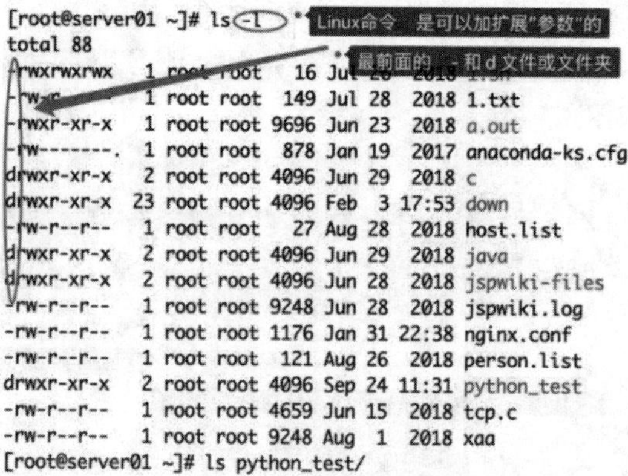

图 3.4　命令可以加参数

从图 3.4 中的操作可以看出以下两点。

（1）Linux 的命令绝大部分都支持“+”扩展参数。如 ls -l 参数，代表的就是不仅要列出所有文件，还要列出所有文件的属性，而且显示出的所有文件都是一个文件占一行，竖着向下排出来。

（2）看输出的每一行的最前面，画圆圈的部分表示的是文件的类型。

- “-”代表是一个普通文件。
- “d”代表是一个文件夹。

知道了这个知识点后，判断一个文件是普通文件还是一个文件夹，就做到 100%准确了。另外，

ls -l 的输出中还有很多其他的属性，如 rw-r--r--、1…这些都是什么意思？后面学到对应的知识点后再来解释。

3.1.4　如何在 Linux 下查看文件内容

扫一扫，看视频

我们现在知道了如何在 Linux 下去区分普通文件和文件夹。对于一个文件夹，我们可以进一步查看里面还有什么其他文件，而对于一个普通文件，怎么来查看里面的内容？按图 3.5 所示的方法进行操作。

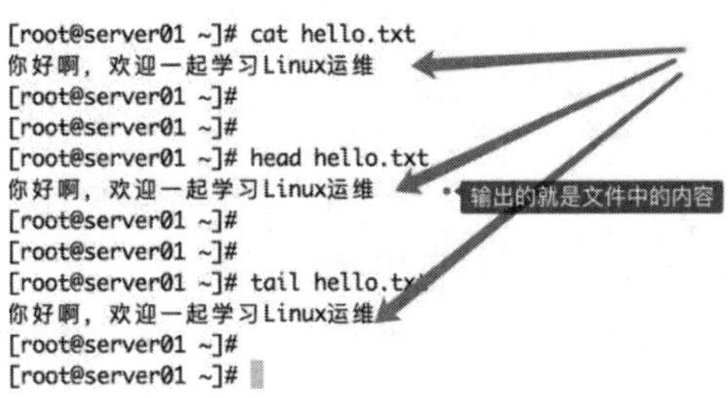

图 3.5　查看文件中的内容

如图 3.5 所示，有一个普通文件叫 hello.txt，这三个命令都可以用来显示文件中的内容。但是，一样的功能为什么有三个不同的命令？这不是多此一举？其实不是的，分别解释一下。

- cat 命令，是一次性把文件中的内容全部输出出来。
- head 命令，是查看头 10 行文件的内容。
- tail 命令，是查看末尾 10 行文件的内容。

这下就明白了为什么三个命令输出内容都一样，因为这个 hello.txt 只有一行内容“您好啊，欢迎一起学习 Linux 运维”，不管是 cat、head、tail 哪一个，都是会输出这一行。如果想看清效果，就需要一个行数较多的文件来试试。代码如下所示：

```
[root@server01 ~]# cat jspwiki.log
2018-06-28 16:52:14,681 [localhost-startStop-2] INFO org.apache.wiki.WikiEngine -
*****************************************
2018-06-28 16:52:14,687 [localhost-startStop-2] INFO org.apache.wiki.WikiEngine -
JSPWiki 2.10.2 starting. Whee!
2018-06-28 16:52:14,701 [localhost-startStop-2] INFO org.apache.wiki.WikiEngine -
Servlet container: Apache Tomcat/7.0.88
2018-06-28 16:52:14,718 [localhost-startStop-2] INFO org.apache.wiki.WikiEngine -
JSPWiki working directory is '/opt/tomcat/temp/JSPWiki-1231510677'
2018-06-28 16:52:15,835 [localhost-startStop-2] INFO org.apache.wiki.providers
.AbstractFileProvider - Wikipages are read from '/root/jspwiki-files'
...
```

一直输出到文件的最后，一直滚屏向下走，直到最后。如图 3.6 和图 3.7 所示，分别用 head、tail 输出这个文件的前 10 行和后 10 行内容。这个文件其实是一个日志记录文件，圈中的部分显示的是记录的时间，从这里就可以看出前后 10 行内容的差别。

```
[root@server01 ~]# head  jspwiki.log
2018-06-28 16:52:14,681 [localhost-startStop-2] INFO org.apache.wiki.WikiEngine  - ******************
*************************
2018-06-28 16:52:14,687 [localhost-startStop-2] INFO org.apache.wiki.WikiEngine  - JSPWiki 2.10.2 sta
rting. Whee!
2018-06-28 16:52:14,701 [localhost-startStop-2] INFO org.apache.wiki.WikiEngine  - Servlet container:
 Apache Tomcat/7.0.88
2018-06-28 16:52:14,718 [localhost-startStop-2] INFO org.apache.wiki.WikiEngine  - JSPWiki working di
rectory is '/opt/tomcat/temp/JSPWiki-1231510677'
2018-06-28 16:52:15,835 [localhost-startStop-2] INFO org.apache.wiki.providers.AbstractFileProvider
- Wikipages are read from '/root/jspwiki-files'
2018-06-28 16:52:15,843 [localhost-startStop-2] INFO org.apache.wiki.plugin.DefaultPluginManager  - R
egistering plugins
2018-06-28 16:52:15,872 [localhost-startStop-2] INFO org.apache.wiki.util.ClassUtil  - setting up cla
ssloaders for external (plugin) jars
2018-06-28 16:52:15,873 [localhost-startStop-2] INFO org.apache.wiki.util.ClassUtil  - no external ja
rs configured, using standard classloading
2018-06-28 16:52:15,894 [localhost-startStop-2] INFO org.apache.wiki.diff.DifferenceManager  - Using
difference provider: TraditionalDiffProvider
2018-06-28 16:52:16,897 [localhost-startStop-2] INFO org.apache.wiki.providers.CachingAttachmentProvi
der  - Initing CachingAttachmentProvider
```

图 3.6　查看一个文件前 10 行内容

```
[root@server01 ~]# tail jspwiki.log
2018-06-28 16:52:16,712 [localhost-startStop-2] INFO org.apache.wiki.WikiServlet  - WikiServlet shutd
own.
2018-06-28 16:52:16,748 [localhost-startStop-2] WARN org.apache.wiki.WikiBackgroundThread  - Detected
 wiki engine shutdown: killing JSPWiki Lucene Indexer.
2018-06-28 16:52:16,748 [localhost-startStop-2] WARN org.apache.wiki.WikiBackgroundThread  - Detected
 wiki engine shutdown: killing WatchDog for 'JSPWiki'.
2018-06-28 16:52:16,748 [localhost-startStop-2] INFO org.apache.wiki.ui.admin.DefaultAdminBeanManager
 - Unregistered AdminBean Core bean
2018-06-28 16:52:16,748 [localhost-startStop-2] INFO org.apache.wiki.ui.admin.DefaultAdminBeanManager
 - Unregistered AdminBean User administration
2018-06-28 16:52:16,749 [localhost-startStop-2] INFO org.apache.wiki.ui.admin.DefaultAdminBeanManager
 - Unregistered AdminBean Search manager
2018-06-28 16:52:16,749 [localhost-startStop-2] INFO org.apache.wiki.ui.admin.DefaultAdminBeanManager
 - Unregistered AdminBean Plugins
2018-06-28 16:52:16,749 [localhost-startStop-2] INFO org.apache.wiki.ui.admin.DefaultAdminBeanManager
 - Unregistered AdminBean Plain editor
2018-06-28 16:52:16,956 [WatchDog for 'JSPWiki'] WARN org.apache.wiki.WikiBackgroundThread  - Interru
pted background thread: WatchDog for 'JSPWiki'.
2018-06-28 16:52:17,525 [JSPWiki Lucene Indexer] WARN org.apache.wiki.WikiBackgroundThread  - Interru
pted background thread: JSPWiki Lucene Indexer.
```

图 3.7　查看一个文件后 10 行内容

最后，再补充一个命令 less，用来上下翻页查看内容，执行以下操作：

```
[root@server01 ~]# less jspwiki.log
```

执行完上面这条命令后，可以得到如图 3.8 所示的效果。

```
2018-06-28 16:52:15,897 [localhost-startStop-2] INFO org.apache.wiki.providers.CachingAttachmentProvi
der  - Initing CachingAttachmentProvider
2018-06-28 16:52:15,928 [localhost-startStop-2] INFO org.apache.wiki.search.LuceneSearchProvider  - L
ucene enabled, cache will be in: /opt/tomcat/temp/JSPWiki-1231510677/lucene
2018-06-28 16:52:15,937 [localhost-startStop-2] INFO org.apache.wiki.ajax.WikiAjaxDispatcherServlet
- WikiAjaxDispatcherServlet registering search=org.apache.wiki.search.SearchManager$JSONSearch@65d0ce
c2 perm=("org.apache.wiki.auth.permissions.PagePermission","*:*","view")
2018-06-28 16:52:15,938 [JSPWiki Lucene Indexer] WARN org.apache.wiki.WikiBackgroundThread  - Startin
g up background thread: JSPWiki Lucene Indexer.
2018-06-28 16:52:15,954 [WatchDog for 'JSPWiki'] WARN org.ap                                 ead  - Startin
g up background thread: WatchDog for 'JSPWiki'.
2018-06-28 16:52:15,955 [JSPWiki Lucene Indexer] INFO org.apache.wiki.search.LuceneSearchProvider  -
Starting Lucene reindexing, this can take a couple of minutes...
2018-06-28 16:52:15,981 [localhost-startStop-2] INFO org.apache.wiki.ui.EditorManager  - Registering
editor modules
2018-06-28 16:52:15,996 [localhost-startStop-2] INFO org.apache.wiki.ajax.WikiAjaxDispatcherServlet
- WikiAjaxDispatcher                    racker=org.apache.wiki.ui.progress.ProgressManager$J
SONTracker@5da9ac93                       permissions.PagePermission","*:*","view")
2018-06-28 16:52:16,012 [localhost-startStop-2] INFO org.apache.wiki.auth.authorize.WebContainerAutho
rizer  - Examining jndi:/localhost/JSPWiki/WEB-INF/web.xml
2018-06-28 16:52:16,099 [localhost-startStop-2] INFO org.apache.wiki.auth.authorize.WebContainerAutho
:
```

用向上箭头 向上翻页看

用向下箭头 向下翻页看

图 3.8　less 上下翻页查看文件内容

如图 3.8 所示，很多时候，Linux 下的文件中内容特别多，几千行、上万行或几十万行，如果用 cat 命令一次性输出内容，是没办法浏览的，如图 3.9 所示。

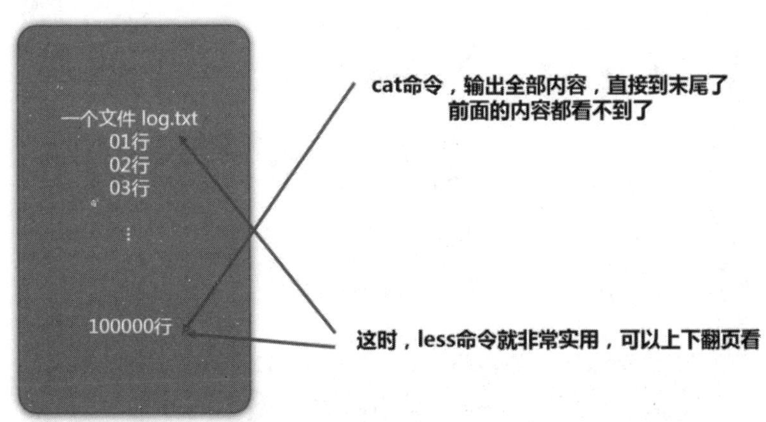

图 3.9　cat 命令和 less 命令

最后再补充一个实用的参数。代码如下所示：

```
[root@server01 ~]# head -n 2 jspwiki.log
2018-06-28 16:52:14,681 [localhost-startStop-2] INFO org.apache.wiki.WikiEngine -
*******************************************
2018-06-28 16:52:14,687 [localhost-startStop-2] INFO org.apache.wiki.WikiEngine -
JSPWiki 2.10.2 starting. Whee!
[root@server01 ~]#
```

```
[root@server01 ~]# tail -n 2 jspwiki.log
2018-06-28 16:52:16,956 [WatchDog for 'JSPWiki'] WARN org.apache.wiki
.WikiBackgroundThread - Interrupted background thread: WatchDog for 'JSPWiki'.
2018-06-28 16:52:17,525 [JSPWiki Lucene Indexer] WARN org.apache.wiki
.WikiBackgroundThread - Interrupted background thread: JSPWiki Lucene Indexer.
```

head 命令和 tail 命令也可以加参数，使用“-n”+数字。什么功能？head、tail 如果不加任何参数，默认是显示 10 行内容，加了“-n”+数字后，就显示指定的行数。例如，上面的 head -n 2 表示显示前两行内容，tail -n 2 表示显示后两行内容。

扫一扫，看视频

3.1.5 Linux 下的文件位置学习

通过前几节我们学会了查看文件、文件夹里内容、文件内容，感觉 Linux 很简单。从本小节开始要学习文件位置了，难度会渐渐上升。什么是文件位置？说白一点，就是文件在哪儿，还包括所在的位置。用惯了 Windows 的朋友，一定对图 3.10 所示的桌面操作很熟悉。

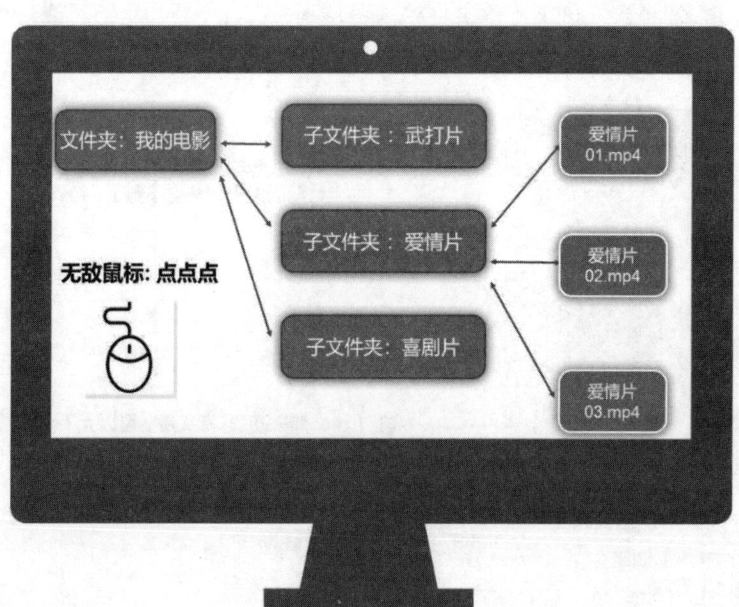

图 3.10 熟悉的 Windows 鼠标桌面

如图 3.10 所示，Windows 下用鼠标，就可以傻瓜式地打开一个文件夹，看到下一级的子文件夹，再进入一个子文件夹，看到下面的电影文件。每单击一次文件夹，位置就改变了（进入这个文件夹），非常简单、清晰，这就是图形桌面的威力。

但是在服务器的 Linux 中，图形界面和鼠标跟我们无缘了，一切都要依靠“命令行”来操作，这就没那么简单。先从确认自己当前所处的位置开始，请按以下操作进行。

pwd 命令显示当前所在的位置（当前所在的文件夹）:

```
[root@server01 ~]# pwd
/root
[root@server01 ~]#
```

现在输入 ls，查看的是当前/root/文件夹下的内容:

```
[root@server01 ~]# ls
1                  bin            host.list.2   nginx.conf       test
1.py               c              host.list.3   person.list      test2
1.sh               dead.letter    host.list2    ping.log         testfile
1.txt              demo.spec      jspwiki-files python_test      testfile01
2                  down           jspwiki.log   report.txt       testnumbers.txt
3                  down2          ls            rpmbuild         testsort.txt
Linux_lessons_my_love_2019_damigeerror.logls.c shell   testvim
a.out              etc.tar        ls2           sleep.log        xaa
anaconda-ks.cfg    host.list      ls_new        tcp.c
[root@server01 ~]#
```

如上所示，使用 pwd 命令可以查看“我”当前所在的位置。这里看到显示出来的是/root，这个代表什么？我们当前就理解为它其实就是一个名字为 root 的文件夹，现在就处在这里。相当于在 Windows 中，用鼠标单击了一个名字叫 root 的文件夹，然后就进入里面了，一切从这里作为起点。

不过这个 root 文件夹并不是一个普通文件夹，也不是我们自己创建出来的，如图 3.11 所示。

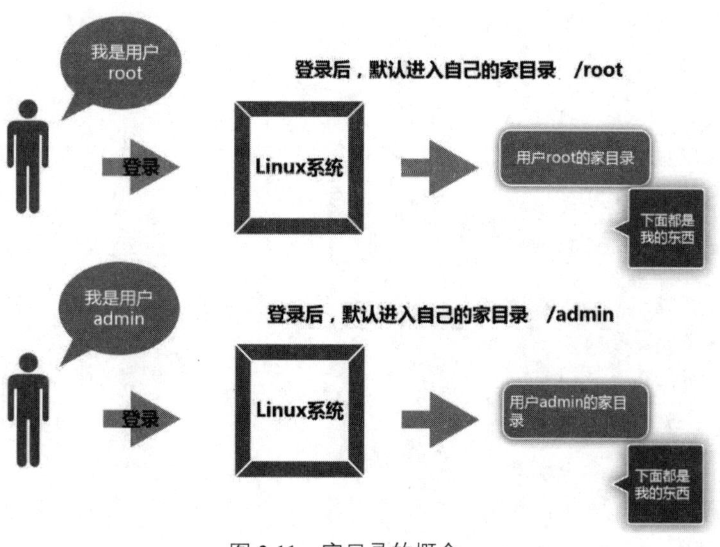

图 3.11　家目录的概念

如图 3.11 所示，在 Linux 中，不管 root 管理员用户还是普通用户，在输入完账号密码，登录系统后，默认都会处在自己的家目录中。所谓家目录，就是进入属于自己的文件中。不过，这种登录后进入家目录的方式也可以改变，后面在学习 Linux 账号管理时就会了解到。

现在了解了家目录，从这里为起点，接下来看图 3.12。

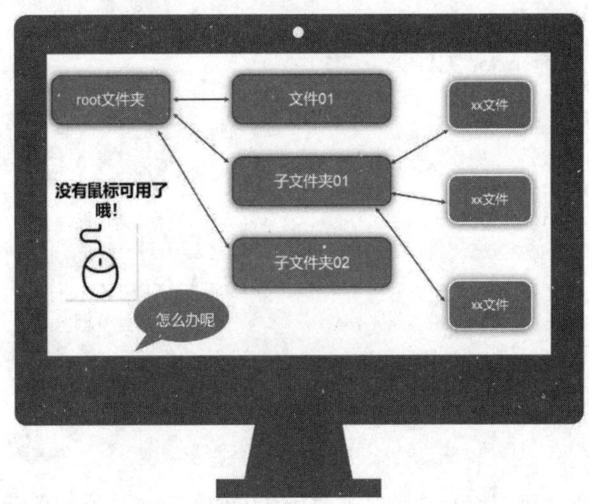

图 3.12　没有鼠标如何在文件夹中进退

如图 3.12 所示，登录后，“我”就处在这个名字 root 的文件夹里，可是现在没有鼠标，怎么才能在文件中穿梭？看下面的操作，先自己试一下：

```
[root@server01 ~]# pwd
/root
[root@server01 ~]# ls
1.sh   a.out     c  hello.txt java   jspwiki.log  person.list  tcp.c
1.txt  anaconda-ks.cfg down  host.list jspwiki-files nginx.conf python_test xaa
[root@server01 ~]#
[root@server01 ~]# ls java/
HelloWorld.class  HelloWorld.java
[root@server01 ~]#
[root@server01 ~]# cd  java/
[root@server01 java]#
[root@server01 java]# ls
HelloWorld.class  HelloWorld.java
[root@server01 java]#
[root@server01 java]# cd ..
[root@server01 ~]#
```

然后再看下面的图 3.13 的解释，告诉你上面是做了什么。

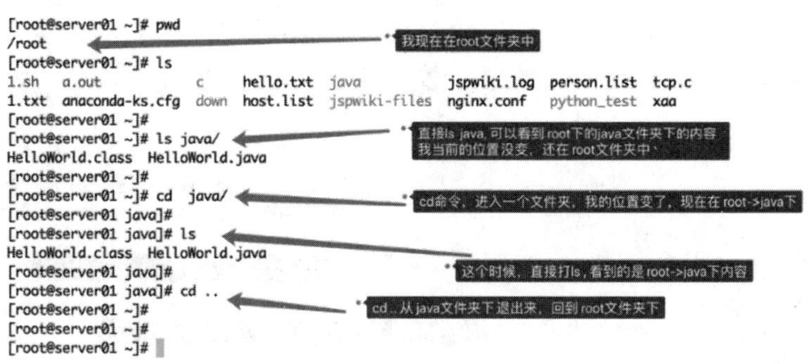

图 3.13　解释操作的步骤

图 3.13 中引入了一个新的命令 cd。cd 命令是让我们改变位置，也就是进入一个文件夹或者退出一个文件夹。借助图 3.14 可以更清楚地看到位置的变化。

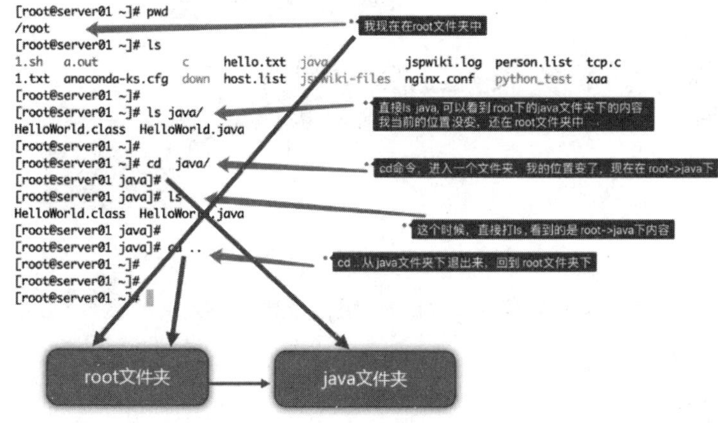

图 3.14　文件夹进退的步骤解释

接下来，来看看创建目录和多级目录，如图 3.15 所示。

```
[root@server01 ~]#
[root@server01 ~]# ls
1.sh   a.out            c     hello.txt  java           jspwiki.log  person.list  tcp.c
1.txt  anaconda-ks.cfg  down  host.list  jspwiki-files  nginx.conf   python_test  xaa
[root@server01 ~]# ls java/
HelloWorld.class  HelloWorld.java
[root@server01 ~]#
[root@server01 ~]# mkdir java/dir1
[root@server01 ~]# mkdir java/dir1/dir2
[root@server01 ~]#
[root@server01 ~]# ls java/
HelloWorld.class  HelloWorld.java  dir1
[root@server01 ~]#
[root@server01 ~]# cd java/dir1/dir2/
[root@server01 dir2]#
[root@server01 dir2]#
[root@server01 dir2]#
[root@server01 dir2]#
```

root下的java下，创建了一个dir1子目录

root下的java下的dir1下，　又创建了一个dir2子目录

位置的改变

图 3.15　创建目录

图 3.15 中使用 mkdir 命令来创建一个空的文件夹，在 root 目录下的 java 目录下创建一个 dir1 文件夹，再在 dir1 中创建一个 dir2 子文件夹，位置的改变如图 3.16 所示。

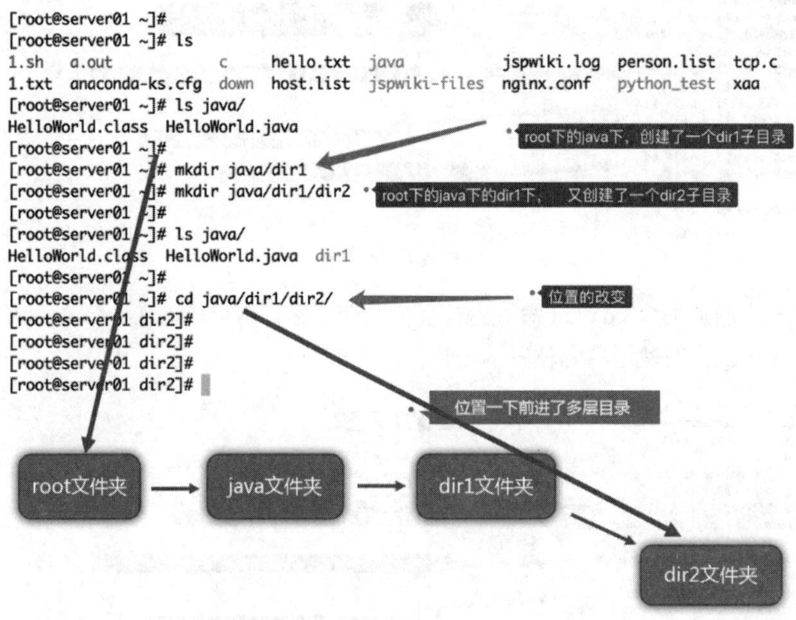

图 3.16　多级文件夹的解释

最后再补充一个知识，Linux 可以使用 cd+Enter 组合键直接从当前位置返回到家目录中，如图 3.17 所示的操作。

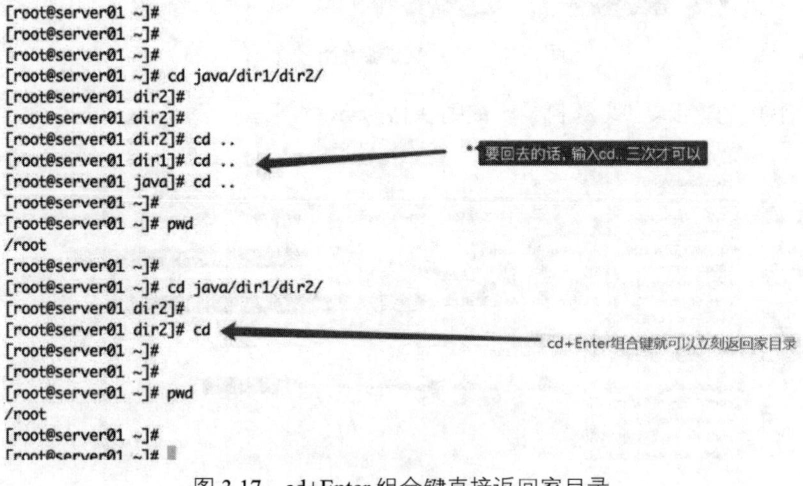

```
[root@server01 ~]#
[root@server01 ~]#
[root@server01 ~]#
[root@server01 ~]# cd java/dir1/dir2/
[root@server01 dir2]#
[root@server01 dir2]#
[root@server01 dir2]# cd ..
[root@server01 dir1]# cd ..        要回去的话，输入cd.. 三次才可以
[root@server01 java]# cd ..
[root@server01 ~]#
[root@server01 ~]# pwd
/root
[root@server01 ~]#
[root@server01 ~]# cd java/dir1/dir2/
[root@server01 dir2]#
[root@server01 dir2]# cd        cd+Enter组合键就可以立刻返回家目录
[root@server01 ~]#
[root@server01 ~]#
[root@server01 ~]# pwd
/root
[root@server01 ~]#
[root@server01 ~]#
```

图 3.17　cd+Enter 组合键直接返回家目录

3.1.6　基础命令操作和快捷键

扫一扫，看视频

我们之前把文件夹所处位置进行了学习，其实这个位置有一个更专业的名词，叫作 Linux 的路径。当前只是初探一下路径，而且只是局限在 root 的家目录中。其实 Linux 整个的路径远比这个庞大得多，在 3.3 节中会继续深入学习。

在本小节中，需要补充几个快捷键的知识。首先看图 3.18 所示的操作。

[root@server01 ~]# mkdir Linux_lessons_my_love_2019_damige
[root@server01 ~]#
[root@server01 ~]#
[root@server01 ~]# ls Linux_........
这文件夹名字够长
输入名字　要累死我啦

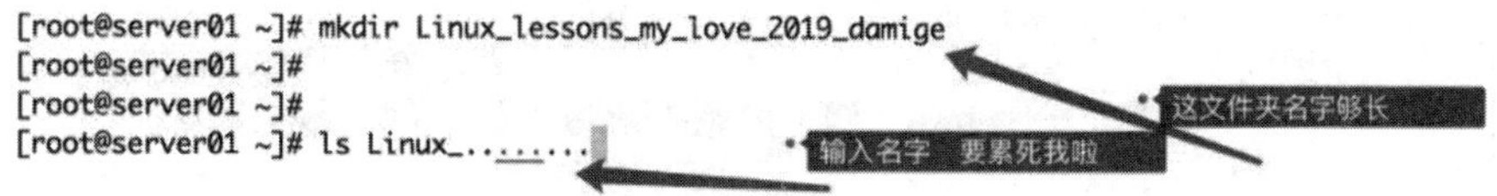

图 3.18　Linux 的补全功能

如图 3.18 所示，其实这里说明了两个问题：第一，Linux 下的文件夹名字可以扩展的很长，很多时候，这样的做法有利于 Linux 文件的管理，因为一目了然；第二，Linux 的一个超长文件夹的名字，要想看里面的内容，会很费时间。为了加快 Linux 操作速度，必须掌握一些非常常用的快捷键才行。

解决上面的问题，其实只需一个 Tab 键即可。怎么使用？看图 3.19 和图 3.20 所示的操作。

[root@server01 ~]# ls
1.sh a.out down java nginx.conf tcp.c
1.txt anaconda-ks.cfg hello.txt jspwiki-files person.list xaa
Linux_lessons_my_love_2019_damige c host.list jspwiki.log python_test
[root@server01 ~]#
[root@server01 ~]# ls L
这是我要查看的超长文件夹
ls之后，只输入文件夹名的第一个字母
然后立刻按下Tab键

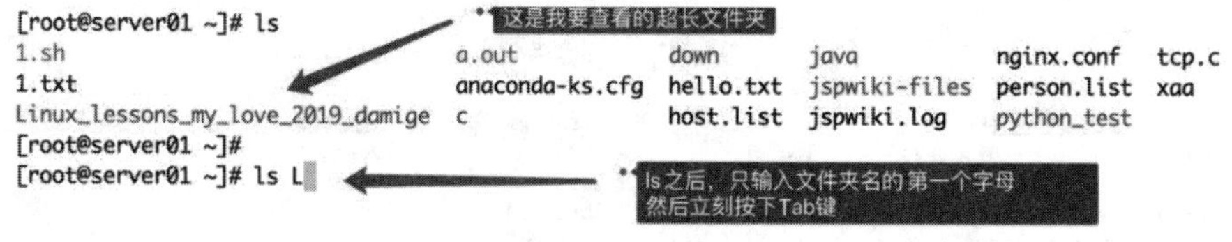

图 3.19　输入首字母

[root@server01 ~]# ls
1.sh a.out down java nginx.conf tcp.c
1.txt anaconda-ks.cfg hello.txt jspwiki-files person.list xaa
Linux_lessons_my_love_2019_damige c host.list jspwiki.log python_test
[root@server01 ~]#
[root@server01 ~]# ls Linux_lessons_my_love_2019_damige/
哈哈，瞬间帮我补全了！好用

图 3.20　Tab 键瞬间补齐

如图 3.20 所示，这个 Tab 键是一个神奇的快捷键，可以帮我们这些懒人补全名字。而且，Tab 键的功能还不止这些。再看一个例子，如图 3.21 所示。

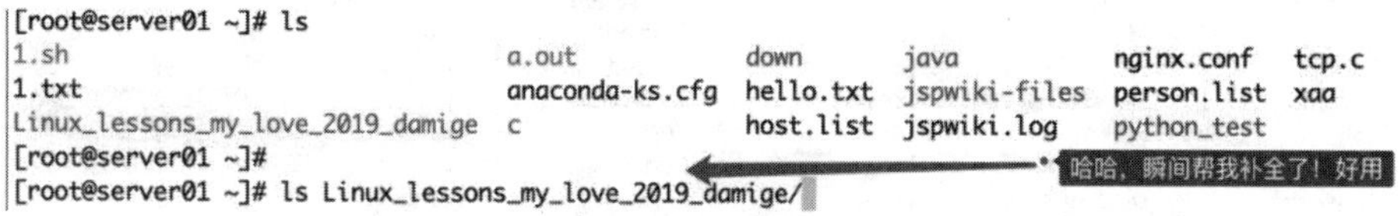

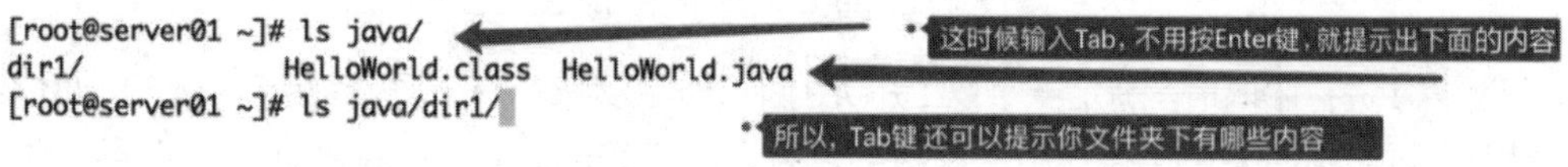

[root@server01 ~]# ls java/
dir1/ HelloWorld.class HelloWorld.java
[root@server01 ~]# ls java/dir1/
这时候输入Tab，不用按Enter键，就提示出下面的内容
所以，Tab键还可以提示你文件夹下有哪些内容

图 3.21　Tab 键的提示功能

如图 3.21 所示，在输入 ls ja 时，就可以按 Tab 键，然后自动补全到 ls java/。ls java/后先不用按 Enter 键，再按一次 Tab 键，就可以提示你当前在 java/目录下，都有什么文件或者文件夹，便于下一步操作。Tab 键还有一个非常实用的功能，帮你补全，帮你查找 Linux 命令，如图 3.22 所示。

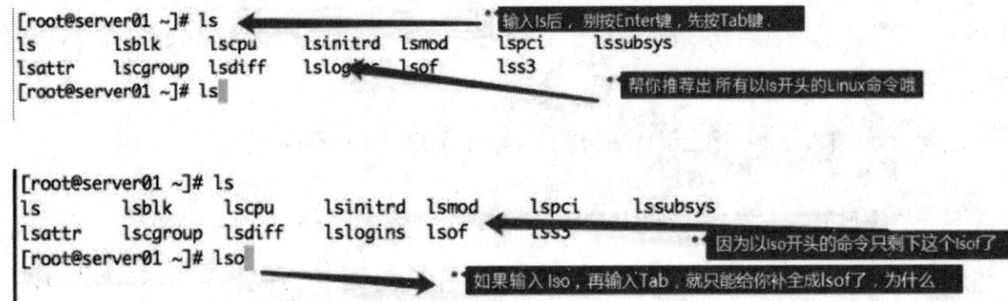

图 3.22　输入得越多，提示得越精准

从图 3.21 和图 3.22 明白了两个问题：第一，Tab 键可以帮我们补全 Linux 命令；第二，Tab 键的补全与已经输入的内容的详细和粗略有直接的关系。看下面一个例子：

```
[root@server01 ~]# l
Display all 105 possibilities? (y or n)
```

只输入了一个 l，然后就立刻按 Tab 键，这时候提示什么？Linux 问你：找到了 105 个选项，你都要一次显示出来吗？选择 yes，就会出现如图 3.23 所示的提示。

```
l.               libtool          logname     lssubsys     lvremove
last             libtoolize       logout      lua          lvrename
lastb            lid              logrotate   luac         lvresize
lastlog          link             logsave     luseradd     lvs
launch_instance  linux32          lokkit      luserdel     lvscan
lchage           linux64          look        lusermod     lwp-download
lchfn            list_instances   lookbib     lvchange     lwp-dump
lchsh            lkbib            losetup     lvconvert    lwp-mirror
ld               ll               lpasswd     lvcreate     lwp-request
ldattach         ln               ls          lvdisplay    lwp-rget
ldconfig         lnewusers        lsattr      lvextend     lzcat
ldd              lnstat           lsblk       lvm          lzcmp
less             loadkeys         lscgroup    lvmchange    lzdiff
lessecho         load_policy      lscpu       lvmconf      lzegrep
lesskey          loadunimap       lsdiff      lvmconfig    lzfgrep
lesspipe.sh      local            lsinitrd    lvmdiskscan  lzgrep
let              locale           lslogins    lvmdump      lzless
lex              localedef        lsmod       lvmetad      lzma
lgroupadd        logfactor5       lsof        lvmsadc      lzmadec
lgroupdel        logger           lspci       lvmsar       lzmainfo
lgroupmod        login            lss3        lvreduce     lzmore
```

晕，因为以 l 开头的命令满足条件的太多了放不下

图 3.23　Tab 后符合条件的太多

因为只输入 l 进行 Tab 时，满足一个以 l 开头的命令实在太多，一个屏幕都装不下，所以才要提示。Tab 快捷键可以说是 Linux 中用得最多的快捷键，因为作为 Linux 工程师的我们，每天跟一堆文件、文件夹、路径、命令在打交道，时刻都需要补全，必须掌握。

接下来，把剩下的三个快捷键一次都介绍了：Ctrl+C、上下箭头、Ctrl+R。先说 Ctrl+C 组合键。这个快捷键也是几乎天天都在使用，作用是取消。第一，取消你正在输入的一行命令，如下操作：

```
[root@server01 ~]# ls /etc/^C
[root@server01 ~]#
```

第二，取消一个正在运行的命令，以下操作输入 top（这个命令用来持续查看系统各项指标）：

```
[root@server01 ~]# top
```

如图 3.24 所示，输入了 top 命令后，会出现一个持续不断的画面，如果想退出去，就执行 Ctrl+C 组合键。

```
top - 13:06:09 up 284 days, 17:38,  2 users,  load average: 6.75, 6.59, 6.49
Tasks: 2772 total,   3 running, 102 sleeping,   0 stopped, 2667 zombie
Cpu(s): 31.7%us,  7.7%sy,  0.0%ni, 60.3%id,  0.1%wa,  0.0%hi,  0.1%si,  0.2%st
Mem:   2030328k total,  1821312k used,   209016k free,    10552k buffers
Swap:  4194300k total,   514880k used,  3679420k free,    56796k cached

  PID USER      PR  NI  VIRT  RES  SHR S %CPU %MEM    TIME+  COMMAND
69208 jenkins   20   0  326m 9836  972 S 15.6  0.5  1501:05 ksoftirqds
16680 jenkins   20   0 2808m 822m 7072 S 14.4 41.5 686:46.18 java
```

图 3.24　取消一个执行的命令

然后，介绍上下箭头和 Ctrl+R。因为这两个属于同一类功能，都是用来重复之前执行的命令。用键盘的上下箭头可以一条条重复之前执行的命令。例如，刚执行了一条很烦琐的命令。代码如下所示：

```
[root@server01 ~]# mkdir Linux_lessons_my_love_2019_damige; cp /etc/* /tmp; ls
/etc/
```

如果想再执行一遍，又懒得重新敲一遍，那么按上箭头即可出现之前的完整命令行。接下来考虑这样一种情况，如图 3.25 所示。

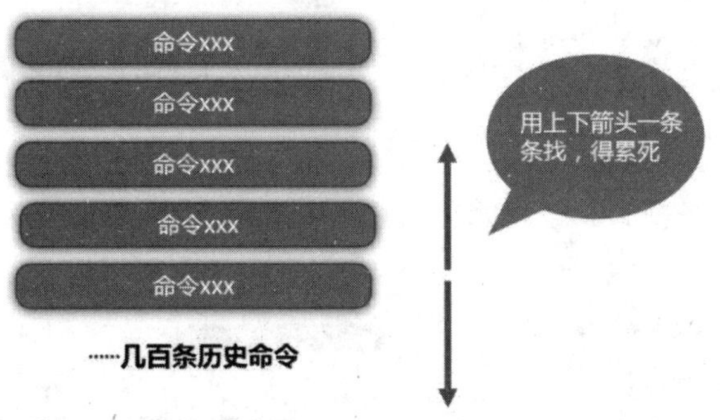

图 3.25　查看历史命令

如图 3.25 所示，假如最近几天都在用 Linux，命令输入了几百条，现在想用上下箭头来翻找中间用过的一行命令，需要翻很久。所以，这时 Ctrl+R 组合键的作用就出来了。Ctrl+R 组合键也是用来翻找之前输入的命令，不一样的是，它是根据输入首字母来过滤查找，如图 3.26 所示。

```
[root@server01 ~]# mkdir Linux_lessons_my_love_2019_damige
[root@server01 ~]#                                    # 之前输入过的命令
[root@server01 ~]#
[root@server01 ~]#                                    # 输入任意包含的单词，即可快速翻出命令
(reverse-i-search)`Linux': mkdir Linux_lessons_my_love_2019_damige
```

图 3.26　Ctrl+R 的便捷搜索

这几个快捷键要反复地练习，非常的实用。

扫一扫，看视频

3.1.7　如何在 Linux 下复制、移动、删除文件

平时在 Windows 下我们是用 Ctrl+C、Ctrl+V、Ctrl+X 组合键来复制、粘贴、剪切文件，不过在 Linux 的命令行中就没有快捷键可用，需要相应的命令来执行。我们先看 Linux 的普通文件复制，按图 3.27 所示的方法进行操作。

```
[root@server01 ~]# cp host.list host.list.2       # 复制host.list一份，并且改了名字
[root@server01 ~]#
[root@server01 ~]# cp host.list java/              # 复制host.list文件 到java/子目录下
[root@server01 ~]#
[root@server01 ~]# cp java/host.list  host.list.3  # 复制java/下的host.list到当前位置，并且改了名字
[root@server01 ~]#
[root@server01 ~]#
[root@server01 ~]#
```

图 3.27　复制文件

cp 复制文件的格式是 cp+要被复制的文件+被送去的位置。很简单，接下来看一下 Linux 文件夹的复制，按图 3.28 所示的方法进行操作。

```
[root@server01 ~]# cp java/ down/      # 这样子执行的话，Linux报错了，因为文件夹不是这么复制的
cp: omitting directory `java/'
[root@server01 ~]#
[root@server01 ~]#
[root@server01 ~]#
[root@server01 ~]# cp -r java/ down/   # 文件的复制，必须加-r参数
[root@server01 ~]#
[root@server01 ~]# ls down/java/
HelloWorld.class  HelloWorld.java  dir1  host.list   # java文件夹 被复制到了down/下面
[root@server01 ~]#
```

图 3.28　文件夹

跟普通文件复制，就是多加了个 -r 参数。接下来，再看复制中的覆盖问题，按图 3.29 所示的方法进行操作。

```
[root@server01 ~]# cat host.list.2            # host.list.2中原本的内容
host_01
[root@server01 ~]#
[root@server01 ~]#
[root@server01 ~]# cp hello.txt host.list.2   # 这样等于用hello.txt中的内容覆盖了host.list.2
cp: overwrite `host.list.2'? y
[root@server01 ~]#
[root@server01 ~]# cat host.list.2
你好啊，欢迎一起学习Linux运维                 # 内容已经被覆盖了，文件名没有变
[root@server01 ~]#
[root@server01 ~]#
```

图 3.29　cp 命令会覆盖文件

注意到图 3.29 中，当执行 cp 覆盖的时候，Linux 提示：是否覆盖这个文件？这其实是 cp 命令的一个提问机制，是为了我们二次确认，别误操作覆盖了重要文件。

复制文件是比较清晰简单的，不过复制一个文件夹时，就不太好理解，下面分几种情况详细讲解。先准备好如图 3.30 所示的两个文件夹 java、java2，然后里面放进去各种不一样的文件。

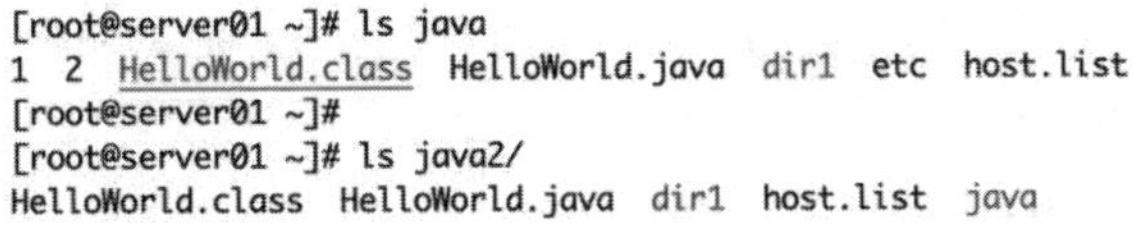

```
[root@server01 ~]# ls java
1  2  HelloWorld.class  HelloWorld.java  dir1  etc  host.list
[root@server01 ~]#
[root@server01 ~]# ls java2/
HelloWorld.class  HelloWorld.java  dir1  host.list  java
```

图 3.30　准备两个文件夹

如图 3.31 所示，使用 touch 命令来创建空文件，如 touch file1（创建一个名字叫 file1 的空文件），然后分别放在 java/文件夹下和 java2/文件夹下

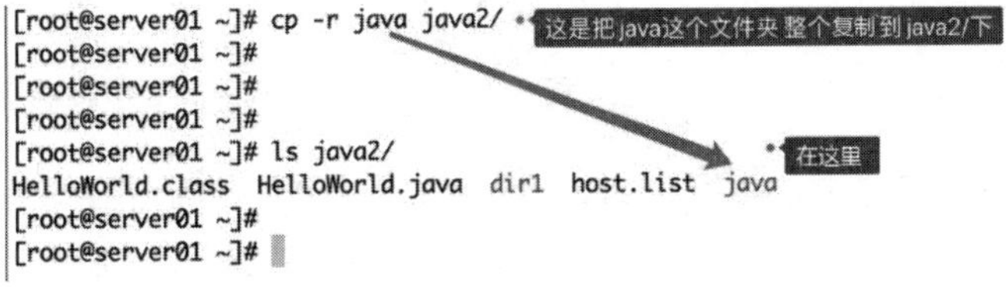

```
[root@server01 ~]# cp -r java java2/
[root@server01 ~]#
[root@server01 ~]#
[root@server01 ~]#
[root@server01 ~]# ls java2/
HelloWorld.class  HelloWorld.java  dir1  host.list  java
[root@server01 ~]#
[root@server01 ~]#
```

这是把java这个文件夹整个复制到java2/下

在这里

图 3.31　复制整个文件夹

图 3.31 所示是把一个文件夹整个复制过去。接下来，按图 3.32 所示的方法进行操作。

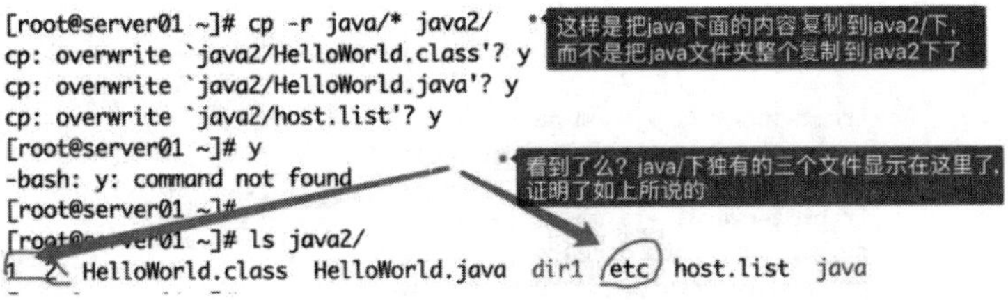

```
[root@server01 ~]# cp -r java/* java2/
cp: overwrite `java2/HelloWorld.class'? y
cp: overwrite `java2/HelloWorld.java'? y
cp: overwrite `java2/host.list'? y
[root@server01 ~]# y
-bash: y: command not found
[root@server01 ~]#
[root@server01 ~]# ls java2/
1  2  HelloWorld.class  HelloWorld.java  dir1  etc  host.list  java
```

这样是把java下面的内容复制到java2/下，而不是把java文件夹整个复制到java2下了

看到了么？java/下独有的三个文件显示在这里了，证明了如上所说的

图 3.32　复制文件夹下的内容（不包括文件夹本身）

图 3.32 所示是把 java/下面的所有内容复制到 java2/下，而不是复制整个文件夹过去。

注意：

java/*中，*是一个匹配符号，代表是“所有”。

除此之外，从图 3.32 中还看到了一个问题，就是当 cp 多个文件会形成覆盖时，系统会将每一个文件都提示一遍，都得依次回答 yes。如果是几百个文件怎么办？按图 3.33 所示的方法进行操作。

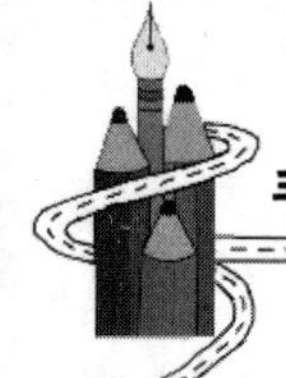


```
[root@server01 ~]# \cp -r java/* java2/
[root@server01 ~]#
[root@server01 ~]#
```

倒是没有提示了

这啥意思?

图 3.33　反斜杠的作用

这里的 cp 命令前面加上了一个反斜杠“\”，之后就不再有任何覆盖提示了（被直接执行）。这是怎么回事？说清楚这个现象需要分三个步骤。首先，cp 命令之所以在覆盖前会提示，是因为 cp 的一个参数-i。有人会问，刚才用 cp 时没有加-i，为什么也会提示？大米哥认为很多时候现象不等于本质。执行以下命令：

```
[root@server01 ~]# alias
alias cp='cp -i'
alias l.='ls -d .* --color=auto'
alias ll='ls -l --color=auto'
alias ls='ls --color=auto'
alias mv='mv -i'
alias rm='rm -i'
```

alias 是什么？请大家看第二行的内容：alias cp='cp -i'，意思是说，当输入 cp 命令时，Linux 默认就给你等同于 cp -i。也就是说，无论加不加 -i 参数，Linux 都会默认在背后加上，这个就叫作 alias 命令重命名。

不过这个就有点讨厌，这个用法又不是自己想这么做，能不能去掉它？所以就是使用\cp，意思就是说，去掉任何这种重命名，让 cp 就是单纯的 cp。明白了以上所说，就可以解释刚才为什么\cp 就不再有提示了。学习完 cp 复制后，我们再来看移动和删除。删除命令，按图 3.34 所示进行操作。

```
[root@server01 ~]# rm hello.txt
rm: remove regular file `hello.txt'? y
[root@server01 ~]#
[root@server01 ~]# rm -r java/
rm: descend into directory `java'? y
rm: remove regular empty file `java/2'? y
rm: remove regular file `java/HelloWorld.java'? y
rm: remove regular file `java/host.list'? y
rm: remove regular empty file `java/etc'? y
rm: descend into directory `java/dir1'? y
rm: remove directory `java/dir1/dir2'? y
rm: remove directory `java/dir1'? y
rm: remove regular file `java/HelloWorld.class'? y
rm: remove regular empty file `java/1'? y
rm: remove directory `java'? y
```

图 3.34　删除命令的使用

如图 3.34 所示，删除普通文件和删除文件夹也是一样，区别在一个-r。至于说不想提示，那么改成\rm 就好了。再看移动命令，如图 3.35 所示。

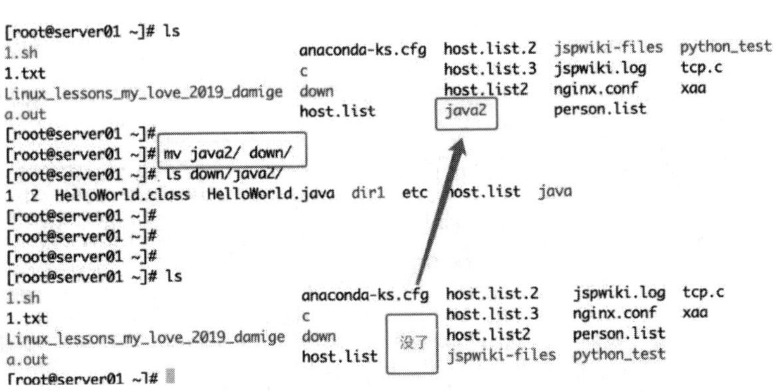

图 3.35　mv 命令的使用

图 3.35 中的操作是把 java2 文件夹移动到 down/文件夹下，与 cp 不一样的是，移动后原文件或者原文件夹就被删除了，而且还不用加-r。学习完了这三个命令后，看一下扩展内容。日常工作中的备份习惯如图 3.36 所示。日常工作中，我们经常要修改各种文件。但很多文件不是简单的记事本，而是与代码和软件的运行息息相关，一旦改错，又改不回去的话，会很麻烦。所以任何修改、删除前，都要养成先备份的好习惯。

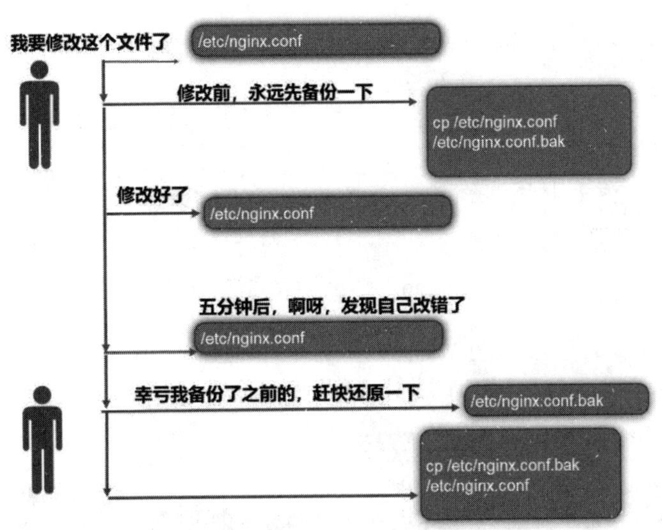

图 3.36　备份文件的重要性

3.1.8　如何在 Linux 下查找文件 find

扫一扫，看视频

很多时候，我们知道某一个文件或者文件夹的名字，却想不起来它放在哪里。这种情况下，就是使用 find 命令的时候，如图 3.37 所示。

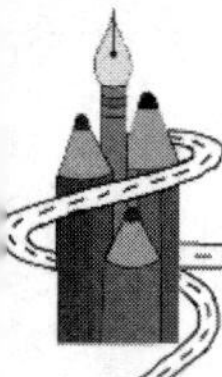

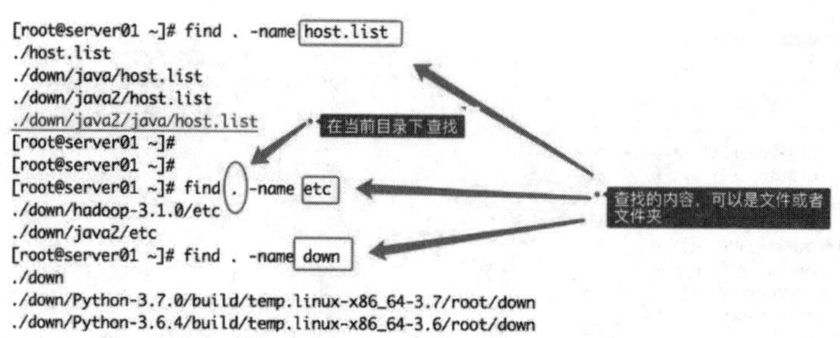

图 3.37　find 命令的使用

find 命令从字面上看就是寻找的意思，使用方法如图 3.38 所示。

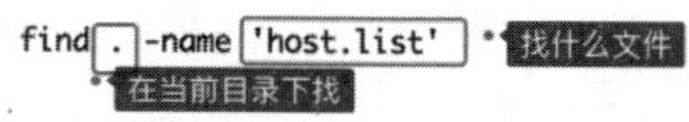

图 3.38　find 命令的格式

图 3.38 中，find 后面跟着的这个点“.”代表的是当前目录下。看着有点奇怪，下面就讲解一下。

3.1.9　Linux 中的隐藏文件

Linux 中也有所谓的隐藏文件，也就是说直接打 ls 看不到。我们先手动创建一个隐藏文件试一试，按图 3.39 所示的方法进行操作。

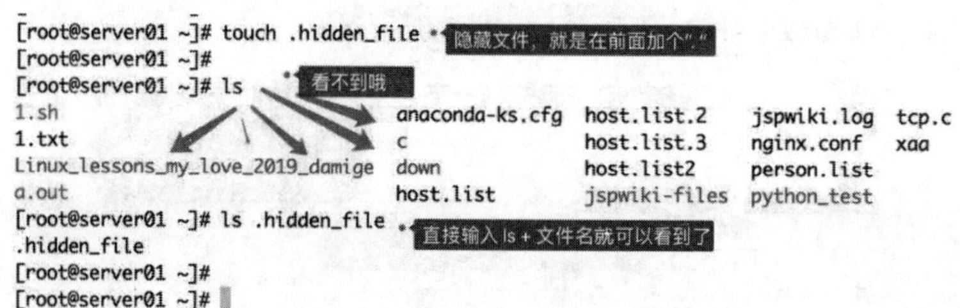

图 3.39　创建一个隐藏文件

如图 3.39 所示，隐藏文件就是前面加个“.”而已，ls 多加一个-a 参数，就可以看到所有隐藏文件，如图 3.40 所示。

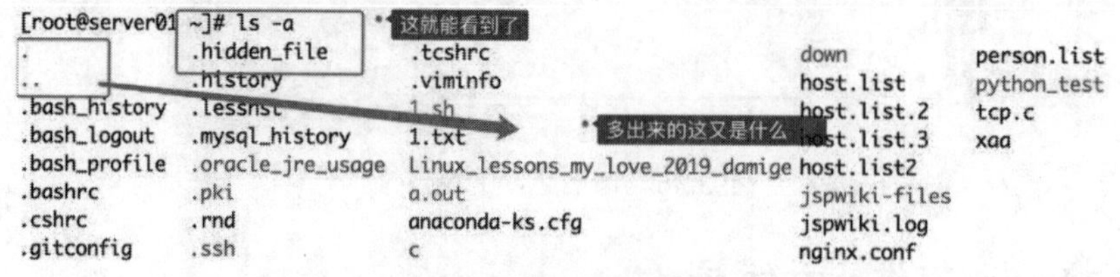

图 3.40　显示隐藏文件

从图 3.40 中我们还看到了两个有意思的文件：左上角的“.”和“..”。一个点代表的是当前目录；两个点代表的是上一层目录，具体如图 3.41 所示。

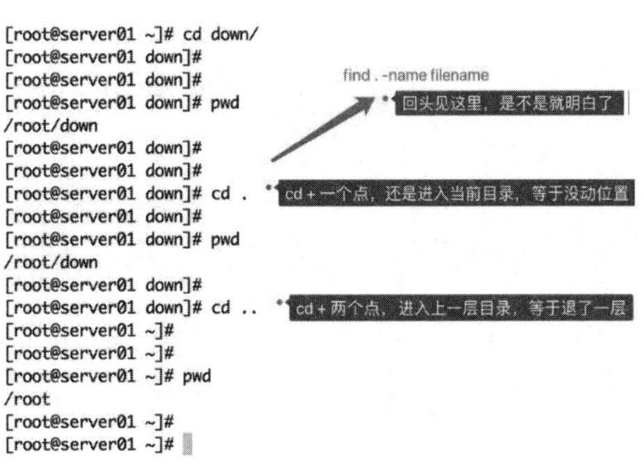

图 3.41　.和..的作用

按照图 3.41 所示的操作，我们现在就明白了“.”和“..”做什么。其实通过 ls -l 也能看出来，它们的文件属性如图 3.42 所示。

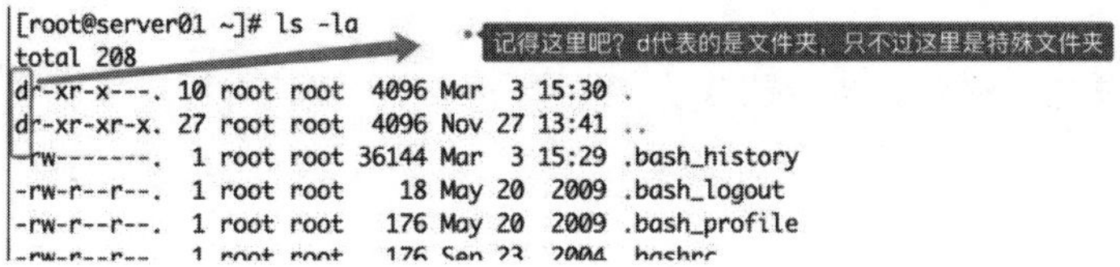

```
[root@server01 ~]# ls -la
total 208
dr-xr-x---. 10 root root  4096 Mar  3 15:30 .
dr-xr-xr-x. 27 root root  4096 Nov 27 13:41 ..
-rw-------.  1 root root 36144 Mar  3 15:29 .bash_history
-rw-r--r--.  1 root root    18 May 20  2009 .bash_logout
-rw-r--r--.  1 root root   176 May 20  2009 .bash_profile
```

记得这里吧？d代表的是文件夹，只不过这里是特殊文件夹

图 3.42　查看文件属性

3.1.10　Linux 一切皆文件

从本章一开始到现在，其实都在围绕着文件在学习 Linux 命令，为什么总是围绕文件？是因为 Linux 一切都是文件。这里用 Linux 上显示硬盘举例说明。

图 3.43 中，使用 fdisk -l 来查看本地的硬盘信息。只看第一行，/dev/sda 这是一个文件，就用它来表示硬盘，而这个文件与其他文件一样，也有自己的属性。而第二部分，最前面的一位显示是 b，b=block，也就是块设备，说白了就是硬盘。用这个例子，就看出 Linux 下都是用文件的形式来表示各种内容。

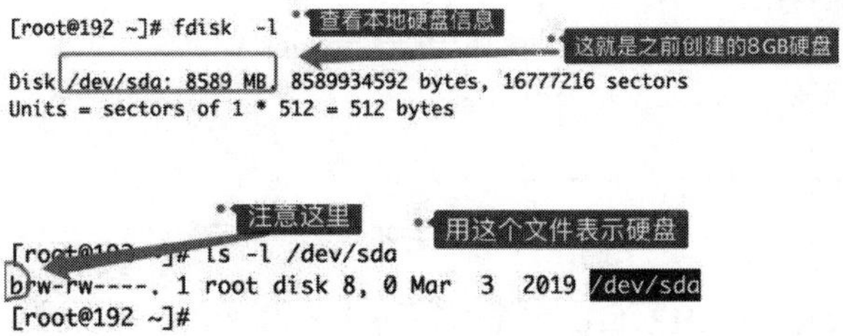

```
[root@192 ~]# fdisk  -l

Disk /dev/sda: 8589 MB, 8589934592 bytes, 16777216 sectors
Units = sectors of 1 * 512 = 512 bytes
```

查看本地硬盘信息

这就是之前创建的8GB硬盘

```
[root@192 ~]# ls -l /dev/sda
brw-rw----. 1 root disk 8, 0 Mar  3  2019 /dev/sda
[root@192 ~]#
```

注意这里

用这个文件表示硬盘

图 3.43　Linux 一切都是文件

3.2　Linux 操作系统下的帮助信息

之前在学习 Tab 快捷键时，记不记得以 l 开头后，按下 Tab 键，出来 100 多个推荐的命令？这仅仅是一个字母开头，其他字母开头的如果都加在一起，那 Linux 下的命令可真够多的，如果再算上每个命令的参数。

学习是必要的，但人脑不是计算机，不可能把每个命令都学一遍，每个参数都记一遍，谁也做不到。所以在这一节，来看一看 Linux 下有没有提供手册一类的东西，来帮助我们查阅。

3.2.1　命令行参数不用死记硬背

在 Linux 操作系统中，为了方便命令的使用，大多数命令都可以通过手册来查看。用最简单的 ls 命令来举例，看它有多少参数可以使用。代码如下所示：

```
[root@192 ~]# man ls
```

之后会打开一个文档，这个文档就是 ls 命令的手册信息。我们来看官方提供了多少不同的参数可用，如图 3.44 所示。

```
LS(1)                          User Commands                          LS(1)

NAME
       ls - list directory contents

SYNOPSIS
       ls [OPTION]... [FILE]...

DESCRIPTION
       List information about the FILEs (the current directory by default).  Sort entries alphabetically if
       none of -cftuvSUX nor --sort is specified.

       Mandatory arguments to long options are mandatory for short options too.

       -a, --all
              do not ignore entries starting with .

       -A, --almost-all
              do not list implied . and ..

       --author
              with -l, print the author of each file

       -b, --escape
```

图 3.44　man 手册

后面还有不少，就不再截图，大家自己浏览一下。这里没什么技巧，需要查看一个参数时，阅读手册就可以。用图 3.45 中的方法，可以快速搜索一个要查找的参数。

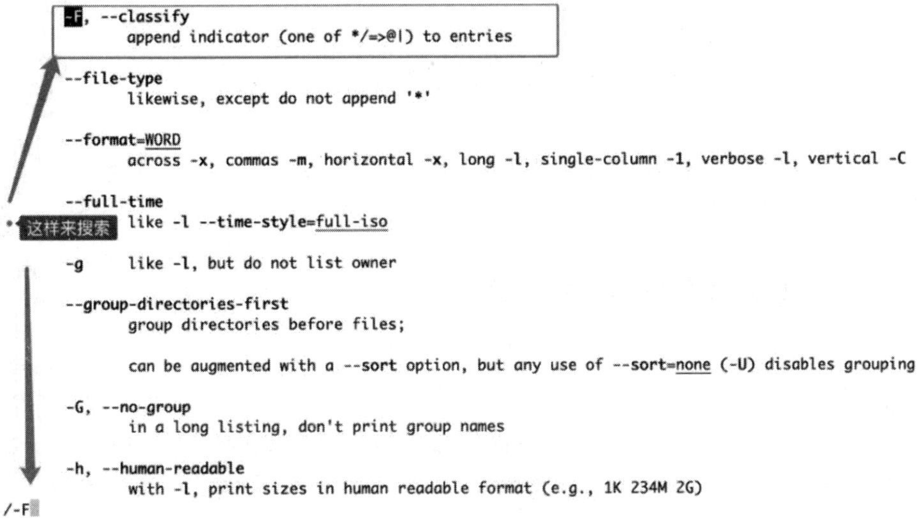

```
-F, --classify
       append indicator (one of */=>@|) to entries

--file-type
       likewise, except do not append '*'

--format=WORD
       across -x, commas -m, horizontal -x, long -l, single-column -1, verbose -l, vertical -C

--full-time
       like -l --time-style=full-iso

-g     like -l, but do not list owner

--group-directories-first
       group directories before files;

       can be augmented with a --sort option, but any use of --sort=none (-U) disables grouping

-G, --no-group
       in a long listing, don't print group names

-h, --human-readable
       with -l, print sizes in human readable format (e.g., 1K 234M 2G)
/-F
```

这样来搜索

图 3.45　用“/”来搜索一个参数

多读、多用，比较常用的参数尽量记住。

3.2.2　--help 求助说明

用 man 手册来查询参数，这个能获得最具体的信息。除此之外，还有另一个快捷的查询参数的方法。代码如下所示：

```
[root@192 ~]# ls --help
Usage: ls [OPTION]... [FILE]...
List information about the FILEs (the current directory by default).
Sort entries alphabetically if none of -cftuvSUX nor --sort is specified.
Mandatory arguments to long options are mandatory for short options too.
  -a, --all                  do not ignore entries starting with .
  -A, --almost-all           do not list implied . and ..
      --author               with -l, print the author of each file
  -b, --escape               print C-style escapes for nongraphic characters
      --block-size=SIZE      scale sizes by SIZE before printing them; e.g.,
                             '--block-size=M' prints sizes in units of
                             1,048,576 bytes; see SIZE format below
  -B, --ignore-backups       do not list implied entries ending with ~
  -c                         with -lt: sort by, and show, ctime (time of last
                             modification of file status information);
                             with -l: show ctime and sort by name;
```

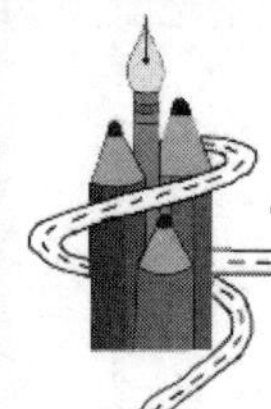

3.3　深入认识 Linux 中的路径

在本章的一开始就介绍了家目录和文件夹的位置这几个知识，其实是为本节做铺垫。本节内容非常重要，也是一个难点，要彻底掌握 Linux 中的路径概念和它的用法。

扫一扫，看视频

3.3.1　根状结构的 Linux 路径

在本章开头学习 Linux 当前位置时，为让大家快速入门，就用家目录来举例说明。对于当前的 Linux 系统中的一个用户来说，登录之后，目录的起始点就是在家目录。但对于整个 Linux 来说，用户家目录可不是最原始的起点。Linux 下面的目录结构的最开始的起点，叫作根。其实就是“/”，这个就表示根。所有的目录都以它为起点，像树杈一样，一层层向下展开，如图 3.46 所示。

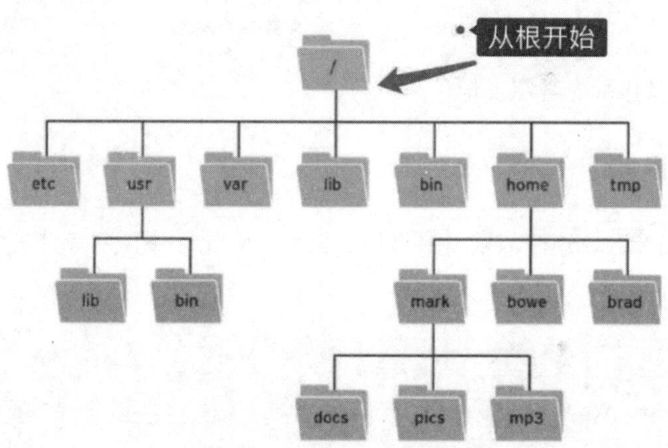

图 3.46　文件夹的结构从根开始

图 3.46 告诉我们，所有 Linux 的目录的最初起点从“/”开始。不过这个“/”感觉好虚，能不能看得见？当然可以，直接输入 ls/看一下输出的结果，如图 3.47 所示。

```
[root@192 ~]# ls /
bin  boot  dev  etc  home  lib  lib64  media  mnt  opt  proc  root  run  sbin  srv  sys  tmp  usr  var
[root@192 ~]#
[root@192 ~]# ls -l /
total 24
lrwxrwxrwx.   1 root root    7 Feb 27 18:52 bin -> usr/bin
dr-xr-xr-x.   5 root root 4096 Feb 27 18:59 boot
drwxr-xr-x.  19 root root 3040 Mar  3  2019 dev
drwxr-xr-x.  85 root root 8192 Mar  3  2019 etc
drwxr-xr-x.   2 root root    6 Apr 11  2018 home
lrwxrwxrwx.   1 root root    7 Feb 27 18:52 lib -> usr/lib
lrwxrwxrwx.   1 root root    9 Feb 27 18:52 lib64 -> usr/lib64
drwxr-xr-x.   2 root root    6 Apr 11  2018 media
drwxr-xr-x.   2 root root    6 Apr 11  2018 mnt
drwxr-xr-x.   3 root root   16 Feb 27 18:53 opt
```

这些文件夹都位于/下，也就是"顶层"的文件夹了

在/下，还看到了一个熟悉的身影哦
root管理员的家目录

图 3.47　查看根

如图 3.47 所示，ls /后看到的这些文件夹就是最上层的文件夹，也可以叫一级文件夹。这些文件夹都是安装 Linux 操作系统时，系统帮我们创建出来的重要文件夹，一般情况下，不要随便去修改或删除。

顺带一提的是，对于不同发行版的 Linux，它们的一级目录基本上都差不太多（目录的名字），有些略有差异。

3.3.2　绝对路径的概念

3.3.1 小节中，我们对 Linux 的整体目录结构有了一个认识，其实最重要的就是要知道目录从“/”开始。在本小节中，我们要深入认识一下路径。到底什么是 Linux 路径?

路径，通俗地说，要去一个地方，然后沿途一路撒下石子，最后这串石子就表示走过的路径。不过在 Linux 操作系统中，这个“走”怎么理解? 如图 3.48 所示。

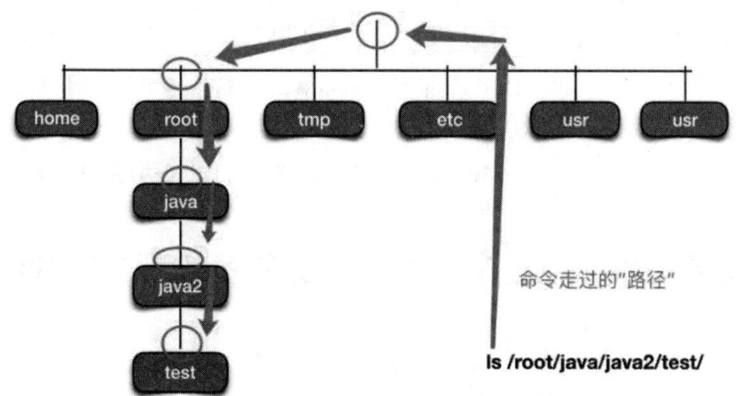

图 3.48　路径的概念

所谓的走，其实就是访问。为了访问某一个文件，必须得按照计划线路，“走过去”才能最终到达。如图 3.48 所示，从“/”开始，先到/root，再到/root/java/，再到/root/java/java2，最终到达/root/java/java2/test。这样，就从根开始走完了这一条路线，最终到达了目的地 test 文件夹。接下来就给出一个总结语：在 Linux 的命令中，像这样从“/”开始，最终找到一个文件（或者文件夹）所经过的这一段路线，就叫作绝对路径。

有的同学要问：总说经过的路线，可这个路线怎么表示出来? 如图 3.49 所示。

这就是路线

/root/java/java2/test/

图 3.49　路径就是经过的路线

因为这个路线是从“/”开始的，所以专业的叫法是 Linux 绝对路径。

3.3.3　相对路径的概念

在 3.3.2 小节最后我们知道了绝对路径，换种说法再来解释一下什么是绝对路径。从起点“/”出发，一路找到要访问的文件，经过的这一路就叫作绝对路径。例如，“/”出发，到/root，到/root/java/，再到/root/java/java2/，最后到/root/java/java2/test。最后的这个/root/java/java2/test 就是绝对路径。

进入本小节，再来看一下什么是相对路径。先不说概念，直接拿一个实例来看，按图 3.50 所示的方法进行操作。

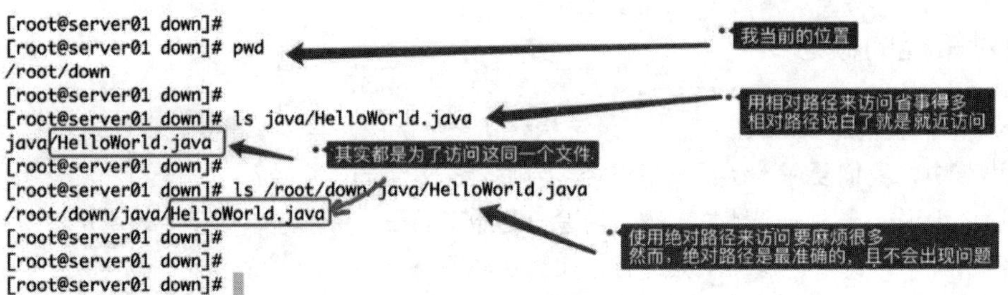

图 3.50　相对路径的概念

如图 3.50 所示，我们的目的都是为了访问这个 HelloWorld.java 文件，走相对路径比走绝对路径要省事不少。不过绝对路径也有它的好处。接下来给相对路径一个定义。相对路径：从我所在的当前位置（而不再是从起点根“/”出发）出发去访问文件，走过的路径：ls java/HelloWorld.java。

3.4　模拟工作内容：查找和备份所需文件

本章学到这里，我们回头看主管给小威的任务，一起完成它。任务叙述如下：

主管：小威，现在有两台服务器要交给你来维护，一台是公司内部的塔式服务器，一台是在阿里云上的服务器。你这几天的任务，就是先登录两台服务器，熟悉一下每台服务器上都存着什么文件，然后会有备份文件的任务交给你。

小威：好的。

主管接下来提出了具体要求：服务器上的网卡配置文件需要备份一份，备份到 root 家目录就好，作为样板留着，网卡配置文件是 ifcfg 开头，在/etc/xxx/xxx 下，如图 3.51 所示。

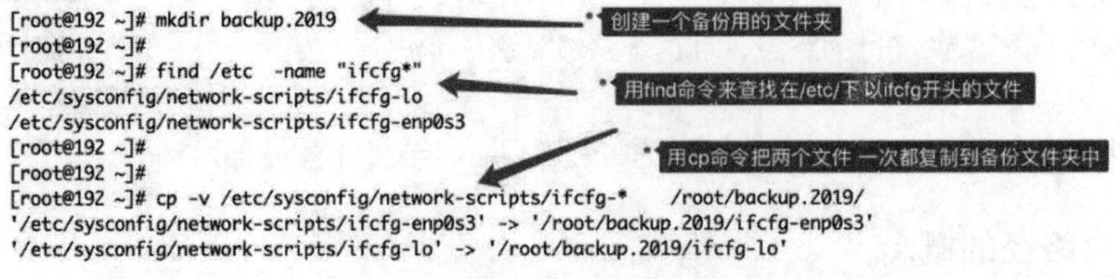

图 3.51　备份网卡配置文件

如图 3.51 所示，三步就完成了，一点儿也不难。这里需要注意的是，其中执行 find 命令和 cp 命令时，其实都可以使用通配符“*”来一次性多执行。ifcfg*的意思，就是以 ifcfg 开头，后面不管是什么，都会被执行。除此之外，来做个扩展，看 find 命令的妙用，如图 3.52 所示。

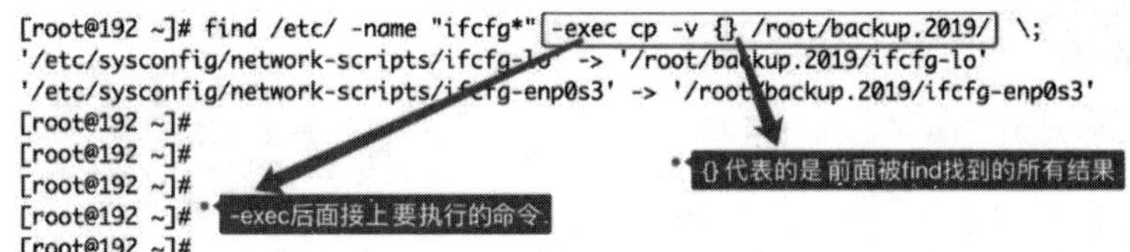

图 3.52　查找需要的文件

之前的方法是先 find，然后再 cp。用图 3.52 所示方法，一个 find 命令就足够，下面来看是怎么做的。

首先 find 命令是为了找文件，默认就是找出来显示出来在那儿即可。加上-exec 的意思是，不但让 find 找出来文件，还要在找出来的基础上，围绕这些结果文件再做一些别的操作。cp -v 是复制的意思，{}代表的就是被 find 找出来的结果，把这个结果复制到/root/backup.2019 下。所以说，后面的一串其实等同于：

```
cp -v /etc/sysconfig/network-scripts/ifcfg-*    /root/backup.2019/
```

第4章

扫一扫，看视频

Linux下挑选合适的编辑器

Windows系统下我们习惯了使用记事本来查看文档、编辑文档。但在生产环境的Linux下，都是不准安装图形界面的。应该如何来编辑一个文档？这就是本章要学习的Vim编辑器。另外，本章还将介绍一款小巧的快速编辑器——nano。

4.1　Linux 必会的编辑器：Vim

在前一章的学习中，没有讲如何编辑修改文件的内容，接下来在本节中进行学习。

4.1.1　Vim 编辑器的简单认知

想要在 Linux 的命令下编辑修改文件，前提条件就是必须掌握一款顺手的编辑器——Vim。十个 Linux 运维，九个半都用它。概念不用讲，直接先操作起来，如下所示：

```
[root@server01 ~]# vim jspwiki.log
```

vim + 文件名，就可以打开一个文件的内容。如图 4.1 所示，Vim 打开一个文件之后，用键盘的上下左右箭头就可以移动光标和翻篇。

```
2018-06-28 16:52:14,681 [localhost-startStop-2] INFO org.apache.wiki.WikiEn
gine  - ****************************************
2018-06-28 16:52:14,687 [localhost-startStop-2] INFO org.apache.wiki.WikiEn
gine  - JSPWiki 2.10.2 starting. Whee!
2018-06-28 16:52:14,701 [localhost-startStop-2] INFO org.apache.wiki.WikiEn
gine  - Servlet container: Apache Tomcat/7.0.88
2018-06-28 16:52:14,718 [localhost-startStop-2] INFO org.apache.wiki.WikiEn
gine  - JSPWiki working directory is '/opt/tomcat/temp/JSPWiki-1231510677'
2018-06-28 16:52:15,835 [localhost-startStop-2] INFO org.apache.wiki.provid
ers.AbstractFileProvider  - Wikipages are read from '/root/jspwiki-files'
2018-06-28 16:52:15,843 [localhost-startStop-2] INFO org.apache.wiki.plugin
.DefaultPluginManager  - Registering plugins
2018-06-28 16:52:15,872 [localhost-startStop-2] INFO org.apache.wiki.util.C
lassUtil  - setting up classloaders for external (plugin) jars
2018-06-28 16:52:15,873 [localhost-startStop-2] INFO org.apache.wiki.util.C
lassUtil  - no external jars configured, using standard classloading
                                                    4.34          Top
```

用上下左右箭头可以移动这个光标
用上下箭头还可以翻篇

图 4.1　Vim 的初次接触

4.1.2　快速入门 Vim 编译一个文件

接下来学习如何编辑文件中的内容。Vim 编辑器与 Windows 的记事本有很大区别，并不是打开文本之后，就可以直接输入内容。如果想编辑内容，需要先按下 I 键。如图 4.2 所示，按下 I 键后就可以正常输入任何内容。

```
***************************
localhost-startStop-2] INFO org.apache.wiki.WikiE
arting. Wheefasdfsdfsdf
localhost-startStop-2] INFO org.apache.wiki.WikiE
: Apache Tomcat/7.0.88
localhost-sttStop0] INFO org.apache.wiki.WikiEngi
ctory ifaaa` '/opt/tomcat/temp/JSPWiki-1231510677
```

先移动光标，到需要修改的地方
然后按下 I 键

图 4.2　Vim 的输入模式

可以编辑内容，但是怎么保存文件呢？如图 4.3 所示，当按了 I 键，开始编辑内容时，Vim 就进入编辑模式，左下角显示 INSERT。

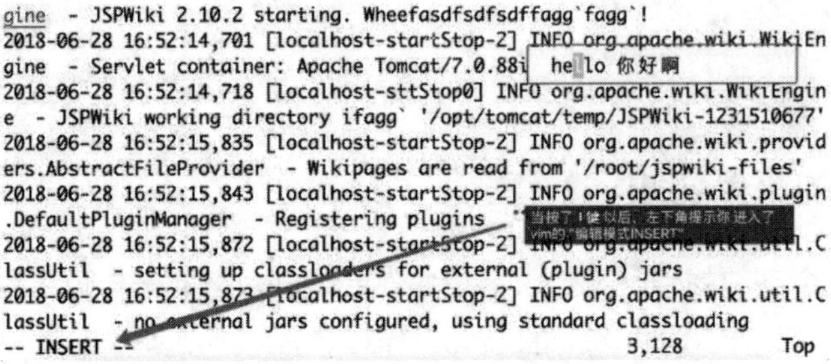

```
gine  - JSPWiki 2.10.2 starting. Wheefasdfsdfsdffagg`fagg`!
2018-06-28 16:52:14,701 [localhost-startStop-2] INFO org.apache.wiki.WikiEn
gine  - Servlet container: Apache Tomcat/7.0.88i  hello 你好啊
2018-06-28 16:52:14,718 [localhost-sttStop0] INFO org.apache.wiki.WikiEngin
e  - JSPWiki working directory ifagg` '/opt/tomcat/temp/JSPWiki-1231510677'
2018-06-28 16:52:15,835 [localhost-startStop-2] INFO org.apache.wiki.provid
ers.AbstractFileProvider  - Wikipages are read from '/root/jspwiki-files'
2018-06-28 16:52:15,843 [localhost-startStop-2] INFO org.apache.wiki.plugin
.DefaultPluginManager  - Registering plugins
2018-06-28 16:52:15,872 [localhost-startStop-2] INFO org.apache.wiki.util.C
lassUtil  - setting up classloaders for external (plugin) jars
2018-06-28 16:52:15,873 [localhost-startStop-2] INFO org.apache.wiki.util.C
lassUtil  - no external jars configured, using standard classloading
-- INSERT --                                        3,128          Top
```

当按了 I 键以后，左下角提示你进入了 vim的"编辑模式INSERT"

图 4.3　观察 Vim 的当前模式(INSERT 模式)

当内容修改好了以后，再看如图 4.4 所示步骤。按下 Esc 键，这时会退出编辑模式，左下角 INSERT 字样消失。

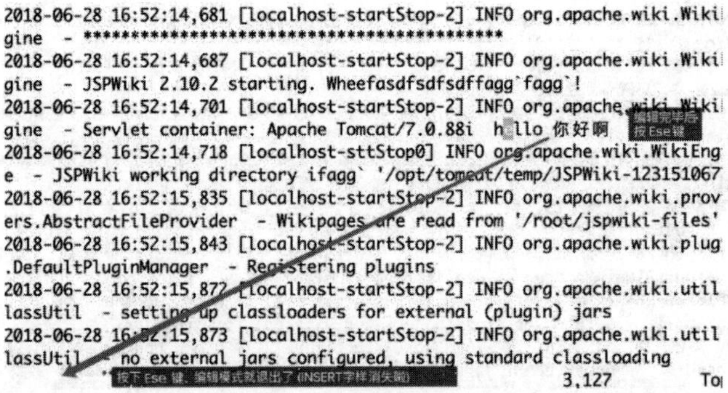

```
2018-06-28 16:52:14,681 [localhost-startStop-2] INFO org.apache.wiki.Wiki
gine  - ********************************************
2018-06-28 16:52:14,687 [localhost-startStop-2] INFO org.apache.wiki.Wiki
gine  - JSPWiki 2.10.2 starting. Wheefasdfsdfsdffagg`fagg`!
2018-06-28 16:52:14,701 [localhost-startStop-2] INFO org.apache.wiki.Wiki
gine  - Servlet container: Apache Tomcat/7.0.88i  hello 你好啊
2018-06-28 16:52:14,718 [localhost-sttStop0] INFO org.apache.wiki.WikiEng
e  - JSPWiki working directory ifagg` '/opt/tomcat/temp/JSPWiki-123151067
2018-06-28 16:52:15,835 [localhost-startStop-2] INFO org.apache.wiki.prov
ers.AbstractFileProvider  - Wikipages are read from '/root/jspwiki-files'
2018-06-28 16:52:15,843 [localhost-startStop-2] INFO org.apache.wiki.plug
.DefaultPluginManager  - Registering plugins
2018-06-28 16:52:15,872 [localhost-startStop-2] INFO org.apache.wiki.util
lassUtil  - setting up classloaders for external (plugin) jars
2018-06-28 16:52:15,873 [localhost-startStop-2] INFO org.apache.wiki.util
lassUtil  - no external jars configured, using standard classloading
                                                      3,127          To
```

编辑完毕后按 Esc 键

按下 Esc 键，编辑模式就退出了 (INSERT字样消失啦)

图 4.4　Vim 退出 INSERT

接下来要保存文件，这时输入键盘上的“:”，再按 wq 键，然后按 Enter 键，如图 4.5 所示。

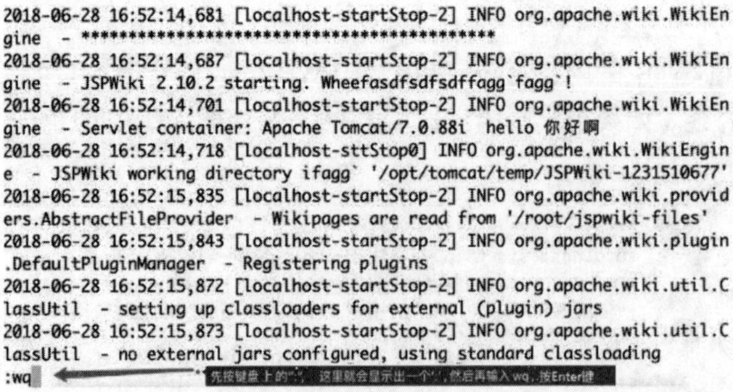

```
2018-06-28 16:52:14,681 [localhost-startStop-2] INFO org.apache.wiki.WikiEn
gine  - ********************************************
2018-06-28 16:52:14,687 [localhost-startStop-2] INFO org.apache.wiki.WikiEn
gine  - JSPWiki 2.10.2 starting. Wheefasdfsdfsdffagg`fagg`!
2018-06-28 16:52:14,701 [localhost-startStop-2] INFO org.apache.wiki.WikiEn
gine  - Servlet container: Apache Tomcat/7.0.88i  hello 你好啊
2018-06-28 16:52:14,718 [localhost-sttStop0] INFO org.apache.wiki.WikiEngin
e  - JSPWiki working directory ifagg` '/opt/tomcat/temp/JSPWiki-1231510677'
2018-06-28 16:52:15,835 [localhost-startStop-2] INFO org.apache.wiki.provid
ers.AbstractFileProvider  - Wikipages are read from '/root/jspwiki-files'
2018-06-28 16:52:15,843 [localhost-startStop-2] INFO org.apache.wiki.plugin
.DefaultPluginManager  - Registering plugins
2018-06-28 16:52:15,872 [localhost-startStop-2] INFO org.apache.wiki.util.C
lassUtil  - setting up classloaders for external (plugin) jars
2018-06-28 16:52:15,873 [localhost-startStop-2] INFO org.apache.wiki.util.C
lassUtil  - no external jars configured, using standard classloading
:wq
```

先按键盘上的":"，这里就会显示出一个":"，然后再输入wq，按Enter键

图 4.5　Vim 如何保存

最后文件被保存，并且退出到了命令行上，如图 4.6 所示。

这时再打开 Vim 进去看看内容是不是被保存好？如图 4.7 所示，内容已经被修改保存。

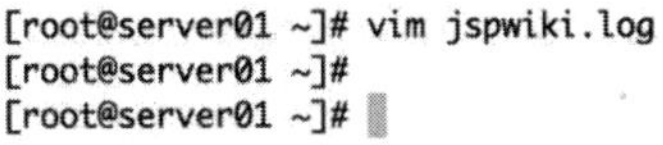

```
[root@server01 ~]# vim jspwiki.log
[root@server01 ~]#
[root@server01 ~]#
```

图 4.6　成功保存退出

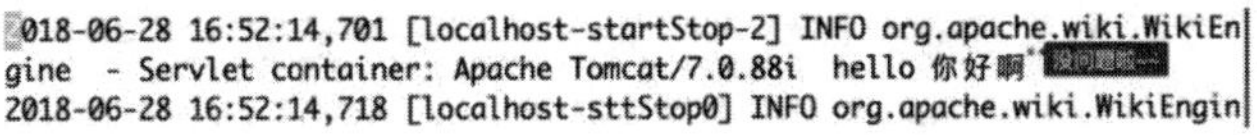

```
2018-06-28 16:52:14,701 [localhost-startStop-2] INFO org.apache.wiki.WikiEn
gine  - Servlet container: Apache Tomcat/7.0.88i  hello 你好啊
2018-06-28 16:52:14,718 [localhost-sttStop0] INFO org.apache.wiki.WikiEngin
```

图 4.7　内容已经被修改保存

这样就快速走完了从打开文件到修改内容再到保存退出的一个流程。相信这时不少朋友会抱怨：大米老师，这个 Vim 编辑器怎么感觉很难用，各种特殊的操作记不住。

没错，对于一个刚刚接触 Linux 的人来说，Vim 的入门阶段确实不太友好，不过一定要坚持多练习，因为 Vim 虽然入门的时候有点卡，但一旦熟练起来，编辑速度会异常快。

4.1.3　学习光标跳跃相关快捷键

Vim 之所以受欢迎，就是由于它的工作效率快速。说到快速，就不得不说它丰富的快捷键了。Vim 的快捷键非常多，在这里就不一一列举了，推荐最常用的几种。注意，Vim 快捷的使用前提是，Vim 必须处于控制模式下，而不是编辑模式。不知道什么是控制模式？按 Esc 键后，进入的就是控制模式。

如果编辑时，总要依赖上下左右箭头来移动光标，效率太低。我们先试着使用 Shift+ ^和 Shift + $组合键，如图 4.8 所示，这样可以快速在行首/行尾跳转。

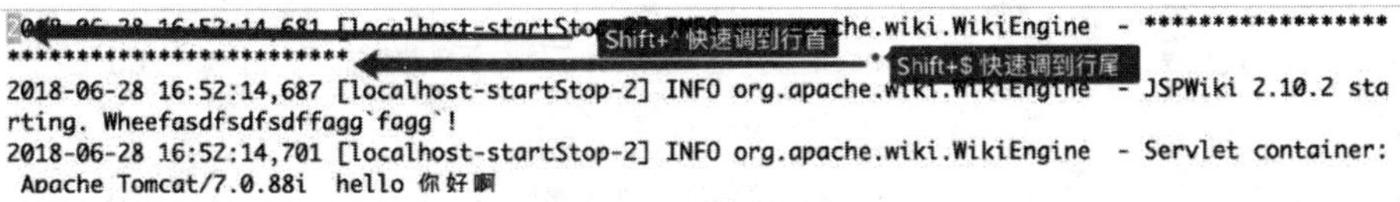

```
2018-06-28 16:52:14,681 [localhost-startStop-2] INFO org.apache.wiki.WikiEngine  - ******************
*************************
2018-06-28 16:52:14,687 [localhost-startStop-2] INFO org.apache.wiki.WikiEngine  - JSPWiki 2.10.2 sta
rting. Wheefasdfsdfsdffagg`fagg`!
2018-06-28 16:52:14,701 [localhost-startStop-2] INFO org.apache.wiki.WikiEngine  - Servlet container:
 Apache Tomcat/7.0.88i  hello 你好啊
```

Shift+^ 快速调到行首
Shift+$ 快速调到行尾

图 4.8　Vim 行首行尾跳转

不过行中间怎么办呢？在一行中快速跳跃，使用 Shift+E 组合键(向后跳)、Shift+B 组合键(向前跳)来大跳，或者直接按 E 键(向后小跳)、按 B 键(向前小跳)，如图 4.9 所示。

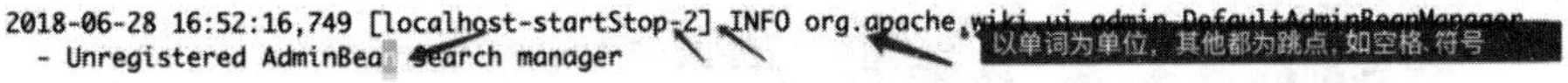

```
2018-06-28 16:52:16,749 [localhost-startStop-2] INFO org.apache.wiki.ui.admin.DefaultAdminBeanManager
 - Unregistered AdminBean search manager
```

以单词为单位，其他都为跳点，如空格、符号

图 4.9　Vim 大跳小跳

这里解释一下，小跳是按照单词为单位，凡是遇到特殊符号(如 -、 .)空格，就会跳跃。而大跳，就是按空格来跳的，其他的忽略，所以跳的更大。

学习翻页相关快捷键，Vim 使用 gg 跳到文本最开头，Shift+G 组合键跳到文本最末尾，然后使用 Ctrl+F 组合键、Ctrl+B 组合键前后快速翻页，掌握这两个足够。

4.1.4 学习行处理相关快捷键

在学习行快捷键之前，可以先给每行一个行号，这样比较清楚，按如图 4.10 所示操作。

```
@
:set number
```

冒号之后，输入 set number

```
  1 2018-06-28 16:52:14,681 [localhost-startStop-2] INFO org.apache.wiki.WikiEngine  - **************
    *****************************
  2
  3
  4
  5 2018-06-28 16:52:14,687 [localhost-startStop-2] INFO org.apache.wiki.WikiEngine  - JSPWiki 2.10.2
     starting. Wheefasdfsdfsdffagg`fagg`!
  6 2027-06-28 16:52:14,701 [localhost-startStop-2] INFO org.apache.wiki.WikiEngine  - Servlet contai
    ner: Apache Tomcat/7.0.88i  hello 你好啊
  7 2018-06-28 16:52:14,718 [localhost-sttStop0] INFO org.apache.wiki.WikiEngine  - JSPWiki working d
    irectory ifagg` '/opt/tomcat/temp/JSPWiki-1231510677'
  8 2018-06-28 16:52:15,835 [localhost-startStop-2] INFO org.apache.wiki.providers.AbstractFileProvid
    er  - Wikipages are read from '/root/jspwiki-files'
  9 2018-06-28 16:52:15,843 [localhost-startStop-2] INFO org.apache.wiki.plugin.DefaultPluginManager
     - Registering plugins
 10 2018-06-28 16:52:15,872 [localhost-startStop-2] INFO org.apache.wiki.util.ClassUtil  - setting up
     classloaders for external (plugin) jars
 11 2018-06-28 16:52:15,873 [localhost-startStop-2] INFO org.apache.wiki.util.ClassUtil  - no externa
    l jars configured, using standard classloading
 12 2018-06-28 16:52:15,894 [localhost-startStop-2] INFO org.apache.wiki.diff.DifferenceManager  - Us
    ing difference provider: TraditionalDiffProvider
@
:
```

图 4.10 Vim 设置行号

如上所示，冒号之后，输入 set number，然后试试快速删除一行 dd，先保证在控制模式下（按 Esc 键进入），再把光标放在要删的那一行上（无所谓在这一行的哪个位置），然后输入 dd（按两次 D 键），如图 4.11 所示。

```
5 2018-06-28 17:52:14,687 [localhost-startStop-2] INFO org.apache.wiki.WikiEngine  - JSPWiki 2.10.2
   starting. Wheefasdfsdfsdffagg`fagg`!
```


图 4.11 Vim 删除某一行

这一行就删掉了。那么如果想批量删除怎么办？如图 4.12 所示，想删除 7~8 行，则在第 7 行上输入 2dd 即可。

```
  5 2018-06-28 16:52:15,835 [localhost-startStop-2] INFO org.apache.wiki.providers.AbstractFileProvid
    er  - Wikipages are read from '/root/jspwiki-files'
  6 2018-06-28 16:52:15,843 [localhost-startStop-2] INFO org.apache.wiki.plugin.DefaultPluginManager
     - Registering plugins
  7 2018-06-28 16:52:15,894 [localhost-startStop-2] INFO org.apache.wiki.diff.DifferenceManager  - Us
    ing difference provider: TraditionalDiffProvider
  8 2019-06-28 16:52:15,897 [localhost-startStop-2] INFO                              achmentP
    rovider  - Initing CachingAttachmentProvider
  9 2018-06-28 16:52:15,928 [localhost-startStop-2] INFO org.apache.wiki.search.LuceneSearchProvider
     - Lucene enabled, cache will be in: /opt/tomcat/temp/JSPWiki-1231510677/lucene
 10 2018-06-28 16:52:15,937 [localhost-startStop-2] INFO org.apache.wiki.ajax.WikiAjaxDispatcherServl
    et  - WikiAjaxDispatcherServlet registering search=org.apache.wiki.search.SearchManager$JSONSearc
    h@65d0cec2 perm=("org.apache.wiki.auth.permissions.PagePermission","*:*","view")
```


图 4.12 Vim 删除多行

接下来学习一下 Vim 的复制行。如图 4.13 所示，在要复制的行上先连按 YY 键，然后在要粘贴的地方按 P 键即可。

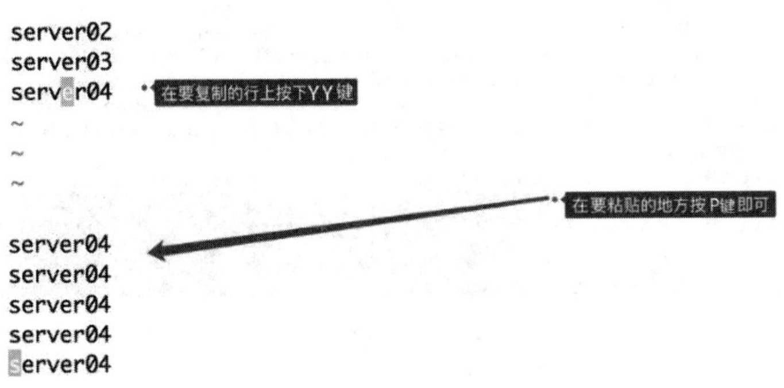
server02
server03
server04
在要复制的行上按下YY键
~
~
~
在要粘贴的地方按P键即可
server04
server04
server04
server04
server04

图 4.13　Vim 的粘贴

4.1.5　Vim 的查找和替换功能

在用 Vim 编辑分文时，经常需要查找一个单词的位置，这时应该怎么来做？首先，输入搜索词，按 Enter 键后如图 4.14 所示，光标会跳跃到找到的词这里，并且高亮显示。

```
2018-06-28 16:52:14,687 [localhost-startStop-2] INFO org.apache.wiki.WikiEn
gine  - JSPWiki 2.10.2 starting. Wheefasdfsdfsdffagg`fagg`!
2018-06-28 16:52:14,701 [localhost-startStop-2] INFO org.apache.wiki.WikiEn
gine  - Servlet container: Apache Tomcat/7.0.88i  hello 你好啊
2018-06-28 16:52:14,718 [localhost-sttStop0] INFO org.apache.wiki.WikiEngin
```

光标直接跳到这里
并且高亮显示了

图 4.14　Vim 的搜索模式

还有一个问题，假如搜索的词在文本中会匹配出很多个，如何上下切换？如图 4.15 所示，搜索出来以后，按 n 或者 N 键，可以在多个结果中上下跳跃，直到找到想找的位置。

```
2018-06-28 16:52:14,681 [localhost-startStop-2] INFO org.apache.wiki.WikiEn
gine  - ***********************************************
2018-06-28 16:52:14,687 [localhost-startStop-2] INFO org.apache.wiki.WikiEn
gine  - JSPWiki 2.10.2 starting. Wheefasdfsdfsdffagg`fagg`!
2018-06-28 16:52:14,701 [l                            ].wiki.WikiEn
gine  - Servlet container:
2018-06-28 16:52:14,718 [localhost-sttStop0] INFO org.apache.wiki.WikiEngin
e  - JSPWiki working directory ifagg` '/opt/tomcat/temp/JSPWiki-1231510677'
2018-06-28 16:52:15,835 [localhost-startStop-2] INFO org.apache.wiki.provid
ers.AbstractFileProvider  - Wikipages are read from '/root/jspwiki-files'
2018-06-28 16:52:15,843 [localhost-startStop-2] INFO org.apache.wiki.plugin
.DefaultPluginManager  - Registering plugins
2018-06-28 16:52:15,872 [localhost-startStop-2] INFO org.apache.wiki.util.C
lassUtil  - setting up classloaders for external (plugin) jars
2018-06-28 16:52:15,873 [localhost-startStop-2] INFO org.apache.wiki.util.C
lassUtil  - no                                classloading
/16:52                                                 5,12          Top
```

输入n 或者N, 可以在结果中 上下跳跃

我搜索的是16:52, 文本中有很多匹配到的地方

图 4.15　Vim 搜索结果的跳转

最后看一下 Vim 的替换功能。如图 4.16 所示，把全文中出现的 06-29 都替换成 06-30。

```
2018-06-29 16:52:14,701 [localhost-startStop-2] INFO org.apache.wiki.WikiEn
gine  - Servlet container: Apache Tomcat/7.0.88i  hello 你好啊
2018-06-29 16:52:14,718 [localhost-sttStop0] INFO org.apache.wiki.WikiEngin
e  - JSPWiki working directory ifagg` '/opt/tomcat/temp/JSPWiki-1231510677'
2018-06-29 19:52:15,835 [localhost-startStop-2] INFO org.apache.wiki.provid
ers.AbstractFileProvider  - Wikipages are read from '/root/jspwiki-files'
2018-06-29 16:52:15,843 [localhost-startStop-2] INFO org.apache.wiki.plugin
.DefaultPluginManager  - Registering plugins
2018-06-29 16:52:15,872 [localhost-startStop-2] INFO org.apache.wiki.util.C
lassUtil  - setting up clas
2018-06-29 16:52:15,873 [lo                                               C
lassUtil  - no external jar
:%s/06-29/06-30/g
```

替换的写法有点麻烦，记住就好了

先输入“:”，再输入“%s///g”，

然后在///中的前两个//中间写要被替换掉的内容

在后两个//中间写替换的内容

图 4.16　Vim 的替换写法

4.1.6　Vim 缓存文件的处理

在日常工作中，我们每天都要频繁地使用 Vim 编辑各种文档、配置文件。假如花了一个多小时修改一个文件，结果突然遭遇了断电或者断网（远程登录服务器，去编辑一个文档），而文件没有被保存下来。Vim 有一种保护机制，就是预防这种突发状况。接下来就一起来操作一下：

```
[root@192 ~]# mkdir vim
[root@192 ~]# cd vim
[root@192 vim]#
[root@192 vim]# touch test.txt
[root@192 vim]# vim test.txt
```

创建一个空目录，在里面创建一个 test.txt 空文件，然后用 Vim 打开这个文件，随便写一些内容，不要保存。接下来，模拟一下意外断电，直接把虚拟机重启就好，如图 4.17 所示。

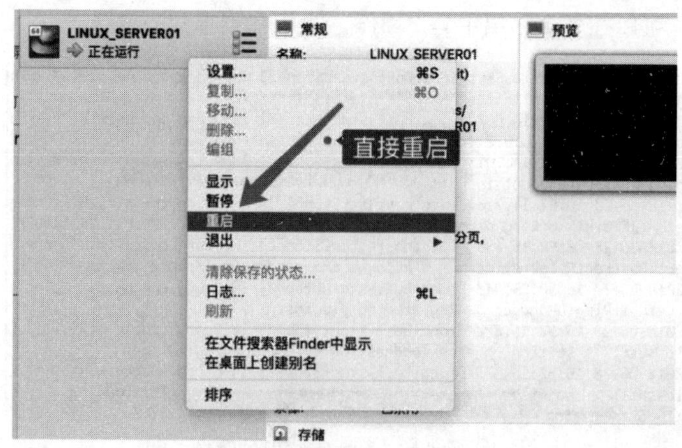

图 4.17　重启测试 Vim

重启好了以后，登录 Linux，回到刚才的目录来看一下会发生什么情况，如图 4.18 和图 4.19 所示，会发现刚刚创建的 test.txt 空文件本身多出来一个.test.txt.swp 隐藏文件，这是因为之前没有正常保存就重启机器了，所以 Vim 会生成一个临时的文件先暂时存着之前的改动，以防万一。

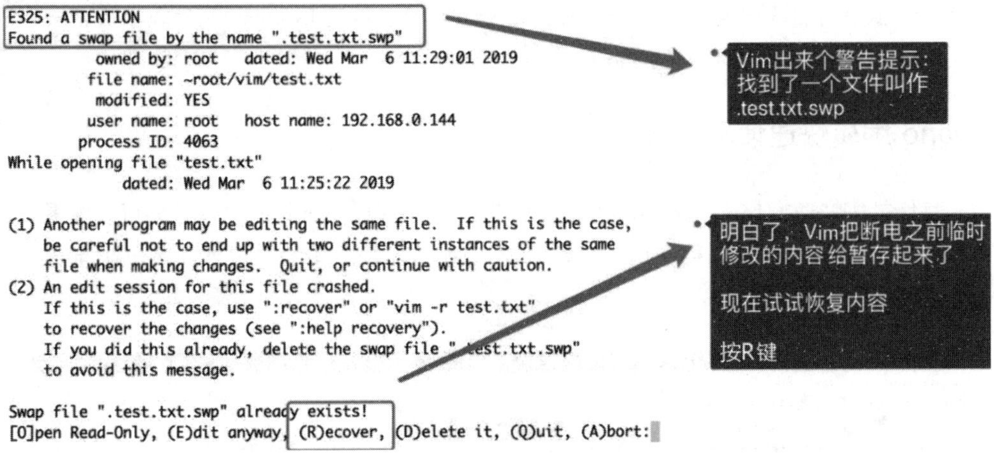

```
E325: ATTENTION
Found a swap file by the name ".test.txt.swp"
          owned by: root   dated: Wed Mar  6 11:29:01 2019
         file name: ~root/vim/test.txt
          modified: YES
         user name: root   host name: 192.168.0.144
        process ID: 4063
While opening file "test.txt"
             dated: Wed Mar  6 11:25:22 2019

(1) Another program may be editing the same file.  If this is the case,
    be careful not to end up with two different instances of the same
    file when making changes.  Quit, or continue with caution.
(2) An edit session for this file crashed.
    If this is the case, use ":recover" or "vim -r test.txt"
    to recover the changes (see ":help recovery").
    If you did this already, delete the swap file ".test.txt.swp"
    to avoid this message.

Swap file ".test.txt.swp" already exists!
[O]pen Read-Only, (E)dit anyway, (R)ecover, (D)elete it, (Q)uit, (A)bort:
```

Vim出来个警告提示：
找到了一个文件叫作
.test.txt.swp

明白了，Vim把断电之前临时
修改的内容给暂存起来了

现在试试恢复内容

按R键

图 4.18　Vim 的临时文件

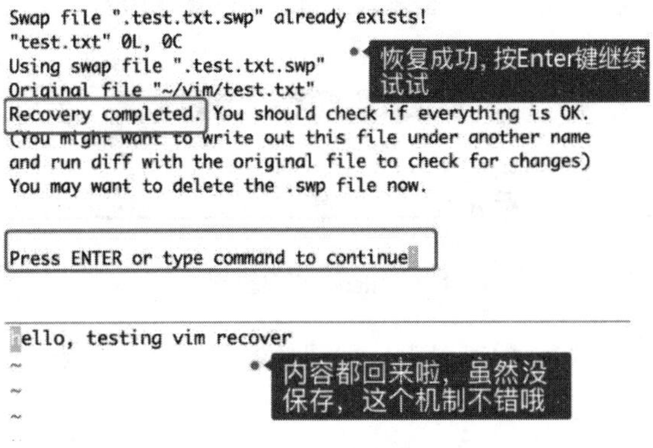

```
Swap file ".test.txt.swp" already exists!
"test.txt" 0L, 0C
Using swap file ".test.txt.swp"
Original file "~/vim/test.txt"
Recovery completed. You should check if everything is OK.
(You might want to write out this file under another name
and run diff with the original file to check for changes)
You may want to delete the .swp file now.

Press ENTER or type command to continue
```

恢复成功，按Enter键继续
试试

```
hello, testing vim recover
~
~
~
```

内容都回来啦，虽然没
保存，这个机制不错哦

图 4.19　Vim 的保护机制

这里就赶快执行一下保存，保存退出后，虽然文件是安全了，不过这个缓存的临时文件记得删掉，不然，后面每一 Vim 编辑这个文件都会提示，会造成困扰。代码如下所示：

```
[root@192 vim]# rm .test.txt.swp
rm: remove regular file '.test.txt.swp'? y
[root@192 vim]#
[root@192 vim]# vim test.txt
```

这样我们就又学到一个新知识，Vim 的保护机制还是很实用的。

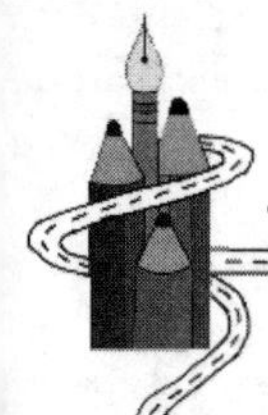

4.2　小巧编辑器：nano

本节推荐一款小巧的快速编辑器——nano。与 Vim 一样，也是 Linux 的文档编辑器，只不过简易了很多。个人建议，Vim 是必会的，而 nano 可选择性学习。

4.2.1　nano 编辑快速使用案例

接下来我们就来快速操作一下 nano 命令。使用方法很简单，nano ＋ 文件名即可。如图 4.20 所示，个人比较喜欢 nano 的一个原因，就是它很像我们平时 Windows 下用的记事本，不用切换什么模式，直接就可以输入内容。

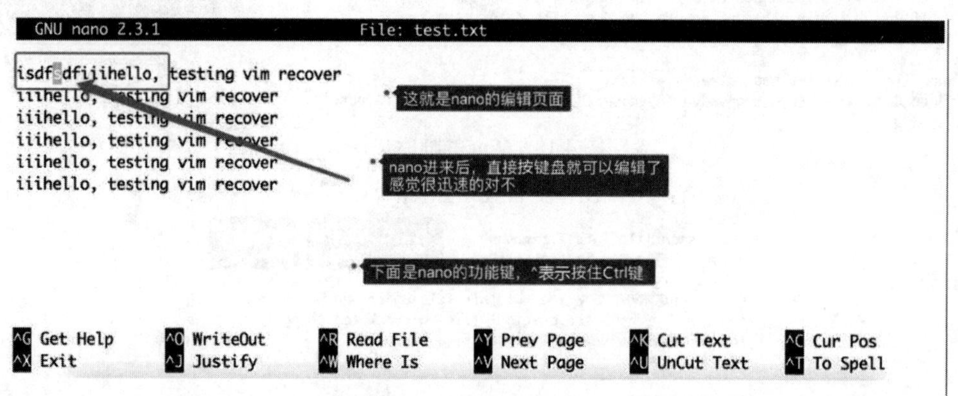

图 4.20　nano 的编辑界面

修改好以后，看下面的提示如何保存退出。如图 4.21 所示，用 Ctrl+X 组合键来退出，用 Ctrl+O 组合键来保存内容。

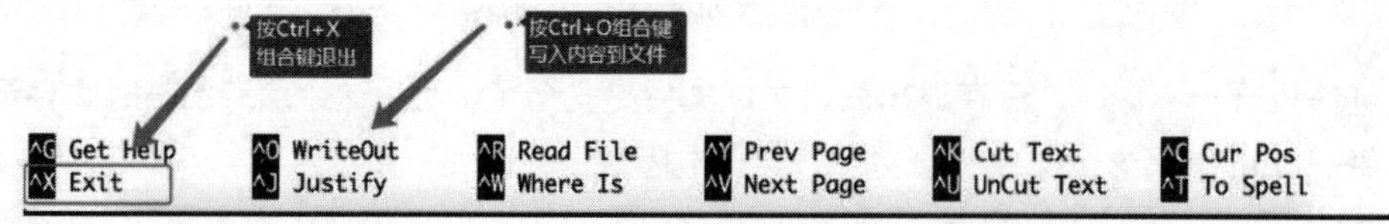

图 4.21　nano 的基本操作

4.2.2　nano 中的快捷键使用

nano 中的常用的快捷键本身已经显示在主界面下，其他的一些快捷键可以通过 Ctrl + G 组合键打开帮助手册来查看。这里就不一一介绍，感兴趣的朋友可以自行查阅，如图 4.22 所示。

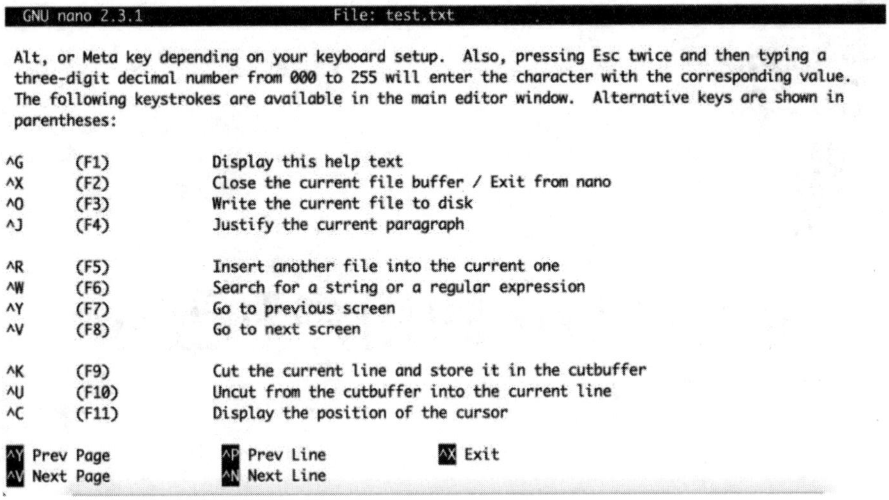

```
Alt, or Meta key depending on your keyboard setup.  Also, pressing Esc twice and then typing a
three-digit decimal number from 000 to 255 will enter the character with the corresponding value.
The following keystrokes are available in the main editor window.  Alternative keys are shown in
parentheses:

^G      (F1)            Display this help text
^X      (F2)            Close the current file buffer / Exit from nano
^O      (F3)            Write the current file to disk
^J      (F4)            Justify the current paragraph

^R      (F5)            Insert another file into the current one
^W      (F6)            Search for a string or a regular expression
^Y      (F7)            Go to previous screen
^V      (F8)            Go to next screen

^K      (F9)            Cut the current line and store it in the cutbuffer
^U      (F10)           Uncut from the cutbuffer into the current line
^C      (F11)           Display the position of the cursor

^Y Prev Page            ^P Prev Line            ^X Exit
^V Next Page            ^N Next Line
```

图 4.22　nano 的帮助菜单

第 5 章

熟悉 Linux 的用户和登录

Linux 用户管理是作为一名运维工程师的入门技能，在企业的实际工作中会经常出现。从本章开始，会陆续学习到 Linux 的用户分类、用户的创建、用户相关配置文件和命令行等，最终熟练掌握如何在 Linux 下管理用户账号。

5.1　Linux 下的用户分类

前面的章节主要是为大家打好一个 Linux 入门的基础。从本章开始，就要逐渐把 Linux 真正实践起来，从用户管理开始探索学习。

5.1.1　无敌的 root 用户

扫一扫，看视频

当一个 Linux 运维工程师刚工作时，会遇到主管提出的以下需求：在服务器 A 上给新来的员工创建一个 Linux 账号，他一会儿就要用。主管又同时提出很多账号的细节要求。接下来该做什么？图 5.1 解释了接下来要做的工作。

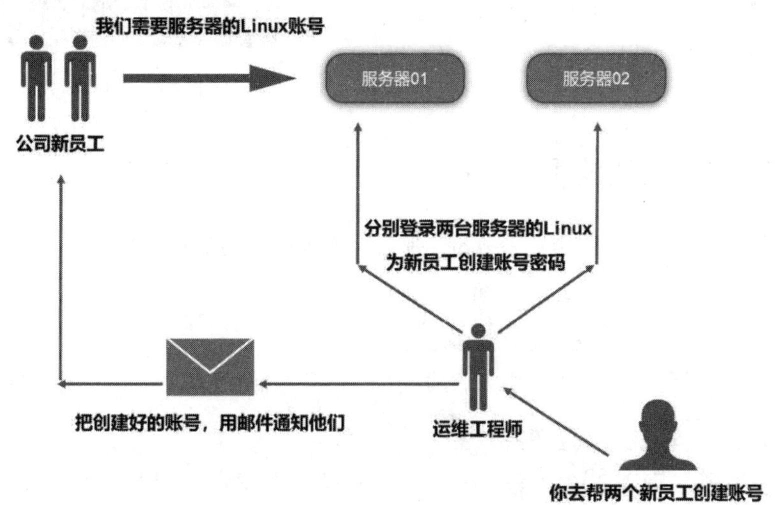

图 5.1　公司分配的 Linux 账号创建工作

首先登录 Linux 服务器，给新员工创建账号并进行验证，然后将账号密码发送给新员工（通过邮件的方式），新员工登录 Linux 操作系统。

大体的步骤明白后，接下来探索一下 Linux 中和用户相关的知识。首先，回忆一下平时使用 Windows 的情况，在图形界面上创建用户，当创建一个新用户时，当前所使用的用户身份必定是管理员。

为什么是管理员？因为当要创建另外一个新用户时需要操作系统的高级权限，不然没办法创建。

在 Linux 中也是类似的情况，只不过在 Linux 中，不叫作管理员，而是 root 用户。接下来就来学习如何查看自己的用户身份。代码如下所示：

```
[root@server01 ~]# whoami
```

```
root
[root@server01 ~]#
[root@server01 ~]#
[root@server01 ~]# id
uid=0(root) gid=0(root) groups=0(root)
```

上面的例子中分别使用了 whoami 和 id 来查看当前使用的用户是谁。很明显看到就是 root。第一个 whoami 命令只输出账号名，而第二个命令可以输出更多关于账号的 id 和组的信息。

root 用户在 Linux 中拥有最高权限，可以说是无所不能，以至于很多公司对 root 用户都会加以限制，意思就是说 root 用户只对少数人开放，其他的人一律不准使用 root，这是为了安全起见。少数人一般是指 Linux 运维工程师，为了保证服务器和系统的稳定运行必须时刻拥有最高权限。如图 5.2 所示，管理员拥有 root 最高权限，其他用户只允许使用普通账号登录。

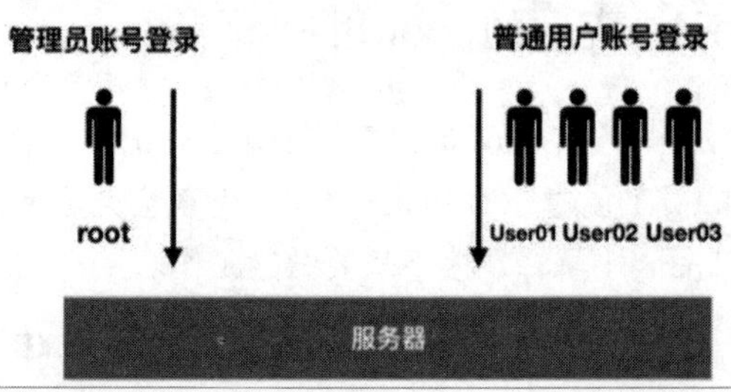

图 5.2　只有 root 管理员才能操作所有的账号

扫一扫，看视频

5.1.2　自己创建的用户

既然确认了当前的用户是 root，那么接下来就开始实践。在 Centos Linux 下创建一个普通用户的步骤如下。

```
[root@server01 ~]# useradd usertest
[root@server01 ~]#
[root@server01 ~]#
[root@server01 ~]# id usertest
uid=502(usertest) gid=502(usertest) groups=502(usertest)
```

useradd 后面接上一个用户名，创建完成之后，再用 ID+新用户名。如果正确显示了这个用户的信息就说明成功。接下来，做个小实验看一下用户名如果重复了会怎样。步骤如图 5.3 所示。

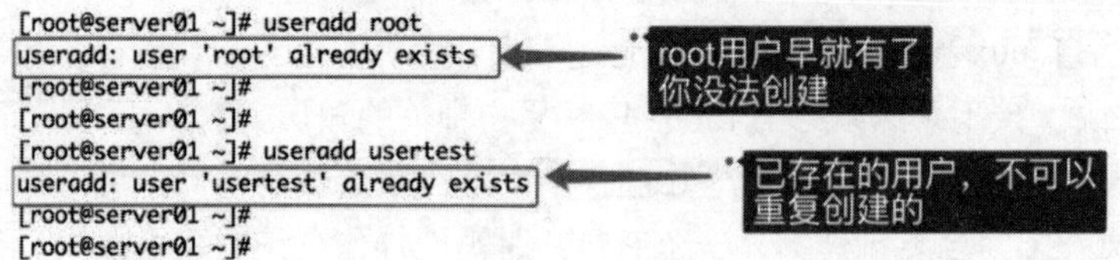

图 5.3　用户名重复的情况

从上面的介绍可以看到，尝试添加一个 root 的用户，系统提示错误，因为 root 用户已存在。这里说

明一个问题，Linux 下的最高管理员账号是 root，但是 root 并不代表一种角色，也是实实在在的且只能存在一个的用户。

注意：

> 虽然 root 用户只能存在一个，但是通过权限和分组的方式，也可以让其他的普通用户也拥有 root 一样高的权限，在第 6 章会讲到。

重复添加一个已存在的用户时，系统就会报出这样的错误。我们现在已经创建了一个叫作 usertest 的用户，接下来还需要给这个用户登录密码才可以使用。创建密码的步骤如图 5.4 所示。

```
[root@server01 ~]# passwd usertest
Changing password for user usertest.
New password:
Retype new password:
passwd: all authentication tokens updated successfully.  创建成功
[root@server01 ~]#
```

图 5.4　创建密码

如图 5.4 所示操作，使用 passwd+用户名就是给这个用户创建密码（passwd 第一次使用时为创建新密码，第二次使用时为更新密码）。需要注意的是，Linux 操作系统对密码有一定的规范要求，不可以使用太简单的密码。接下来做个简单密码的实验，如图 5.5 所示。

```
[root@server01 ~]# passwd usertest
Changing password for user usertest.
New password:
BAD PASSWORD: it is WAY too short   错误提示：密码太简单
BAD PASSWORD: is too simple
Retype new password:
passwd: all authentication tokens updated successfully.  居然还是成功了
```

图 5.5　创建密码要符合一定规则

这里我们看到，当系统判断密码过于简单时，系统提示密码太短、太简单。但命令行的最后面却提示密码更新成功！为什么会出现这种情况？因为 root 用户拥有最高权限，即使密码不符合要求，也可以强制更新。

不过试想一下，如果当前用的不是 root 用户，而是登录了自己的普通用户，然后想给自己修改一个新密码，会怎样？介绍一个新的命令：su -切换用户。接下来做一个实验，# su - 接上用户 usertest，就从当前的 root 用户切换到了 usertest。代码如下所示：

```
[root@server01 ~]# su - usertest
[usertest@server01 ~]$
[usertest@server01 ~]$ whoami
usertest
```

```
[usertest@server01 ~]$
[usertest@server01 ~]$ id
uid=502(usertest) gid=502(usertest) groups=502(usertest)
[usertest@server01 ~]$
[usertest@server01 ~]$
```

usertest 修改自己的密码。代码如下所示：

```
[usertest@server01 ~]$ passwd
Changing password for user usertest.
Changing password for usertest.
```

提示请先输入当前密码后，才准许修改。代码如下所示：

```
(current) UNIX password:
New password:
BAD PASSWORD: it is too short
New password:
BAD PASSWORD: it is too short
New password:
BAD PASSWORD: it is too short
```

普通用户 usertest 设置密码时，如果不符合密码规则，提示三次错误信息，然后宣告修改失败。代码如下所示：

```
passwd: Have exhausted maximum number of retries for service
```

上面的操作过程中，先使用 su - usertest 从当前的 root 用户切换到 usertest 用户，用 whoami 和 id 确认自己当前的身份已经变成了 usertest。接下来，执行 passwd（后面如果不接用户名，就表示修改当前自己的用户密码），这里有没有发现不一样的地方？

第一个不同是当执行了 passwd 之后，系统先提示输入自己当前的密码。输入正确之后，才可以继续修改新密码（之前用 root 用户修改 usertest 密码时，根本也不需要输入 root 当前的密码）。第二个不同就是输入一个简单新密码后，系统会一直提示错误，并且尝试三次后最终提示失败。再一次证明了 root 用户的强势。

图 5.6 对比了 root 用户和普通用户在密码修改上的特权区别。

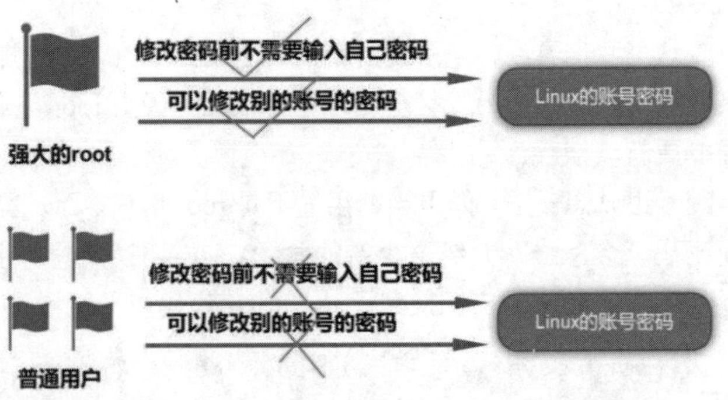

图 5.6　root 和普通用户在密码修改上的区别

5.1.3　系统用户的存在

扫一扫，看视频

通过前面几小节的学习，我们对 Linux 下的用户账号有了一定的了解，本小节来看一下 Linux 下的系统账号是什么。如图 5.7 所示，Linux 操作系统中存在三种类型的账号，每一种都有自己单独的用处。

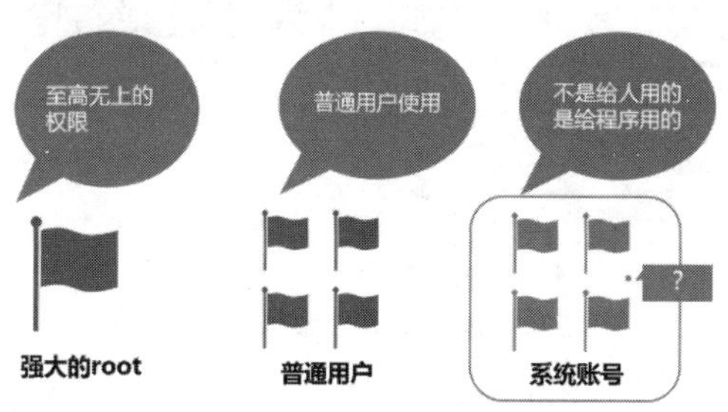

图 5.7　Linux 三种类型的账号

接下来看系统账号长什么样。如图 5.8 所示，给出了两个系统账号，一个是 nginx，另一个是 ntp。

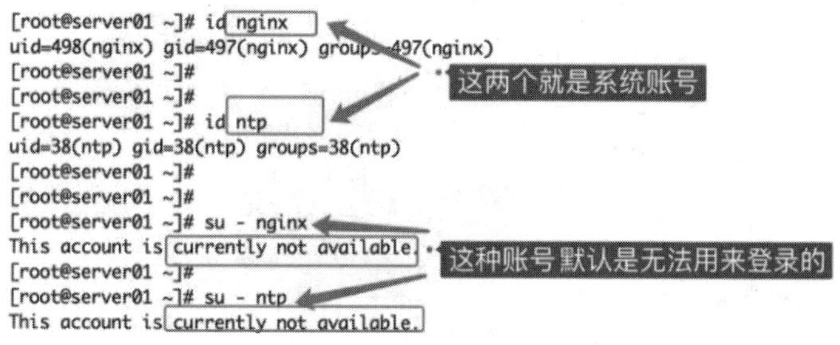

图 5.8　系统账号的存在

需要说明的是，这两个账号不是自创的，而是在安装一些软件时，软件程序自动在 Linux 中创建的。在一般状况下，这些账号不能拿来直接使用，而是某些软件在运行时，由它们自己来使用。

5.2　Linux 用户账号的属性

学会用命令创建账号、修改密码，这是最基本的使用。从本节开始，我们要深入探索 Linux 用户账号，学习用户账号的管理。

5.2.1　接触第一个配置文件

扫一扫，看视频

想要掌握 Linux 用户管理，首先要知道全部的用户都定义在哪里，按图 5.9 所示的方法进行操作。

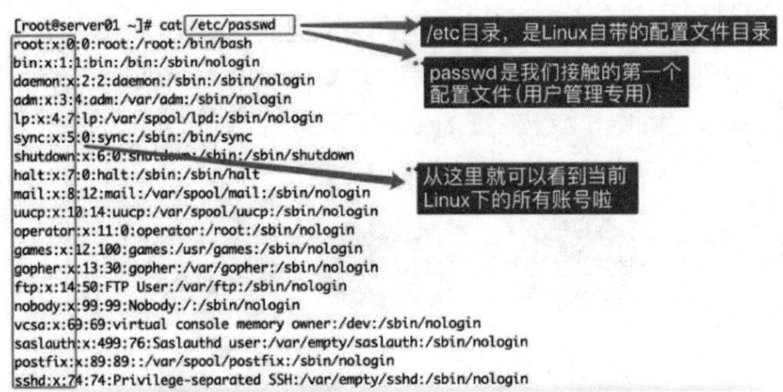

图 5.9　/etc/passwd 账号配置文件

之前在讲 Linux 文件夹路径时，就见过/etc/这个目录，现在开始派上用场了。/etc/下面放置的都是各种配置文件，先来认识一下什么叫作配置文件。举个例子，如图 5.10 和图 5.11 所示。在 Linux 操作系统上运行着各种各样的软件，这些软件其实到了底层，就是程序在运行。

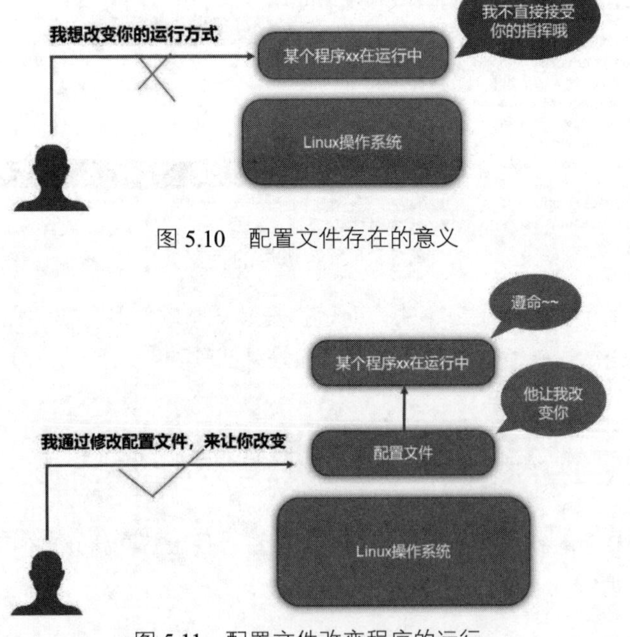

图 5.10　配置文件存在的意义

图 5.11　配置文件改变程序的运行

例如，本章学习的 Linux 用户管理，就是因为有对应的程序在运行，所以才能实现用户登录、用户创建、修改密码等。然而程序是一直运行在操作系统之上的，它们很多时候并不是直接接受命令，而是先听从配置文件的调遣。就好比 Linux 的账号管理系统，就是在遵从着配置文件。

说到这里，有的同学在创建 Linux 的用户时，只是通过 useradd 命令就可以创建，根本也没有去管配置文件。其实这是一个表面现象而已，手动做一个实验就明白了。我们通过修改/etc/passwd 文件，同样达到创建一个新用户的目的。操作步骤如图 5.12 所示。

```
[root@server01 ~]# id linuxuser
id: linuxuser: No such user
[root@server01 ~]#
[root@server01 ~]#
[root@server01 ~]# vim /etc/passwd
```

当前没有这个用户

直接打开 passwd文件

```
ntp:x:38:38::/etc/ntp:/sbin/nologin
jenkins:x:497:496:Jenkins Automation Server:/var/lib/jenkins:/bin/bash
rpc:x:32:32:Rpcbind Daemon:/var/lib/rpcbind:/sbin/nologin
rpcuser:x:29:29:RPC Service User:/var/lib/nfs:/sbin/nologin
nfsnobody:x:65534:65534:Anonymous NFS User:/var/lib/nfs:/sbin/nologin
dami:x:500:500::/home/dami:/bin/bash
www:x:501:501::/home/www:/bin/bash
mysql:x:27:27:MySQL Server:/var/lib/mysql:/bin/bash
usertest:x:502:502::/home/usertest:/bin/bash
atest:x:503:503::/home/atest:/bin/bash
btest:x:603:603::/home/btest:/bin/bash
linuxuser:x:604:604::/home/linuxuser:/bin/bash
```

Shift+G组合键来到文件的最后一行
然后按照这个样子，新加一行
（先不管每个字段什么意思，一会讲）

图 5.12　手动修改/etc/passwd 来添加一个用户

如图 5.12 所示，通过手动在/etc/passwd 添加一行用户信息，保存退出后，看这个用户是不是已经成功创建？如图 5.13 所示，确实新用户已经被创建。

```
[root@server01 ~]# id linuxuser
uid=604(linuxuser) gid=604 groups=604
[root@server01 ~]#
[root@server01 ~]#
```

没问题，新用户linuxuser 已经被创建了

图 5.13　验证用户已经被创建

在这个例子中没有使用 useradd 命令，而是通过编辑 passwd 配置文件创建了一个新用户，所以说，配置文件才是核心。而平时用的命令，其实也是围绕着这样的文件来工作。

不过，只是编辑/etc/passwd 创建出来的新用户不完整，缺少了一些东西，后面的几节会围绕这个遗留问题继续操作和讲解。

5.2.2　用户和用户组的关系

扫一扫，看视频

在讲之前，先来做图 5.14 所示的操作。

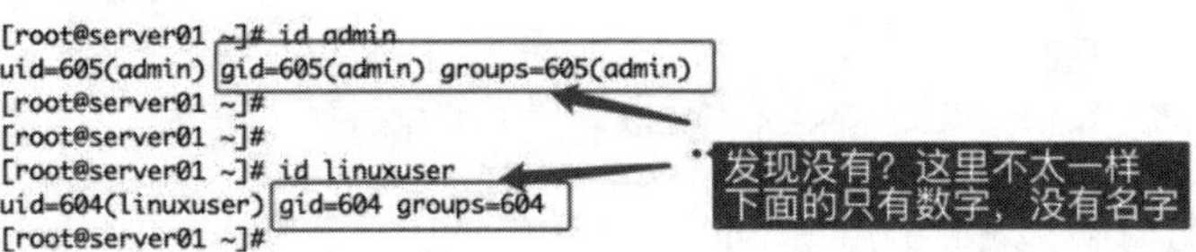
[root@server01 ~]# id admin
uid=605(admin) gid=605(admin) groups=605(admin)
[root@server01 ~]#
[root@server01 ~]#
[root@server01 ~]# id linuxuser
uid=604(linuxuser) gid=604 groups=604
[root@server01 ~]#
发现没有？这里不太一样
下面的只有数字，没有名字

图 5.14　用户和用户组的概念

比较这两个用户，第一个用户 admin，是用 useradd 命令正常添加的；第二个用户 linuxuser，是刚刚用修改/etc/passwd 文件的方式添加的。如图 5.14 所示，使用 id 命令查看两者的区别，发现后面的部分不太一样，上面的有数字+名字，下面的只有数字，没有名字，这是为什么？

为了讲清楚这个问题，需要分出后面的几个步骤，这就是我们要学到的 Linux 的组(group)和附属组 groups 的概念。先看组，就是在 Linux 下面，一个用户要属于一个组织，这个组织就是 group 或者 groups。不过这里有主组 group 和附属组 groups。下面通过图 5.15 来说明两者是怎么回事。

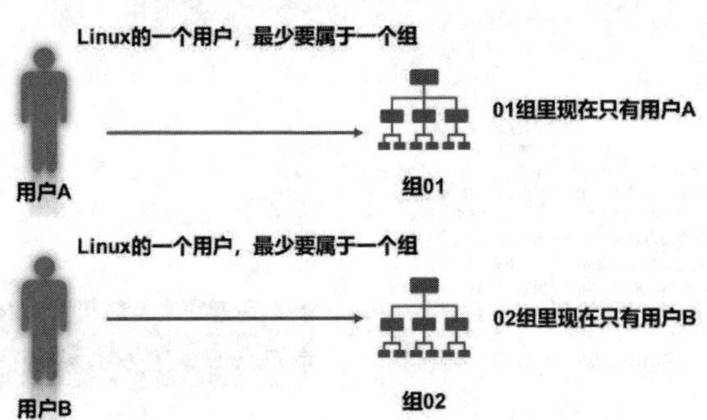

图 5.15　用户和用户组之间的关系

如图 5.15 所示，说明 Linux 下一个用户必须最少属于一个组。如果一个用户不属于任何组，是不被允许的。如图 5.16 所示，说明两点，第一，Linux 的用户第一个属于的组或者说一开始默认就属于的组，这个叫作主组，如用户 A，他的第一个组是组 01，这个就是他的主组；第二，Linux 的用户还可以属于其他的组，可以同时属于 N 多个组，但是这些组只能是这个用户的附属组，是可选的，如用户 A，他现在不仅属于 01 组，同时还属于 02 组。

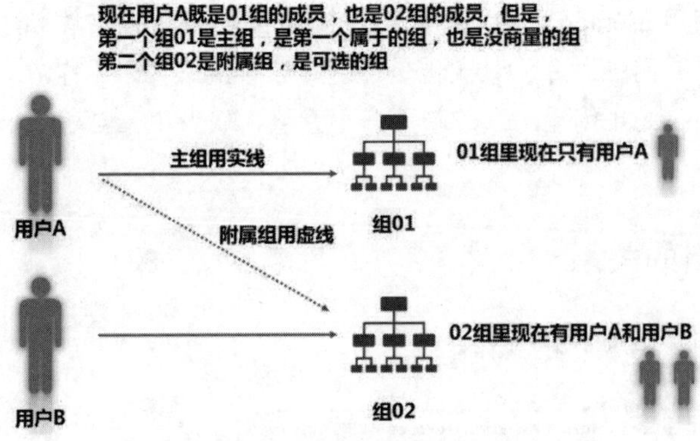

图 5.16　Linux 的用户归属的组

如图 5.17 所示，暂时不管后面的用户(linuxuser)，先看标准创建的用户 admin。gid=605(admin)说明用户 admin 当前的主组是组 admin，groups=605(admin)说明用户 admin 当前的附属组也是组 admin。

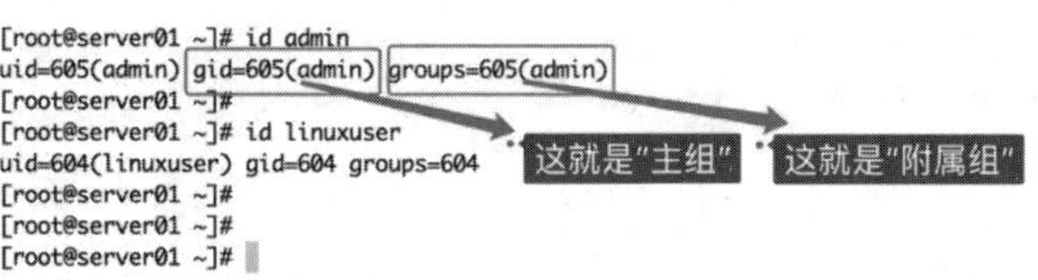

图 5.17　主组和附属组

图 5.17 的意思就是 admin 用户现在只属于一个组，就是组 admin，不再属于其他的组，不过即便只属于一个组，他的附属组这里也会显示这一个组。如果还是不太明白，可以做个修改。再看图 5.18，现在 admin 用户同时属于三个组，分别是 admin 组、root 组、nginx 组，但是主组没有改变，依然是 admin 组。

这里有一个和 admin 用户同名的组，当执行 useradd admin 后，在背后会默认建立一个组，就叫作 admin，并且让这个用户 admin 的主组是它。那么组在哪里定义？组是否可以自己创建？Linux 的组在这个配置文件中定义，如图 5.19 所示。

图 5.18　admin 附属多个组的实验

图 5.19　组的配置文件

明白了这个以后，终于可以解释一开始看到的现象，如图 5.20 所示。

```
[root@server01 ~]# id admin
uid=605(admin) gid=605(admin) groups=605(admin),0(root),497(nginx)
[root@server01 ~]#
[root@server01 ~]#
[root@server01 ~]# id linuxuser
uid=604(linuxuser) gid=604 groups=604
```

因为根本没有linuxuser这个组
我们是改文件添加的用户
所以这里显示不了"组名"

图 5.20　没有定义的组

为了让它正常显示组名，就必须添加一个组，而且组的 ID 要和图 5.20 所示的一致（也是 604）。

```
vim /etc/group
```

在最后一行加上：

```
linuxuser:x:604
```

保存退出后，再来看一下这个用户：

```
[root@server01 ~]# id linuxuser
uid=604(linuxuser) gid=604(linuxuser) groups=604(linuxuser)
```

这样显示就正常了。接下来再看一下/etc/passwd 这一行的内容，如图 5.21 所示。

```
atest:x:503:503::/home/atest:/bin/bash
btest:x:603:603::/home/btest:/bin/bash
linuxuser:x:604:604::/home/linuxuser:/bin/bash
admin:x:605:605::/home/admin:/bin/bash
```

这个字段，我们现在就明白了
表示用户ID和用户主组ID

图 5.21　用户组显示正常

不过，这个数字 ID(604:604)又代表什么？在 Linux 的用户管理系统中不认识名字，只认识数字。每当添加一个用户或者添加一个组，系统就会给它分配一个唯一的数字 ID。如图 5.21 中的 linuxuser 用户，在系统的背后就对应着一个 ID：604。

不过这里为什么会有两个 604？前面一个 604 是系统分配给 linuxuser 用户的唯一 ID，不可以随意改变的；后面一个 604 其实对应的是一个组的 ID。

总结一下，604:604 代表的意思是 linuxuser 的用户 ID 是 604，linuxuser 用户的主组 ID 是 604(也就是对应 linuxuser 组)。做一个小实验，看用户主组能否被改变。如图 5.22 所示，603 是组 ID，对应的是组 btest，所以主组也是可以改变的。

```
www:x:501:501::/home/www:/bin/bash
mysql:x:27:27:MySQL Server:/var/lib/mysql:/bin/bash
usertest:x:502:502::/home/usertest:/bin/bash
atest:x:503:503::/home/atest:/bin/bash
btest:x:603:603::/home/btest:/bin/bash
linuxuser:x:604:60::/home/linuxuser:/bin/bash
admin:x:605:605::/home/admin:/bin/bash
```

改成603试试看

```
[root@server01 ~]# id linuxuser
uid=604(linuxuser) gid=603(btest) groups=603(btest)
[root@server01 ~]#
[root@server01 ~]#
```

主组还真的是可以改变的

图 5.22　尝试改变主组

接下来，再做一个实验，如果一个用户一个组都不属于会怎么样？如图 5.23 所示，没有主组的话，用户信息就会报错。

```
linuxuser:x:604::/home/linuxuser:/bin/bash
admin:x:605:605::/home/admin:/bin/bash
```

把后面的主组ID删掉

```
[root@server01 ~]# id linuxuser
id: linuxuser: No such user
[root@server01 ~]#
[root@server01 ~]#
[root@server01 ~]#
[root@server01 ~]#
[root@server01 ~]# su - linuxuser
su: user linuxuser does not exist
[root@server01 ~]#
[root@server01 ~]#
```

直接就报错了
看来没有组的用户是不被Linux接受的

图 5.23　用户必须有组

5.2.3 用户家目录的掌握

我们继续探索 passwd 后面的字段。如图 5.24 所示，后面的方框中的字段表示这个用户的家目录在哪里。

```
btest:x:603:603::/home/btest:/bin/bash
linuxuser:x:604:604::/home/linuxuser:/bin/bash
admin:x:605:605::/home/admin:/bin/bash
```

这个表示：家目录在哪里

图 5.24 用户家目录的配置

很好理解，之前已经接触过 Linux 用户家目录，不再重复说明。不过这里有个问题，如图 5.25 所示。

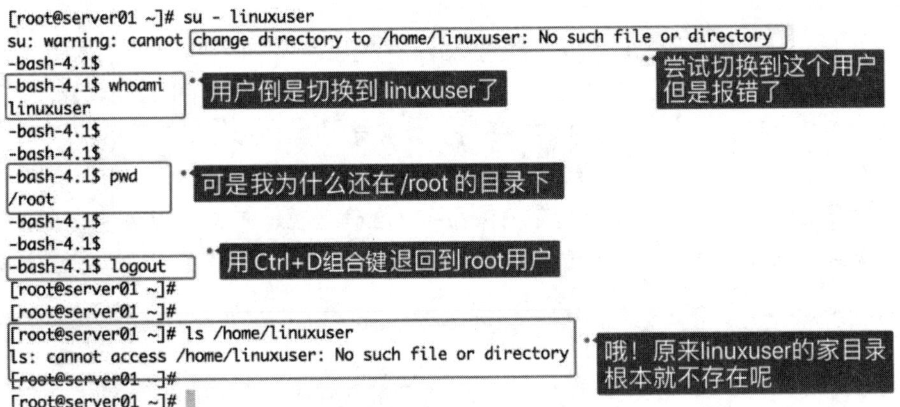

图 5.25 家目录不存在的状况

解释一下图 5.25 所示的步骤。

（1）尝试从 root 切换到 linuxuser。

（2）系统报错，说找不到 /home/linuxuser 这个目录，切换家目录失败。

（3）用 whoami 一看当前的用户确实是 linuxuser，可是当前的位置还是停留在 /root/ (root 用户的家目录)。

（4）用 Ctrl+D 组合键可以退出 linuxuser 的登录，回到 root 下。

（5）用 ls 查看一下 /home/linuxuser 目录，果然不存在。

为什么会出现这种现象？因为 linuxuser 用户是通过修改/etc/passwd 配置文件来添加的，而用户的家目录并未被创建出来。为了解决这个问题，我们执行如图 5.26 所示的操作。

如图 5.26 所示，既然这个目录没有，我们就手动创建一下，然后使用 chown 修改 /home/linuxuser 文件夹的权限，确认目录已创建好，再次尝试切换到用户 linuxuser 就正常了。

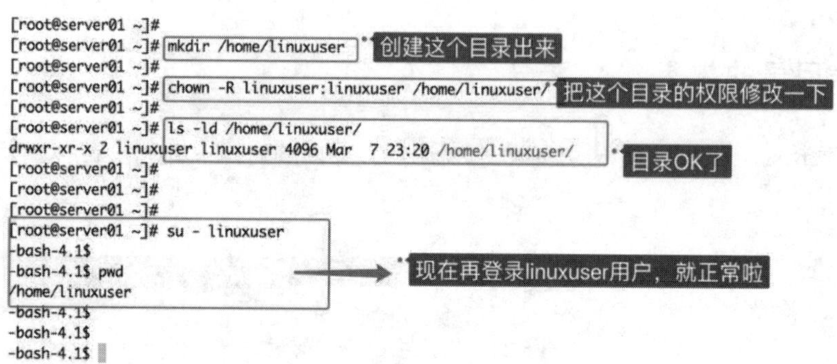

图 5.26　正确地创建用户的家目录

扫一扫，看视频

5.2.4　从用户登录的角度来认识 bash

linuxuser 用户现在是可以正常登录的，这里思考一个问题：所谓的用户登录，到底登录到哪里了？当然是登录上了 Linux，这个回答对但也不对。之前讲过，所谓的 Linux，其实指的是它的内核，这可是深不可见。是有什么在协助我们？如图 5.27 所示，用 linuxuser 登录后，注意图中框出的地方，出现了一个 bash，协助我们工作的就是它。

如图 5.28 所示，我们平时在 Linux 中敲打着命令，准确地说是在 Shell 上敲打。Shell 从字面上看是“壳”，有包裹在 Linux 内核外的一个壳的意思。

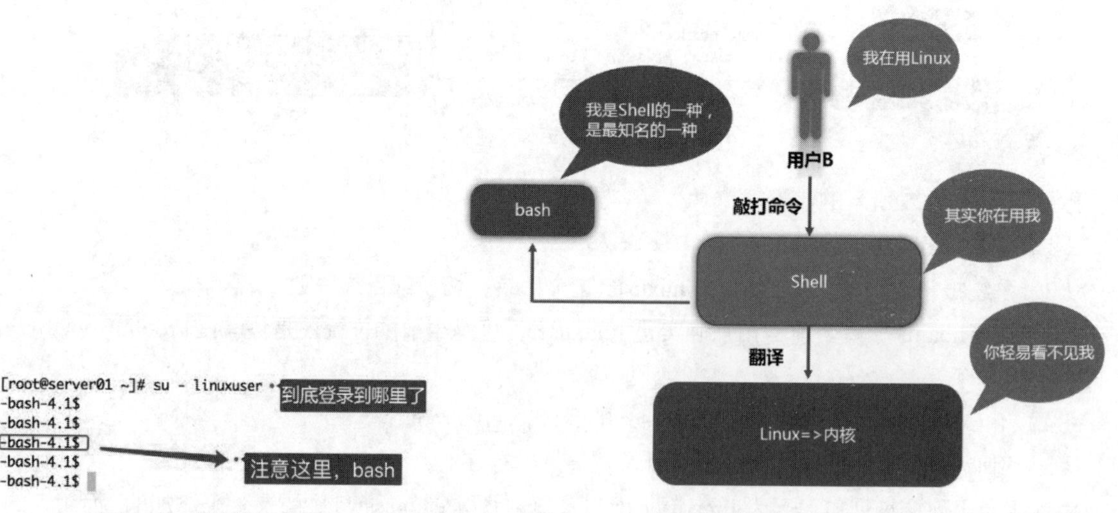

图 5.27　登录提示 bash

图 5.28　解释 Shell 是什么

现在我们明白所谓登录了 Linux，其实就是登录了一个叫作 bash 的 Shell，也就是俗称的 Linux 命令行。那么，在配置文件中可以看到吗？当然可以。打开/etc/passwd，看一下配置行的最后一个字段，如

图 5.29 所示。

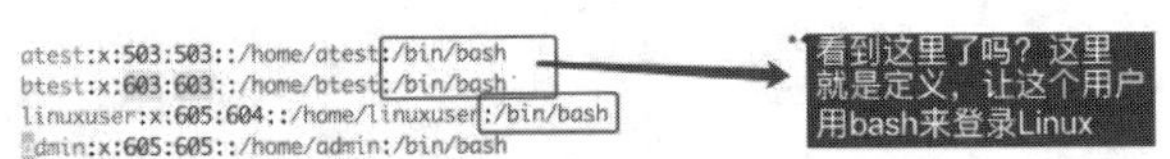

图 5.29　/etc/passwd 的登录配置

从图 5.29 可以看到，/etc/passwd 一行的末尾就是用来定义每个用户用什么方式来登录 Linux。接下来做个有意思的实验，如果把 /bin.bash 换成别的，登录以后会有什么状况。先把 linuxuser 对应的登录方式改成图 5.30 所示的这样。

图 5.30　尝试修改成其他登录模式

如图 5.30 所示，Vi 是编辑器，Vim 是它的晋升版。改成这样子，linuxuser 登录后，不给它 bash，而是给它一个 Vi 编辑器。su - linuxuser 后，效果如图 5.31 所示，登录后直接进入 Vi 编辑器。

```
                    VIM - Vi IMproved

                    version 7.4.629
                by Bram Moolenaar et al.
           Modified by <bugzilla@redhat.com>
      Vim is open source and freely distributable

             Become a registered Vim user!
type  :help register<Enter>    for information

type  :q<Enter>                to exit
type  :help<Enter>  or  <F1>   for on-line help
type  :help version7<Enter>    for version info
```

图 5.31　登录后直接进入 vim

那我们尝试退出 Vi 编辑器会怎样？从图 5.32 中得知，由于给 linuxuser 分配的登录方式仅仅是一个 Vi 编辑器，没有 bash，所以退出了编辑器，整个用户也就退出了，没有别的平台可使用。

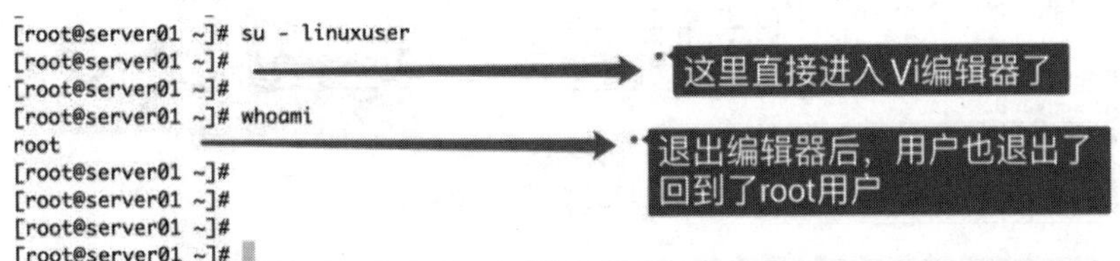

图 5.32　退出 Vim 也就退出了登录

通过这个例子，我们也就明白了最后一个字段/bin/bash 的重要性。知识点：/bin/目录下有很多常用命令，包括 bash、Vi 编辑器、其他种类 Shell 等，这个目录是所有用户都可以使用的。另外，我们在

/etc/passwd 中，还看到了另一种配置登录方式的方法，如图 5.33 所示。

```
vcsa:x:69:69:virtual console memory owner:/dev:/sbin/nologin
saslauth:x:499:76:Saslauthd user:/var/empty/saslauth:/sbin/nologin
postfix:x:89:89::/var/spool/postfix:/sbin/nologin
sshd:x:74:74:Privilege-separated SSH:/var/empty/sshd:/sbin/nologin
puppet:x:52:52:Puppet:/var/lib/puppet:/sbin/nologin
nginx:x:498:497:nginx user:/var/cache/nginx:/sbin/nologin
tcpdump:x:72:72::/:/sbin/nologin
ntp:x:38:38::/etc/ntp:/sbin/nologin
jenkins:x:497:496:Jenkins Automation Server:/var/lib/jenkins:/bin/bash
```

这是什么

图 5.33　/sbin/nologin 的作用

nologin，意思是禁止登录。尝试把这个配置给 linuxuser 会有什么情况，改成如下：

```
linuxuser:x:605:604::/home/linuxuser:/sbin/nologin
```

linuxuser 用户无法登录：

```
[root@server01 ~]# su - linuxuser
This account is currently not available.
[root@server01 ~]#
```

提醒大家，不要尝试把 root 用户设置成这个登录方式，否则对于初学者比较麻烦。

扫一扫，看视频

5.2.5　使用 sudo 来切换用户

在之前的小节中一直不停地使用 su - username 来切换别的用户登录。像这种使用 su 的方式属于永久登录，相当于注销当前用户，换一个用户来使用。其实在日常工作中，用到 su 的机会并不多，更多的是使用 sudo。sudo 是一个很有意思的命令，它可以临时切换成别的用户来执行任务，完成后立刻回到之前的用户。

接下来看使用方法，并介绍在工作中如何使用 sudo。操作方法如图 5.34 所示。

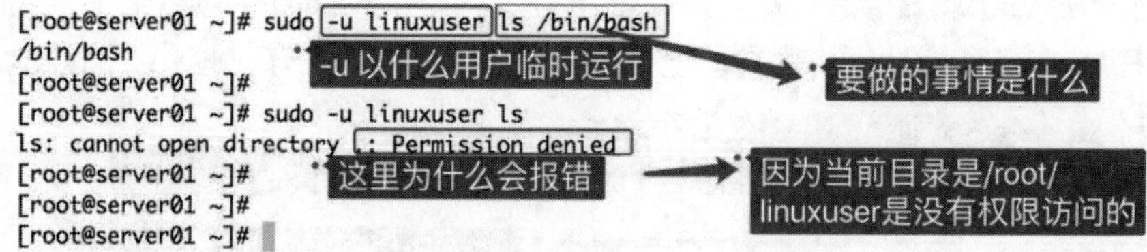

图 5.34　sudo 命令的引入

如图 5.34 所示，sudo -u linuxuser ls /bin/bash 意思是临时以 linuxuser 用户的身份来执行一次 ls/bin/bash。然而后面的一次执行报错，这是因为当前的用户是 root，当前所在的目录是 root 的家目录——/root/，临时使用 linuxuser 执行 ls，其实查看的就是当前的/root/目录。而/root/目录是管理员的家目录，其他的普通用户没有权限来访问。

说到这里，其实透露了另外一条信息，就是在日常工作中，对 Linux 用户账号加以权限的限制是很必要的工作，正是由于这个原因 sudo 才体现出它的实用性。

如图 5.35 所示，其实在企业中使用 sudo 的方式是反过来的，不是 root 用户 sudo 到别人，而是别人临时 sudo 到 root 用户。

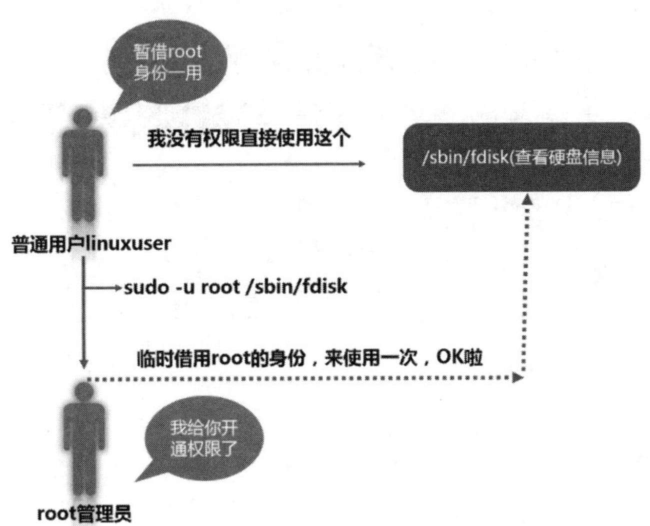

图 5.35　sudo 命令的原理

一个普通用户临时查看一下硬盘信息，但/sbin/fdisk 命令只有 root 用户才能使用，所以普通用户可以通过临时 sudo root 以 root 的身份来执行一次这个命令，用完奉还身份。不过，这需要 root 给予授权才可以。

如何给予一个普通用户 sudo 到 root 的授权，如图 5.36 所示，附加这一行的意思是给 linuxuser 用户使用 sudo 的权利，而且可以用任何身份，运行任何命令，而且还不需要输入密码，对应中间的 ALL=(ALL)，NOPASSWD:ALL。

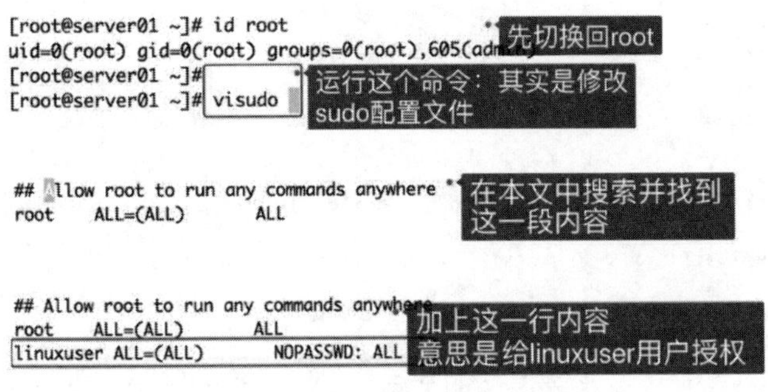

图 5.36　修改 sudo 配置

设置好以后，保存退出 (:wq)。接下来再按下面的操作来测试 sudo，如图 5.37 所示。

```
[root@server01 ~]# su - linuxuser
-bash-4.1$
-bash-4.1$
-bash-4.1$
-bash-4.1$ id
uid=605(linuxuser) gid=604(linuxuser) groups=604(linuxuser)
-bash-4.1$
-bash-4.1$ fdisk -l
Cannot open /dev/xvda
-bash-4.1$
-bash-4.1$ sudo -u root fdisk -l

Disk /dev/xvda: 42.9 GB, 42949672960 bytes
255 heads, 63 sectors/track, 5221 cylinders
Units = cylinders of 16065 * 512 = 8225280 bytes
Sector size (logical/physical): 512 bytes / 512 bytes
I/O size (minimum/optimal): 512 bytes / 512 bytes
Disk identifier: 0x00011386
```

切换到linuxuser登录
linuxuser不能直接使用 fdisk命令
sudo到root, 就可以临时执行成功了

图 5.37 测试新加的 sudo 权限

5.2.6 Linux 用户的密码管理

之前通过修改/etc/passwd 创建的用户 linuxuser，其实还差最后一个步骤没有完成，就是还没设置登录密码。设置的方法大家已经会了，用 passwd 即可。用 passwd 设置密码很方便，不过它是存在/etc/passwd 里吗？打开文件找一下，这里只有定义账号，没有看到密码。

```
atest:x:503:503::/home/atest:/bin/bash
btest:x:603:603::/home/btest:/bin/bash
linuxuser:x:605:604::/home/linuxuser:/bin/bash
admin:x:605:605::/home/admin:/bin/bash
```

如图 5.38 所示，用 root 用户打开这个 shadow 文件后，看到了很多字母和数字，这个就是密码。

```
[root@server01 ~]# vim /etc/shadow

mysql:!!:17944::::::
usertest:$6$N.3KE2nB$QfE1uj6e56vuo42.XA.UChos4Ty.3MJGSAniBIGE8OoNXlIVeGBypQxWBD6P8eZJzkLkJiKdT/
zafIZMLEadt0:17962:0:99999:7:::
atest:!!:17945:0:99999:7:::
btest:$6$6X5aqQLT$Y/fATqaT41fUWpnJi4Zx41ENd/5KVDqfM7Rl/0XcgdKxX7qlGDL36iKOJR3z0s3poE2eazgq177/z
p/CmO6II.:17962::::::
admin:!!:17962:0:99999:7:::
```

这才是保管密码的文件

图 5.38 保管密码的文件

但之前设置密码没有这么长，这其实是被加密后再显示出来的密码，是为了安全起见。例如，输入

的密码原本是 888123，如果原封不动在一个文件里保管，别人随便一打开就知道密码了。

接下来试一试在 Linux 下，如何手动加密一个字串，如图 5.39 所示。

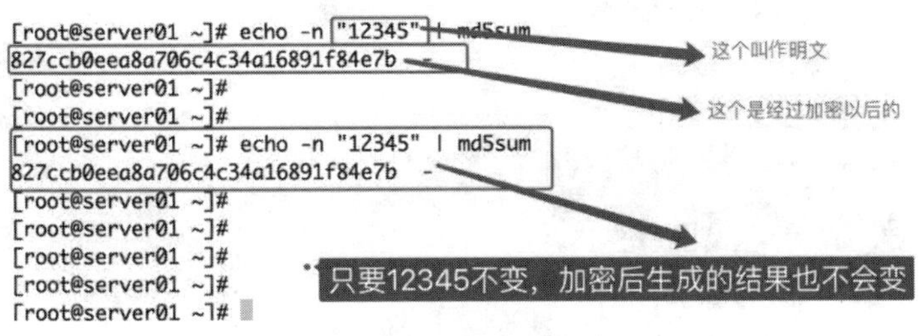

图 5.39　明文和加密

echo -n "12345" 是在命令行上显示 12345，| md5sum 是把 12345 提交 md5sum 来加密，最后只要前面的 12345 不变，后面的 md5 加密算法不变，则最终结果也就不会变。

5.2.7　远程用户和本地用户的引入

到现在为止，在学习 Linux 用户管理中，用的都是本地用户登录的方式。什么叫作本地登录？如图 5.40 所示，所谓的本地登录，就是装着 Linux 的计算机/服务器，接上键盘显示器，就可以输入账号密码登录。

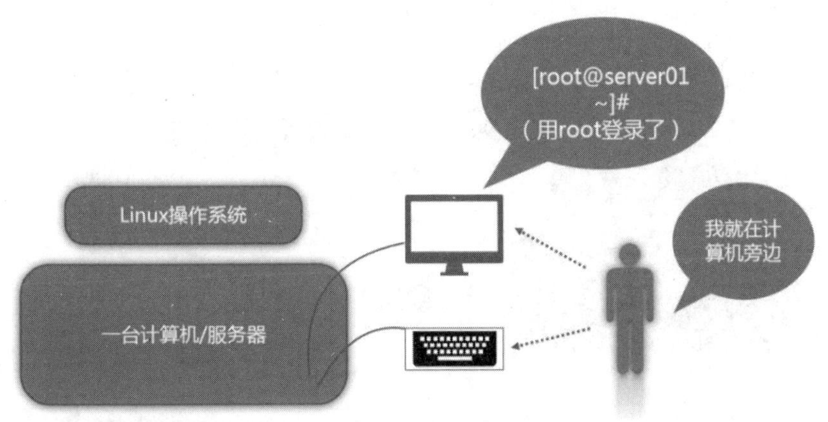

图 5.40　本地登录的概念

另外，用的虚拟机 Linux 也是一样的情况，虚拟机平台就当成是硬件，终端就当成是显示器，也是本地登录。其实在日常工作中，很少会有机会用本地登录，更多的是通过网络的远程登录。什么是远程登录？如图 5.41 所示，一台 Linux 服务器在上海的机房，而你在北京办公室。没办法接键盘、显示器，只能通过网络的方式来远程登录。

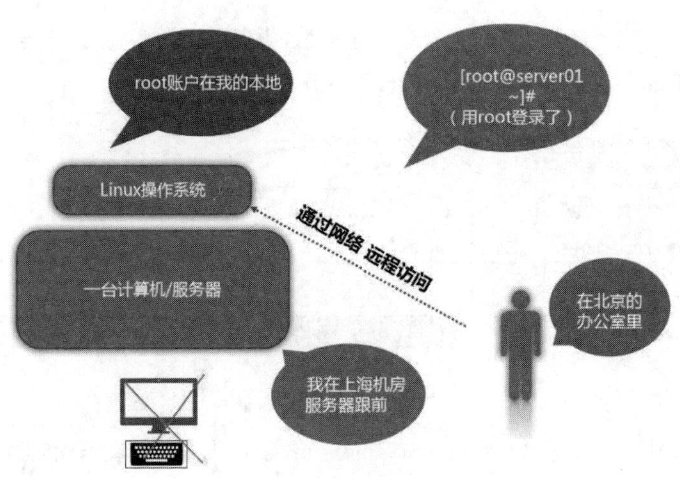

图 5.41　远程登录

图 5.40 和图 5.41 说明不管本地登录，还是远程登录，用的都是 Linux 的本地账号密码。也就是说，同一个 root 管理员账号，本地登录也可以，远程登录也可以，都一样。如果两个人同时登录了 root 会怎样呢？

如图 5.42 所示，工程师 A 去上海出差，使用本地登录，与此同时，在北京的工程师 B 也同时登录了这台服务器。两个人用的都是 root 管理员，输入的账号密码一样，不过并不知道对方的存在，互不干扰。这其实是突出了 Linux 的一大优势，就是真正的多用户管理模式。

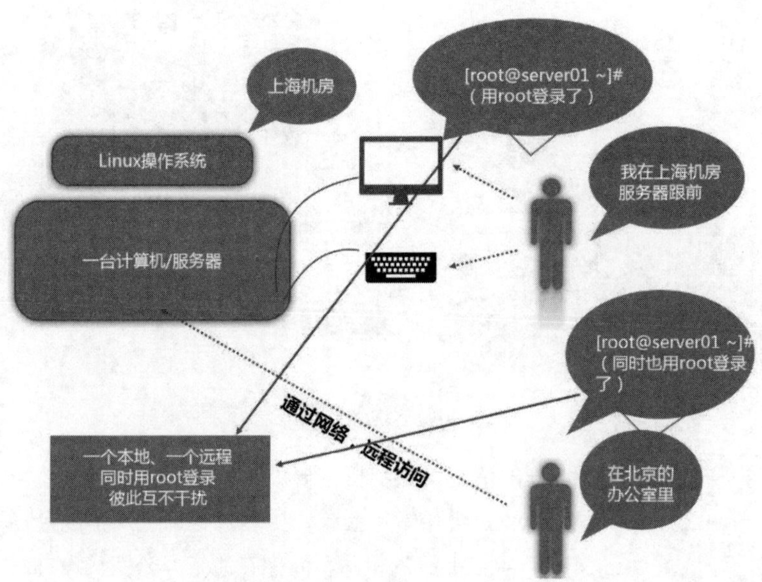

图 5.42　多用户同时登录

掌握 Linux 的权限机制

本章我们来学习 Linux 的权限机制，可以说这是工作中遇到的第一个难点，既是难点也是重点，今后的日常工作中会反复用到。接下来就一起来探索吧。

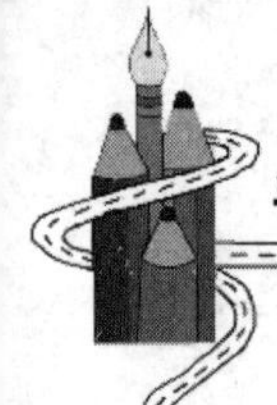

6.1　第一次接触 Linux 的权限

说到 Linux 的权限，其实在第 5 章的末尾已经初步接触到了权限问题。在学习 sudo 时，遇到过这样一种现象，如图 6.1 所示，当临时用 linuxuser 在/root/目录下执行 ls 时，系统报错 Permission denied 没有权限访问。

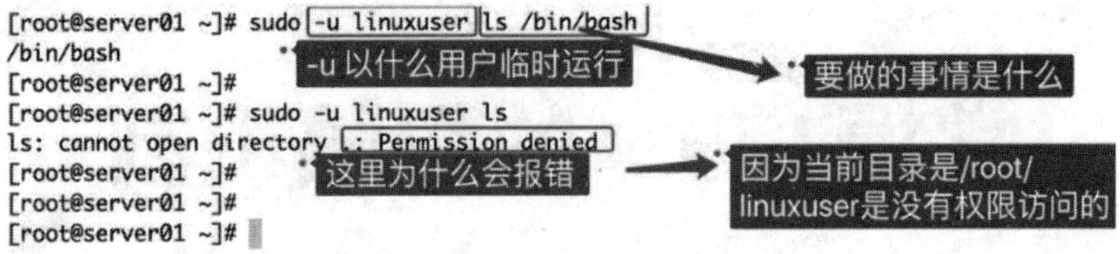

```
[root@server01 ~]# sudo -u linuxuser ls /bin/bash
/bin/bash
[root@server01 ~]#
[root@server01 ~]# sudo -u linuxuser ls
ls: cannot open directory .: Permission denied
[root@server01 ~]#
[root@server01 ~]#
[root@server01 ~]#
```

-u 以什么用户临时运行
要做的事情是什么
这里为什么会报错
因为当前目录是/root/
linuxuser是没有权限访问的

图 6.1　因权限而报错

普通用户没权利来访问 root 的家目录，这就是 Linux 的权限问题。接下来就围绕这个问题展开本章的学习。

扫一扫，看视频

6.1.1　Linux 从文件的属性看起

linuxuser 访问/root/ 文件夹没权限，从哪里入手？如图 6.2 所示。

```
[root@server01 ~]# ls -ld /root
dr-xr-x---. 11 root root 4096 Mar  9 00:52 /root
[root@server01 ~]#
[root@server01 ~]#
[root@server01 ~]#
```

-d参数查看单个文件夹的
属性

图 6.2　查看文件夹的属性

先从查看这个/root/文件夹入手，-ld 其实就等同于 ls 加了两个参数——-l 和-d(缩写形式)，如图 6.3 所示。如果不加-d，直接 ls -l /root/就是查看该文件夹下的内容信息，而不是文件夹本身。

开头的 d 代表这是一个文件夹，后面从 r-xr-x---开始到 root root 代表的就是这个文件夹的权限属性。为了讲清楚，这里把这个部分拆开，一分为二。如图 6.4 所示，针对这两个前后部分，分开讲解，最后再来看它们之间的关系。

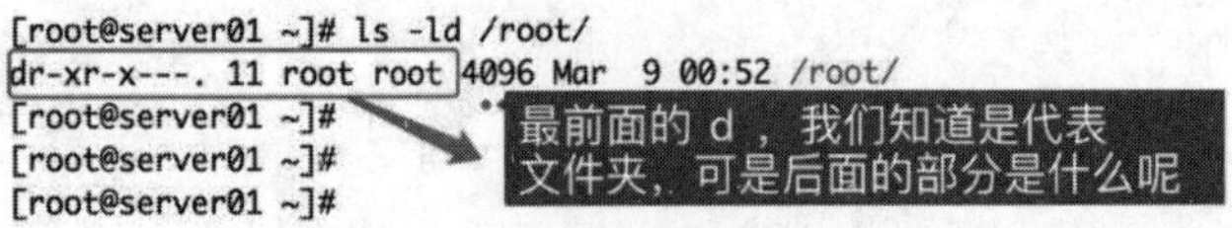

```
[root@server01 ~]# ls -ld /root/
dr-xr-x---. 11 root root 4096 Mar  9 00:52 /root/
[root@server01 ~]#
[root@server01 ~]#
[root@server01 ~]#
```

最前面的 d，我们知道是代表
文件夹，可是后面的部分是什么呢

图 6.3　观察权限部分

图 6.4　权限分成前后两部分来学习

6.1.2　属主和属组的概念

扫一扫，看视频

如图 6.5 所示，后半部分的这两个 root root，第一个 root 代表这个文件夹是属于 root 用户一个人的；第二个 root 代表这个文件夹是属于 root 这一个组的。

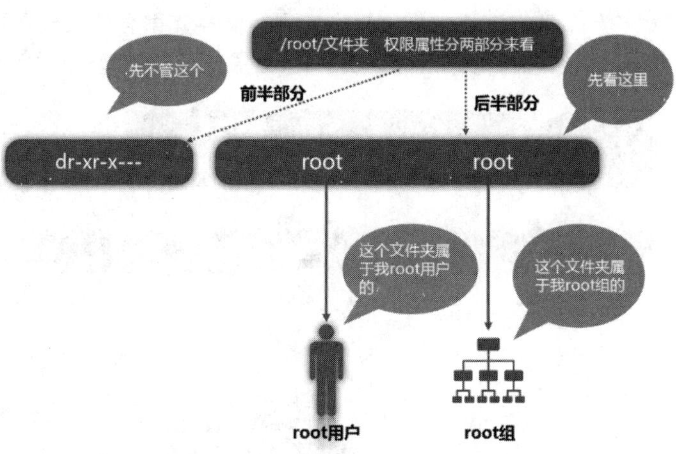

图 6.5　从后半部分权限看起

再换一句更通俗的解释：就是这个/root/文件夹承认 root 用户是主人，同时还承认一个 root 组中的所有成员也都是主人。为了更明白这里的概念，再用别的文件夹来举例说明。如图 6.6 所示，这里用的文件夹是/home/admin/(/home/目录是 CentOS Linux 中存放所有普通用户加目录的地方)，这个文件夹就变成了属于 linuxuser 用户个人的，还属于 admin 组中所有的成员的。专业的叫法，这里前者叫作文件夹的属主，后者叫作文件夹的属组（后面统一用这两个词）。

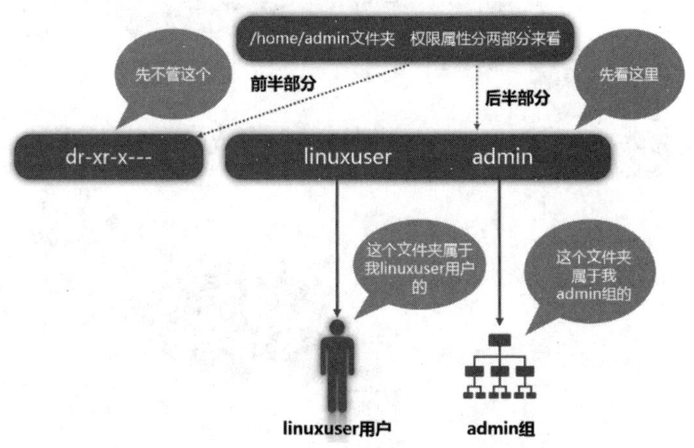

图 6.6　文件夹的属主和属组

按照图 6.6 所示，假如一个文件夹确定了属主是 linuxuser 用户，属组是 admin 组，那是不是说 linuxuser 用户和 admin 组成员都可以对这个文件夹为所欲为？

扫一扫，看视频

6.1.3 权限位

如果确定了一个文件的属主和属组，如何知道具体都有什么权限？先看属主的问题，如图 6.7 所示，先把前半部分的内容再细分成三段，第一段(画圈部分)就是要找的属主的具体权限。

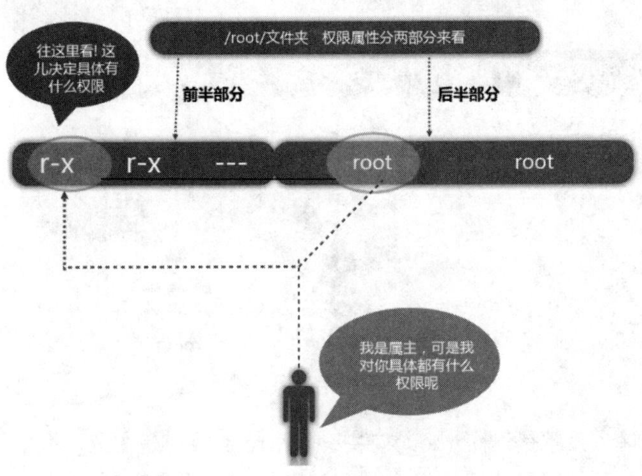

图 6.7　属主的权限

明白了属主以后，属组的具体权限也类似，如图 6.8 所示，现在知道怎么来找到属主和属组的具体权限在哪里。root 用户对这个文件夹的权限是 r-x。

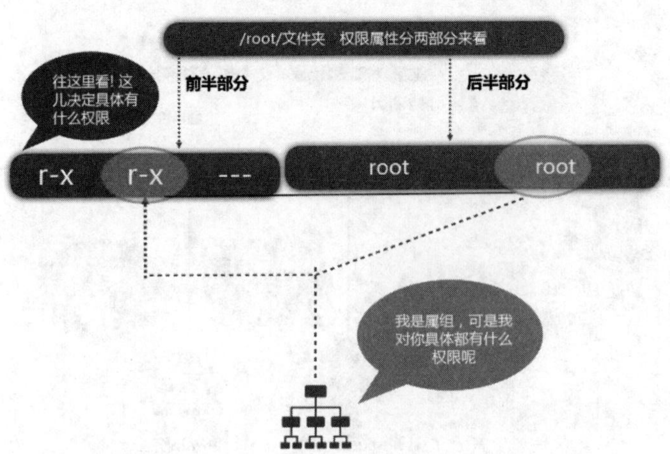

图 6.8　属组的权限

这个 r-x 又是什么意思？如图 6.9 所示，把 r-x 分成三份，也就是位置 1、位置 2、位置 3。

位置 1：决定是不是可以读，如果可以读就是 r；如果不可以读就是-（一条横杠）。

位置 2：决定是不是可以写，如果可以写就是 w；如果不可以写就是-（一条横杠）。

位置 3：决定是不是可以执行，如果可以执行就是 x；如果不可以执行就是-（一条横杠）。

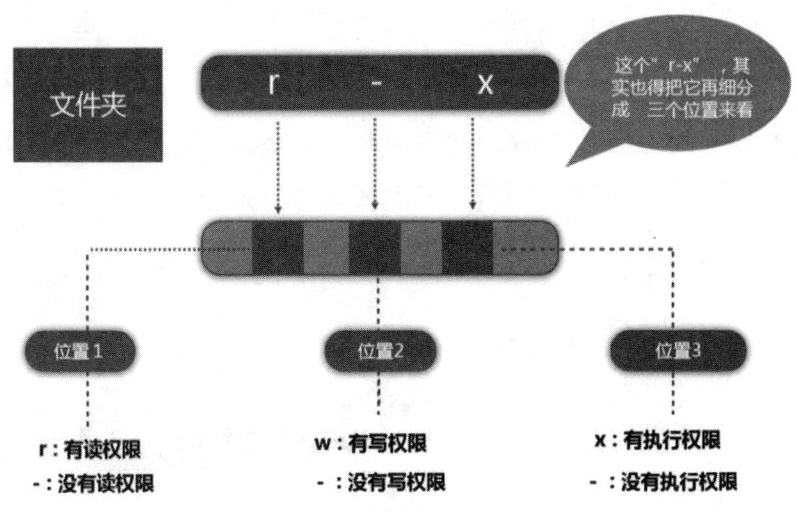

图 6.9　rwx 权限位的理解

为了让大家更明白，图 6.10 给出四个例子，分别解释都有什么权限。

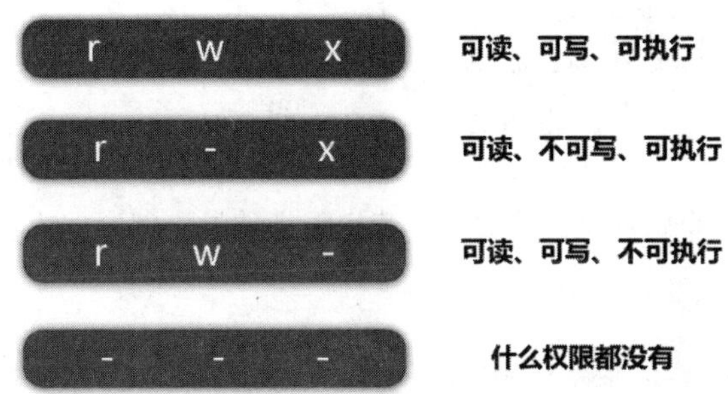

图 6.10　四个权限的举例

学到这里，这个可读、可写、可执行指的是什么？例如，一个普通文件有可执行权限，具体是指的什么？一个文件夹有可写入权限，具体指的是什么？下面的两个小节进行具体讲解。

6.1.4　解读普通文件和权限位的关系

普通文件和文件夹的权限位代表的意思不一样。先看普通文件，示例如图 6.11 所示。

```
[root@server01 ~]# ls -l /home/linuxuser/1.txt
-rwxr-x--- 1 linuxuser admin 149 Jul 28  2018 /home/linuxuser/1.txt
[root@server01 ~]#
[root@server01 ~]#
[root@server01 ~]#
[root@server01 ~]#
[root@server01 ~]#
[root@server01 ~]#
```

属主是 linuxuser，权限是rwx（可读、可写、可执行）

属组是 admin，权限是r-x（可读、不可写、可执行）

图 6.11　普通文件的权限

一个普通的文本文件，属主是 linuxuser，属组是 admin。linuxuser 对应的权限是 rwx，也就是可读、可写、可执行；admin 组对应的权限是 r-x，也就是可读、不可写、可执行。对于一个普通文件来说，这三种权限分别都是什么意思？先看可读权限，如图 6.12 所示。

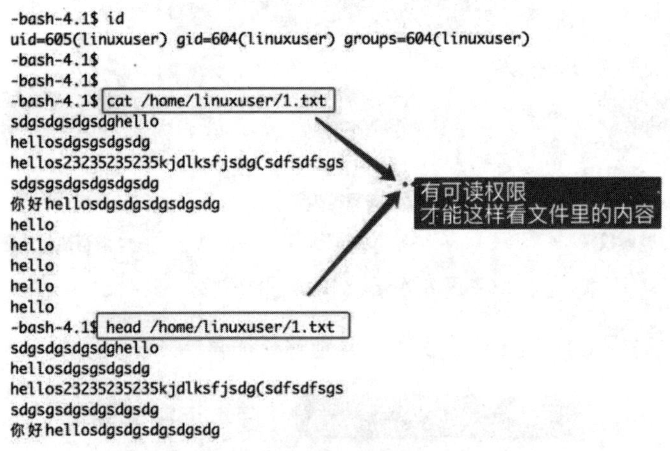

图 6.12　普通文件的可读权限

如图 6.12 所示，对于一个普通文件来说，可读权限指的是文件中的内容是否可以访问到。再看可写权限，如图 6.13 所示。

```
-bash-4.1$ vim /home/linuxuser/1.txt
```

有可写权限的话
才可以编辑文件，并且允许你保存
如果没有写权限，Vim不让你保存

图 6.13　普通文件的可写权限

如图 6.13 所示，对于一个普通文件来说，可写权限指的是是否可以在文件中编辑保存内容。最后，来看可执行权限，如图 6.14 所示。

-bash-4.1$ head my_first_bash.sh
echo "this is myfirst bash"
myname=`whoami`
echo "welcome" "$myname"
-bash-4.1$
-bash-4.1$
-bash-4.1$
-bash-4.1$
-bash-4.1$ bash my_first_bash.sh
this is myfirst bash
welcome linuxuser
可执行权限：是针对Shell脚本而言的
这就是一段简单的Shell脚本
有可执行权限，才能被运行
最终得到执行结果

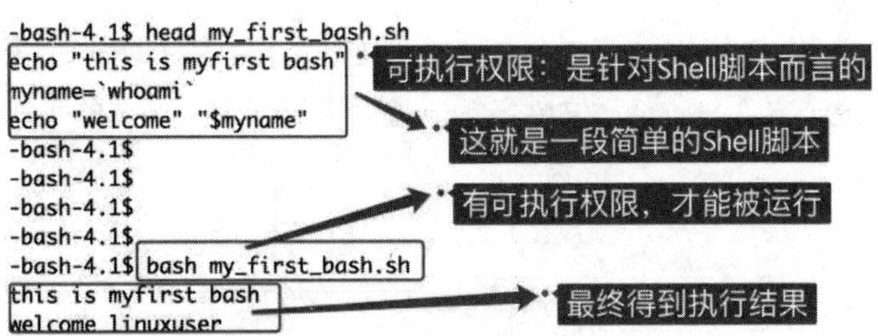

图 6.14　普通文件的可执行权限

上面解释了对于一个普通文件来说，可执行权限指的是如果这个文件是一个脚本文件，就必须得有可执行权限才能运行起来。脚本的意思就是一段代码，执行一段功能，本书的第 19 章再详细学习。

到这里普通文件的权限已会看了。

6.1.5　解读文件夹和权限位的关系

普通文件的权限明白后，文件夹的权限与之还是会有一些差别。通过一个文件夹来举例，分析它的可读、可写、可执行分别指的是什么，我们先来看文件夹的可读权限指的是什么，如图 6.15 所示。

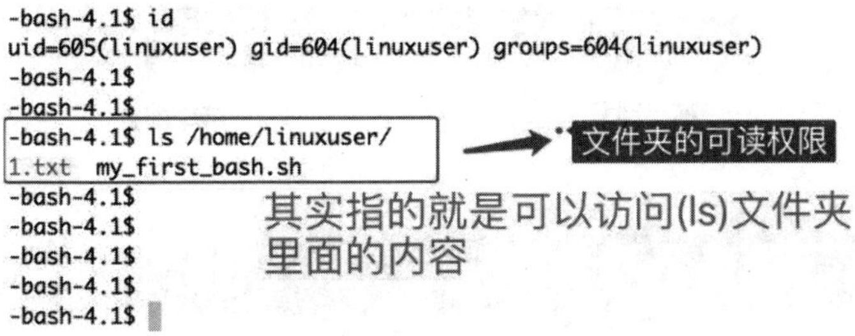

-bash-4.1$ id
uid=605(linuxuser) gid=604(linuxuser) groups=604(linuxuser)
-bash-4.1$
-bash-4.1$
-bash-4.1$ ls /home/linuxuser/
1.txt my_first_bash.sh
-bash-4.1$
-bash-4.1$
-bash-4.1$
-bash-4.1$
-bash-4.1$
文件夹的可读权限
其实指的就是可以访问(ls)文件夹里面的内容

图 6.15　文件夹的可读权限

如图 6.15 所示，文件夹如果有了可读权限，才可能用 ls 访问这个文件夹下的内容。接下来，再看文件夹的可写权限，如图 6.16 所示。

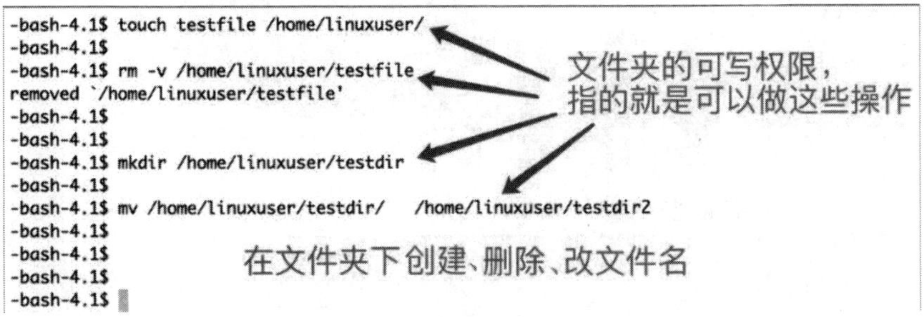

-bash-4.1$ touch testfile /home/linuxuser/
-bash-4.1$
-bash-4.1$ rm -v /home/linuxuser/testfile
removed `/home/linuxuser/testfile'
-bash-4.1$
-bash-4.1$
-bash-4.1$ mkdir /home/linuxuser/testdir
-bash-4.1$
-bash-4.1$ mv /home/linuxuser/testdir/   /home/linuxuser/testdir2
-bash-4.1$
-bash-4.1$
-bash-4.1$
-bash-4.1$
文件夹的可写权限，指的就是可以做这些操作
在文件夹下创建、删除、改文件名

图 6.16　文件夹的可写权限

有了文件夹的可写权限，就可以改变这个文件夹下面的结构，简单地说就是可以在这个文件夹下创建文件、删除文件、创建子文件夹、修改文件名等。最后来看一下文件夹的可执行权限，如下所示：

```
-bash-4.1$ cd /home/linuxuser/
-bash-4.1$
-bash-4.1$ pwd
/home/linuxuser
```

可执行权限其实准确地说，就是能不能进入这个文件夹，最直接的就是 cd 命令能不能用。到这里，文件夹的权限也已掌握。

6.1.6 other 其他用户权限是什么

本小节一起来学习一下其他用户权限，如图 6.17 所示，既不是属主，又不是属组，就算作是其他用户。其他用户的权限就是前半部分的最后一位。在图 6.17 中，就是最后一位画圈的“---”，在这里表示什么权限也没有。

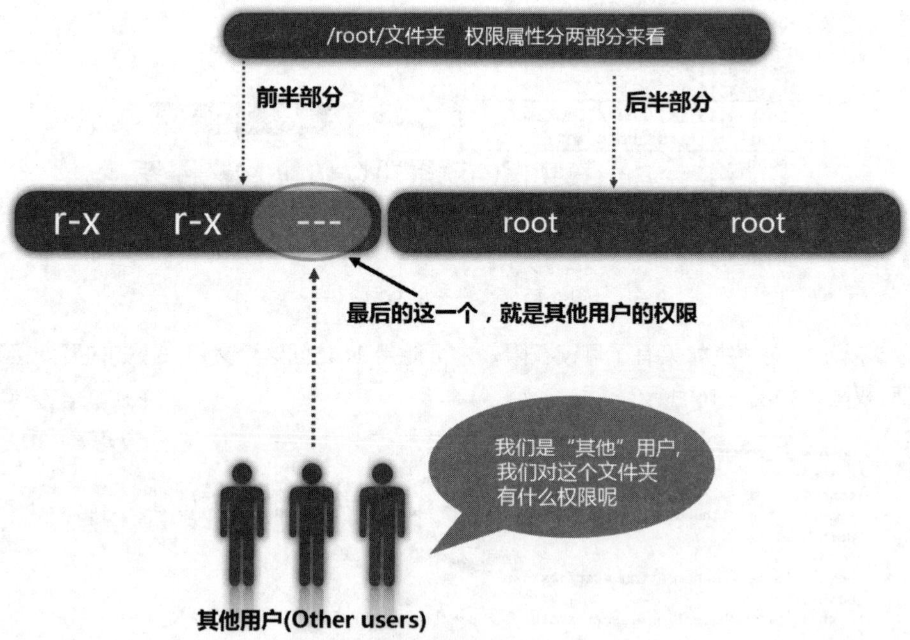

图 6.17 其他用户权限位

接下来用 sudo 来测试一下这个/root/文件夹，看其他用户权限如何生效，如图 6.18 所示。

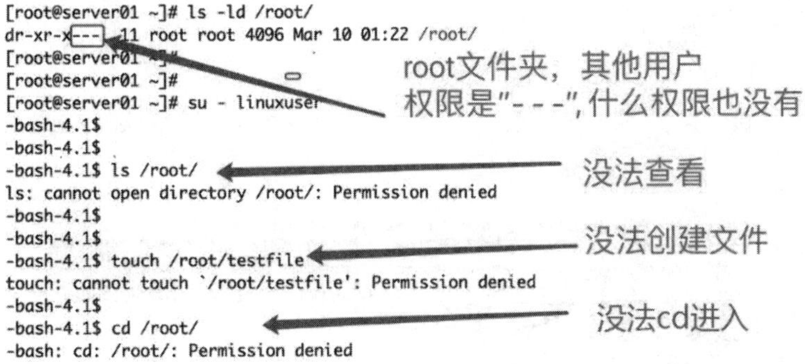

```
[root@server01 ~]# ls -ld /root/
dr-xr-x--- 11 root root 4096 Mar 10 01:22 /root/
[root@server01 ~]#
[root@server01 ~]#
[root@server01 ~]# su - linuxuser
-bash-4.1$
-bash-4.1$
-bash-4.1$ ls /root/
ls: cannot open directory /root/: Permission denied
-bash-4.1$
-bash-4.1$
-bash-4.1$ touch /root/testfile
touch: cannot touch `/root/testfile': Permission denied
-bash-4.1$
-bash-4.1$ cd /root/
-bash: cd: /root/: Permission denied
```

root文件夹，其他用户权限是"- - -"，什么权限也没有

没法查看

没法创建文件

没法cd进入

图 6.18　测试其他用户的权限位

如图 6.18 所示，/root/文件夹的权限很严格，除了 root 用户外，其他的任何用户都没有任何权限。切换到 linuxuser 下测试，什么权限也没有（linuxuser 在这里就相当于是其他用户）。到这里，也已经比较了解 Linux 下的权限机制，不过如何修改这个权限?

6.1.7　学会修改权限

如何修改权限，用一个修改权限的小任务来举例说明。Linux 下有一个用户 atest，他的家目录是在/home/atest/，不过目前它无法进入自己的家目录，如图 6.19 所示。

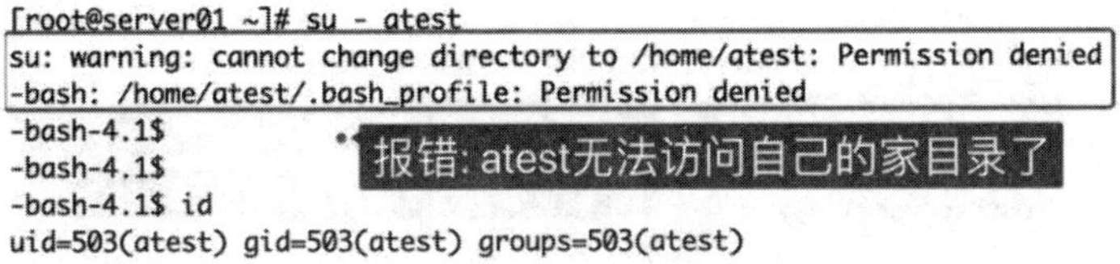

```
[root@server01 ~]# su - atest
su: warning: cannot change directory to /home/atest: Permission denied
-bash: /home/atest/.bash_profile: Permission denied
-bash-4.1$
-bash-4.1$
-bash-4.1$ id
uid=503(atest) gid=503(atest) groups=503(atest)
```

报错: atest无法访问自己的家目录了

图 6.19　普通用户家目录的权限问题

作为系统管理的我们，现在要查看原因，如图 6.20 所示。

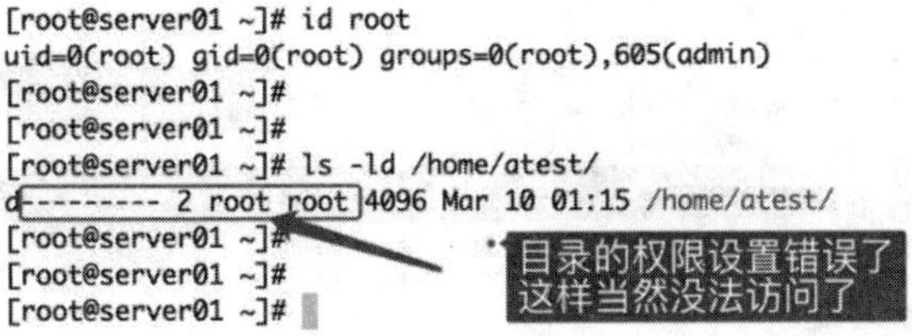

```
[root@server01 ~]# id root
uid=0(root) gid=0(root) groups=0(root),605(admin)
[root@server01 ~]#
[root@server01 ~]#
[root@server01 ~]# ls -ld /home/atest/
d--------- 2 root root 4096 Mar 10 01:15 /home/atest/
[root@server01 ~]#
[root@server01 ~]#
[root@server01 ~]#
```

目录的权限设置错误了
这样当然没法访问了

图 6.20　错误的权限设置

如图 6.20 所示，登录 root（保证自己有最高权限），然后查看了一下 atest 的家目录/home/atest/，发现这里的权限设置有问题。错误的地方有以下两条:

（1）用户家目录的属主和属组，都得是用户自己才行（这里设置成了 root...）。

（2）用户家目录的权限位，全是“-”。

知道问题在哪里，接下来学习一次性改变一个目录的属主和属组的方法，按图 6.21 所示的方法进行操作。

```
[root@server01 ~]# chown -R atest:atest /home/atest
[root@server01 ~]#
[root@server01 ~]# ls -ld /home/atest/
d--------- 2 atest atest 4096 Mar 10 01:15
[root@server01 ~]#
[root@server01 ~]#
[root@server01 ~]#
```

chown命令：改变属主和属组
-R后面是属主：属组
OK了

图 6.21　chown 命令的学习

chown 命令配合-R 可以一次性改变属主和属组。改变好之后，现在两个都是 atest，我们用 atest 用户登录一下试试，按如图 6.22 所示的方法进行操作。

```
[root@server01 ~]# su - atest
su: warning: cannot change directory to /home/atest: Permission denied
-bash: /home/atest/.bash_profile: Permission denied
-bash-4.1$
-bash-4.1$
```

还是报错

图 6.22　登录依然报错

如图 6.22 所示，尝试用 atest 用户登录，但是问题没解决，还是报错，原因如图 6.23 所示。

d--------- 2 atest atest 4096 Mar 10 01:15 /home/atest/
[root@server01 ~]#
[root@server01 ~]#
[root@server01 ~]#
因为权限位没有改，还都是---
仅仅改了属主、属组，没有效果的

图 6.23　权限位有待修改

根据之前的学习，我们知道了权限位要分三段：－－－（属主的权限位）－－－（属组的权限位）－－－（最后是其他用户的权限位）。根据这三段分别来修改，如图 6.24 所示。

```
[root@server01 ~]#
[root@server01 ~]# chmod u=rwx /home/atest
[root@server01 ~]#
[root@server01 ~]#
[root@server01 ~]#
[root@server01 ~]# ls -ld /home/atest/
drwx------ 2 atest atest 4096 Mar 10 01:15 /home/atest/
[root@server01 ~]#
[root@server01 ~]#
[root@server01 ~]#
[root@server01 ~]#
```

权限位修改使用chmod命令
u代表user，也就是属主。现在让属主权限变成rwx
OK了

图 6.24　chmod 命令的学习

如图 6.24 所示，修改权限位使用命令 chmod。u 代表的是 user，也就是属主，这里 u=rwx 的意思是让属主的权限变成 rwx(最高权限)。接下来，再按图 6.25 所示的方法进行操作，继续把属组和其他用户都修改好。

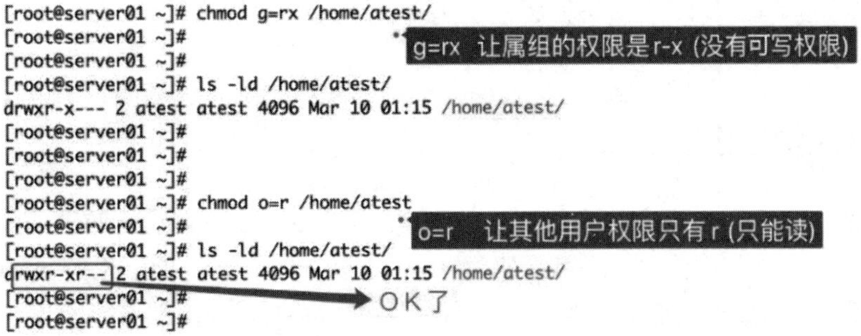

```
[root@server01 ~]# chmod g=rx /home/atest/
[root@server01 ~]#
[root@server01 ~]#
[root@server01 ~]# ls -ld /home/atest/
drwxr-x--- 2 atest atest 4096 Mar 10 01:15 /home/atest/
[root@server01 ~]#
[root@server01 ~]#
[root@server01 ~]#
[root@server01 ~]# chmod o=r /home/atest
[root@server01 ~]#
[root@server01 ~]# ls -ld /home/atest/
drwxr-xr-- 2 atest atest 4096 Mar 10 01:15 /home/atest/
[root@server01 ~]#
[root@server01 ~]#
```

g=rx 让属组的权限是r-x (没有可写权限)
o=r 让其他用户权限只有r (只能读)
OK了

图 6.25　继续修改属组和其他用户

现在再试试 atest 用户登录是否正常，如图 6.26 所示，现在一切正常。

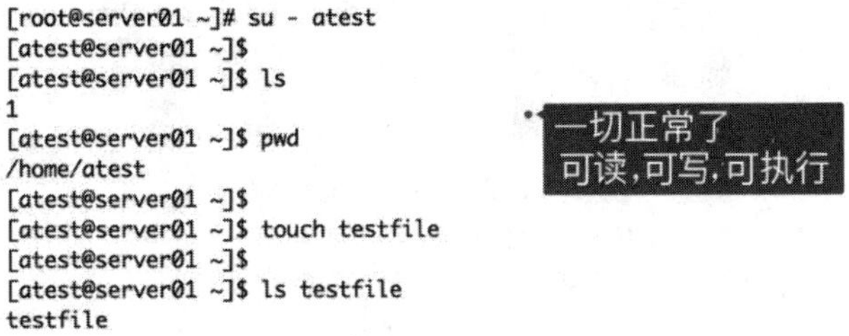

```
[root@server01 ~]# su - atest
[atest@server01 ~]$
[atest@server01 ~]$ ls
1
[atest@server01 ~]$ pwd
/home/atest
[atest@server01 ~]$
[atest@server01 ~]$ touch testfile
[atest@server01 ~]$
[atest@server01 ~]$ ls testfile
testfile
```

一切正常了
可读,可写,可执行

图 6.26　验证用户登录正常

接下来，再把 chmod 命令做一些使用上的扩展，如图 6.27 所示，a=rwx 可以一次性把三个权限位都修改。

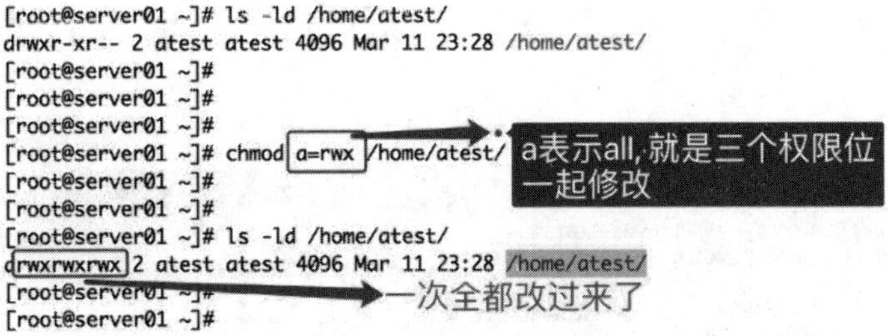

```
[root@server01 ~]# ls -ld /home/atest/
drwxr-xr-- 2 atest atest 4096 Mar 11 23:28 /home/atest/
[root@server01 ~]#
[root@server01 ~]#
[root@server01 ~]#
[root@server01 ~]# chmod a=rwx /home/atest/
[root@server01 ~]#
[root@server01 ~]#
[root@server01 ~]# ls -ld /home/atest/
drwxrwxrwx 2 atest atest 4096 Mar 11 23:28 /home/atest/
[root@server01 ~]#
[root@server01 ~]#
```

a表示all,就是三个权限位
一起修改
一次全都改过来了

图 6.27　一次性修改三个权限位

如图 6.28 所示，修改权限其实还有一种加减法，例如 u+w 给属主加上可写权限，g-r 把属组去掉可读权限。

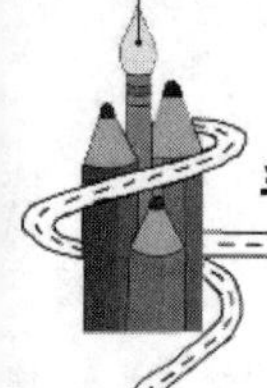


```
[root@server01 ~]# ls -ld /home/atest/
drwxrwxrwx 2 atest atest 4096 Mar 11 23:28 /home/atest/
[root@server01 ~]#
[root@server01 ~]#
[root@server01 ~]# chmod g-w /home/atest/
[root@server01 ~]#
[root@server01 ~]# ls -ld /home/atest/
drwxr-xrwx 2 atest atest 4096 Mar 11 23:28 /home/atest/
```

g-w 表示去掉“可写权限”
g+w 表示加上“可写权限”

图 6.28 权限位的+、-

6.1.8 学会用数字快速修改权限

上一小节学会了使用 chown 命令来改变属主、属组，以及使用 chmod 命令来改变权限位。不过之前使用 chmod 命令修改文件权限位并不是最快速的方法。本小节来学习权限位的数字表示法，学完之后可以达到目标：不管要修改成什么样的权限位，永远都是一次命令就完成。图 6.29 解释了如何用数字来表示权限位。

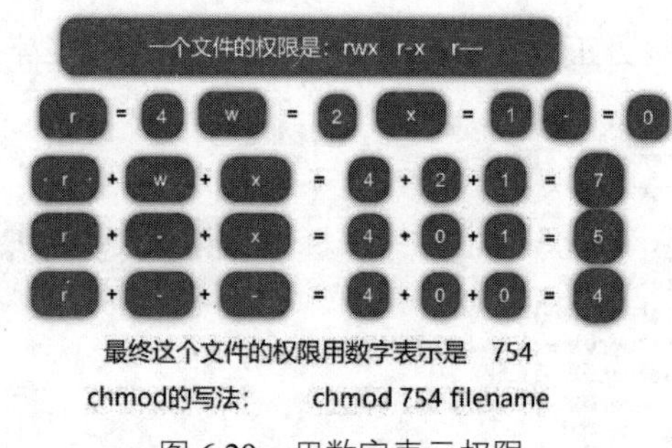

一个文件的权限是：rwx r-x r—
r = 4 w = 2 x = 1 - = 0
r + w + x = 4 + 2 + 1 = 7
r + - + x = 4 + 0 + 1 = 5
r + - + - = 4 + 0 + 0 = 4
最终这个文件的权限用数字表示是 754
chmod的写法： chmod 754 filename

图 6.29 用数字表示权限

首先，规定出 r=4, w=2，x= 1,-=0（没权限就是 0），然后用加法来计算。例如，文件的属主权限是 rwx，那么 rwx= r + w + x = 4 + 2 + 1 = 7，所以属主的权限用数字表示就是 7。以此类推，最终这个文件的所有权限就可以用 754 来表示了，而这个 754 的数字，可以直接在命令行中使用。

接下来做一个实验，比较一下旧方法和新数字方法设置一个文件的权限，看哪个更简单。示例如图 6.30 所示。

```
[root@server01 ~]# touch testfile01
[root@server01 ~]#
[root@server01 ~]# chmod u=rwx,g=rx,o=r testfile01
[root@server01 ~]#
[root@server01 ~]# ls -l testfile01
-rwxr-xr-- 1 root root 0 Mar 13 01:22 testfile01
[root@server01 ~]#
[root@server01 ~]#
[root@server01 ~]# chmod 754 testfile01
[root@server01 ~]#
[root@server01 ~]# ls -l testfile01
-rwxr-xr-- 1 root root 0 Mar 13 01:22 testfile01
[root@server01 ~]#
[root@server01 ~]#
```

用原始方法设置权限

用数字方法设置权限

效果一样，自然是数字更快、更好

图 6.30 使用数字权限更简单

扫一扫，看视频

6.2　Linux 权限的扩展

通过之前的学习，基本已经掌握了 Linux 下权限的基础，在本节中做一些扩展知识。

6.2.1　文件默认权限 umask

当在 Linux 下创建一个新文件或者一个新文件夹时，就算没有设定权限，也会自带一个默认权限，如图 6.31 所示。

```
[root@192 ~]# touch 1.txt
[root@192 ~]#
[root@192 ~]# ls -l 1.txt
-rw-r--r--. 1 root root 0 Mar 12 13:42 1.txt
[root@192 ~]#
[root@192 ~]#
[root@192 ~]# mkdir dir01
[root@192 ~]#
[root@192 ~]# ls -ld dir01/
drwxr-xr-x. 2 root root 6 Mar 12 13:43 dir01/
```

不管是创建新文件，还是新文件夹都会自带一个默认权限

图 6.31　文件自带的权限

出现这种情况的原因，其实就是 Linux 下的一个 umask。如图 6.32 所示，先来操作一下，直接输入 umask 命令。

如图 6.32 所示的输出结果，umask 现在是 022（第一位的 0，现在不要管它），不过这个数值和默认权限有什么关系？怎么用它计算？接下来看图 6.33，在 Linux 操作系统下，有初始最大权限的概念，文件是 666，文件夹是 777，这就相当于锁定一个初始值。

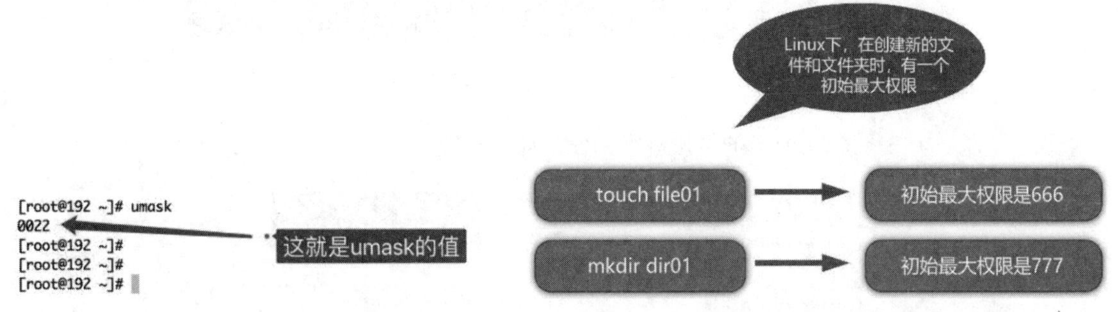
[root@192 ~]# umask
0022
[root@192 ~]#
[root@192 ~]#
[root@192 ~]#
这就是umask的值
Linux下，在创建新的文件和文件夹时，有一个初始最大权限
touch file01
初始最大权限是666
mkdir dir01
初始最大权限是777

图 6.32　直接输入 umask 命令查看结果　　图 6.33　Linux 操作系统的初始最大权限

Linux 当前 umask 只是 022，用它来做一个减法：把最大初始权限的每一位分别减去对应的 umask 的每一位，例如，777−022 : (7−0)(7−2)(7−2)结果是 755，所以创建一个文件夹的默认权限就是 755，如图 6.34 所示。

需要特别说明的是，如果是针对一个文件夹，就这样用减法就好了。如果是针对一个普通文件，还是可以用减法，不过要分两种情况。如图 6.35 所示，我们把减法后的结果分两种情况。第一种情况，减法后的每一位都是偶数，这就是最终结果；第二种情况，减法后有任意一位是奇数，那么这一位奇数需要 +1。例如，umask 如果是 021，那么 666−021 = 645，最后的这一位 5 是奇数，所以 5+1=6，最终结果是 646。

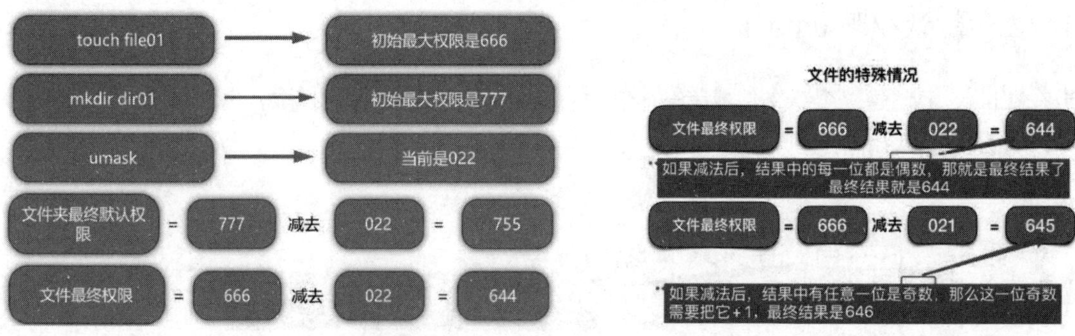

图 6.34　文件夹的默认权限计算　　　图 6.35　文件的默认权限计算

说到这里，这个 umask 如何才能改变当前的值？按图 6.36 所示实际操作一下，先找到这个文件，然后用 Vim 打开它。

```
[root@server01 ~]# vim /etc/profile
```

在文件中，寻找图 6.36 中这一行，改变 umask 的默认值。

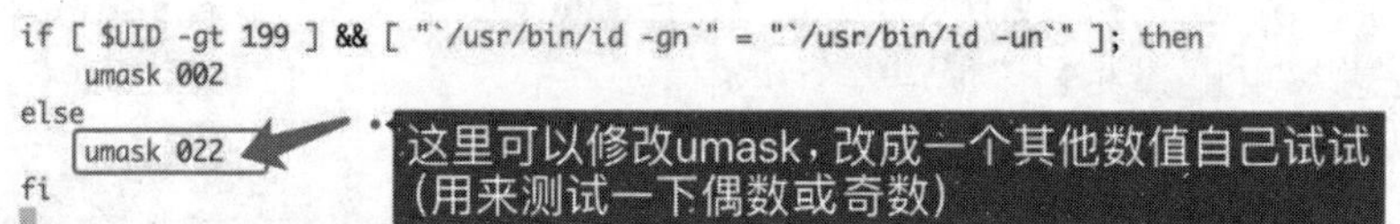

图 6.36　umask 的修改

修改好了以后，按图 6.37 所示的方法进行操作，让它生效。

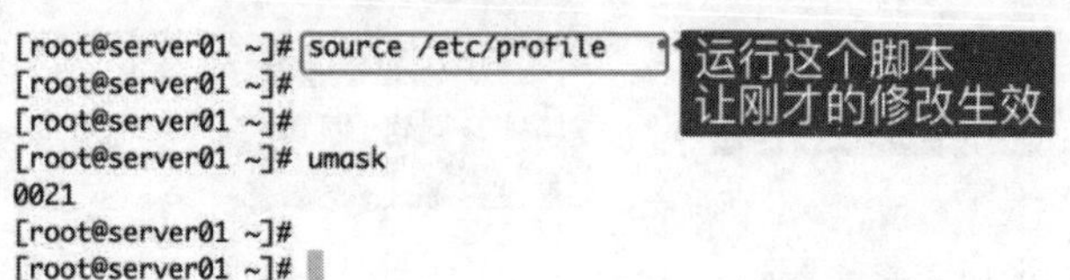

图 6.37　修改好后用 source 命令生效

特殊说明：上面的 source filename 和之前的 bash filename 很相似，都是用来执行脚本。至于两者的区别，等学到第 19 章时再来细说。

6.2.2　文件的特殊权限位

在 Linux 操作系统中，还存在一种特殊权限位，也可以叫作第四位权限，如图 6.38 所示。

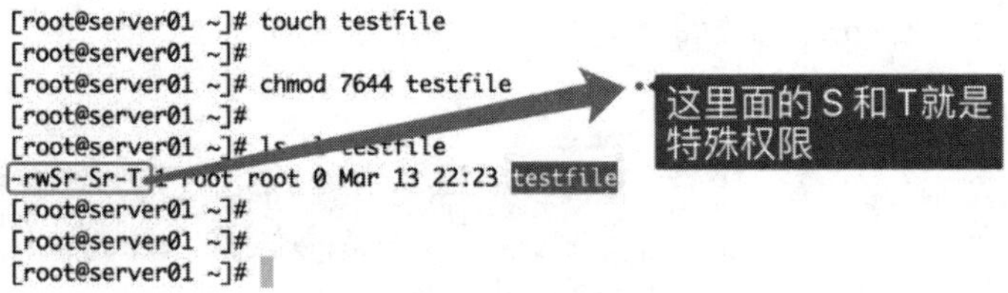

```
[root@server01 ~]# touch testfile
[root@server01 ~]#
[root@server01 ~]# chmod 7644 testfile
[root@server01 ~]#
[root@server01 ~]# ls -l testfile
-rwSr-Sr-T 1 root root 0 Mar 13 22:23 testfile
[root@server01 ~]#
[root@server01 ~]#
[root@server01 ~]#
```

这里面的 S 和 T 就是特殊权限

图 6.38　特殊权限位的存在

我们之前只见过 r、w、x，这两个 S 和 T 是什么意思？其实特殊权限位一共有三个，分别是 SUID、SGID、SBIT。上面的两个 S 和一个 T 就是这三个词首字母的缩写，如图 6.39 所示。

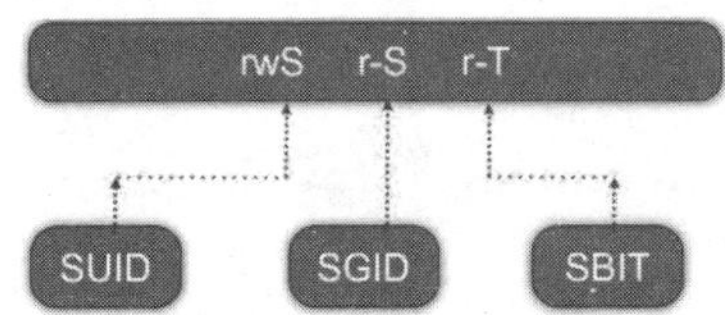

图 6.39　三个特殊权限位

先来看第一种 SUID 的作用，我们学过 Linux 用户管理，其中修改密码的命令是 passwd，而保存密码的文件是/etc/shadow，用 passwd 修改自己的密码。示例如图 6.40 所示。

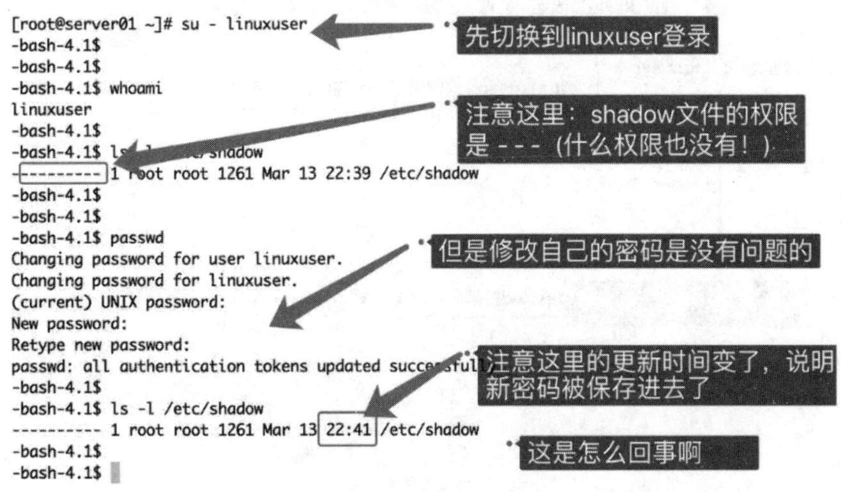

图 6.40　用 passwd 举例学习 SUID

在图 6.40 中，操作先切换到 linuxuser，这是个普通用户。然后看一下这个 shadow 文件，用来保存密码，但它的权限是“---”，这表示任何人都没有权限访问或者修改它。

可接下来，我们调用 passwd 却成功地修改了自己的密码，并且通过观察 shadow 文件的更新时间(22:41)，证明新密码确实被保存。这就很奇怪了，普通用户居然能修改一个没有任何权限的文件?这个问题的关键其实在于我们调用的 passwd 命令上，按图 6.41 所示的方法进行操作。

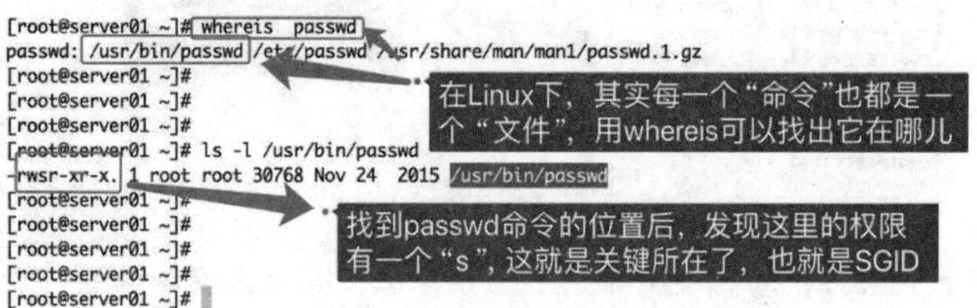

图 6.41　查看 passwd 的权限属性

如图 6.41 所示，所谓的 passwd 命令，其实也是一个文件而已，可以用 whereis 命令找出它在哪儿，然后发现这个命令的属主权限中有一位是 s，关键就在这里。这代表当普通用户（linuxuser）使用 passwd 命令时，系统看到 passwd 命令文件的属性有大写 S 后，表示这个命令的属主权限被 linuxuser 用户获得，也就是 linuxuser 用户获得文件/etc/shadow 的 root 的 rwx 权限。

上面这句定义的话，又长又不好懂，通过图 6.42 来解释一下。

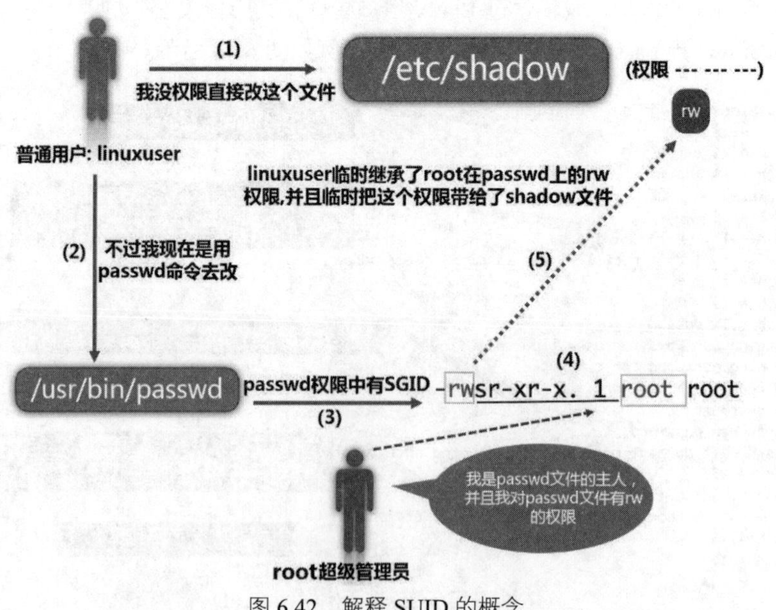

图 6.42　解释 SUID 的概念

一个普通用户 linuxuser 是没有权限直接修改 /etc/shadow 文件的，因为这个文件的权限是 --- --- --- ，而 linuxuser 修改自己密码时使用 passwd 命令，等于说 passwd 命令是一个桥梁。passwd 这个命令也是一个文件，也就是/usr/bin/passwd，并且这个文件的属主权限中有一位 SGID。有了这个 SGID 后，当普通用户 linuxuser 调用这个 passwd 命令时，Linux 操作系统就去找这个 passwd 文件的属主，发现 passwd 文件的属主是 root 管理员，并且 root 对这个 passwd 文件有 rw 权限。所以说，root 用户对 passwd 文件有读/写权限，于是乎 Linux 操作系统让 linuxuser 用户继承了读/写权限，并可以临时用在 shadow 文件上，这样普通用户就通过 passwd 命令修改了 shadow 文件。

SGID 相对理解起来要简单得多，就是一个继承属组的问题。在/tmp/目录下创建一个叫作 test_sgid 的子目录，用这个来做实验。代码如下所示：

```
[root@server01 ~]# cd /tmp/
[root@server01 tmp]# mkdir test_sgid
```

然后切换到 linuxuser 用户，并进入刚才的子目录：

```
[root@server01 ~]# su - linuxuser
-bash-4.1$ cd /tmp/test_sgid/
```

在这个 test_sgid 目录下，先创建一个子目录，叫作 test。观察一下这个 test 子目录的数组（是 linuxuser）：

```
-bash-4.1$ mkdir test
-bash-4.1$ ls -l
total 4
drwxrwxr-x 2 linuxuser linuxuser 4096 Mar 13 23:43 test
```

然后切换回 root 用户，给这个 test_sgid 目录加上 SGID 权限：

```
[root@server01 tmp]# chmod g+s test_sgid/
```

再次切换回 linuxuser 用户，在 test_sgid 目录下再创建另一个子目录，叫作 test2：

```
[root@server01 tmp]# su - linuxuser
-bash-4.1$
-bash-4.1$ mkdir test2
```

看下面的比较，当这个 test_sgid 目录没有 SGID 权限时，在这个目录下创建的子目录的属组就是默认的用户属组。

如果 test_sgid 有了 SGID 权限，不管哪个用户，在这下面创建子目录时都会继承 test_sgid 的属组（这里是 root 组）。代码如下所示：

```
-bash-4.1$ ls -l
total 8
```

```
drwxrwxr-x 2 linuxuser linuxuser 4096 Mar 13 23:43 test
drwxrwsr-x 2 linuxuser root      4096 Mar 13 23:43 test2
```

6.2.3 Linux 下权限管理的瓶颈

如图 6.43 所示，现在有一个文件 test.txt，权限是 rwx r-x r--，属主是 root，属组是 admin。

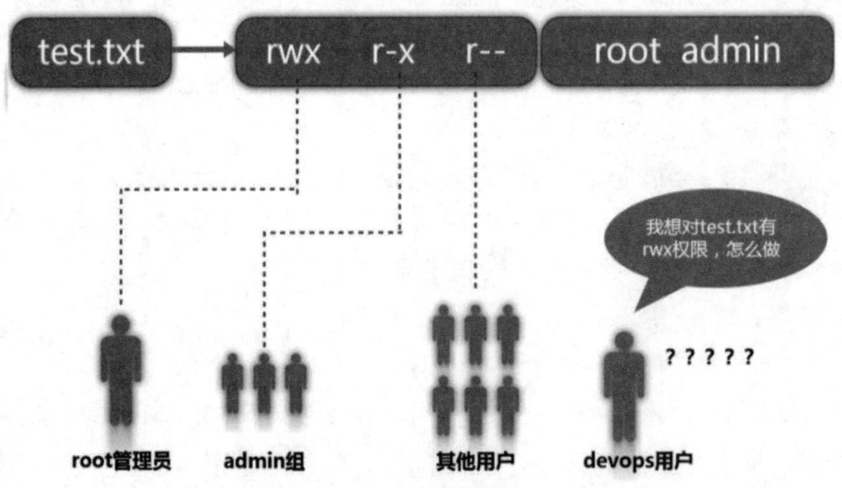

图 6.43 权限管理的瓶颈

现在，假设又来了一个用户 devops，这个用户希望能对这个文件有 rwx 的权限。其实，按照目前已掌握的权限知识，没有办法实现这个功能。这是 Linux 下权限设置的一个局限性，因为只有属主、属组、其他用户这三种身份，没有办法再单独给第四个用户定制权限。

如果在企业中遇到这种权限要求，那么应该怎么做呢？解决这个问题有以下两条思路。

（1）在 Linux 下启用 ACL 权限机制，不过这个涉及分区格式的知识。

（2）Windows Server 可以支持分配权限到个人，操作比较简单，感兴趣的朋友可以自己试一试。

第7章

在 Linux 操作系统下查看各种性能指标

本章将围绕“性能”一词来展开学习。目标是学会在 Linux 操作系统下，查看硬盘容量、内存容量、CPU 及扩展相关的命令和原理。Linux 工程师在日常工作中经常会遇到这样的问题：现有的服务器够用吗？是否应该再多买几台服务器？先登录一遍所有的服务器，查看一下当前的容量和性能，然后再决定。但在 Linux 下怎么查看各种性能指标？下面来一起学习。

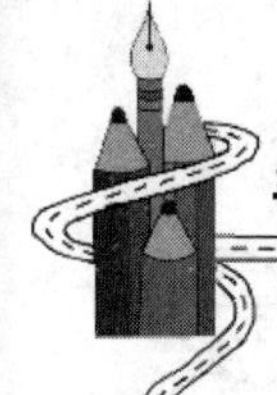

7.1 Linux 下硬盘相关情况

在第 6 章的结尾提到 ACL 技术，当时没讲是因为需要先掌握 Linux 下硬盘和分区的知识，它才可以使用。既然这样，那么就从 Linux 下查看硬盘开始学起。

扫一扫，看视频

7.1.1 使用 df 命令快速查看硬盘状况

概念先不说，按图 7.1 所示的方法进行操作，输入 df 命令。

```
[root@192 ~]# df
Filesystem              1K-blocks    Used Available Use% Mounted on
/dev/mapper/centos-root   6486016 1264792   5221224  20% /
devtmpfs                   495468       0    495468   0% /dev
tmpfs                      507408       0    507408   0% /dev/shm
tmpfs                      507408    6888    500520   2% /run
tmpfs                      507408       0    507408   0% /sys/fs/cgroup
/dev/sda1                 1038336  137628    900708  14% /boot
tmpfs                      101484       0    101484   0% /run/user/0
```

这就是基本的硬盘信息

图 7.1　基本的 df 命令

如图 7.1 所示，就是 df 命令的输出结果，感觉看不懂？对于初学者来说，最关心的指标自然就是硬盘还剩多少空间。如果要看空间还剩多少，如图 7.2 所示。

```
[root@192 ~]# df
Filesystem              1K-blocks    Used Available Use% Mounted on
/dev/mapper/centos-root   6486016 1264792   5221224  20% /
devtmpfs                   495468       0    495468   0% /dev
tmpfs                      507408       0    507408   0% /dev/shm
tmpfs                      507408    6888    500520   2% /run
tmpfs                      507408       0    507408   0% /sys/fs/cgroup
/dev/sda1                 1038336  137628    900708  14% /boot
tmpfs                      101484       0    101484   0% /run/user/0
```

这就告诉我们
硬盘已经用了多少了

图 7.2　查看已使用的硬盘空间

在图 7.2 中，Use%这一列就显示了硬盘已使用了多少空间，或者说硬盘上的各个分区都使用了多少空间，是百分比的数值。这个百分比容易理解，不过图 7.2 中的 20%、14%这些指的都是哪个分区？Linux 下的分区是怎么回事？跟平时用的 Windows 一样吗？带着这个问题进入下一小节的学习。

扫一扫，看视频

7.1.2 初识 Linux 下的硬盘和分区

对于初学者，一说到硬盘和分区，很自然就联想到平时的 Windows。那么假设只有一块硬盘（物理硬盘）的情况下，这块硬盘被分成两个分区，在 Windows 下的表示，如图 7.3 所示。

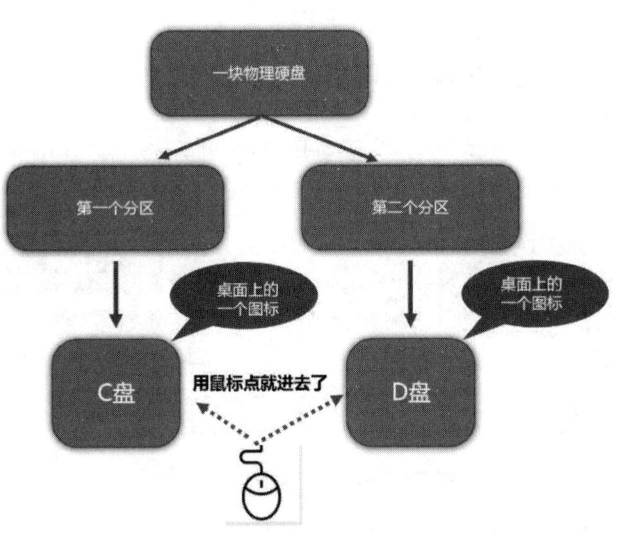

图 7.3　Windows 下的分区

如图 7.3 所示，在 Windows 下，一块硬盘被分成两个分区，这两个分区一般就是以 C 盘、D 盘形式来表示。如果想访问这个分区，直接用鼠标双击就可以进去。这就是平日里熟悉的 Windows 硬盘分区形式。可惜在 Linux 下，如果想学习它的硬盘分区，就必须舍弃掉这种 C 盘、D 盘的形式。Linux 下的分区怎么表示？怎么访问？如图 7.4 所示。

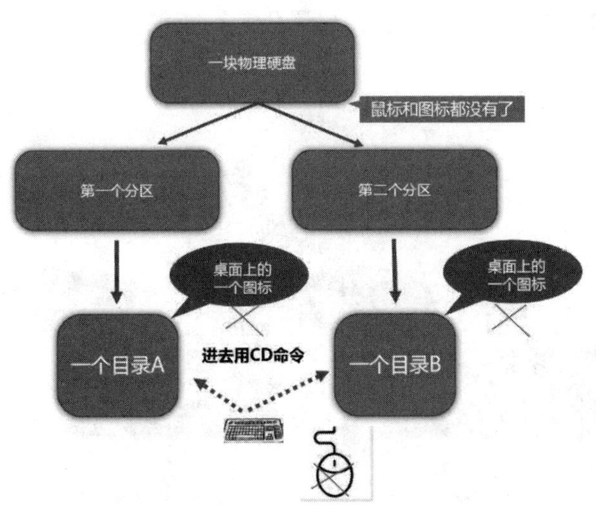

图 7.4　Linux 下的分区

在图 7.4 中，一块硬盘是不变的，有两个分区也是不变的。变化的是没有了桌面图标和鼠标。取而代之的是用一个目录作为分区的表示和入口。那么这个目录怎么去找到？带着这个疑问进入下一小节。

扫一扫，看视频

7.1.3　Linux 下分区查看和访问

上一小节中抛弃了传统的 C、D、E 盘，然后又初识了 Linux 下盘（分区）的模样。接下来学习如何在命令行上查看硬盘和分区，按图 7.5 所示的方法进行操作。

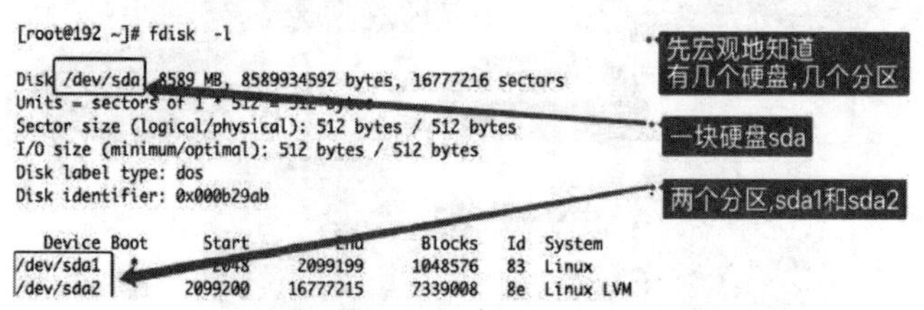

图 7.5　fdisk 命令基本使用方法

如图 7.5 所示，这里用 fdisk -l 宏观地来查看当前有几块硬盘、几个分区。图 7.5 中最上面的方框中的/dev/sda 就代表了一块硬盘，那么 dev 目录和 sda 都代表什么意思？先说/dev/目录，之前学过 Linux 操作系统一切都是文件，所以一个硬盘或者一个分区也都是用文件来表示。而在 Linux 下，用来表示硬盘和分区（或者说是设备）的文件就统一放在/dev/目录下。

再来说 sda 代表什么。如图 7.6 所示，这里其实要把这个词拆开看：sd 和 a。sd 代表这是一个 SATA 接口的硬盘（一般的个人计算机硬盘接口分为两种，即老式的 IDE 硬盘和新的 SATA 硬盘，现在基本上都是 SATA）。而 a 在这里表示第一块硬盘，如果还有更多的硬盘，就会顺序地往下排列：sdb、sdc、sdd 等。

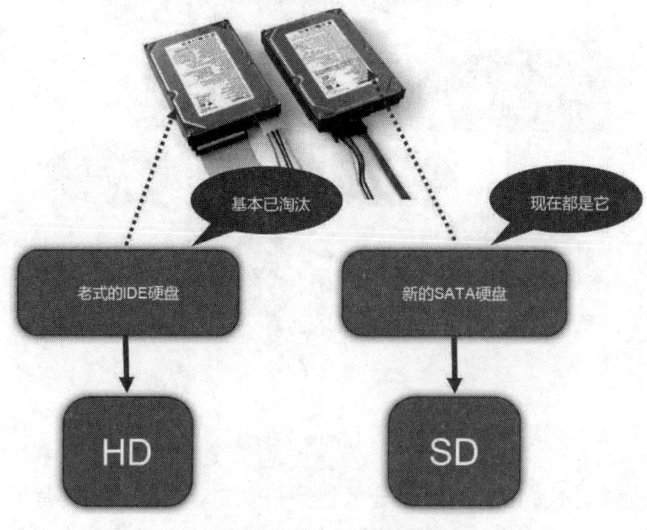

图 7.6　硬盘的命名规则

7.1.4　结合 fdisk 命令和 df 命令查看硬盘分区信息

扫一扫，看视频

现在 fdisk 命令和 df 命令都已执行过，接下来需要把这两个命令的输出结果结合在一起来看。如图 7.7 所示是两个命令的输出结果，把它们放在一起来看。首先，sda 代表一块硬盘（就是安装虚拟机时创建的 8GB 硬盘），而硬盘上的分区就用数字 1、2、3…来依次表示。

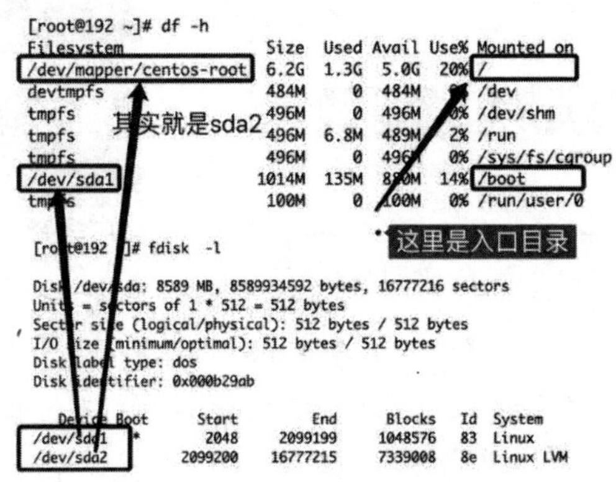

图 7.7　df 命令和 fdisk 命令的结合

接下来，看图 7.7 左下角的/dev/sda1 和/dev/sda2，这是现有的两个分区。这两个分区分别和 df 命令的输出结果的左边对应，意思就是说：df 命令的输出结果的左边第一列，指的就是分区。

这里有一个特殊的地方，那就是/dev/mapper/centos-root（图 7.7 中左上角的标注），这个其实就是 sda2 分区，在这里只不过换了个名字（学到第 9 章时就会明白了，这里先就当作是 sda2 改了个名字而已）。

然后，再看 df 命令的输出结果的最右边一列，这里表示的是分区的入口在哪里。sda1 分区只有 1GB，入口在/boot/目录，而 sda2 分区有 6GB，入口是在“/”目录。说到这里，就有疑问了：这个“/”目录指的是什么意思？难道“/”也算一个目录？

如图 7.8 所示，就是为了告诉大家，“/”也是一个目录，由于它是最开始的第一个目录，所以又叫它根目录。

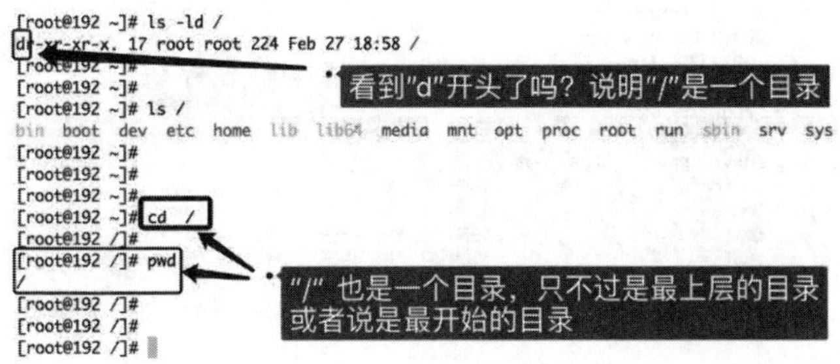

图 7.8　根目录也是目录

明白了这个以后，回到刚才 df 显示分区入口的话题，情况如图 7.9 所示。

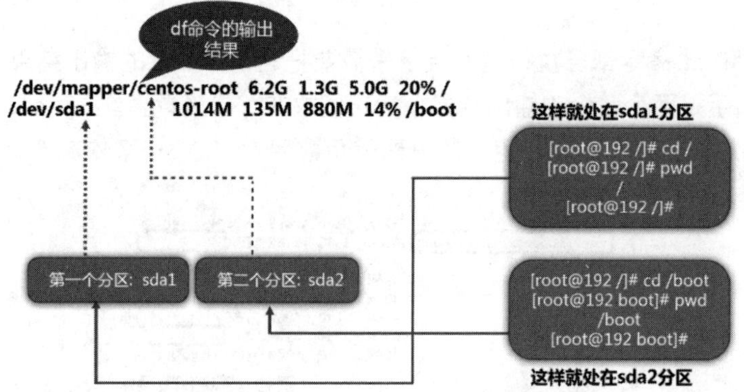

图 7.9　分区的入口

如图 7.9 所示，df 命令的输出结果中的两个分区分别对应的入口一个是“/”，另一个是“/boot”。当在命令行执行 cd /、cd /boot 时，就等于进入了这个分区。接下来，为了证明分区的入口有效，来做一个实验，请按以下几步来操作，如图 7.10 所示。

```
[root@192 ~]# df -h
Filesystem               Size  Used Avail Use% Mounted on
/dev/mapper/centos-root  6.2G  1.3G  5.0G  20% /
devtmpfs                 484M     0  484M   0% /dev
tmpfs                    496M     0  496M   0% /dev/shm
tmpfs                    496M  6.8M  489M   2% /run
tmpfs                    496M     0  496M   0% /sys/fs/cgroup
/dev/sda1               1014M  135M  880M  14% /boot
tmpfs                    100M     0  100M   0% /run/user/0
```

记住这里

图 7.10　df 命令的输出信息

如图 7.10 所示，第一步，先记住 df -h 命令的输出结果，如图 7.11 所示，记下当前两个分区的剩余容量。

```
[root@192 ~]# cd
[root@192 /]#
[root@192 /]# dd if=/dev/zero of=swapfile bs=1M count=200
200+0 records in
200+0 records out
209715200 bytes (210 MB) copied, 0.282366 s, 743 MB/s
[root@192 /]#
[root@192 /]# df -h
Filesystem               Size  Used Avail Use% Mounted on
/dev/mapper/centos-root  6.2G  1.5G  4.8G  23% /
devtmpfs                 484M     0  484M   0% /dev
tmpfs                    496M     0  496M   0% /dev/shm
tmpfs                    496M  6.8M  489M   2% /run
tmpfs                    496M     0  496M   0% /sys/fs/cgroup
/dev/sda1               1014M  135M  880M  14% /boot
tmpfs                    100M     0  100M   0% /run/user/0
[root@192 /]#
```

dd命令：用来生成一个指定大小的文件

这个文件=200MB

看根目录容量变化

图 7.11　dd 命令生成文件

如图 7.11 所示，第二步，使用 dd 命令在根目录下生成一个文件，这个文件大小是 200MB。然后，再用 df -h 命令观察一下，发现“/”所在分区的容量减少了 200MB。学到这里基本上就入门了 Linux 的硬盘信息查询。不过细心的读者会有个疑问：df 命令输出结果中有好几个 tmpfs 字样的分区，这些是什么？这个疑问在下一节中来解决。

7.2　Linux 下查看内存

在本节中我们来学习查看 Linux 下的内存和学习扩展部分内存的工作原理。

7.2.1　快速理解内存是什么

扫一扫，看视频

先通过图 7.12 来快速入门一下内存的知识。

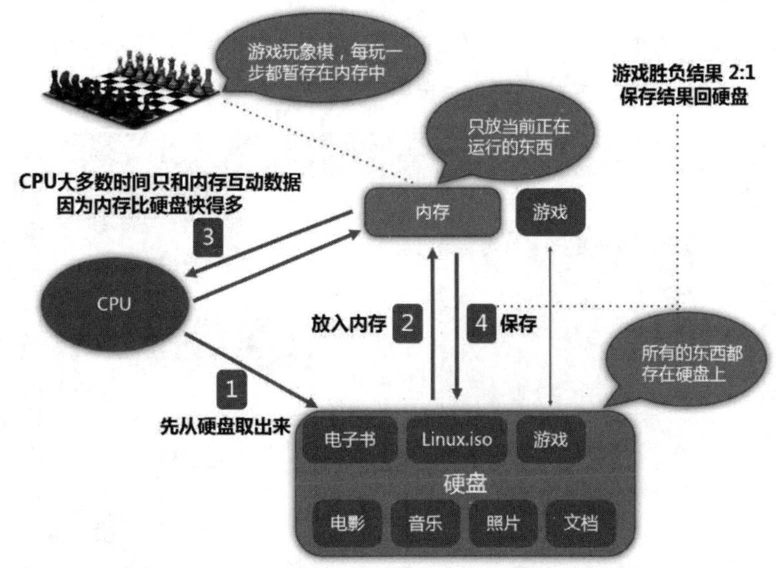

图 7.12　下棋游戏如何使用内存

如图 7.12 所示为 CPU 和内存、硬盘之间的关系。我们平时用自己的计算机，无非就是看电影、读电子书、打游戏、听歌曲等。那么这些电影、游戏、歌曲等统统都称作数据。所有的这些数据都是保存在硬盘中，因为硬盘的地方最大。

有一天，我们打开计算机想玩象棋游戏。这时计算机会大致走这样的一个流程（对应图 7.12 中的 1、2、3、4 编号）。

第一步，CPU 向硬盘发起命令，把所需的游戏数据先定位好，方便找到。

第二步，游戏数据会从硬盘调入内存中。

第三步，一边玩游戏，CPU 一边把每一步棋都进行计算，把这些中间下棋的结果先暂时都存在内存中。

第四步，当我们玩累想休息了，此时在游戏中单击保存游戏，这样当前的战局结果会被存入硬盘中。明天如果想接着玩，会先从内存中读取上一次的结果。

这就是计算机运行的基本原理，其实玩的都是数据。这里还需要重点说明以下三点。

第一，硬盘作为最大的容器，平时所有内容都存在里面（大多数存的内容都暂时不用）。不过它的速度最慢，所以 CPU 不可能一直跟它索要数据，不然 CPU 要苦等。

第二，内存的容量比硬盘要小很多（家用计算机硬盘一般都是几个 TB，而内存一般也就 8~16GB），但内存的速度比硬盘快得多。所以例如玩下棋游戏，CPU 大部分时间都只和内存互动，把中间产生的所有结果都先放在内存中，只有当单击保存游戏以后，这个结果才会被存回硬盘中。

第三，一般的内存都不能永久存储数据，一旦突然停电，没保存，那么当前你的游戏战局就全白玩，内存中数据都丢失。

如图 7.13 所示，举个简单的例子：当我们平时在 Windows 的桌面上打开一个记事本，往里写日记时，此时所有输入的文字都是暂存在内存中。当单击了“保存”按钮后，写的日记才会被保存进入硬盘。

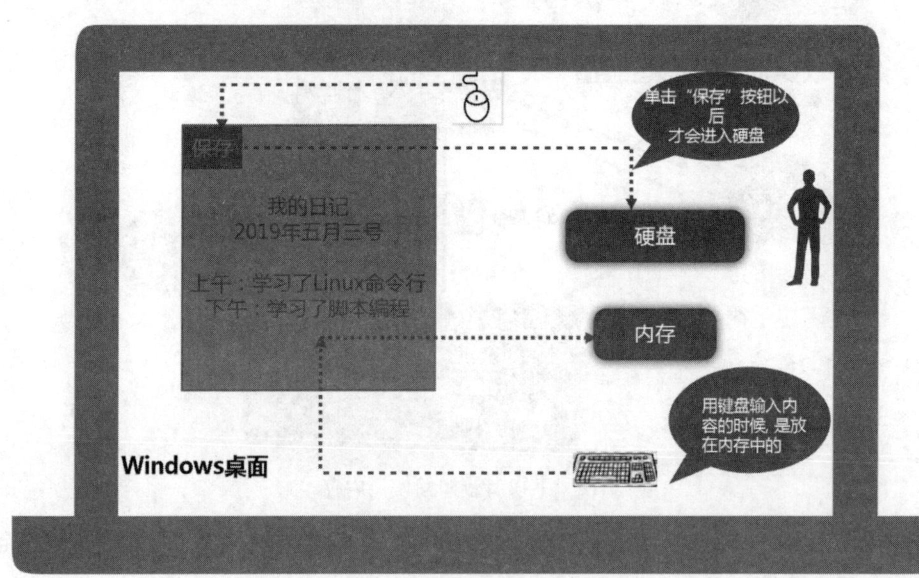

图 7.13　写日记时如何使用内存

就好比在一个书房里，存放书籍的书架和书柜相当于计算机的硬盘，而我们工作的办公桌就是内存。通常把要永久保存的、大量的数据存储在硬盘里，而把一些临时的或少量的数据和程序放在内存里，当然内存的好坏会直接影响计算机的运行速度。

为什么内存这么重要？因为内存的存取速度远远超过硬盘的速度，脱离了内存，计算机 CPU 就不能正常地存取数据，所以内存是直接影响计算性能的重要部件。

注意：

计算机部件运行速度排行为 CPU >内存>硬盘。

7.2.2　使用 free 命令快速查看 Linux 下的内存指标

扫一扫，看视频

既然内存这么重要，那么我们最关心的自然就是：服务器还有多少内存可以用？查询内存的命令很简单，请按图 7.14 所示的方法进行操作。

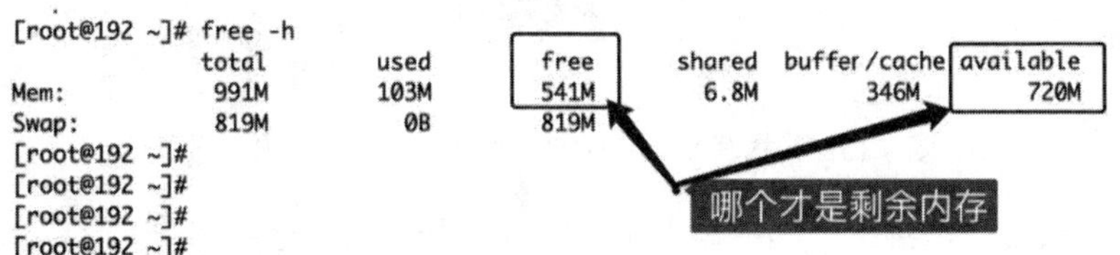

图 7.14　free 命令基本信息

如图 7.14 所示，free 命令查看 Linux 的内存使用状况。这里可以看到有 6 列数据，分别是 total、used、free、shared、buffer/cache、available。先简单分别介绍一下每一列都代表什么，如下所示。

- total：指一共有多少内存。
- used：正在被使用的内存。
- free：完全空闲中的内存。
- shared：共享内存（几乎无实际用处）。
- buffer/cache：缓存缓冲内存。
- available：真实可用的内存。

如上这几个关键词，前三项不用说明，很容易理解。不好理解的是后三项。第四项先暂时不讲，几乎用不到。当前最关心的就是有多少内存可以用。看上去，这个 free 和 available 都很像。free，空闲的意思；available，可用有效的意思，应该关注哪个？

7.2.3　使用 free 命令查看内存的基本原理

要解释清楚这个问题，就不得不说 Linux 的内存工作机制，如图 7.15 所示。

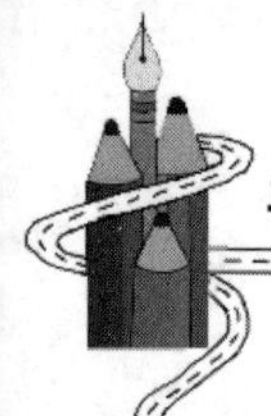

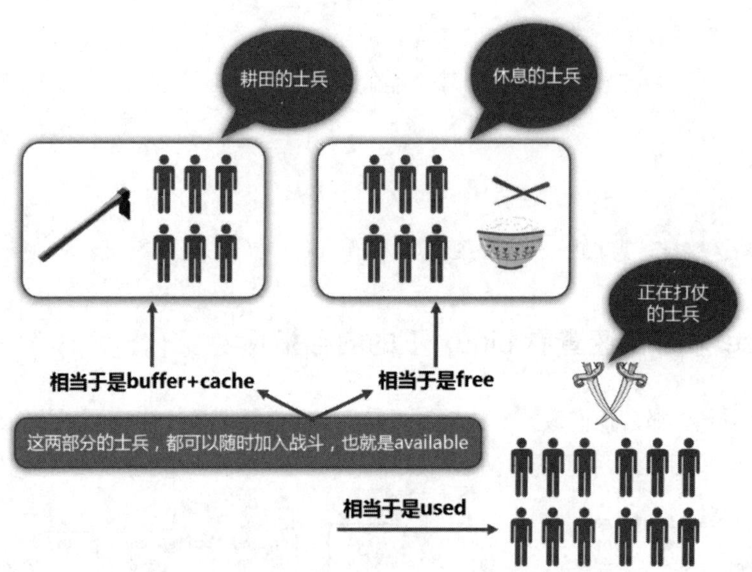

图 7.15　用古代士兵打仗来理解 Linux 内存工作机制

举例，从汉代开始，中国的打仗就开始采用屯田制，简单地说就是：士兵们有战争时就去打仗，空闲时就去耕田，一举两得。对应到 Linux 的内存使用，其实跟这个例子比较类似。

休息的士兵：不打仗、不耕田，就在军营中天天吃饭休息。这一部分的士兵就相当于是 free 内存，也就是空闲的内存。

耕田的士兵：在地里耕种，也在给国家做着贡献，不过在国君的眼中，耕田的优先级远没有打仗的高，所以说这些耕种的士兵其实也是处于随时待命的状态，一旦前方战事吃紧，那么他们立刻可以换上军装去打仗，并不耽误。这一部分的士兵相当于 buffer/cache 内存。

正在打仗的士兵：就是在使用中的士兵，在前方厮杀忙得不可开交。这就相当于是 used，也就是忙中内存。

明白了这个以后，回头看看之前提出的问题，所谓的还有多少内存，其实指的是休息的士兵+耕田的士兵总合就是随时可用的士兵。也就是 available 是真实可以用的内存，available = free + buffer/cache。

这里有个问题：free 空闲内存比较好理解，就是完全没有使用，不过这个 buffer/cache 代表什么意思？下一小节来图解。

扫一扫，看视频

7.2.4　图解 Linux 内存中的 cache 高速缓存

通过上一小节的学习，我们知道了 buffer 和 cache 可以比喻成在耕田中，但随时可上战场的士兵。但是仅仅理解到这一层还不够，需要进一步地理解。先说 cache，如图 7.16 所示。

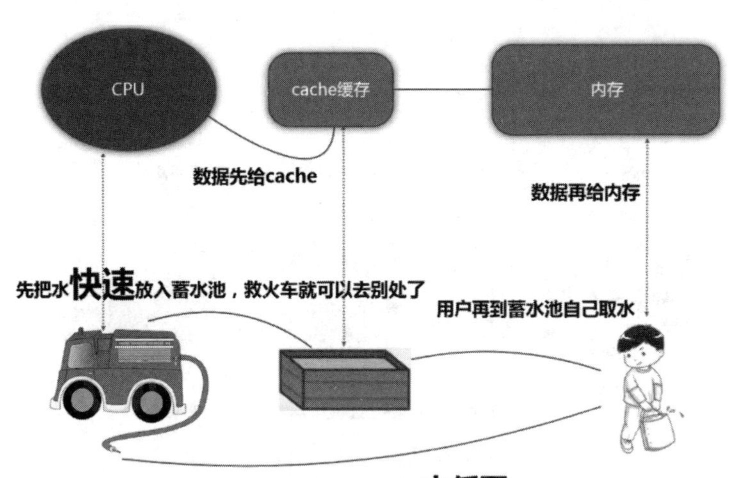

图 7.16　救火车送水比喻 cache

我们把 CPU 比作救火车，cache 比作蓄水池，内存比作拎水桶的用户，假设一个救灾用水的场景。灾区缺水，一辆救火车负责把大量的水运送给用户，而救火车用的是高压水枪，出水的速度极快无比！但是灾区的用户只能每个人拎着水桶来取水，如果救火车用高压水枪直接喷给用户，那就变成洗澡，不是送水。

既然这样，救火车不得不大幅度降低自己的效率，把高压水枪的压力减到最小，慢慢地给用户出水，用户逐个排队来救火车、高压水枪这里取水。这样子的话，救火车效率就变得极其低下，还有那么多受灾的地区，盼着救火车赶过去！

为了解决这个问题，如果在中间设置一个蓄水池，让救火车先把所有的水快速地充入进去，然后救火车就赶去别处，而用户们自己再去蓄水池取水，这样问题就解决了。

回到正题，CPU 的速度最快，内存速度远远赶不上 CPU（虽然内存比硬盘快得多，但跟 CPU 比起来还是太慢），那么 CPU 为了提高效率，就先把中间数据交给 cache 高速缓存，然后 CPU 把剩下的任务甩给 cache 缓存，自己就去忙别的，接下来，内存再到缓存中取数据。我们要说的 cache 高速缓存就可以理解成蓄水池。

7.2.5　图解 Linux 内存中的 buffer 缓冲区

扫一扫，看视频

说完 cache，接下来说一下 buffer。buffer 叫作缓冲区，主要是为了提高写硬盘的速度，具体是什么原理，如图 7.17 所示，樱桃大丰收，村里决定集体采摘，然后用大货车运到集市上去卖。假如每人每采摘下来一个樱桃，就立刻送到卡车上去，效率太低。所以每人配备一个大箩筐，采摘下来的樱桃先放满一箩筐，然后再一次送到卡车上装车。这样就大大提高了效率，也缓解了村民的工作压力。

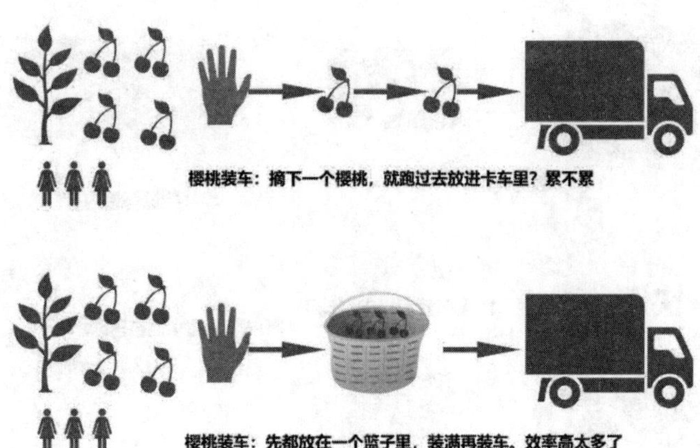

图 7.17　摘樱桃比喻 buffer

回到正题，buffer 缓冲区就是这个大箩筐，每当有大量数据要被写入硬盘时，把所有的零碎数据（一个个的樱桃），先统一放入 buffer 中。当 buffer 积累到一定量时，再一次性写入硬盘。这样，既提高了效率，又大大地解了硬盘的压力。这就是内存中的 buffer 缓冲区。

总体来说，cache 为了高效率地读，buffer 为了高效率地写，这两种都是内存缓冲技术，也是 Linux 管理内存高效的重要标志。

7.2.6　Linux 下实践操作验证缓存的存在

通过上面两小节的学习，基本明白了 cache、buffer 的原理和存在的意义。那么有读者会问：这个 buffer/cache 能不能体现在实际操作中？能不能亲眼看到？现在用 find 命令来看一下 cache 缓存的增长。

第一步，执行一次 free 命令，记住当前的 buffer/cache 数值，如图 7.18 所示。

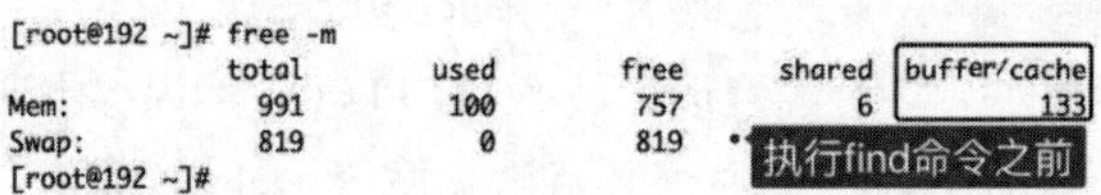

图 7.18　记住 buffer/cache

第二步，在当前窗口下运行 find 命令，并且在前面加上 time 命令（用来计算执行花费的时间），如图 7.19 所示，[root@192 ~]# time find。

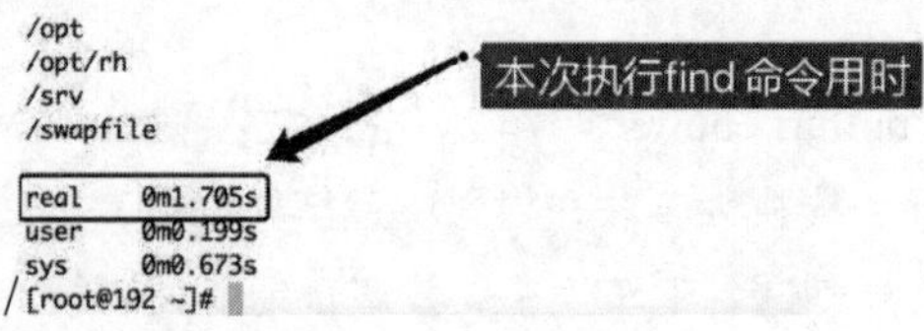

图 7.19　本次执行 find 命令用时

第三步，再次用 free 命令查看内存，如图 7.20 所示。

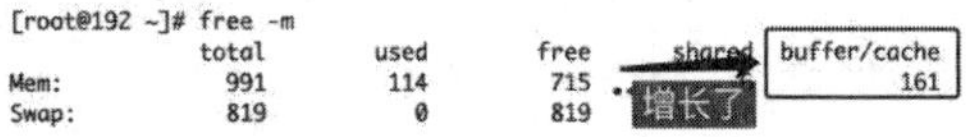

```
[root@192 ~]# free -m
              total        used        free      shared  buffer/cache
Mem:            991         114         715                    161
Swap:           819           0         819
```

增长了

图 7.20　buffer/cache 观察增长

第四步，再次执行 find 命令，查看耗时，如图 7.21 所示。

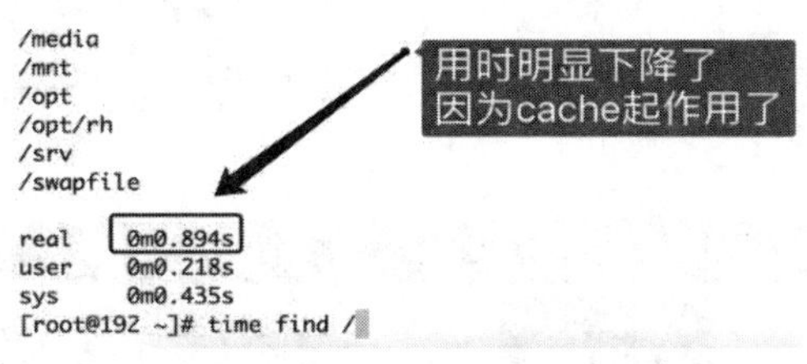

图 7.21　find 命令用时明显下降

接下来总结一下上面的实验结果，分为以下几个步骤。

（1）find 命令被发送给 CPU 执行。

（2）CPU 先找缓存 cache，看看里面有没有需要的数据，第一次访问时肯定是空的。

（3）CPU 从硬盘找出数据，放入内存中进行计算（所谓的计算，在这里就是查找和遍历）。

（4）CPU 完成任务之前，把本次访问的数据写入 cache 缓存，预备下次使用。

（5）再次调用同样的命令时，就会从 cache 缓存先读取数据，这样效率就显著提高了（find 命令运行时间缩短）。

从这个实验看得出 cache 缓存在数据读取时发挥的作用。之前把 cache 比喻成蓄水池，不过这个蓄水池并不是一开始就有水的。而这个水的来源，其实就是硬盘上刚刚被访问过的数据。

最后，再补充介绍一个清理 cache 缓存的方法，如图 7.22 所示。

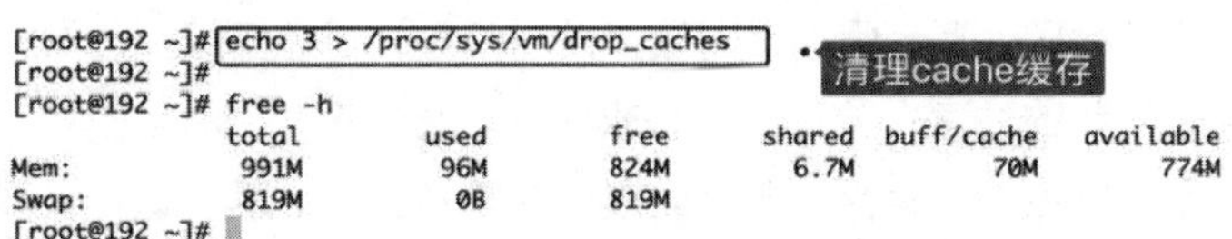

图 7.22　清理 cache 缓存

清理之后，可以再尝试执行一次 find 命令，看用时时间的变化。正常情况下，时间又会变长。

7.3　Linux 下查看 CPU 指标

本节学习如何在 Linux 下查看 CPU 的状况，之所以把这个放到本章的最后，是因为这项指标有些抽象，并不像硬盘、内存一样一目了然。有读者会有疑问：不就是 CPU 的使用率，类似 CPU 现在使用了 70%，这只是一个数字而已。很遗憾，Linux 下没有这样直观的方法来看 CPU，必须掌握一定的 CPU 使用率计算公式，才能了解当前 CPU 的使用率。

扫一扫，看视频

7.3.1　什么是进程

在学习 CPU 之前，我们得先学会一个非常重要的概念，那就是进程。需要说明的是，进程本身是一个广泛的概念，它并不是只有在 Linux 下才会出现。别的地方（任何其他操作系统中）都一样存在进程。那么什么是进程？解释如图 7.23 所示。

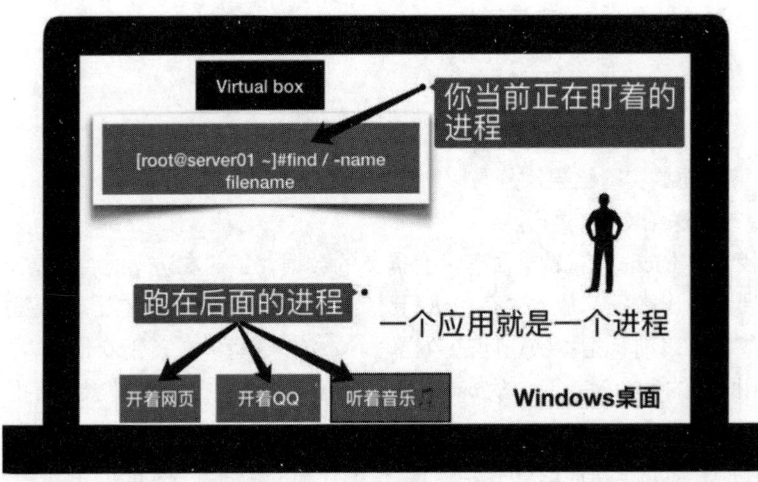

图 7.23　平时接触的进程

如图 7.23 所示，最简单地来说，一个正在跑着的应用就是一个进程。例如，在 Windows 上正用虚拟机学 Linux，而同时还戴着耳机听音乐。桌面最下面的任务栏里还开着浏览器，开着 QQ。这些都是正在运行的软件，不管你当前的注意力放在哪一个软件上，它们都是进程。

不过，Windows 操作系统由于有桌面，所以比较容易看到一个进程在运行，因为全都比较图形化。而在 Linux 上想要看到一个进程，就没那么直观，想要清晰地看到进程需要用一些方法。接下来，一起操作一下：

```
[root@server01 ~]# ping 127.0.0.1
PING 127.0.0.1 (127.0.0.1) 56(84) bytes of data.
64 bytes from 127.0.0.1: icmp_seq=1 ttl=128 time=0.008 ms
64 bytes from 127.0.0.1: icmp_seq=2 ttl=128 time=0.009 ms
64 bytes from 127.0.0.1: icmp_seq=3 ttl=128 time=0.010 ms
64 bytes from 127.0.0.1: icmp_seq=4 ttl=128 time=0.012 ms
```

ping 命令的作用是什么？ping 是一个用来检查网络通不通的小工具，它不是 Linux 独有的，其他系统也有。ping 命令可以持续不断地往一个 IP 地址上发送数据包，如果到达这个 IP 的网络是通的，那么就会如上显示。用 ping 命令后，就开启了一个持续不断运行的进程，它每秒钟发送一次，收回一次。

注意：

127.0.0.1 是一个 IP 地址，不过这个是本机的 IP 地址。 ping 127.0.0.1 等于是检查自己到自己通不通，肯定是通的。

这样就开启了一个持续不断运行的程序，也就是一个进程。接下来思考这么一个问题：这个 ping 命令一旦开始运行后，当前的命令行就被它占据了，只能盯着它看，而做不了别的事。除非现在按 Ctrl+C 组合键终止这个进程，不然无法再执行其他的命令。

如图 7.24 所示，像 ping 这样，把当前使用的命令行（或者窗口）给霸占的进程，叫作前台进程或者是跟你直接互动的进程。

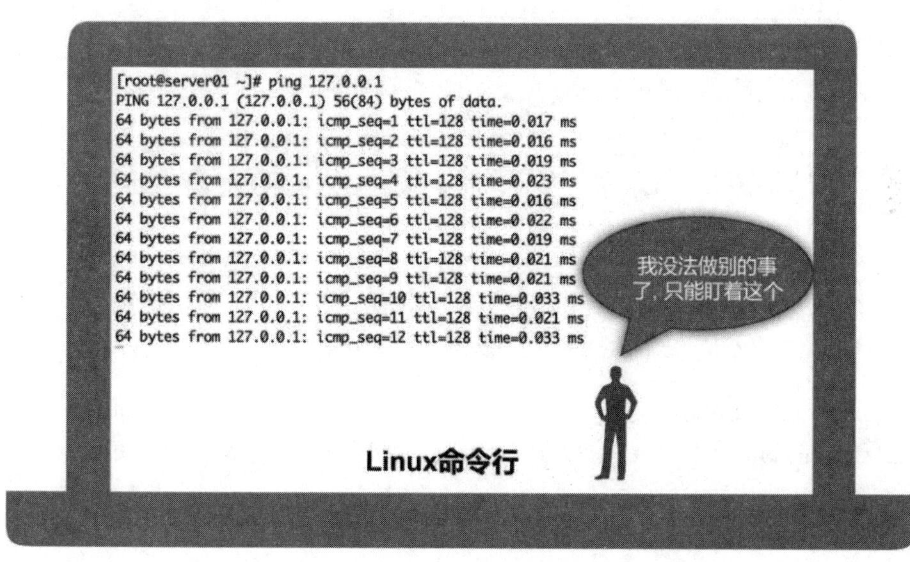

图 7.24　前台进程的局限

7.3.2　学习执行和观察后台进程

扫一扫，看视频

上一小节的末尾讲到了前台进程，它会一直和你互动，而你做不了其他的事情。在本节中将引入后台进程的概念。ping 命令每一秒的输出结果都是用来检查网络是不是连通，这些都是有用的信息。

那么如果想一直收集这些信息，而又不耽误当前工作，应该怎么做？按照图 7.25 所示的方法进行操作。

图 7.25 进程放入后台

如图 7.25 所示，>> ping.log 的意思是把前面 ping 127.0.0.1 的输出结果放入一个文件中保存。最后面还多出一个“&”，这是什么？“&”读作 and，把这个特殊符号放在命令行的末尾就可以把当前的进程放入后台，也就变成了后台进程。这样执行之后，它仿佛立刻地运行结束，可以做别的事情。

不过，ping 的输出信息跑到哪儿了？另外，ping 是不是还在一直工作？接下来再介绍三个新命令的操作，如图 7.26 所示。

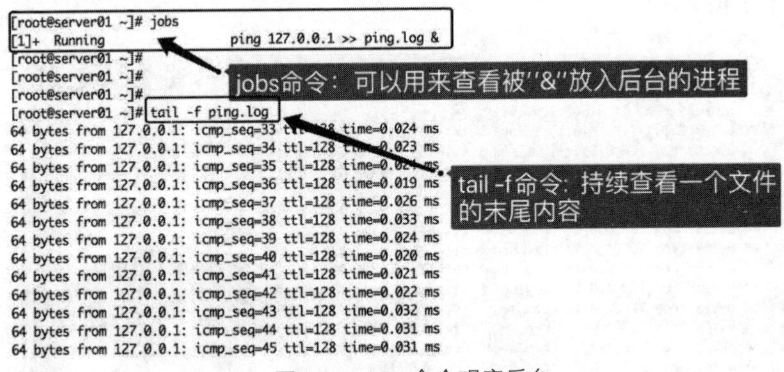

图 7.26 jobs 命令观察后台

如图 7.26 所示，之前使用“&”把一个进程放到了后台运行，这时可以使用 jobs 命令来查看以这种方式运行的进程。当前 ping 的输出结果持续不断地被保存进入 ping.log 文件中，使用 tail –f 命令就可以不断追踪这个文件的末尾内容。

注意：

tail -f 的效果感觉就像看着 ping 命令输出一样，其实这是每一次 ping 后把一条输出信息存进去的效果。

接下来，看图 7.27 所示的操作。

如图 7.27 所示，jobs 命令显示出运行在后台的进程，并且一个进程前面都有一个进程号。接下来用 fg % + 这个进程号，就可以让这个进程回到前台。不过，fg 命令之后有个奇怪的现象，为什么 ping

卡在这里没有输出，是因为“>>”的缘故，ping 命令的输出结果不会跑到前台，而是直接被存入 ping.log 文件中。

```
[root@server01 ~]# jobs
[1]+  Running                 ping 127.0.0.1 >> ping.log &
[root@server01 ~]#
[root@server01 ~]#
[root@server01 ~]#
[root@server01 ~]# tail -f ping.log
64 bytes from 127.0.0.1: icmp_seq=33 ttl=128 time=0.024 ms
64 bytes from 127.0.0.1: icmp_seq=34 ttl=128 time=0.023 ms
64 bytes from 127.0.0.1: icmp_seq=35 ttl=128 time=0.024 ms
64 bytes from 127.0.0.1: icmp_seq=36 ttl=128 time=0.019 ms
64 bytes from 127.0.0.1: icmp_seq=37 ttl=128 time=0.026 ms
64 bytes from 127.0.0.1: icmp_seq=38 ttl=128 time=0.033 ms
64 bytes from 127.0.0.1: icmp_seq=39 ttl=128 time=0.024 ms
64 bytes from 127.0.0.1: icmp_seq=40 ttl=128 time=0.020 ms
64 bytes from 127.0.0.1: icmp_seq=41 ttl=128 time=0.021 ms
64 bytes from 127.0.0.1: icmp_seq=42 ttl=128 time=0.022 ms
64 bytes from 127.0.0.1: icmp_seq=43 ttl=128 time=0.032 ms
64 bytes from 127.0.0.1: icmp_seq=44 ttl=128 time=0.031 ms
64 bytes from 127.0.0.1: icmp_seq=45 ttl=128 time=0.031 ms
^C
[root@server01 ~]#
[root@server01 ~]#
[root@server01 ~]#
[root@server01 ~]# fg % 1
ping 127.0.0.1 >> ping.log

^C[root@server01 ~]#
```

fg命令: 用来让一个"后台进程"回到前台来

这里就回到前台来了，但是没有输出信息

图 7.27　后台前台的切换

注意：

使用“>>”符号把内容放入文件的方法又称作重定向，在后面的章节中还会细致地学习，这里只是提前用一下。

最后，为了更好地理解，通过两幅图来把上面的几个步骤讲解一下，如图 7.28 和图 7.29 所示。

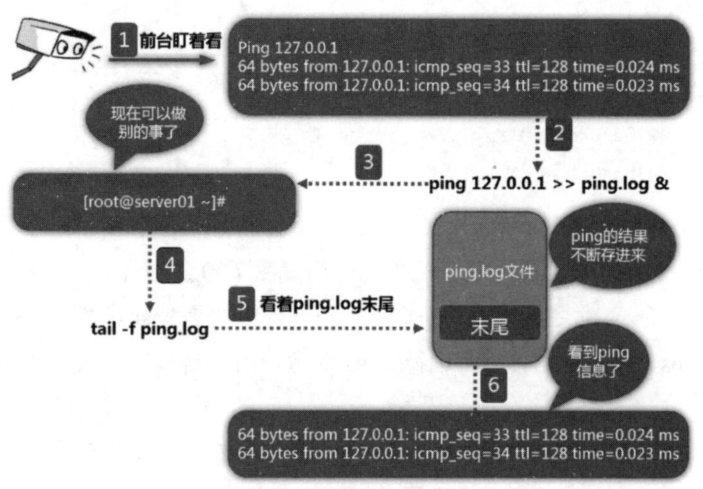

图 7.28　ping 进程放后台

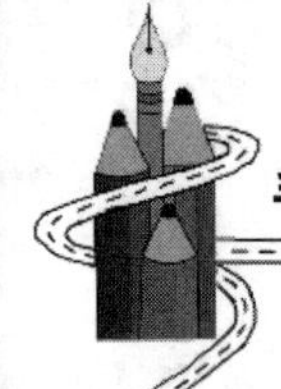

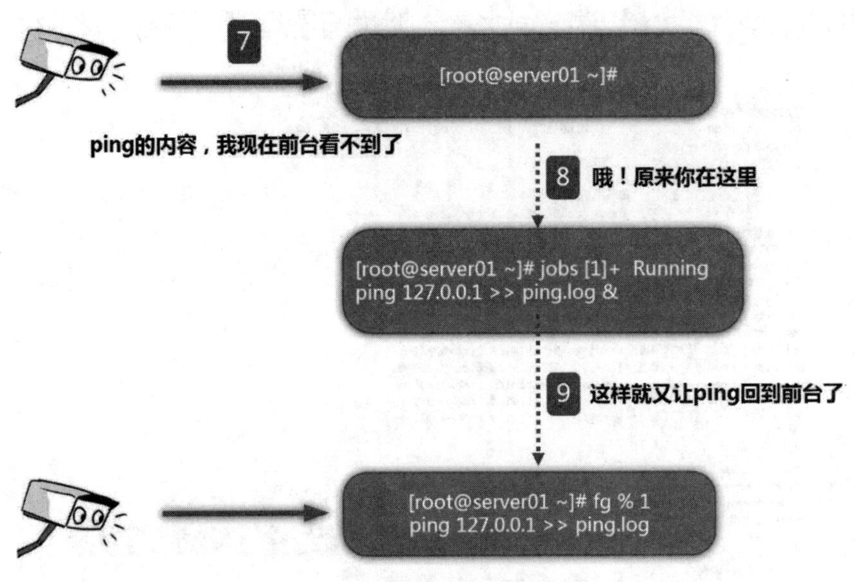

图 7.29　观察后台进程

7.3.3　使用 ps 命令观察 Linux 下用户自己的进程

学完上一小节后，有读者会有这样的疑问：我用 jobs 命令只看到了 ping 一个后台进程，那是不是说整个 Linux 操作系统下就只有这一个进程在运行？当然不是。jobs 命令只能看到那些用“&”放入后台的进程，而更多的后台进程在这里无法显示，需要依赖更强大的命令才能看到。接下来介绍一个重头戏的命令——ps。代码如下所示：

```
[root@server01 ~]# ps
   PID TTY          TIME CMD
110104 pts/3    00:00:00 bash
113503 pts/3    00:00:00 ps
```

ps 其实是 process status 的缩写，意思就是进程状况。直接输入 ps 命令后，可以看到两条输出信息，说明有两个进程。不过这两个进程都是做什么的呢？请看图 7.30 的解释。

如图 7.30 所示，一个 ps 命令出现了两条结果。第一条结果是 bash，意思就是当前正在用的这个命令行；第二条结果是 ps，其实是因为刚刚运行了 ps 命令，所以自身产生了一瞬间的进程，也同样显示在这里。

在只输入 ps（不加任何其他参数）的情况下，看到的结果输出是属于自己的，意思就是说同一台服务器上，张三输入 ps 后看到的是当前属于自己的进程，李四也一样，看到的是自己的进程。

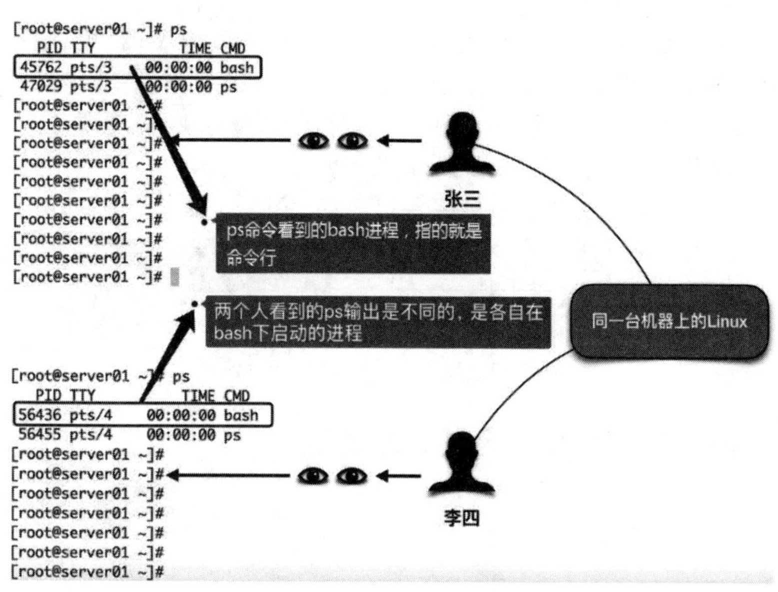

图 7.30　用户自己的进程

另外，注意图 7.31 中的 PID 号。

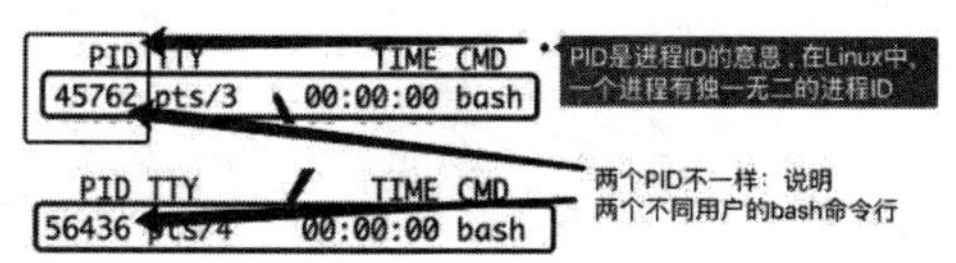

图 7.31　不一样的 PID

ps 命令每一行的输出中，第一列是 PID，也就是 Linux 操作系统分配的一个唯一数字（非常重要）。从两个不同的 PID 可以看出（张三是 45762，李四是 56436），这两个进程虽然名字一样，都叫 bash，但是完全不同的两个进程，一个是张三正在用的，一个是李四正在用的。

接下来再做一个实验，以证明两个用户看到的 ps 命令完全不同，如图 7.32 所示的操作。

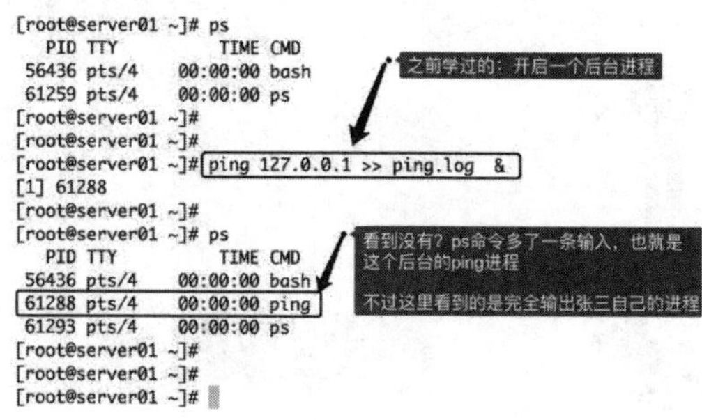

图 7.32　用户自己的进程

先模拟张三的登录，这里把一个 ping 命令放入后台运行，然后输入 ps，可以看到多出了一个进程就是 ping。这里看到的 ps 命令输出结果是完全属于张三的。与此同时，登录李四，ps 命令的输出如图 7.33 所示。尽管张三和李四登录的是同一台机器，也都是用的 root 账号，但是 Linux 给他们两个人分配的 bash 命令行是完全不同的两个进程，相互之前没有联系。

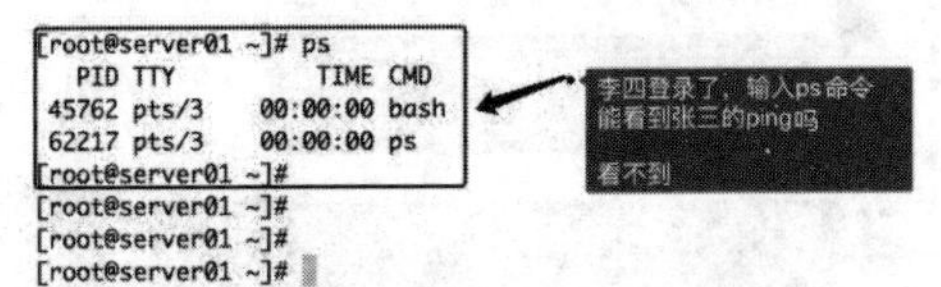

图 7.33　用户之间 ps 命令看不到

7.3.4　使用 ps 命令观察 Linux 下全局的进程

在上一小节学会了查看自己当前的进程后，接下来学习如何查看整个操作系统的进程，如图 7.34 所示的操作。

```
[root@192 ~]# ps -ef
UID        PID  PPID  C STIME TTY          TIME CMD
root         1     0  0 13:51 ?        00:00:10 /usr/lib/systemd/systemd --switched-root --system --deserializ
root         2     0  0 13:51 ?        00:00:00 [kthreadd]
root         3     2  0 13:51 ?        00:00:03 [ksoftirqd/0]
root         5     2  0 13:51 ?        00:00:00 [kworker/0:0H]
root         7     2  0 13:51 ?        00:00:00 [migration/0]
root         8     2  0 13:51 ?        00:00:00 [rcu_bh]
root         9     2  0 13:51 ?        00:00:04 [rcu_sched]
root        10     2  0 13:51 ?        00:00:00 [lru-add-drain]
root        11     2  0 13:51 ?        00:00:00 [watchdog/0]
root        12     2  0 13:51 ?        00:00:00 [watchdog/1]
root        13     2  0 13:51 ?        00:00:00 [migration/1]
```

图 7.34　ps 命令查看全部进程

如图 7.34 所示，ps 命令加上-ef 参数后，就可以看到整个操作系统的进程。在上面的输出结果中，有三列不太容易理解，下面一起来看一下。

（1）PPID：父进程 ID 号。什么叫作父进程？如图 7.35 所示的解释。

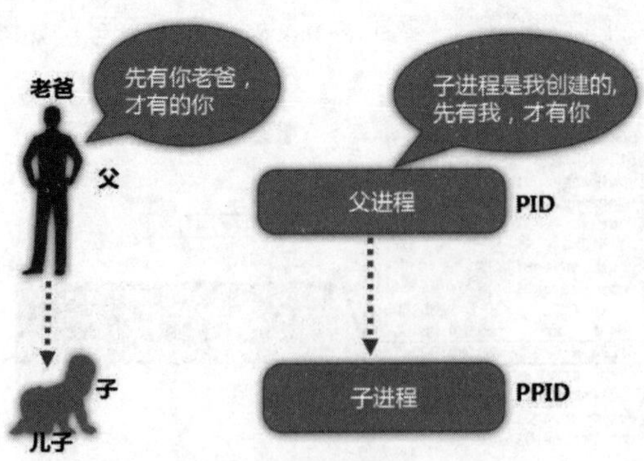

图 7.35　父进程和子进程

如图 7.35 所示，这就是父进程和子进程的关系，先有父进程，然后子进程是由父进程创建出来的，父子之间就有一种连带的关系、归属的关系。明白了这个以后，回到图 7.35 中看这个 PID 和 PPID。

如图 7.36 所示，这里的几个进程的 PPID 都是 1，说明这几个进程都属于同一个父进程，这个父进程的 PID 是 1。

```
root       2622   1  0 13:52 ?        00:00:00 /usr/sbin/smartd -n -q never
polkitd    2624   1  0 13:52 ?        00:00:00 /usr/lib/polkit-1/polkitd --no-debug
root       2635   1  0 13:52 ?        00:00:00 /usr/sbin/crond -n
root       2637   1  0 13:52 ?        00:00:00 /usr/sbin/atd -f
chrony     2640   1  0 13:52 ?        00:00:00 /usr/sbin/chronyd
root       2695   1  0 13:52 ?        00:00:00 /usr/bin/python -Es /usr/sbin/firewalld --n
id
```

图 7.36　查看进程的 PPID

然而，PID = 1 的进程又是哪个呢？往上翻，找出如图 7.37 所示的第一行结果。

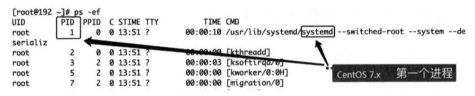

```
[root@192 ~]# ps -ef
UID        PID  PPID  C STIME TTY          TIME CMD
root         1     0  0 13:51 ?        00:00:10 /usr/lib/systemd/systemd --switched-root --system --de
serializ
root         2     0  0 13:51 ?        00:00:00 [kthreadd]
root         3     2  0 13:51 ?        00:00:03 [ksoftirqd/0]
root         5     2  0 13:51 ?        00:00:00 [kworker/0:0H]
root         7     2  0 13:51 ?        00:00:00 [migration/0]
```

CentOS 7.x　第一个进程

图 7.37　PID=1 的进程

这就是 PID（进程号）等于 1 的进程，也是 CentOS 7.x Linux 的第一个启动的进程，叫作 systemd。

注意：

CentOS Linux 在 7.x 以前，第一个进程叫作 init，经典沿用多年。从 CentOS 7.x 开始，不再适用 init，而是用最新开发的 systemd 作为引擎。

（2）STIME：进程启动的时刻。这个比较好理解，就是这个进程是什么时间被开起来的。如图 7.38 所示，唯一需要注意的是，这个启动的时间如果超过了 24 小时，这里就只能显示年、月、日，不能显示具体分、时、秒的时间。

```
root     27002     2  0 Mar16 ?        00:00:00 [kworker/0:0]
root     27902  2702  0 Mar16 ?        00:00:00 /sbin/dhclient -d -q -sf /usr/libexec/nm-dhcp-helper
root     28023     2  0 Mar16 ?        00:00:00 [kworker/0:2]
root     28310     2  0 Mar16 ?        00:00:00 [kworker/0:3]
root     28618     2  0 00:05 ?        00:00:00 [kworker/0:1]
root     28743 26178  0 00:08 pts/3    00:00:00 ps -ef
```

超过24小时之前的
只能显示"年月日"了

图 7.38　进程中的日期

（3）TIME：进程总共占用 CPU 的时间。说到这里，我们终于开始要接触 CPU 指标了。这里的 TIME 如图 7.39 所示，指的是一个进程，从启动开始到当前一共花费 CPU 的时间。

```
UID        PID  PPID  C STIME TTY          TIME CMD
root         1     0  0 Mar16 ?        00:00:12 /usr/lib/systemd/systemd --switched-root --system
root         2     0  0 Mar16 ?        00:00:00 [kthreadd]
root         3     2  0 Mar16 ?        00:00:03 [ksoftirqd/0]
```

总共花费CPU的时间

图 7.39　进程花费 CPU 的时间

概念是这么定义的，实际不过远比看上去的要复杂得多。例如，看图 7.39 上的第一行 systemd 这个进程，STIME=Mar16（昨天晚上开启的），TIME=00:00:12=12s，意思是说这个进程从昨天开启到现在，总共花费 CPU 12s 的时间。

说到这里，大家会觉得奇怪，因为这个 systemd 进程，什么时候输入 ps，它都在。也就是说，这个 systemd 进程一直都在运行着。只要是一个程序在运行着，它就一定要被 CPU 处理着。那么怎么可能过了一天多，才用了 CPU12s？因为计算方法另有说法，进入下一小节后开始图解。

扫一扫，看视频

7.3.5　用令牌的形式计算 CPU 使用率

上一小节最后遗留了一个问题：进程使用 CPU 的时间。通常，我们习惯性说 CPU 用了 80%，其实这跟硬盘使用了 80%是不一样的计算方法。硬盘被使用的是容量，很好理解。而 CPU 被使用的是时间片，就不容易理解。

首先 CPU 是用来计算和处理任务，那么 CPU 具体如何工作？先看图 7.40 所示。

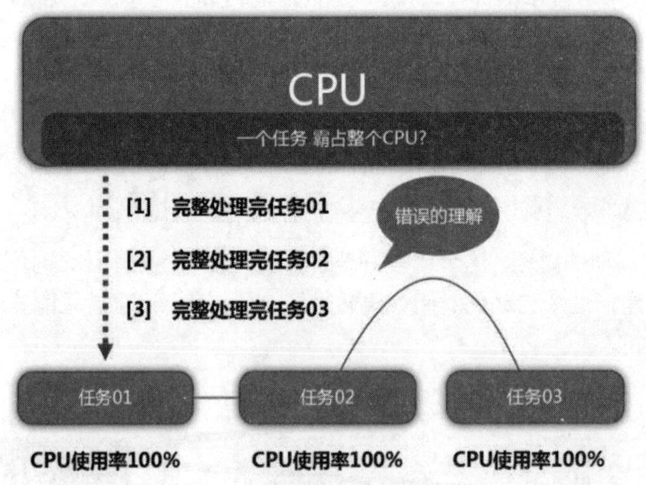

图 7.40　避免对 CPU 错误的认知

如图 7.40 所示（这是个反例），一般的理解是感觉 CPU 是一个完整的整体，当一个任务到来的时候，CPU 倾尽全力把这第一个任务完全处理好，然后再处理下一个任务。这样理解是错误的。其实 CPU 的工作形式是这样的，如图 7.41 所示。

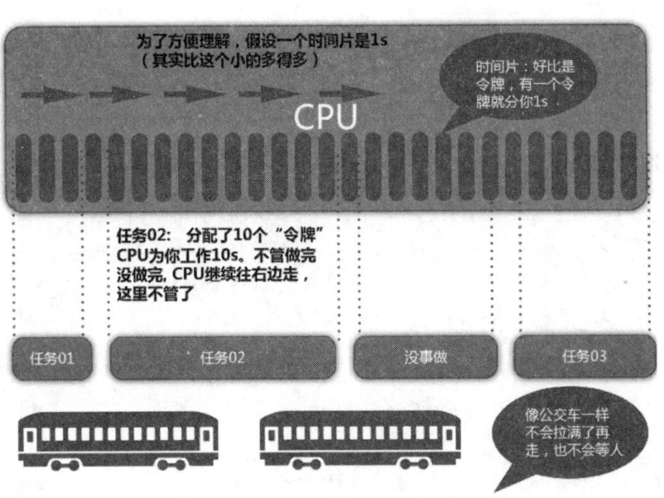

图 7.41　CPU 的工作形式

我们可以按以下的方式来理解，CPU 整体的工作形式就好像是公交车，走一站停一下上几个人，继续去下一站。

在计算中，待处理的任务有很多，根据先来后到、优先级不同的原则，操作系统给这些任务合理地分配 CPU 令牌（也就是时间片）。有了令牌的任务，就好比是公交车站有了乘客，那么公交车（CPU）到来的时候，载上指定的人数，然后继续往后面的站开。有了这种分配令牌的形式，接下来就可以计算 CPU 使用率，如图 7.42 所示。

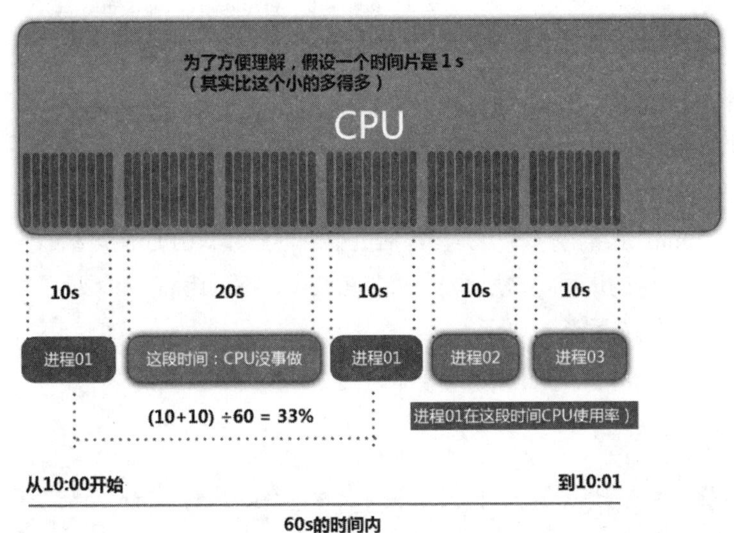

图 7.42　CPU 时间片的理解

假设现在 CPU 要处理三个任务（也就是三个进程），在 1min 的时间内，进程 01 一共使用了 10+10=20（s）的时间，也就是说 CPU 为了进程 01，分配了 20s 的工作时间给它。那么在这 1min 的时间内，进程 01 的 CPU 使用率就是 20s/60s×100% = 33%。

其实，CPU 的使用率就是用时间累加的方式来计算。说到这里，聪明的读者可能会有这么一个疑问：像这样按 1min 计算出来的很粗略的使用率，如果要知道瞬时该怎么办？如果把图 7.42 中的时间缩小，把 60s 内变成 1s 内，再平分 60 份出来，是不是就可以达到瞬时要求？

7.3.6 top 命令查看 CPU 使用率

有了前面的铺垫后，现在开始使用 top 命令。top 命令做什么用？如图 7.43 所示。

```
top - 05:23:57 up 15:32,  4 users,  load average: 0.59, 0.71, 0.35
Tasks: 111 total,   2 running, 109 sleeping,   0 stopped,   0 zombie
%Cpu(s):  7.7 us, 15.6 sy,  0.0 ni, 73.6 id,  0.0 wa,  0.0 hi,  3.2 si,  0.0 st
KiB Mem :  1014820 total,   613624 free,   124832 used,   276364 buff/cache
KiB Swap:   839676 total,   839676 free,        0 used.   707304 avail Mem

  PID USER      PR  NI    VIRT    RES    SHR S  %CPU %MEM     TIME+ COMMAND
12180 root      20   0  120256   1228    956 S  12.6  0.1   0:00.38 find
11803 root      20   0  159684   6616   4364 S   8.3  0.7   0:42.31 sshd
24633 root      20   0       0      0      0 S   1.0  0.0   0:05.42 kworker/1
    7 root      rt   0       0      0      0 S   0.7  0.0   0:00.15 migration
    9 root      20   0       0      0      0 R   0.7  0.0   0:07.47 rcu_sched
11904 root      20   0       0      0      0 S   0.7  0.0   0:02.26 kworker/0
    3 root      20   0       0      0      0 S   0.3  0.0   0:04.78 ksoftirqd/0
    1 root      20   0  193640   6772   4192 S   0.0  0.7   0:18.88 systemd
    2 root      20   0       0      0      0 S   0.0  0.0   0:00.01 kthreadd
    5 root       0 -20       0      0      0 S   0.0  0.0   0:00.00 kworker/0:0H
    8 root      20   0       0      0      0 S   0.0  0.0   0:00.00 rcu_bh
   10 root       0 -20       0      0      0 S   0.0  0.0   0:00.00 lru-add-drain
   11 root      rt   0       0      0      0 S   0.0  0.0   0:00.65 watchdog/0
   12 root      rt   0       0      0      0 S   0.0  0.0   0:00.43 watchdog/1
```

上半部分
总体属性指标

下半部分
占用资源最多的进程
倒序排列出来

图 7.43　top 命令认识

如图 7.43 所示，输入 top 命令后，会打开这样的一个窗口，分为上下两部分。这上下两部分都是同时刷新的，默认情况下，每隔几秒就刷新一次。如果连续按 Enter 键，也可以让 top 命令迅速刷新。

上半部分：显示 Linux 系统的整体状况，包括负载、进程数、CPU 使用率、内存等。

下半部分：显示一个个的进程，这里跟 ps 命令有点像，不过比 ps 命令更细致。这里是按照倒序排列，把当前使用资源最多的进程逐行显示出来。

注意：

第一行的 find 进程是大米哥特意执行的一个死循环脚本，不停地执行 find，让它使用最高的 CPU，所以这里就显示出来。

总而言之，上半部分是体现操作系统的整体状况，下半部分是细化到进程占用多少资源。top 命令中的内容比较多，我们现在先只看 CPU 的部分。注意下半部分的这一列，如图 7.44 所示。

```
  PID USER      PR  NI    VIRT    RES    SHR S  %CPU %MEM     TIME+ COMMAND
    1 root      20   0  193640   6772   4192 S   0.0  0.7   0:22.30 systemd
    2 root      20   0       0      0      0 S   0.0  0.0   0:00.01 kthreadd
    3 root      20   0       0      0      0 S   0.0  0.0   0:08.40 ksoftirqd/0
    5 root       0 -20       0      0      0 S   0.0  0.0   0:00.00 kworker/0:0H
    7 root      rt   0       0      0      0 S   0.0  0.0   0:00.31 migration/0
    8 root      20   0       0      0      0 S   0.0  0.0   0:00.00 rcu_bh
    9 root      20   0       0      0      0 S   0.0  0.0   0:10.78 rcu_sched
   10 root       0 -20       0      0      0 S   0.0  0.0   0:00.00 lru-add-drain
   11 root      rt   0       0      0      0 S   0.0  0.0   0:00.74 watchdog/0
   12 root      rt   0       0      0      0 S   0.0  0.0   0:00.50 watchdog/1
   13 root      rt   0       0      0      0 S   0.0  0.0   0:00.25 migration/1
   14 root      20   0       0      0      0 S   0.0  0.0   0:01.59 ksoftirqd/1
   16 root       0 -20       0      0      0 S   0.0  0.0   0:00.00 kworker/1:0H
   18 root      20   0       0      0      0 S   0.0  0.0   0:00.00 kdevtmpfs
```

单核CPU使用率

图 7.44　%CPU 使用率

如图 7.44 所示，这一列就是 CPU 使用率。不过现在 CPU 很清闲，不方便观察。接下来尝试使用一个命令让 CPU 飙升起来。请按以下操作：

```
[root@server01 ~]# md5sum /dev/zero &
[1] 112468
[root@server01 ~]# jobs
[1]+  Running                 md5sum /dev/zero &
```

这里先暂时不管这个命令在做什么，总而言之，它可以瞬间飙高 CPU。开始执行以后，我们观察一下 top 下半部分的输出。毫无疑问，现在使用 CPU 最狠的就是这个 md5sum 命令。如图 7.45 所示，这个进程会排在第一位（因为它用 CPU 最多），达到了 92.4%的 CPU 使用率。

```
 %CPU %MEM     TIME+ COMMAND
 92.4  0.1   2:26.12 md5sum
  0.3  0.2   0:01.69 top
```

图 7.45　CPU 飙高的观察

接下来，结合另外一个地方一起看，如下所示，同时看一下 top 上半部分的这一行。

```
Cpu(s):  33.3 us , 1.4 sy, 0.0 ni , 64.8 id, 0.0 wa, 0.0 hi, 0.5 si, 0.0 st
```

这里也有一个 CPU 使用率,应该怎么看？这里有 8 列数据,分别代表 CPU 的 8 种不同的使用途径。其他的列先不管，我们先从第 4 列的 64.8id 这里看起。

id 代表的是 idle，即是空闲的意思。也就是说，当前空闲 CPU 占了 64.8%，自然已用的 CPU 使用率就是 35.2%。奇怪，刚才那一个进程不是已经用了 92.4%的 CPU，怎么这里数据对不上？其实，92.4%这里表示的是一个进程使用一个 CPU 核的使用率，而 35.2%代表的是整个 CPU 的平均使用率，而大米哥当前的这台机器是双核 CPU 的。

那么怎么才能看到每一个核的使用率呢？很简单，在 top 界面按一下数字 1 即可。如图 7.46 所示，其实 md5sum 只是把 CPU 的第二个核心用满了，第一个核心则几乎没怎么用。

```
%Cpu0  :  0.0 us,  0.0 sy,  0.0 ni, 80.0 id,  0.0 wa,  0.0 hi, 20.0 si,  0.0 st
%Cpu1  :100.0 us,  0.0 sy,  0.0 ni,  0.0 id,  0.0 wa,  0.0 hi,  0.0 si,  0.0 st
KiB Mem :  1014820 total,   804616 free,   106192 used,   104012 buff/cache
KiB Swap:   839676 total,   839676 free,        0 used.   768564 avail Mem

  PID USER      PR  NI    VIRT    RES    SHR S  %CPU %MEM     TIME+ COMMAND
25789 root      20   0  107968    640    540 R 100.0  0.1   0:27.71 md5sum
    1 root      20   0  193640   6772   4192 S   0.0  0.7   0:24.25 systemd
    2 root      20   0       0      0      0 S   0.0  0.0   0:00.01 kthreadd
    ......
```

图 7.46　top 展开单个 CPU

第8章

攻克 Linux 管道符和重定向

随着学习的深入，我们在 Linux 命令行上获取到的信息越来越多，如文件内容信息、硬盘信息、CPU 信息、内存信息等。很多时候，杂乱无章的信息不利于快速排查问题，所以如何对获取的信息进行有效的排版是接下来要学习的重点项目。

扫一扫，看视频

8.1 神奇的管道符

对信息的排版，我们要从管道符开始入手，这又是一个 Linux 学习的难点和重点，需要在理解概念的基础上进行反复的实践练习。

8.1.1 快速演示管道符使用案例

管道符是什么？这里通过一个实际操作快速入门，操作如下：

```
# df 命令查看硬盘分区信息，这个已经学习过
[root@192 ~]# df -h
Filesystem              Size  Used Avail Use% Mounted on
/dev/mapper/centos-root  6.2G  1.5G  4.8G  24% /
devtmpfs                484M     0  484M   0% /dev
tmpfs                   496M     0  496M   0% /dev/shm
tmpfs                   496M  6.8M  489M   2% /run
tmpfs                   496M     0  496M   0% /sys/fs/cgroup
/dev/sda1              1014M  135M  880M  14% /boot
tmpfs                   100M     0  100M   0% /run/user/0
```

接下来，在 df -h 的基础上加上管道符，看能实现什么样的功能，如图 8.1 所示。

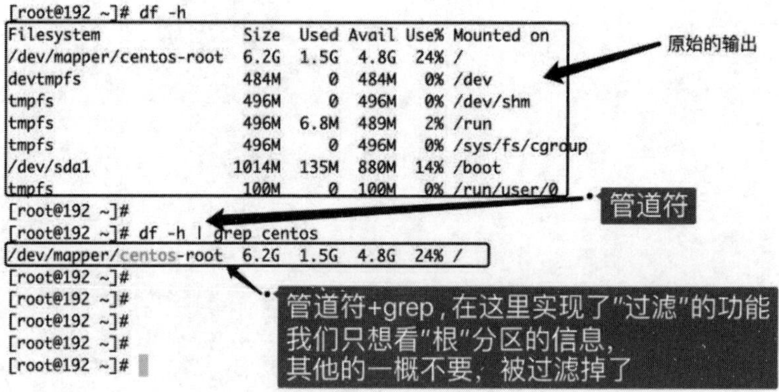

图 8.1　df 命令的输出被过滤

在 df-h 的基础上，后面加上了管道符“|”，管道符后面紧跟着一个 grep 命令。grep 命令后面再跟上一个关键字 centos 命令。df -h | grep centos 命令的意思是 df -h 的输出结果中，只想看其中包含 centos 这个词的行，其他的都不要。这样，最终的输出结果就只剩下一行。

8.1.2　图解管道符

通过上面的操作实例，对管道符有了一个初步的印象。接下来，通过一幅图来更好地理解。如图 8.2 所示，最终目的是修饰和改变原始的输出结果，管道符的作用就好比是一个连接器，负责把前面的输出结果递交给后面的修饰符，起着一个承上启下的作用。

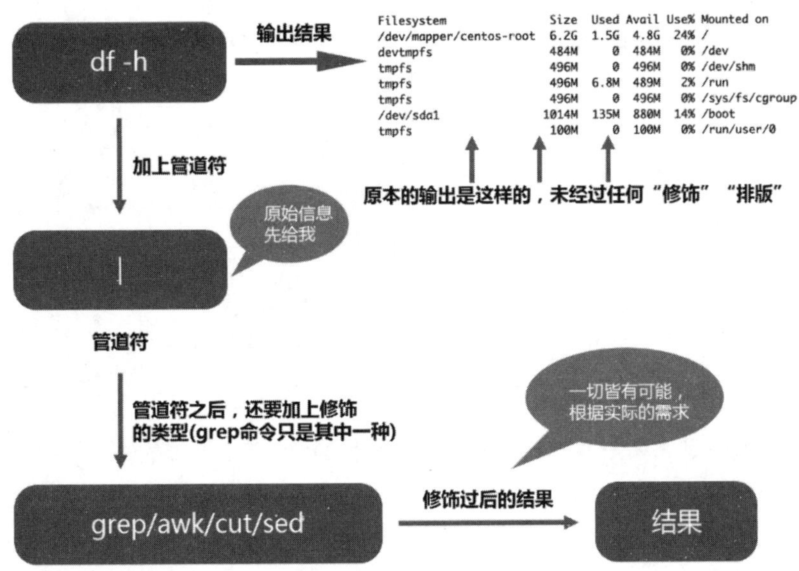

图 8.2　管道符让输出结果改变

如图 8.3 所示，命令行 1 在执行后会有一个原始输出结果，这个输出结果经过中间的管道符后，就提交给了右边的命令行 2，命令行 2 把之前的输出作为自己的输入，最终得到处理后的结果。

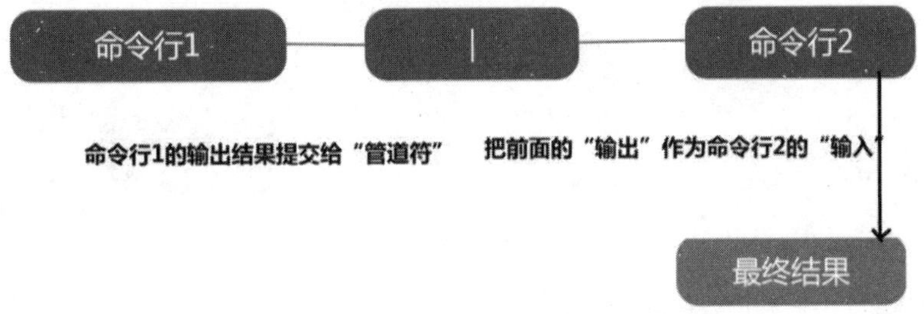

图 8.3　管道符起着衔接的作用

在接下来的小节中还会引入更多的实际例子进行学习。

8.1.3 管道符做过滤器使用

管道符之后的命令行 2 作为修饰命令，修饰命令可以有很多选择，分成三大类，如图 8.4 所示。

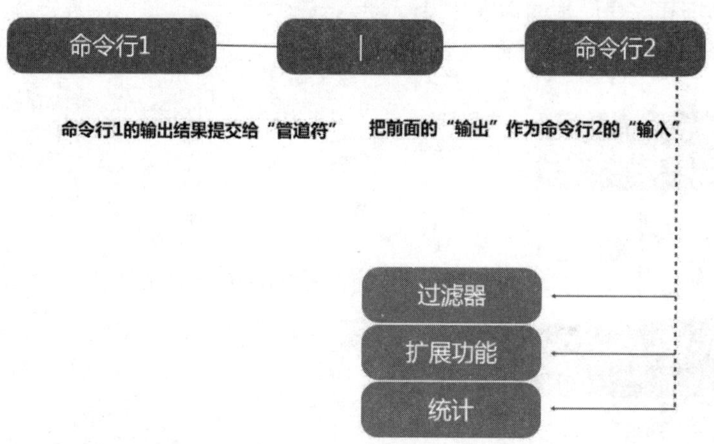

图 8.4　管道符后衔接的三种类型

先来看什么是过滤类型，如图 8.5 所示，所谓的过滤类型就是从原本的输出结果中截取需要的一部分出来，其他的部分都不要。最典型的例子就是之前举过的 grep 命令，除此之外，还有 head、tail、awk 等命令用法。

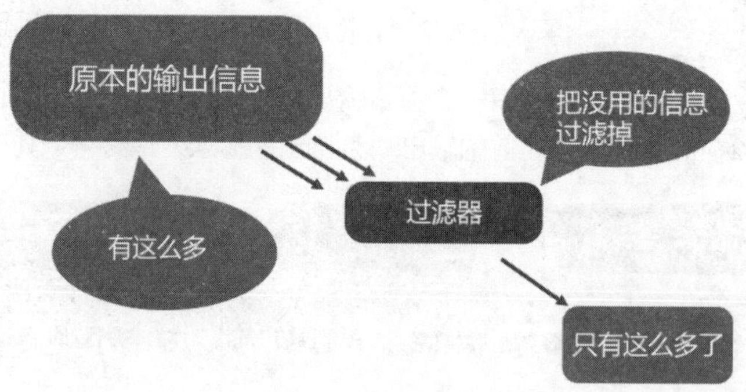

图 8.5　过滤的类型

接下来看下面的两个实例，来熟悉过滤类型的管道符用法。

实例一：管道符+grep 实现行过滤。

原本 ls /etc/命令执行之后会看到大量的文件和文件夹，这些就是原始输出，但这里只想看需要的文件或文件夹，所以使用过滤的类型。grep "passwd"是文件或文件夹，完全地含有这个名字，才会被匹配出来。grep “^p” 凡是以字母 p 开头的都会被匹配出来（符号 “^” 代表以××开头），如图 8.6 所示。

```
[root@192 ~]# ls /etc/
DIR_COLORS                   dracut.conf      ld.so.conf.d       plymouth          shadow
DIR_COLORS.256color          dracut.conf.d    libaudit.conf      pm                shadow-
DIR_COLORS.lightbgcolor      e2fsck.conf      libnl              polkit-1          shells
GREP_COLORS                  environment      libreport          popt.d            skel
GeoIP.conf                   ethertypes       libuser.conf       postfix           smartmontools
GeoIP.conf.default           exports          locale.conf        ppp               sos.conf
NetworkManager               favicon.png      localtime          prelink.conf.d    ssh
X11                          filesystems      login.defs         printcap          ssl

[root@192 ~]# ls /etc/ | grep "passwd"
passwd
passwd-
[root@192 ~]#
[root@192 ~]# ls /etc/ | grep "^p"
pam.d
passwd
passwd-
pinforc
pkcs11
pki
plymouth
pm
polkit-1
popt.d
postfix
ppp
prelink.conf.d
printcap
profile
profile.d
protocols
```

完全匹配passwd的文件被过滤出来

匹配以字母"p"开头的文件/文件夹 被过滤出来

图 8.6　grep 命令实现过滤

实例二：管道符+head 和 tail 实现过滤开头和结尾的行。

如图 8.7~图 8.9 所示，一般情况下，日志文件内容非常多，而我们通常只关心最新的内容，所以只查看末尾。除此之外，有时还会只关心开头的几行。

图 8.7　一般日志文件行数都很多

```
[root@server01 ~]# cat /var/log/messages | tail -n 20
Mar 25 14:01:34 centos68 sshd[79645]: fatal: Read from socket failed: Connection reset by peer
Mar 25 14:08:14 centos68 sshd[80943]: fatal: Write failed: Connection reset by peer
Mar 25 14:23:22 centos68 sshd[84206]: fatal: Write failed: Connection reset by peer
Mar 25 14:28:41 centos68 sshd[85251]: fatal: Write failed: Connection reset by peer
Mar 25 14:35:14 centos68 sshd[86610]: fatal: Read from socket failed: Connection reset by peer
Mar 25 14:47:01 centos68 sshd[89382]: fatal: Write failed: Connection reset by peer
Mar 25 14:55:41 centos68 sshd[91264]: fatal: Write failed: Connection reset by peer
Mar 25 15:09:07 centos68 sshd[94055]: fatal: Write failed: Connection reset by peer
Mar 25 16:16:28 centos68 sshd[108358]: fatal: Read from socket failed: Connection reset by peer
Mar 25 16:36:44 centos68 sshd[112604]: fatal: Read from socket failed: Connection reset by peer
Mar 25 17:03:40 centos68 sshd[118172]: fatal: Read from socket failed: Connection reset by peer
Mar 25 17:10:27 centos68 sshd[119579]: fatal: Read from socket failed: Connection reset by peer
Mar 25 17:37:28 centos68 sshd[125336]: fatal: Write failed: Connection reset by peer
Mar 25 18:04:24 centos68 sshd[130968]: fatal: Read from socket failed: Connection reset by peer
Mar 25 18:50:12 centos68 dhclient[124247]: DHCPREQUEST on eth0 to 192.168.1.254 port 67 (xid=0x1f676df9)
Mar 25 18:50:12 centos68 dhclient[124247]: DHCPACK from 192.168.1.254 (xid=0x1f676df9)
Mar 25 18:50:14 centos68 dhclient[124247]: bound to 192.168.1.225 -- renewal in 35827 seconds.
Mar 25 18:58:40 centos68 sshd[11740]: fatal: Read from socket failed: Connection reset by peer
Mar 25 20:06:25 centos68 sshd[26000]: fatal: Read from socket failed: Connection reset by peer
Mar 25 20:14:59 centos68 sshd[27835]: Accepted publickey for root from 111.199.184.45 port 47696 ssh2
[root@server01 ~]#
[root@server01 ~]# date
Mon Mar 25 20:17:28 CST 2019
[root@server01 ~]#
```

我只想看末尾，日期最近的 20 行内容

图 8.8　使用 tail 只看最后的 20 行

```
[root@server01 ~]# cat /var/log/messages | head
Jun  1 03:48:01 centos68 rsyslogd: [origin software="rsyslogd" swVersion="5.8.10" x-pid="1389" x-info="http
www.rsyslog.com"] rsyslogd was HUPed
Jun  1 03:48:02 centos68 puppet-master[3325]: Processing reopen_logs
Jun  1 03:48:02 centos68 puppet-master[3325]: Reopening log files
Jun  1 03:56:12 centos68 sshd[18177]: fatal: Read from socket failed: Connection reset by peer
Jun  1 04:36:52 centos68 sshd[18258]: fatal: Read from socket failed: Connection reset by peer
Jun  1 04:37:32 centos68 sshd[18261]: fatal: Read from socket failed: Connection reset by peer
Jun  1 04:53:07 centos68 sshd[18286]: fatal: Read from socket failed: Connection reset by peer
Jun  1 04:58:09 centos68 sshd[18294]: fatal: Read from socket failed: Connection reset by peer
Jun  1 05:13:02 centos68 sshd[18331]: Invalid user admin from 201.158.24.208
Jun  1 05:13:02 centos68 sshd[18332]: input_userauth_request: invalid user admin
[root@server01 ~]#
[root@server01 ~]# date
Mon Mar 25 20:19:08 CST 2019
[root@server01 ~]#
[root@server01 ~]#
```

只想看日期最早的10行内容

图 8.9　head 和 tail 的过滤

8.1.4　管道符与 awk 的连用

awk 是 Linux 下一个强大的文本处理工具，自身是一个命令，同时也是一个编程平台。先看操作实例，如图 8.10 和图 8.11 所示。

```
[root@server01 ~]# ls -l
total 32772
-rw-r--rw-   1 root root    4524 Mar 19 01:25 1
-rw-rwxrwx   1 root root      16 Jul 26  2018 1.sh
drwxr-xr-x   2 root root    4096 Mar  3 02:57 Linux_lessons_my_love_2019_damige
-rwxr-xr-x   1 root root    9696 Jun 23  2018 a.out
-rw-------.  1 root root     878 Jan 19  2017 anaconda-ks.cfg
drwxr-xr-x   2 root root    4096 Jun 29  2018 c
drwxr-xr-x  25 root root    4096 Mar  3 14:29 down
-rw-r--r--   1 root root      27 Aug 28  2018 host.list
-rw-r--r--   1 root root      42 Mar  3 13:48 host.list.2
-rw-r--r--   1 root root      27 Mar  3 13:39 host.list.3
```

图 8.10　原始的 ls 输出

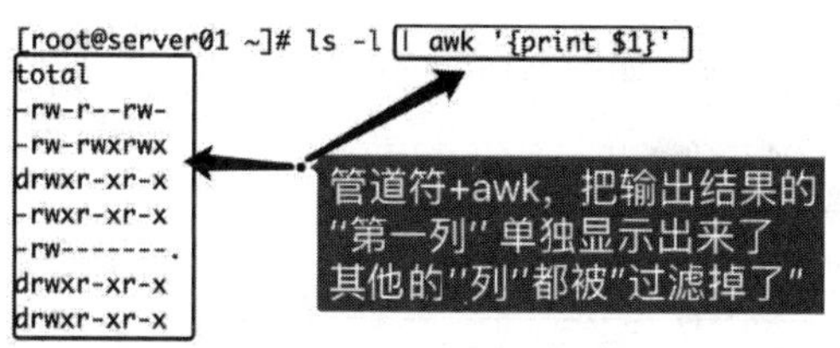

图 8.11　awk 的一般用法

如图 8.11 所示，这是一个快速的 awk 用法，也是平日工作中最常用的，把某一列（也可以是多列）过滤出来。这里解释一下 awk 如何实现上面的功能，如图 8.12 所示。

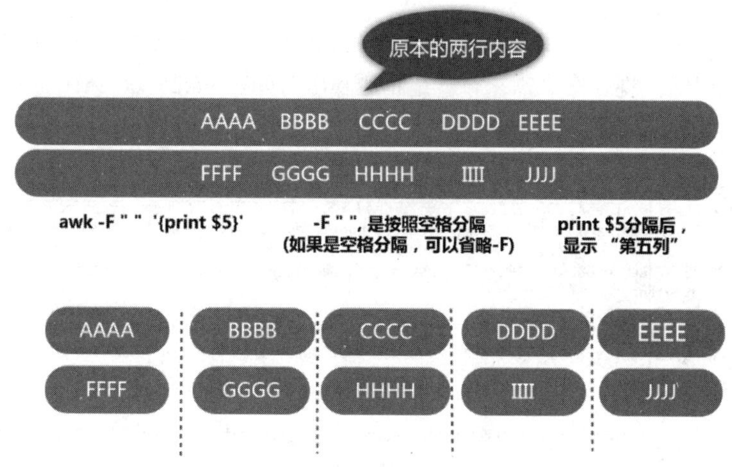

图 8.12　解释 awk 的列过滤

如图 8.12 所示，awk 取列之前，需要先定义如何分隔每一行，也就是用什么符号来分隔一行内容。

-F 参数就是用来指定分隔符，-F " " 就是按照空格来分隔，另外 awk 默认情况下就是按照空格分隔，所以 -F " " 省略不写也可以。也就是说，awk '{print$1}' 和 awk -F " " '{print $1}'其实一样。

把一行内容分隔好之后，接下来就用表达式写出来，表达式就是后面的 '{print $5}'，看上去有点别扭，其实这个地方属于编程的内容，原本应该这样来写的，如图 8.13 所示。

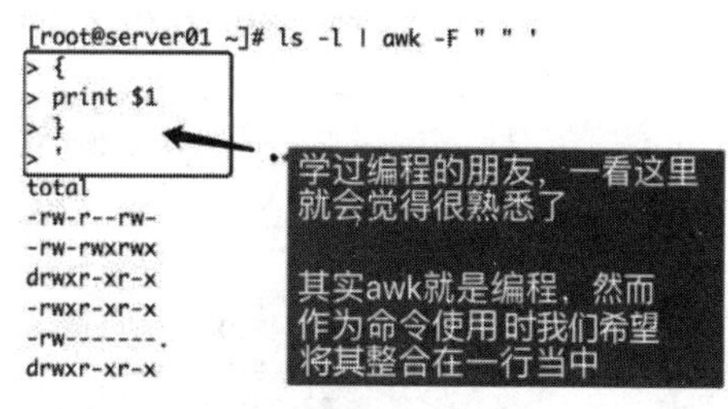

图 8.13　awk 的格式

其实{print $1}这是编程语句，为了方便就整合在一行中，如果按照原样展开，应该是以下的样子：

```
{
print $1
}
```

接下来，进一步扩展 awk 的用法，如图 8.14 所示。

```
[root@server01 ~]# head /var/log/messages
Jun  1 03:48:01 centos68 rsyslogd: [origin software="rsyslogd" swVersion="5.8.10" x-pid="1389" x-info=
"http://www.rsyslog.com"] rsyslogd was HUPed
Jun  1 03:48:02 centos68 puppet-master[3325]: Processing reopen_logs
Jun  1 03:48:02 centos68 puppet-master[3325]: Reopening log files
Jun  1 03:56:12 centos68 sshd[18177]: fatal: Read from socket failed: Connection reset by peer
Jun  1 04:36:52 centos68 sshd[18258]: fatal: Read from socket failed: Connection reset by peer
Jun  1 04:37:32 centos68 sshd[18261]: fatal: Read from socket failed: Connection reset by peer
Jun  1 04:53:07 centos68 sshd[18286]: fatal: Read from socket failed: Connection reset by peer
Jun  1 04:58:09 centos68 sshd[18294]: fatal: Read from socket failed: Connection reset by peer
Jun  1 05:13:02 centos68 sshd[18331]: Invalid user admin from 201.158.24.208
Jun  1 05:13:02 centos68 sshd[18332]: input_userauth_request: invalid user admin
```

图 8.14　原本日志信息

图 8.14 所示的文件是 Linux 下重要的系统信息记录日志，经常需要查看它来排查一些问题。文件内容的第三列是记录的时间。现在有个需求，就是希望找出时间在 08:25~08:261min 的信息。用管道符和 awk 的实现方式如图 8.15 所示。

```
[root@server01 ~]# cat /var/log/messages | awk '{if($3 < "08:26" && $3 > "08:25") print $0}'
Jun  4 08:25:59 centos68 sshd[26576]: fatal: Read from socket failed: Connection reset by peer
Jun 26 08:25:47 centos68 sshd[105229]: Accepted publickey for root from 123.125.1.26 port 3829
ssh2
Jun 26 08:25:47 centos68 sshd[105231]: lastlog_openseek: Couldn't stat /var/log/lastlog: No suc
h file or directory
Jun 26 08:25:47 centos68 sshd[105231]: lastlog_openseek: Couldn't stat /var/log/lastlog: No suc
h file or directory
Jun 27 08:25:25 centos68 sshd[129941]: Received disconnect from 123.125.1.26: 11: disconnected
by user
Jun 27 08:25:31 centos68 sshd[129951]: Accepted publickey for root from 123.125.1.26 port 46031
 ssh2
Jun 27 08:25:31 centos68 sshd[129953]: lastlog_openseek: Couldn't stat /var/log/lastlog: No suc
h file or directory
```

图 8.15　awk 中加入判断

这样就可以实现需求，不过这个 awk 用法有点复杂，用图 8.16 来解释一下。

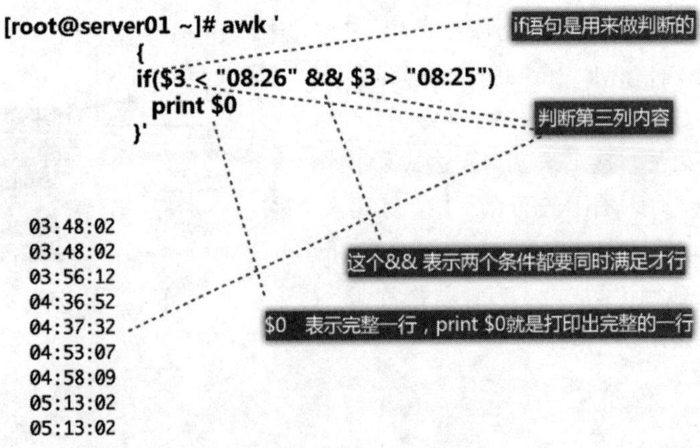

图 8.16　解释 awk 如何判断列内容

如图 8.16 所示，还是按老办法，先把 awk 的表达式展开，方便观察。总体思路是在 awk 中引入判断语句。判断的内容是第三列（第三列是时间），只有第三列的时间处在 08:25~08:26 时才会显示完整的一行。这里还用到了“&&”符号，表示两个条件都要满足，既要大于 08:25 又要小于 08:26。

8.1.5　管道符做统计使用

在本小节中介绍管道符的第二类作用，即做统计使用。先看第一个实例，之前反复用到过一个文件，就是/var/log/messages 文件，只知道它行数很多，可是如何确定有多少行？操作如图 8.17 所示。

如图 8.17 所示，把 cat 的输出结果用管道符传给 wc 命令，可以得到所有结果的行数，这就是最简单的管道符统计之用。接下来再看第二个例子，如图 8.18 所示。

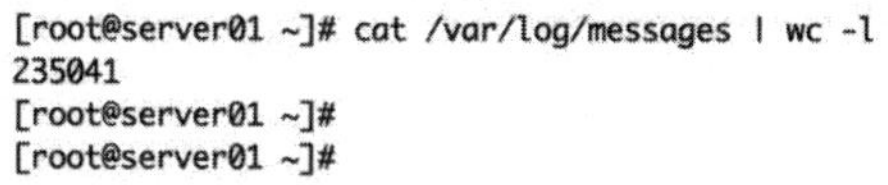

[root@server01 ~]# cat /var/log/messages | wc -l
235041
[root@server01 ~]#
[root@server01 ~]#

图 8.17　管道符做统计使用

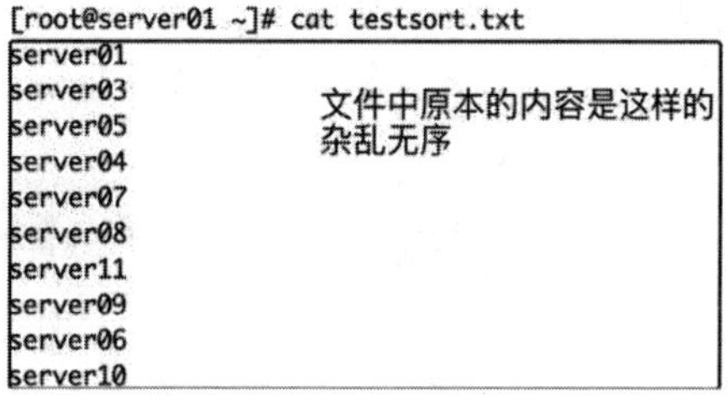

[root@server01 ~]# cat testsort.txt
server01
server03
server05
server04
server07
server08
server11
server09
server06
server10
文件中原本的内容是这样的杂乱无序

图 8.18　原本的文件内容输出

原本杂乱无序的内容通过管道符传给 sort 以后，可以实现基本的排序功能，如图 8.19 所示。

最后，再来看第三个例子，如果一个文件的内容有很多行相同，如图 8.20 所示。

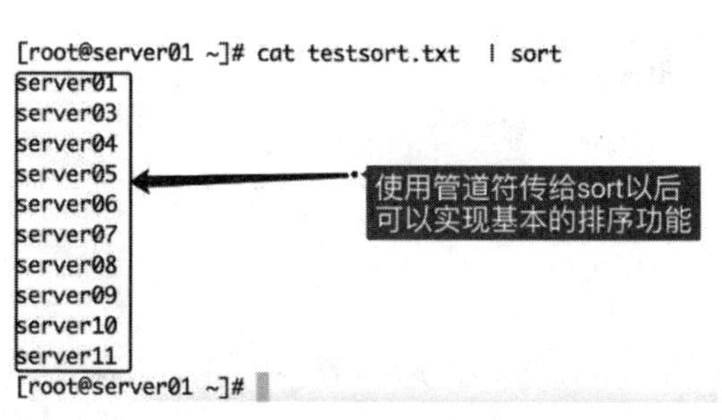

[root@server01 ~]# cat testsort.txt | sort
server01
server03
server04
server05
server06
server07
server08
server09
server10
server11
[root@server01 ~]#
使用管道符传给sort以后可以实现基本的排序功能

图 8.19　sort 进行排序

[root@server01 ~]# cat testsort.txt
server01
server01
server01
server01
server01
server03
server05
server04
server04
server04
server04
server07
server08
server11
输出的结果中有相同的内容

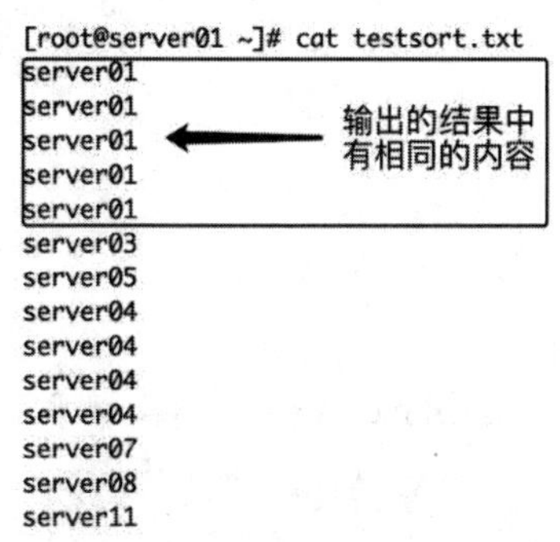

图 8.20　排序以后的结果

可以使用 uniq -c 来合并相同的行，并且统计出数量，结果如图 8.21 所示。

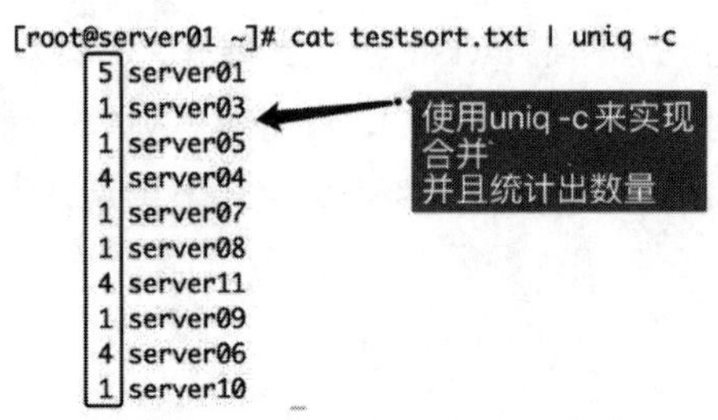

图 8.21 uniq 合并同类项

8.1.6 管道符做扩展功能使用

在本小节中，我们通过两个实例来学习管道符的扩展功能。第一个实例，管道符的连用，操作如图 8.22 所示。

图 8.22 管道符的连用

像这样在一次命令中多次使用管道符，就叫作连用。

接下来，通过图 8.23 解释一下这几个管道符是如何工作的。

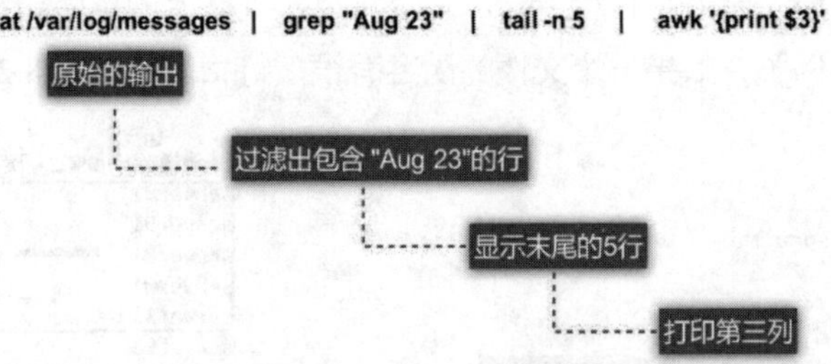

图 8.23 解释管道符连用

首先，原始的 messages 内容类似于下面：

```
Aug 27 16:52:09 centos68 sshd[121632]: fatal: Read from socket failed: Connection
reset by peer
Aug 27 16:52:11 centos68 sshd[121653]: fatal: Read from socket failed: Connection
reset by peer
...
```

经过第一层管道符，过滤出带有 Aug 23 的行（其实就是按日期来过滤），如下所示：

```
Aug 23 16:52:09 centos68 sshd[121632]: fatal: Read from socket failed: Connection
reset by peer
```

经过第二层管道符，在之前的基础上找出末尾的 5 行，如图 8.24 所示。

最后，再过滤出这 5 行的第三列，如图 8.25 所示。

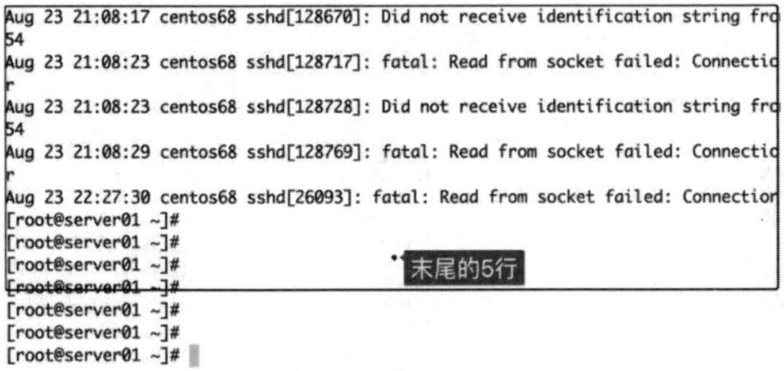

```
Aug 23 21:08:17 centos68 sshd[128670]: Did not receive identification string fro
54
Aug 23 21:08:23 centos68 sshd[128717]: fatal: Read from socket failed: Connectio
r
Aug 23 21:08:23 centos68 sshd[128728]: Did not receive identification string fro
54
Aug 23 21:08:29 centos68 sshd[128769]: fatal: Read from socket failed: Connectio
r
Aug 23 22:27:30 centos68 sshd[26093]: fatal: Read from socket failed: Connection
[root@server01 ~]#
[root@server01 ~]#
[root@server01 ~]#
[root@server01 ~]#
[root@server01 ~]#
[root@server01 ~]#
[root@server01 ~]#
```

末尾的5行

图 8.24　显示末尾的 5 行

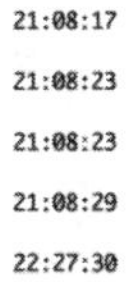

```
21:08:17
21:08:23
21:08:23
21:08:29
22:27:30
```

图 8.25　取出第三列

这样就得到了最终的结果。接下来，再举一个管道符连用的例子，使用 sort 和 uniq 做计数统计工作中经常使用到。现在有一个文件 1.txt，其中记录了大量的数字。代码如下所示：

```
[root@server01 ~]# head 1.txt
963
963
961
961
961
963
963
963
966
966
```

现在需要统计出现最多的数字前三名，有读者认为直接用 uniq -c 来合并统计就可以了，如图 8.26 所示。

图 8.26　uniq 合并以后的结果

原本 1.txt 中的数字不是按顺序排列在一起的。仅仅使用 uniq -c 没办法统计，因为相同项会被隔离开，就变成分段合并。正确的统计方法如下。

第一步，用 sort 把所有的数字进行整体排序，如图 8.27 所示。

```
[root@server01 ~]# cat 1.txt | sort
```

第二步，在上一步的结果中再加上 uniq –c，把相同项合并统计，如图 8.28 所示。

```
[root@server01 ~]# cat 1.txt | sort | uniq -c
```

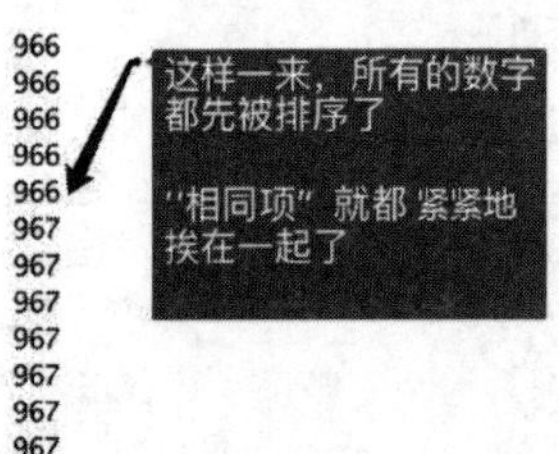

图 8.27　先用 sort 来排序

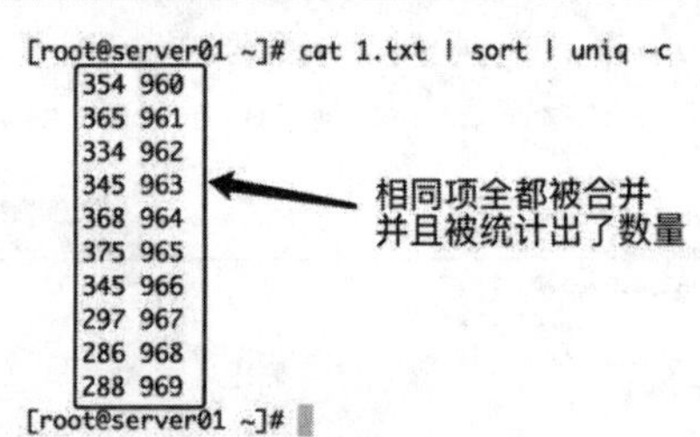

图 8.28　相同项进行合并

第三步，合并以后，找出排在前三名的数字，如图 8.29 所示。

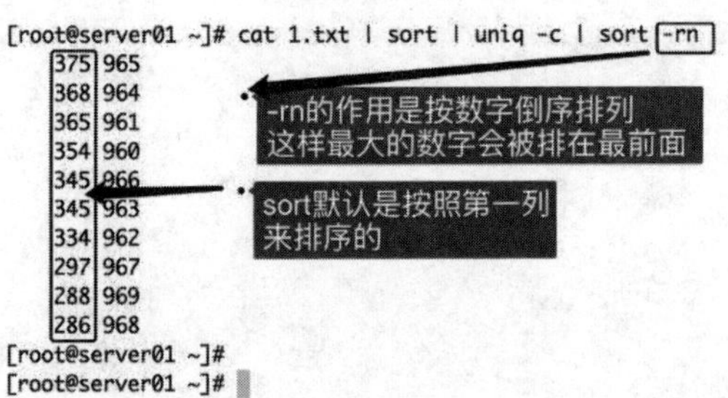

图 8.29　最终的结果

第四步，末尾再加上 head -n 3，就可以得到排在前三名的数字，如图 8.30 所示。

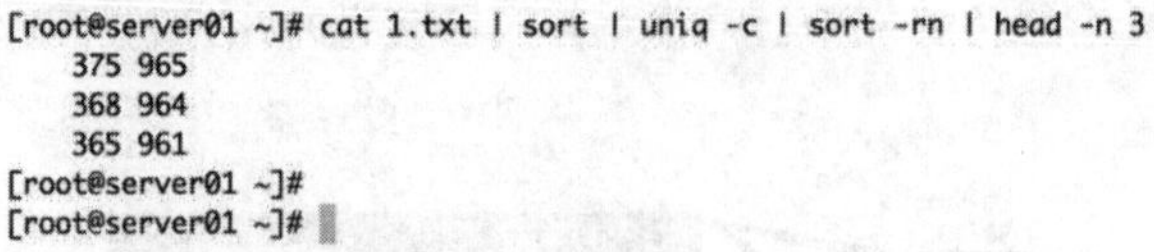

```
[root@server01 ~]# cat 1.txt | sort | uniq -c | sort -rn | head -n 3
    375 965
    368 964
    365 961
[root@server01 ~]#
[root@server01 ~]#
```

图 8.30　取出前三名

这种管道符连用+排序统计的方式在日常工作中非常实用。平时经常需要统计各种数字、IP 地址、端口、某个字段，然后找出排在前几位汇报给主管。

管道符就学到这里，后面的各个章节中还会持续地使用它。

8.2　实用的重定向

扫一扫，看视频

学习完管道符之后，接下来学习重定向。其实重定向的用法在前面的章节中也借用过，现在有了管道符的基础，学习起来就会更容易。

8.2.1　像引水渠一样的重定向

什么是重定向？如图 8.31 所示，管道符是把前一个命令的输出传递给后一个命令，作为后一个命令的输入。而重定向“>”则是把一个命令的输出传递保存进入一个文件中。

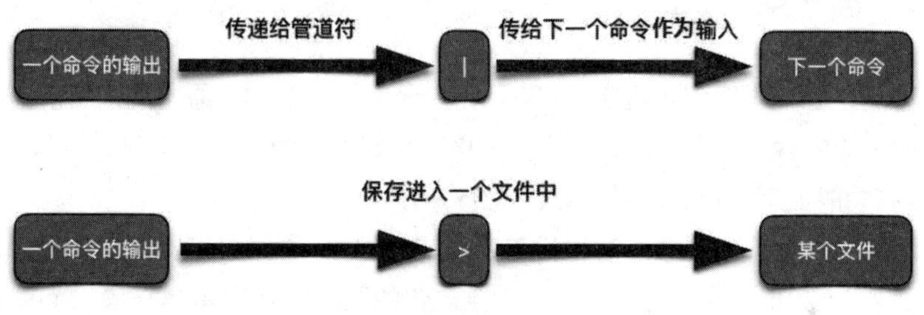

图 8.31　重定向的概念

8.2.2　重定向的实际操作

重定向的实际使用操作如图 8.32 所示。

```
[root@server01 ~]# cat 1.txt | sort | uniq -c | sort -rn | head -n 3
    375 965
    368 964
    365 961
[root@server01 ~]#
[root@server01 ~]#
[root@server01 ~]#
[root@server01 ~]# cat 1.txt | sort | uniq -c | sort -rn | head -n 3 > report.txt
[root@server01 ~]#
[root@server01 ~]# cat report.txt
    375 965
    368 964
    365 961
[root@server01 ~]#
[root@server01 ~]#
```


图 8.32　重定向的用法

之前统计的前三名数字要保存起来。刚好利用重定向“>”把结果保存到一个文件中。这里需要注意两个地方，第一，重定向“>”会自动创建新的文件，所以不需要提前 touch 新文件，如图 8.33 所示。

report.txt 文件删除后，又被重定向“>”再次创建出来。

第二，重定向“>”会完全覆盖文件原本的内容，如图 8.34 所示。

```
[root@server01 ~]# rm report.txt
rm: remove regular file `report.txt'? y
[root@server01 ~]#
[root@server01 ~]# echo "hello" > report.txt
[root@server01 ~]#
[root@server01 ~]# cat report.txt
hello
[root@server01 ~]#
[root@server01 ~]#
[root@server01 ~]#
```

图 8.33　重定向会创建新文件

```
[root@server01 ~]# cat report.txt
hello
[root@server01 ~]#
[root@server01 ~]# echo "你好"  > report.txt
[root@server01 ~]#
[root@server01 ~]# cat report.txt
你好
[root@server01 ~]#
[root@server01 ~]#
[root@server01 ~]#
```

内容被完全覆盖了！

图 8.34　重定向符号“>”会完全覆盖内容

8.2.3　追加重定向“>>”

上一小节的最后，我们学习到了重定向“>”会完全覆盖一个文件原本的内容。可是，有时不想覆盖而希望保留下原本的内容，应该如何做？这就是接下来要学习的追加重定向“>>”。“>>”就是多了一个“>”而已，但在功能上有一定的区别，如图 8.35 所示。

这种追加末尾的重定向“>>”很多时候比普通重定向“>”要更实用。如图 8.36 所示，日常工作中经常需要实时检查并记录服务器状况。编写一个自动化的程序，让它每隔一段时间就登录每一台服务器，自动把状况记录到本地的一个文件中，这时就要用到追加重定向“>>”。

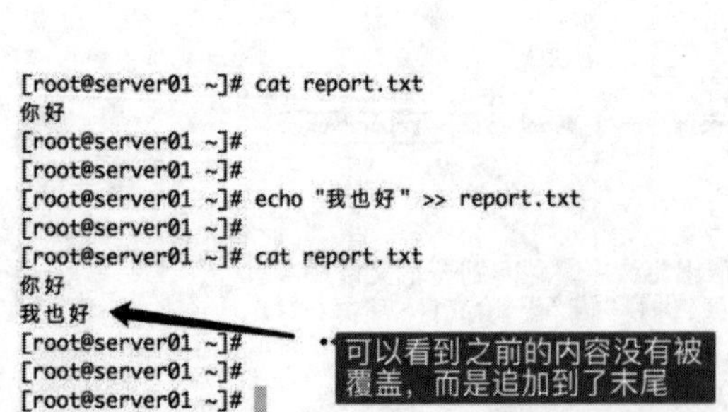

```
[root@server01 ~]# cat report.txt
你好
[root@server01 ~]#
[root@server01 ~]#
[root@server01 ~]# echo "我也好" >> report.txt
[root@server01 ~]#
[root@server01 ~]# cat report.txt
你好
我也好
[root@server01 ~]#
[root@server01 ~]#
[root@server01 ~]#
```


图 8.35　重定向“>>”是追加内容而不会覆盖

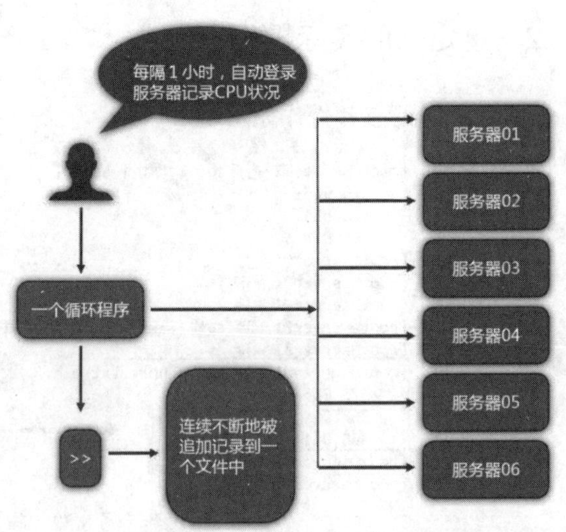

图 8.36　定时记录内容到文件

编写脚本现在还没学到，这里可以给大家提前举例，读者可以自己尝试，按图 8.37 所示操作来实践。

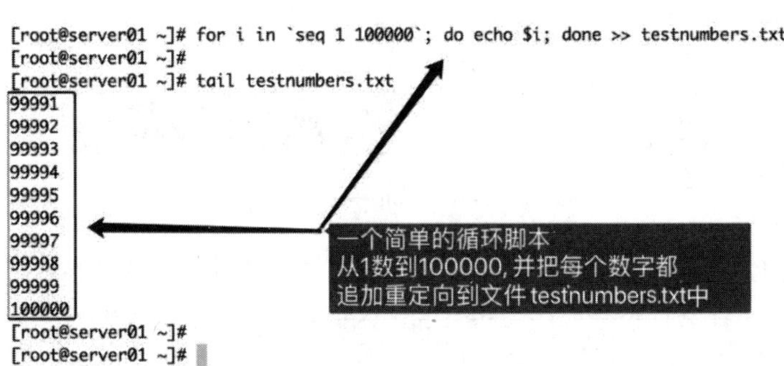
[root@server01 ~]# for i in `seq 1 100000`; do echo $i; done >> testnumbers.txt
[root@server01 ~]#
[root@server01 ~]# tail testnumbers.txt
99991
99992
99993
99994
99995
99996
99997
99998
99999
100000
[root@server01 ~]#
[root@server01 ~]#
一个简单的循环脚本
从1数到100000,并把每个数字都
追加重定向到文件testnumbers.txt中

图 8.37　循环数字追加到文件中

8.2.4　Linux 标准输出和错误输出

平时在 Linux 下输入命令，按 Enter 键之后命令被执行。有些命令在执行后没有任何提示，默默地就把事情做好，如图 8.38 所示。

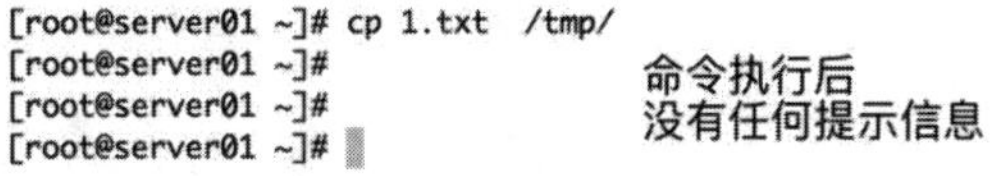

```
[root@server01 ~]# cp 1.txt  /tmp/
[root@server01 ~]#
[root@server01 ~]#
[root@server01 ~]#
```

命令执行后
没有任何提示信息

图 8.38　命令没有提示信息

有些命令在执行后会有输出返回，我们可以看得到，如图 8.39 所示。

```
[root@server01 ~]# ls
1                                  c              jspwiki.log    testfile
1.sh                               down           nginx.conf     testfile01
1.txt                              host.list      person.list    testnumbers.txt
2                                  host.list.2    ping.log       testsort.txt
Linux_lessons_my_love_2019_damige  host.list.3    python_test    testvim
a.out                              host.list2     report.txt     xaa
anaconda-ks.cfg                    jspwiki-files  tcp.c
[root@server01 ~]#
[root@server01 ~]#
[root@server01 ~]# head 1.txt
963
963
961
961
961
963
963
```

查询类的命令，都是有返回信息的

图 8.39　命令有提示信息

如图 8.39 所示，执行 ls 和 head 命令后返回回来的信息，又叫作标准输出。标准输出简单地说就是命令执行成功后，返回来的正确输出。

例如，简单执行个 ls 命令，查询当前位置下的文件或者文件夹，成功后返回回来的信息就是标准的正确输出。相对地，有正确输出，就一定还有错误输出，如图 8.40 所示。

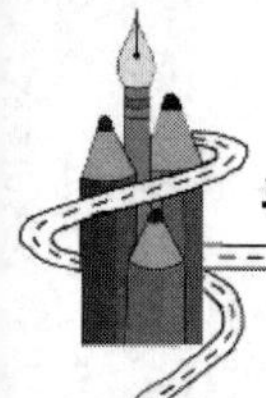


```
[root@server01 ~]# ls abc.txt
ls: cannot access abc.txt: No such file or directory
[root@server01 ~]#
[root@server01 ~]#
[root@server01 ~]#
```

故意输入一个不存在的文件
命令执行失败了

图 8.40　标准错误信息

这里输入 ls dami_file，有意查看一个根本不存在的文件，这时命令执行就失败。看到命令也返回信息，这个信息提示，abc.txt 文件不存在，访问失败，这个就叫作标准错误输出。

所以如图 8.41 所示，Linux 命令行的输出其实有两种：标准正确输出和标准错误输出。

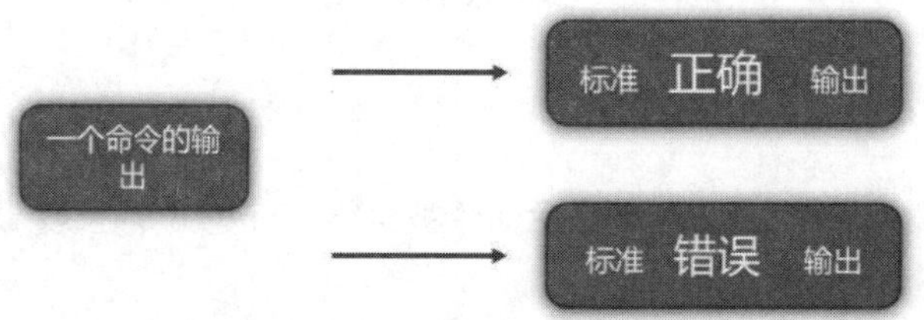

图 8.41　标准正确输出和标准错误输出

而之前学过的管道符和重定向处理的其实都是标准正确输出。如图 8.42 所示，free 命令执行后，返回的信息都是正确信息。

```
[root@server01 ~]# free -m | head -n 1
             total       used       free     shared    buffers     cached
[root@server01 ~]#
[root@server01 ~]# free -m | awk '{print $1}'
total
Mem:
-/+
Swap:
[root@server01 ~]#
```

```
[root@server01 ~]# free -m | awk '{print $1}'
total
Mem:
-/+
Swap:
[root@server01 ~]# free -m | awk '{print $1}' > 1.txt
[root@server01 ~]#
[root@server01 ~]# cat 1.txt
total
Mem:
-/+
Swap:
[root@server01 ~]#
[root@server01 ~]#
```

图 8.42　free 命令的标准正确输出

接下来，我们尝试换成标准错误输出，看能不能被重定向，如图 8.43 所示。

```
[root@server01 ~]# ls test05 > error.log
ls: cannot access test05: No such file or directory
[root@server01 ~]#
[root@server01 ~]# cat error.log
[root@server01 ~]#
[root@server01 ~]#
[root@server01 ~]#
```

这样是获取不到“错误信息”的

图 8.43　普通重定向无法捕获错误信息

如图 8.43 所示，只是使用“>”没办法重定向错误信息。那么，错误信息应该如何获取？如图 8.44 所示。

```
[root@server01 ~]# cat test05 2> error.log
[root@server01 ~]#
[root@server01 ~]# cat error.log
cat: test05: No such file or directory
[root@server01 ~]#
[root@server01 ~]#
```

图 8.44　错误信息的捕获

2>就代表把错误信息重定向出来，接下来再介绍一种处理错误信息的方法，如图 8.45 所示。

```
[root@server01 ~]# mkdir testfile
mkdir: cannot create directory `testfile': File exists
[root@server01 ~]#
[root@server01 ~]# mkdir testfile 2> /dev/null
[root@server01 ~]#
[root@server01 ~]#
```

这个/dev/null就像个黑洞
任何输出进去都会消失得无影无踪

图 8.45　/dev/null 的用法

很多时候如果不想看到错误的信息打印出来，那就可以用上面的方法，把错误信息都丢到/dev/null 下。这个/dev/null 可以被想成是一个垃圾桶，任何东西被重定向进去都会消失。日常工作中，我们经常会写一些自动工作的脚本，24h 不停地运行，如果把产生的错误信息全都重定向到一个文件中的话，则要定期删除，不然硬盘很快就会被撑满，有了这个垃圾桶，问题就可以迎刃而解。

第 9 章

Linux 的磁盘管理、挂载和逻辑卷 LVM

在第 7 章初步接触了 Linux 硬盘和分区的知识，有了这个铺垫后，从本章开始正式学习 Linux 下的磁盘管理。

我们先从分区机制开始讲起，陆续会学到分区和路径的知识结合、虚拟机添加硬盘的方法、硬盘的分区编号和概念、什么是文件系统，以及分区的挂载和逻辑卷的使用，其中还会有大量的实践结合。

9.1　Linux 的分区机制

进入工作后，我们时刻都要面对磁盘管理方面的工作。这并不仅仅是在新装一台服务器系统时要用到，平日里也会经常遇到在现有的服务器上新加硬盘，或者把现有的硬盘重新分区，等等。

Linux 下的硬盘分区与 Windows 下有很大不同，需要在学习时开启新的思维模式。

9.1.1　重温 Windows 与 Linux 分区的区别

扫一扫，看视频

图 9.1 和图 9.2 所要表达的一个核心概念就是 Windows 通过鼠标单击盘符（C、D、E），来进入一个分区；而 Linux 则是通过 cd 命令进入目录来进入一个分区，这就是两个操作系统最大的不同。

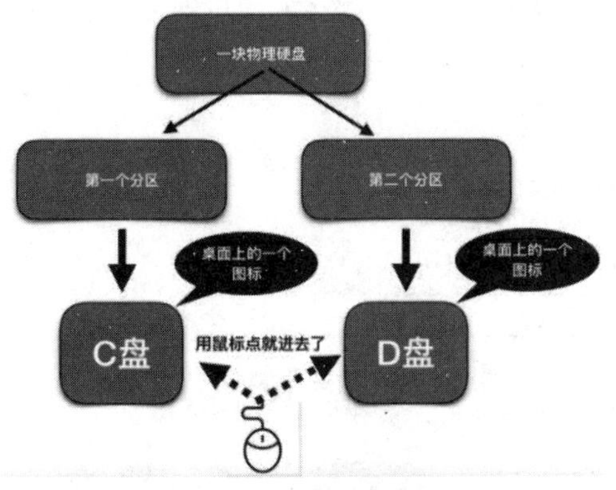

图 9.1　Windows 通过单击盘符进入分区（或者一块硬盘）

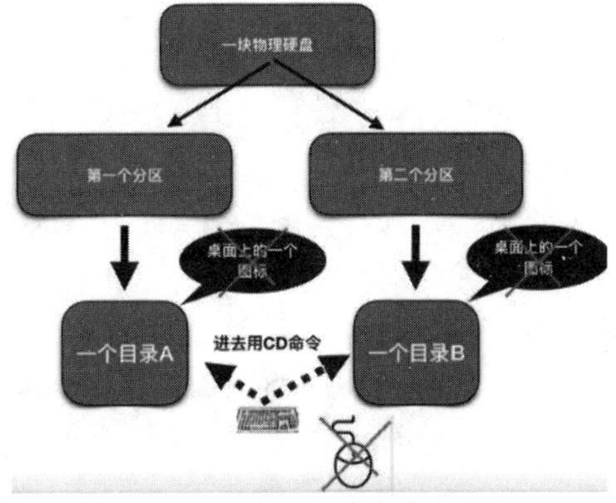

图 9.2　Linux 通过 cd 命令进入分区（或者一块硬盘）

9.1.2　Linux 路径和分区的结合

在 Linux 下目录才是分区的入口，重温一下 Linux 的路径知识。图 9.3 所示是 Linux 的基本目录结构，一切都从根“/”作为起点，往下陆续是一级目录、二级目录。

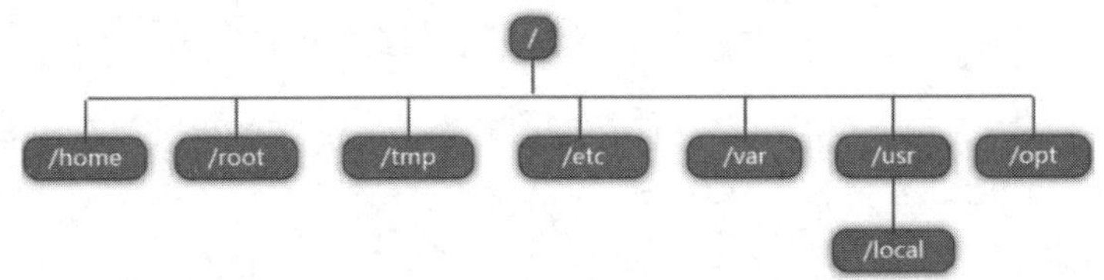

图 9.3　Linux 的基本目录结构

接下来把分区和图 9.3 中的目录结合起来，举几个例子。第一个例子，整个系统只有一个分区，现在假设只有一块硬盘，这块硬盘上总共就一个分区，如图 9.4 所示。

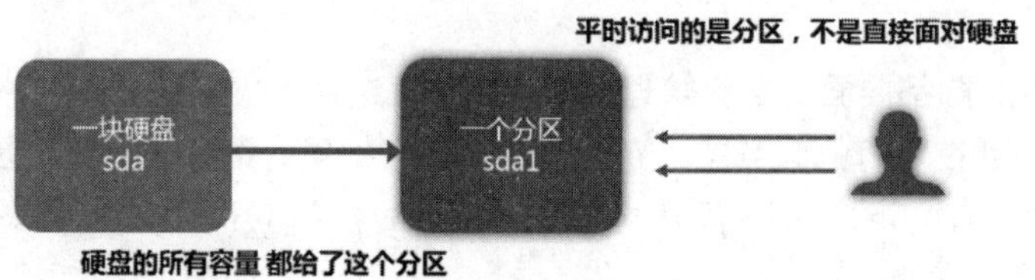

图 9.4　假设一块硬盘只有一个分区

首先要强调一个概念，平时操作的对象其实都是在某个分区之上，而并不会直接操作一个硬盘。换句话说我们的操作对象是 sda1，而不是 sda。然而如果一块硬盘就只分了一个区，且这个分区又拥有全部的硬盘容量，那么使用这个分区就等于使用整个硬盘。

在这种情况下（系统只有一个分区），分区又只能通过目录来访问，那么如何与这个分区互动？如图 9.5 所示，Linux 的目录是从根“/”开始的，所以根目录必须对应着一个分区，进入“/”就是进入了这个分区。

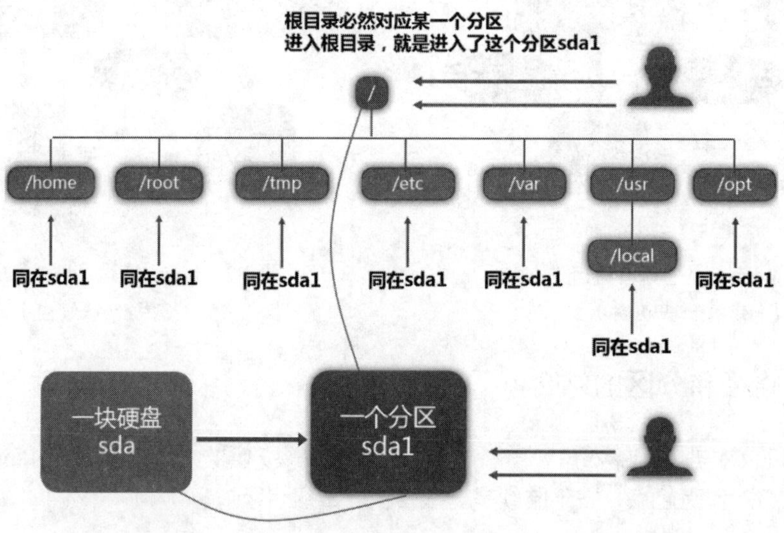

图 9.5　进入根目录就等于进入了这个分区

在图 9.5 所示的例子中，因为只有一个分区，所以整个 Linux 下的目录、子目录都同在这一个分区中，无论是 cd 进入哪一层哪一个目录，都是在这个分区中。

接下来看第二个例子，Linux 操作系统中存在多个分区的情况。如图 9.6 所示，硬盘还是一块，不过分区变成了三个：sda1、sda2、sda3。在这种情况下，通过安装挂载的形式，分别把三个分区对应到三个目录上。

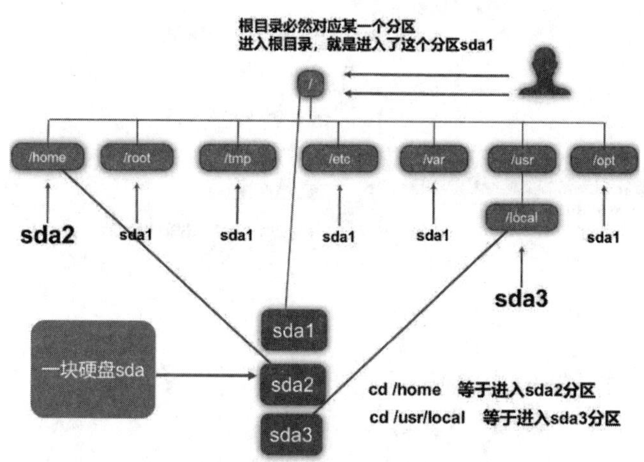

图 9.6　一块硬盘有多个分区的情况

其中，根目录对应 sda1（这个永远不会变，根目录必须对应一个分区），/home 目录对应 sda2，/usr/local 目录对应 sda3。

注意：

/home 目录是普通用户的家目录，而/usr/local/一般是作为 Linux 安装各种自定义软件的位置。

这样一来，当在 Linux 下的路径中 cd 切换时，就不保证都处在一个分区。例如，当一个普通用户登录进 Linux，当前的家目录是在/home/user01。这时用户在/home/user01/下不管做什么，都是处在 sda2 分区中。除非用户离开/home 目录，前往其他的地方。所以说，存在多个分区时，系统就会变得复杂一些。

9.1.3　添加练习用测试硬盘

前面的小节温习并扩展了 Linux 的分区概念，现在掌握创建分区的方法。首先给虚拟机添加一块额外的硬盘，作为分区练习使用，按以下的步骤来操作。

扫一扫，看视频

第一步，关闭当前虚拟机，然后单击“设置”按钮，如图 9.7 所示。

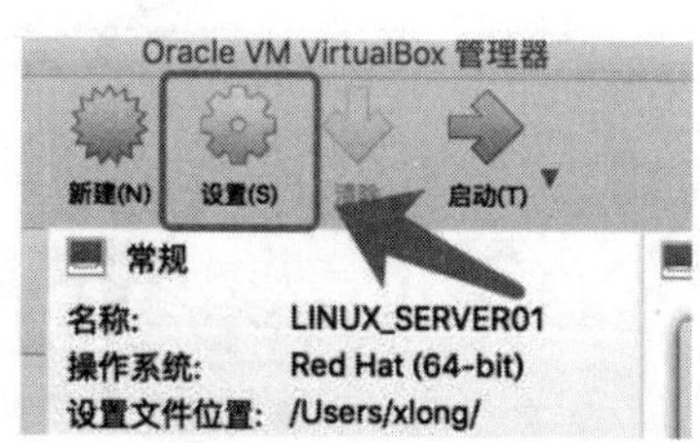

图 9.7　添加硬盘第一步：单击“设置”按钮

第二步，在设置界面，选择“存储”选项卡，单击左下角的控制器，添加一块新的硬盘，如图 9.8 所示。

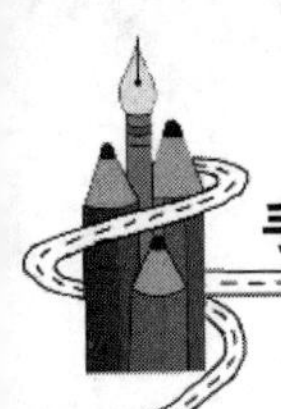

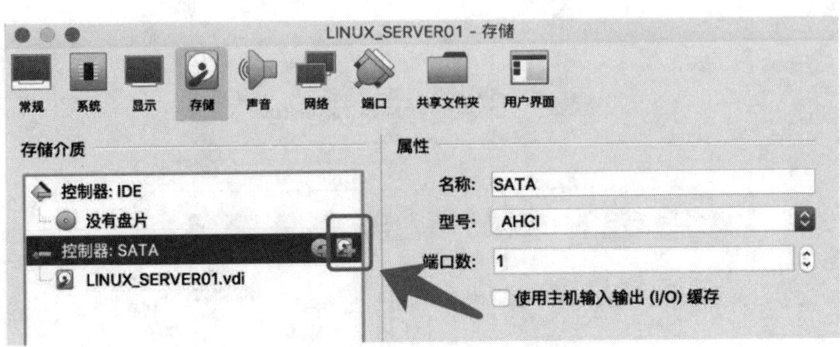

图 9.8　添加硬盘第二步：单击+存储

第三步，在弹出的硬盘添加提示中，选择创建新硬盘，如图 9.9 所示。

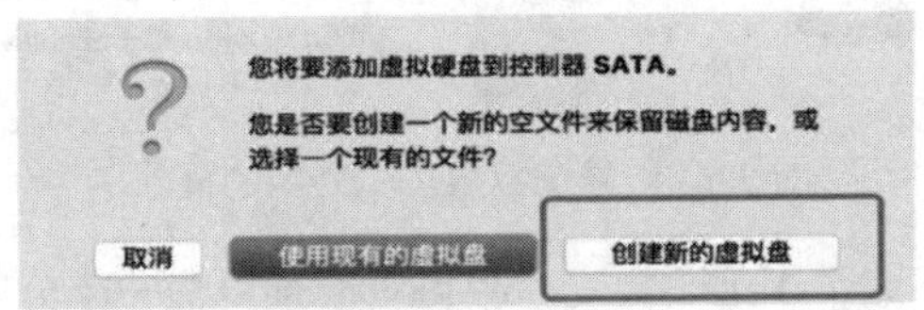

图 9.9　添加硬盘第三步：选择创建新硬盘

第四步，依次选择 VDI、动态分配，并定义硬盘的名字和大小，如图 9.10 和图 9.11 所示。

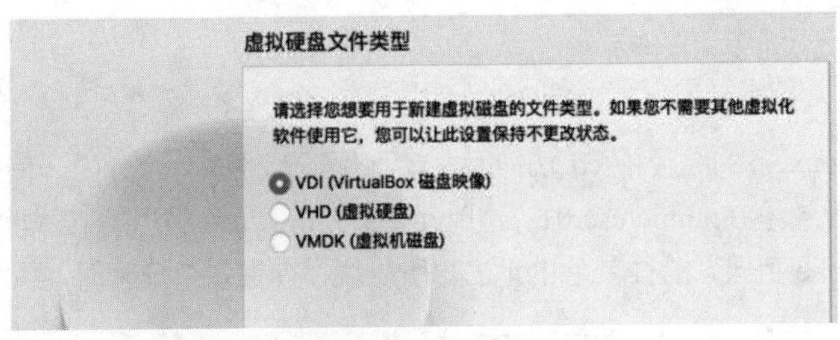

（a）

请选择新建虚拟硬盘文件是应该为其使用而分配(动态分配)，还是应该创建完全分配(固定分配)。

动态分配的虚拟磁盘只是逐渐占用物理硬盘的空间 (直至达到 分配的大小), 不过当其内部空间不用时不会自动缩减占用的物理硬盘空间。

固定大小的虚拟磁盘文件可能在某些系统中要花很长时间来创建，但它往往使用起来较快。

动态分配
固定大小

（b）

图 9.10　添加硬盘第四步：选择硬盘的模式

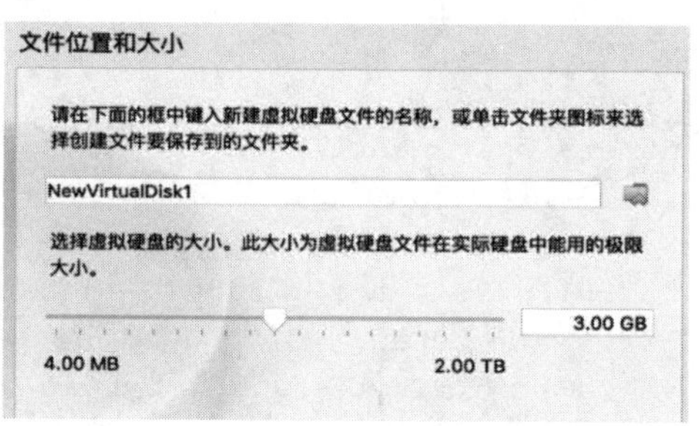

（c）

图 9.10　添加硬盘第四步：选择硬盘的模式（续）

图 9.11　观察新加入的硬盘

最后单击 OK 按钮确定，启动虚拟机。虚拟机再次启动后，执行 fdisk -l，可以清楚地看到现在多了一块硬盘，叫作 sdb（按字母顺序排下来），如图 9.12 所示。

```
[root@192 ~]# fdisk  -l

Disk /dev/sda: 8589 MB, 8589934592 bytes, 16777216 sectors
Units = sectors of 1 * 512 = 512 bytes
Sector size (logical/physical): 512 bytes / 512 bytes
I/O size (minimum/optimal): 512 bytes / 512 bytes
Disk label type: dos
Disk identifier: 0x000b29ab

   Device Boot      Start         End      Blocks   Id  System
/dev/sda1   *        2048     2099199     1048576   83  Linux
/dev/sda2         2099200    16777215     7339008   8e  Linux LVM

Disk /dev/sdb: 3221 MB, 3221225472 bytes, 6291456 sectors
Units = sectors of 1 * 512 = 512 bytes
Sector size (logical/physical): 512 bytes / 512 bytes
I/O size (minimum/optimal): 512 bytes / 512 bytes
```

这就是刚刚添加的第二块硬盘

图 9.12　通过命令行观察新硬盘

这样，第二块硬盘就添加好了。

9.1.4　Linux 的主分区、扩展分区、逻辑分区

扫一扫，看视频

硬盘添加好后先不着急开始分区，因为还需要学习很重要的概念，就是主分区、扩展分区、逻辑分区的概念。现在执行一下 fdisk/dev/sdb（fdisk 命令既是用来查看硬盘信息，同时又是用来编辑硬盘）。

fdisk 进入 sdb 后，开启一个硬盘编辑模式（因为 fdisk 对硬盘的编辑只要不输入保存就不会生效），输入 p 然后按 Enter 键如下：

```
[root@192 ~]# fdisk /dev/sdb
Welcome to fdisk (util-linux 2.23.2).
Changes will remain in memory only, until you decide to write them.
Be careful before using the write command.
Command (m for help): p
Disk /dev/sdb: 3780 MB, 3780116480 bytes, 7383040 sectors
Units = sectors of 1 * 512 = 512 bytes
Sector size (logical/physical): 512 bytes / 512 bytes
I/O size (minimum/optimal): 512 bytes / 512 bytes
Disk label type: dos
Disk identifier: 0xe4e10bd9
   Device Boot      Start         End      Blocks   Id  System
```

如上所示，输入 p 以后，查看硬盘当前的信息（这个 p 非常重要，因为后面当开始分区时，每做一步操作，都要用 p 来查看自己的操作）。接下来输入 n，表示开始创建分区（只要不保存就不会生效），然后得到以下提示：

```
Command (m for help): n
Partition type:
   p   primary (2 primary, 0 extended, 2 free)
   e   extended
Select (default p):
```

输入 n 以后，系统会问现在要创建哪种类型的分区，并且给了以下两个选择。

- primary：主分区。
- extended：扩展分区。

如图 9.13 所示，出现了几个关键词，即主分区、扩展分区、逻辑分区。

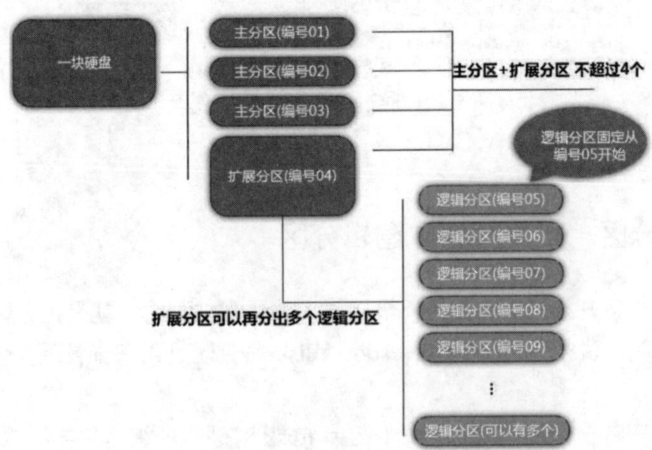

图 9.13　图解几种分区的类型

首先看主分区。主分区是最重要的分区形式，使用率最高。一块硬盘上最多只能建立 4 个主分区，每建立一个主分区，它都会占用一个编号，从 01 到 04 逐一递增。

如图 9.14 所示，假如在一块硬盘上陆续建立了 4 个主分区，那么编号就是从 01 到 04，不可以有第 5 个主分区。

其实一般情况下，一块硬盘划分 4 个分区已经足够，没必要再分更多。在企业的实际情况中，很多时候一块硬盘就只分一个主分区。

如果一定要超过 4 个分区，就要用到扩展分区。那是不是扩展分区就不受这 4 个的限制？如图 9.15 所示，其实扩展分区跟主分区一样都占用这 4 个位置的名额。

图 9.14　主分区的概念

图 9.15　扩展分区的概念

现在分了 3 个主分区，又分了一个扩展分区，一共是 4 个分区，也不可以再继续添加第 5 个分区，那么第 5 个以上的分区如何实现。其实这个扩展分区可以再继续一分多，也就是说在扩展分区内还可以继续划分出多个分区，那么扩展分区内部再分出来的分区就叫作逻辑分区。

回看图 9.13，主分区和扩展分区同时都占用 4 个名额，要想突破 4 个分区，就要在一个扩展分区中再细分出逻辑分区。这里还有一个要注意的地方，不管主分区和扩展分区总数有没有达到 4 个，逻辑分区永远都是固定从编号 05 开始。

9.1.5　实际操作建立各种类型的分区

扫一扫，看视频

上一小节弄清楚了什么是 3 种类型的分区，现在 fdisk 可以继续向下操作。回到 fdisk 中，先按一下 P 键，再按 Enter 键。代码如下所示：

```
Command (m for help): p
Disk /dev/sdb: 3780 MB, 3780116480 bytes, 7383040 sectors
Units = sectors of 1 * 512 = 512 bytes
Sector size (logical/physical): 512 bytes / 512 bytes
I/O size (minimum/optimal): 512 bytes / 512 bytes
Disk label type: dos
Disk identifier: 0xe4e10bd9
   Device Boot      Start         End      Blocks   Id  System
```

从上面可以看到，当前这个硬盘 sdb 一个分区也没有。接下来先创建一个分区。

第一步，先输入 n，表示要创建新分区，如图 9.16 所示。

第二步，紧接着输入 p，p 代表的是 primary，对应上面的第一个提示。

primary 代表主分区，这里也可以看到后面跟着（0 primary, 0 extended, 4 free）。

（0 primary, 0 extended, 4 free）分别代表当前一共有几个主分区，几个扩展分区，4 个名额还剩多少。

第三步，输入完 p 并按 Enter 键后，如下所示，系统提示选择分区编号。

```
Partition number (1-4, default 1):
```

如上所示，分区编号是 1-4，可以在这里输入其中任意一个数字。另外，如果不输入，直接按 Enter 键就默认设定为 1。因为当前是一个分区也没有，自然从最小的第一个编号开始分配，如图 9.17 所示。

```
Command (m for help): n
Partition type:
   p   primary (0 primary, 0 extended, 4 free)
   e   extended
Select (default p): p
Partition number (1-4, default 1):
```

图 9.16　开始创建一个新分区

```
Select (default p): p
Partition number (1-4, default 1):
First sector (2048-6291455, default 2048):
```

这里按Enter键，用默认的

图 9.17　选择分区编号

第四步，默认按 Enter 键后，编号就是 1。这时又出来一个新提示，如下所示：

```
First sector (2048-6291455, default 2048):
```

sector 代表扇区，理解什么是扇区还要知道很多硬盘物理概念。例如，一个硬盘有多少磁道、盘面、磁头等。按照最简单易懂的方式来理解，其实 First sector (2048-6291455, default 2048)可以这样来理解，现在要创建一个新分区，Linux 在问我们希望把这个新分区分多大的空间。它给出的范围是 2048~6291455。这里可以理解为 Linux 把这一块硬盘的总容量分成一个个的等份。

如图 9.18 所示，一块硬盘现在被分成了 6291455 个小等份。

图 9.18　形象地比喻什么是扇区

既然要创建一个分区出来，就是在问这个新分区从哪个位置开始划分。好比切蛋糕：现在想分走一块，从哪里下刀。既可以沿着蛋糕的最边缘开始，把整个蛋糕都切走，也可以从中间切一刀，切走一部分，如图 9.19 所示。

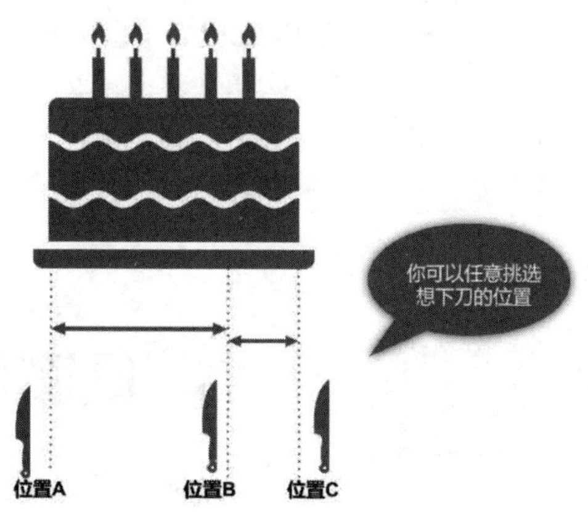

图 9.19 用蛋糕比喻分区如何划分

先决定起始的位置，既可以从位置 A 开始，也就是蛋糕的最边缘起，截至位置 B 切走 A~B 这块（大约是 2/3 个蛋糕）；也可以从中间下刀，如从位置 B 开始，切到位置 C，拿走 B~C 这一块（大约是 1/3 个蛋糕）。

言归正传，回到刚才的 fdisk 选项。

```
First sector (2048-6291455, default 2048):
```

选择从哪里起始，2048 代表最左边的开始，6291455 代表最右边。既然是第一个分区，最好还是从最左边开始划分，这里默认选择 2048，也就是从蛋糕最左边开始，如图 9.20 所示。

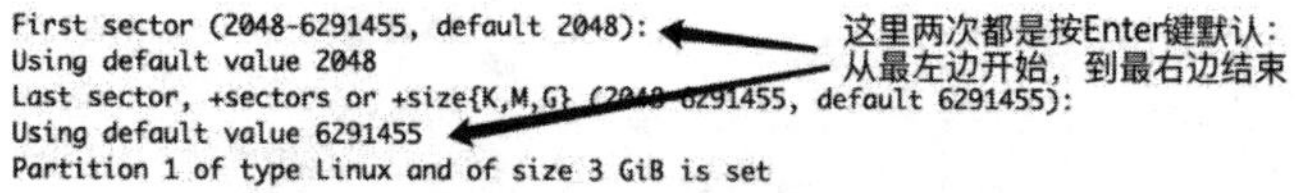

```
First sector (2048-6291455, default 2048):
Using default value 2048
Last sector, +sectors or +size{K,M,G} (2048-6291455, default 6291455):
Using default value 6291455
Partition 1 of type Linux and of size 3 GiB is set
```

这里两次都是按Enter键默认：
从最左边开始，到最右边结束

图 9.20 用默认的划分方式从最左边切到最右边

然后提示到哪里结束，默认是蛋糕最右边，继续按 Enter 键用默认。选择完以后，现在就是从蛋糕最左边下刀，一直到最右边结束。等于把整个蛋糕都划分走，也就是说这个新分区占用了整个硬盘的容量。

输入 p 就可以看到这个新分区，如图 9.21 所示。

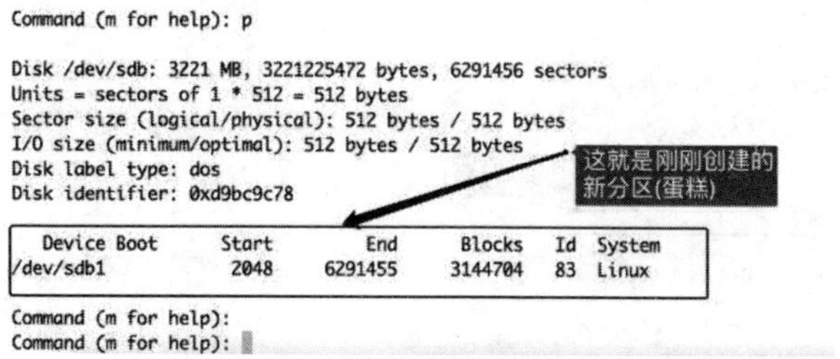

```
Command (m for help): p

Disk /dev/sdb: 3221 MB, 3221225472 bytes, 6291456 sectors
Units = sectors of 1 * 512 = 512 bytes
Sector size (logical/physical): 512 bytes / 512 bytes
I/O size (minimum/optimal): 512 bytes / 512 bytes
Disk label type: dos
Disk identifier: 0xd9bc9c78

   Device Boot      Start         End      Blocks   Id  System
/dev/sdb1            2048     6291455     3144704   83  Linux

Command (m for help):
Command (m for help):
```

这就是刚刚创建的
新分区(蛋糕)

图 9.21 再次输入 p 观察新创建出来的分区

这里可以看到很多实用的信息，首先这个分区叫 sdb1，符合预期。这个分区起始在 2048，结束在 6291455，意思就是从最左边开始，从最右边结束（占用了整个硬盘容量）。

很多人还是很疑惑：这个 6291455 为什么就代表硬盘容量的上限？首先，6291455 表示的是 6291455 个小等份，其实一个小等份就是一个扇区。那么一个扇区有多大的空间？其实 fdisk 输入 p 之后，已经告诉我们了，如图 9.22 所示。

```
Command (m for help): p

Disk /dev/sdb: 3221 MB, 3221225472 bytes, 6291456 sectors
Units = sectors of 1 * 512 = 512 bytes
Sector size (logical/physical): 512 bytes / 512 bytes
I/O size (minimum/optimal): 512 bytes / 512 bytes
Disk label type: dos
Disk identifier: 0xd9bc9c78
```

这里就是
一个扇区=512字节

图 9.22　一个扇区的大小

有了这个以后，来做个计算，512 字节×6291455 =3221224960 字节。也就是说，硬盘总容量是 3221224960 字节，数字太大是因为单位太小（字节），换一下单位：

1024 字节 = 1KB

1024KB = 1MB

1MB 就是一兆字节，这就比较符合视觉习惯。于是 3221224960÷1024÷1024 = 3071MB，差不多就是 3GB，就对应上这块硬盘，如图 9.23 所示。

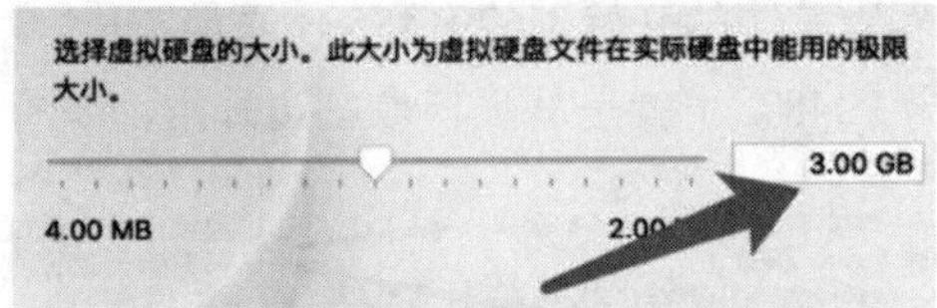

选择虚拟硬盘的大小。此大小为虚拟硬盘文件在实际硬盘中能用的极限大小。
3.00 GB
4.00 MB

图 9.23　自己可以计算出硬盘的容量

这里要强调的一点是，由于操作系统的一些特性，一个硬盘、一个分区都做不到是一个整数的容量。也就是说，设定一块硬盘，或者一个分区是 1GB，它最终不可能就正好是 1GB，总会多一点或少一点，这是正常的现象。

分区创建好，但是并没有生效，想生效就要保存退出，方法很简单，如图 9.24 和图 9.25 所示。

```
Command (m for help): p

Disk /dev/sdb: 3221 MB, 3221225472 bytes, 6291456 sectors
Units = sectors of 1 * 512 = 512 bytes
Sector size (logical/physical): 512 bytes / 512 bytes
I/O size (minimum/optimal): 512 bytes / 512 bytes
Disk label type: dos
Disk identifier: 0xd9bc9c78

   Device Boot      Start         End      Blocks   Id  System
/dev/sdb1            2048     6291455     3144704   83  Linux

Command (m for help):
Command (m for help):
```

这就是刚刚创建的
新分区(蛋糕)

图 9.24　目前还没有生效，只是预览而已

```
Command (m for help):
Command (m for help): wq
The partition table has been altered!

Calling ioctl() to re-read partition table.
Syncing disks.
```

这样才可以生效

图 9.25　输入保存后，才会生效

这里可以做一个实验，试试创建完分区后，用 q 退出，不保存，那样的话之前所创建的分区根本没生效，还是最初始的状态。

9.1.6　Linux 创建文件系统

扫一扫，看视频

至此我们已成功地创建了一个分区，并且保存。现在没法使用，因为缺少文件系统，那么什么是文件系统？如图 9.26 所示，把刚创建的新分区比喻成一个空荡荡的教室。创建分区的最终目的是存储文件，我们把大量的文件比喻成一个个的学生，学生没办法在一个空教室入座学习，需要给教室布置课桌椅。这些课桌椅就可以理解为分区的文件系统，有了文件系统后，学生（文件）才能对号入座。

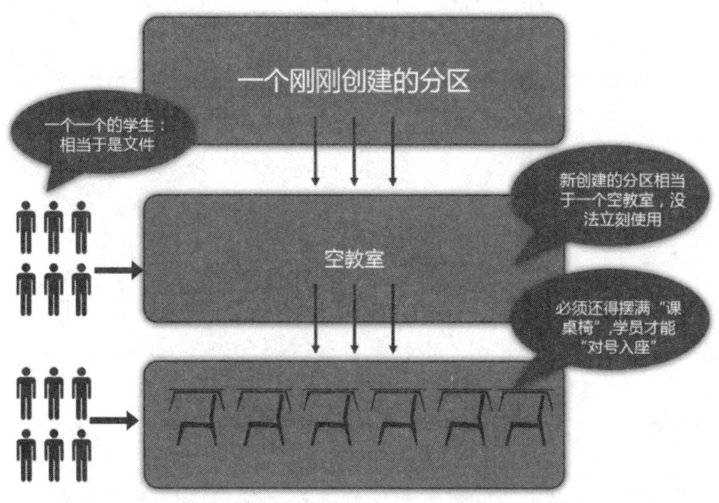

图 9.26　文件系统——课桌椅

所以，文件系统需要手动来创建分区才能投入使用。对大多数初学者来说，文件系统很陌生，但提到格式化都了解，其实格式化和创建文件系统大体相同，只是创建文件系统描述的更贴切。

接下来创建文件系统。使用命令 mkfs.ext4 来创建。代码如下所示：

```
[root@192 ~]# mkfs.ext4 /dev/sdb1
mke2fs 1.42.9 (28-Dec-2013)
Filesystem label=
OS type: Linux
Block size=4096 (log=2)
Fragment size=4096 (log=2)
Stride=0 blocks, Stripe width=0 blocks
196608 inodes, 786176 blocks
39308 blocks (5.00%) reserved for the super user
First data block=0
```

```
Maximum filesystem blocks=805306368
24 block groups
32768 blocks per group, 32768 fragments per group
8192 inodes per group
Superblock backups stored on blocks:
32768, 98304, 163840, 229376, 294912
Allocating group tables: done
Writing inode tables: done
Creating journal (16384 blocks): done
Writing superblocks and filesystem accounting information: done
```

如上所示，创建文件系统的方法很简单：mkfs.ext4 +目标分区。不过，这里出现了一个很重要的关键词：ext4，指的是 Linux 文件系统的格式。

执行完这个命令后，sdb1 分区的文件系统就创建好了。创建完文件系统之后，还需要一个步骤，才能正式让分区投入使用，在下一节讲解。

9.2　Linux 下的挂载机制

我们前面多次提到过，在 Linux 下面，一个分区的入口是一个文件夹。如何把一个分区和一个文件夹关联在一起，就是接下来要学习的知识，也就是挂载的概念。

9.2.1　什么叫作挂载

如图 9.27 所示，其实所谓的挂载，就是把一个分区和一个文件夹关联起来，让这个文件夹成为分区的入口。而卸载自然就是去掉这个关联。

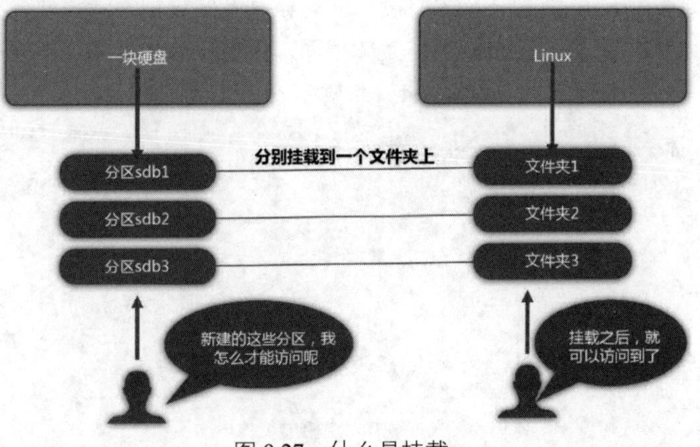

图 9.27　什么是挂载

理论不如实践，我们在下个小节就来具体操作。

9.2.2　快速 mount 挂载第一个分区

为了可以更好地演示分区挂载，现在把之前的 sdb 硬盘重新分区，分出 3 个区。具体的操作步骤如下。

第一步，fdisk 进入 sdb 硬盘，按 p 查看分区信息，当前只有 sdb1 一个分区，准备把它删掉，如图 9.28 所示。

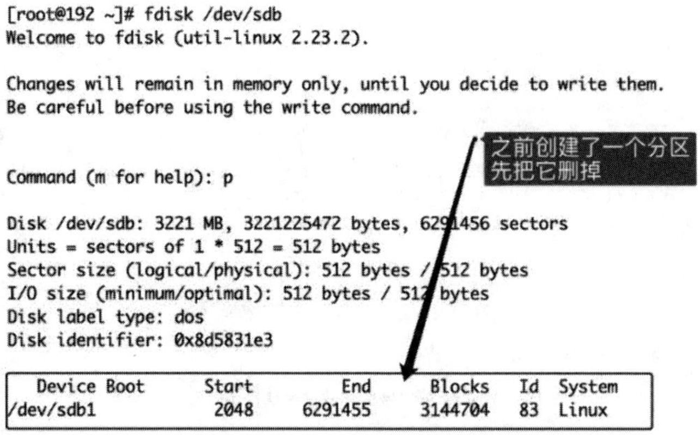

```
[root@192 ~]# fdisk /dev/sdb
Welcome to fdisk (util-linux 2.23.2).

Changes will remain in memory only, until you decide to write them.
Be careful before using the write command.


Command (m for help): p

Disk /dev/sdb: 3221 MB, 3221225472 bytes, 6291456 sectors
Units = sectors of 1 * 512 = 512 bytes
Sector size (logical/physical): 512 bytes / 512 bytes
I/O size (minimum/optimal): 512 bytes / 512 bytes
Disk label type: dos
Disk identifier: 0x8d5831e3

   Device Boot      Start         End      Blocks   Id  System
/dev/sdb1            2048     6291455     3144704   83  Linux
```

之前创建了一个分区
先把它删掉

图 9.28　删掉刚刚创建的分区

第二步，输入 d 来删除分区。删除掉分区后，再按 p，可以看到 sdb1 消失，如图 9.29 所示。

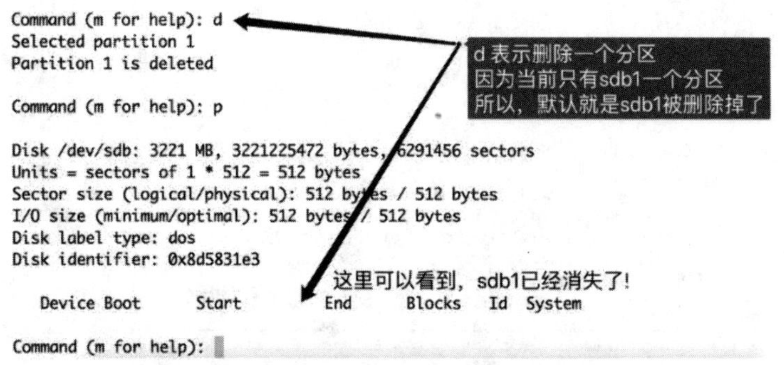

图 9.29　分区被删除掉（保存后才会生效）

第三步，用 n 陆续创建三个新分区，每个分区占整个硬盘的 1/3，总容量是 6291455，根据这个数字大致平分三份即可。如图 9.30 所示，分第一个区。

```
Command (m for help): n
Partition type:
   p   primary (0 primary, 0 extended, 4 free)
   e   extended
Select (default p): p
Partition number (1-4, default 1):
First sector (2048-6291455, default 2048):
Using default value 2048
Last sector, +sectors or +size{K,M,G} (2048-6291455, default 6291455): 2222222
Partition 1 of type Linux and of size 1.1 GiB is set
```

陆续创建三个分区
每个分区的大小可以设置差不多
是三分之一总容量就好
可以把这个数字大致分三等份

图 9.30　分出第一个分区

如图 9.31 所示，分第二个区。

```
Command (m for help): n
Partition type:
   p   primary (1 primary, 0 extended, 3 free)
   e   extended
Select (default p): p
Partition number (2-4, default 2):
First sector (2222223-6291455, default 2224128):
Using default value 2224128
Last sector, +sectors or +size{K,M,G} (2224128-6291455, default 6291455): 4444444
Partition 2 of type Linux and of size 1.1 GiB is set
```

图 9.31　分出第二个分区

如图 9.32 所示，分第三个区。

```
Command (m for help): n
Partition type:
   p   primary (2 primary, 0 extended, 2 free)
   e   extended
Select (default p): p
Partition number (3,4, default 3):
First sector (2222223-6291455, default 4446208):
Using default value 4446208
Last sector, +sectors or +size{K,M,G} (4446208-6291455, default 6291455):
Using default value 6291455
Partition 3 of type Linux and of size 901 MiB is set
```

图 9.32　分出第三个分区

按 p 可以看到这三个新分区已经准备好了，如图 9.33 所示。

```
Command (m for help): p

Disk /dev/sdb: 3221 MB, 3221225472 bytes, 6291456 sectors
Units = sectors of 1 * 512 = 512 bytes
Sector size (logical/physical): 512 bytes / 512 bytes
I/O size (minimum/optimal): 512 bytes / 512 bytes
Disk label type: dos
Disk identifier: 0x8d5831e3

   Device Boot      Start         End      Blocks   Id  System
/dev/sdb1            2048     2222222     1110087+  83  Linux
/dev/sdb2         2224128     4444444     1110158+  83  Linux
/dev/sdb3         4446208     6291455      922624   83  Linux
```


图 9.33　用 p 观察三个新分区

最后，保存退出。

第四步，把三个分区分别进行格式化（创建文件系统）。如下所示，可以用分号“;”在一行中执行三次命令。

```
[root@192 ~]# mkfs.ext4 /dev/sdb1;mkfs.ext4 /dev/sdb2 ; mkfs.ext4 /dev/sdb3
```

这样，三个分区一次性都做好了文件系统。接下来，学习挂载的方法，如图 9.34 所示。

```
[root@192 ~]# mkdir /opt1 ; mkdir /opt2 ; mkdir /opt3
[root@192 ~]#
[root@192 ~]# mount /dev/sdb1 /opt1
[root@192 ~]# mount /dev/sdb2 /opt2
[root@192 ~]# mount /dev/sdb3 /opt3
[root@192 ~]#
[root@192 ~]# df -h | grep opt
/dev/sdb1                1.1G  2.7M  963M   1% /opt1
/dev/sdb2                1.1G  2.7M  963M   1% /opt2
/dev/sdb3                871M  2.3M  808M   1% /opt3
[root@192 ~]#
[root@192 ~]#
```

图 9.34　把三个新分区格式化

挂载的方法很简单，使用 mount 命令，先指定要被挂载的分区，再指定挂载到哪个文件夹。先创建出三个新文件夹，然后分别挂载 sdb1、sdb2、sdb3 分区。最后，用 df 命令就可以清楚地看到三个分区已经被挂载到三个 opt 目录中。

挂载完成之后，可以尝试分别进入这三个文件夹，来创建大一点的文件，然后观察分区的容量使用状况，如图 9.35 所示。

```
[root@192 ~]# cd /opt1/
[root@192 opt1]#
[root@192 opt1]# df -h .
Filesystem      Size  Used Avail Use% Mounted on
/dev/sdb1       1.1G  2.7M  963M   1% /opt1
[root@192 opt1]#
[root@192 opt1]# dd if=/dev/zero of=tmpfile bs=1M count=800
800+0 records in
800+0 records out
838860800 bytes (839 MB) copied, 0.564138 s, 1.5 GB/s
[root@192 opt1]# ls -ltrh tmpfile
-rw-r--rw-. 1 root root 800M Apr  4 12:13 tmpfile
[root@192 opt1]#
[root@192 opt1]# df -h .
Filesystem      Size  Used Avail Use% Mounted on
/dev/sdb1       1.1G  803M  163M  84% /opt1
[root@192 opt1]#
[root@192 opt1]#
```

用dd命令创建一个800MB的文件

可以看到，sdb1分区被用掉了800MB

图 9.35　用 dd 命令创建大文件做测试

这样，分区就可以正常使用了。

9.2.3　挂载永久生效 fstab

现在，虽然三个分区都挂载好了，但如果机器重启的话，就都白挂载了。所以必须还得有一种方法实现挂载永久化。先实验让机器重启，root 用户执行 reboot 即可。重启之后，可以看到之前挂载好的三个分区全都失效，如图 9.36 所示。

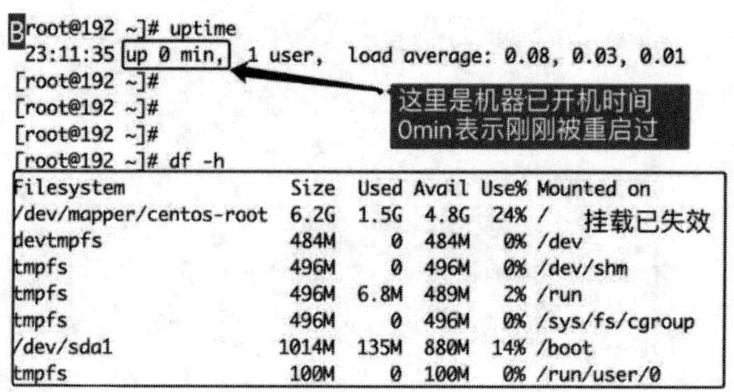

图 9.36　机器重启的话，新分区的挂载会丢失

接下来，就来介绍让挂载永久生效的方法。用 Vim 编辑一个文件/etc/fstab，然后在文件的末尾加上如图 9.37 所示的三行。

```
/dev/sdb1    /opt1    ext4    defaults    0 0
/dev/sdb2    /opt2    ext4    defaults    0 0
/dev/sdb3    /opt3    ext4    defaults    0 0
```

图 9.37　永久保存分区挂载

保存退出后，即可生效。先不着急重启，下面简单介绍一下这个 fstab 文件中每一列代表什么意思。

第一列：设备名称，也就是要被挂载的分区。

第二列：挂载点，也就是希望挂载到哪个文件夹。

第三列：文件系统的格式，这个之前都是采用 ext4 文件格式。

第四列：文件系统的参数，这里给予不同的参数，可以让挂载后的分区有一些特殊功能，一般设置 defaults 即可。

第五列：备份参数，一般就设置 0 0 即可。

设置好这个文件后，再次尝试重启机器，发现挂载点被永久保存，如图 9.38 所示。

```
/dev/sdb2    1.1G  2.7M  963M   1% /opt2
/dev/sdb1    1.1G  803M  163M  84% /opt1
/dev/sdb3    871M  2.3M  808M   1% /opt3
```

图 9.38　重启后可以正常保留挂载

扫一扫，看视频

9.2.4　卸载分区和冲突的解决方法

我们前面小节已经学习了分区的挂载，有挂载就一定有卸载，本小节就来学习与卸载分区相关的知识。首先，分区卸载只是取消了关联，并不影响分区中的内容。

如图 9.39 所示，先把一个分区 sdb1 挂载到文件夹 1 上。然后，往文件夹 1 当中存入大量文件，这时这些文件也就是存入了 sdb1 分区中。接下来，把分区 sdb1 卸载掉，也就是取消掉 sdb1 与文件夹 1 的关联，这样分区 sdb1 暂时就没法访问。

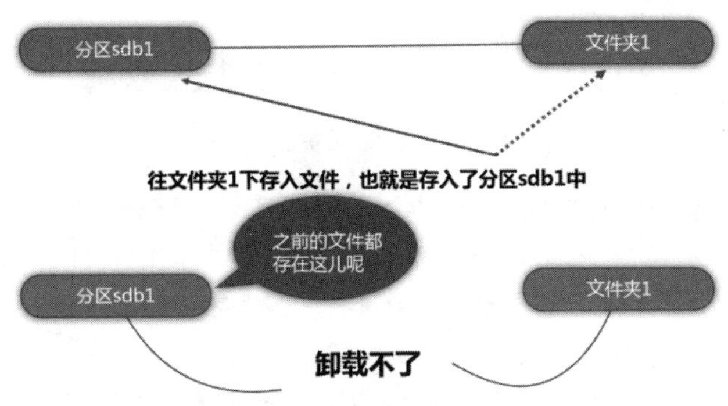

图 9.39 卸载分区，数据依然保留着

虽然 sdb1 分区暂时不能访问，但之前保存进去的大量文件依然都正常保存在 sdb1 分区中，不会被影响。如果想再次访问 sdb1 中的文件，只需再次挂载到一个文件夹即可。接下来就实际操作一下。

第一步，挑选好一个分区，就用之前分出来的 sdb1 分区。代码如下所示：

```
[root@192 ~]# df -h | grep opt1
/dev/sdb1               1.1G  2.7M  963M   1% /opt1
```

第二步，往这个分区中写入一些文件，随便挑一个文件夹，把它复制到/opt1 下，这时也就是存入了 sdb1 分区。代码如下所示：

```
[root@192 ~]# cp -r /usr/local/share/  /opt1/
[root@192 ~]#
[root@192 ~]# ls /opt1/
share
[root@192 ~]#
```

第三步，卸载掉 sdb1 分区。把 sdb1 分区从 opt1 卸载掉后，df 也就看不到 sdb1 分区了。代码如下所示：

```
[root@192 ~]# umount /opt1/
[root@192 ~]#
[root@192 ~]# df -h | grep opt
/dev/sdb2               1.1G  2.7M  963M   1% /opt2
/dev/sdb3               871M  2.3M  808M   1% /opt3
[root@192 ~]#
```

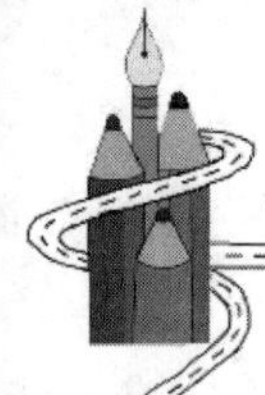

第四步，重新挂载 sdb1 到/opt1 文件夹，如图 9.40 所示。

```
[root@192 ~]# mount /dev/sdb1 /opt1/
[root@192 ~]#
[root@192 ~]#
[root@192 ~]# ls /opt1/
share
[root@192 ~]#
[root@192 ~]#
```

可以看到之前保存的文件都在的

图 9.40　卸载后重新挂载

所以说，卸载一个分区，仅仅是断掉和文件夹的关联而已。而分区中已保存的文件不会受任何影响。接下来，再来扩展一个关于卸载分区的知识：如何卸载正在工作的分区。借用上面的例子，当卸载 sdb1 分区时，umount 后立刻生效，这是因为当前没有任何程序在使用该分区，所以才能这么顺利地卸载。如果该分区正在工作，就没有办法这么简单地卸载。

如图 9.41 所示，假设有两个用户，用户 A 正在编辑/opt1/1.txt 文件，而这个文件 1.txt 存在 sdb1 分区上。这时候，如果用户 B 想 umount 卸载 sdb1 分区是不可以的。因为 sdb1 中有文件正在被访问，也就是分区在忙碌中。

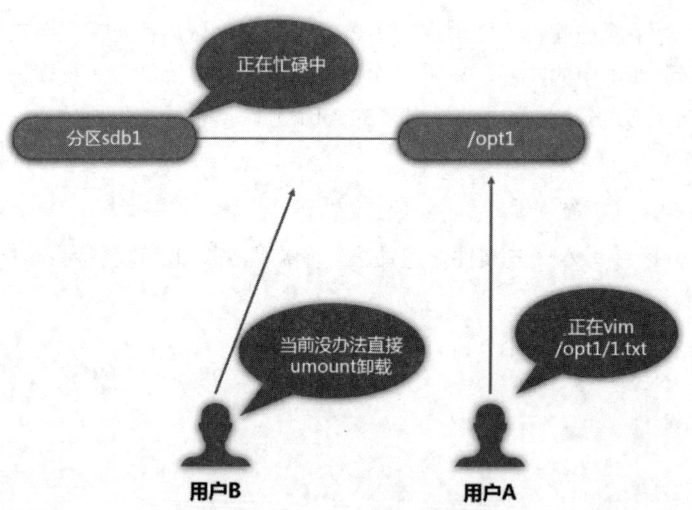

图 9.41　分区出现忙碌的状况

接下来，做个实验。首先，开两个 Linux 窗口分别登录。其中一个窗口执行如下：

```
vim /opt1/share/1.txt
```

然后，在另一个窗口中尝试卸载/opt1。代码如下所示，卸载失败，因为分区正在被使用中。

```
[root@192 ~]# umount /opt
umount: /opt: target is busy.
```

```
        (In some cases useful info about processes that use
         the device is found by lsof(8) or fuser(1))
```

解决这个冲突有两种方式：第一种，正常关闭正在使用该分区的程序，直接正常关闭 Vim 退出，即可卸载；第二种，找到并杀死使用分区的程序，注意看 umount 的提示信息中，推荐了以下两种方法来解决忙冲突。

```
lsof(8) or fuser(1))
```

这两个命令有点类似，都是通过文件找进程，也就是说可以知道当前是什么程序，打开了某个“/”某些文件。这里推荐使用 lsof，用它来举个例子。通过 lsof+管道符，可以过滤出正在编辑 1.txt 文件的程序，就是 Vim 进程。代码如下所示：

```
[root@192 ~]# lsof | grep 1.txt
vim   4205        root   3u   REG8,17   12288   34 /opt1/share/.1.txt.swp
```

其中，第二列的 4205 表示的是 PID（进程 ID），可以通过 kill 掉这个进程来结束它。代码如下所示，杀死这个进程后，再执行 umount，就没有问题了。

```
[root@192 ~]# kill 4205
[root@192 ~]# umount /opt1/
[root@192 ~]#
```

9.2.5　硬盘不足的处理方法

扫一扫，看视频

通过之前的学习，我们已经掌握了分区和挂载的知识。然而，一个分区再大，也有容量用光的时候，那么容量不足怎么解决，在本小节就来讲解一下这个问题。先假设一个场景，如图 9.42 所示。

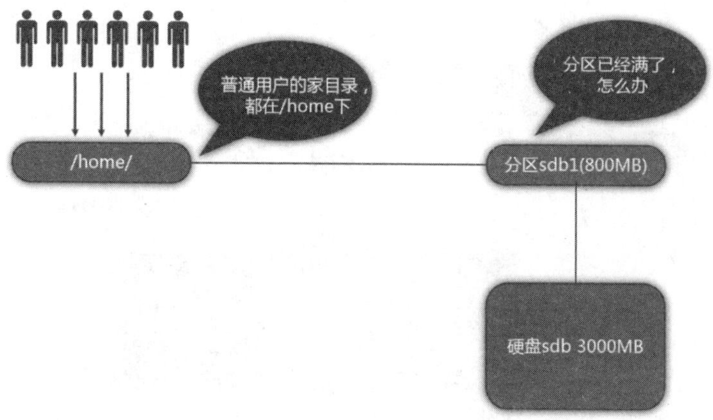

图 9.42　用户家目录满了

从图 9.42 中可以看到，普通用户的家目录都在/home 下，而/home 分配了一个单独的分区 sdb1。这个 sdb1 分区有 800MB，整个 sdb 硬盘有 3000MB(3GB)。现在 sdb1 分区已经快被用完，如何处理？这里介绍两种方法。

第一种方法，先备份再重新分区。如图 9.43 所示，这种扩容的方法显得比较笨但相对稳妥，不易出问题。图 9.43 中从最上面开始，分为 4 步来实现。

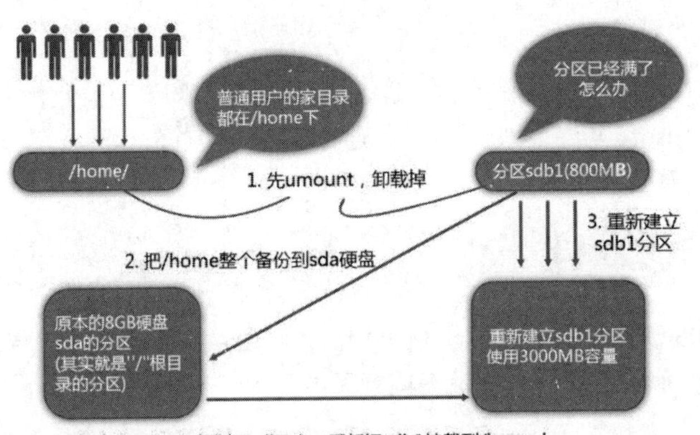

图 9.43　第一种方法

第一步，卸载掉分区，这是必须的。

第二步，备份/home 下的文件到另外一个硬盘上（也就是根目录所在的硬盘 sda 上）。

第三步，把 sdb1 分区删掉，重新建立，并且加大容量到 3000MB。

第四步，把 sdb1 重新挂载到/home，把之前的文件复制回来。

第二种方法，直接扩充分区。如图 9.44 所示，第二种方法是把 sdb1 分区直接扩容。这种方法中涉及新的知识点和命令，我们用实际操作来演示怎么做。

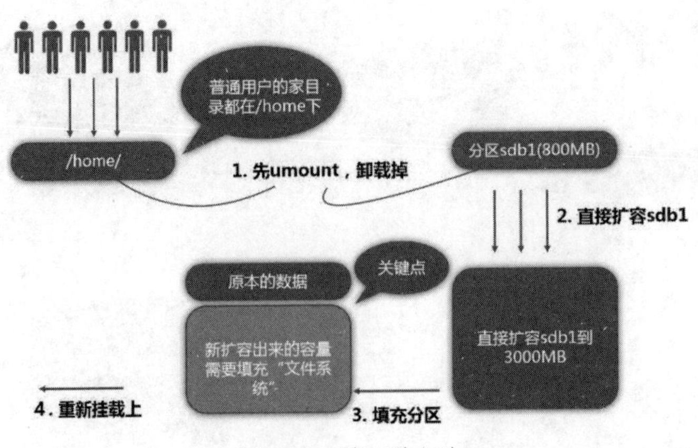

图 9.44　第二种方法

第一步，umount 卸载/home 目录。

第二步，fdisk 进入 sdb，删除 sdb1 分区，重新创建 sdb1 分区，要保证分区的起始点和之前一样，结尾点是到最右边。

如图 9.45 所示，一个分区的扩容一定是左边起始点不变，而右边向右扩充。

```
   Device Boot      Start         End      Blocks   Id  System
/dev/sdb1            2048     1777777      887865   83  Linux

Command (m for help):
Command (m for help):
Command (m for help): d
Selected partition 1
Partition 1 is deleted


Command (m for help): n
Partition type:
   p   primary (0 primary, 0 extended, 4 free)
   e   extended
Select (default p): p
Partition number (1-4, default 1):
First sector (2048-6291455, default 2048):
Using default value 2048
Last sector, +sectors or +size{K,M,G} (2048-6291455, default 6291455):
Using default value 6291455
Partition 1 of type Linux and of size 3 GiB is set
```

删除掉sdb1分区

重新创建sdb1分区
保证"起始点"不变
"结尾点"到最右边

图 9.45　第二种方法的实际操作

第三步，填充分区。如图 9.46 所示，原本的 sdb1 分区从 800MB 扩容到了 3000MB，也就是说多出来了 2200MB 的空间。而原本的 800MB 中，已经有之前的数据，这个被保留下来。但后面的 2200MB 空间是一个全新的空间，这个空间不但没有任何数据，连文件系统也没有。

如图 9.46 所示，上面黑色的部分表示原本的 800MB 数据，下面浅色的部分表示新扩容出来的空间。接下来要做的工作是给这部分新空间填充文件系统，如图 9.47 所示。

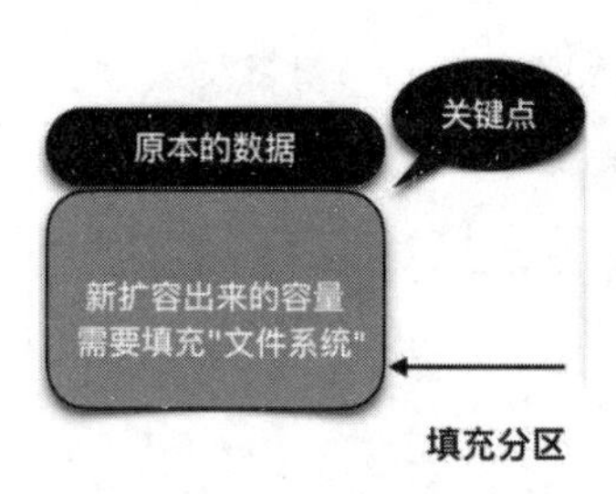

图 9.46　新扩容出来的部分，缺少文件系统

```
[root@192 ~]# e2fsck -f /dev/sdb1
e2fsck 1.42.9 (28-Dec-2013)
Pass 1: Checking inodes, blocks, and sizes
Pass 2: Checking directory structure
Pass 3: Checking directory connectivity
/lost+found not found.  Create<y>? yes
Pass 4: Checking reference counts
Pass 5: Checking group summary information

/dev/sdb1: ***** FILE SYSTEM WAS MODIFIED *****
/dev/sdb1: 53/55552 files (0.0% non-contiguous), 206722/221966 blocks


[root@192 ~]# resize2fs /dev/sdb1
resize2fs 1.42.9 (28-Dec-2013)
```

先执行硬盘分区检验
通过后才能执行"填充"

resize2fs命令填充分区

图 9.47　填充多出来的分区部分

如图 9.47 所示，分区的填充工作不能再使用 mkfs.ext4 命令（不然之前的数据会被清空），而是使用一个新命令 resize2fs 来填充分区的文件系统。

最后，sdb1 就直接扩充到 3000MB 的容量，同时保留了原本的数据，如图 9.48 所示。

```
[root@192 ~]# df -h /opt1/
Filesystem      Size  Used Avail Use% Mounted on
/dev/sdb1       838M  778M  200K 100% /opt1
[root@192 ~]#
[root@192 ~]#
[root@192 ~]# ls /opt1/
lost+found  user02  user04  user06  user08  user10
user01      user03  user05  user07  user09
```

图 9.48　验证分区

9.3　Linux 硬盘相关扩展知识

前面的两小节主要以实践为主，让大家对硬盘分区先熟悉。从本节开始来补充和扩展一些理念的东西，让知识深入化一层。

扫一扫，看视频

9.3.1　初识 Linux 下的 ext2 文件系统

先回忆一下，之前在创建文件系统时，用到了一个命令 mkfs.ext4。我们已经知道了这个命令用来创建文件系统，而命令中的 ext4 代表的是文件系统的格式。

如图 9.49 所示，其实 ext4 已经是最新一代的 Linux 文件系统，到 ext4 之前还有一个发展的过程。最早的 ext 是作为一个不够成熟的雏形，等到了 ext2 时（Linux second extended file system）就变成了一个里程碑，成为 Linux 的正规文件系统。再往后的 ext3 和 ext4 更多地被视为 ext2 的功能增强，但核心本质不变。

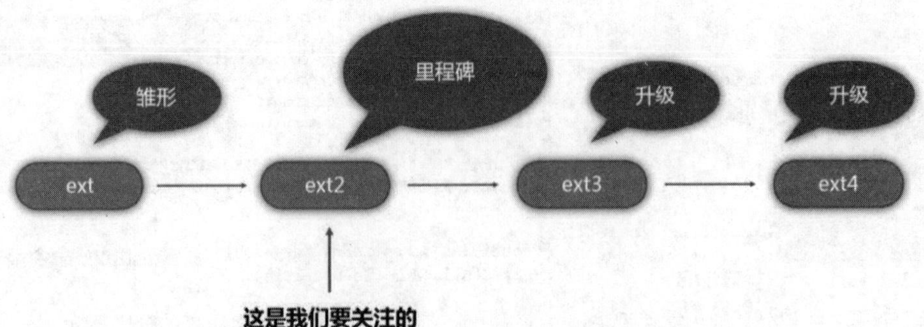

图 9.49　Lunux 文件系统的发展

所以，在本节中着重来讲一下 ext2 文件系统是什么，逐步对 Linux ext2 文件系统做一个了解。

9.3.2　Linux 文件系统下的存放方式

先来认识 inode 和 block 这两个概念。其实，对 Linux ext2 文件系统的认知，最重要的起点就是 inode 和 block。如图 9.50 所示，Linux 下怎么存放文件，当然不是随意扔进硬盘中存放。一个裸硬盘没有能力存文件，必须有一个帮手，这个帮手就是文件系统。

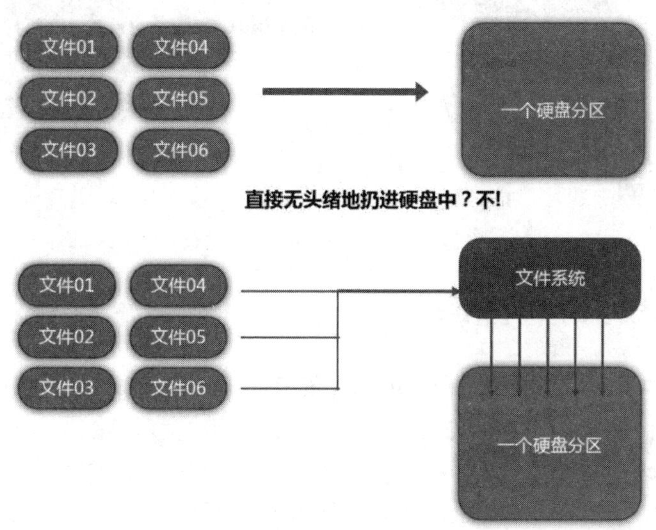

图 9.50　文件系统让文件更规整

文件系统就好像是一个大管家，协助硬盘把所有的文件分门别类，有序地管理、存放起来。而 Linux ext2 当之无愧就了扮演了这个角色。不过，文件系统这个大管家是通过什么方式来安排文件存放的?

如图 9.51 所示，先建立一个概念，Linux ext2 文件系统的基本核心是把文件分成 inode 和 block 两个部分来存放。现在有一个文件 mylog.txt（写自己的学习笔记），在文件系统的眼中会把这个文件分成两个部分对待，第一个部分是这个文件的属性，第二个部分则是这个文件中的真实内容（笔记内容）。

之前学习过文件的各种读、写、执行权限，也学习过文件的属主、属组，类似这些就是文件的属性。属性会单独存放在一个地方，就是 inode。而文件的真实内容就是 Vim 编辑进去的内容。内容也会单独存放在一个地方，就是 block（也叫作块）。

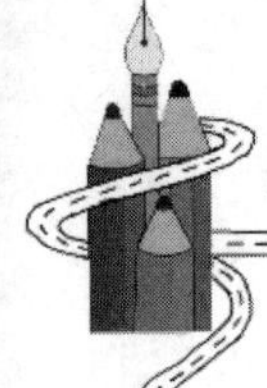

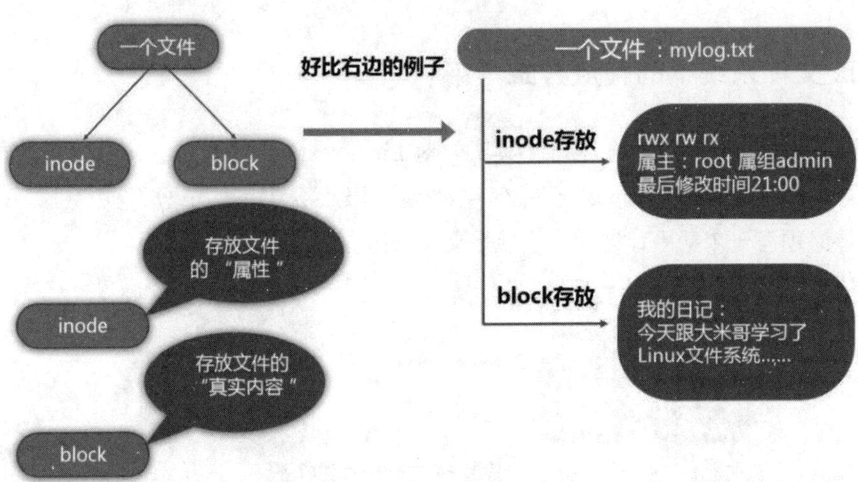

图 9.51　inode 和 block 的存在

9.3.3　以 inode 为核心的文件系统

通过 9.3.2 小节的学习，知道了 inode 和 block 的存在是 Linux ext2 文件系统的核心所在。不过感觉 inode 和 block 概念有点不清晰，不太清楚它们的来龙去脉。本小节就继续深入来学习。

首先，inode 和 block 到底是怎么出来的？既然它们都存在硬盘上，肯定有一个创造过程。其实很简单，inode 和 block 的诞生之父就是格式化（创建文件系统）。如图 9.52 所示，就是之前的标准做法，先用 fdisk 把硬盘做好几个分区，但这时分区都是空的。

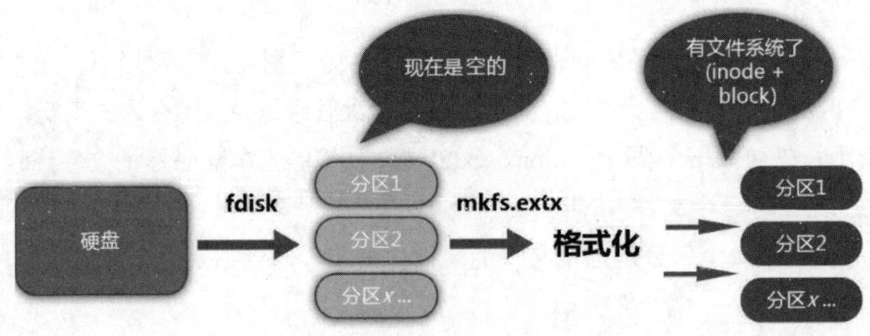

图 9.52　回顾之前创建分区的过程

接下来做一个实验，再新加一块硬盘，然后随便分出几个区，分好区后，先不要执行 mkfs.ext4。然后，使用 dumpe2fs 命令来查看一个分区（或硬盘）的文件系统信息。这里可以看到提示错误：找不到 superblock，也就是说找不到正确的文件系统。代码如下所示：

```
[root@192 ~]# dumpe2fs /dev/sdb1
dumpe2fs 1.42.9 (28-Dec-2013)
dumpe2fs: Bad magic number in super-block while trying to open /dev/sdb1
Couldn't find valid filesystem superblock.
```

没有文件系统的分区，Linux 也不允许我们去挂载它，也就是没办法正常使用。代码如下所示：

```
[root@192 ~]# mount /dev/sdb1 /opt1
mount: /dev/sdb1 is write-protected, mounting read-only
mount: unknown filesystem type '(null)'
```

接下来，把这个硬盘重新分出两个区—— sdb1 和 sdb2，空间大小随意。

分区做好了以后用 dumpe2fs 分别查看一下两个分区。如下所示，刚刚分出来的分区是空的，没法立刻使用，如图 9.53 所示。

```
[root@192 ~]# dumpe2fs /dev/sdb1
dumpe2fs 1.42.9 (28-Dec-2013)
dumpe2fs: Bad magic number in super-block while trying to open /dev/sdb1
Couldn't find valid filesystem superblock.
[root@192 ~]# dumpe2fs /dev/sdb2
dumpe2fs 1.42.9 (28-Dec-2013)
dumpe2fs: Bad magic number in super-block while trying to open /dev/sdb2
Couldn't find valid filesystem superblock.
```

图 9.53　dumpe2fs 检查分区

接下来，给 sdb1 创建文件系统，如图 9.54 所示。

```
[root@192 ~]# mkfs.ext4 /dev/sdb1
mke2fs 1.42.9 (28-Dec-2013)
Filesystem label=
OS type: Linux
Block size=4096 (log=2)
Fragment size=4096 (log=2)
Stride=0 blocks, Stripe width=0 blocks
104208 inodes, 416410 blocks
20820 blocks (5.00%) reserved for the super user
First data block=0
Maximum filesystem blocks=427819008
13 block groups
32768 blocks per group, 32768 fragments per group
8016 inodes per group
Superblock backups stored on blocks:
        32768, 98304, 163840, 229376, 294912
```

创建完文件系统后，注意这个地方的提示
这就是文件系统创建出来的 inodes和blocks
sdb1分区有了104208个inodes
和 416410个blocks

图 9.54　观察格式化后的信息

注意上面的 mkfs 命令执行后，出现很多信息提示。其中一项就是告诉我们当前这个分区（sdb1）一共给它创建了 104208 个 inodes，416410 个 blocks（图 9.54 中方框中的部分）。

创建完成后，再用 dumpe2fs 来看一下 sdb1 分区。代码如下所示：

```
dumpe2fs /dev/sdb1  | less
```

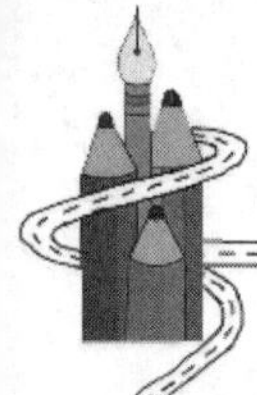

下面的这两行信息说明当前这个分区空闲可用的 inodes 和 blocks 有多少个，如图 9.55 所示。

```
Free blocks:              400443
Free inodes:              104197
```

图 9.55　可用的 blocks 和 inodes

当然，dumpe2fs 给的信息太过详细了，如果只关注 inode，可以使用 df -i 来查看。代码如下所示：

```
[root@192 ~]# df -i
Filesystem                Inodes  IUsed   IFree IUse% Mounted on
/dev/mapper/centos-root 2085312 136620 1948692    7% /
devtmpfs                 123867    389  123478    1% /dev
tmpfs                    126852      1  126851    1% /dev/shm
tmpfs                    126852    569  126283    1% /run
tmpfs                    126852     16  126836    1% /sys/fs/cgroup
/dev/sda1                524288    340  523948    1% /boot
tmpfs                    126852      1  126851    1% /run/user/0
```

df 使用-i 参数（-i 就是 inodes 意思），就可以看到 inodes 的使用率。接下来讨论 inodes 和 blocks 的使用问题。先来看 inodes。现在的 sdb1 分区总共有 104197 个可用的 inodes，最简单的理解就是 Linux 下面每创建一个新文件，就要消耗掉一个 inode。好比是一个空教室中，一个学生占用一把椅子，椅子用完也就没法再多来学生。所以说，当前的这个分区最多可以让我们创建 104197 个不同的文件。

接下来做个实验，来见证一下这个 inode 的消耗。

第一步，把 sdb1 分区挂载到一个目录，并且进去。代码如下所示：

```
[root@192 opt1]# pwd
/opt1
```

第二步，用 df -i 查看当前的分区 sdb1，记住当前的可用 inode 数，现在是 104197 个可用。代码如下所示：

```
[root@192 opt1]# df -i .
Filesystem     Inodes IUsed  IFree IUse% Mounted on
/dev/sdb1      104208    11 104197    1% /opt1
```

第三步，大米哥给大家一个循环创建文件的脚本，先照抄（以后会学到），用这个脚本创建出 1000 个新文件。代码如下所示：

```
[root@192 opt1]# for i in 'seq 1 1000'; do touch $i; done
```

执行完这个脚本后，ls 可以看到新建了 1000 个文件，如图 9.56 所示。

```
[root@192 opt1]# ls
1     146  194  241  29   337  385  432  480  528  576  623  671  719  767  814  862  91   958
10    147  195  242  290  338  386  433  481  529  577  624  672  72   768  815  863  910  959
100   148  196  243  291  339  387  434  482  53   578  625  673  720  769  816  864  911  96
1000  149  197  244  292  34   388  435  483  530  579  626  674  721  77   817  865  912  960
101   15   198  245  293  340  389  436  484  531  58   627  675  722  770  818  866  913  961
102   150  199  246  294  341  39   437  485  532  580  628  676  723  771  819  867  914  962
103   151  2    247  295  342  390  438  486  533  581  629  677  724  772  82   868  915  963
104   152  20   248  296  343  391  439  487  534  582  63   678  725  773  820  869  916  964
105   153  200  249  297  344  392  44   488  535  583  630  679  726  774  821  87   917  965
106   154  201  25   298  345  393  440  489  536  584  631  68   727  775  822  870  918  966
107   155  202  250  299  346  394  441  49   537  585  632  680  728  776  823  871  919  967
108   156  203  251  3    347  395  442  490  538  586  633  681  729  777  824  872  92   968
109   157  204  252  30   348  396  443  491  539  587  634  682  73   778  825  873  920  969
11    158  205  253  300  349  397  444  492  54   588  635  683  730  779  826  874  921  97
110   159  206  254  301  35   398  445  493  540  589  636  684  731  78   827  875  922  970
111   16   207  255  302  350  399  446  494  541  59   637  685  732  780  828  876  923  971
112   160  208  256  303  351  4    447  495  542  590  638  686  733  781  829  877  924  972
```

图 9.56　循环创建 1000 个文件

第四步，再用 df -i 查看一下当前的 inode 数，如图 9.57 所示。

到这里也就明白了 inodes 的作用。如果 inodes 全都被消耗光了会怎么样？来实践一下会发生什么情况，稍微修改上面的脚本，让它循环 103197 次，把剩下的 inodes 全用完，如图 9.58 所示。

```
[root@192 opt1]# df -i .
Filesystem      Inodes IUsed  IFree IUse% Mounted on
/dev/sdb1       104208  1011 103197    1% /opt1
[root@192 opt1]#
[root@192 opt1]#
```

少了1000个

图 9.57　inodes 对等地少了 1000

```
[root@192 opt1]# df -i .
Filesystem      Inodes IUsed  IFree IUse% Mounted on
/dev/sdb1       104208  1011 103197    1% /opt1
[root@192 opt1]#
[root@192 opt1]# for i in `seq 1 103197`; do touch $i; done
```

图 9.58　使用循环继续创建文件

这里需要点时间，稍等一下，输出结果如图 9.59 所示。

```
[root@192 ~]# df -i /opt1
Filesystem      Inodes IUsed IFree IUse% Mounted on
/dev/sdb1       104208 26977 77231   26% /opt1
[root@192 ~]# df -i /opt1
Filesystem      Inodes IUsed IFree IUse% Mounted on
/dev/sdb1       104208 27638 76570   27% /opt1
[root@192 ~]# df -i /opt1
Filesystem      Inodes IUsed IFree IUse% Mounted on
/dev/sdb1       104208 28079 76129   27% /opt1
[root@192 ~]# df -i /opt1
Filesystem      Inodes IUsed IFree IUse% Mounted on
/dev/sdb1       104208 28699 75509   28% /opt1
[root@192 ~]# df -i /opt1
Filesystem      Inodes IUsed IFree IUse% Mounted on
/dev/sdb1       104208 29214 74994   29% /opt1
[root@192 ~]# df -i /opt1
Filesystem      Inodes IUsed IFree IUse% Mounted on
/dev/sdb1       104208 29746 74462   29% /opt1
[root@192 ~]# df -i /opt1
Filesystem      Inodes IUsed IFree IUse% Mounted on
/dev/sdb1       104208 30294 73914   30% /opt1
[root@192 ~]#
```

脚本在不断地跑
文件在不断地创建
inodes在不断地消耗

图 9.59　inodes 被耗尽了

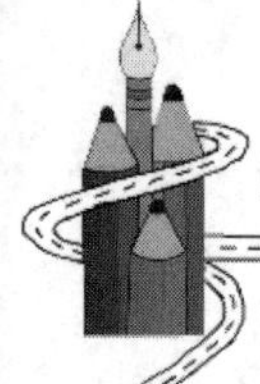

Inodes 被消耗光以后，就会弹出如图 9.60 所示的提示，表明 inodes 已经被消耗光。

```
touch: cannot touch '893117': No space left on device
touch: cannot touch '893118': No space left on device
touch: cannot touch '893119': No space left on device
touch: cannot touch '893120': No space left on device
touch: cannot touch '893121': No space left on device
touch: cannot touch '893122': No space left on device
```

图 9.60　错的提示信息

然后，分别用 df -i 和 df -h 来看一下这个分区。硬盘的空间多的是，但是 inodes 被消耗光了。所以说，平时在考虑硬盘维护时，并不仅仅是空间大小，还要考虑 inodes 的多少，如图 9.61 所示。

```
[root@192 ~]# df -i /opt1
Filesystem      Inodes  IUsed IFree IUse% Mounted on
/dev/sdb1       104208 104208     0  100% /opt1
[root@192 ~]#
[root@192 ~]#
[root@192 ~]# df -h /opt1
Filesystem       Size  Used Avail Use% Mounted on
/dev/sdb1        1.6G  7.0M  1.5G   1% /opt1
[root@192 ~]#
[root@192 ~]#
[root@192 ~]#
```

硬盘空间多的是，
但是inodes 被消耗光了

图 9.61　硬盘空间还很多，但是 inodes 已被耗光

9.3.4　inode 和 block 的关系

本小节我们来引入 block 的概念，把它和 inode 结合起来。如图 9.62 所示，Linux 下的一个文件如何放入 block 中，首先要知道各自的大小。

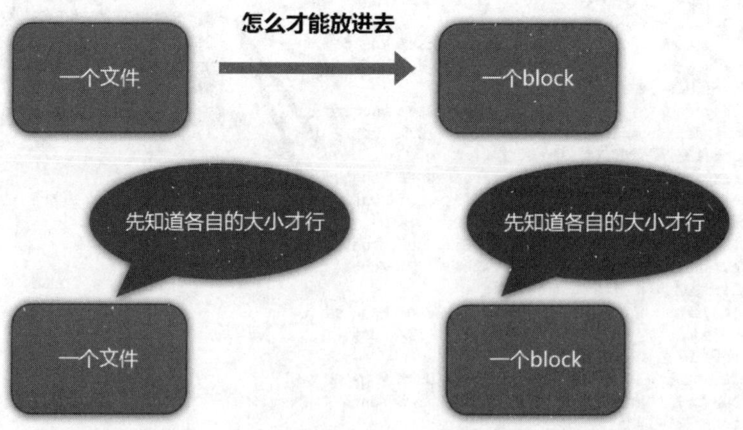

图 9.62　block 的大小

文件的大小很容易知道，那一个 block 多大？如图 9.63 所示。

```
[root@192 ~]# dumpe2fs /dev/sdb1 | grep "Block size"
dumpe2fs 1.42.9 (28-Dec-2013)
Block size:               4096
[root@192 ~]#
```

这就是block的大小

图 9.63　dumpe2fs 观察 block 块大小

如图 9.63 所示，使用之前的 dumpe2fs 就可以查看一个分区的 block 大小。这个 4096 单位是字节，换算一下也就是 4KB 的大小。既然一个 block 的容量是 4KB，那么如何知道一个文件具体占用了多少个 block。先使用 dd 创建一个 1MB 大小的文件。代码如下所示：

```
[root@192 ~]# dd if=/dev/zero of=./1Mfile bs=1M count=1
1+0 records in
1+0 records out
1048576 bytes (1.0 MB) copied, 0.000810676 s, 1.3 GB/s
[root@192 ~]# ls -ltrh 1Mfile
-rw-r--rw-. 1 root root 1.0M Apr  9 12:04 1Mfile
```

然后，使用 ls 的特殊参数指定当前的数据块大小是 4096，最后得到这个文件一共占用了 256 个 blocks。代码如下所示：

```
[root@192 ~]# ls -s --block-size=4096 1Mfile
256 1Mfile
```

说到这里，大致明白一个文件系统中的逻辑块（block）的大小有限，也是固定的。当一个文件较大时，它会占用多个 blocks 来存储，然而这个文件对应的 inode 却只有一个。如图 9.64 所示，假设现在有一个文件 1.txt，我们想去访问它，首先通过文件名（还有所在路径）找到这个文件对应的 inode 编号（在 Linux 文件系统中，inode 和 block 都有编号），例如找到了编号为 7 的 inode。光找到 inode 还不行，最终是为了访问文件的内容。所以接下来，编号 7 的 inode 中又记录了关联的几个 block 的编号（分别是 2、5、7、14），如此一来，文件系统就通过一个 inode，所有需要的文件块都被找到。

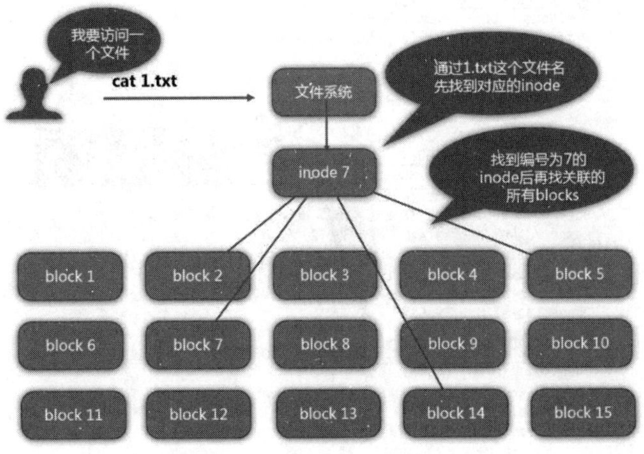

图 9.64　inode 和 block 的关系

因此，像 Linux 这样的文件系统，又称作索引式文件系统，特点就是稳定而高效。

9.3.5　Linux 下的 block group 和 superblock

通过之前的学习，我们已经掌握了 inode 和 block，以及其基本关系。现在有一个问题：一个硬盘中或者是一个分区中，如果这么多的 inode 和 block 全都堆在一起，会不会影响访问效率？Linux 的文件系统并不是简单地把 inode 和 block 都堆一起，而是要有规则地划分出组来，这就是本小节要讲的 block group。如图 9.65 所示，一个分区创建好文件系统之后，就把所有的 inode 和 block 在逻辑上分成多个组，每个组都有自己独立的 inode 和 block。

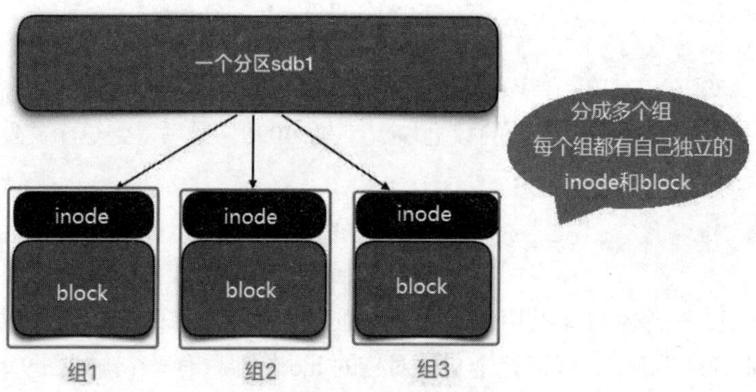

图 9.65　分组的概念

接下来，就通过实验来观察 block 组。当输入 dumpe2fs /dev/sdb1 之后，往下面看输出的信息如图 9.66 所示。

```
Group 0: (Blocks 0-32767) [ITABLE_ZEROED]
  Checksum 0x65c2, unused inodes 0
  Primary superblock at 0, Group descriptors at 1-1
  Reserved GDT blocks at 2-204
  Block bitmap at 205 (+205), Inode bitmap at 221 (+221)
  Inode table at 237-737 (+237)
  25497 free blocks, 8006 free inodes, 1 directories
  Free blocks: 7271-32767
  Free inodes: 11-8016
Group 1: (Blocks 32768-65535) [ITABLE_ZEROED]
  Checksum 0x4c46, unused inodes 0
  Backup superblock at 32768, Group descriptors at 32769-32769
  Reserved GDT blocks at 32770-32972
  Block bitmap at 206 (bg #0 + 206), Inode bitmap at 222 (bg #0 + 222)
  Inode table at 738-1238 (bg #0 + 738)
  32563 free blocks, 8016 free inodes, 0 directories
  Free blocks: 32973-65535
  Free inodes: 8017-16032
Group 2: (Blocks 65536-98303) [ITABLE_ZEROED]
  Checksum 0x0746, unused inodes 0
  Block bitmap at 207 (bg #0 + 207), Inode bitmap at 223 (bg #0 + 223)
  Inode table at 1239-1739 (bg #0 + 1239)
  32768 free blocks, 8016 free inodes, 0 directories
```

这里可以清楚地看到
分成了多个block groups

图 9.66　观察组

如图 9.66 所示，可以清楚地看到，所有的 inode 和 block 在文件系统创建好以后，就会被平均地分成多个组，每个组都有独立的 inode 和 block，之所以这样做，就是为了提高硬盘的访问效率。

一个分区中有大量的 inode 和 block，然后又被分成了多个组，每个组自成体系，在分区开始被挂载使用后，组下的各个成员都开始运作起来。那么，是不是应该有一个记总账的地方，记录所有这些成员信息？这就是 superblock 的功能。superblock，直译就是超级块，其本身也是块，只不过记录的东西和普通的块不一样。

如图 9.67 所示，通常在一个分区中，第一个 block group 会含有 superblock，而后面的 block group 可能会有它的备份。虽然这个 superblock 空间不大，却非常重要，因为整个分区的核心信息都会记录在这个 superblock 中，可以说没有 superblock 就没有这个分区的存在。

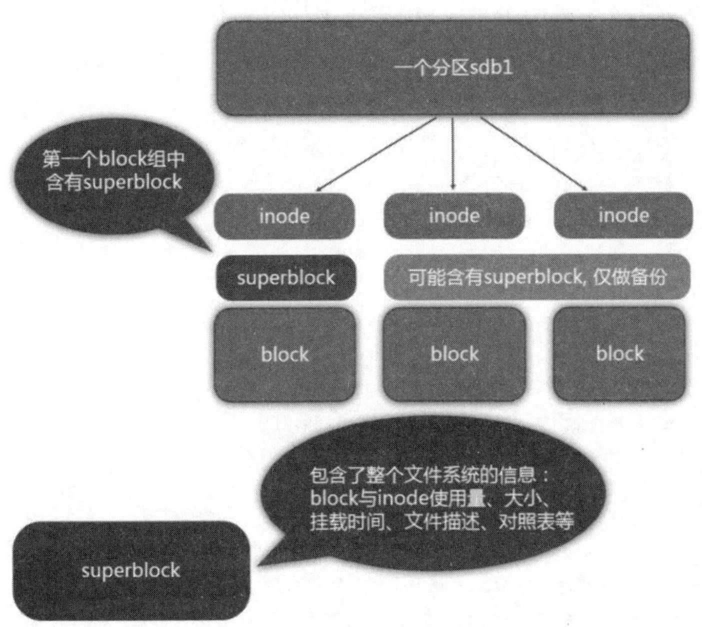

图 9.67　superblock 的存在

这个 superblock 之前在创建分区时已用过，只是没有注意而已。每次执行完创建文件系统后 mkfs.ext4 /dev/sdb1，都会看到图 9.68 所示的提示。

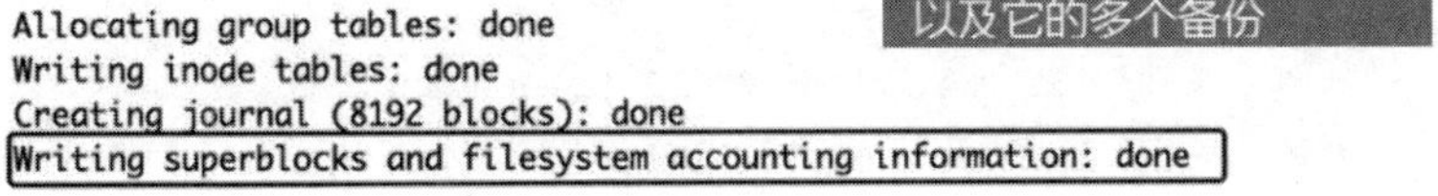

```
Superblock backups stored on blocks:
        32768, 98304, 163840, 229376, 294912

Allocating group tables: done
Writing inode tables: done
Creating journal (8192 blocks): done
Writing superblocks and filesystem accounting information: done
```

这就是生成了superblock
以及它的多个备份

图 9.68　命令行中观察 superblock

扫一扫，看视频

9.3.6 Linux 下的硬链接和软链接

硬链接和软链接是 Linux 下必须掌握的又一个技能。先来看怎么创建一个硬链接，使用命令 ln，方法很简单，ln + 已有的文件 + 要创建的链接文件。代码如下所示：

```
[root@192 hardlink_test]# ln 1Gfile 1Gfile_hl
[root@192 hardlink_test]# ls -lih
total 2.0G
1771289 -rw-r--rw-. 2 root root 1000M May  2 02:06 1Gfile
1771289 -rw-r--rw-. 2 root root 1000M May  2 02:06 1Gfile_hl
```

如上操作，就创建了一个文件叫 1Gfile_hl，看上去是像把 1Gfile 文件完整地复制了一份，其实并不完全是这样的。这里有个地方值得特别注意：1Gfile_hl 这个文件创建出来以后，硬盘的空间并没有丝毫减少。我们再多创建几个硬链接文件，当前的硬盘剩余是以下情况：

```
[root@192 hardlink_test]# df -h .
Filesystem               Size  Used Avail Use% Mounted on
/dev/mapper/centos-root  6.2G  5.3G  997M  85% /
```

接下来，陆续地再创建 5 个硬链接文件：

```
[root@192 hardlink_test]# ln 1Gfile 1Gfile_hl_01
[root@192 hardlink_test]# ln 1Gfile 1Gfile_hl_02
[root@192 hardlink_test]# ln 1Gfile 1Gfile_hl_03
[root@192 hardlink_test]# ln 1Gfile 1Gfile_hl_04
[root@192 hardlink_test]# ln 1Gfile 1Gfile_hl_05
[root@192 hardlink_test]#
[root@192 hardlink_test]# ls -lih
total 6.9G
1771289 -rw-r--rw-. 7 root root 1000M May  2 02:06 1Gfile
1771289 -rw-r--rw-. 7 root root 1000M May  2 02:06 1Gfile_hl
1771289 -rw-r--rw-. 7 root root 1000M May  2 02:06 1Gfile_hl_01
1771289 -rw-r--rw-. 7 root root 1000M May  2 02:06 1Gfile_hl_02
1771289 -rw-r--rw-. 7 root root 1000M May  2 02:06 1Gfile_hl_03
1771289 -rw-r--rw-. 7 root root 1000M May  2 02:06 1Gfile_hl_04
1771289 -rw-r--rw-. 7 root root 1000M May  2 02:06 1Gfile_hl_05
```

不可思议的是，硬盘分区的空间竟然一点也没有减少。代码如下所示：

```
[root@192 hardlink_test]# df -h .
Filesystem               Size  Used Avail Use% Mounted on
/dev/mapper/centos-root  6.2G  5.3G  997M  85% /
```

那么接下来就用图来解释一下，硬链接是怎么回事。先看图 9.69，如果是用 cp 命令复制一个文件，那就是新的文件名指向一个新建的 inode，再指向到新建的 block，并且新 block 里面的内容和以前一样，这就是复制的原理。

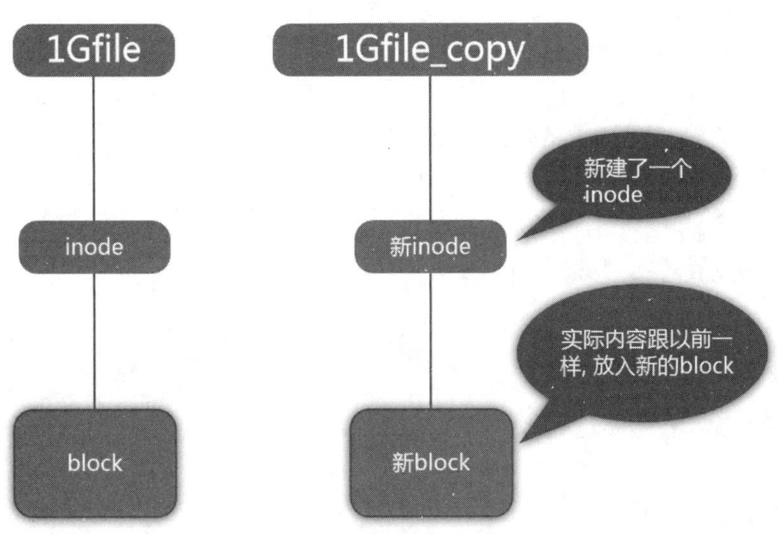

图 9.69　复制的情况

再看图 9.70，如果是创建一个硬链接，情况则大大不同。这等于是用一个新的文件名，指向到原本已有的 inode，再指向到原本已有的 block 上。block 根本就没有被复制，所以说 df -h 才会看到剩余空间没有减少。

创建一个硬链接：是这样的状况

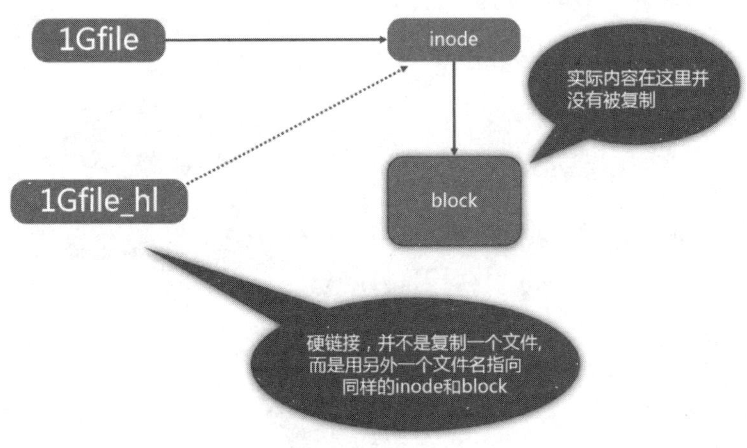

图 9.70　创建硬链接的情况

如图 9.71 所示，使用的命令是 ls -li，-i 参数就是 inode，可以显示每个文件对应的 inode 编号。所有用硬链接创建的文件，它们的 inode 全都一样。这也就证明了，硬链接创建的文件并不是完整的复制，而是多个不同文件名都指向同一个 inode 和 block。

```
1771289 -rw-r--rw-. 7 root root 1000M May  2 02:06 1Gfile
1771289 -rw-r--rw-. 7 root root 1000M May  2 02:06 1Gfile_hl
1771289 -rw-r--rw-. 7 root root 1000M May  2 02:06 1Gfile_hl_01
1771289 -rw-r--rw-. 7 root root 1000M May  2 02:06 1Gfile_hl_02
1771289 -rw-r--rw-. 7 root root 1000M May  2 02:06 1Gfile_hl_03
1771289 -rw-r--rw-. 7 root root 1000M May  2 02:06 1Gfile_hl_04
1771289 -rw-r--rw-. 7 root root 1000M May  2 02:06 1Gfile_hl_05
```

图 9.71　从 inode 的编号来观察

硬链接介绍完，接下来是更重要的软链接。创建一个软链接，唯一的区别就是多了一个参数而已。创建出来的软链接有一个“->”箭头指向，意思是说箭头左边是软链接文件，箭头右边是源文件。

```
[root@192 opt]# ln -s /etc/ssh/sshd_config  sshd_config_sl
[root@192 opt]# ls -li
12 lrwxrwxrwx. 1 root root 20 May 2 02:54 sshd_config_sl -> /etc/ssh/sshd_config
[root@192 opt]# head sshd_config_sl
#   $OpenBSD: sshd_config,v 1.100 2016/08/15 12:32:04 naddy Exp $
# This is the sshd server system-wide configuration file.  See
# sshd_config(5) for more information.
# This sshd was compiled with PATH=/usr/local/bin:/usr/bin
# The strategy used for options in the default sshd_config shipped with
# OpenSSH is to specify options with their default value where
# possible, but leave them commented. Uncommented options override the
```

如上这个软链接是怎么回事？看上去与创建硬链接差不太多，区别在哪里？如图 9.72 所示，软链接首先创建出一个完整的文件出来，有独立的 inode，也有独立的 block。不过这个 block 里存的内容比较特殊，存的是源文件的完整路径“/etc/ssh/sshd_config”。所以说，软链接就是强行记录下源文件的所在地点和名字，然后直接导向过去。

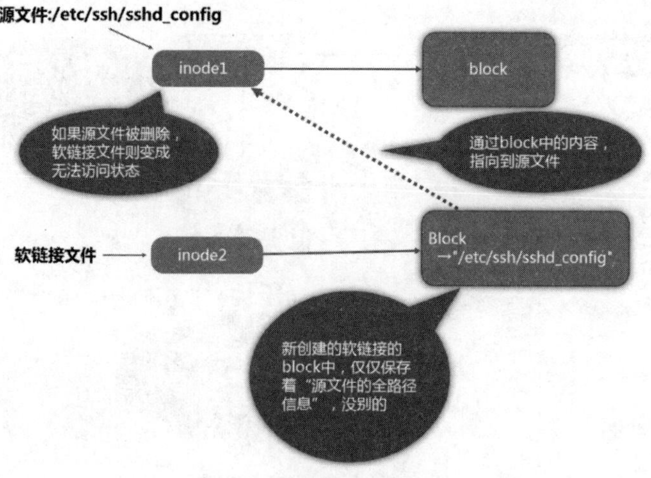

图 9.72　解决软链接

在实际的使用中，硬链接由于是共享同一个 inode，所以它不能跨越分区，也就是说，硬链接只能在同一个分区中创建。

而软链接则不同，它保存的是源文件的位置信息，所以无论跨不跨区都一样，软链接比较像 Windows 里的创建快捷方式。

另外一个不同的地方：硬链接如果删除了源文件，不会受到任何的影响，照样可以访问，而软链接由于仅仅是一个快捷方式，如果源文件不存在了，那么这个软链接文件也没办法访问。

9.4　逻辑卷 LVM 在线扩容

扫一扫，看视频

最后一节来学习一项硬盘分区的高级扩展用法，这就是 LVM 逻辑卷。这项技术现在已经被普遍使用，无论在 IDC 物理服务器的硬盘上，还是在各种云机上的硬盘上（也叫作云盘），到处都可以看到它的身影，因为它太实用了。接下来，就跟着大米哥一起来探索一下。

9.4.1　逻辑卷 LVM 是什么

如图 9.73 所示，平时在 Linux 下，一个硬盘分好了区后，这些分区的大小就已经固定下来，一般情况下很难改变，除非把这个分区卸载，然后删掉分区，重新利用剩余空间再创建一个更大的分区。不过这样做的话，会有一个问题，那就是如果有某个软件或进程正在使用这个分区中的数据，就必须得把它们停下来才行，不然连 umount 卸载命令都无法执行。

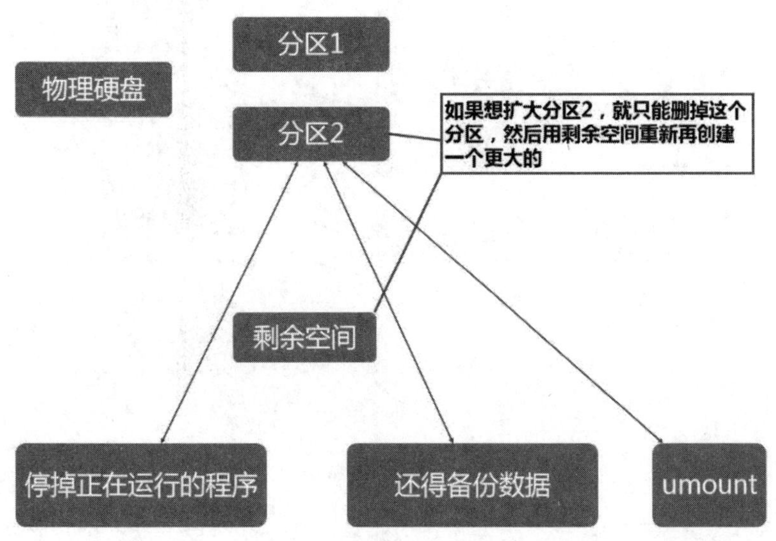

图 9.73　扩容分区的烦琐

如果上面这种情况还勉强可以接受，那么接下来的这种情况就没有办法了。如图 9.74 所示，原本分区 2 只有 1GB，现在通过利用剩余空间，把分区 2 容量扩展到了 2GB，之后分区 2 又不够用了，可现在硬盘已经没有地方扩容。

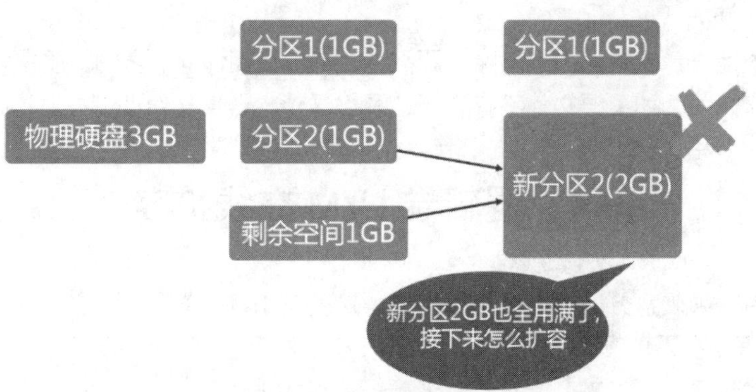

图 9.74　全部分区容量用光后

现在怎么办？再装上一块新硬盘，可是新硬盘又无法扩充当前的分区 2，只能再在新硬盘上创建新分区而已。这些问题在逻辑卷 LVM 的面前都变得微不足道。如图 9.75 所示，不管一个分区也好，还是一个未经分区的硬盘也好，都可以像河流一样融入逻辑卷这个大海里。

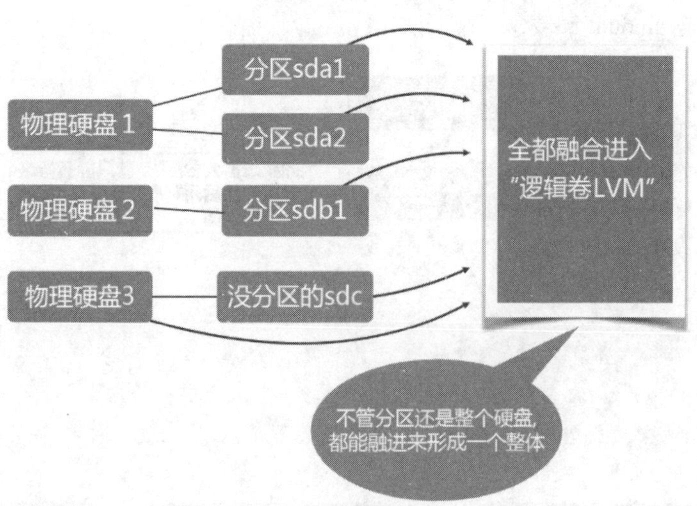

图 9.75　逻辑卷的灵活融入

如图 9.76 所示，逻辑卷形成的这个大海也可以想象成是一个仓库。从这个仓库中可以随时随地创建出一个卷来。

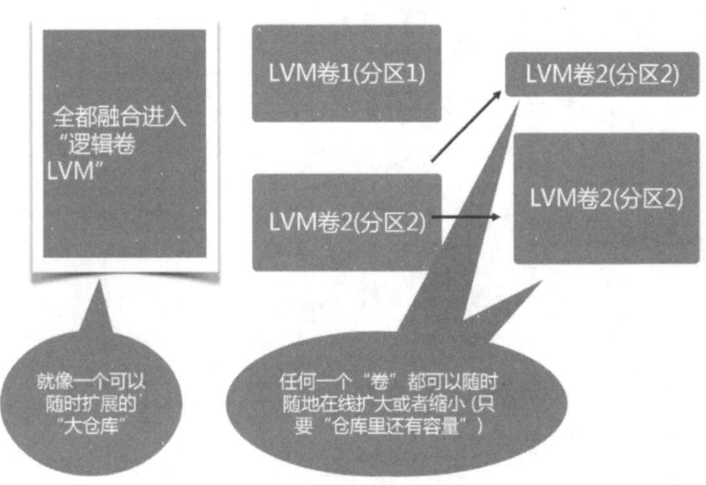

图 9.76 逻辑卷的仓库

例如，这个仓库有 5GB 的空间，现在可以先拿出 1GB 做成一个卷，而这个卷其实就是当成分区来使用，可以正常地创建文件系统，挂载到目录。如果这个卷的空间不够了，可以随时随地从仓库里再拿出空间，补充到这个卷上，而不影响任何使用。当然卷也可以缩小，不过不建议这么做。

9.4.2 逻辑卷 LVM 实践操作

明白了逻辑卷 LVM 大概的工作原理后，接下来就开始动手操作。

第一步，分区和硬盘打标签。分区和硬盘在融入逻辑卷之前必须先打个标签，这相当于是告诉 Linux 操作系统这些分区或硬盘将要加入逻辑卷中。给分区或硬盘打标签的方法很简单：使用命令 pvcreate + 设备名字。准备好两个分区—— sdb1 和 sdb2。代码如下所示：

```
[root@192 ~]# pvcreate /dev/sdb1
  Physical volume "/dev/sdb1" successfully created.
[root@192 ~]#
[root@192 ~]# pvcreate /dev/sdb2
  Physical volume "/dev/sdb2" successfully created.
```

第二步，创建大仓库。其实是创建一个 LVM 卷组，使用 vgcreate +仓库名字+多个设备，这样就可以创建出大仓库，并且把 sdb1、sdb2 都融入进去，其实就相当于这个仓库的总空间为 sdb1+sdb2。代码如下所示：

```
[root@192 ~]# vgcreate myvg01 /dev/sdb1 /dev/sdb2
  Volume group "myvg01" successfully created
```

创建完卷组之后，可以随时使用命令 vgdisplay 来查看这个仓库的状况。代码如下所示：

```
[root@192 ~]# vgdisplay myvg01
  --- Volume group ---
  VG Name               myvg01
  System ID
  Format                lvm2
  Metadata Areas        2
  Metadata Sequence No  1
  VG Access             read/write
  VG Status             resizable
  MAX LV                0
  Cur LV                0
  Open LV               0
  Max PV                0
  Cur PV                2
  Act PV                2
  VG Size               <3.52 GiB
  PE Size               4.00 MiB
  Total PE              900
  Alloc PE / Size       0 / 0
  Free  PE / Size       900 / <3.52 GiB
  VG UUID               JaIghv-qQwF-V4Jq-nnpK-ei7m-ltbw-xZVGbB
```

大仓库现在创建好了，可以从里面分出“空间”来创建一个卷，使用 lvcreate 命令来创建一个名字叫 mylv01 的卷，并且分配给这个卷 1GB 的空间。命令最后的 myvg01 代表从 myvg01 仓库中索取空间来创建卷。代码如下所示：

```
[root@192 ~]# lvcreate -L 1G -n mylv01 myvg01
  Logical volume "mylv01" created.
[root@192 ~]# lvdisplay
  --- Logical volume ---
  LV Path                /dev/myvg01/mylv01
  LV Name                mylv01
  VG Name                myvg01
  LV UUID                ZO7WwL-OSSV-DSCJ-p0Iw-h1bc-CeNc-ZQvfDi
  LV Write Access        read/write
  LV Creation host, time 192.168.0.142, 2019-05-08 06:20:55 +0800
  LV Status              available
  # open                 0
  LV Size                1.00 GiB
  Current LE             256
  Segments               1
  Allocation             inherit
```

```
 Read ahead sectors     auto
 - currently set to     8192
 Block device           253:2
```

创建完卷之后，可以用 vgdisplay 再来查看 myvg01 仓库的空间剩余情况。代码如下所示：

```
[root@192 ~]# vgdisplay
 --- Volume group ---
 Total PE               900
 Alloc PE / Size        256 / 1.00 GiB
 Free  PE / Size        644 / <2.52 GiB
```

注意最后的几行，大仓库的 Free 空间只剩下 2.52GB，已用空间 1GB。

第三步，给刚刚创建出来的卷创建文件系统（格式化）。我们说过，创建出来的卷完全可以等同于一个分区来使用。所以说，自然也就可以给它创建文件系统。这里需要注意一下，格式化时需要到 /dev/myvg01 目录下，寻找到 mylv01 的卷名字。代码如下所示：

```
[root@192 ~]# mkfs.ext4 /dev/myvg01/mylv01
mke2fs 1.42.9 (28-Dec-2013)
Filesystem label=
OS type: Linux
Block size=4096 (log=2)
Fragment size=4096 (log=2)
Stride=0 blocks, Stripe width=0 blocks
65536 inodes, 262144 blocks
13107 blocks (5.00%) reserved for the super user
First data block=0
Maximum filesystem blocks=268435456
8 block groups
32768 blocks per group, 32768 fragments per group
8192 inodes per group
Superblock backups stored on blocks:
 32768, 98304, 163840, 229376
Allocating group tables: done
Writing inode tables: done
Creating journal (8192 blocks): done
Writing superblocks and filesystem accounting information: done
```

最后，就像正常使用分区一样，把这个卷挂载到一个目录上即可使用。代码如下所示：

```
[root@192 ~]# mount /dev/myvg01/mylv01  /opt
[root@192 ~]# df -h
Filesystem                   Size  Used Avail Use% Mounted on
/dev/mapper/centos-root      6.2G  5.3G  986M  85% /
```

```
devtmpfs                    484M     0  484M   0% /dev
tmpfs                       496M     0  496M   0% /dev/shm
tmpfs                       496M  7.1M  489M   2% /run
tmpfs                       496M     0  496M   0% /sys/fs/cgroup
/dev/sda1                  1014M  143M  872M  15% /boot
tmpfs                       100M     0  100M   0% /run/user/0
/dev/mapper/myvg01-mylv01   976M  2.6M  907M   1% /opt
```

9.4.3 逻辑卷 LVM 自由伸缩在线扩充

最后这个小节，我们就来看 LVM 的关键功能，即在线自由扩展硬盘。在 9.4.2 小节中陆续地创建了 pv（物理卷），创建了 vg（卷组），最后创建了卷。当前的状况如图 9.77 所示。

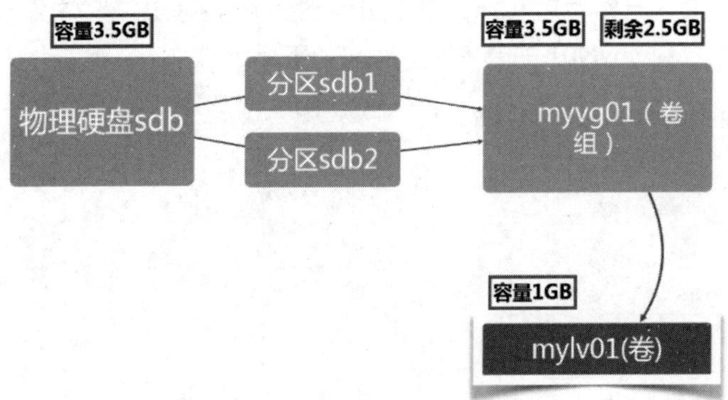

图 9.77　在线扩展硬盘分区

假设现在 mylv01 卷（1GB）容量不够，需要扩大，使用 lvextend 把卷 mylv01 的容量扩大 2.5GB，这样一来仓库也满了。代码如下所示：

```
[root@192 ~]# lvextend -L +2.5G /dev/myvg01/mylv01
  Size of logical volume myvg01/mylv01 changed from 1.00 GiB (256 extents) to 3.50
GiB (896 extents).
  Logical volume myvg01/mylv01 successfully resized.
```

执行完上面的命令后，用 df -h 看一下。代码如下所示：

```
 [root@192 ~]# df -h
/dev/mapper/myvg01-mylv01   976M  2.6M  907M   1% /opt
```

卷没有扩大，还是 1GB，其实并没有失败，只是少了一个非常关键的步骤，就是 resize2fs 命令，用来把扩容出来的空间填补文件系统。如图 9.78 所示，不管一个普通分区，还是一个卷，只要是空间临时增大，就必须使用 resize2fs 命令填补文件系统，不然的话，Linux 不认同多出来的空间。

resize2fs 与以前用法一样，只不过现在是针对一个卷操作。代码如下所示：

```
[root@192 ~]# resize2fs /dev/myvg01/mylv01
resize2fs 1.42.9 (28-Dec-2013)
Filesystem at /dev/myvg01/mylv01 is mounted on /opt; on-line resizing required
old_desc_blocks = 1, new_desc_blocks = 1
The filesystem on /dev/myvg01/mylv01 is now 917504 blocks long.
[root@192 ~]# df -h
/dev/mapper/myvg01-mylv01  3.5G  4.0M  3.3G   1% /opt
```

这样就成功地把卷 mylv01 扩容到 3.5GB。虽然卷 mylv01 扩容成功，可是当前的大仓库也已用尽。假如过段日子这个卷的空间又不够用，怎么办？逻辑卷有海纳百川的能力，这个大仓库随时随地可以吸收新的河流、小溪进来补充，如图 9.79 所示。

图 9.78　创建文件夹系统

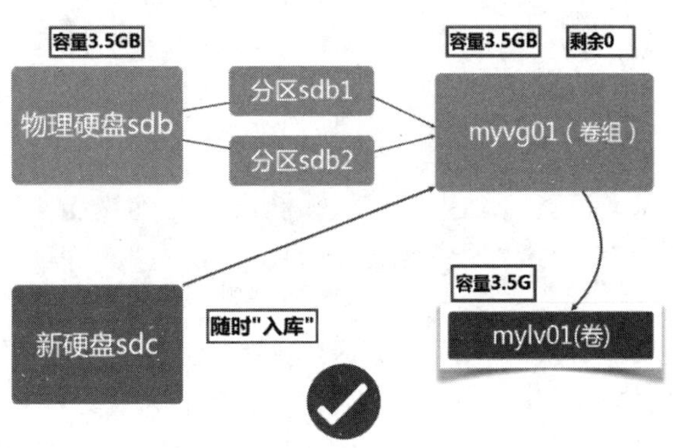

图 9.79　动态划分分区的遍历

为了实现这个功能，现在需要再给虚拟机添加一块硬盘，大米哥这里添加了一个 sdc（1GB），如图 9.80 所示。

控制器: SATA
LINUX_SERVER01.vdi
NewVirtualDisk2.vdi
NewVirtualDisk3.vdi

图 9.80　添加新硬盘

新的硬盘加好后，在 Linux 中显示为 sdc，与之前一样先创建 pv。代码如下所示：

```
[root@192 ~]# pvcreate /dev/sdc
  Physical volume "/dev/sdc" successfully created.
```

接下来，使用一个新命令叫作 vgextend（vg 代表卷组，extend 表示扩展的意思，合起来就是扩展卷组）。这个命令用来扩充 vg 卷组，相当于添加新的硬盘或者新的分区进入大仓库中。代码如下所示：

```
[root@192 ~]# vgextend myvg01 /dev/sdc
  Volume group "myvg01" successfully extended
```

添加完毕以后，再次使用 vgdisplay 来查看一下，果然卷组的容量已经增加。代码如下所示：

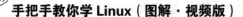

```
[root@192 ~]# vgdisplay myvg01
  --- Volume group ---
  VG Name               myvg01
  System ID
  Format                lvm2
  Metadata Areas        3
  Metadata Sequence No  4
  VG Access             read/write
  VG Status             resizable
  MAX LV                0
  Cur LV                1
  Open LV               1
  Max PV                0
  Cur PV                3
  Act PV                3
  VG Size               4.58 GiB
  PE Size               4.00 MiB
  Total PE              1173
  Alloc PE / Size       896 / 3.50 GiB
  Free  PE / Size       277 / 1.08 GiB
  VG UUID               JaIghv-qQwF-V4Jq-nnpK-ei7m-1tbw-xZVGbB
```

逻辑卷 LVM 的知识掌握这么多就足够用了，至于逻辑卷的缩小功能不再介绍，可以尝试自学。逻辑卷的扩充绝对安全，但逻辑卷的缩小确有风险。因为一个硬盘中的数据（block 块）分布并不见得是一个挨着一个，也有可能分散使用，如果把一个正在使用的卷缩小，很有可能造成数据的错位或者丢失，况且在企业中大米哥几乎从未遇到需要缩小的情况。

第 10 章

Linux 下的软件安装

在前面章节的学习过程中使用的各种命令、工具都是 Linux 操作系统自带的，也就是说 Linux 安装好以后，默认就有了如用户管理、磁盘管理、权限等相关的命令和工具。随着学习的深入，仅仅依赖这些自带的工具和命令，已经没有办法满足我们的需求，所以在这一章中来学习一下 Linux 的软件安装方法，让 Linux 拥有更多、更丰富的命令和工具。

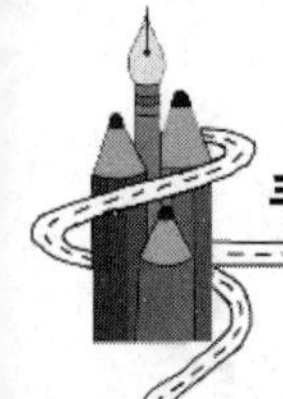

10.1　让 Linux 可以上网

既然是学习安装软件，新的软件自然是外来的。这个外面指的就是互联网。所以说，把 Linux 配置成连上互联网就是重要的前提。在本节中，我们的目标就是快速配置 Linux，让它可以连接互联网，以便后面学习软件安装。

扫一扫，看视频

10.1.1　虚拟机设置桥接网络

想让 Linux 能上网，首先要虚拟机平台能连上网，就是我们要讲的桥接网络。如图 10.1 所示，平时用计算机上网，无非就两种形式：插网线上网和使用无线 Wi-Fi 上网。无论哪种形式，都要经过一个必须的设备，那就是网卡。网卡就是让计算机可以上网的设备，而桥接网卡就是让虚拟机软件也关联到真正的网卡，就好像是虚拟机自己也有网卡一样。接下来就来设置 virtualbox 的桥接网卡。

图 10.1　桥接网络

先停止虚拟机 Linux 的运行，然后进入设置面板，如图 10.2 所示，单击“设置”按钮，再选择网络。

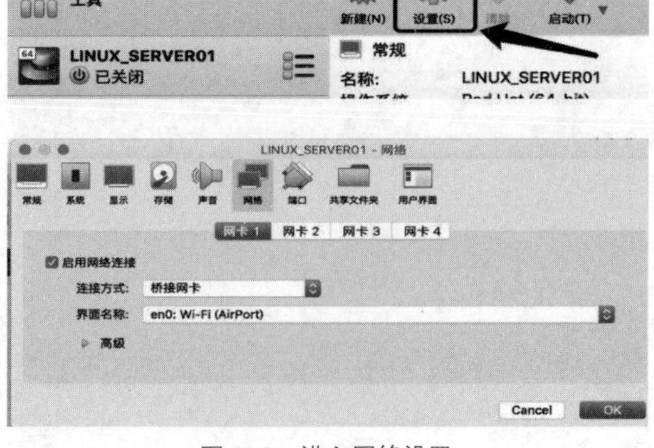

图 10.2　进入网络设置

如图 10.3 所示，选择连接方式。这里选择“桥接网卡”，然后选择网卡。

图 10.3　选择连接方式

图 10.4 的意思是选择虚拟机关联到物理机的哪一块网卡，一般情况下，默认的第一个就是要找的。

界面名称: en0: Wi-Fi (AirPort)

图 10.4　选择网卡

这里显示的是 en0: Wi-Fi，可以看出是用无线在上网。设置好以后，单击“确定”按钮保存。然后重新开启虚拟机即可生效。

10.1.2　配置网卡获取动态 IP

扫一扫，看视频

虚拟机软件设置好桥接网络后，接下来就是要配置 Linux。如图 10.5 所示，上网的关键其实就是 IP 地址的设置。IP 地址像是一个身份证，有了它才能有资格进入互联网，最常见的类似 192.168.0.100 这样的内网 IP 地址。如果想手动设置这样一个 IP 地址，对于初学者来说比较困难，因为还牵扯很多网络知识，才能最终设置正确。在这里用一个捷径，让 Linux 快速获取一个能用的 IP 地址即可。

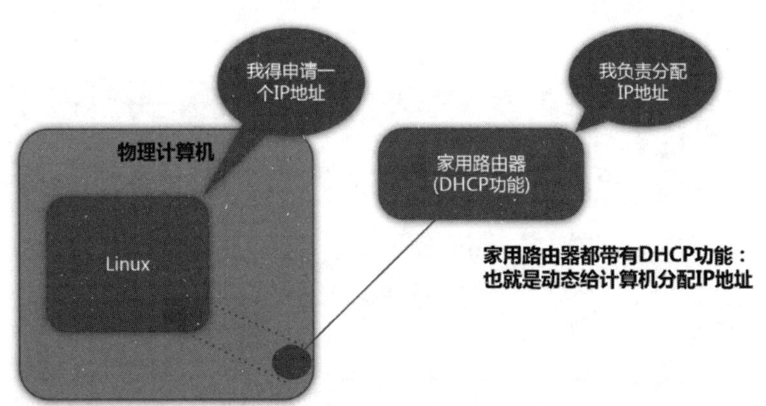

图 10.5　家里的 IP 地址怎么来的

在图 10.5 右上角，提到了一个叫作 DHCP 的功能（一般家用的路由器都有），当前只要理解为 DHCP 可以自动分配 IP 地址。所以现在的工作就是让 Linux 可以迎合 DHCP 来获取 IP 地址。接下来进入 Linux，来看一下网卡的配置文件进入下面这条路径：

```
cd /etc/sysconfig/network-scripts/
```

在这条路径中，寻找 ifcfg 开头的文件。大米哥这里有两个文件，其中 ifcfg-enp0s3 就是要修改的 Linux 网卡文件（另外一个 ifcfg-lo 是本地回环接口）。代码如下所示：

```
[root@192 network-scripts]# ls ifcfg-*
ifcfg-enp0s3  ifcfg-lo
```

需要注意的是，我们要找的这个 ifcfg-×××网卡配置文件的名字并不固定，也有可能是类似 ifcfg-eth0 这样的名字。

接下来，我们 Vim 编辑这个文件，改成图 10.6 所示的样子。

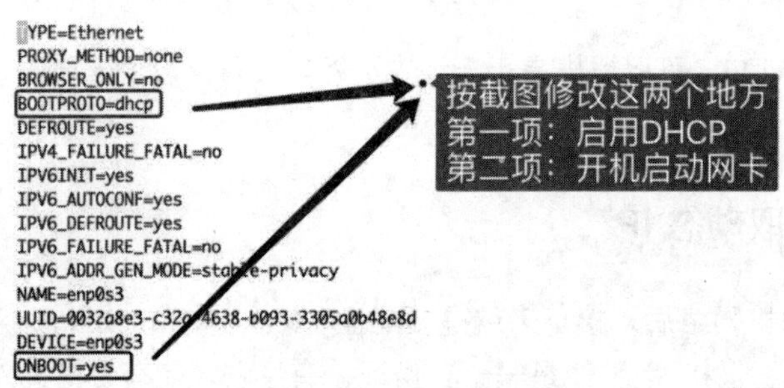

图 10.6　网卡的配置文件

在图 10.6 中，标明了两个地方需要修改：BOOTPROTO=dhcp 让网卡迎合 DHCP，自动去获取 IP 地址；ONBOOT=yes 是开机后网卡自动启动。修改好上面的配置文件后，保存退出。接下来，执行一条命令，让网卡重新启动，让新的配置生效。代码如下所示：

```
[root@192 network-scripts]# service network restart
Restarting network (via systemctl):                    [  OK  ]
```

重启网卡之后，来看看获得的 IP 地址，使用 ifconfig 命令，如图 10.7 所示。

```
[root@192 network-scripts]# ifconfig
enp0s3: flags=4163<UP,BROADCAST,RUNNING,MULTICAST>  mtu 1500
        inet 192.168.0.145  netmask 255.255.255.0  broadcast 192.168.0.255
        inet6 fe80::71df:cae... prefixlen 64  scopeid 0x20<link>
        ether 08:00:27:a0:97:ce  txqueuelen 1000  (Ethernet)
        RX packets 3894  bytes 307789 (300.5 KiB)
        RX errors 0  dropped 0  overruns 0  frame 0
        TX packets 955  bytes 100039 (97.6 KiB)
        TX errors 0  dropped 0 overruns 0  carrier 0  collisions 0
```

这就是分配的IP地址

图 10.7　查看网卡和 IP 地址

扫一扫，看视频

10.1.3　常用网络命令并检查上网成功与否

用 ping 命令检查网络通不通。之前在学习后台进程时接触过它，可以用来检查到某一个 IP 地址是否可以连通。现在用 ping 命令检查一下到某个公网 IP 地址通不通。所谓的公网 IP 地址，就是互联网上的 IP 地址。不过别人的 IP 地址，我们没有办法轻易知道，其实在当下可以忽略公网 IP 地址，取而代之的是使用域名来访问互联网。

域名就是替代 IP 地址，形成一种更方便记忆的名字。例如，www.baidu.com 就是一个域名，无须关注背后的 IP 地址是什么，只要记住这个名字就好。接下来执行命令 ping www.baidu.com，就可以得到如下所示的结果：

```
[root@192 ~]# ping www.baidu.com
PING www.baidu.com (61.135.169.125) 56(84) bytes of data.
64 bytes from 61.135.169.125 (61.135.169.125): icmp_seq=1 ttl=56 time=6.69 ms
64 bytes from 61.135.169.125 (61.135.169.125): icmp_seq=2 ttl=56 time=5.25 ms
64 bytes from 61.135.169.125 (61.135.169.125): icmp_seq=3 ttl=56 time=9.45 ms
64 bytes from 61.135.169.125 (61.135.169.125): icmp_seq=4 ttl=56 time=7.87 ms
64 bytes from 61.135.169.125 (61.135.169.125): icmp_seq=5 ttl=56 time=6.23 ms
64 bytes from 61.135.169.125 (61.135.169.125): icmp_seq=6 ttl=56 time=4.89 ms
64 bytes from 61.135.169.125 (61.135.169.125): icmp_seq=7 ttl=56 time=5.96 ms
64 bytes from 61.135.169.125 (61.135.169.125): icmp_seq=8 ttl=56 time=6.32 ms
64 bytes from 61.135.169.125 (61.135.169.125): icmp_seq=9 ttl=56 time=6.80 ms
64 bytes from 61.135.169.125 (61.135.169.125): icmp_seq=10 ttl=56 time=7.99 ms
```

如上所示，当输入 ping www.baidu.com 以后，该命令一共执行了 10 次，每一次都成功，说明网络已经通了。

命令 curl 可以被看作命令行下的简易浏览器，相当于使用浏览器来访问百度的首页。下面的输出信息叫作 http 返回码，200 就代表访问成功。代码如下所示：

```
[root@192 ~]# curl -I www.baidu.com
HTTP/1.1 200 OK
```

不过 curl 毕竟是工作在命令行上，不可能像真的浏览器那样展现出完整的网页，而仅仅是输出一部分信息而已。在日常工作中，我们常用 curl 做测试使用，看看某个网页是否可以正常打开。

最后，介绍一下 wget 命令的使用。这是一个 Linux 下常用的下载命令。使用 wget 命令+下载地址，可以将指定的文件下载到本地，除了下载文件外，也可以用于下载页面，如图 10.8 所示。

```
[root@192 down]# wget http://mirrors.zju.edu.cn/centos/7.6.1810/isos/x86_64/CentOS-7-x86_64-Minimal-1810.iso
--2019-04-13 05:39:10--  http://mirrors.zju.edu.cn/centos/7.6.1810/isos/x86_64/CentOS-7-x86_64-Minimal-1810.iso
Resolving mirrors.zju.edu.cn (mirrors.zju.edu.cn)... 210.32.158.231, 2001:da8:e000:1410:216:3eff:fe75:6c73
Connecting to mirrors.zju.edu.cn (mirrors.zju.edu.cn)|210.32.158.231|:80... connected.
HTTP request sent, awaiting response... 200 OK
Length: 962592768 (918M) [application/octet-stream]
Saving to: 'CentOS-7-x86_64-Minimal-1810.iso'

 0% [                                                    ] 1,012,669    110KB/s  eta 2h 13m ^
```

图 10.8　wget 命令下载

如图 10.9 所示，就好比之前学过的下载 Centos 镜像的站点，只要有了一个可提供下载的链接地址，就都可以使用 wget，在命令行上下载而无须在浏览器端下载。

CentOS

CentOS on the Web: CentOS.org | Mailing Lists | Mirror List | IRC | Forums | Bugs | Donate

In order to conserve the limited bandwidth available, ISO images are not downloadable from mirror.centos.org

The following mirrors in your region should have the ISO images available:

http://mirrors.zju.edu.cn/centos/7.6.1810/isos/x86_64/CentOS-7-x86_64-Minimal-1810.iso
http://mirrors.nwsuaf.edu.cn/centos/7.6.1810/isos/x86_64/CentOS-7-x86_64-Minimal-1810.iso
http://mirrors.nju.edu.cn/centos/7.6.1810/isos/x86_64/CentOS-7-x86_64-Minimal-1810.iso
http://mirror.jdcloud.com/centos/7.6.1810/isos/x86_64/CentOS-7-x86_64-Minimal-1810.iso
http://mirror.lzu.edu.cn/centos/7.6.1810/isos/x86_64/CentOS-7-x86_64-Minimal-1810.iso
http://mirrors.163.com/centos/7.6.1810/isos/x86_64/CentOS-7-x86_64-Minimal-1810.iso
http://mirrors.tuna.tsinghua.edu.cn/centos/7.6.1810/isos/x86_64/CentOS-7-x86_64-Minimal-1810.iso
http://mirrors.aliyun.com/centos/7.6.1810/isos/x86_64/CentOS-7-x86_64-Minimal-1810.iso
http://mirrors.cqu.edu.cn/CentOS/7.6.1810/isos/x86_64/CentOS-7-x86_64-Minimal-1810.iso
http://mirrors.neusoft.edu.cn/centos/7.6.1810/isos/x86_64/CentOS-7-x86_64-Minimal-1810.iso
http://ap.stykers.moe/centos/7.6.1810/isos/x86_64/CentOS-7-x86_64-Minimal-1810.iso
http://mirrors.njupt.edu.cn/centos/7.6.1810/isos/x86_64/CentOS-7-x86_64-Minimal-1810.iso
http://mirrors.cn99.com/centos/7.6.1810/isos/x86_64/CentOS-7-x86_64-Minimal-1810.iso
http://mirrors.huaweicloud.com/centos/7.6.1810/isos/x86_64/CentOS-7-x86_64-Minimal-1810.iso
http://ftp.sjtu.edu.cn/centos/7.6.1810/isos/x86_64/CentOS-7-x86_64-Minimal-1810.iso

这些地址都可以用
wget命令执行下载

图 10.9　页面上寻找下载链接

学习到这里，Linux 已经具备了上网的功能，可以继续向下推进。

10.2　Linux 下的 RPM 包管理

之前的章节中从未在 Linux 上安装过任何的软件，使用的都是自带的软件（或者命令）。如果想在 CentOS/RedHat Linux 上安装一个软件，或者是新增某个命令，最基本的方式就是通过 RPM 来安装。用 RPM 安装软件，既方便又快速。在本节中还会讲解很多企业级的 RPM 用法。

10.2.1　软件安装

大家每天都在用计算机，可能也经常在自己的计算机上安装软件。那么软件在安装时，到底做了些什么？在这里不是教你怎么安装软件，而是展示软件在安装的过程中到底都做了什么操作。用熟悉的 Windows 操作系统举例说明。如图 10.10 所示，就是平时在 Windows 上安装一个软件的大致流程。

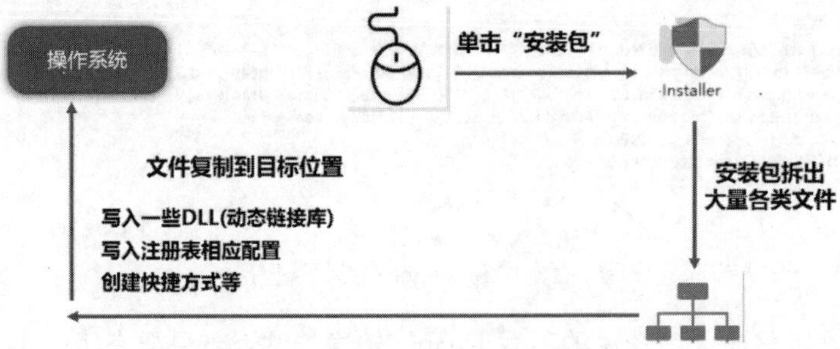

图 10.10　Windows 下的安装软件

说到底，软件的安装绝大部分内容其实是文件的复制，也就是说，把安装包中拆出来的准备好的源文件，按照指定的目录复制到操作系统中，之后再单击一个开始之类的文件，这个软件就运行起来了。典型的例子就像安装一个游戏，安装完毕后，单击“开始游戏”按钮就可以运行。

而在 Linux 下，软件的安装也跟 Windows 大同小异，其实也是把准备好的源文件从安装包中取出来，然后放到 Linux 的某条路径下面就可以使用。举个 Linux 下的例子，最简单的 ls 命令。如图 10.11 所示，虽然没有什么华丽的界面，但依然可以被运行（执行），所以它也是一个软件。

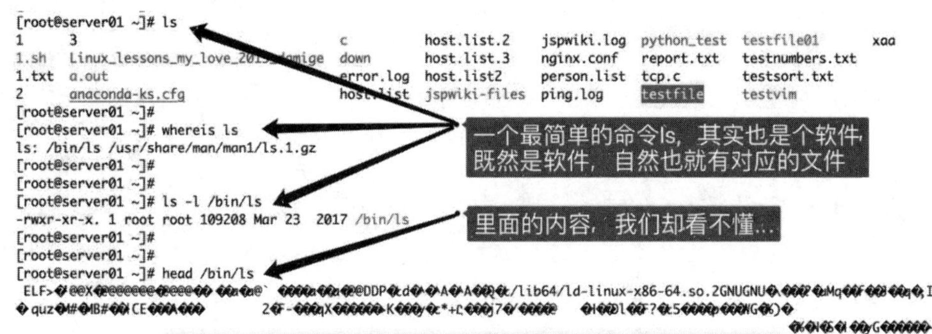

图 10.11　ls 命令的本质

在图 10.11 的最后，我们想看一看这个 ls 软件里面有什么内容，却发现读出来的都是乱码，用一个 file 命令来查看这个 ls 文件是个什么类型的文件。file 命令可以查看 Linux 下文件的详细类型。这里看到一个词 executable，就是可执行文件。

所谓可执行文件，可以先简单地理解为给最终用户准备好让用户可以直接拿来用的文件。代码如下所示：

```
[root@192 ~]# file /bin/ls
/bin/ls: ELF 64-bit LSB executable, x86-64, version 1 (SYSV), dynamically linked
(uses shared libs), for GNU/Linux 2.6.32,
```

其实刚提到的安装软件包中的文件就是这种类型。看来这个可执行文件与一般的文本文件不一样，下一小节会具体说明。

10.2.2　源代码编译与可执行文件

我们先要理解的一点是：不管一款复杂的计算机游戏，还是一个简单的 ls 命令，都是编出来的。这个编其实就是编程，说白了就是写代码。什么是代码？大家都听说过 C 语言，C 语言是个古老且经典的编程语言。Linux 下面很多的命令其实就是用 C 语言编写的。例如，ls 就是用以下这样的语言写出来的：

```
int main(int ac,char* av[])
{
   if(ac == 1)
```

```
    {
        do_ls(".",LS_NONE);
    }
    else
    {
        int mode = LS_NONE;
int have_file_param = 0;
        while(ac>1)
        {
            ac--;
            av++;
            int calMode = analyzeParam(*av);
            if(calMode!=-1)
            {
                mode+=calMode;
            }
```

看不懂上面的代码没关系，大米哥毕竟不是现在就让大家学会编程开发，只需通过这样的一个例子来大致了解一下软件的由来。像上面这样的代码也叫作源代码，可以直接放在一个文本文件中用 Vim 来编辑。

但如果把源代码直接放进一个叫 ls 的普通文件中就没办法运行。如图 10.12 所示，Linux 操作系统真正能认识的其实只有二进制可执行文件。

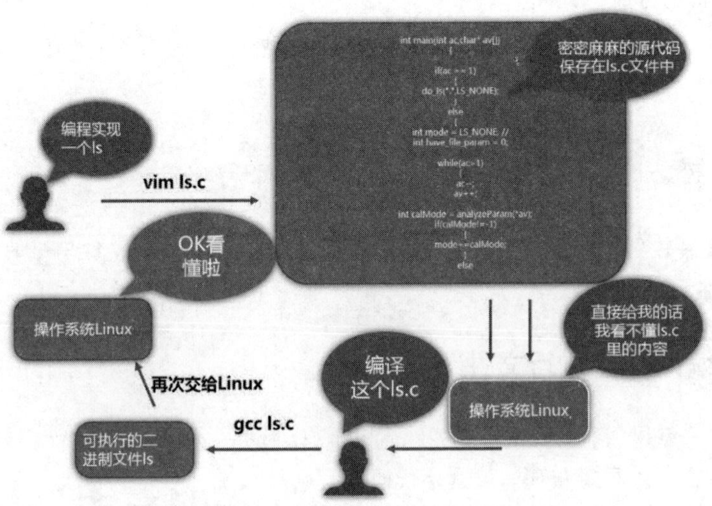

图 10.12　二进制可执行文件的由来

即便编程高手通过 C 语言编写了一个 ls.c 的源代码（用来实现 ls 的功能），如果直接把这个 ls.c 文本发给 Linux，Linux 看不懂也没办法执行，所以就出现了一个关键的概念——编译。

编译的意思就是：通过某种工具（命令），把一个源代码文件转换成二进制可执行文件，然后操作系统才可以看得懂。这里使用的工具就是 gcc——最常用的 C 语言编译器。接下来，把编译的过程演示一下，如图 10.13 所示。

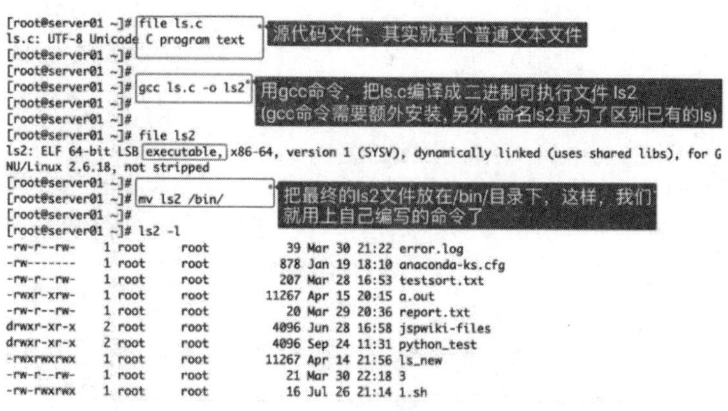

图 10.13　执行新 ls 命令

如图 10.13 所示，把一段实现 ls 功能的代码编译成可执行文件，然后就可以直接使用了。需要注意的是，读者的 Linux 上可能没有 gcc 命令，可以使用 yum -y install gcc 来安装。学到这里，我们对软件的编译就有了一定的概念。

10.2.3　Linux CentOS 下软件安装的三种途径

在 Linux 下，如果想安装一个软件，如安装一个 ls 命令，通常有三种做法，如图 10.14 所示。

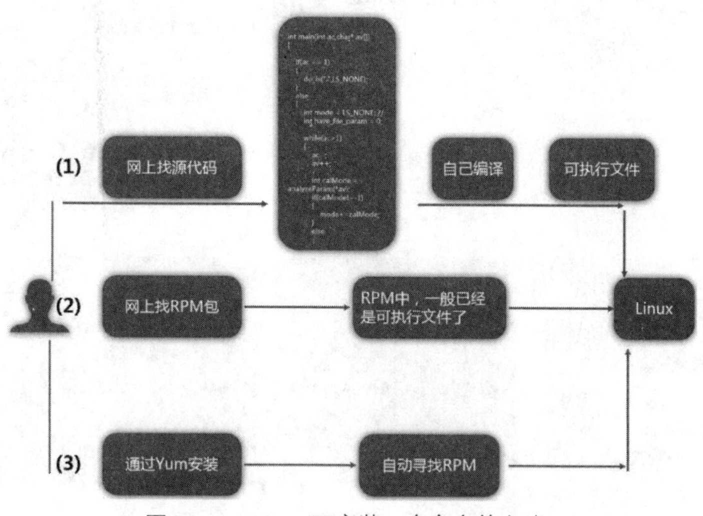

图 10.14　Linux 下安装一个命令的方法

如图 10.14 所示，假设现在想在 Linux 中安装一个 ls 命令，做法有以下三种。

第一种，源代码编译安装。

网上找 ls 的源代码，下载下来后，保存进入一个文件中，然后自己编译，把可执行文件做出来并且放到 Linux 中合适的位置。使用这种源代码编译方式来安装软件最麻烦，但这种方法却在企业中屡见不鲜，因为源代码编译的方式可以自由地定制一款软件，想要哪些功能，不想要哪些功能都可以实现。如果是高手可以读懂源代码，就可以自由修改代码中的功能，让它完全成为一款定制软件。

第二种，RPM 包安装。

先在网上查找需要的 RPM 包，它是一种软件打包的形式，通常是把已经编译好的可执行文件放在包中，下载后即可安装，方便快捷。虽然很方便，但也有不足之处。例如，RPM 包不能定制软件功能，别人编译后就定格了，不能修改。另外，RPM 包也有依赖性。

第三种，Yum 安装。

Yum 安装，其实底层走的也是 RPM 包安装，只不过这种方式更自动化、懒人化，非常方便。

以上这三种方式，先通过图 10.14 和解说大概地认识一下，接下来的小节中分开讲解。

10.2.4 RPM 包

RPM 全称是 RedHat Package Manager，从这个名称中看到了一个熟悉的词 RedHat，顾名思义，这种软件包的形式，由 RedHat 公司所创，主要应用在 RedHat 系列的 Linux（CentOS 也支持）。那么 RPM 是什么样？通过图 10.15 快速入门。

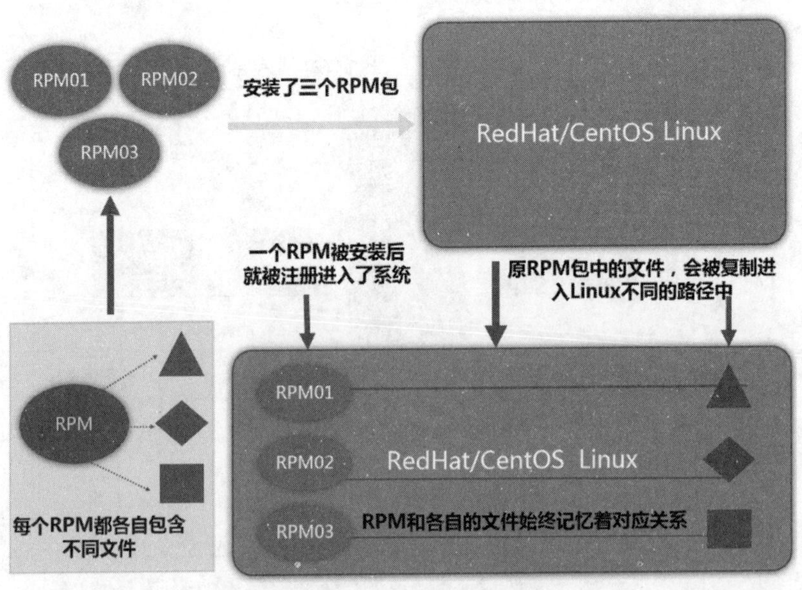

图 10.15　RPM 工作示意图

如图 10.15 所示，从左下角顺时针方向来看，其中主要强调了关于 RPM 的三个特点：

第一，在 Linux 下，RPM 也是一种文件，只不过它是一种打包文件。每个 RPM 包中都包含了不同的文件（可执行文件、普通文件等）。

第二，一旦 RPM 包安装到 Linux 操作系统中，就等于注册进去了。Linux 会记住所有安装上的 RPM 包。

第三，假设一个 RPM 包中包含 A、B 两个文件，当 RPM 包被安装后，RPM 包和 A、B 两个文件会始终保持着一种连带关系。也就是说，无论何时都可以查到 A、B 这两个文件来自 RPM 包。

10.2.5　RPM 包的各种查询操作

接下来进入实践中，开始接触 RPM 的基本操作。第一个示例，查询当前 Linux 下安装了哪些 RPM 包，总共安装了多少个。使用 rpm 命令，rpm -qa 用来查询当前系统中安装了哪些 RPM。代码如下所示：

```
[root@server01 ~]# rpm -qa
...
vim-filesystem-7.4.629-5.el6_8.1.x86_64
libXft-2.3.2-1.el6.x86_64
gnutls-2.12.23-21.el6.x86_64
pixman-0.32.8-1.el6.x86_64
libcom_err-1.41.12-23.el6.x86_64
gdk-pixbuf2-2.24.1-6.el6_7.x86_64
krb5-libs-1.10.3-65.el6.x86_64
java_cup-0.10k-5.el6.x86_64
libuuid-2.17.2-12.28.el6.x86_64
classpathx-mail-1.1.1-9.4.el6.noarch
nss-softokn-3.14.3-23.3.el6_8.x86_64
regexp-1.5-4.4.el6.x86_64
libss-1.41.12-23.el6.x86_64
mx4j-3.0.1-9.13.el6.noarch
psmisc-22.6-24.el6.x86_64
mysql-connector-java-5.1.17-6.el6.noarch
coreutils-8.4-46.el6.x86_64
jenkins-2.130-1.1.noarch
ca-certificates-2016.2.10-65.4.el6.noarch
...
```

如上操作后，会出来很多，需要借助管道符来看。代码如下所示：

```
[root@server01 ~]# rpm -qa | wc -l
478
```

可以看到，当前系统中一共安装了 478 个 RPM 包。需要说明的是，这些 RPM 包都是当初在安装

Linux 操作系统时被安装进来的。安装时选择最小化安装或者最大化安装，最终都会体现在 RPM 包数量的不同上。所以从这里也可以看出来，RedHat 系列的 Linux 基本上由这些 RPM 组成一个庞大的文件结构。

第二个示例，学会查看文件和 RPM 包的关联。现在我们知道 Linux CentOS 大部分的自带软件、命令都是由这一堆 RPM 包安装。那怎么来查看，如某一个文件或者某一个命令，具体是由哪个 RPM 包安装得来的？示例如图 10.16 所示。

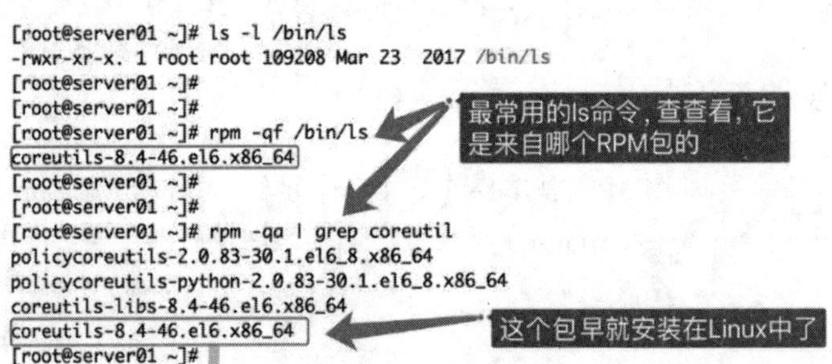

图 10.16　RPM 包查看文件的归属

如图 10.16 所示，使用 rpm -qf +文件就可以知道这个文件来自哪个 RPM 包，这就是所谓的确认 RPM 包和文件的连带关系。

借用上面的例子，如图 10.17 所示，我们现在已经确认了/bin/ls 来自 RPM:coreutils，不过这个 RPM 包难道就为了安装 ls 一个命令，还有其他的东西在包里吗？

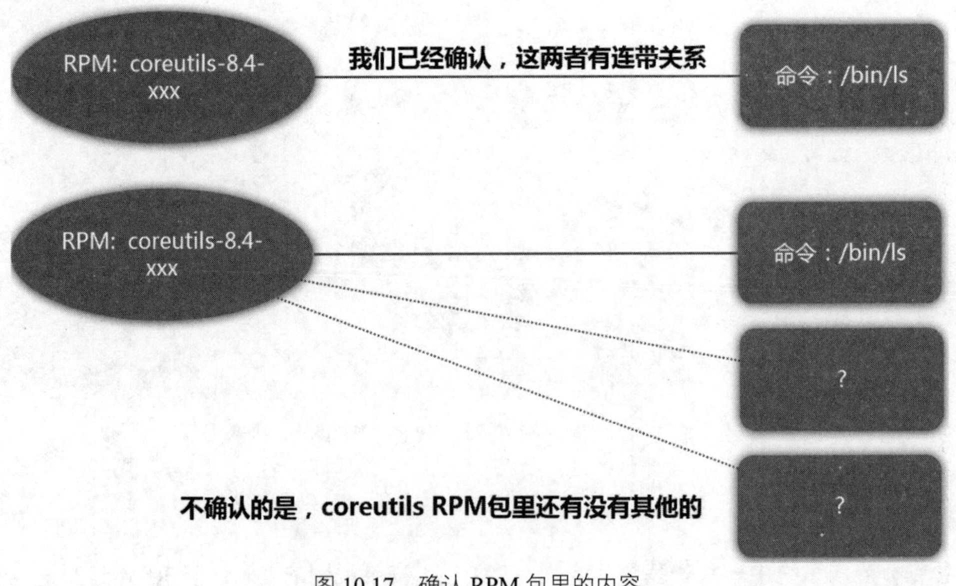

图 10.17　确认 RPM 包里的内容

使用 rpm -ql +完整 RPM 包的名称，可以查看这个已安装的 RPM 包中都包含了哪些内容。代码如下所示：

```
[root@server01 ~]# rpm -ql coreutils-8.4-46.el6.x86_64
/bin/arch
/bin/basename
/bin/cat
/bin/chgrp
/bin/chmod
/bin/chown
/bin/cp
/bin/cut
/bin/date
/bin/dd
/bin/df
/bin/echo
/bin/env
/bin/false
/bin/link
/bin/ln
/bin/ls
/bin/mkdir
/bin/mknod
/bin/mktemp
/bin/mv
/bin/nice
/bin/pwd
/bin/readlink
/bin/rm
/bin/rmdir
/bin/sleep
/bin/sort
/bin/stty
/bin/su
/bin/sync
/bin/touch
/bin/true
/bin/uname
/bin/unlink
/etc/DIR_COLORS
/etc/DIR_COLORS.256color
```

```
/etc/DIR_COLORS.lightbgcolor
/etc/pam.d/runuser
/etc/pam.d/runuser-l
/etc/pam.d/su
/etc/pam.d/su-l
/etc/profile.d/colorls.csh
/etc/profile.d/colorls.sh
/sbin/runuser
/usr/bin/[
/usr/bin/base64
/usr/bin/chcon
/usr/bin/cksum
/usr/bin/comm
/usr/bin/csplit
/usr/bin/cut
/usr/bin/dir
/usr/bin/dircolors
...
```

如上所示，这个 coreutils RPM 包不止为了安装一个 ls 命令，还包含了其他很多东西。其中可以看到有大量的/bin/下的各种常用命令、/usr/bin/下的命令、/etc/下的一些配置文件和脚本等。从包含的这些文件来看，这个 RPM 包像是一个 Linux 的基础命令包，但不能 100%确定。

查看一下这个 RPM 包的官方介绍或者说是描述信息，如图 10.18 所示。

```
[root@server01 ~]# rpm -qi coreutils-8.4-46.el6.x86_64
Name        : coreutils                    Relocations: (not relocatable)
Version     : 8.4                               Vendor: CentOS
Release     : 46.el6                        Build Date: Thu Mar 23 02:56:16 2017
Install Date: Fri Jun  9 16:23:45 2017        Build Host: c1bm.rdu2.centos.org
Group       : System Environment/Base       Source RPM: coreutils-8.4-46.el6.src.rpm
Size        : 12873032                         License: GPLv3+
Signature   : RSA/SHA1, Thu Mar 23 22:58:56 2017, Key ID 0946fca2c105b9de
Packager    : CentOS BuildSystem <http://bugs.centos.org>
URL         : http://www.gnu.org/software/coreutils/
Summary     : A set of basic GNU tools commonly used in shell scripts
Description :
These are the GNU core utilities.  This package is the combination of
the old GNU fileutils, sh-utils, and textutils packages.
```

图 10.18　查看 RPM 包整体信息

图 10.18 使用 rpm -qi +RPM 的完整名称就可以查看这个 RPM 包的总体概述信息。其中能看到诸如 RPM 包的版本、日期、发行商、描述、网站等重要的信息。现在可以 100%确认这个 RPM 包就是 CentOS 下的一个基础 Shell 命令包。

以上介绍的这几种 RPM 的查询操作都是平时工作中频繁使用到的，一定要在理解的基础上多多练习。

10.2.6　快速安装和卸载 RPM 包

安装一个 RPM 包的操作非常简单且固定。Vim 编辑器很熟悉了，它也是通过 RPM 包安装，下面安装一下 Vim 的 RPM 包。首先，需要找地方下载这个 RPM 包，推荐一个网址：centos.pkgs.org，作为一个社区包站点，读者可以到这里来下载需要的 RPM 包。

第一步，去 centos.pkgs.org 搜索 vim-enhanced 关键词，然后下载这个 RPM 包。

```
wget http://mirror.centos.org/centos/6/os/x86_64/Packages/vim-enhanced-7.4.629-5.el6_8.1.x86_64.rpm
```

第二步，用 rpm 命令来安装。代码如下所示：

```
[root@server01 down2]# rpm -ivh vim-enhanced-7.4.629-5.el6_8.1.x86_64.rpm
Preparing...                ########################################### [100%]
package vim-enhanced-2:7.4.629-5.el6_8.1.x86_64 is already installed
```

如上所示，vim-enhanced RPM 包在系统中已经存在，不能重复安装。

第三步，先卸载掉原来的 RPM 包，然后重新再安装一遍。卸载使用 -e 参数即可。代码如下所示：

```
[root@server01 ~]# rpm -e vim-enhanced-7.4.629-5.el6_8.1.x86_64
```

第四步，再重复安装流程即可。代码如下所示：

```
[root@server01 down2]# rpm -ivh vim-enhanced-7.4.629-5.el6_8.1.x86_64.rpm
Preparing...                ########################################### [100%]
   1:vim-enhanced           ########################################### [100%]
```

10.2.7　RPM 包的安装案例分析

通过上一小节的学习，看来安装和卸载 RPM 包简单快速。本小节举一个复杂的 RPM 包安装例子，用之前的 coreutils 这个 RPM 包来说明。先下载 RPM 包。代码如下所示：

```
[root@server01 ~]# wget http://mirror.centos.org/centos/6/os/x86_64/Packages/
coreutils-8.4-47.el6.x86_64.rpm
```

下载完成后，尝试直接安装却失败。代码如下所示：

```
[root@server01 down2]# rpm -ivh coreutils-8.4-47.el6.x86_64.rpm
error: Failed dependencies:
coreutils-libs - 8.4-47.el6 is needed by coreutils-8.4-47.el6.x86_64
```

分析一下上面的错误提示：依赖关系出错，coreutils-8.4-47 包需要同时安装 coreutils-libs-8.4-47 包才可以。这里遇到了一个 RPM 包安装的经典问题——RPM 包的依赖关系问题。简单地说，就是一个 RPM

包需要和别的包一起才能允许运行安装。

明白问题所在后就来解决它，下载这个依赖的 coreutils-libs 包。代码如下所示：

```
[root@server01 down2]# wget
http://mirror.centos.org/centos/6/os/x86_64/Packages/coreutils-libs-8.4-47.el6.x
86_64.rpm
```

下载好以后，用 rpm 命令把两个包同时安装。代码如下所示：

```
rpm -ivh coreutils-libs-8.4-47.el6.x86_64.rpm coreutils-8.4-47.el6.x86_64.rpm
Preparing...                ########################################### [100%]
 file /usr/lib64/coreutils/libstdbuf.so from install of coreutils-libs-8.4-47
.el6.x86_64 conflicts with file from package coreutils-libs-8.4-46.el6.x86_64
 file /bin/arch from install of coreutils-8.4-47.el6.x86_64 conflicts with file from
package coreutils-8.4-46.el6.x86_64
 file /bin/basename from install of coreutils-8.4-47.el6.x86_64 conflicts with file
from package coreutils-8.4-46.el6.x86_64
 file /bin/cat from install of coreutils-8.4-47.el6.x86_64 conflicts with file from
package coreutils-8.4-46.el6.x86_64
 file /bin/chgrp from install of coreutils-8.4-47.el6.x86_64 conflicts with file from
package coreutils-8.4-46.el6.x86_64
 file /bin/chmod from install of coreutils-8.4-47.el6.x86_64 conflicts with file from
package coreutils-8.4-46.el6.x86_64
 file /bin/chown from install of coreutils-8.4-47.el6.x86_64 conflicts with file from
package coreutils-8.4-46.el6.x86_64
 file /bin/cp from install of coreutils-8.4-47.el6.x86_64 conflicts with file from
package coreutils-8.4-46.el6.x86_64
 file /bin/cut from install of coreutils-8.4-47.el6.x86_64 conflicts with file from
package coreutils-8.4-46.el6.x86_64
 file /bin/date from install of coreutils-8.4-47.el6.x86_64 conflicts with file from
package coreutils-8.4-46.el6.x86_64
 file /bin/dd from install of coreutils-8.4-47.el6.x86_64 conflicts with file from
package coreutils-8.4-46.el6.x86_64
 file /bin/df from install of coreutils-8.4-47.el6.x86_64 conflicts with file from
package coreutils-8.4-46.el6.x86_64
 file /bin/echo from install of coreutils-8.4-47.el6.x86_64 conflicts with file from
package coreutils-8.4-46.el6.x86_64
 file /bin/env from install of coreutils-8.4-47.el6.x86_64 conflicts with file from
package coreutils-8.4-46.el6.x86_64
 file /bin/false from install of coreutils-8.4-47.el6.x86_64 conflicts with file from
package coreutils-8.4-46.el6.x86_64
```

```
file /bin/link from install of coreutils-8.4-47.el6.x86_64 conflicts with file from
package coreutils-8.4-46.el6.x86_64
file /bin/ln from install of coreutils-8.4-47.el6.x86_64 conflicts with file from
package coreutils-8.4-46.el6.x86_64
file /bin/ls from install of coreutils-8.4-47.el6.x86_64 conflicts with file from
package coreutils-8.4-46.el6.x86_64
```

如上所示，又报错了，还是大批错误。分析错误提示：coreutils-8.4-46 和 coreutils-8.4-47 冲突了（conflicts：冲突）。用 rpm 命令查看一下是不是之前的 Linux 操作系统已经安装过一个 coreutils 的 RPM 包。代码如下所示，当前 Linux 中已经有了 coreutils 和 coreutils-libs 的 RPM 包。

```
[root@server01 ~]# rpm -qa | grep coreutils
coreutils-libs-8.4-46.el6.x86_64
coreutils-8.4-46.el6.x86_64
```

那可以把原本两个包都卸载掉再安装新的包。RPM 包卸载，使用-e 参数。代码如下所示：

```
[root@server01 ~]# rpm -e coreutils-8.4-46.el6.x86_64 coreutils-libs-8.4-46
.el6.x86_64
error: Failed dependencies:
fileutils is needed by (installed) xinetd-2:2.3.14-40.el6.x86_64
fileutils is needed by (installed) nfs-utils-1:1.2.3-78.el6.x86_64
fileutils is needed by (installed) mysql-5.1.73-8.el6_8.x86_64
mktemp is needed by (installed) groff-1.18.1.4-21.el6.x86_64
mktemp is needed by (installed) gzip-1.3.12-24.el6.x86_64
mktemp is needed by (installed) initscripts-9.03.58-1.el6.centos.1.x86_64
mktemp >= 1.5-5 is needed by (installed) dracut-004-409.el6_8.2.noarch
mktemp is needed by (installed) grub-1:0.97-99.el6.x86_64
mktemp >= 1.5-2.1.5x is needed by (installed) man-1.6f-39.el6.x86_64
mktemp is needed by (installed) openssl098e-0.9.8e-20.el6.centos.1.x86_64
mktemp is needed by (installed) redhat-rpm-config-9.0.3-51.el6.centos.noarch
sh-utils is needed by (installed) module-init-tools-3.9-26.el6.x86_64
sh-utils is needed by (installed) nfs-utils-1:1.2.3-78.el6.x86_64
sh-utils is needed by (installed) mysql-server-5.1.73-8.el6_8.x86_64
textutils is needed by (installed) nfs-utils-1:1.2.3-78.el6.x86_64
coreutils is needed by (installed) plymouth-scripts-0.8.3-29.el6.centos.x86_64
coreutils is needed by (installed) ca-certificates-2016.2.10-65.4.el6.noarch
coreutils is needed by (installed) openssl-1.0.1e-57.el6.x86_64
coreutils is needed by (installed) policycoreutils-2.0.83-30.1.el6_8.x86_64
coreutils is needed by (installed) dracut-004-409.el6_8.2.noarch
coreutils >= 5.92 is needed by (installed) logrotate-3.7.8-28.el6.x86_64
coreutils is needed by (installed) man-1.6f-39.el6.x86_64
```

```
coreutils is needed by (installed) fontconfig-2.8.0-5.el6.x86_64
coreutils is needed by (installed) jpackage-utils-0:1.7.5-3.16.el6.noarch
coreutils is needed by (installed) hicolor-icon-theme-0.11-1.1.el6.noarch
coreutils is needed by (installed) rpm-4.8.0-59.el6.x86_64
coreutils is needed by (installed) systemtap-client-2.9-9.el6.x86_64
coreutils is needed by (installed) tcsh-6.17-38.el6.x86_64
/bin/basename is needed by (installed) jdk1.8-2000:1.8.0_171-fcs.x86_64
/bin/cat is needed by (installed) jdk1.8-2000:1.8.0_171-fcs.x86_64
/bin/cp is needed by (installed) jdk1.8-2000:1.8.0_171-fcs.x86_64
/bin/ln is needed by (installed) jdk1.8-2000:1.8.0_171-fcs.x86_64
/bin/ls is needed by (installed) jdk1.8-2000:1.8.0_171-fcs.x86_64
/bin/mkdir is needed by (installed) jdk1.8-2000:1.8.0_171-fcs.x86_64
/bin/mv is needed by (installed) jdk1.8-2000:1.8.0_171-fcs.x86_64
/bin/pwd is needed by (installed) jdk1.8-2000:1.8.0_171-fcs.x86_64
/bin/rm is needed by (installed) jdk1.8-2000:1.8.0_171-fcs.x86_64
/bin/sort is needed by (installed) jdk1.8-2000:1.8.0_171-fcs.x86_64
/bin/touch is needed by (installed) jdk1.8-2000:1.8.0_171-fcs.x86_64
/sbin/runuser is needed by (installed) initscripts-9.03.58-1.el6.centos.1.x86_64
/usr/bin/cut is needed by (installed) jdk1.8-2000:1.8.0_171-fcs.x86_64
/usr/bin/dirname is needed by (installed) jdk1.8-2000:1.8.0_171-fcs.x86_64
/usr/bin/env is needed by (installed) python-libs-2.6.6-66.el6_8.x86_64
/usr/bin/env is needed by (installed) rubygem-json-1.5.5-3.el6.x86_64
/usr/bin/env is needed by (installed) puppet-3.8.7-1.el6.noarch
/usr/bin/env is needed by (installed) subversion-1.6.11-15.el6_7.x86_64
/usr/bin/env is needed by (installed) nfs-utils-1:1.2.3-78.el6.x86_64
/usr/bin/env is needed by (installed) glusterfs-server-3.8.7-1.el6.x86_64
/usr/bin/expr is needed by (installed) jdk1.8-2000:1.8.0_171-fcs.x86_64
/usr/bin/tail is needed by (installed) jdk1.8-2000:1.8.0_171-fcs.x86_64
/usr/bin/tr is needed by (installed) jdk1.8-2000:1.8.0_171-fcs.x86_64
/usr/bin/wc is needed by (installed) jdk1.8-2000:1.8.0_171-fcs.x86_64
```

如上所示，又是大批的错误，错误的根源是 coreutils 包被很多其他的 RPM 包依赖着，不允许卸载。注意，原本自带的 coreutils 和 coreutils-libs 都是 8.4-46 版本，现在下载的是 8.4-47 版本。所以，其实可以使用 rpm 命令升级的方式来解决。rpm -Uvh 是升级常用的参数，后面接上下载下来的两个 RPM 包名字：

```
[root@server01 down2]# rpm -Uvh coreutils-libs-8.4-47.el6.x86_64.rpm
coreutils-8.4-47.el6.x86_64.rpm
Preparing...                ########################################### [100%]
   1:coreutils              ########################################### [ 50%]
   2:coreutils-libs         ########################################### [100%]
[root@server01 down2]#
[root@server01 down2]# rpm -qa | grep coreutils
```

```
coreutils-8.4-47.el6.x86_64
coreutils-libs-8.4-47.el6.x86_64
```

终于安装成功。从这个案例可以看出 RPM 包的安装其实并不简单，主要是烦琐的依赖关系让人抓狂，在 10.3 节会学到解决这个问题的方法（Yum）。

10.2.8　创建属于自己的 RPM 包

总去下载别人创建的 RPM 包很不方便，其实可以自己创建 RPM 包。创建 RPM 包的步骤比较烦琐，大米哥做了一些简化，可以快速入门 RPM 包的制作。如图 10.19 所示，制作一个 RPM 包前，先确定目标，也就是希望这个 RPM 包实现什么样的功能。

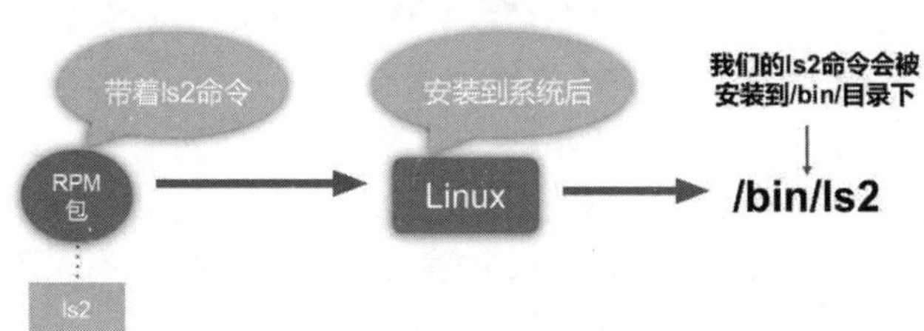

图 10.19　确定制作 RPM 包的目标

在这里用了之前的例子，希望这个 RPM 包把 ls2 命令打包进去，一旦安装这个 RPM 包后，ls2 命令就会被放到/bin/目录下，就可以直接使用。

确定了任务目标，接下来学习制作 RPM 包的流程。如图 10.20 所示是创建一个 RPM 包的最快流程图，当前的目的就是先做出一个最简单的 RPM 包。

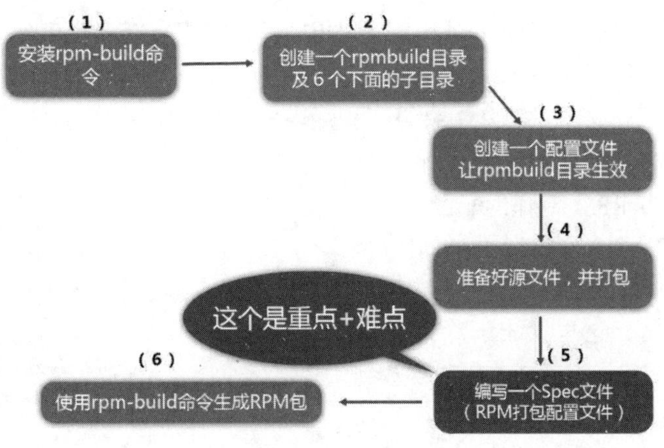

图 10.20　RPM 包创建的最快流程

把图 10.20 拆分成以下几个步骤。

第一步，既然是 RPM 包制作，先安装一个制作 RPM 包相关的工具，即 rpm-build。用下面的命令快速安装上这个工具。

```
[root@server01 ~]# yum -y install rpm-build
```

第二步，在/root/下，创建一个目录叫作 rpmbuild，这个目录很重要，作为 RPM 包创建的工作目录，所有与 RPM 包制作有关的各类文件和子目录都放在这下面。在 rpmbuild 目录下分别创建 6 个子目录，这是 RPM 包制作的一种标准。代码如下所示：

```
mkdir -pv ~/rpmbuild/{BUILD,BUILDROOT,RPMS,SOURCES,SPECS,SRPMS}
```

第三步，通过创建一个配置文件，让/root/rpmbuild 目录生效。代码如下所示：

```
echo ~/rpmbuild > ~/.rpmmacros
```

第四步，准备好原始文件（要放入 RPM 包中的 ls 命令文件），原始文件要经过一个 tar 的打包压缩的过程才算准备好。tar 本身是一个 Linux 下的命令，它可以把一堆文件或者目录变成一个总的文件。

举个例子：tar -cvf etc.tar /etc/命令的意思是把/etc/下面所有的东西（包括 etc 目录本身）全都打包成一个文件，给这个文件起个名字叫 etc.tar。如果想把 etc.tar 还原，用 tar -xvf etc.tar 命令即可。除此之外，tar 还支持压缩。例如，tar -cvzf etc.tar.gz /etc/的意思是先把/etc/下所有东西打包成一个文件 etc.tar，然后再把 etc.tar 文件压缩一下，成为 etc.tar.gz。

言归正传，把 ls2 这个文件打包并压缩，这是 RPM 包制作规定。代码如下所示：

```
[root@server01 ~]# tar -cvzf ls2.tar.gz ls2
```

可以用 file 命令查看一下生成的文件的格式，这种叫作 gzip 压缩。代码如下所示：

```
[root@server01 ~]# file ls2.tar.gz
ls2.tar.gz: gzip compressed data, from Unix, last modified: Thu Apr 18 04:47:36 2019
```

然后，把这个压缩文件放入 rpmbuild 中的 SOURCES 目录中，作为源文件。代码如下所示：

```
[root@server01 ~]# mv -v ls2.tar.gz /root/rpmbuild/SOURCES/
'ls2.tar.gz' -> `/root/rpmbuild/SOURCES/ls2.tar.gz'
```

第五步，准备 RPM 包制作的 Spec 文件，这个 Spec 文件可以理解为 RPM 制作的配置文件。在这个文件中，可以定义具体做成什么样的 RPM 包。图 10.21 解释了 Spec 文件都应该有什么内容。

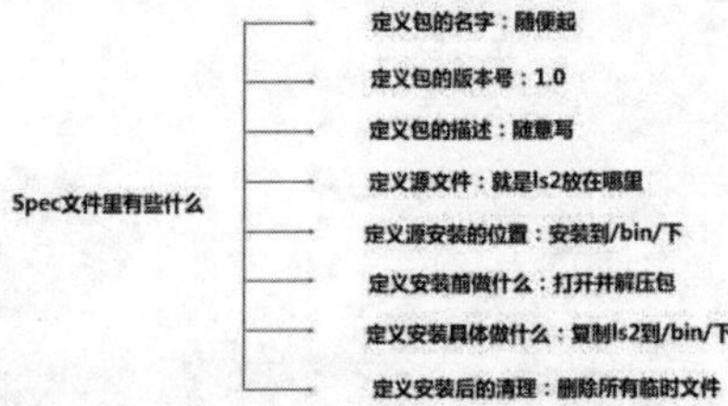

图 10.21　Spec 文件应有的内容

有了上面的概念后，这里给出一个写好的 Spec 模板，可以直接使用。把下面这段内容放到 rpmbuild/SPECS/demo.spec 文件中，并保存。

参考图 10.21 中的定义，顺序地从上往下看，先找到 Source（定义源文件在哪里，这个例子中就是 ls2.tar.gz），再找到 install（具体怎么来安装），最后找到 clean（安装之后的动作）。代码如下所示：

```
Name:ls2
Version:1.0
Release:1.1
Summary:ls
License:GPL
Source: /root/rpmbuild/SOURCES/ls2.tar.gz
%define    userpath /bin/
%description
learn how to build a rpm
%prep
%setup -c
%install
mkdir -p $RPM_BUILD_ROOT%{userpath}
install -m 755 ls2 $RPM_BUILD_ROOT%{userpath}
%clean
rm -rf $RPM_BUILD_ROOT
rm -rf $RPM_BUILD_ROOT/%{name}-%{version}
%files
%defattr(-, root, root)
%{userpath}
```

第六步，模板保存好以后，接下来就可以用 rpmbuild 命令来创建 RPM 包。开始执行 rpmbuild 命令后，它会把中间的安装过程打印在输出上，如果这个执行过程最后执行到 exit 0，就表示成功。代码如下所示：

```
[root@server01 ~]# rpmbuild -ba rpmbuild/SPECS/demo.spec
Executing(%prep): /bin/sh -e /var/tmp/rpm-tmp.BM27tQ
+ umask 022
+ cd /root/rpmbuild/BUILD
+ LANG=C
+ export LANG
+ unset DISPLAY
+ cd /root/rpmbuild/BUILD
+ rm -rf ls2-1.0
+ /bin/mkdir -p ls2-1.0
+ cd ls2-1.0
+ /bin/tar -xvvf -
+ /usr/bin/gzip -dc /root/rpmbuild/SOURCES/ls2.tar.gz
-rwxr-xrw- root/root     11267 2019-04-15 20:18 ls2
```

```
+ STATUS=0
+ '[' 0 -ne 0 ']'
+ /bin/chmod -Rf a+rX,u+w,g-w,o-w .
+ exit 0
Executing(%install): /bin/sh -e /var/tmp/rpm-tmp.CkoHFs
+ umask 022
+ cd /root/rpmbuild/BUILD
+ '[' /root/rpmbuild/BUILDROOT/ls2-1.0-1.1.x86_64 '!=' / ']'
+ rm -rf /root/rpmbuild/BUILDROOT/ls2-1.0-1.1.x86_64
++ dirname /root/rpmbuild/BUILDROOT/ls2-1.0-1.1.x86_64
+ mkdir -p /root/rpmbuild/BUILDROOT
+ mkdir /root/rpmbuild/BUILDROOT/ls2-1.0-1.1.x86_64
+ cd ls2-1.0
+ LANG=C
+ export LANG
+ unset DISPLAY
+ mkdir -p /root/rpmbuild/BUILDROOT/ls2-1.0-1.1.x86_64/bin/
+ install -m 755 ls2 /root/rpmbuild/BUILDROOT/ls2-1.0-1.1.x86_64/bin/
+ /usr/lib/rpm/check-buildroot
+ /usr/lib/rpm/redhat/brp-compress
+ /usr/lib/rpm/redhat/brp-strip /usr/bin/strip
+ /usr/lib/rpm/redhat/brp-strip-static-archive /usr/bin/strip
+ /usr/lib/rpm/redhat/brp-strip-comment-note /usr/bin/strip /usr/bin/objdump
+ /usr/lib/rpm/brp-python-bytecompile /usr/bin/python
+ /usr/lib/rpm/redhat/brp-python-hardlink
+ /usr/lib/rpm/redhat/brp-java-repack-jars
Processing files: ls2-1.0-1.1.x86_64
Requires(rpmlib): rpmlib(CompressedFileNames) <= 3.0.4-1 rpmlib(FileDigests) <=
4.6.0-1 rpmlib(PayloadFilesHavePrefix) <= 4.0-1
Requires: libc.so.6()(64bit) libc.so.6(GLIBC_2.2.5)(64bit) rtld(GNU_HASH)
Checking for unpackaged file(s): /usr/lib/rpm/check-files
/root/rpmbuild/BUILDROOT/ls2-1.0-1.1.x86_64
Wrote: /root/rpmbuild/SRPMS/ls2-1.0-1.1.src.rpm
Wrote: /root/rpmbuild/RPMS/x86_64/ls2-1.0-1.1.x86_64.rpm
Executing(%clean): /bin/sh -e /var/tmp/rpm-tmp.EIVDVk
+ umask 022
+ cd /root/rpmbuild/BUILD
+ cd ls2-1.0
+ rm -rf /root/rpmbuild/BUILDROOT/ls2-1.0-1.1.x86_64
+ rm -rf /root/rpmbuild/BUILDROOT/ls2-1.0-1.1.x86_64/ls2-1.0
+ exit 0
```

执行完毕后，RPM 包会生成在/root/rpmbuild/RPMS/x86_64/ls2-1.0-1.1.x86_64.rpm 中，剩下的工作就是安装并检查结果。代码如下所示：

```
[root@server01 ~]# rpm -ivh rpmbuild/RPMS/x86_64/ls2-1.0-1.1.x86_64.rpm
Preparing...                ########################################### [100%]
package ls2-1.0-1.1.x86_64 is already installed
[root@server01 ~]#
[root@server01 ~]# rpm -qa | grep ls2-1.0
ls2-1.0-1.1.x86_64
[root@server01 ~]#
[root@server01 ~]# ls /bin/ls2 -l
-rwxr-xr-x 1 root root 11179 Apr 18 15:42 /bin/ls2
[root@server01 ~]#
[root@server01 ~]# rpm -qf /bin/ls2
ls2-1.0-1.1.x86_64
```

至此，RPM 包就制作成功。

10.3　Linux 下好用的 Yum

扫一扫，看视频

在 10.2 节中学习 RPM 包制作时，使用了 yum -y install rpm-build 快速安装新的命令（rpmbuild），工具很方便实用，那么接下来就来学习这个 Yum。

10.3.1　Yum 简介

RPM 包已经学习过，如果是安装一些小软件、小工具还好。如果是安装一些大型的软件，最让人头疼的地方就是 RPM 包的依赖关系。而 Yum 工具本身就是为了自动解决 RPM 包的依赖关系而生，有了它会轻松很多。

这里还暗含了一层意思：RedHat 系列的 Linux 下，基本的软件安装形式是 RPM，Yum 工具只是为了让 RPM 包的安装更加方便、自动化，但并没有改变本质。

这里举一个极端的例子，Linux 上有一款非常流行的软件叫 Tomcat，现在用 yum install tomcat 查看需要多少个 RPM 包。代码如下所示：

```
[root@192 ~]# yum install tomcat
Failed to set locale, defaulting to C
Loaded plugins: fastestmirror, langpacks
Loading mirror speeds from cached hostfile
 * base: mirrors.huaweicloud.com
 * extras: mirror.jdcloud.com
```

```
 * updates: mirror.jdcloud.com
Resolving Dependencies
--> Running transaction check
---> Package tomcat.noarch 0:7.0.76-9.el7_6 will be installed
--> Processing Dependency: tomcat-lib = 7.0.76-9.el7_6 for package:
tomcat-7.0.76-9.el7_6.noarch
--> Processing Dependency: java >= 1:1.6.0 for package:
tomcat-7.0.76-9.el7_6.noarch
--> Processing Dependency: apache-commons-pool for package:
tomcat-7.0.76-9.el7_6.noarch
--> Processing Dependency: apache-commons-logging for package:
tomcat-7.0.76-9.el7_6.noarch
--> Processing Dependency: apache-commons-dbcp for package:
tomcat-7.0.76-9.el7_6.noarch
--> Processing Dependency: apache-commons-daemon for package:
tomcat-7.0.76-9.el7_6.noarch
--> Processing Dependency: apache-commons-collections for package:
tomcat-7.0.76-9.el7_6.noarch
--> Running transaction check
---> Package apache-commons-collections.noarch 0:3.2.1-22.el7_2 will be installed
--> Processing Dependency: jpackage-utils for package:
apache-commons-collections-3.2.1-22.el7_2.noarch
---> Package apache-commons-daemon.x86_64 0:1.0.13-7.el7 will be installed
---> Package apache-commons-dbcp.noarch 0:1.4-17.el7 will be installed
--> Processing Dependency: mvn(org.apache.geronimo.specs:geronimo-jta_1.1_spec)
for package: apache-commons-dbcp-1.4-17.el7.noarch
---> Package apache-commons-logging.noarch 0:1.1.2-7.el7 will be installed
--> Processing Dependency: mvn(logkit:logkit) for package:
apache-commons-logging-1.1.2-7.el7.noarch
--> Processing Dependency: mvn(log4j:log4j) for package:
apache-commons-logging-1.1.2-7.el7.noarch
--> Processing Dependency: mvn(avalon-framework:avalon-framework-api) for package:
apache-commons-logging-1.1.2-7.el7.noarch
---> Package apache-commons-pool.noarch 0:1.6-9.el7 will be installed
---> Package java-1.8.0-openjdk.x86_64 1:1.8.0.201.b09-2.el7_6 will be installed
--> Processing Dependency: java-1.8.0-openjdk-headless(x86-64) =
1:1.8.0.201.b09-2.el7_6 for package:
1:java-1.8.0-openjdk-1.8.0.201.b09-2.el7_6.x86_64
--> Processing Dependency: xorg-x11-fonts-Type1 for package:
1:java-1.8.0-openjdk-1.8.0.201.b09-2.el7_6.x86_64
--> Processing Dependency: libjvm.so(SUNWprivate_1.1)(64bit) for package:
1:java-1.8.0-openjdk-1.8.0.201.b09-2.el7_6.x86_64
```

```
--> Processing Dependency: libjpeg.so.62(LIBJPEG_6.2)(64bit) for package:
1:java-1.8.0-openjdk-1.8.0.201.b09-2.el7_6.x86_64
--> Processing Dependency: libjava.so(SUNWprivate_1.1)(64bit) for package:
1:java-1.8.0-openjdk-1.8.0.201.b09-2.el7_6.x86_64
--> Processing Dependency: libXcomposite(x86-64) for package:
1:java-1.8.0-openjdk-1.8.0.201.b09-2.el7_6.x86_64
--> Processing Dependency: gtk2(x86-64) for package:
1:java-1.8.0-openjdk-1.8.0.201.b09-2.el7_6.x86_64
--> Processing Dependency: fontconfig(x86-64) for package:
1:java-1.8.0-openjdk-1.8.0.201.b09-2.el7_6.x86_64
--> Processing Dependency: libjvm.so()(64bit) for package:
1:java-1.8.0-openjdk-1.8.0.201.b09-2.el7_6.x86_64
--> Processing Dependency: libjpeg.so.62()(64bit) for package:
1:java-1.8.0-openjdk-1.8.0.201.b09-2.el7_6.x86_64
--> Processing Dependency: libjava.so()(64bit) for package:
1:java-1.8.0-openjdk-1.8.0.201.b09-2.el7_6.x86_64
--> Processing Dependency: libgif.so.4()(64bit) for package:
1:java-1.8.0-openjdk-1.8.0.201.b09-2.el7_6.x86_64
--> Processing Dependency: libXtst.so.6()(64bit) for package:
1:java-1.8.0-openjdk-1.8.0.201.b09-2.el7_6.x86_64
--> Processing Dependency: libXrender.so.1()(64bit) for package:
1:java-1.8.0-openjdk-1.8.0.201.b09-2.el7_6.x86_64
--> Processing Dependency: libXi.so.6()(64bit) for package:
1:java-1.8.0-openjdk-1.8.0.201.b09-2.el7_6.x86_64
--> Processing Dependency: libXext.so.6()(64bit) for package:
1:java-1.8.0-openjdk-1.8.0.201.b09-2.el7_6.x86_64
--> Processing Dependency: libX11.so.6()(64bit) for package:
1:java-1.8.0-openjdk-1.8.0.201.b09-2.el7_6.x86_64
---> Package tomcat-lib.noarch 0:7.0.76-9.el7_6 will be installed
--> Processing Dependency: tomcat-servlet-3.0-api = 7.0.76-9.el7_6 for package:
tomcat-lib-7.0.76-9.el7_6.noarch
--> Processing Dependency: tomcat-jsp-2.2-api = 7.0.76-9.el7_6 for package:
tomcat-lib-7.0.76-9.el7_6.noarch
--> Processing Dependency: tomcat-el-2.2-api = 7.0.76-9.el7_6 for package:
tomcat-lib-7.0.76-9.el7_6.noarch
--> Processing Dependency: ecj >= 1:4.2.1 for package:
tomcat-lib-7.0.76-9.el7_6.noarch
--> Running transaction check
---> Package avalon-framework.noarch 0:4.3-10.el7 will be installed
--> Processing Dependency: xalan-j2 for package:
avalon-framework-4.3-10.el7.noarch
---> Package avalon-logkit.noarch 0:2.1-14.el7 will be installed
```

```
--> Processing Dependency: jms for package: avalon-logkit-2.1-14.el7.noarch
---> Package ecj.x86_64 1:4.5.2-3.el7 will be installed
---> Package fontconfig.x86_64 0:2.13.0-4.3.el7 will be installed
--> Processing Dependency: fontpackages-filesystem for package:
fontconfig-2.13.0-4.3.el7.x86_64
--> Processing Dependency: dejavu-sans-fonts for package:
fontconfig-2.13.0-4.3.el7.x86_64
---> Package geronimo-jta.noarch 0:1.1.1-17.el7 will be installed
---> Package giflib.x86_64 0:4.1.6-9.el7 will be installed
--> Processing Dependency: libSM.so.6()(64bit) for package:
giflib-4.1.6-9.el7.x86_64
--> Processing Dependency: libICE.so.6()(64bit) for package:
giflib-4.1.6-9.el7.x86_64
---> Package gtk2.x86_64 0:2.24.31-1.el7 will be installed
--> Processing Dependency: pango >= 1.20.0-1 for package: gtk2-2.24.31-1.el7.x86_64
--> Processing Dependency: libtiff >= 3.6.1 for package: gtk2-2.24.31-1.el7.x86_64
--> Processing Dependency: libXrandr >= 1.2.99.4-2 for package:
gtk2-2.24.31-1.el7.x86_64
--> Processing Dependency: atk >= 1.29.4-2 for package: gtk2-2.24.31-1.el7.x86_64
--> Processing Dependency: hicolor-icon-theme for package:
gtk2-2.24.31-1.el7.x86_64
--> Processing Dependency: gtk-update-icon-cache for package:
gtk2-2.24.31-1.el7.x86_64
--> Processing Dependency: libpangoft2-1.0.so.0()(64bit) for package:
gtk2-2.24.31-1.el7.x86_64
--> Processing Dependency: libpangocairo-1.0.so.0()(64bit) for package:
gtk2-2.24.31-1.el7.x86_64
--> Processing Dependency: libpango-1.0.so.0()(64bit) for package:
gtk2-2.24.31-1.el7.x86_64
--> Processing Dependency: libgdk_pixbuf-2.0.so.0()(64bit) for package:
gtk2-2.24.31-1.el7.x86_64
--> Processing Dependency: libcups.so.2()(64bit) for package:
gtk2-2.24.31-1.el7.x86_64
--> Processing Dependency: libcairo.so.2()(64bit) for package:
gtk2-2.24.31-1.el7.x86_64
--> Processing Dependency: libatk-1.0.so.0()(64bit) for package:
gtk2-2.24.31-1.el7.x86_64
--> Processing Dependency: libXrandr.so.2()(64bit) for package:
gtk2-2.24.31-1.el7.x86_64
--> Processing Dependency: libXinerama.so.1()(64bit) for package:
gtk2-2.24.31-1.el7.x86_64
--> Processing Dependency: libXfixes.so.3()(64bit) for package:
```

```
gtk2-2.24.31-1.el7.x86_64
--> Processing Dependency: libXdamage.so.1()(64bit) for package:
gtk2-2.24.31-1.el7.x86_64
--> Processing Dependency: libXcursor.so.1()(64bit) for package:
gtk2-2.24.31-1.el7.x86_64
---> Package java-1.8.0-openjdk-headless.x86_64 1:1.8.0.201.b09-2.el7_6 will be
installed
--> Processing Dependency: tzdata-java >= 2015d for package:
1:java-1.8.0-openjdk-headless-1.8.0.201.b09-2.el7_6.x86_64
--> Processing Dependency: copy-jdk-configs >= 3.3 for package:
1:java-1.8.0-openjdk-headless-1.8.0.201.b09-2.el7_6.x86_64
--> Processing Dependency: pcsc-lite-libs(x86-64) for package:
1:java-1.8.0-openjdk-headless-1.8.0.201.b09-2.el7_6.x86_64
--> Processing Dependency: lksctp-tools(x86-64) for package: 1:java-1.8.0-openjdk-
#...中间内容太多，在这里省略了
Transaction Summary
================================================================================
Install  1 Package (+84 Dependent packages)
Total download size: 57 M
Installed size: 160 M
Is this ok [y/d/N]:
```

如上所示，执行完 yum install tomcat 后，Yum 工具自动网上寻找这个软件，并且自动迎合我们的 Linux 版本，这一点还是很方便的。图 10.22 所示为 Yum 输出信息。

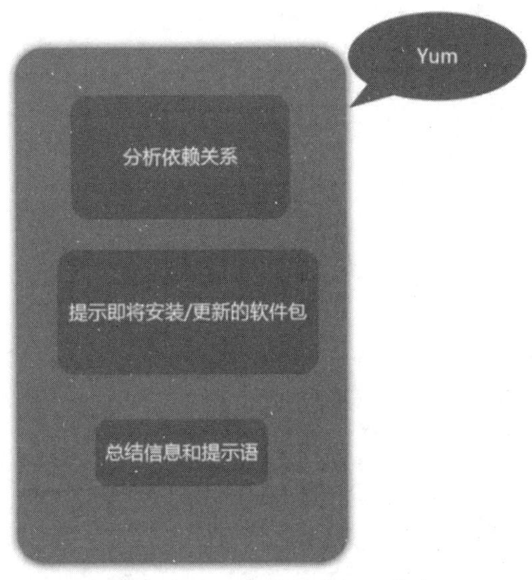

图 10.22　Yum 软件的提示信息

图 10.22 就是每次运行 yum install + 软件名后输出的结构。上面的各种依赖处理过程可以不看，最重要的是最后面出现总结信息，如图 10.23 所示。这里展示了一个总体的信息，要安装多少个包，同时依赖多少个包，总共下载/安装的大小是多少，如果觉得没问题，最后输入 y 就可以开始安装。

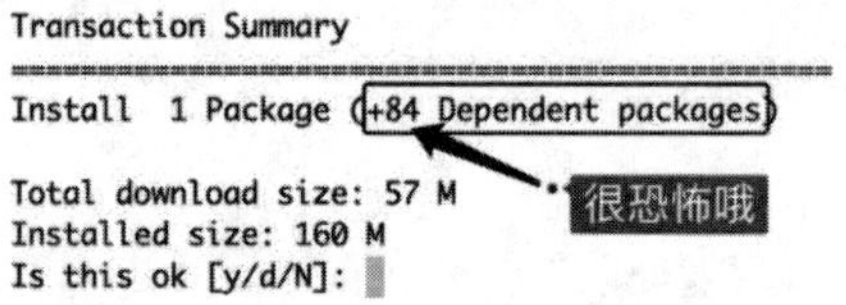

```
Transaction Summary
================================================================
Install  1 Package (+84 Dependent packages)

Total download size: 57 M
Installed size: 160 M
Is this ok [y/d/N]:
```

很恐怖哦

图 10.23　Yum 解决大量 RPM 包依赖关系

从图 10.23 中可以看出，为了安装这个软件需要 84 个依赖的 RPM 包才可以完成。要是手动安装 RPM 包，难度不可想象。

输入 y，按 Enter 键后，安装开始，如下所示，Yum 开始安装后，会先把所有需要的 RPM 包依次下载，然后参照依赖关系逐个开始安装。

```
Is this ok [y/d/N]:  y
Downloading packages:
(1/85): apache-commons-daemon-1.0.13-7.el7.x86_64.rpm            | 54 kB  00:00:00
(2/85): apache-commons-dbcp-1.4-17.el7.noarch.rpm                | 167 kB  00:00:00
(3/85): apache-commons-collections-3.2.1-22.el7_2.noarch.rpm     | 509 kB  00:00:00
(4/85): apache-commons-logging-1.1.2-7.el7.noarch.rpm            |  78 kB  00:00:00
(5/85): apache-commons-pool-1.6-9.el7.noarch.rpm                 | 113 kB  00:00:00
(6/85): atk-2.28.1-1.el7.x86_64.rpm                              | 263 kB  00:00:00
(7/85): avalon-framework-4.3-10.el7.noarch.rpm                   |  88 kB  00:00:00
(8/85): avahi-libs-0.6.31-19.el7.x86_64.rpm                      |  61 kB  00:00:00
(9/85): avalon-logkit-2.1-14.el7.noarch.rpm                      |  87 kB  00:00:00
(10/85): copy-jdk-configs-3.3-10.el7_5.noarch.rpm                |  21 kB  00:00:00
(11/85): cups-libs-1.6.3-35.el7.x86_64.rpm                       | 357 kB  00:00:00
(12/85): dejavu-fonts-common-2.33-6.el7.noarch.rpm               |  64 kB  00:00:00
(13/85): cairo-1.15.12-3.el7.x86_64.rpm                          | 741 kB  00:00:00
(14/85): dejavu-sans-fonts-2.33-6.el7.noarch.rpm                 | 1.4 MB  00:00:00
(15/85): fontconfig-2.13.0-4.3.el7.x86_64.rpm                    | 254 kB  00:00:00
(16/85): fontpackages-filesystem-1.44-8.el7.noarch.rpm           | 9.9 kB  00:00:00
(17/85): fribidi-1.0.2-1.el7.x86_64.rpm                          |  79 kB  00:00:00
(18/85): ecj-4.5.2-3.el7.x86_64.rpm                              | 1.9 MB  00:00:00
(19/85): gdk-pixbuf2-2.36.12-3.el7.x86_64.rpm                    | 570 kB  00:00:00
(20/85): geronimo-jta-1.1.1-17.el7.noarch.rpm                    |  20 kB  00:00:00
(21/85): geronimo-jms-1.1.1-19.el7.noarch.rpm                    |  31 kB  00:00:00
(22/85): giflib-4.1.6-9.el7.x86_64.rpm                           |  40 kB  00:00:00
(23/85): gtk-update-icon-cache-3.22.30-3.el7.x86_64.rpm          |  28 kB  00:00:00
(24/85): graphite2-1.3.10-1.el7_3.x86_64.rpm                     | 115 kB  00:00:00
```

```
(25/85): harfbuzz-1.7.5-2.el7.x86_64.rpm                        | 267 kB  00:00:00
(26/85): hicolor-icon-theme-0.12-7.el7.noarch.rpm               |  42 kB  00:00:00
(27/85): jasper-libs-1.900.1-33.el7.x86_64.rpm                  | 150 kB  00:00:00
(28/85): javamail-1.4.6-8.el7.noarch.rpm                        | 758 kB  00:00:00
(29/85): javapackages-tools-3.4.1-11.el7.noarch.rpm             |  73 kB  00:00:00
(30/85): jbigkit-libs-2.0-11.el7.x86_64.rpm                     |  46 kB  00:00:00
(31/85): libICE-1.0.9-9.el7.x86_64.rpm                          |  66 kB  00:00:00
(32/85): libSM-1.2.2-2.el7.x86_64.rpm                           |  39 kB  00:00:00
(33/85): java-1.8.0-openjdk-1.8.0.201.b09-2.el7_6.x86_64.rpm | 260 kB  00:00:00
(34/85): libX11-1.6.5-2.el7.x86_64.rpm                          | 606 kB  00:00:00
(35/85): libX11-common-1.6.5-2.el7.noarch.rpm                   | 164 kB  00:00:00
(36/85): libXau-1.0.8-2.1.el7.x86_64.rpm                        |  29 kB  00:00:00
(37/85): libXcomposite-0.4.4-4.1.el7.x86_64.rpm                 |  22 kB  00:00:00
(38/85): libXcursor-1.1.15-1.el7.x86_64.rpm                     |  30 kB  00:00:00
(39/85): libXdamage-1.1.4-4.1.el7.x86_64.rpm                    |  20 kB  00:00:00
(40/85): libXext-1.3.3-3.el7.x86_64.rpm                         |  39 kB  00:00:00
(41/85): libXfixes-5.0.3-1.el7.x86_64.rpm                       |  18 kB  00:00:00
(42/85): libXft-2.3.2-2.el7.x86_64.rpm                          |  58 kB  00:00:00
(43/85): libXi-1.7.9-1.el7.x86_64.rpm                           |  40 kB  00:00:00
(44/85): libXinerama-1.1.3-2.1.el7.x86_64.rpm                   |  14 kB  00:00:00
(45/85): gtk2-2.24.31-1.el7.x86_64.rpm                          | 3.4 MB  00:00:01
(46/85): libXrandr-1.5.1-2.el7.x86_64.rpm                       |  27 kB  00:00:00
(47/85): libXrender-0.9.10-1.el7.x86_64.rpm                     |  26 kB  00:00:00
(48/85): libXxf86vm-1.1.4-1.el7.x86_64.rpm                      |  18 kB  00:00:00
(49/85): libfontenc-1.1.3-3.el7.x86_64.rpm                      |  31 kB  00:00:00
(50/85): libglvnd-1.0.1-0.8.git5baa1e5.el7.x86_64.rpm           |  89 kB  00:00:00
(51/85): libglvnd-egl-1.0.1-0.8.git5baa1e5.el7.x86_64.rpm       |  44 kB  00:00:00
(52/85): libglvnd-glx-1.0.1-0.8.git5baa1e5.el7.x86_64.rpm       | 125 kB  00:00:00
(53/85): libXtst-1.2.3-1.el7.x86_64.rpm                         |  20 kB  00:00:00
(54/85): libjpeg-turbo-1.2.90-6.el7.x86_64.rpm                  | 134 kB  00:00:00
(55/85): libthai-0.1.14-9.el7.x86_64.rpm                        | 187 kB  00:00:00
(56/85): libwayland-client-1.15.0-1.el7.x86_64.rpm              |  33 kB  00:00:00
(57/85): libtiff-4.0.3-27.el7_3.x86_64.rpm                      | 170 kB  00:00:00
(58/85): libwayland-server-1.15.0-1.el7.x86_64.rpm              |  39 kB  00:00:00
(59/85): libxshmfence-1.2-1.el7.x86_64.rpm                      | 7.2 kB  00:00:00
(60/85): libxcb-1.13-1.el7.x86_64.rpm                           | 214 kB  00:00:00
...中间内容在这里省略了
  pango.x86_64 0:1.42.4-1.el7
  pcsc-lite-libs.x86_64 0:1.8.8-8.el7
  python-javapackages.noarch 0:3.4.1-11.el7
  python-lxml.x86_64 0:3.2.1-4.el7
  tomcat-el-2.2-api.noarch 0:7.0.76-9.el7_6
```

```
  tomcat-jsp-2.2-api.noarch 0:7.0.76-9.el7_6
  tomcat-lib.noarch 0:7.0.76-9.el7_6
  tomcat-servlet-3.0-api.noarch 0:7.0.76-9.el7_6
  ttmkfdir.x86_64 0:3.0.9-42.el7
  tzdata-java.noarch 0:2019a-1.el7
  xalan-j2.noarch 0:2.7.1-23.el7
  xerces-j2.noarch 0:2.11.0-17.el7_0
  xml-commons-apis.noarch 0:1.4.01-16.el7
  xml-commons-resolver.noarch 0:1.2-15.el7
  xorg-x11-font-utils.x86_64 1:7.5-21.el7
  xorg-x11-fonts-Type1.noarch 0:7.5-9.el7
Complete!
```

上面的信息其实就是做两件事：第一，把需要的 84 个 RPM 包全部下载；第二，依次安装所有的 RPM 包。所以说，有了 Yum 后 RPM 包的依赖关系已经不再是问题。

10.3.2 Yum 查询、升级、删除

本小节我们来扩充一些 yum 命令的用法，先来看 Yum 的查询功能。Yum 工具本身支持模糊输入，如 Vim 命令，其实它对应的软件包全称是 vim-enhanced-7.4.160-5.el7.x86_64。

而在 Yum 中，如果想搜索一下能不能安装 Vim，则不需要输入完整的名字，只需输入近似的软件名称即可。Yum 查询软件名如下：

```
[root@192 ~]# yum search vim
Failed to set locale, defaulting to C
Loaded plugins: fastestmirror, langpacks
Loading mirror speeds from cached hostfile
 * base: mirrors.huaweicloud.com
 * extras: mirror.jdcloud.com
 * updates: mirror.jdcloud.com
================================ N/S matched: vim ================================
protobuf-vim.x86_64 : Vim syntax highlighting for Google Protocol Buffers
descriptions
vim-X11.x86_64 : The VIM version of the vi editor for the X Window System
vim-common.x86_64 : The common files needed by any version of the VIM editor
vim-enhanced.x86_64 : A version of the VIM editor which includes recent enhancements
vim-filesystem.x86_64 : VIM filesystem layout
vim-minimal.x86_64 : A minimal version of the VIM editor
  Name and summary matches only, use "search all" for everything.
```

可以看出来，最后输出的信息中罗列出很多结果带 VIM 的，每一种软件后面还都附上注解。例如，

```
vim-enhanced.x86_64 : A version of the VIM editor which includes recent enhancements
```

翻译过来就是 vim-enhanced.x86_64，即增强版 Vim 编辑器。接下来，试试 Yum 删除功能，还是用 Vim 来举例。删除使用 remove 关键字。代码如下所示：

```
[root@192 ~]# yum remove vim
Failed to set locale, defaulting to C
Loaded plugins: fastestmirror, langpacks
Resolving Dependencies
--> Running transaction check
---> Package vim-enhanced.x86_64 2:7.4.160-5.el7 will be erased
--> Finished Dependency Resolution
Dependencies Resolved
================================================================================
 PackageArchVersionRepositorySize
================================================================================
Removing:
 vim-enhancedx86_642:7.4.160-5.el7@base2.2 M
Transaction Summary
================================================================================
Remove  1 Package
Installed size: 2.2 M
Is this ok [y/N]: y
Downloading packages:
Running transaction check
Running transaction test
Transaction test succeeded
Running transaction
  Erasing    : 2:vim-enhanced-7.4.160-5.el7.x86_64                          1/1
  Verifying  : 2:vim-enhanced-7.4.160-5.el7.x86_64                          1/1
Removed:
  vim-enhanced.x86_64 2:7.4.160-5.el7
Complete!
```

上面用 Yum 删除一个软件，非常简单。需要提醒的是，Yum 操作的依然还是 RPM 包，所以执行了 yum remove vim 以后，事实上是 vim-enhanced.x86_64 2:7.4.160-5.el7 RPM 包被删除掉了。在这里等同于执行了 rpm -e　vim-enhanced.x86_64 2:7.4.160-5.el7。

接下来，用 rpm 命令来确认一下。

```
[root@192 ~]# rpm -qa | grep vim
vim-common-7.4.160-5.el7.x86_64
vim-filesystem-7.4.160-5.el7.x86_64
vim-minimal-7.4.160-5.el7.x86_64
```

如上所示，vim-enhanced RPM 包被卸载掉。可是名字中包含 vim-×××的软件包当前系统中有 4 个，为什么执行 yum remove vim 后，默认只是把 vim-enhanced 包给卸载。如果仔细观察，不难发现：Linux 下的这些 RPM 软件包，在起名字时有主次之分。vim-enhanced 才是熟知的 Vim 软件本体，而 vim-common、vim-filesystem、vim-minimal 有些是插件，有些是不常用版本。

10.3.3 Yum 源

Yum 确实很好用，不过有一个疑问：为什么用 Yum 安装一个软件，它自动就能找到该软件并安装？难道 Yum 就像一个超级搜索引擎，输入一个关键词，就能自动从浩瀚的互联网上帮我们准确地找出来？Yum 其实没有想象中那么智能，也是到指定好的仓库中寻找软件，如果仓库中没有，也就没法安装。

这种 Yum 仓库也称为 Yum 源，意思就是它们是 Yum 安装软件的源头。查看 Yum 源如下所示：

```
[root@192 ~]# vim /etc/yum.repos.d/CentOS-
CentOS-Base.repo       CentOS-Debuginfo.repo  CentOS-Media.repo
CentOS-Vault.repo
CentOS-CR.repo         CentOS-fasttrack.repo  CentOS-Sources.repo
```

如上所示，CentOS7.x 的版本安装好系统后就已经自带了很多 Yum 源，统一都放在/etc/yum.repos.d/下面，这些文件必须是以.repo 结尾（repo：repository 仓库），关键还是里面的内容。打开第一个 CentOS-Base.repo，里面的内容都是类似以下这样的配置：

```
[base]
name=CentOS-$releasever - Base
mirrorlist=http://mirrorlist.centos.org/?release=$releasever&arch=$basearch&rep
o=os&infra=$infra
baseurl=http://mirror.centos.org/centos/$releasever/os/$basearch/
gpgcheck=1
gpgkey=file:///etc/pki/rpm-gpg/RPM-GPG-KEY-CentOS-7
enable=1
```

- [base]：这个中括号代表一段配置的开始，下面的这些行都属于这一段配置，也叫作容器。里面的名字可以自己定义，但不能有两个相同的[]存在。
- name：只是注解，可有可无。
- mirrorlist：列出这个容器可以使用的镜像站点。
- baseurl：这个最重要，因为后面的网址就是 Yum 真正去到的地址。
- enable：1 是启动，0 是关闭。

Yum 源的配置就是以上这样，用一个[]带上下面的几行信息。Yum 源的网址不需要死记硬背，如果需要添加一个 Yum 源，可以随时上网搜索，然后复制粘贴进入一个 repo 文件即可生效。

第 11 章

Linux 下的计划任务和时间同步

作为一名合格的Linux运维工程师，保证服务器24h持续不断地稳定运行，这是不变的宗旨，不过机器可以不停地工作，但人毕竟不是机器。再尽职尽责的Linux运维工程师，也做不到24h都盯着服务器。所以，我们可以把一些工作交给服务器，让它去定时定点地执行，这就是本章要学习的Linux计划任务，也可以叫作例行性任务。

11.1　什么叫作计划任务

什么叫作计划任务？是有计划地去做一项任务？如图 11.1 所示，先对 Linux 下的计划任务有一个大概的了解。

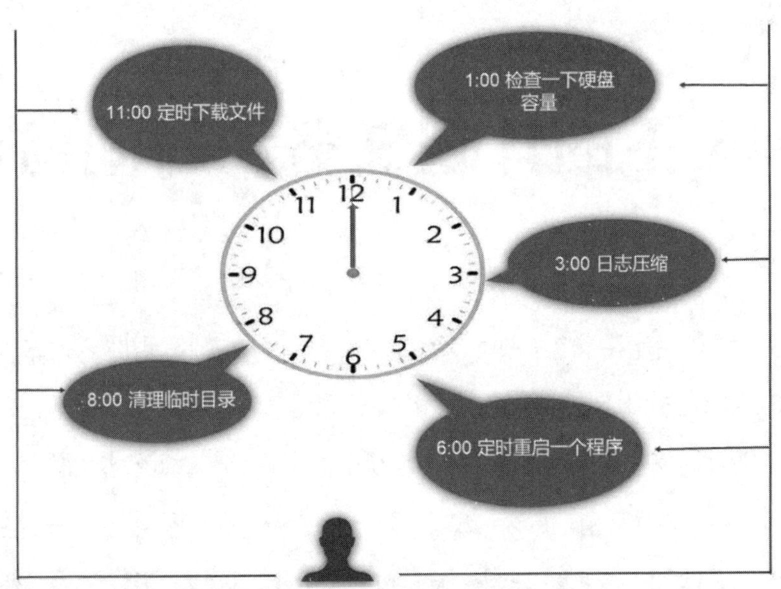

图 11.1　有计划地执行任务

如图 11.1 所示，其实计划任务就是到了固定的时间点，就让机器自己去做制定的任务。

例如，每天的凌晨一点，希望检查一下 Linux 服务器上硬盘的剩余量，可是谁也不愿意不睡觉盯着机器，这时，就可以事先定义好要做的事情，指定 Linux 操作系统几点几分去做这件事。并且把检查的结果记录在一个 Linux 的文件中，然后告诉 Linux 的计划任务，让它到点执行。等到第二天上班时，查看昨天夜里检查的结果即可。

Linux 的计划任务就是帮助实现类似上述功能的程序，下一小节就正式开始学习。

扫一扫，看视频

11.1.1　crontab 的快速实例入门演示

Linux 下最常用的计划任务软件就叫 crontab，它是软件的名字，本身也是命令的名字。先不讲概念，直接来一个小实例看一下。

（1）制定一个小任务，每天的凌晨 1:00 时，检查一下硬盘的容量，并且记录下来。

（2）执行 crontab 命令，如下所示：

```
[root@server01 ~]# crontab -e
```

（3）命令执行后，会进入一个 Vim 文档编辑的界面，在这里输入以下内容：

```
0 1 * * * df -h >> /tmp/df.log
```

（4）保存退出即可，这样就制定好了一个计划任务，保证每天凌晨的 1:00，Linux 会执行一次 df -h 检查硬盘状况，并且持续记录下来。

11.1.2　图解 crontab 实例

扫一扫，看视频

11.1.1 小节的实例中只给出了操作，并没有进行详细地解释。在本小节中把每一个步骤图解一下。

（1）这一步是制定任务目标，每天的 1:00 执行一次 df -h 命令，并且记录信息。这个比较好理解，唯一需要注意的是，其每天都执行，那就是一年 365 天，天天如此，如图 11.2 所示。

一年365天，每天都是1:00准时执行

周日	周一	周二	周三	周四	周五	周六
廿九 27日	十月初一 28日	初二 29日	初三 30日	初四 31日	初五 11月1日	初六 2日
初七 3日	初八 4日	初九 5日	初十 6日	十一 7日	十二 8日	十三 9日
十四 10日	十五 11日	十六 12日	十七 13日	十八 14日	十九 15日	二十 16日
廿一 17日	廿二 18日	廿三 19日	廿四 20日	廿五 21日	廿六 22日	廿七 23日

图 11.2　天天执行的任务

（2）通过执行 crontab 命令来新建一个计划任务，如图 11.3 所示。

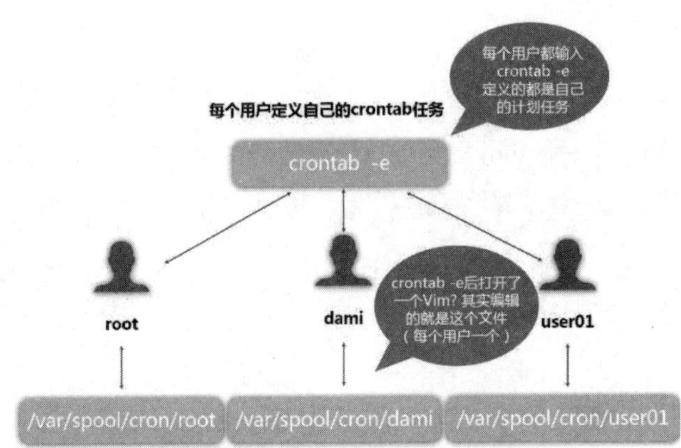

图 11.3　用户执行 crontab

如图 11.3 所示，一共要说明两点：

- Linux 下的 crontab 计划任务是按人头划分的。也就是说，每个用户都可以定义自己的计划任务，默认情况下，彼此之间是看不到的，也无法修改别人的计划任务（除非是 root 用户权限，下一小节会讲到）。
- 用户执行 crontab -e 之后，就等于是“进入了自己的计划任务编辑模式”，其实就是用 Vim 打开了/var/spool/cron/下的一个文件而已，这个文件就是用来保存每个用户的计划任务，按照用户名来记录。

（3）计划任务的编写格式，11.1.1 小节中给出了一个简单的例子。代码如下所示：

```
0 1 * * * df -h >> /tmp/df.log
```

一起来图解，看这一行代表什么意思，如图 11.4 所示。先来看这一行的前半部分，也是最重要的部分，这个前半部分其实是由“五位”组成，按照从左到右的顺序，分别代表分、时、日、月、周。

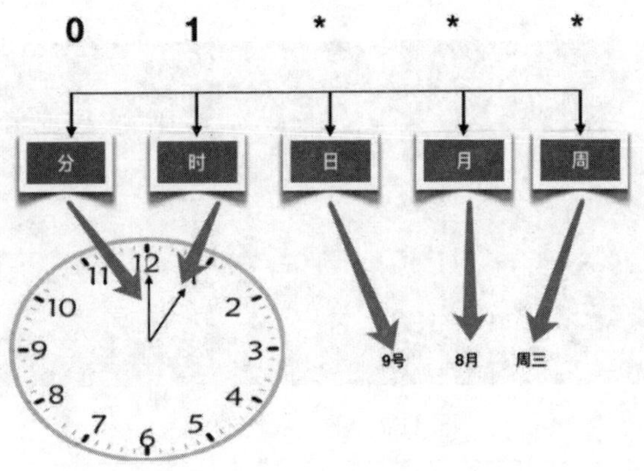

图 11.4　crontab 的组成部分

把每一位都解释一下。

- 分：相当于是图中钟表的分针，代表第几分的意思。
- 时：相当于是图中钟表的时针，代表第几个小时的意思（需要注意的是，小时这一位是按照 24h 来计算的，也就是 0 点到 23 点）。
- 日：也就是日历中的几号。
- 月：也就是日历中的几月。
- 周：周一、周二、周三、周四、周五、周六、周日。

知道了这个以后，回头来看刚才的例子，如图 11.5 所示。

0　　1　　*　　*　　*

图 11.5　一点零分的例子

从左往右看：前两位分别是 0 和 1，也就是说，一点零分也是凌晨的一点整。

注意：

计划任务中的第二位，也就是小时位，是按照 24h 来计数的。

如果前两位是 10 和 23，那就代表晚上的 23 点 10 分。接下来看后三位，后三位在这里都是“*”，代表什么意思呢？

“*”代表的是任意，也就相当于不管是几月、是几号、是周几，只要是到了凌晨一点整，就执行××× 任务（也就等于是一年 365 天，天天如此）。

这里要补充一句，虽然 crontab 的格式中有“五位”，但是实际在企业的日常工作中，最常用的也就是前两位（分和时）。服务器上的各种定时任务，一般都是每天固定地去跑，而不太会按照几号、周几、第几个月来分配任务。

为了加深印象，再来看一个复杂一点的例子，如图 11.6 所示。

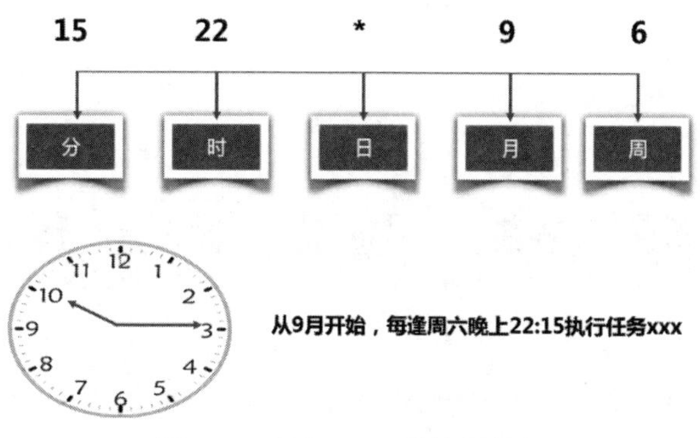

图 11.6　周六 22:15 的计划任务

如图 11.6 所示，15 22 * 9 6 代表从 9 月开始，不管是几号，只要是周六晚上的 22:15，就执行任务 ×××。

这个分、时、日、月、周理解后，后半部分的内容就比较容易了，其实就是把执行的命令放在这里就好。例如：df -h >> /tmp/df.log，即到了时间点，就会运行这行命令。

扫一扫，看视频

11.1.3 crontab 计划任务的扩展格式

通过之前的学习，我们也意识到了，用好 crontab 的关键就在于制定计划任务的“格式”。在这一小节中把 crontab 的用法做一些扩展。这里举三个常用的例子来说明，之后可以举一反三。

举例 1：每两分钟执行一次任务，应该怎么写呢？如图 11.7 所示。

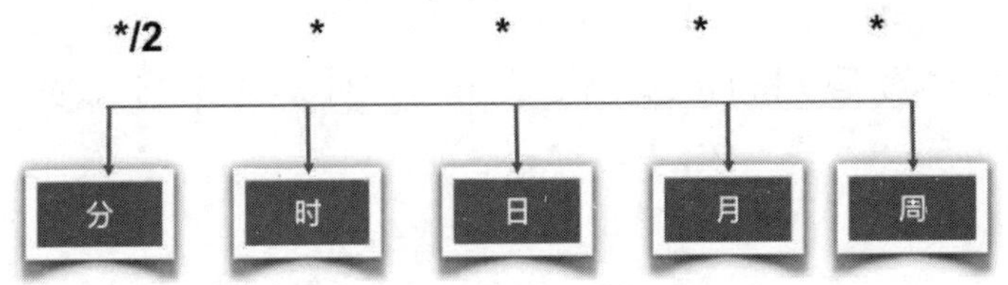

图 11.7 每两分钟执行一次任务

如图 11.7 所示，之前也提过计划任务当中的“*”，代表的是任意数字，如果“*”放在分钟这里，就代表每分钟都执行。接下来，在“*”的基础上，再加上一个/2，就代表间隔多少的意思，所以第一位写成*/2 代表的就是“每 2min 的意思”。

星号“*”代表所有可能的值。例如，month 字段如果是星号，则表示在满足其他字段的制约条件后每月都执行该命令操作。

正斜线“/”指定时间的间隔频率。例如，0-23/2 表示每 2h 执行一次。同时正斜线可以和星号一起使用，如*/10，如果用在 minute 字段，表示每 10min 执行一次。

举例 2：每天的早上 10 点开始，一直到下午 2 点，每隔 5min 执行一次任务，应该怎么写呢？如图 11.8 所示。

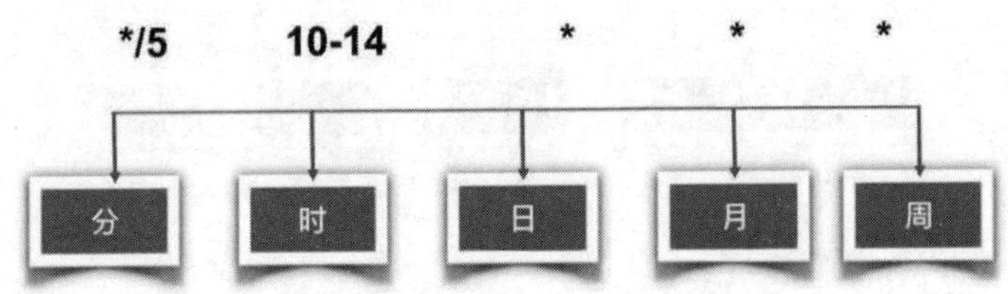

图 11.8 时间段的定义

如图 11.8 所示，第一位会写了，*/5 就代表每 5min 的意思。后面的第二位中，“-”横杠代表的是整数的范围，10-14 意思就是在 10~14 点。

举例 3：在这个例子中，为了检验学习成果，出一个“排错题”。假如现在要制定一个计划任务，要求每天每两个小时执行一次某个任务，如图 11.9 所示，看看错在哪里。

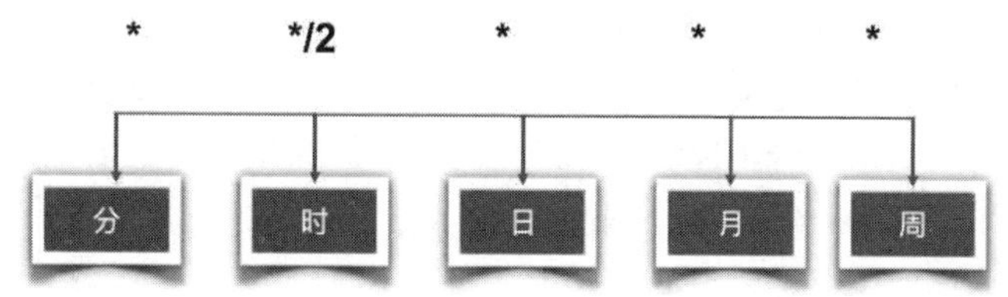

图 11.9　错误的计划任务

如图 11.9 所示，错在哪里呢？*/2 就是代表的每 2h 的意思，原来错误在第一位上面，“*”代表的是每分钟，现在这么写的话，就变成每隔 2h，再每分钟执行一次了。

换句话说，如从 2 点到 4 点 0 分的时候，就会开始每分钟执行一次，4:01、4:02、4:03、…、4:59 这样运行。

11.1.4　如何缩短 crontab 的时间间隔

通过之前的学习，有的读者可能会意识到一个问题，这个 crontab 计划任务貌似最小的时间间隔就是 1min，不能再缩短一些吗？其实在日常工作中，有些时候会要求计划任务执行的比较频繁，例如，监控数据采集。

如图 11.10 所示，解释一下什么是监控（监控属于高级服务篇的内容，这里只是引用一下）。

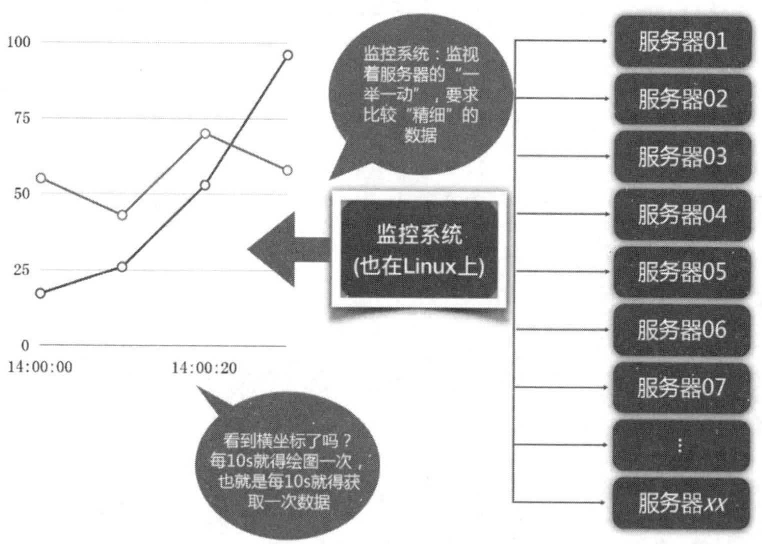

图 11.10　什么是监控

如图 11.10 所示，简单介绍一下监控系统。

什么是监控？就是通过某种软件技术，时刻地监视着服务器的表现，一旦某台服务器出现了异常现象，第一时间显示在图上，并通知工程师，这就是监控。

由于服务器数量多，不可能人为地一台一台登录去查看状况，必定要使用某种方法，自动地把每台服务器的表现以数据的形式收集过来，然后绘制成一张图。通常情况下，这种监控图精度是越高越好。

什么是精度呢？例如，每 1min 采集一次数据，就比每 5min 采集一次数据的精度高了 5 倍，精度越高，图形越准确，越容易帮助工程师排查问题所在。

大米哥曾经就做过这样类似的工作，编写了一个自动化的脚本程序，这个程序是为了采集监控数据的。然后，这个脚本需要每 10s 就执行一次，也就是说，每 10s 就要采集一次数据，为了实现这个功能，最快捷的方法当然就是联合 crontab 计划任务来实现。

回到正题，我们来看看，如果是 10s 一次的计划任务，在 crontab 中如何来实现？

crontab 中最小单位就是 1min，这个确实是硬性规定，所以需要借助一个新的命令来实现所要的功能。下面介绍一个新命令 sleep。

sleep 睡觉？没错，不过它在 Linux 中实现的是“暂停”功能。举个例子，如图 11.11 所示。

图 11.11　sleep 的巧用

如图 11.11 所示，先看“;”分号的作用，它是把多条命令在一行中执行，按照从左到右的顺序来执行，也就是先执行 sleep 2，然后再执行 ping baidu.com。

这一行输入 Enter 键后，你会发现，整个命令行会先卡住 2s，然后才会开始一行一行地正常输出 ping 的结果，这就是 sleep 2 的作用，意思是暂停 2s 后，再执行。不过，这个 sleep 和 crontab 怎么联系起来？接下来，看下面的操作。

（1）添加以下这样几行计划任务。

crontab -l 可以查看当前用户的全部计划任务，在这个计划任务中可以看到，把 sleep 命令利用上了，并且还引入了一个新的命令叫 date。

```
[root@server01 ~]# crontab  -l
* * * * * date >> /root/sleep.log
* * * * * sleep 10 ;date >> /root/sleep.log
* * * * * sleep 20 ;date >> /root/sleep.log
```

```
* * * * * sleep 30 ;date >> /root/sleep.log
* * * * * sleep 40 ;date >> /root/sleep.log
* * * * * sleep 50 ;date >> /root/sleep.log
```

（2）图解一下这几行 sleep 到底是在实现什么功能，如图 11.12 所示。

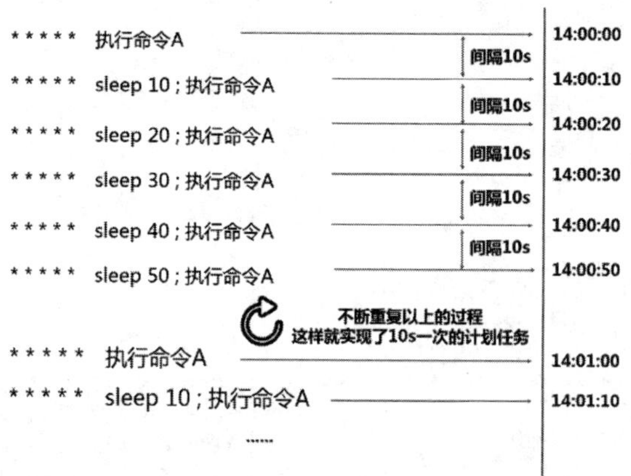

图 11.12　间隔 10s 的计划任务

如图 11.12 所示，首先，最终目的是让 crontab 实现 10s 一次地来执行命令 A，接下来看图 11.12 中这 6 行的设置，全都是 *****，也全都是执行同样的命令 A，这样一来，这 6 行计划任务全都是每分钟执行一次，而且执行的都是同样的任务。

假设现在时间是 14:00:00，计划任务启动，这 6 行任务既然都是每分钟执行一次，那么它们就会被“同时触发”，理解好这一点非常重要。换句话说，到了 14:00:00 的时候，命令 A 就在这一瞬间被同时执行了 6 次。

不过，由于有 sleep 的存在，每一行都会被延迟执行，例如，第一行的命令 A 会在 14:00:00 就被立刻执行，第二行的命令 A 会先执行等待 10s，10s 过后才会执行命令 A，以此类推。

这样，虽然 6 行命令都被同时执行，但是后一行会在前一行运行过 10s 后，才会运行。如此循环重复，就实现了每 10s 一次的计划任务。

不过现在还有一个问题：怎么才能验证这个计划任务的确是按照所设想的来运行的呢？这里就要说到 date 这个命令了，如图 11.12 所示，我们的计划任务中执行命令 A，这个命令 A 其实就是调用 date 命令。# date 命令是 Linux 下非常常用的日期查看工具（尤其是讲到后期的脚本编程时，处处离不开它，现在先熟悉一下）。

```
[root@server01 ~]# date
Mon Apr 22 20:24:02 CST 2019
```

如上代码所示，简单地输入 date 直接按 Enter 键，就可以得到当前的日期和时间，而时间可以精确到秒。说到这里，应该可以猜到，就是要依靠这个 date 的输出把每一次执行的输出结果存入一个文件中，看看每一次是不是都是间隔 10s。

```
* * * * * date >> /root/sleep.log
* * * * * sleep 10 ;date >> /root/sleep.log
* * * * * sleep 20 ;date >> /root/sleep.log
* * * * * sleep 30 ;date >> /root/sleep.log
* * * * * sleep 40 ;date >> /root/sleep.log
* * * * * sleep 50 ;date >> /root/sleep.log
```

计划任务保存以后，就可以使用 tail -f /root/sleep.log 来观察写入的信息，如图 11.13 所示。

```
[root@server01 ~]# tail -f /root/sleep.log
Mon Apr 22 20:25:31 CST 2019
Mon Apr 22 20:25:41 CST 2019
Mon Apr 22 20:25:51 CST 2019
Mon Apr 22 20:26:01 CST 2019
Mon Apr 22 20:26:11 CST 2019
Mon Apr 22 20:26:21 CST 2019
Mon Apr 22 20:26:31 CST 2019
Mon Apr 22 20:26:41 CST 2019
Mon Apr 22 20:26:51 CST 2019
Mon Apr 22 20:27:01 CST 2019
Mon Apr 22 20:27:11 CST 2019
Mon Apr 22 20:27:21 CST 2019
Mon Apr 22 20:27:31 CST 2019
Mon Apr 22 20:27:41 CST 2019
Mon Apr 22 20:27:51 CST 2019
```

注意看这里，每一次记录的时间都是间隔了10s

这样就验证成功了

图 11.13　通过 sleep.log 验证执行效果

扫一扫，看视频

11.2　时间同步的引入

大米哥之前在一家欧洲公司任职高级运维工程师及网络工程师，在国外培训期间，有一位欧洲的同事专门培训了两天时间的服务器集群（所谓集群，就是拥有相同功能的一组服务器）。一开始也挺不解，不就是给服务器调整一下日期时间嘛，为什么要如此大费周章？

培训结束后，大米哥认识到时间同步的重要性，并且随后在国内的服务器集群中也引入了类似的功能，收获了不小的成果。

11.2.1　认识时间同步及其重要性

相信大家都玩过网游，这里就用网游举个例子，来看服务器时间同步是多么重要，如图 11.14 所示。

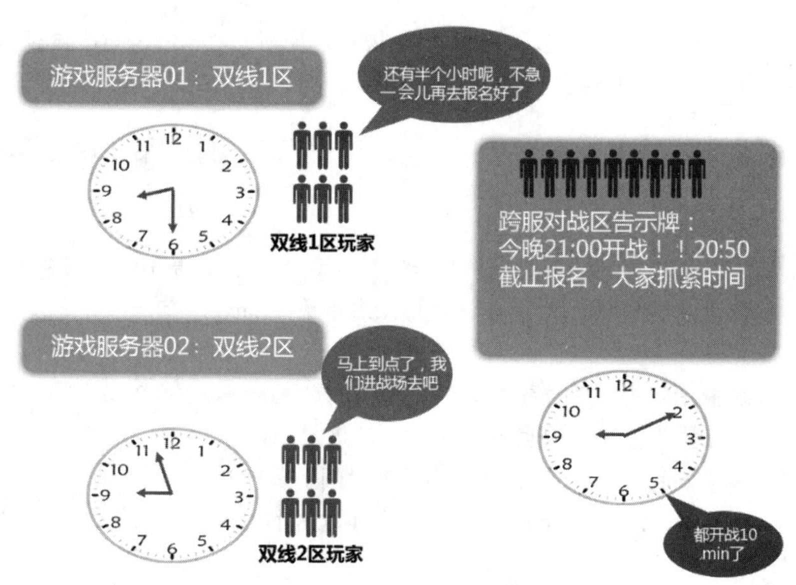

图 11.14　时间同步的重要性

如图 11.14 所示，玩过网游的朋友一定对其中的关键字很熟悉，例如，游戏中的大区，还有跨服对战区等。其实从技术的角度出发，游戏中所谓的不同大区，也就是不同的服务器而已，同一台服务器上的玩家们是在同一个区的。

跨服对战区是一种处在中间的临时区域，只有在开启跨服对战时，两个不同大区的玩家才会凑到一起比武较量。

好了，假设今晚 21:00 有一场跨服大战，报名就截至 20:50，而由于服务器上面的 Linux 没有做时间同步，导致每台服务器的“当前时间”都不一样，玩家游戏画面中的时间自然也就不一样。

在这种情况下，第一大区的玩家时间还处在 20:30，有些玩家不等到最后一刻都懒得去报名参赛，而第二大区的玩家时间是 20:50，于是准备进入战场，可是战场服务器时间却已经是 21:10，跨服大战都已开始 10min。所以说，服务器时间的不统一，必会造成这样尴尬的结果。

11.2.2　学习时区和时间设置

别的不多说，先用学过的命令 date 来查看一下当前的 Linux 操作系统时间。代码如下所示：

```
[root@192 ~]# date
Sun Apr 21 13:34:34 EDT 2019
[root@192 ~]#
[root@192 ~]#
```

把命令行中显示的时间和计算机本身的时间对比一下，立即就看出问题了，如图 11.15 所示。

这是怎么回事,时间居然差出这么多？说到这里,现在登录到另外一台时间正确的 Linux 服务器上，再用 date 命令来查看一下时间和日期，如图 11.16 所示。

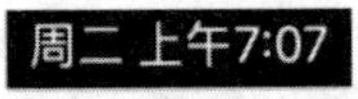

周二 上午7:07

图 11.15　时间的偏差

[root@server01 ~]# date
Tue Apr 23 07:17:19 CST 2019
这里有不同

图 11.16　时区的不同

如图 11.16 所示，这里有一个关键词，可以看到明显的不同。之前是 EDT，现在是 CST。这个词表示的是什么呢？这个代表的就是“时区”，时区的概念本身跟 Linux 没有什么直接的关系，它是一个通用的概念。

由于地球上每个国家所处的地理位置不同，而太阳又是东升西落，所以每个国家的时区就会不同，那么如何计算时区呢？下面举例加以说明。

例如：东京的时间为 5 月 1 日 12:00，北京当前的时间是多少？

东京在东九区，北京在东八区，用 9–8=1，得出两个地区的时差是 1h，然后用 12:00–1h，就得到北京当前的时间是 11:00。

以此类推，其实时区的不同，就这样通过“+”“–”的方法，就可以推算时间了。那么，接下来看看这个 CST 和 EDT 代表什么时区吧。EDT 是美国东部夏令时时间，CST 是 China Standard Time UT+8:00。怎么时区设置成美国，那还能对的了吗？赶快修改一下时区。代码如下所示：

```
# 设置系统时区为上海
[root@192 ~]# timedatectl set-timezone Asia/Shanghai
[root@192 ~]#
[root@192 ~]# date
Mon Apr 22 01:57:54 CST 2019
```

时区修改过来以后，时间还是不对，这是因为一开始就没有同步过时间。接下来，可以通过 date 命令设置修改时间。代码如下所示：

```
date -s "2019-04-23 07:30:50"
```

不过，这样的设置并不能做到十分的精确，所以采用另外一种更高级的方法来同步时间。代码如下所示：

```
[root@192 ~]# ntpdate 0.asia.pool.ntp.org
23 Apr 07:30:33 ntpdate[5360]: step time server 133.243.238.244 offset 106263.300340
sec
[root@192 ~]# date
Tue Apr 23 07:30:35 CST 2019
```

这样时间就很精确了，不过上面的 ntpdate 这一行是在做什么呢？为什么运行它一下子时间就正确了？如图 11.17 所示。

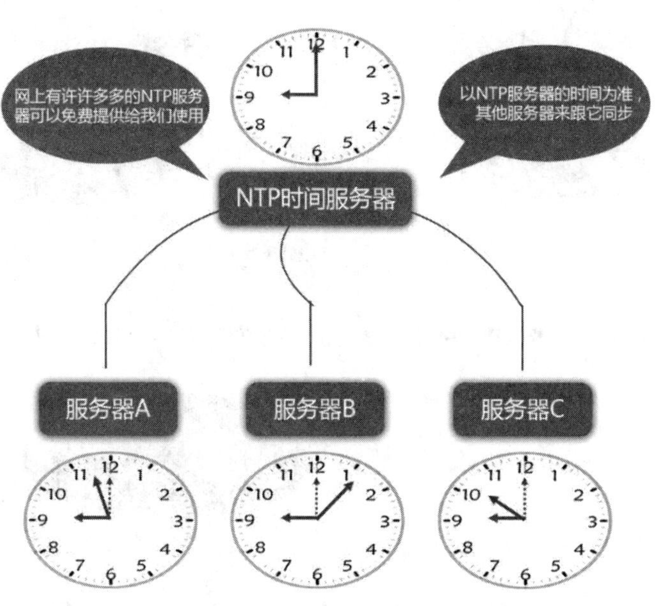

图 11.17　NTP 时间服务器是怎么回事

如图 11.17 所示，其实不难理解，网上有很多的 NTP 服务器，NTP 全称为 Network Time Protocol，即网络时间协议，是用来使计算机时间同步的一种协议。我们以一个 NTP 服务器上的时间为准，把自己的这些服务器去跟它进行同步，来校正我们的时间，网上这种 NTP 服务器有很多，网页搜索即可获得。

如果要执行时间同步，用 ntpdate +时间服务器名字（或者 IP 地址）即可。代码如下所示：

```
[root@192 ~]# ntpdate 0.asia.pool.ntp.org
23 Apr 07:30:33 ntpdate[5360]: step time server 133.243.238.244 offset 106263.300340
sec
```

11.2.3　用 ntpdate+crontab 实现时间同步

用 ntpdate 可以实现时间同步，不过这里还有个问题，这个 ntpdate 仅仅是当时同步一次，可是往后如果时间又错位了怎么办呢？怎么才能连续不断地自动使用这个 ntpdate 呢？

回答：最简单的方法，自然就是用已学会的 crontab 来做。在 root 下，新起一个计划任务。代码如下所示：

```
0 */2 * * * ntpdate 0.asia.pool.ntp.org || ntpdate ntp1.aliyun.com
```

这样就是每 2h 执行一次时间同步了，不过后面的命令是不是看着有点怪怪的？这个“||”是什么意思呢？这解释一下，如图 11.18 所示。

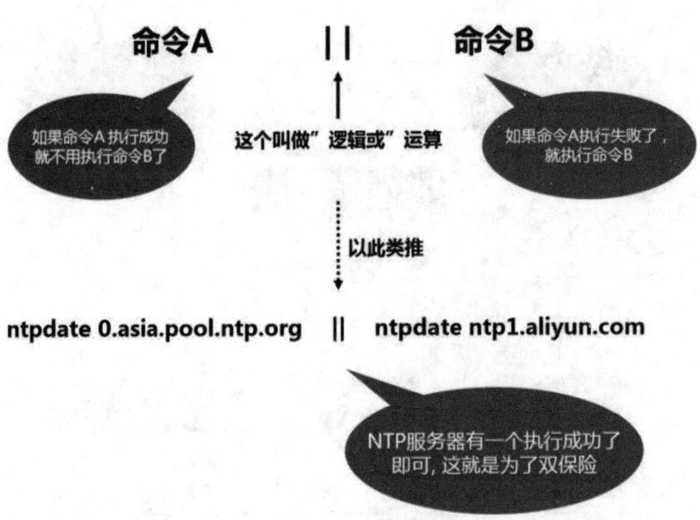

图 11.18　临时引用运算符"||"

如图 11.18 所示，这里的"||"是 Linux 中的一种运算符号，叫作"逻辑或"运算。它的功能是，如果左边的命令执行成功了，就用不着再执行右边的命令；如果左边的命令执行失败了，那么就要执行右边的命令（"||"运算符是在本书中第一次出现，其实它属于 Linux Shell 编程的内容，这里只是引用一下。后面讲到第 19 章的时候，还会继续细致的学习）。

为什么要加这个运算符号？因为 NTP 服务器也并不是百分百保险的，它既然是服务器，也就有概率会挂掉，所以为了双保险，用二选一的方式来进行时间同步。

第12章

Linux 运行级别管理

学习 Linux 已有一段时间了，是不是有的读者已经开始有点厌倦这个命令行窗口？Linux 的命令行确实是最经典最重要的，但是我们也不妨看一看 Linux 的图形界面，偶尔转换一下心情也不错。

不过，对于初学者来说，感觉 Linux 天生就是和命令行画等号，很难想象出 Linux 也有鲜艳的桌面。然而，从命令行切换到桌面，这并不容易，需要额外地安装很多东西，还要学习很多知识才可以（要学习运行级别相关的知识）。接下来，就赶快进入本章的学习。

12.1　CentOS 7-Linux 运行级别管理

注意这里的标题 CentOS 7，为什么特别标注它，是因为大米哥考虑到很多读者以后入职公司，有很大概率还会碰到使用 CentOS 6 的情况（CentOS 7.6 是目前最新版本，但是很多公司依然在使用 CentOS 6.x），而即将学的运行级别在 6.x 和 7.x 上有很大的区别。

所以希望在这个章节中把两个版本的设置方法都讲到（CentOS 7 为主，CentOS 6 为辅，并且以后的章节中也会这么来讲）。如图 12.1 所示，列举了 7.x 和 6.x 的一些区别。在这个章节中先来看运行级别上的区别。

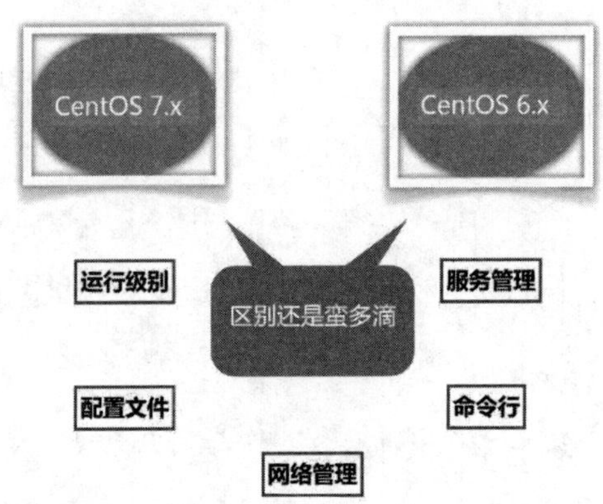

图 12.1　CentOS 6.x 与 CentOS 7.x 的区别

扫一扫，看视频

12.1.1　Linux 运行级别的概念引入

运行级别，其实不仅是 CentOS，其他发行版的 Linux 也有这个概念，那什么是运行级别？如图 12.2 所示。

如图 12.2 所示，CentOS 在刚刚启动的时候，实际上它会先选择一个运行级别，然后再按照这个级别来启动系统。

“运行级别”这个词比较官方，也可以理解它是一种模式或方式（以某一种方式来启动 Linux 操作系统），不同的运行级别下的系统，调用的服务种类和数量各不相同，所以说就会呈现出不同的使用“环境”。

在图 12.2 中，可以看到一共有 7 个运行级别可以选择，分别是 0、1、2、3、4、5、6。其实，这 7 个数字级别是来源于 CentOS 6.x 以前的系统，新版的 CentOS 7.x 严格来说已有了自己新的运行级别定义方式，不过为了方便以前的大量旧版用户，依然保留着这种经典的运行级别方式。

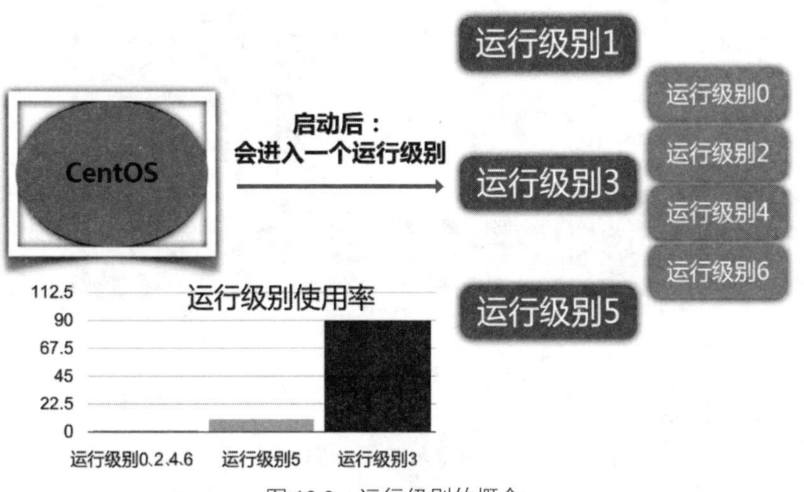

图 12.2　运行级别的概念

在这 7 个级别中，0、2、4、6 这几种几乎不会被用到，所以它们不是重点，当前的重点是在 1、3、5 这三种运行级别上（1、3、5 中又以运行级别 3 为最高使用率，基本上 90%以上的服务器都是运行在这个级别上的）。

12.1.2　CentOS 运行级别的图解

这里将重点的 1、3、5 三个级别做一个图解，如图 12.3 和图 12.4 所示。

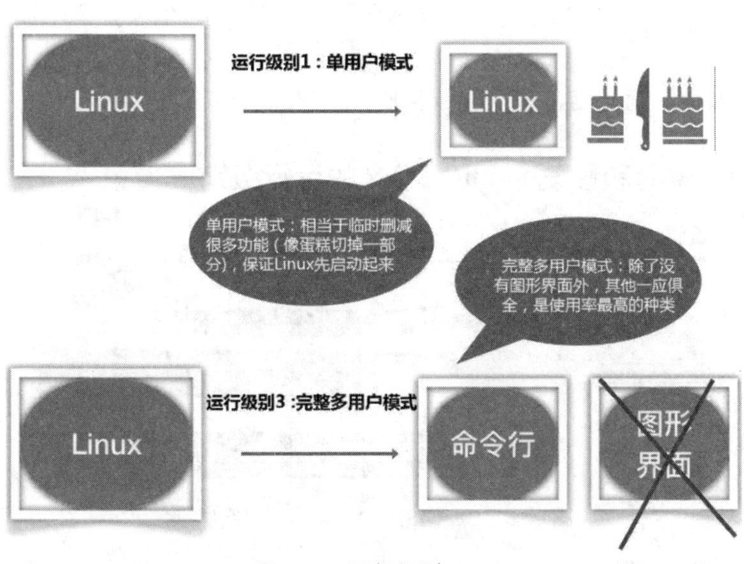

图 12.3　运行级别 1、3

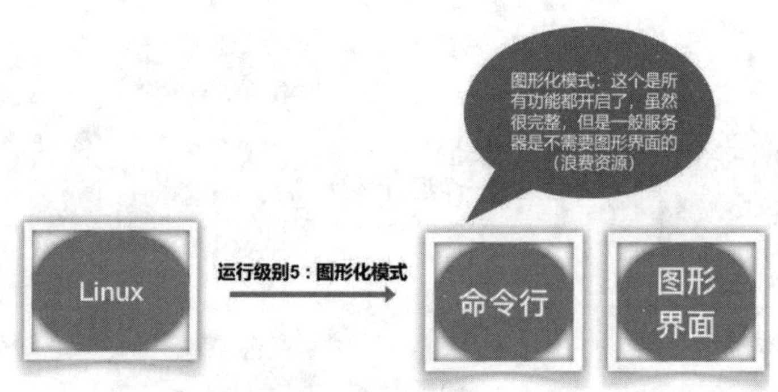

图 12.4　运行级别 5

图 12.3 和图 12.4 分别展示了 1、3、5 三个运行级别的不同之处，这里再分别说明一下。

运行级别 1：又叫单用户模式，Linux 操作系统不管怎么稳定，也还是有遇到系统出问题的时候，如启动不起来等问题。单用户模式可以理解为“紧急救援模式”，在这个模式下，Linux 操作系统的很多功能会被暂时关闭掉，只启动一部分重要的功能，让用户快速地先进入 Linux 操作系统中，然后再做各种修复的工作。

运行级别 3：又叫作完整多用户模式，在学习过程中，其实一直用的就是这种模式（只是没学到而已，所以没注意到）。在这种模式下，除了图形界面没有以外，其他的功能都是一应俱全的，所有的工作都在命令行中进行。

运行级别 5：又叫作图形化模式，这就是完整的功能了。在这种模式中，一开机就会直接进入图形界面，不再进入命令行，然而图形界面中也可以进入命令行的，而且命令行的外观会更漂亮。不过，一般服务器是不会用运行级别 5 来启动的，因为图形界面对于互联网上的服务器来说毫无用处，还很浪费硬件资源。

对这三个重要的级别有了一定的认识后，接下来就开始在命令行中接触它们。

扫一扫，看视频

12.1.3　查看和修改 CentOS 7.x 的运行级别

先从查看当前的运行级别开始学习，如图 12.5 所示。

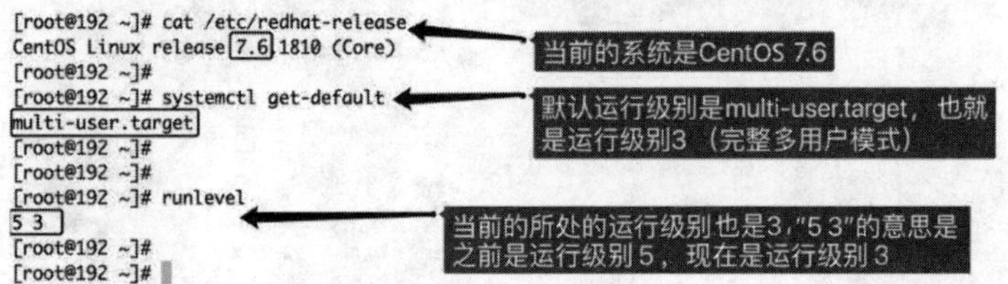

图 12.5　CentOS 7.x 默认/当前运行级别

如图 12.5 所示，当前的 Linux 是 CentOS 7.6，在 CentOS 7.x 下可以使用 systemctl get-default 来查看

当前系统的默认运行级别（默认运行级别的意思：不会立刻生效，只有在下次重启系统时，才会生效）。

接下来，使用 runlevel 命令来查看当前运行级别，这里出现 5、3 两个数字，意思是说上一次的运行级别是 5，当前的运行级别是 3，也就是完整多用户模式。

注意：

默认运行级别和当前运行级别是有区别的。

systemctl 命令是第一次接触，这也是一个 CentOS 7.x 的特色命令，用来修改 Linux 的一些基本服务配置，后面会有专门的章节讲解，目前先直接使用。会查看运行级别了，那么接下来就是怎么来修改。请按以下操作：

使用 systemctl get-default 来修改默认的运行级别，graphical.target 在这里等同于运行级别 5，也就是图形化模式。设置完成后，再用 systemctl get-default 命令来查看当前的默认运行级别，现在就从 multi-user.target 变成了 graphical.target。代码如下所示：

```
[root@192 ~]# systemctl get-default
multi-user.target
[root@192 ~]# systemctl set-default graphical.target
Removed symlink /etc/systemd/system/default.target.
Created symlink from /etc/systemd/system/default.target to
/usr/lib/systemd/system/graphical.target.
[root@192 ~]#
[root@192 ~]# systemctl get-default
graphical.target
```

虽然修改了默认运行级别，但是它不会立刻生效的（必须等下次重启），那有没有办法在不重启的情况下，立刻切换运行级别呢？当然可以了，请按以下操作：

systemctl isolate graphical.target 和 init 5 都可以用来切换当前的运行级别到 5，前者是 CentOS 7 的新式用法，后者则是 CentOS 6 的经典用法。感觉还是 CentOS 6.x 的用法更简单，那么就用 CentOS 6.x 的命令：

```
[root@192 ~]# init 5
[root@192 ~]#
```

运行完以后，理论上应该会切换到图形界面，结果只是卡顿了一下，为什么没有任何变化呢？到下一小节再来解决这个问题。

12.1.4　CentOS 7 安装图形界面

扫一扫，看视频

看这个小节的标题也明白了，运行级别 5 的图形界面得额外安装才行，不然就算切换到了运行级别 5，也没有任何用处。安装的方法本身很简单，用 Yum 就可以了。不过由于软件比较大，包比较多，要多等会儿，按顺序分别执行下面的命令：

```
yum groupinstall "X Window System"
yum groupinstall "GNOME Desktop"
...
Dependency Updated:
  dbus.x86_64 1:1.10.24-13.el7_6         dbus-libs.x86_64 1:1.10.24-13.el7_6
  krb5-libs.x86_64 0:1.15.1-37.el7_6     libsss_idmap.x86_64 0:1.16.2-13.el7_6.5
  nss.x86_64 0:3.36.0-7.1.el7_6          nss-sysinit.x86_64 0:3.36.0-7.1.el7_6
  nss-tools.x86_64 0:3.36.0-7.1.el7_6    nss-util.x86_64 0:3.36.0-1.1.el7_6
  policycoreutils.x86_64 0:2.5-29.el7_6.1   sssd-client.x86_64
0:1.16.2-13.el7_6.5
Complete!
```

安装好以后，查看一下默认的运行级别是不是 5，没问题的话，就重启系统一起来见识一下 CentOS 的图形界面。

```
[root@192 ~]# systemctl get-default
graphical.target
[root@192 ~]#
[root@192 ~]#
[root@192 ~]# reboot
```

再次开机以后，就不是进入之前熟悉的黑色命令行窗口，而是进入彩色的图形登录界面，如图 12.6 所示，输入账号和密码（就用 root 即可）。

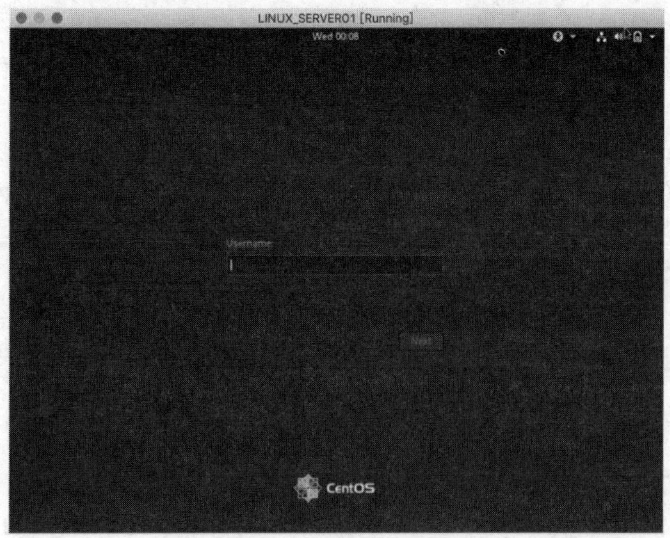

图 12.6　图形登录界面

想不到 Linux 下也可以用上鼠标了，在桌面上右击，从弹出的快捷菜单中选择 Open terminal 命令打开终端的选项，如图 12.7 所示，就会弹出熟悉的命令行窗口，比之前的黑色命令行窗口美观多了。

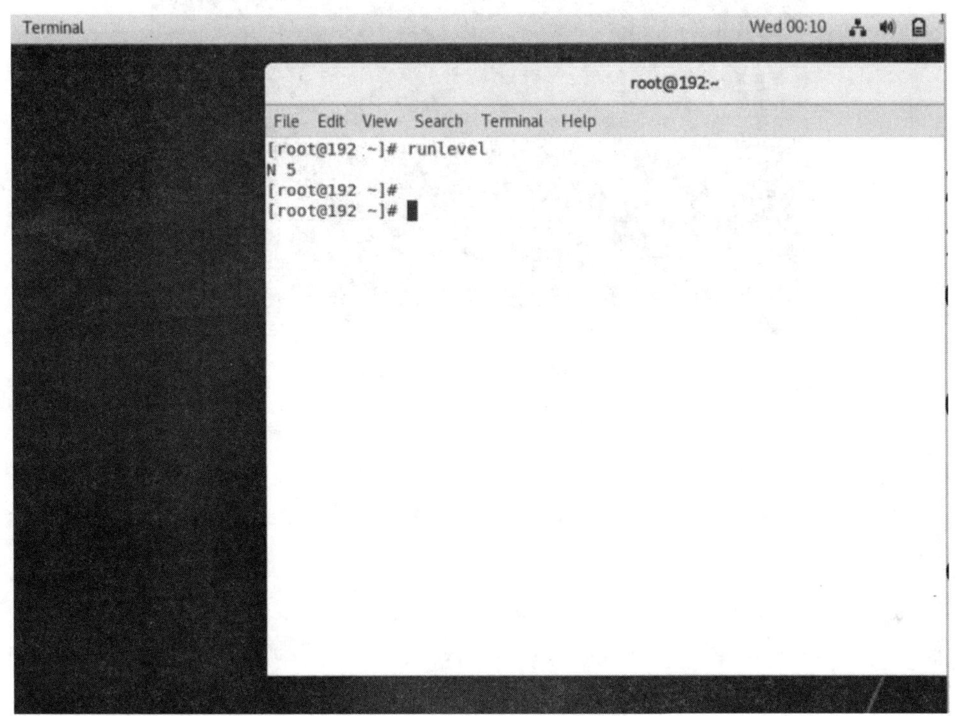

图 12.7　Open terminal 命令行

最后说一下，使用图形界面的确比之前的黑色命令行要简单舒服，不过不建议过多地依赖图形界面，原因还是企业中的服务器一律都不会安装图形界面。

至于更多图形界面的用法，感兴趣的读者可以自己动手实验。

12.1.5　Linux 忘记 root 密码的修改方法

在日常工作中，经常因为某些原因忘记了 root 账号的密码，如果 root 账户不能登录了，那么 Linux 基本上也没法维护。不过不用担心，下面介绍一个方法，进入 Linux 单用户模式来修改 root 密码。

（1）在开始界面到这里的时候，不要按 Enter 键，而是按 E 键，进入编辑模式，如图 12.8 所示。

（2）在接下来打开的编辑内容中找到以下这一行（倒数第二行）。

```
linux16 /boot/vmlinuz-3.10.0-327.el7.x86_64 root=/dev/mapper/centos-root ro
crashkernel=auto rd.lvm.lv=centos/root rhgb quiet LANG=en_US.UTF-8
```

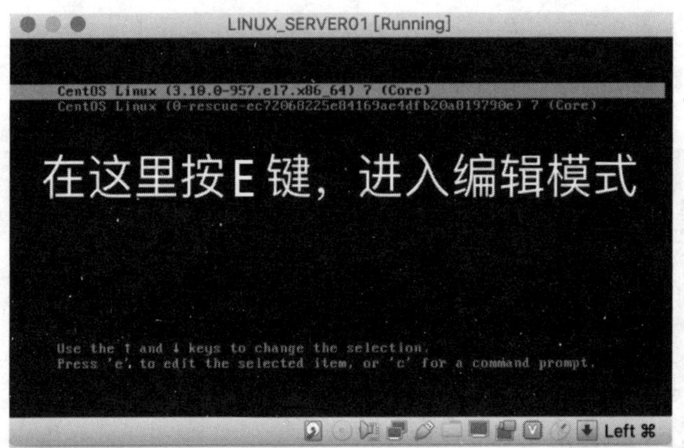

图 12.8　grub 编辑模式

（3）修改成以下这样：

```
linux16 /boot/vmlinuz-3.10.0-327.el7.x86_64 root=/dev/mapper/centos-root rw
crashkernel=auto rd.lvm.lv=centos/root rhgb quiet LANG=en_US.UTF-8 init=/bin/bash
```

这里把 ro 改成 rw ，意思是让硬盘从只读变成可读、可写，不然的话，passwd 命令是没办法使用的。然后，在行尾加上 init=/bin/bash，让 grub 启动后直接就调用命令行。

（4）使用 Ctrl+X 组合键重启服务器，重启后就会进入单用户模式，并且可以使用 passwd 命令来修改 root 密码。

扫一扫，看视频

12.2　CentOS 6 下的运行级别

我们本章一开始就提到过 CentOS 7 和 CentOS 6 在运行级别的配置方法上有很大的不同，因为 CentOS 6 目前仍然是主流系统，而 CentOS 7 的完全普及还需要几年的时间，况且 CentOS 6 下的很多用法属于经典里程碑（CentOS 7 也会向下兼容），所以也很有必要了解一下 CentOS 6 的配置方法（不光是运行级别，往后还有很多其他方面的用法，也需要掌握）。

12.2.1　CentOS 6 经典的/etc/inittab 运行级别配置文件

大米哥 CentOS 6.8 的服务器，接下来就来看看 CentOS 6.x 经典运行级别配置方法。这台服务器装的是 CentOS 6.8：

```
 [root@server01 ~]# cat /etc/redhat-release
CentOS release 6.8 (Final)
```

这个配置文件就是 CentOS 6.x 下最经典的运行级别总配置文件（更老的 CentOS 5.x 版本也是一样的）。可惜到了 CentOS 7 之后，这个被老一辈 Linux 工程师所熟知的配置文件被狠心地废弃掉了。接下来认识一下配置文件/etc/inittab。

```
[root@server01 ~]# cat /etc/inittab
# inittab is only used by upstart for the default runlevel.
#
# ADDING OTHER CONFIGURATION HERE WILL HAVE NO EFFECT ON YOUR SYSTEM.
#
# System initialization is started by /etc/init/rcS.conf
#
# Individual runlevels are started by /etc/init/rc.conf
#
# Ctrl-Alt-Delete is handled by /etc/init/control-alt-delete.conf
#
# Terminal gettys are handled by /etc/init/tty.conf and /etc/init/serial.conf,
# with configuration in /etc/sysconfig/init.
#
# For information on how to write upstart event handlers, or how
# upstart works, see init(5), init(8), and initctl(8).
#
# Default runlevel. The runlevels used are:
#   0 - halt (Do NOT set initdefault to this)
#   1 - Single user mode
#   2 - Multiuser, without NFS (The same as 3, if you do not have networking)
#   3 - Full multiuser mode
#   4 - unused
#   5 - X11
#   6 - reboot (Do NOT set initdefault to this)
#
id:3:initdefault:
```

如上所示，这个配置文件是设置“默认运行级别”的（也就是下次重启才可以生效），这里有非常详细的说明文档，告诉我们应该怎么配置运行级别。在最后的部分可以看到 0~6 这 7 个“运行级别”的详细描述，如果想设置哪个运行级别，就把最下面一行的 id:×:initdefault 修改成对应的数字，保存后即可。

CentOS 6.x 的/etc/inittab 文件用来决定每次系统启动时，默认是用哪个运行级别。如果是想改变当前的运行级别，切换的方法如下：

```
[root@server01 ~]# init 5
```

在 CentOS 6 下，查看运行级别的方法如下：

```
[root@server01 ~]# runlevel
N 3
```

12.2.2　自定义启动服务/etc/rc.local

之前学习了运行级别的概念，它的目的就是让 Linux 在不同的运行级别下启动不同的服务而已。除了选择运行级别外，其实也可以自定义开机后要启动的服务（或者说是进程）。方法很简单，只要编辑一个文件——etc/rc.local 即可。

接下来，在 CentOS 6.x 下打开这个文件，并随意写入一个任务进去，试试这个文件的内容，直接在末尾添加需要开机执行的命令即可。代码如下所示：

```
#!/bin/sh
#
# This script will be executed *after* all the other init scripts.
# You can put your own initialization stuff in here if you don't
# want to do the full Sys V style init stuff.
touch /var/lock/subsys/local
/usr/share/denyhosts/daemon-control start
touch /usr/local/test.file
```

添加完之后，保存退出。然后重启虚拟机，试试看能不能起效。CentOS 7.x 同样有这个/etc/rc.local 文件，也有同样的功能。一起来看一下里面的内容，代码如下所示，也在最后添加一行开机执行的命令。

```
 [root@192 ~]# cat /etc/rc.local
#!/bin/bash
# THIS FILE IS ADDED FOR COMPATIBILITY PURPOSES
#
# It is highly advisable to create own systemd services or udev rules
# to run scripts during boot instead of using this file.
#
# In contrast to previous versions due to parallel execution during boot
# this script will NOT be run after all other services.
#
# Please note that you must run 'chmod +x /etc/rc.d/rc.local' to ensure
# that this script will be executed during boot.
touch /var/lock/subsys/local
touch /tmp/rc.local.test
```

修改好之后，不要着急重启，先注意一下这个文件的最后两句话。代码如下所示：

```
# Please note that you must run 'chmod +x /etc/rc.d/rc.local' to ensure
# that this script will be executed during boot.
```

这段话的意思是：先执行一下 chmod +x /etc/rc.d/rc.local，以保证 rc.local 可以在启动的时候生效（其实，/etc/rc.local 是一个指向到/etc/rc.d/rc.local 的软链接）。执行完毕后，就可以尝试重启。

第 13 章

Linux 下必会的 SSH 和服务入门

第 12 章学习了 Linux 的运行级别，其中讲到了有关图形界面的知识，大米哥一再强调，企业中的服务器不可能安装图形界面，只可以走运行级别 3 的命令行模式，而企业中的服务器一般都远在 IDC 中，一个机架上密密麻麻地摆着那么多服务器，又不可能挨个去接上显示器，那么平时到底怎么去远程维护呢？这就是本章要讲的一项核心内容——SSH 服务。

13.1　SSH 服务的基本知识

下面将按照这样的顺序来学习，先了解什么是 C/S 模型，再明白服务器端和客户端的意义，接着掌握 SSH 的快速使用案例，最后将 SSH 套用进入 C/S 模型。

13.1.1　认识经典的 C/S 模型

扫一扫，看视频

暂不说 SSH，先来了解一个通用的概念，这就是“C/S 模型”。那什么是 C/S 模型呢？如图 13.1 所示。

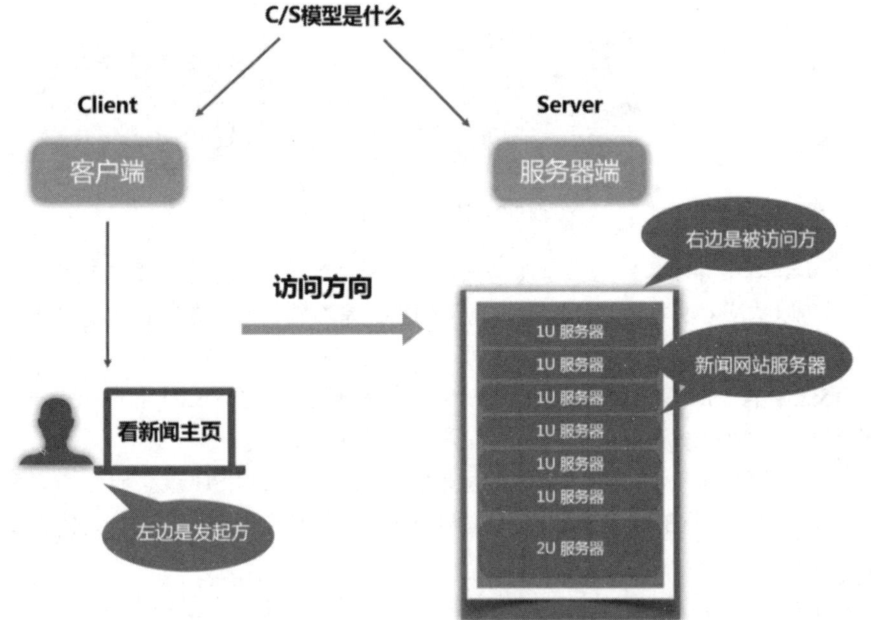

图 13.1　经典的 C/S 模型

如图 13.1 所示，先来认识经典的 C/S 模型。所谓的 C/S，其实是两个词：Client&Server，翻译过来就是客户端和服务器端。客户端在左边，是作为请求的发起方；服务器端在右边，是作为被访问的一方。

另外，在图 13.1 中也可以看到，作为客户端的一方（左边），一般是比较轻巧和简单的，就好比是一个人拿着一个笔记本，正准备打开一个网页看新闻。

而右边作为服务器端（所谓的服务器端，可以从字面上理解为为广大客户端提供服务的这一端），因为是被访问的一方，而且肯定不止被“一个客户端”访问，所以一般来说量级比较重，也比较复杂。

说到这里，大家可能会有一个疑问：那是不是说客户端都是小型计算机，而服务器端则都是大型服务器呢？也不见得是这样，如图 13.2 所示。

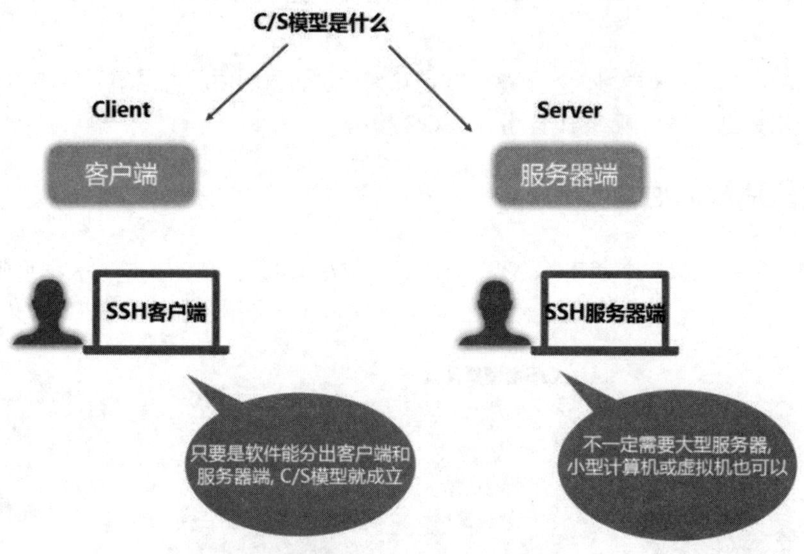

图 13.2　服务器端和客户端

如图 13.2 所示，其中并没有什么大型服务器，左右两边都可以是小型计算机或者笔记本，甚至一台小虚拟机，一样可以构成 C/S 模型。所以说，真正的重点是在软件上，是软件本身分出了客户端和服务器端，然后分别装在不同的两边计算机上，就可以构成经典的 C/S 模型。

例如，图 13.2 中的 SSH 客户端和 SSH 服务器端就是典型的例子，SSH 客户端是一个软件，SSH 服务器端同样也是一个软件，把这两者分别安装在两台计算机上即可。

为什么用这么多篇幅先来讲 C/S 模型呢？那是因为即将讲到的 SSH 就是典型的 C/S 模型软件，不光如此，Linux 服务器上运行的绝大多数提供服务的软件都是 C/S 模型的，这也是为以后学习打好一个基础。

扫一扫，看视频

13.1.2　SSH 客户端的准备

前面也提到过，如果想远程登录一台 Linux 服务器，那么 SSH 就是最好的选择（普及率超过 95%）。为了模拟 SSH 的功能，自然就需要一个服务器端、一个客户端。之前一直使用的这个 Linux 虚拟机可以作为 SSH 服务器端，那么接下来的工作就是再准备一个客户端（所谓的一个 SSH 客户端其实就是一个软件或者是一个 ssh 命令）。这里提供三种途径来准备这个客户端。

第一种：如果当前的计算机是 Mac，那么恭喜你，客户端不用安装，本身就自带，在 Mac 的应用中搜索一个软件叫作 terminal（意思是终端），如图 13.3 所示。

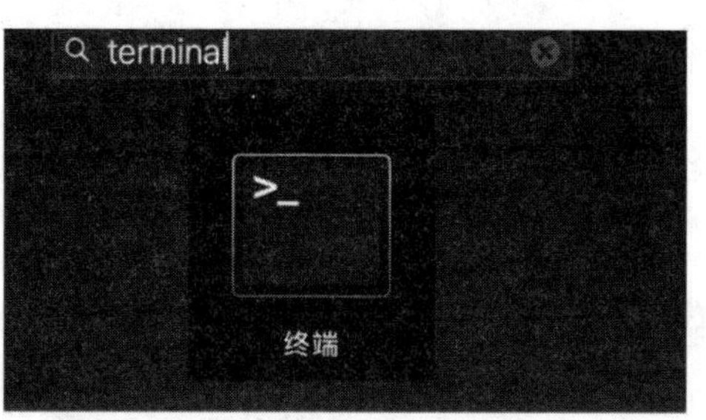

图 13.3　Mac 中的终端（命令行工具）

打开这个终端后，就会出现如图 13.4 所示的界面。

```
192:~ root#
192:~ root#
192:~ root#
192:~ root#
192:~ root#
192:~ root#
192:~ root#
192:~ root# ssh
ssh            ssh-agent     ssh-keyge
ssh-add        ssh-copy-id   ssh-keysc
192:~ root# ssh -V
OpenSSH_7.7p1, LibreSSL 2.7.3
192:~ root#
192:~ root#
```

图 13.4　Mac 的命令行

如图 13.4 所示，这不是 Linux 的命令行吗？其实这是苹果计算机自带的 UNIX 操作系统。为什么看上去跟 Linux 这么像，其实是说反了：平时用的 Linux 操作系统，还有 Mac 操作系统，都是源自 UNIX 而创建的。它们都拥有很相近的命令行用法。既然本身是 UNIX 操作系统，那么 SSH 的客户端命令就已经自带了，不需要任何额外的安装过程。

第二种：在 VirtualBox 中再安装一台虚拟机，装好 CentOS 系统。新安装的这台 CentOS Linux 就可以作为 SSH 的客户端来使用。安装的方法就不再赘述了，新建虚拟机→挂载 IOS 镜像→设置启动顺序→开机安装→设置网络桥接→进入系统，跟以前一模一样，安装好系统之后，登录进去，确认一下 SSH 的客户端即可。代码如下所示：

```
[root@192 ~]# ssh -V
OpenSSH_7.4p1, OpenSSL 1.0.2k-fips  26 Jan 2017
```

第三种：如果本机使用的是 Windows，就有点小麻烦了，因为 Windows 是桌面鼠标式操作，没有什么命令行的概念（有一个 DOS 窗口，但对我们无用），所以它默认是不带 SSH 的。

如果想在 Windows 中使用 SSH 客户端，就必须得额外下载和安装软件，好在这种软件有很多种可供挑选，这里推荐其中一款免费的 SSH 软件。PuTTY：Windows 下免费的 SSH 客户端工具。

（1）搜索下载 PuTTY 软件，并执行安装（很简单，就不再演示）。

（2）打开 PuTTY 软件，在 HostName 文本框中设置好远程 Linux 机器的 IP 地址（就是虚拟机 Linux 的 IP 地址），如图 13.5 所示。

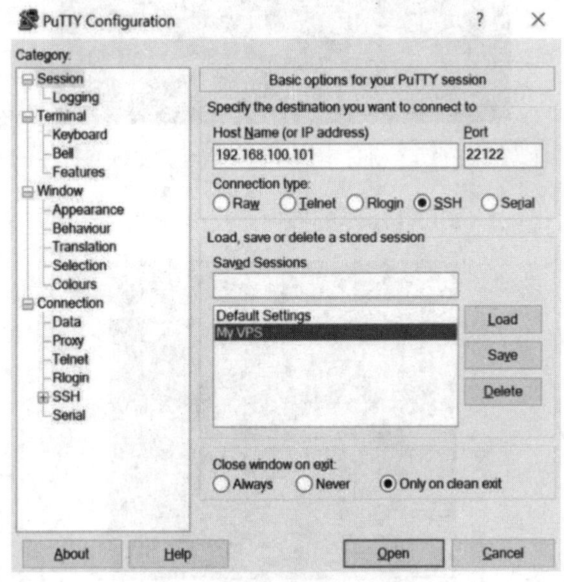

图 13.5　PuTTY 软件界面

（3）设置好以后，单击 Open（打开）按钮，输入 Linux 上的账号和密码即可登录系统。

扫一扫，看视频

13.1.3　快速使用 SSH 登录远程机器

由于大米哥使用的是 Mac 版本，所以这里就直接用 Mac 自带的命令行窗口进行 SSH 登录。无论使用的是 Linux，还是 Mac 作为 SSH 客户端，执行 SSH 远程登录都是一样的，如图 13.6 所示。

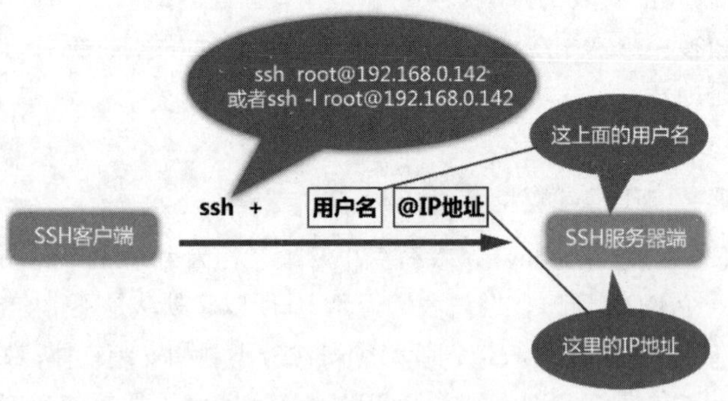

图 13.6　ssh 命令的使用方法

如图 13.6 所示，在客户端机器的命令行上执行 ssh +用户名@IP 地址，就是远程登录了。

注意：

用户名和 IP 地址都指的是 SSH 服务器端的，也就是目标机器上的。

接下来就实际操作一下，如图 13.7 所示。

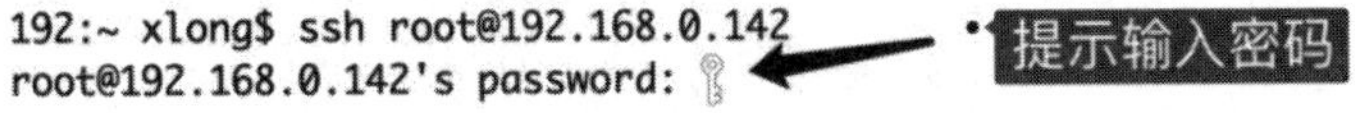

```
192:~ xlong$ ssh root@192.168.0.142
root@192.168.0.142's password:
```

提示输入密码

图 13.7　提示输入密码

如图 13.7 所示，这里提示输入密码，是谁的密码？既然用户名（root）是远程服务器上的，那密码自然也就是远程服务器上 root 用户的密码。输入完密码之后，SSH 就会成功登录。而登录之后，发现依然是处在命令行之中，就像下面这样：

```
Last login: Wed Apr 24 13:37:35 2019 from 192.168.0.105
[root@myCentos7 ~]#
```

在这种状况下，输入任何命令，都是在远程的服务器上执行，如图 13.8 所示。

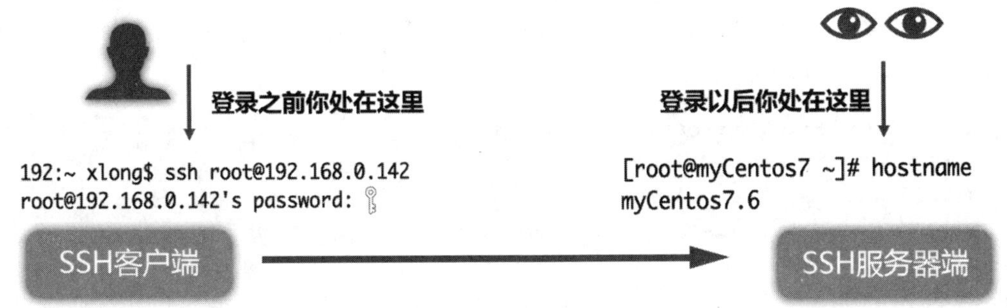

图 13.8　分清楚 SSH 登录的前后

13.1.4　结合 SSH 再谈用户管理

在 13.1.3 小节介绍 SSH 用法的时候，都是用 root 用户来登录。其实，只要是远程服务器上存在的用户，都可以用来登录。Linux 的用户管理之前已经学过了，那么接下来一起来创建一个新普通用户，用来做 SSH 登录的实验，请按照下面的步骤操作。

（1）在远程服务器上创建一个普通用户就叫 sshuser。如图 13.9 所示，创建好用户之后，再创建一个新密码给它，而这个密码即是本地登录用的密码，也是 SSH 远程登录用的密码，是通用的。

```
[root@myCentos7 ~]# useradd sshuser
[root@myCentos7 ~]#
[root@myCentos7 ~]# id sshuser
uid=1010(sshuser) gid=1010(sshuser) groups=1010(sshuser)
[root@myCentos7 ~]#
[root@myCentos7 ~]# passwd sshuser
Changing password for user sshuser.
New password:
BAD PASSWORD: The password is shorter than 8 characters
Retype new password:
passwd: all authentication tokens updated successfully.
[root@myCentos7 ~]#
[root@myCentos7 ~]#
```

这里设置的密码
也是SSH登录时使用的密码

图 13.9　账号密码对于 SSH 是通用的

（2）编辑/etc/passwd 文件，把这个 sshuser 的家目录修改一下。

```
[root@myCentos7 ~]# vim /etc/passwd
```

最后一行修改成 sshuser:x:1011:1010::/opt:/bin/bash。

家目录修改成/opt 之后，用户通过远程 SSH 登录以后，就会处在/opt 之下：

```
192:~ xlong$ ssh sshuser@192.168.0.142
sshuser@192.168.0.142's password:
-bash-4.2$ pwd
/opt
```

（3）如果想禁止一个用户 SSH 远程登录，那么只要把/etc/passwd 里面最后的/bin/bash 改成/sbin/nologin 即可。代码如下所示：

```
# sshuser:x:1011:1010::/opt:/sbin/nologin
192:~ xlong$ ssh sshuser@192.168.0.142
sshuser@192.168.0.142's password:
This account is currently not available.
```

扫一扫，看视频

13.2　SSH 服务的进阶知识

在 13.1 节中，我们已经掌握了基本的 SSH 用法，不过目前都仅限于 SSH 客户端的使用方法，还未接触到任何 SSH 服务的配置方法。

在本节中就来学习这部分的知识，以及一些关于 SSH 的扩展内容。

13.2.1　图解配置文件的存在意义

“配置文件”这个词这里已经不是第一次接触，之前在学习用户管理、开机 mount 挂载、修改网卡

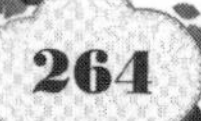

IP 地址时，都修改过对应的配置文件，SSH 服务自然也不例外，也有对应的配置文件。

接下来，就来认识一下到底配置文件是怎么回事，如图 13.10 所示。

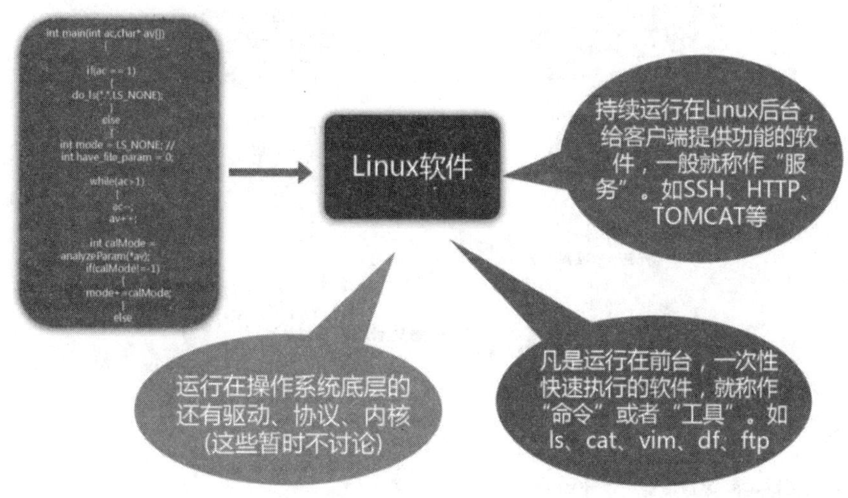

图 13.10　软件、服务、命令、工具

如图 13.10 所示，学了这么长时间的 Linux，有没有感觉这几个词经常搞混？代码、进程、软件、命令、服务、工具等。这里做一个解释。

（1）所有通过编写程序开发出来的，都可以称作一个软件。

（2）在 Linux 操作系统中，凡是工作在前台（看得见、摸得着），并且可以一次性快速被使用执行的软件，一般称作命令或者工具，如 ls、cat、head、fdisk、df、ftp 等。

（3）在 Linux 操作系统中，凡是工作在后台（默默无声地运行着），并且可以被动地、持续不断地、给客户端提供某种功能的软件，就称作一个服务，如 SSH、HTTP、TOMCAT、NGINX 等。

（4）在 Linux 操作系统中，还存在一些深层次的软件，感觉比较高深莫测，用一般方法很难见得到，如驱动、协议、内核等。

通过上面的一段描述，主要是先认清楚软件和服务这两者之间的关系，便于后面学习。那么在 Linux 中，有大量的像 SSH 这样的服务类软件的存在，它们并不是让我们直接拿来用，而是持续不断地跑在 Linux 后台中，给广大的客户端提供请求的响应。

而对于 Linux 工程师来说，如果想有效地管理好这些服务，很重要的一点就是熟知它们的配置文件。接下来看服务和配置文件的关系，如图 13.11 所示。

如图 13.11 所示，Linux 上的一款服务就是一个软件，而软件由源代码开发而来。作为 Linux 工程师，就算源代码不太容易能看懂，但每一款服务都存在配置文件，我们都能看得懂。所以，就通过配置文件来控制、调整、优化服务。

关于配置文件的意义就说这么多了，从下一小节开始，就来实战 SSH 服务的配置文件。

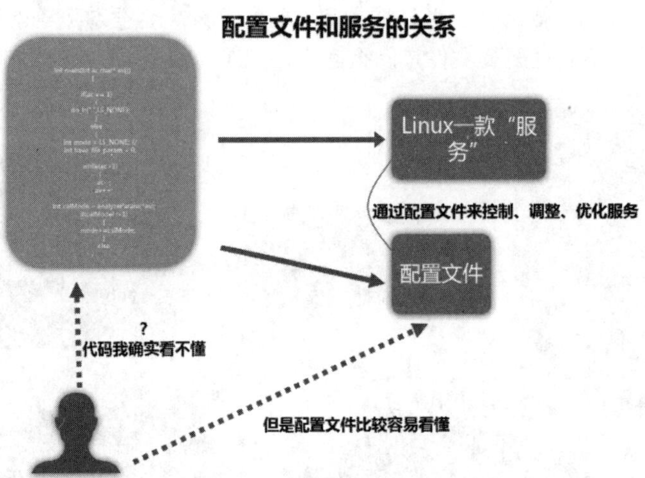

图 13.11　为什么服务都有自己的配置文件

13.2.2　第一种服务的配置文件

一般来说，一款服务在安装好以后，它的配置文件所在的路径都比较有规律，经常出现的地方有/etc/下、/usr/local/下、/var/lib/下等。接下来，介绍一般寻找配置文件的方法是怎样的。

SSH 在 Linux 中的全名叫 OPENSSH。可以通过之前学习的 rpm 命令来查看。在以下的输出信息中能看到有 openssh-client 和 openssh-server。很好理解，一个是客户端，一个是服务器端。有了客户端，当前的 Linux 就可以通过 ssh 命令登录其他远程机器；有了服务器端，当前的 Linux 就可以被别的机器登录进来。

```
[root@myCentos7 ~]# rpm -qa | grep openssh
openssh-7.4p1-16.el7.x86_64
openssh-clients-7.4p1-16.el7.x86_64
openssh-server-7.4p1-16.el7.x86_64
```

openssh-server-xx 是 SSH 服务器端的软件包，配置文件就在包里面，通过 rpm 命令来查找一下，如图 13.12 所示。

```
[root@myCentos7 ~]# rpm -ql openssh-server-7.4p1-16.el7.x86_64
/etc/pam.d/sshd
/etc/ssh/sshd_config
/etc/sysconfig/sshd
/usr/lib/systemd/system/sshd-keygen.service
/usr/lib/systemd/system/sshd.service
/usr/lib/systemd/system/sshd.socket
/usr/lib/systemd/system/sshd@.service
/usr/lib64/fipscheck/sshd.hmac
```

这就是要找的服务器端的“配置文件”

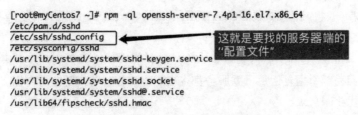

图 13.12　寻找 SSH 的配置文件

找到以后，打开看看里面的内容，这里分成下面几个特点。

（1）看上去，服务的配置文件行数很多，其实很多都是注释行。那什么是注释行?

注释行是为了做一番解释而写上去的文字，本身并不算是配置文件的有效内容，可以随意地写任何话语作为注释。另外，注释行的最前面以“#”符号开头。例如，上面的 SSH 配置文件，最开头的几行就都是注释行。代码如下所示：

```
#   $OpenBSD: sshd_config,v 1.100 2016/08/15 12:32:04 naddy Exp $
# This is the sshd server system-wide configuration file.  See
# sshd_config(5) for more information.
# This sshd was compiled with PATH=/usr/local/bin:/usr/bin
# The strategy used for options in the default sshd_config shipped with
# OpenSSH is to specify options with their default value where
# possible, but leave them commented.  Uncommented options override the
# default value.
# If you want to change the port on a SELinux system, you have to tell
# SELinux about this change.
# semanage port -a -t ssh_port_t -p tcp #PORTNUMBER
#
```

（2）一般来说，配置文件中的关键内容都有着比较规范的且比较统一的书写格式。举个例子，如图 13.13 所示。

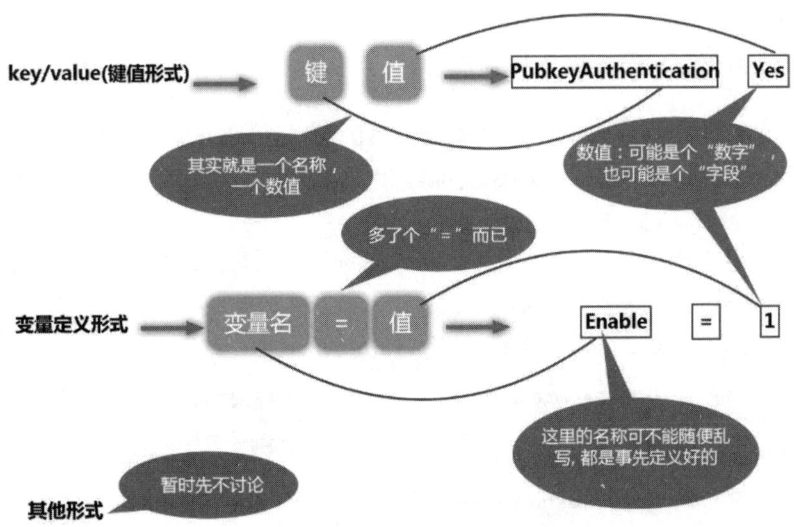

图 13.13　配置文件中的基本格式

如图 13.13 所示，大多数的服务配置文件中，就是这样的格式，一个名称，一个数值。

例如，"PubkeyAuthentication yes"就是启动 SSH 的公钥，如果这一项变成了"PubkeyAuthentication no"，那就是不开启了。SSH 的配置文件基本都是以下这种“键值”的形式。

```
LoginGraceTime 2m
PermitRootLogin yes
StrictModes yes
MaxAuthTries 6
MaxSessions 10
PubkeyAuthentication yes
```

除此之外，SSH 配置文件中有很多配置行被屏蔽。例如下面的这些，可以根据需要把前面的“#”去掉，让这一行配置生效。

```
#PasswordAuthentication yes
#PermitEmptyPasswords no
PasswordAuthentication yes
#ChallengeResponseAuthentication yes
ChallengeResponseAuthentication no
# Kerberos options
#KerberosAuthentication no
#KerberosOrLocalPasswd yes
#KerberosTicketCleanup yes
#KerberosGetAFSToken no
```

如上所述，配置文件大体就是这样，在下一小节中挑选一些重要的配置行来讲解一下。

13.2.3　SSH 服务必须掌握的五项配置行

通过上一小节的学习，大体了解了 SSH 配置文件的模样。其实以后还会陆续接触到各种各样其他的服务，这些服务的配置文件的框架大体类似。除此之外，大家是不是觉得配置项目有点太多了？是不是很难都记住？

大米哥给大家的建议是四个字：只抓重点（Linux 运维工程师需要掌握的服务种类几十个、上百个，每个服务也都会有数不清的配置项，不可能都记得住，所以要抓重点服务、重点知识来掌握）。

在本小节列出的这五项配置行必须掌握，如图 13.14 所示。

ListenAddress 0.0.0.0	监听地址范围
Port 22	端口号
PubkeyAuthentication yes	是否开启公钥验证
PasswordAuthentication yes	是否开启密码验证
PermitRootLogin yes	是否允许root用户登录

图 13.14　必会的五项 SSH 配置文件内容

在图 13.14 中列出的这五项配置是需要优先掌握的，那么接下来图解一下每一项配置是什么意思。

第一项配置：监听地址范围，如图 13.15 和图 13.16 所示。

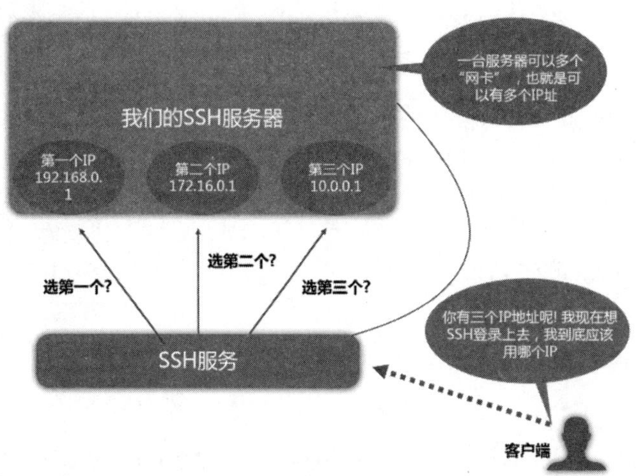

图 13.15　多网卡 IP 地址监听选择

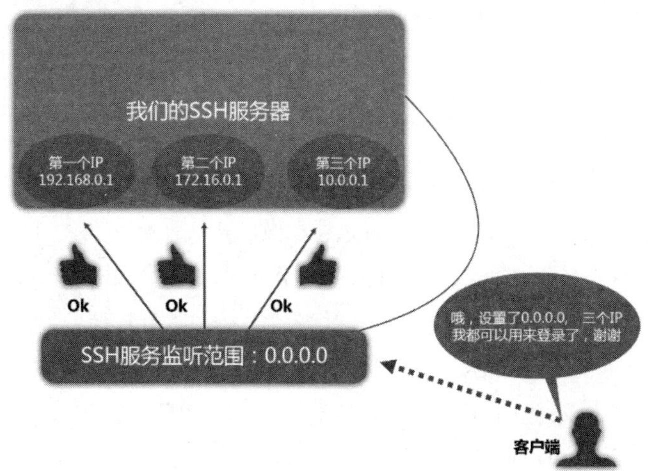

图 13.16　监听 0.0.0.0 全部地址

如图 13.15 和图 13.16 所示，搭建一台服务器的目的就是让别人来访问的。既然要访问，那就肯定得从网络上过来，所以必然会用到 IP 地址（IP 地址已经不陌生，它相当于是网络上的唯一门牌号）。

服务器的 IP 地址就相当于是门牌号，别人来访问时，必须先找到这个门牌号才行（不管什么服务类型的访问，都要先找这个门牌号，SSH 服务自然也不例外）。

可是有的时候，服务器不止有一个 IP 地址（因为服务器可能会用多个网卡），就像图 13.15 中，这台服务器有三个不同的 IP 地址（三个对外的门牌号），可是 SSH 服务只有一个，那 SSH 服务到底以哪

个门牌号对外示人？

说到这里，应该也就明白了这个监听地址是什么意思，如果设置成其中一个网卡的 IP 地址（如第一个 192.168.0.1），那 SSH 就不认剩下的两个 IP 地址了，也就是说，右下角的这个客户端如果想以 IP 地址 172.16.0.1 或者 10.0.0.1 来进行登录，是行不通的！

所以，把它设置成 0.0.0.0（其实 SSH 默认情况下就是 0.0.0.0），这样就表示本机的所有 IP 地址都可以提供给 SSH 服务对外使用。接下来做个实验，尝试修改一下 SSH 的这个配置项。代码如下所示：

```
# vim /etc/ssh/sshd_config
```

把 ListenAddress 0.0.0.0 改成 ListenAddress 192.168.0.142（192.168.0.142 是大米哥的虚拟机的网卡 IP 地址），修改好了以后，保存退出。

配置文件修改好之后，并不能立即生效，需要重启服务，如图 13.17 所示，来学习一下 CentOS 7 下面服务重启的方法。

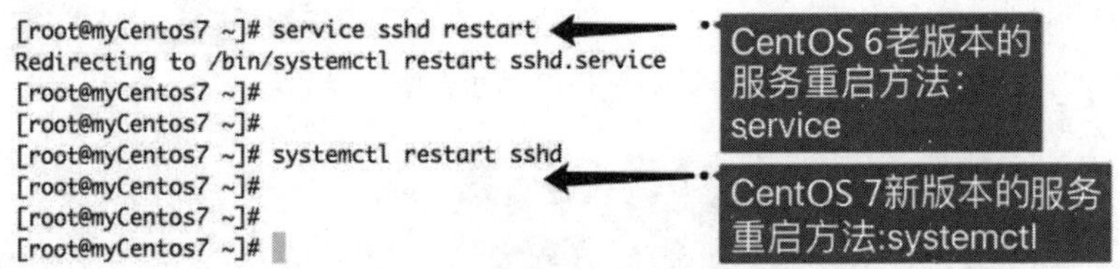

图 13.17　CentOS 6.x/7.x 的服务重启方法

如图 13.17 所示，在红帽系列的 Linux 操作系统中，如果想操作一个服务，有个命令可以实现，分别是 service 和 systemctl。其中，service 是 CentOS 6 和以前更老版本的经典用法，看着也比较直观，因为 service 这个词本身就有服务的意思。后面的 systemctl 是 CentOS 7 最新版本的服务操作命令。关于这个命令，大米哥还是更喜欢老版本的。除此之外，对服务的操作还有其他的关键字：start、stop、restart、try-restart、reload、force-reload、status，大家可以根据字面的意思，自己尝试。

但是 stop 请慎用，如 service network stop 就把网卡全都关闭了，远程连接会断掉；service sshd stop 就把 SSH 服务全都关闭了，SSH 登录也断掉了。

还有一个要提到的是，不管 service 还是 systemctl，在操作 SSH 服务时使用的名称是 sshd，其中的 d 代表的是 daemon（也就是服务的意思，也有后台的意思），这一项配置就讲这么多了。

第二项配置：端口号。这是重点中的重点，一定要好好理解，如图 13.18 所示。

如图 13.18 所示，解释了什么是端口号，如果要搞清楚它，就必须连带着 IP 地址一起讲解才可以。“端口号”和“IP 地址”这两个名词并不是 SSH 这一种服务的专利，而是通用的网络技术词汇，也是网络中最重要的组成部分。

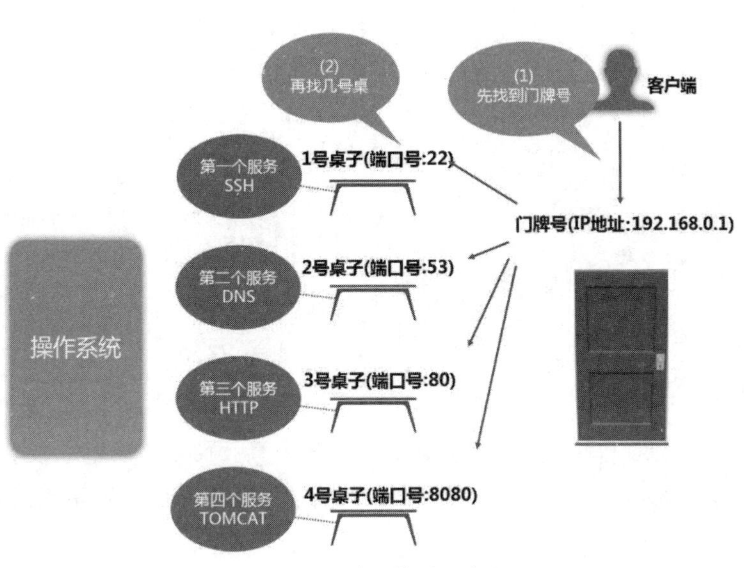

图 13.18　端口的重要意义

就像图 13.18 中，可以把操作系统和上面运行的各种软件服务想象成一桌桌的饭菜，做好了提供给客人吃，客人就是客户端。

客户端过来的时候，它要先找最外面的门牌号，也就是 IP 地址，进门后，再找对应的桌子号，这就是端口号，缺一不可。

一台服务器上的各种对外服务有很多，SSH 只是其中的一种，每一种对外的服务必须最少分配一个端口号，不然外面没办法找过来对号入座。在一台服务器上的操作系统中（Linux），能提供的桌子号（端口号）是有限的，一个号正在被占用时，其他的服务不能使用这个号。

其实现在不光是在讲 SSH 的配置项，而是通过这个机会提前接触一些基本的网络技术，为后面章节的学习打好一个基础。现在大概也明白了什么是端口号，接下来回到 SSH 配置文件，来看 SSH 服务默认的对外端口号是多少。

```
# vim /etc/ssh/sshd_config
# #Port 22
```

从最前面就可以看到，SSH 服务默认的对外端口号是 22（这个要记住，有时候面试会问）。现在端口号了解了，那么接下来介绍一个查看端口号的新命令：netstat。

这个命令用来查看当前系统中正处在监听状态下的所有服务和它们对应的端口号，还有它们分别都监听在什么 IP 地址。

这 4 个参数可以先大致了解一下，tnlp 分别代表 tcp、numeric、listening、pid。tcp 是网络协议的类型，在第 17 章再学习；numeric 是纯数字化的意思；listening 指的是显示正处在监听状态中的服务；pid 指的是进程号。

下面的输出结果中，找找看能不能看到 SSH 服务。

```
[root@myCentos7 ~]# netstat -tnlp
Active Internet connections (only servers)
Proto Recv-Q Send-Q Local Address   Foreign    Address  State   PID/Program name
tcp      0     0 0.0.0.0:111      0.0.0.0:*      LISTEN   1/systemd
tcp      0     0 192.168.122.1:53 0.0.0.0:*      LISTEN   3608/dnsmasq
tcp      0     0 192.168.0.142:22 0.0.0.0:*      LISTEN   16561/sshd
tcp      0     0 127.0.0.1:631    0.0.0.0:*      LISTEN   3338/cupsd
tcp6     0     0 :::111           :::*           LISTEN   1/systemd
tcp6     0     0 ::1:631          :::*           LISTEN   3338/cupsd
```

这个 netstat 命令是日常工作中使用非常频繁的一个工具，后面的章节中也会反复用到。上面的这两项配置项都扩展了很多的额外知识，这也是为后面章节的学习打好基础，剩下的三个配置项简单介绍一下即可：

```
PubkeyAuthentication yes
PasswordAuthentication yes
PermitRootLogin yes
```

第一个：PubkeyAuthentication 是公钥验证。

第二个：PasswordAuthentication 是密码验证。SSH 服务支持这两种登录验证的方式，密码验证很好理解，就是输入账号和密码来登录，而公钥验证是 SSH 的一种更安全的加密登录方式，13.2.4 小节将会专门讲这个技术。

第三个：PermitRootLogin 是指是否允许 root 用户登录。

大米哥曾经就遇到，有的公司中要求把服务器上的这个选项设置成 no，也就是为了安全起见，不让用户以 root 账号来登录 SSH。

可以试试修改一下，然后退出再次以 root ssh 登录，会得到下面的结果。

```
#不允许 root 登录，就会出现下面的提示
192:~ xlong$ ssh root@192.168.0.142
root@192.168.0.142's password:
Permission denied, please try again.
root@192.168.0.142's password:
Permission denied, please try again.
root@192.168.0.142's password:
```

这 5 项 SSH 的配置也就是带大家入个门，更多的配置项需要在往后的学习和实际工作中再来慢慢积累。

13.2.4　如何配置 SSH 免密码登录

登录还可以不用密码？这挺新奇的，那就赶快一起来看一下。在上一个小节的最后提到了下面这个配置项，它是用来配置 SSH 的公钥的，最终的目的是安全免密码登录：

```
# PubkeyAuthentication yes    （是否开启公钥验证）
```

其实 SSH 如果要实现免密码登录，除了需要公钥外，还需要私钥。接下来就看一下工作原理是怎样的，分以下四步来理解原理。

第一步，如图 13.19 所示，首先用一把锁来替代原本使用的登录密码，不过这把锁比较特殊，它需要两把钥匙才能打开。于是，发明了传说中的两把万能钥匙，这两把万能钥匙在一起，可以打开任何一把这样的锁。

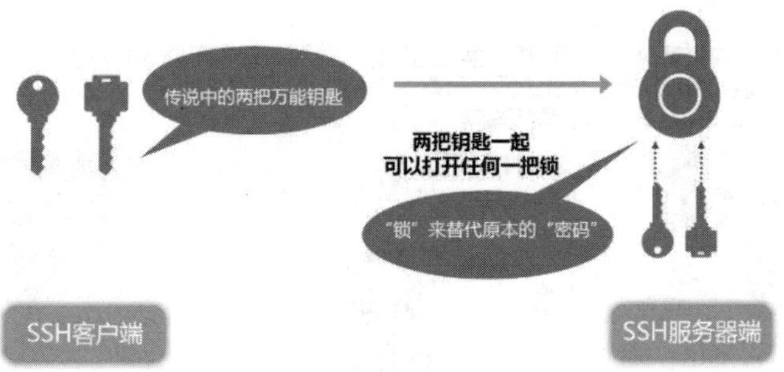

图 13.19　锁替代原本的密码

第二步，如图 13.20 所示，首先客户端创建出这两把万能钥匙，一把叫作私钥，一把叫作公钥，然后，把私钥留在自己手上，把公钥送到服务器端的手上。

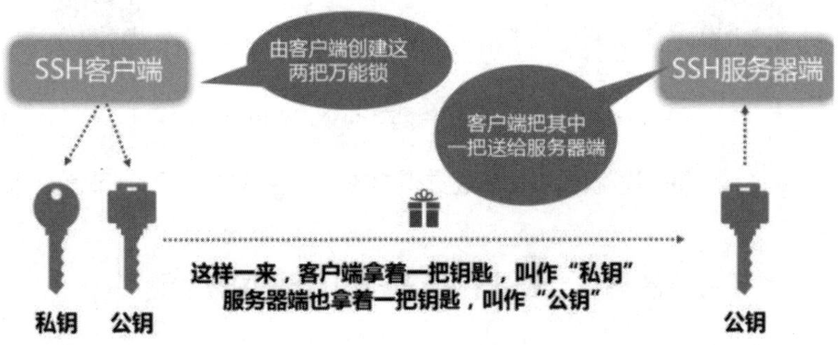

图 13.20　公钥和私钥

第三步，如图 13.21 所示，SSH 服务器端就像一个魔术师，在每次验证登录前，都会先变出一把锁，然后把这把锁交给 SSH 客户端（每一次变出来的锁都不一样）。

图 13.21 每次登录生成锁

第四步，如图 13.22 所示，这是验证的最后一步。客户端先把自己的私钥插入这把锁（这时候锁还没办法打开），然后，把这把锁再交还给服务器端，服务器端再插入自己的公钥，最终锁被打开，登录验证成功。

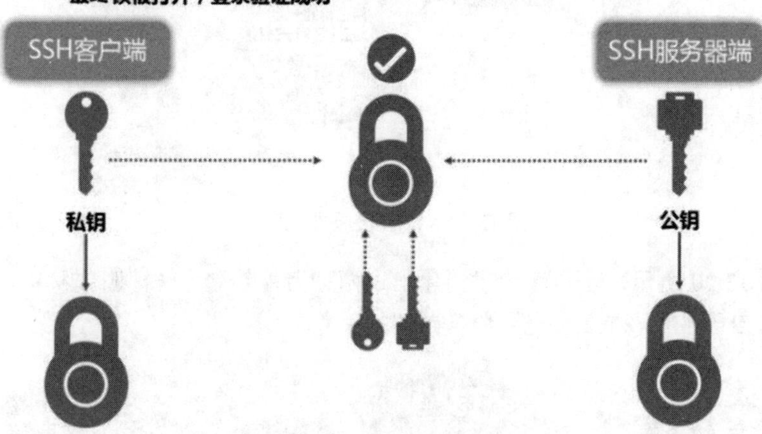

图 13.22 两把钥匙才可以开启锁

这就是 SSH 免密码登录的图解流程，是不是觉得挺玄？不要着急，下一节就来实战操作。

13.3 SSH 服务的进阶操作

在本节中，我们来学习以下两项进阶内容。

（1）正确的 SSH 免密码登录配置方法。

（2）SSH 的远程命令行。

13.3.1　SSH 如何正确配置公钥免密码登录

现实工作中，几乎所有的远程登录服务器的方式都是 SSH（早期还会有其他方式登录，但是现在都基本被淘汰了，就不再浪费时间去说了），而服务器数量众多，如果每台服务器都要靠输入密码来登录，那手都累瘫痪了，况且密码太多不方便记忆，又容易有安全隐患，如图 13.23 所示。

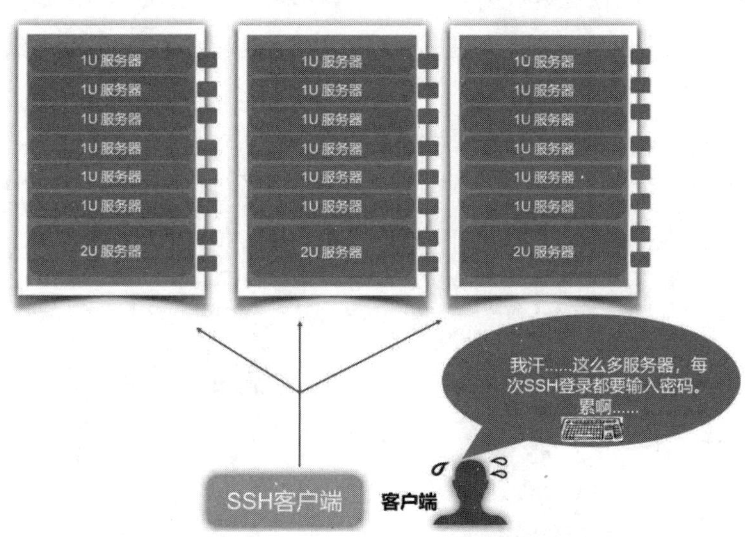

图 13.23　服务器过多没办法都依靠密码登录

还记得上一节最后学习的公钥免密码登录的原理，接下来就以它为基础，转换成实际操作，学习 SSH 如何正确配置公钥免密码登录。

（1）如图 13.24 所示，现在客户端使用专门的命令来创建出公钥和私钥（这两把万能钥匙）。

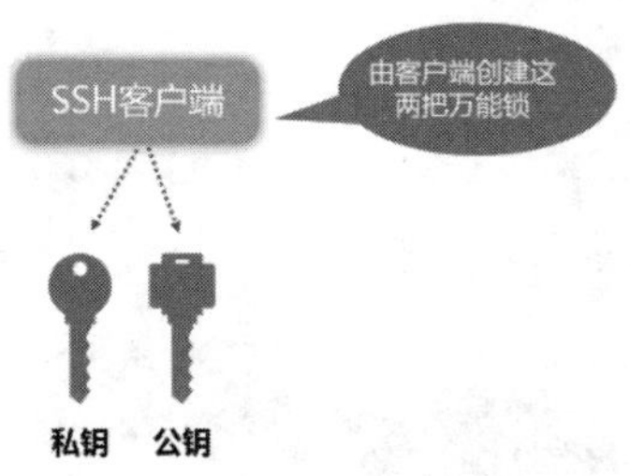

图 13.24　客户端创建公钥和私钥

操作如下：创建两把钥匙的命令很简单，ssh-keygen 之后一路按 Enter 键就可以。这个命令执行后，它会在你当前用户的家目录下生成一个隐藏目录.ssh，然后把生成的私钥和公钥都放在这下面。生成的私钥叫作 id_rsa，生成的公钥叫作 id_rsa.pub（public 有公共的意思）。代码如下所示：

```
[root@myCentos7 ~]# ssh-keygen
Generating public/private rsa key pair.
Enter file in which to save the key (/root/.ssh/id_rsa):
```

这里是创建.ssh 目录：

```
Created directory '/root/.ssh'.
Enter passphrase (empty for no passphrase):
```

这里是给私钥额外再创建一个密码，可是本来就是为了免密码登录的，这里当然就不要输入，直接按 Enter 键即可。代码如下所示：

```
Enter same passphrase again:
Your identification has been saved in /root/.ssh/id_rsa.
Your public key has been saved in /root/.ssh/id_rsa.pub.
The key fingerprint is:
SHA256:PgZECC+elNX8fkRRRAXaf/EvGBy/aIh1nnIz0DZI4Fs root@myCentos7.6
The key's randomart image is:
+---[RSA 2048]----+
|  ...+. . .==o.  |
|   +..o. ..o     |
|  + . ....E o  . |
| o o .  .+.+ +  o|
|  o   ..S.+ B o o|
|       o.o.* * o.|
|        =.o X o .|
|       . . + o . |
|                 |
+----[SHA256]-----+
```

两把钥匙就在这里生成。代码如下所示：

```
[root@myCentos7 ~]# ls .ssh/
id_rsa  id_rsa.pub
```

（2）如图 13.25 所示，把公钥放在服务器端。

图 13.25　公钥放在服务器端

如图 13.25 所示，接下来就来操作如何正确地把公钥放在服务器端：首先在服务器端，也要创建出一个.ssh 的目录，例如，现在希望免密码来登录这台服务器的 root 用户，那么就在这台机器上的 root 家目录下创建.ssh 目录。需要注意的是，创建出来的目录权限和属主、属组需要按照下面这样设置，不然会出现问题。代码如下所示：

```
[root@server01 ~]# mkdir .ssh
[root@server01 ~]# chmod 700 .ssh
[root@server01 ~]# chown -R root:root .ssh
[root@server01 ~]# ls -ld .ssh
drwx------. 2 root root 4096 Apr 28 20:08 .ssh
```

然后，在远端的.ssh 目录下创建一个 authorized_keys 文件。这个文件就是用来存放公钥的。代码如下所示：

```
[root@server01 ~]# vim .ssh/authorized_keys
```

存放公钥到这个文件有两种方法，第一种是使用 scp 命令，远程把这个文件复制到这台服务器上，覆盖到这个文件上。代码如下所示：

```
scp .ssh/id_rsa root@192.168.0.1:.ssh/authorized_keys
```

第二种是直接复制粘贴公钥的全部内容，粘贴在 Vim 里面即可。公钥里面的内容大致就是以下的样子，复制时不要有遗漏，也不要有多余的字符，或者换行。

```
 [root@myCentos7 ~]# cat .ssh/id_rsa.pub
ssh-rsa AAAAB3NzaC1yc2EAAAADAQABAAABAQCwgoV1CMkB74QyZBUlLC2Jv7vIazCDD34v5KcjRyw
M9n9chc02255VBprdIagHRi8MwDHJ79EfIClCgcRxX91fcsTmjKoXtMFArw9h/dUeMgelJ9OyquPDdq
WuFJzvepYawlgHi3JQfih27ROjI7Hos1ZCM+4Djy+Jc53m8UOdZYyk1GnHvEhb3jymzjsMaHd0EaQtx
k0WLH+Ti10jEg1cofgeQrL7j46nHY8rsHnet9VppRzNS1/uZCOPhLVL7OlrkaieAFVaXzqcBvh+TJ8R
NZKkYwNIGCBBMfZ0lBQHixlp2yp164MKD6ZK1QpbVCzKEgMR9Ham1EOt4uPzbwqX root@myCentos7.6
```

全都设置好以后，就可以尝试来远程免密码登录。代码如下所示：

```
[root@myCentos7 ~]# ssh root@192.168.0.100
Last login: Sun Apr 28 20:17:45 2019 from xxx.xxx.xxx.xxx
 ######################################################################
 #                          Notice                                #
 #                                                               #
 #  1. Please create unique passwords that use a combination of words,#
 #   numbers, symbols, and both upper-case and lower-case letters.   #
 #   Avoid using simple adjacent keyboard combinations such as       #
 #                              #
 #                                                               #
 #  2. Unless necessary, please DO NOT open or use high-risk ports,   #
```

```
 #   such as Telnet-23, FTP-20/21, NTP-123(UDP), RDP-3389,         #
 #   SSH/SFTP-22, Mysql-3306, SQL-1433,etc.                        #
 #                                                                 #
 #                                                                 #
 #                 #
 ###################################################################
[root@server01 ~]#
```

13.3.2 SSH 远程执行命令

通过 13.3.1 小节已经掌握了 SSH 免密码登录，那么接下来在这个基础上再来学习一项 SSH 非常实用的扩展用法。SSH 除了可以用来直接远程登录 Linux 外，还可以用来在远程 Linux 上执行各种命令。

说到这里有读者会有疑问了：通过 SSH 远程登录之后，本来不就是可以在远程的机器上执行各种命令了吗？这算什么扩展用法呢？问得好，那么就看图 13.26 来回顾一下之前学过的内容。当前已掌握的 SSH 用法就是如图 13.26 所示这样。先登录到对面的机器，然后再在对面的机器上执行命令，得到结果。

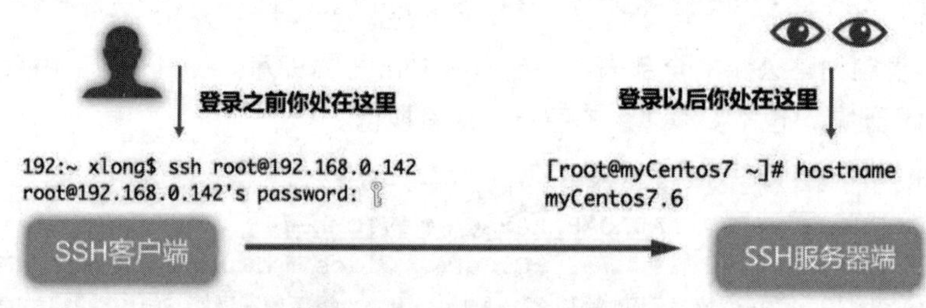

图 13.26　SSH 登录后再执行命令

如图 13.26 所示这种用法，属于 SSH 标准登录，也就是说，先登录到对面的命令行上，然后再在对面执行命令，那么接下来看下面的新方法，如图 13.27 所示。

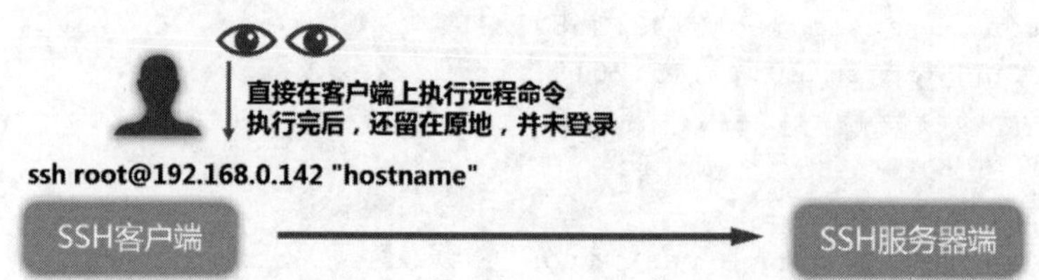

图 13.27　SSH 不登录，直接执行远程命令

如图 13.27 所示，SSH 语句的最后面双引号内，额外加上一个命令 hostname，这就是远程执行命令，如此一来，可以在不登录对面机器的情况下，在对面机器上执行命令，执行完毕之后，依然还在客

户端的原地。接下来实际操作体会一下这种用法。大米哥当前在自己的 Mac 计算机命令行上，机器名是 myMacbook。代码如下所示：

```
192:~ xlong$ hostname
myMacbook
```

通过 SSH，在远程的 192.168.0.142 这台机器上执行命令 hostname 得到结果是 myCentos7.6（大米哥的虚拟机 Linux）。代码如下所示：

```
192:~ xlong$ ssh root@192.168.0.142 "hostname"
myCentos7.6
```

执行完毕后，依然还停留在原地，并没有登录过去，这就是所说的 SSH 远程执行命令，而并不是用来做登录。代码如下所示：

```
192:~ xlong$ hostname
myMacbook
```

这种用法在企业中非常常见，特别是在编写脚本程序的时候会反反复复地用到。可以先自己多练习体会一下，等学习到第 19 章时会再用上这里的 SSH 用法。

第 14 章

CentOS 7 服务与进程实体化

在第13章中，我们第一次接触到了 Linux 下的服务概念，并且用 SSH 服务作为样板进行了学习。如果问大米哥为什么选 SSH 作为第一个入门的服务，那是因为 SSH 服务是 Linux 操作系统下最常见的、最简单的服务。学习 SSH 服务，基本上一个章节就够用了，但如果是学习一款复杂的服务，如 Nginx->Linux 下最火热的 web 服务，那就得学习一本书才能掌握。

接下来，就顺着 SSH 这项服务为思路，继续来探索 CentOS 7 下服务更深层的知识，把服务的概念进行实体化的学习。

14.1 Linux 操作系统的启动流程和 init 进程

在第 13 章中用过一个命令 systemctl，曾用它来启动和关闭 SSH 的服务。其实这个命令不简单，它是附属于 systemd 下的一个命令。而 systemd 则是 CentOS 7.x 操作系统中非常出彩的一款服务管理平台，本章就围绕它来进行学习。

由于这个 systemd 的功能体系设计的太过庞大，而且新功能层出不穷，所以先学习最有必要的知识。

14.1.1 Linux 的开机启动流程

扫一扫，看视频

"进程"这个词已经在第 7 章有过一定的了解。在 Linux 操作系统中，不管软件，还是命令，还是服务，还是脚本，归根到底都是一个个的进程。只不过有的进程如昙花一现，用过就消失了，平时用 PS 看到的进程，大多数都是一直跑在系统后台的进程。

既然一切都是进程，那有没有想过，当前跑在 Linux 后台中的这些进程总有一个起源。换句话说，是谁启动了这么多的后台进程?

这其实就是 systemd，不过有的同学可能还会继续追问：那 systemd 之前又是谁来启动它的?

难道是我们自己? 这是不可能的，我们只是按了一个开机按钮，其他的可什么都没有做过。那么接下来，就从单击开机按钮开始，来学习 Linux 的开机启动流程，如图 14.1 所示。

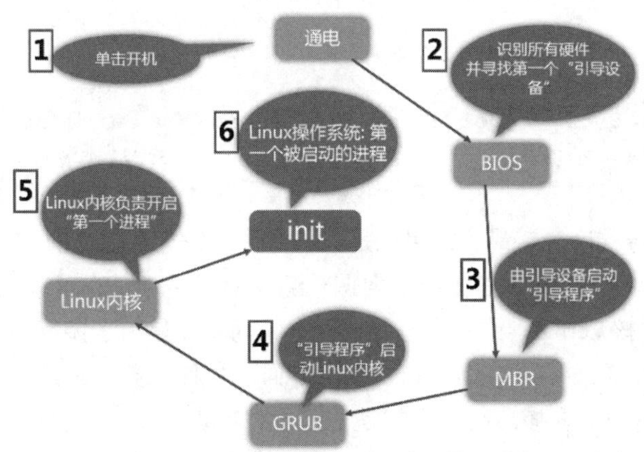

图 14.1 Linux 开机流程示意图

如图 14.1 所示，Linux 开机启动流程如果细说起来是相当复杂的，所以，这里把开机流程简化到 6 个重点步骤，相对比较容易理解。接下来，分别解释一下每个步骤的细节。

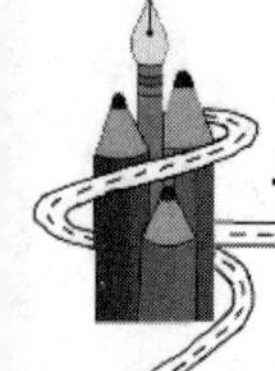

（1）单击开机按钮，其实就是给计算机通电，不需要过多解释。

（2）一台计算机是由各个零部件拼凑而成的，如 CPU、内存、硬盘、网卡、主板。这些零部件总需要先被发现才行，被谁发现？那就是 BIOS。BIOS 这个词估计很多人都听过，它的全称是 Basic Input Output System，翻译过来是基本输入输出系统。

它主要有两大功能：检查和发现所有硬件设备以及找硬件的一个起点（也就是引导设备）。换成更简单的解释，操作系统存在硬盘上，所以就是要先找到硬盘作为第一个启动设备，把硬盘作为起点。说到引导设备，其实之前在安装虚拟机 Linux 时就接触过了，如图 14.2 所示。

图 14.2　虚拟机中设置的启动顺序

（3）现在作为起点的硬盘已经找到，可是硬盘上的数据很多，从哪里开始看起呢？这个就是 MBR 的存在意义了，MBR 是硬盘被加载后第一个被读到的数据。这里面记录着整个硬盘的分区，就是让计算机先大体了解一下硬盘的整体框架，知道了框架后，才能开始读其他的数据。

（4）现在通过 MBR，计算机大体了解了硬盘的框架，接下来就是读数据。可是，硬盘上的数据很多，例如，存着的电影、音乐都属于附属品，对启动操作系统是没有任何用处的，只有和操作系统本身相关的数据才是计算机急需的。

所以，当下的任务就是需要一个引导程序，由它来负责找到操作系统的准确位置，这个引导程序就是 GRUB。其实 GRUB 平时也可以看得见，例如下面代码所示：

```
[root@server01 ~]# ls /boot/grub/
device.map    grub.conf         minix_stage1_5    stage2
e2fs_stage1_5  iso9660_stage1_5  reiserfs_stage1_5  ufs2_stage1_5
fat_stage1_5   jfs_stage1_5      splash.xpm.gz      vstafs_stage1_5
ffs_stage1_5   menu.lst          stage1             xfs_stage1_5
```

（5）GRUB 作为引导程序，它最终的目的是找到操作系统，在图 14.1 中可以看到，GRUB 下一步就会引导到 Linux 内核。说到内核，这里再次强调一遍，我们平时说的操作系统 Linux，其实 Linux 这个词原本指的就是它的内核 kernal，或者说是驱动程式，而驱动是为了调度所有计算机硬件而存在的。只有内核才能称作 Linux，后面启动的命令行、图形界面、各种服务、工具其实是 Linux 的附属品。所以 GRUB 的下一步，就是引导内核启动，也就是 Linux 的启动。

（6）Linux 内核终于被启动，接下来就和我们越来越近了。我们平时使用的都是什么？例如，命令行、各种工具、各种服务都是进程，而所有的进程都要有一个统一的起点。

这个启动就是图 14.1 正中央的 init 程序。init 是作为 Linux 操作系统启动的第一个程序，后续各种服务进程其实都是被 init 再启动起来，换句话说，其他的进程都是由 init 再创建出来。说到这里，是不是产生疑问了，怎么冒出来一个 init？systemd 到哪里去了？下一小节就来解释。

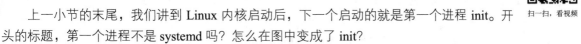

14.1.2　第一个启动的进程 systemd

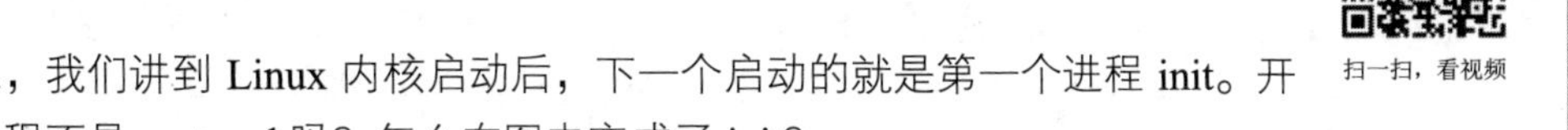

扫一扫，看视频

上一小节的末尾，我们讲到 Linux 内核启动后，下一个启动的就是第一个进程 init。开头的标题，第一个进程不是 systemd 吗？怎么在图中变成了 init？

其实 init 是一个统称，作为第一个启动的程序，这个 init 程序从 Linux 诞生的那天起就在不断地更新换代，目前最新一代的 init 系统叫作 systemd。接下来看图 14.3 了解 init 的发展史。

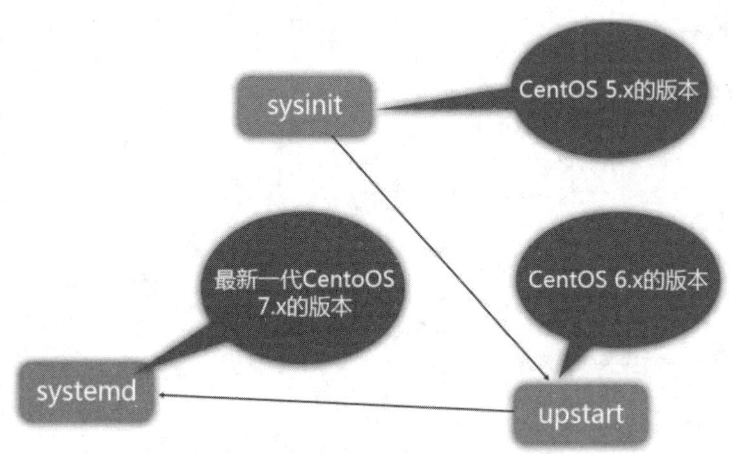

图 14.3　init 程序的改进

如图 14.3 所示，其实 init 程序在不断发展的过程中有很多版本。不过主流的就可以说是图 14.3 中的这三种。因为这三种程序被分别用在了 CentOS Linux 的 5.x、6.x、7.x 三代系统中，所以最为普及。目前，systemd 是最新一代的 init 程序，发展的速度很快，相信用不了多久，它就会成为顶梁柱。

那么 systemd 我们能不能看得到？回答是肯定的，一起来登录 Linux 操作一番。如下所示，ps 命令的第一条就是 systemd，它的进程 PID 是 1，说明是头一号的进程。

```
[root@192 ~]# ps -ef | grep systemd
root      1    0  3 23:16 ?        00:00:01 /usr/lib/systemd/systemd --switched-root
--system --deserialize 22
```

除此之外，我们也登录老版本的 CentOS，来看第一进程是什么。如下所示，老版本的 init 程序在 PS 中就叫作 init，是不是很直观。

```
[root@server01 ~]# ps -ef | grep init
root         1      0  0  2018 ?        00:13:35 /sbin/init
```

为了更直观地看清楚 init 程序，接下来介绍一个新命令：pstree。先来操作，一会儿讲原理。直接输入 pstree，可以看到下面的结果。

新版本 CentOS 7 是下面这样的结果：

```
[root@192 ~]# pstree
systemd-+-ModemManager---2*[{ModemManager}]
        |-NetworkManager-+-dhclient
        |                '-2*[{NetworkManager}]
        |-2*[abrt-watch-log]
        |-abrtd
        |-agetty
        |-alsactl
        |-atd
        |-auditd-+-audispd-+-sedispatch
        |        |         '-{audispd}
        |        '-{auditd}
        |-avahi-daemon---avahi-daemon
        |-chronyd
        |-crond
        |-cupsd
        |-dbus-daemon---{dbus-daemon}
        |-dnsmasq---dnsmasq
        |-firewalld---{firewalld}
        |-gssproxy---5*[{gssproxy}]
        |-irqbalance
        |-ksmtuned---sleep
        |-libvirtd---16*[{libvirtd}]
        |-lsmd
        |-lvmetad
        |-packagekitd---3*[{packagekitd}]
        |-polkitd---6*[{polkitd}]
        |-rngd
        |-rpcbind
        |-rsyslogd---2*[{rsyslogd}]
        |-smartd
        |-sshd---sshd---bash---pstree
        |-systemd-journal
        |-systemd-logind
        |-systemd-udevd
        '-tuned---4*[{tuned}]
```

旧版本 CentOS 是下面这样的结果：

```
[root@server01 ~]# pstree
```

```
init-+-.zl
    |-crond---4*[crond---sh---sleep]
    |-dhclient
    |-git-daemon
    |-glusterd---6*[{glusterd}]
    |-java---253*[{java}]
    |-java---53*[{java}]
    |-login---bash
    |-master
    |-5*[mingetty]
    |-mysqld_safe---mysqld---9*[{mysqld}]
    |-nginx---2*[nginx]
    |-php-fpm---2*[php-fpm]
    |-ping
    |-puppet---{puppet}
    |-rsyslogd---3*[{rsyslogd}]
    |-screen---bash---prometheus---8*[{prometheus}]
    |-screen---bash---pushgateway---7*[{pushgateway}]
    |-2*[screen---bash]
    |-sshd---sshd---bash---pstree
    |-udevd---2*[udevd]
    |-vsftpd
    |-wrapper-+-java---13*[{java}]
    |         '-{wrapper}
    '-xinetd
```

以上两个 pstree 的结果都很相似，其实这个命令是把 Linux 下面所有的进程按照一个树形结构显示出来，如图 14.4 所示。

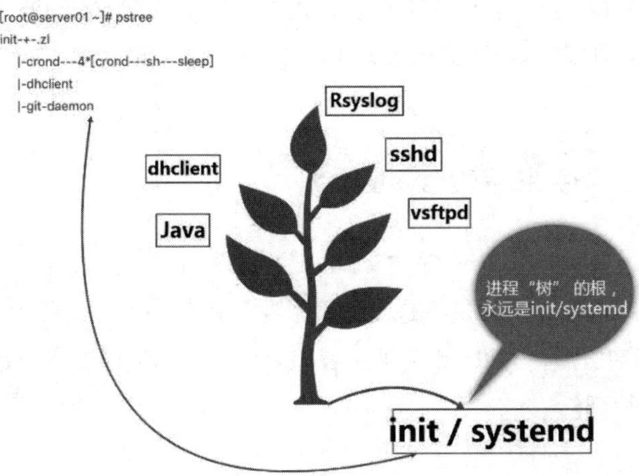

图 14.4　用 pstree 展示进程之间的关系

如图 14.4 所示，可以看到把所有的“进程”都比喻成树枝，而这一切的起点总归还是 init(systemd)。接下来，随便把一条 pstree 显示的结果拿出来，用 ps 命令再来证实一下。

就用这一条：|-mysqld_safe---mysqld---9*[{mysqld}]。接下来用 ps 命令来 grep 一下 MySQL 相关的进程，如图 14.5 所示。

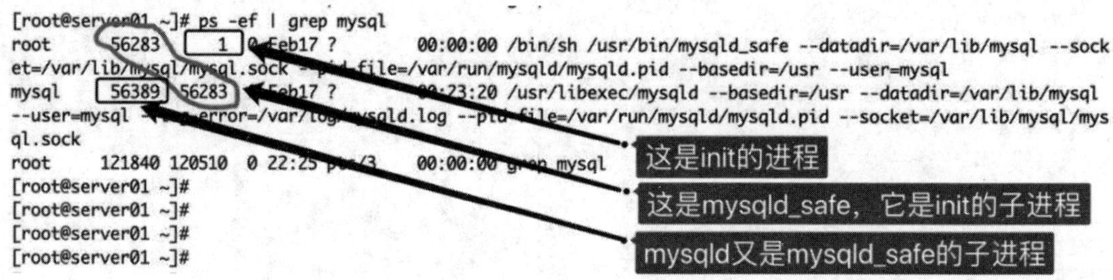

图 14.5　ps 命令的对照

从图 14.5 中可以看到 mysqld_safe 这个进程是由 init 进程创建的（init 永远是第一号进程），而 mysqld 进程又是由 mysqld_safe 进程创建的（这就是之前学过的父进程和子进程之间的关系）。它们的关系就是 init => mysqld_safe => mysqld，和 pstree 显示的结果一模一样。

扫一扫，看视频

14.2　CentOS 7.x 专属服务管理器 systemd

进程是操作系统的最小组成单位，而太多的进程混在一起的话，又不容易识别。于是乎又有了服务的概念。所谓服务，就是把某种特定的进程或者一组特定的进程包装一下，变成更容易读懂的形式。

那么如果服务越来越多，会不会也变得难以管理？这就要讲到 CentOS 7.x 下的专属服务管理器 systemd。systemd 一词，既可以代表 CentOS 7.x 的第一个进程，同时也是 CentOS 7.x 的一个独特的服务体系框架。

14.2.1　用 systemctl 命令来探索 systemd

14.1 节的最后了解了 systemd 是 CentOS 7.x Linux 的第一个进程，是所有其他进程的进程之父。那 systemd 创建出了其他所有进程之后，是不是就不管了呢？其实 systemd 更多的功能是管理和维护，也就是说，在 Linux 完全开启之后，systemd 会维护着整个系统下的进程或者说是所有服务。如图 14.6 所示是 systemd 的总体设计框架。

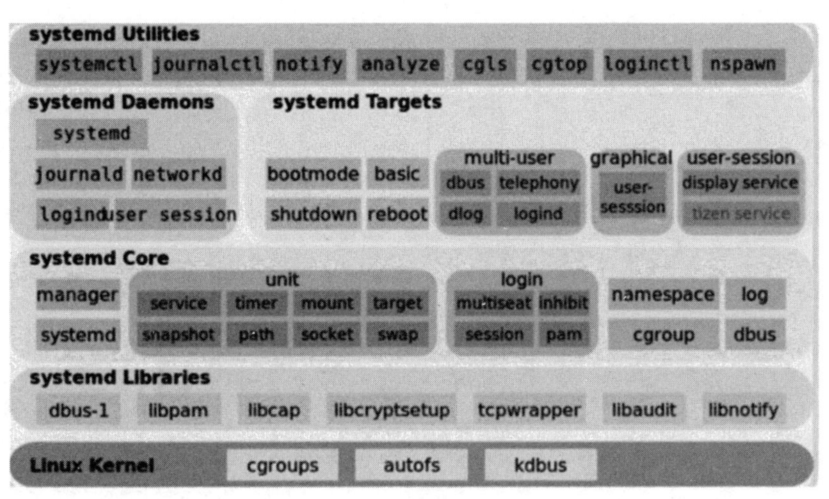

图 14.6　systemd 的总体设计框架

看完图 14.6，是不是感觉看不太懂。确实如此，systemd 的设计框架很庞大，这也就意味着它的功能非常全面，甚至有的人把 systemd 就当成操作系统中的操作系统。

这里需要注意 systemd 可用的工具，如图 14.7 所示。

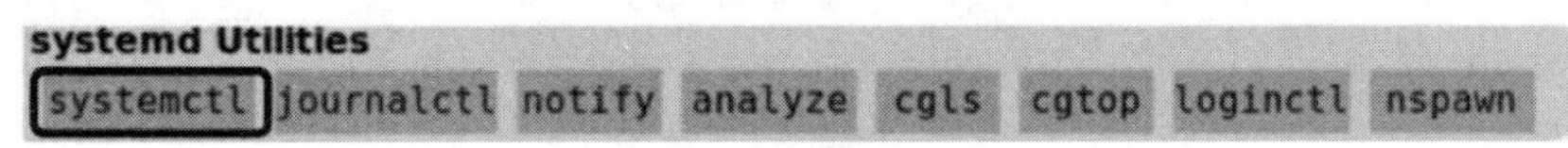

图 14.7　systemd 可用的工具

systemd Utilities 意思就是 systemd 的自带工具。有了这些工具，就可以比较轻松地访问 systemd。而在这些工具中，首当其冲的就是 systemctl，就像本小节的标题说的 systemctl 是 systemd 最重要的命令。用 systemctl 就可以轻松地向 systemd 发送指令，让 systemd 去做各种各样的工作，如先尝试运行一下这个命令。下面这个命令的参数中，list-units 是展示出单位，--type=service 指定类型是服务的，总体就是显示系统下所有的服务。

```
[root@192 ~]# systemctl list-units --type=service
 UNIT                         LOAD   ACTIVE SUB     DESCRIPTION
 abrt-ccpp.service            loaded active exited  Install ABRT coredump hook
 abrt-oops.service            loaded active running ABRT kernel log watcher
 abrt-xorg.service            loaded active running ABRT Xorg log watcher
 abrtd.service                loaded active running ABRT Automated Bug Reporting Tool
 alsa-state.service           loaded active running Manage Sound Card State
                              (restore and store)
 atd.service                  loaded active running Job spooling tools
 auditd.service               loaded active running Security Auditing Service
 avahi-daemon.service         loaded active running Avahi mDNS/DNS-SD Stack
```

```
  blk-availability.service        loaded active exited  Availability of block devices
  chronyd.service                 loaded active running NTP client/server
  crond.service                   loaded active running Command Scheduler
  cups.service                    loaded active running CUPS Printing Service
  dbus.service                    loaded active running D-Bus System Message Bus
  firewalld.service               loaded active running firewalld - dynamic firewall
                                  daemon
  getty@tty1.service              loaded active running Getty on tty1
  gssproxy.service                loaded active running GSSAPI Proxy Daemon
  irqbalance.service              loaded active running irqbalance daemon
  iscsi-shutdown.service          loaded active exited  Logout off all iSCSI sessions
                                  on shutdown
<E2><97><8F> kdump.service        loaded failed failed  Crash recovery kernel arming
  kmod-static-nodes.service       loaded active exited  Create list of required
                                  static device nodes for the
  ksm.service                     loaded active exited  Kernel Samepage Merging
  ksmtuned.service                loaded active running Kernel Samepage Merging (KSM)
                                  Tuning Daemon
  libstoragemgmt.service          loaded active running libstoragemgmt plug-in
                                  server daemon
  libvirtd.service                loaded active running Virtualization daemon
  lvm2-lvmetad.service            loaded active running LVM2 metadata daemon
  lvm2-monitor.service            loaded active exited  Monitoring of LVM2 mirrors,
                                  snapshots etc. using dm
  lvm2-pvscan@8:2.service         loaded active exited  LVM2 PV scan on device 8:2
  ModemManager.service            loaded active running Modem Manager
  netcf-transaction.service       loaded active exited  Rollback uncommitted netcf
                                  network config change tr
  network.service                 loaded active exited  LSB: Bring up/down networking
  NetworkManager-wait-online.service loaded active exited  Network Manager Wait
Online
  NetworkManager.service          loaded active running Network Manager
  polkit.service                  loaded active running Authorization Manager
<E2><97><8F> postfix.service      loaded failed failed  Postfix Mail Transport Agent
  rhel-dmesg.service              loaded active exited  Dump dmesg to /var/log/dmesg
  rhel-domainname.service         loaded active exited  Read and set NIS domainname
                                  from /etc/sysconfig/net
  rhel-import-state.service       loaded active exited  Import network configuration
                                  from initramfs
  rhel-readonly.service           loaded active exited  Configure read-only root
                                  support
```

```
  rngd.service                      loaded active running Hardware RNG Entropy
                                    Gatherer Daemon
  rpcbind.service                   loaded active running RPC bind service
  rsyslog.service                   loaded active running System Logging Service
  smartd.service                    loaded active running Self Monitoring and
                                    Reporting Technology (SMART) Da
  sshd.service                      loaded active running OpenSSH server daemon
  sysstat.service                   loaded active exited  Resets System Activity Logs
  systemd-journal-flush.service     loaded active exited  Flush Journal to
                                    Persistent Storage
  systemd-journald.service          loaded active running Journal Service
  systemd-logind.service            loaded active running Login Service
  systemd-random-seed.service       loaded active exited  Load/Save Random Seed
  systemd-remount-fs.service        loaded active exited  Remount Root and Kernel
                                    File Systems
  systemd-sysctl.service            loaded active exited  Apply Kernel Variables
  systemd-tmpfiles-setup-dev.service loaded active exited  Create Static Device
                                    Nodes in /dev
  systemd-tmpfiles-setup.service    loaded active exited  Create Volatile
                                    Files and Directories
  systemd-udev-settle.service       loaded active exited  udev Wait for Complete
                                    Device Initialization
  systemd-udev-trigger.service      loaded active exited  udev Coldplug all Devices
  systemd-udevd.service             loaded active running udev Kernel Device
                                    Manager
  systemd-update-utmp.service       loaded active exited  Update UTMP about System
                                    Boot/Shutdown
  systemd-user-sessions.service     loaded active exited  Permit User Sessions
  systemd-vconsole-setup.service    loaded active exited  Setup Virtual Console
  tuned.service                     loaded active running Dynamic System Tuning
                                    Daemon
  vdo.service                       loaded active exited  VDO volume services
LOAD   = Reflects whether the unit definition was properly loaded.
ACTIVE = The high-level unit activation state, i.e. generalization of SUB.
SUB    = The low-level unit activation state, values depend on unit type.
60 loaded units listed. Pass --all to see loaded but inactive units, too.
To show all installed unit files use 'systemctl list-unit-files'.
```

如上所示，刚刚用 systemctl 展示出了 systemd 下管理的所有服务单位（Unit）。说到 Unit，要多说一句，在 systemd 眼中，它把 Linux 下所有的进程、服务、配置等这些元素统统称作 Unit，也就是一个一个的单位。如图 14.8 所示，这里展示出来的全都是 Unit。

[root@192 ~]# systemctl list-units --type=service
Unit
LOAD ACTIVE SUB DESCRIPTION
abrt-ccpp.service loaded active exited Install ABRT coredump hook
abrt-oops.service loaded active running ABRT kernel log watcher

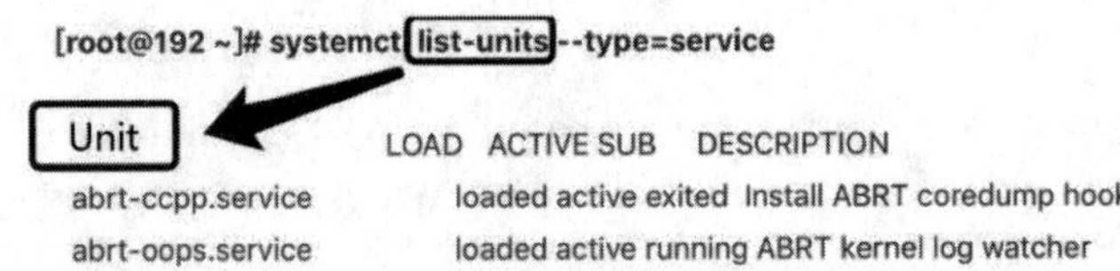

图 14.8 systemd 的基本组成——Unit

而这些单位还被赋予了不同的类型，如在图 14.8 中显示的单位类型都是 service 名称中用后缀来表示，如 smartd.service。

既然所有的服务都被抽象成一个个的 Unit（单位），那接下来从上面这些单位中找一找有没有熟悉的，如图 14.9 所示。

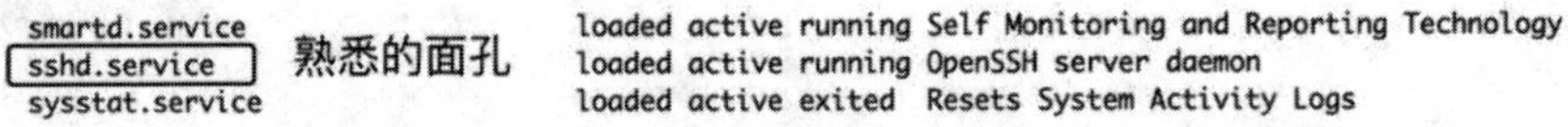

smartd.service loaded active running Self Monitoring and Reporting Technology
sshd.service loaded active running OpenSSH server daemon
sysstat.service loaded active exited Resets System Activity Logs
熟悉的面孔

图 14.9 SSH-Unit 单位

如图 14.9 所示，我们找到了之前学习过的服务 SSH。接下来，还能对它做一些什么其他的操作？下一小节继续介绍。

14.2.2 用 systemctl 来探索服务的背后

用 systemctl 来向一个服务发出指令，其实之前就接触过一点了。例如，启动、关闭、重启一个服务，代码分别如下所示：

```
systemctl start sshd.service
systemctl stop sshd.service
systemctl restart sshd.service
```

像上面的操作是最简单的服务操作，我们学习服务也有一些时日，但感觉对服务的概念有点模糊。如图 14.10 所示，我们不能光知道系统中有服务，还得知道所谓的一个服务，它背后到底指的是什么。

下达指令：启动、关闭、重启
仅此而已
Linux
systemd
服务01
服务02
服务03
......
服务的背后到底指的是什么

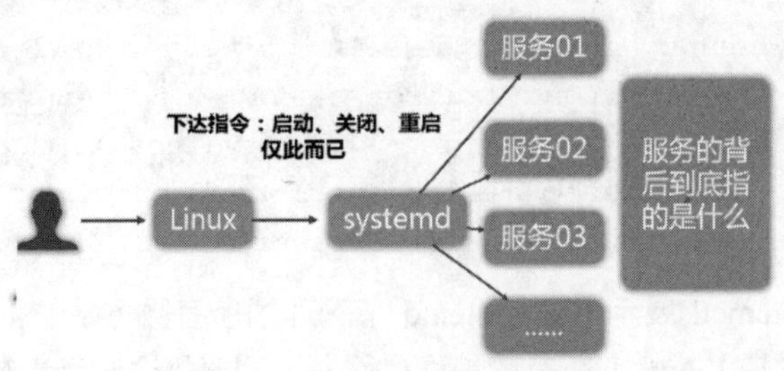

图 14.10 了解服务背后到底是什么

那么接下来，就用 systemctl 来进一步探索服务背后的东西。用图 14.11 所示的方法来看一看 SSH 服务的背后。

```
[root@192 ~]# systemctl cat sshd.service
# /usr/lib/systemd/system/sshd.service
[Unit]
Description=OpenSSH server daemon
Documentation=man:sshd(8) man:sshd_config(5)
After=network.target sshd-keygen.service
Wants=sshd-keygen.service

[Service]
Type=notify
EnvironmentFile=/etc/sysconfig/sshd
ExecStart=/usr/sbin/sshd -D $OPTIONS
ExecReload=/bin/kill -HUP $MAINPID
KillMode=process
Restart=on-failure
RestartSec=42s

[Install]
WantedBy=multi-user.target
```

这就是所谓的"服务"了
其实是一个"命令的执行"

图 14.11　SSH 服务的背后

如图 14.11 所示，systemctl cat + 服务名称，就可以查看一个服务的详细信息。在下面输出的这些信息中，优先关注图 14.11 方框中标注的这行内容。

```
# 下面这行的意思是：当执行"启动 SSH 服务"的时候，背后真正发生的动作是什么
ExecStart=/usr/sbin/sshd -D $OPTIONS
```

从上面这一行信息中也很容易看到，启动一个 SSH 服务，其实也就是运行了一个 sshd 的命令而已，那么接下来，用 ps 命令来找找看这个 sshd。代码如下所示：

```
[root@192 ~]# ps -ef | grep sshd
root      3855     1  0 16:29 ?        00:00:00 /usr/sbin/sshd -D
```

这就是 SSH 服务的背后，也是一个进程而已。接下来试试关闭这个 SSH 服务：

```
[root@192 ~]# systemctl stop sshd.service
```

然后，再用 ps 命令找找刚才的/usr/sbin/sshd 还有没有了？

```
[root@192 ~]# ps -ef | grep '/usr/sbin/sshd'
[root@192 ~]#
```

可以看到，已经没有了。这时，如果想从别的地方使用 SSH 登录这台机器是办不到的，因为 SSH 服务已经被关闭。代码如下所示：

```
192:~ xlong$ ssh root@192.168.0.143
ssh: connect to host 192.168.0.143 port 22: Connection refused
```

有些时候，事情并不像我们所预料的那样一帆风顺，当某一个服务出现问题的时候，也要掌握一些基本的排错方法。接下来再来看一个例子。

当前大米哥的虚拟机 SSH 突然登录不上去了，具体的原因还不知道，我们用终端登录上去，看看问题出在哪里。

systemctl status+服务名称是一个非常常用的命令，它用来查看某一个服务当前的状态如何。就像下面输出的结果，注意一下最后的几行，这里提示说 SSH 服务启动失败。可是，启动失败的具体原因在哪里？这里貌似是找不到更多有用的信息，我们还得寻求其他的方法。代码如下所示：

```
[root@192 ~]# systemctl  status sshd.service
● sshd.service - OpenSSH server daemon
   Loaded: loaded (/usr/lib/systemd/system/sshd.service; enabled; vendor preset: 
enabled)
   Active: activating (auto-restart) (Result: exit-code) since Wed 2019-05-01 
19:30:56 CST; 11s ago
     Docs: man:sshd(8)
           man:sshd_config(5)
  Process: 3829 ExecStart=/usr/sbin/sshd -D $OPTIONS (code=exited, status=255)
 Main PID: 3829 (code=exited, status=255)
May 01 19:30:56 192.168.0.143 systemd[1]: sshd.service: main process exited, 
code=exited, status...n/a
May 01 19:30:56 192.168.0.143 systemd[1]: Failed to start OpenSSH server daemon.
May 01 19:30:56 192.168.0.143 systemd[1]: Unit sshd.service entered failed state.
May 01 19:30:56 192.168.0.143 systemd[1]: sshd.service failed.
Hint: Some lines were ellipsized, use -l to show in full.
```

systemd 提供的第二个重要工具叫作 journalctl，它是用来统一记录 systemd 中所有 Unit 的日志信息的（之前也提过日志，它的本质就是普通文档，不过文档中记录的信息却非常的重要，Linux 中绝大多数的服务、程序、软件都会有各自对应的日志文件，负责记录平时的一举一动，这也是为了方便工程师排查问题）。

例如当前就有一个 Unit 出问题了，指的也就是 sshd.service，那么更详细的问题信息就可以从 journalctl 中来获得。这个命令运行后会出现一个文档的输出，类似于使用 less 命令上下翻页地来看日志信息。如图 14.12 所示，journalctl -xe 运行以后，默认会优先显示最近的操作，在这里看到了 sshd 的启动错误信息。从图 14.12 中画方框的地方能看出，问题是出在：无法绑定 22 号端口到 192.168.0.142 这个 IP 地址上。

```
[root@192 ~]# journalctl -xe
```

```
[root@192 ~]# journalctl -xe

-- Unit sshd.service has finished shutting down.
May 01 19:39:10 192.168.0.143 systemd[1]: Starting OpenSSH server daemon...
-- Subject: Unit sshd.service has begun start-up
-- Defined-By: systemd
-- Support: http://lists.freedesktop.org/mailman/listinfo/systemd-devel
--
-- Unit sshd.service has begun starting up.
May 01 19:39:10 192.168.0.143 sshd[3976]: error: Bind to port 22 on 192.168.0.142 failed: Cannot assig
May 01 19:39:10 192.168.0.143 sshd[3976]: fatal: Cannot bind any address.
May 01 19:39:10 192.168.0.143 systemd[1]: sshd.service: main process exited, code=exited, status=255/n
May 01 19:39:10 192.168.0.143 systemd[1]: Failed to start OpenSSH server daemon.
-- Subject: Unit sshd.service has failed
```

图 14.12　journalctl 的使用

既然现在知道问题在哪里了，那么进入 SSH 的配置文件来看看哪里设置得有错误。

```
# vim /etc/ssh/sshd_config
#Port 22
#AddressFamily any
ListenAddress 192.168.0.142
```

在以上的显示中，可以看到监听的地址设定是 192.168.0.142，为什么会在这个地址上出问题呢？接下来，看本机的 IP 地址是多少，代码如下所示，看得到当前的 IP 地址已经更换为 143 了，可是 SSH 服务中还配置在 192.168.0.142 上。那很自然，因为这个 IP 地址找不到，所以绑定端口到这个 IP 也就失败。纠正的方法是把 /etc/ssh/sshd_config 里的 ListenAddress 改成 0.0.0.0 就好，这样就不会再出现同样的问题。

```
[root@192 ~]# ifconfig | grep inet
      inet 192.168.0.143  netmask 255.255.255.0  broadcast 192.168.0.255
```

修改好配置文件，来尝试一下重启 SSH 服务。代码如下所示，现在就没问题，服务可以正常启动。

```
[root@192 ~]# systemctl  restart sshd.service
[root@192 ~]#
[root@192 ~]# systemctl  status sshd.service
● sshd.service - OpenSSH server daemon
   Loaded: loaded (/usr/lib/systemd/system/sshd.service; enabled; vendor preset:
enabled)
   Active: active (running) since Wed 2019-05-01 19:49:32 CST; 14s ago
     Docs: man:sshd(8)
         man:sshd_config(5)
 Main PID: 4148 (sshd)
    Tasks: 1
   CGroup: /system.slice/sshd.service
         └─4148 /usr/sbin/sshd -D
May 01 19:49:32 192.168.0.143 systemd[1]: Stopped OpenSSH server daemon.
```

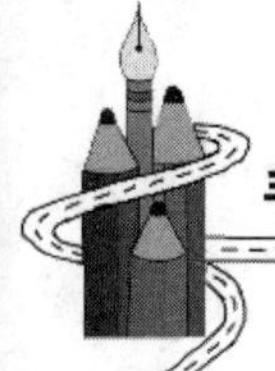


```
May 01 19:49:32 192.168.0.143 systemd[1]: Starting OpenSSH server daemon...
May 01 19:49:32 192.168.0.143 sshd[4148]: Server listening on 0.0.0.0 port 22.
May 01 19:49:32 192.168.0.143 systemd[1]: Started OpenSSH server daemon.
```

最后，把 systemctl 常用的一些命令列在下面。这里就不一一演示，可以自己进行操作实验。

```
# 立即启动一个服务
$ systemctl start apache.service
# 立即停止一个服务
$ systemctl stop apache.service
# 重启一个服务
$ systemctl restart apache.service
# 杀死一个服务的所有子进程
$ systemctl kill apache.service
# 重新加载一个服务的配置文件
$ systemctl reload apache.service
# 重载所有修改过的配置文件
$ systemctl daemon-reload
# 显示某个 Unit 的所有底层参数
$ systemctl show httpd.service
# 显示某个 Unit 的指定属性的值
$ systemctl show -p CPUShares httpd.service
# 设置某个 Unit 的指定属性
$ systemctl set-property httpd.service CPUShares=500
# 列出正在运行的 Unit
$ systemctl list-units
# 列出所有 Unit，包括没有找到配置文件的或者启动失败的
$ systemctl list-units --all
# 列出所有没有运行的 Unit
$ systemctl list-units --all --state=inactive
# 列出所有加载失败的 Unit
$ systemctl list-units --failed
# 列出所有正在运行的、类型为 service 的 Unit
$ systemctl list-units --type=service
# 显示系统状态
$ systemctl status
# 显示单个 Unit 的状态
$ sysystemctl status bluetooth.service
```

14.2.3 systemd 的启动项设置

在 Linux 中，设置某一个服务是否开机启动，这是非常重要的一个环节。如果是重要的服务忘了设

置开机启动，一旦服务器断电重启，而这个重要的服务又没能自己启动，必然会造成问题。另外，如果是一些无关紧要的服务，启动的太多又是在浪费服务器的资源。所以，在本小节中就来看一下 CentOS 7.x systemd 的开机启动项怎么来设置。

首先，开机是否启动服务的 systemctl 命令是很简单的。代码如下所示：

```
#在开机时启用服务
systemctl enable sshd.service
#在开机时禁用服务
systemctl disable sshd.service
```

不过这里得了解一下为什么执行了上面的命令后，这个服务就会在开机时自动启动。接下来看图 14.13 和图 14.14。

图 14.13　服务依赖配置文件　　　　图 14.14　systemd 的配置文件

图 14.13 和图 14.14 解释了 systemd 设置开机项目的原理。图 14.13 告诉我们 systemd 下的服务，如果想启动起来，必须有对应的配置文件，否则，手动都启动不起来，更别说开机启动了。

图 14.14 告诉我们，systemd 下的服务配置文件其实都保存在/usr/lib/systemd/system 下，然而，Linux 本身启动的时候只关注另外一个目录下，也就是/etc/systemd/system，所以服务配置文件放在/usr/lib/systemd/system 下，还做不到开机启动，必须放到/etc/systemd/system 下才可以。

然而同样的一份配置文件，没有必要两个目录各放一个，所以，直接创建一个软链接就可以了。接下来做个实验，如图 14.15 所示。

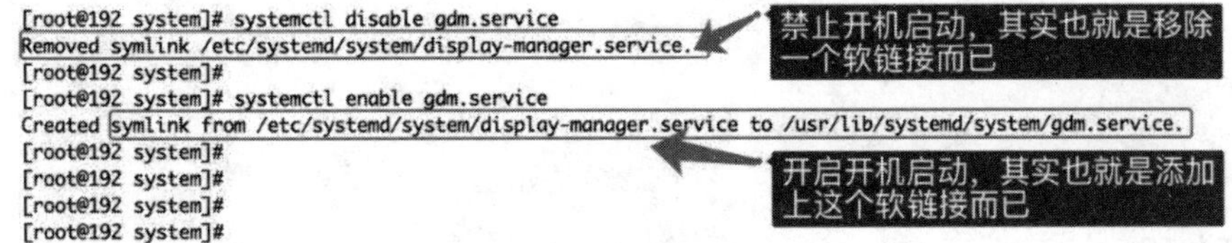

图 14.15　服务开机启动/禁止

如图 14.15 所示，禁止一项服务的开机启动，就是把/etc/systemd/system 下的软链接给删掉；开启一项服务的开机启动，就是在/etc/systemd/system 下创建一个软链接。另外，如果想查看有哪些服务会开机启动，可以用下面的命令：其实这是用管道符过滤出结果中带有 enabled 字样的行，而这些就是我们需要的。

```
[root@192 system]# systemctl list-unit-files|grep enabled
cups.path                                     enabled
abrt-ccpp.service                             enabled
abrt-oops.service                             enabled
abrt-vmcore.service                           enabled
abrt-xorg.service                             enabled
abrtd.service                                 enabled
accounts-daemon.service                       enabled
atd.service                                   enabled
auditd.service                                enabled
autovt@.service                               enabled
avahi-daemon.service                          enabled
bluetooth.service                             enabled
chronyd.service                               enabled
crond.service                                 enabled
cups.service                                  enabled
dbus-org.bluez.service                        enabled
dbus-org.fedoraproject.FirewallD1.service     enabled
dbus-org.freedesktop.Avahi.service            enabled
dbus-org.freedesktop.ModemManager1.service    enabled
dbus-org.freedesktop.NetworkManager.service   enabled
dbus-org.freedesktop.nm-dispatcher.service    enabled
display-manager.service                       enabled
dmraid-activation.service                     enabled
firewalld.service                             enabled
gdm.service                                   enabled
getty@.service                                enabled
initial-setup-reconfiguration.service         enabled
irqbalance.service                            enabled
iscsi.service                                 enabled
kdump.service                                 enabled
ksm.service                                   enabled
ksmtuned.service                              enabled
libstoragemgmt.service                        enabled
libvirtd.service                              enabled
```

```
lvm2-monitor.service                          enabled
mdmonitor.service                             enabled
microcode.service                             enabled
ModemManager.service                          enabled
multipathd.service                            enabled
netcf-transaction.service                     enabled
NetworkManager-dispatcher.service             enabled
NetworkManager-wait-online.service            enabled
NetworkManager.service                        enabled
postfix.service                               enabled
qemu-guest-agent.service                      enabled
rhel-autorelabel.service                      enabled
rhel-configure.service                        enabled
rhel-dmesg.service                            enabled
rhel-domainname.service                       enabled
rhel-import-state.service                     enabled
rhel-loadmodules.service                      enabled
rhel-readonly.service                         enabled
rngd.service                                  enabled
rpcbind.service                               enabled
rsyslog.service                               enabled
rtkit-daemon.service                          enabled
smartd.service                                enabled
sshd.service                                  enabled
sysstat.service                               enabled
systemd-readahead-collect.service             enabled
systemd-readahead-drop.service                enabled
systemd-readahead-replay.service              enabled
tuned.service                                 enabled
udisks2.service                               enabled
vdo.service                                   enabled
vgauthd.service                               enabled
vmtoolsd.service                              enabled
avahi-daemon.socket                           enabled
cups.socket                                   enabled
dm-event.socket                               enabled
iscsid.socket                                 enabled
iscsiuio.socket                               enabled
lvm2-lvmetad.socket                           enabled
lvm2-lvmpolld.socket                          enabled
```

```
rpcbind.socket                                  enabled
spice-vdagentd.socket                           enabled
virtlockd.socket                                enabled
virtlogd.socket                                 enabled
default.target                                  enabled
multi-user.target                               enabled
nfs-client.target                               enabled
remote-fs.target                                enabled
runlevel2.target                                enabled
runlevel3.target                                enabled
runlevel4.target                                enabled
unbound-anchor.timer                            enabled
```

14.2.4 结合 target 概念加深理解运行级别

在第 12 章中已经学习了运行级别的概念，在本小节中结合 systemd 的知识来加深对 CentOS 7.x 下运行级别的理解。

首先回顾一下如何在 CentOS 7.x 下查询和设置默认运行级别。查询默认运行级别是这样：

```
[root@192 system]# systemctl get-default
multi-user.target
```

设置默认运行级别是这样：

```
[root@192 system]#  systemctl set-default multi-user.target
```

有没有注意到，运行级别名称后面的.target？在本章前面学过了 service 结尾的 Unit 都属于服务类型，那 target 有什么特殊的含义？如图 14.16 所示。

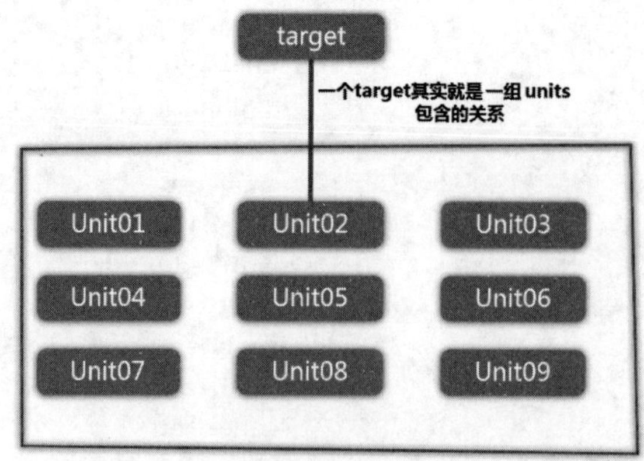

图 14.16　target 的本质

如图 14.16 所示，可以很清楚地看出，其实一个 target 就代表了一组 Units。Units 可以理解为是实实在在的东西，如一个 SSH 服务、一个 VSFTP 服务，而 target 就是特定的很多个 Units 拼成一组，然后给这个组起个名字。明白了 target 是什么概念以后，接下来举个例子。

之前说过在 systemd 下的一个服务，如果想让它开机启动，就得在/etc/systemd/system 下面创建一个软链接。那不妨找找看/etc/systemd/system/下有没有 sshd.service 的软链接。代码如下所示，在/etc/systemd/system 下并没有找到 sshd.service 的软链接，那它为什么可以开机启动？

```
[root@192 ~]# ls /etc/systemd/system
basic.target.wants                                          getty.target.wants
bluetooth.target.wants                                      graphical.target.wants
dbus-org.bluez.service                                      local-fs.target.wants
dbus-org.fedoraproject.FirewallD1.service                   multi-user.target.wants
dbus-org.freedesktop.Avahi.service                          network-online.target.wants
dbus-org.freedesktop.ModemManager1.service                  printer.target.wants
dbus-org.freedesktop.NetworkManager.service                 remote-fs.target.wants
dbus-org.freedesktop.nm-dispatcher.service                  sockets.target.wants
default.target                                              sysinit.target.wants
default.target.wants                                        system-update.target.wants
dev-virtio\x2dports-org.qemu.guest_agent.0.device.wants  timers.target.wants
display-manager.service                                     vmtoolsd.service.requires
```

假如留心下，用 find 命令就可能看出端倪。代码如下所示：

```
[root@192 ~]# find /etc/systemd/system/ -name 'sshd.service'
/etc/systemd/system/multi-user.target.wants/sshd.service
```

sshd.service 其实是有的，只不过它存在于一层子目录下面，这个子目录就是 multi-user.target.wants。这里就说明 sshd.service 是包含在 multi-user 这个 target 组中的，开机启动的是 multi-user 组，顺带着就会把 sshd.service 也给启动了。另外，在定义一个 systemd Unit 的时候，它的配置文件中会指明这个 Unit 属于哪个 target。代码如下所示，注意最后一行的 WantedBy=multi-user.target。

```
[root@192 ~]# systemctl cat sshd.service
# /usr/lib/systemd/system/sshd.service
[Unit]
Description=OpenSSH server daemon
Documentation=man:sshd(8) man:sshd_config(5)
After=network.target sshd-keygen.service
Wants=sshd-keygen.service
 [Service]
```

```
Type=notify
EnvironmentFile=/etc/sysconfig/sshd
ExecStart=/usr/sbin/sshd -D $OPTIONS
ExecReload=/bin/kill -HUP $MAINPID
KillMode=process
Restart=on-failure
RestartSec=42s
 [Install]
WantedBy=multi-user.target
```

所以说，学习到这里，就明白了其实所谓的运行级别，不过就指的是把一个 target 组设置成开机启动而已。其实，systemd 下还定义有很多其他的 targets，可以按照如下方式来查询：用 systemctl 显示所有的 Units，并指定 Unit 的类型为 target。

```
 [root@192 ~]# systemctl list-units --type=target
UNIT                  LOAD   ACTIVE SUB    DESCRIPTION
basic.target           loaded active active Basic System
cryptsetup.target      loaded active active Local Encrypted Volumes
getty-pre.target       loaded active active Login Prompts (Pre)
getty.target           loaded active active Login Prompts
local-fs-pre.target    loaded active active Local File Systems (Pre)
local-fs.target        loaded active active Local File Systems
multi-user.target      loaded active active Multi-User System
network-online.target loaded active active Network is Online
network-pre.target     loaded active active Network (Pre)
network.target         loaded active active Network
nfs-client.target      loaded active active NFS client services
paths.target           loaded active active Paths
remote-fs-pre.target   loaded active active Remote File Systems (Pre)
remote-fs.target       loaded active active Remote File Systems
rpc_pipefs.target      loaded active active rpc_pipefs.target
rpcbind.target         loaded active active RPC Port Mapper
slices.target          loaded active active Slices
sockets.target         loaded active active Sockets
sound.target           loaded active active Sound Card
swap.target            loaded active active Swap
sysinit.target         loaded active active System Initialization
timers.target          loaded active active Timers
```

然后，完全可以把运行级别设置成随意一个 target，以下这么做，只是为了验证 target 的普遍性，然而为了系统可以正常启动，还是不要乱改运行级别为好。

```
[root@192 ~]#  systemctl set-default timers.target
Removed symlink /etc/systemd/system/default.target.
Created symlink from /etc/systemd/system/default.target to
/usr/lib/systemd/system/timers.target.
[root@192 ~]# systemctl get-default
timers.target
```

第 15 章

基础网络知识的铺垫

网络工程师曾经是炙手可热的职位，记得前几年中，各种网络学科认证被炒的沸沸扬扬，薪资待遇也是高的没话说。不过从 2015 年左右，这种趋势开始产生了变化，市场对纯网络工程师的需求慢慢开始降温了，而对兼懂网络的复合型人才的需求大大地提高（其实指的就是 Linux 运维工程师）。

造成这种现象的原因主要是企业的网络框架确实需要高精尖的网络人才，但网络跟系统有很大的区别，系统几乎时时刻刻都要有人去维护、更新、优化，而网络，一般也就是在新建设阶段需要高级的人才，且工作量非常大，不过随着网络架构的成型和稳定，网络并不需要时时刻刻地去变化，所以纯网络人才便会清闲下来，除非是在一些大型的网络运营商企业中工作，那有可能是时时刻刻都非常忙碌的，因为网络架构体系太庞大。不过对于一般的企业来说，网络一旦成型可用了，也就没太多事情可做了。

既然市场现在大量需求网络复合型人才，这也是我们的福音，因为 Linux 运维与网络的关系非常密切。说到这里可能有的朋友会问：我们学的不是 Linux 操作系统吗？与网络有多大的关系？我的回答是我们不是死学一个 Linux 操作系统，学操作系统最终还不是为了服务器这个核心？既然是服务器，就必然会跟网络紧密相连，自然学习网络也是必不可少的。

除此之外，第 16 章和第 17 章都是偏向网络方面的深入学习，考虑到大家的网络基础可能比较薄弱，所以，在本章中就先对网络扫扫盲，为后续学习做准备。

15.1　宏观认识身边的网络

之前为了学习 RPM 和 Yum 的使用，提前接触了 Linux 下网络的设置，当时 RPM 涉及下载，而 Yum 又涉及网上更新，所以不得不提前接触网络。在本章中就把网络的基础知识补一补，为了迎接后面的重头戏第 16 章和第 17 章。

本节是为了快速对网络有一个初步的认识，很多涉及网络知识在后续的两个章节中会再深入地讲解。

15.1.1　快速认识最小规模的网络

扫一扫，看视频

既然是小规模网络，那么就从最简单的雏形开始。如图 15.1 所示是最简单的网络。

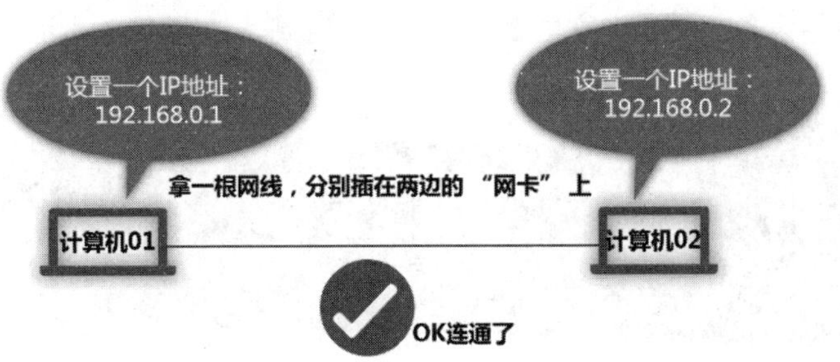

图 15.1　直连的网络

如图 15.1 所示，所谓的网络就是计算机跟计算机通信，一台计算机叫单机，两台计算机连在一起就可以叫网络。当然，图 15.1 中的例子是真实的两台物理计算机，通过一根网线连接起来的。别看这是所谓的最简单网络，如果想在家里这样做出来，还真不是那么简单。

所以，用虚拟机的好处就更明显了，只需在虚拟机中创建两个实例，配置好不一样的 IP 地址（但是必须是同网段的，如 192.168.0.1、192.168.0.2，稍后就会讲到网段），然后就可以模拟上面的场景。20 世纪 90 年代，大米哥经常在家里做这种两台计算机串联，然后两边来回复制文件，要问为什么这样做，很惭愧，因为一台计算机的硬盘游戏装不下，所以放在另外一台计算机上做个备份。

15.1.2　快速认识最小局域网

扫一扫，看视频

上一小节中的两台计算机串联如果再发展一步，那自然就变成三台计算机连接。可是三台计算机连接，用一根网线就不可能了吧，那怎么做？如图 15.2 所示。

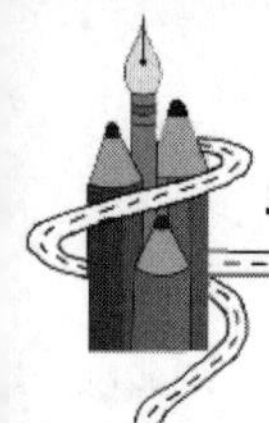

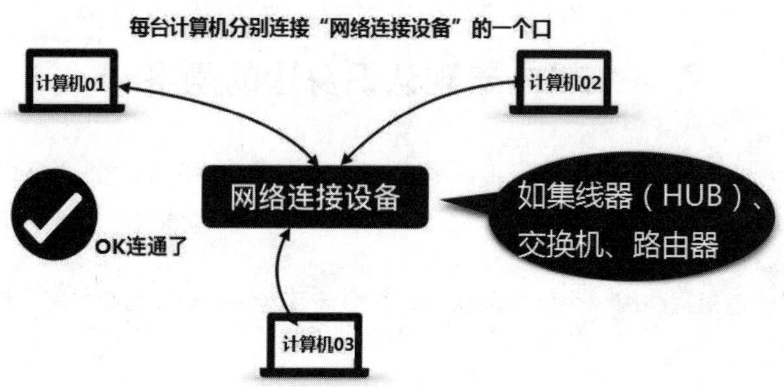

图 15.2　最小局域网

如图 15.2 所示是最小规模的局域网，局域网指的也就是这种可以自行搭建的，计算机数目在几台到几十台左右的网络。这里有一个关键点，就是用来连接所有计算机的中间网络设备，这个网络设备是一种集成设备，上面有多个网口，从最早的集线器发展到家用小型路由器，再到企业用的交换机，一直不断持续地发展。这种网络设备只要是在家里上网，都能见得到，如图 15.3 所示。

图 15.3　家用局域网设备

不过家用的这种设备比较特殊，它一般都是多种功能合为一体，例如，有集线器的功能，有无线网的功能，有路由器的功能，还有防火墙的功能，不过每一种功能都很局限，仅限家庭使用，在企业服务器级别的使用上就力不从心了。

15.2　网络知识的逐渐深入

扫一扫，看视频

15.2.1　快速认识网段和子网掩码

IP 地址已经知道了，接下来就要认识网段的概念。首先要确立的一个概念是，只有同网段下的 IP 地址才可以直接通信。什么叫作同网段呢？判断两个 IP 地址是不是处于同一网段，关键就是比较这两个 IP 地址的网络位是否一样。网络位如何确定？如图 15.4 所示。

192.168.0.2
255.255.255.0

网络位都是"192.168.0"，
所以这是同一网段的IP地址

192.168.0.1
255.255.255.0

192.168.1.2
255.255.255.0

网络位不同，不是
同一网段的IP地址

图 15.4　什么是 IP 地址的网络位和主机位

如图 15.4 所示，一个 IP 地址需要依靠子网掩码来区分网络位和主机位，子网掩码就是其中的 255.255.255.0，这个子网掩码的三个 255 指定了 IP 地址的前三位是网络位，最后一位是主机位。

网络位相同的情况下，就是同一网段的 IP 地址，可以直接通信。如果不是同一网段的 IP 地址，则不能直接通信。在同一网段中（网络位相同的情况下），每台计算机的主机位都只能是唯一的，如果出现两个一样的，就会出现网络冲突。

一般情况下，子网掩码 255.255.255.0 是最常见、最简单的配置方法，其他的一些配置方法会在第 16 章中继续学习。另外，子网掩码还有缩写的表达形式，如图 15.5 所示。

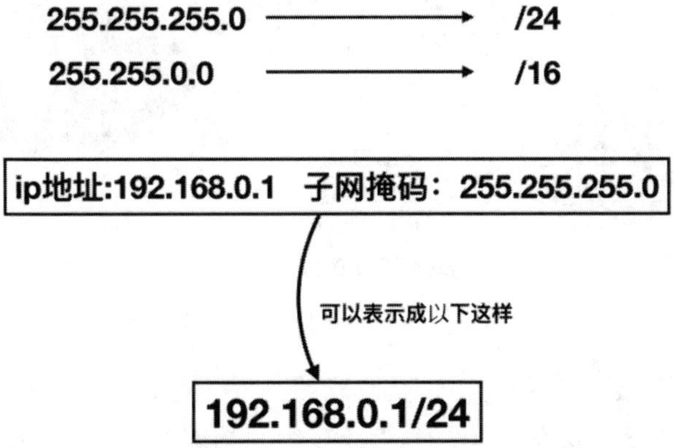

255.255.255.0 → /24
255.255.0.0 → /16

ip地址:192.168.0.1　子网掩码：255.255.255.0

可以表示成以下这样

192.168.0.1/24

图 15.5　子网掩码的简写

如图 15.5 所示，如果一台机器的 IP 地址是 192.168.0.1，子网掩码是 255.255.255.0，那么这台机器的 IP 就可以表示成 192.168.0.1/24。

用 ifconfig 命令查看到的子网掩码如下：

```
[root@192 ~]# ifconfig
```

```
enp0s3: flags= 4163<UP , BROADCAST , RUNNING , MULTICAST>
inet 192.168.0.142  netmask 255 .255.255.0
```

用 ip 命令查看到的子网掩码如下：

```
# [root@192 ~]# ip a
inet 192.168.122.1/24
```

扫一扫，看视频

15.2.2　快速认识路由器的概念

在上一小节中，我们知道了 IP 地址网段的概念，那么如果是不同网段的 IP 地址，是不是就永远不能通信了？可以通信，但需要借助其他的网络设备。网络设备就是路由器，如图 15.6 所示。

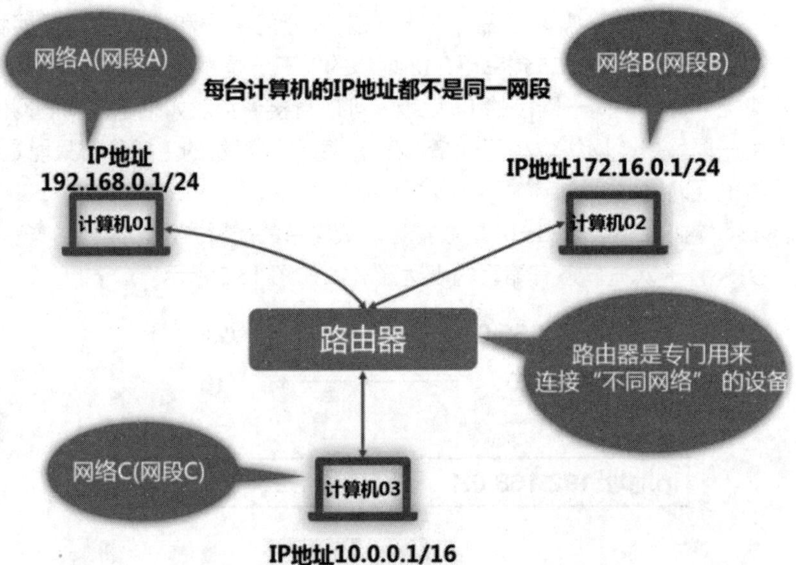

图 15.6　路由器用来连接不同网络

从图 15.6 中可以看到三台计算机的 IP 地址都不是一个网段的，这样就等于是分属三个不同的网络，而路由器是专门用来连接不同网络的设备。为什么路由器就能实现不同网络之间的通信？下一小节来学习。

扫一扫，看视频

15.2.3　快速认识网关和路由功能

上一小节中认识了路由器，大米哥留下了一个疑问：为什么路由器就能连接不同的网络？在这一小节中就来解释这个问题，如图 15.7 所示。

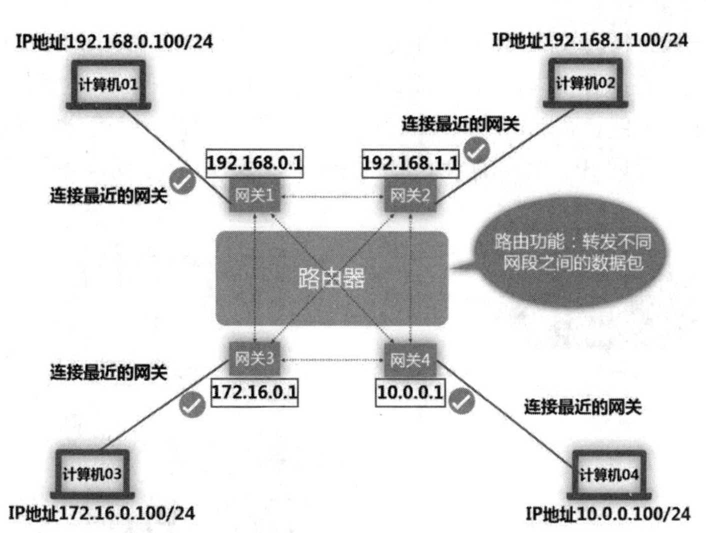

图 15.7　为什么路由器能连接不同网络

如图 15.7 所示，东、西、南、北四台计算机都是不同网段的 IP 地址，然后每一台计算机都连线到路由器上的一个网口。这个网口跟直接连接的计算机处于同一个网段中（例如，计算机 01 是 192.168.0.100/24，那么网关 1 是 192.168.0.1/24，处在同一个网段中）。

这样计算机和网卡就可以直接通信，把数据先传送到网关上。接下来，由于路由器本身有路由功能，路由功能其实就是转发网络数据包，于是不同网关之间就可以相互传递，这就实现了不同网络的通信。除此之外，能够实现路由功能的未必一定是台路由器，也可以是一台 Linux 服务器，如图 15.8 所示。

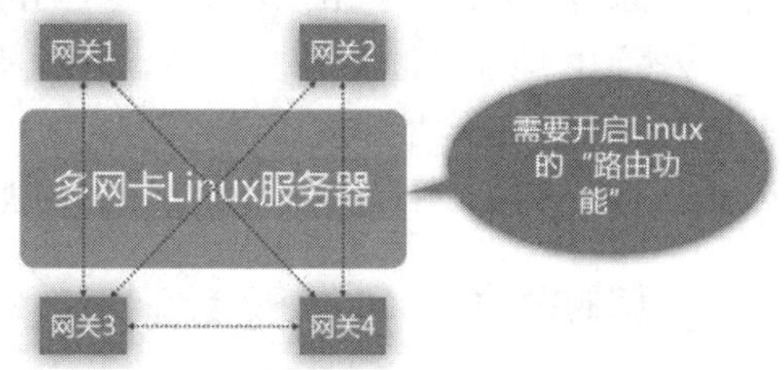

图 15.8　服务器也可以充当路由器

如图 15.8 所示，一台多网卡的 Linux 服务器也可以充当路由器来使用（大米哥服务过的公司，就有好几家使用服务器来作为整个公司内部上网用的路由器），不过需要一些配置才可以实现，具体的放在第 16 章和第 17 章来学习。

15.2.4　快速认识私网和公网

私网可以理解为封闭的、小型的局域网，在日常生活中，如家庭中的网络或者一个办公室中的网络。这样的小型网络一般结构比较简单，机器的数量较少，而且使用的都是私网 IP（如 192.168.××.××、172.16.××.××等），私网也可以称作内网。而公网就是所谓的互联网，指的是全球范围的网络。

私网只要有计算机、网线，有基本的网络设备，就可以自行架设。然而公网就没有办法，必须依靠专门的接入商给我们分配公网 IP、公网的网关，才能进入。如图 15.9 所示为私网和公网的关系。

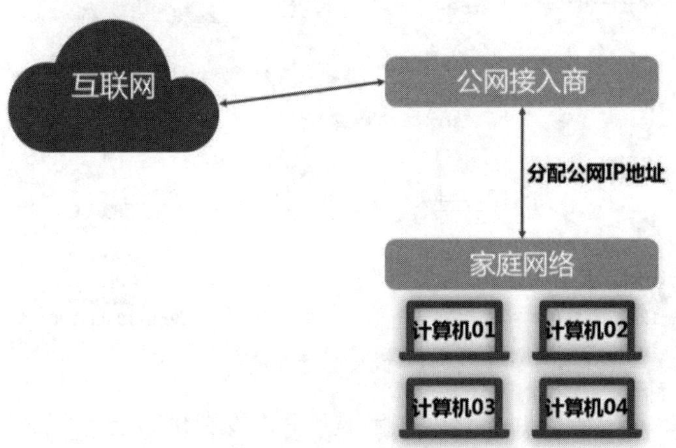

图 15.9　私网和公网的概念

15.2.5　快速认识域名和 DNS 服务器

15.2.4 小节中接触了私网 IP 和公网 IP。私网 IP 是在一个固定区域内才能识别的，出了这个区域就不再认了。而只有公网 IP 才是全世界都能识别的唯一 IP 地址，但这个 IP 地址，我们自己没有办法设置（就算给你的计算机随便设置一个公网 IP 地址，也没办法连通），只能是付费，然后让运营商来分配。那么，有没有办法知道自己当前分配的公网 IP 地址是多少?

打开浏览器，输入 myip.cn，这个网站就可以显示出当前的公网 IP 地址是多少，如图 15.10 所示。

您的IP地址: 111.193.188.0

来自: 北京市 联通

图 15.10　查看自己的公网 IP 是多少

这里不仅可以显示 IP 地址，也可以显示帮你接入公网的运营商是哪一家，还可以显示出你当前的地理位置，所以说，公网 IP 才是互联网唯一认可的 IP 地址。

但是这里有一个问题，如某一网站，之所以能随时随地访问到它，那是因为它有一个对外的公网 IP 地址，可是我们平时在用浏览器上网的时候，难道输入的都是 111.19×.×××.×××的公网 IP 地址吗?

当然不是，我们平时输入的都是类似 www.×××.com 这样的名称，那这又是什么呢? 它跟 IP 地址有什么联系呢? 如图 15.11 所示。

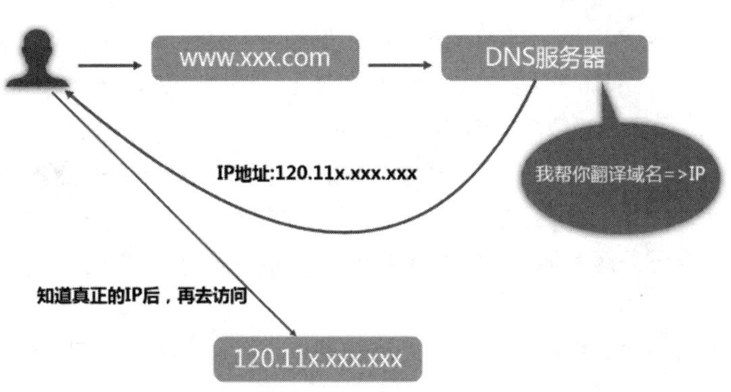

图 15.11 域名存在的意义

如图 15.11 所示，IP 地址是不容易记忆的形式，于是就要寻找一种方法来修饰一下 IP 地址，这就是域名。图 15.11 中的 DNS 服务器也叫作域名服务器，就是用来翻译和转换域名与 IP 地址。

每当我们访问某一个网址的时候，会先拿着这个网站的域名去询问离我们最近的 DNS 服务器，它在自己的数据库中查询记录，然后把最终的 IP 地址告诉我们。最后，再用 IP 地址去访问到真正的网站（在这个过程中，用户没有感知，输入一个域名后，直接就打开了网站）。

15.2.6 快速认识 TCP/IP 协议的存在

如果你是一位工程师，肯定听过 TCP/IP 协议。正是由于它的存在，才有了今天的互联网。如图 15.12 所示，TCP/IP 协议可以说是现代网络的微观世界，类似于拿着显微镜在看互联网。

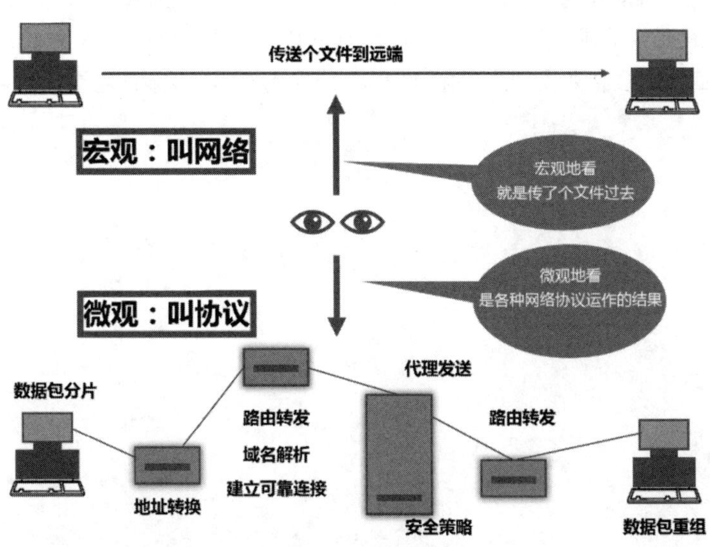

图 15.12 TCP/IP 协议是现代网络的微观世界

我们平时接触的网络大多数情况下都是宏观的，例如，打开一个网站首页，发送一封邮件，配置一个 IP 地址，修改一下网关，ping 一下某个公网 IP，telnet 某个端口等。当这些操作发生时，其实背后都是 TCP/IP 协议在运作，只是一般情况下看不到罢了。

互联网是一个无比庞大，又没有中心的载体，就好像是密密麻麻的蜘蛛网一样，有着无数条网络线路，也有着无数台大大小小的服务器，还有个人计算机。前面的小节中也提过路由器的概念，那有没有想过，如果在家访问一台国外服务器，假如就是简单地 ping 了一下，这么远的距离，中间要经过多少个路由器?

少则几十个，多则上百个，中间涉及的节点错综复杂，而且网络还时刻发生变化，那到底是什么东西保证每一次的网络通信? 这就是 TCP/IP 协议。

“协议”这个词，其实大家能看得出来，它本身代表了一种事先规定好的条款和规范，不管一个网络架构怎么样，只要数据在传输时，严格遵循某一种协议规范，那就必然可以顺利到达彼岸。另外，不管作为 Linux 工程师，还是网络工程师，如果想去攀高薪，不掌握 TCP/IP 协议绝对不行。

就拿大米哥的经历来举例子，大米哥在升任 Linux 运维架构师之后，经常要给企业设计各种安全防护的措施，简单地说就是企业的服务器时刻都面临着来自互联网的安全隐患，各种恶意的攻击或者恶意的访问请求无时无刻不在威胁着服务器和网络。

我们平时在计算机上建立 Linux 虚拟机当然没有安全隐患，因为不会有人来访问，只是拿来练习。但企业中的 Linux 服务器可就不一样，它们时刻都有十几万甚至几十万上百万的用户在不停地访问，这中间就会藏匿着各种各样的危险。

但是，就像之前说的，不管什么样子的网络攻击、恶意请求，它都始终逃不开 TCP/IP 协议的规范（因为整个互联网就是 TCP/IP 协议在运作），各种安全漏洞其实也都是基于 TCP/IP 协议之上的。所以，作为一名高级工程师，必须从现在就开始进入 TCP/IP 协议的学习，以应对日后的工作需要。

在本书的第 17 章会结合企业安全来讲解 TCP/IP 协议到底是怎么回事。

第 16 章

iptables 防火墙

说起“防火墙”这个词，只要用过计算机的朋友都不陌生。从最早大家都使用国外的昂贵防火墙软件，到使用国内的知名防火墙软件，最后再到免费防火墙的大量普及。不过这些说的都是在 windows 下的防火墙，它们都拥有漂亮的软件界面，而且做的非常简单易用。大多数情况下，只需跟着向导安装启动防火墙软件即可，剩下的工作全都交给它自动完成。

然而在 Linux 服务器领域，想使用防火墙没那么简单。图形界面是没有的，要依赖命令行去操作。而且 Linux 下的防火墙也没有那么智能，需要手动去设置各种防火墙规则，它才可以起效。

听上去好像都是短板，其实不然，任何事情都具有两面性，虽然 Linux 下的防火墙用起来难度要高很多，但这也提供了更加自由的策略制定，我们可以设置专属的规则，以满足企业中的实际需要。除此之外，正是因为使用难度高，有很高的技术含量，所以它才能用来换高薪。

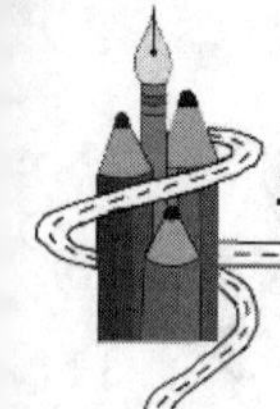

16.1 iptables 防火墙基础篇

从这一章开始，一起来学习一项全新的知识：iptables 防火墙，如此安排主要的原因如下。

第一，现如今的 iptables 防火墙几乎是 Linux 服务器必备，甚至有人直接就叫它 Linux 防火墙，普及率很高。

第二，在学习 iptables 防火墙的过程中，必然会涉及很多额外的网络知识，如 NAT、路由、数据包等，为后面学习打下一个良好的基础。

假如有一天想加入 Linux 运维工程师的行列，iptables 无论什么时候都是面试的必考题。

16.1.1 iptables 序言

iptables 作为一款老牌的 Linux 防火墙在企业中使用得非常普遍，可以说是随处可见，它给 Linux 操作系统提供了基于内核层级的安全防护机制。简单地说，iptables 防火墙功能其实是产生于 Linux 内核之中。

相比较市面上其他众多安全防护产品，iptables 属于系统自带，无须另外安装，没有额外的费用（各种其他的大型防火墙商业产品价格高昂、可控性差），且由于其工作在操作系统的底层（内核层），所以通过它所实现的防火墙安全层从理论上来说更难被突破、安全性更高。

然而，iptables 虽然强大，其难度也很高，主要是它的配置项的含义比较抽象，需要先搞清楚来龙去脉才能开始实际操作。即使对已参加多年工作的 Linux 工程师来说依然是块硬骨头。

扫一扫，看视频

16.1.2 防火墙的概念

“防火墙”一词并不陌生，早年使用 Windows 9x 时防火墙就一直伴随着。对于普通用户接触最多的无非就是 Windows 上面的各种防火墙软件，如图 16.1 所示。

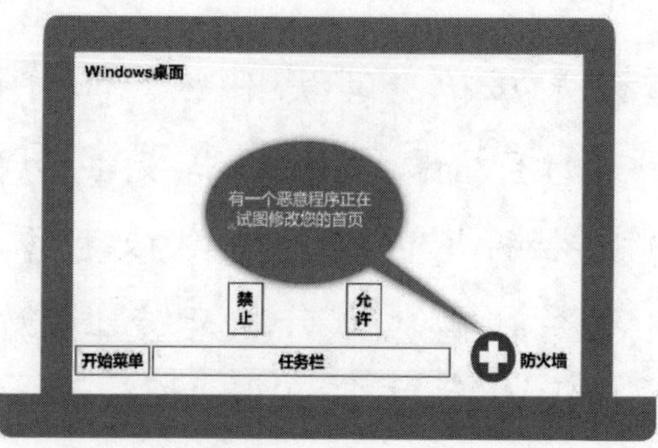

图 16.1　熟悉的 Windows 防火墙软件

那么到底什么是防火墙？对于 Linux 架构师来说，只认识到防火墙软件这一个层面远远不够。防火墙其实是一种隔离技术，就是把从外面进来的访问（进入操作系统或进入下一个网络设备）按照事先定义好的一套规则进行过滤。合格的访问允许它通过，不合格的直接丢弃。

防火墙是在两个网络通信时执行的一种访问控制尺度，它能允许你允许的人和数据进入你的网络，同时将你不允许的人和数据拒之门外，最大限度地阻止网络中的黑客来访问你的网络。换句话说，如果不通过防火墙，公司内部的人就无法访问 Internet，Internet 上的人也无法和公司内部的人进行通信。

防火墙有软件的，也有硬件的。有工作在应用层上的，如 Windows 防火墙，也有工作在底层的，如 Linux 防火墙 iptables。硬件防火墙主要指的是各种网络安全硬件设备，这里主要是针对工作在操作系统层面的防火墙进行学习。

16.1.3　iptables 的作用

扫一扫，看视频

Linux 中最普及的安全防火墙就是 iptables，它是经过几个阶段发展而来，如图 16.2 所示。

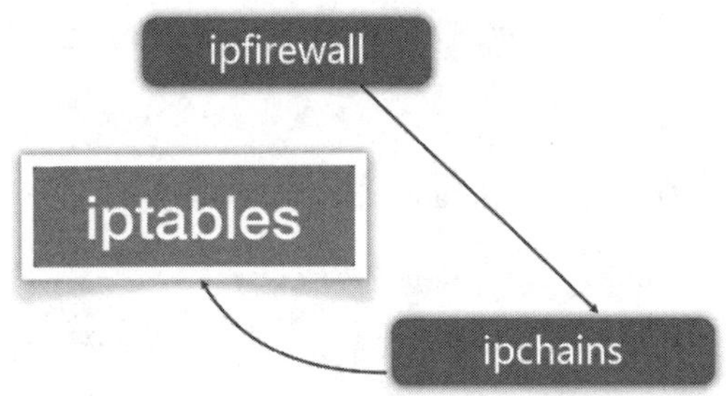

图 16.2　iptables 的进化

如图 16.2 所示，iptables 防火墙经历了这样一个发展过程：ipfirewall→ipchains→iptables。iptables 在 Linux 操作系统中身份比较特殊，有以下两个特点。

第一，表面上 iptables 是一个命令，也是一个服务。iptables 本身就可以直接运行，用-h 参数先查看一下使用手册。iptables 跟别的普通 Linux 命令不一样，需要先掌握大量的防火墙知识才可以正确使用。代码如下所示：

```
[root@192 ~]# iptables -h
iptables v1.4.21
Usage: iptables -[ACD] chain rule-specification [options]
       iptables -I chain [rulenum] rule-specification [options]
       iptables -R chain rulenum rule-specification [options]
       iptables -D chain rulenum [options]
       iptables -[LS] [chain [rulenum]] [options]
       iptables -[FZ] [chain] [options]
```

```
      iptables -[NX] chain
      iptables -E old-chain-name new-chain-name
      iptables -P chain target [options]
      iptables -h (print this help information)
Commands:
Either long or short options are allowed.
  --append  -A chain     Append to chain
  --check   -C chain     Check for the existence of a rule
  --delete  -D chain     Delete matching rule from chain
  --delete  -D chain rulenum
                         Delete rule rulenum (1 = first) from chain
  --insert  -I chain [rulenum]
                         Insert in chain as rulenum (default 1=first)
```

第二，iptables 在 Linux 中又可以像对待一项普通服务一样操作。代码如下所示：

```
[root@192 ~]# systemctl  status iptables
● iptables.service - IPv4 firewall with iptables
   Loaded: loaded (/usr/lib/systemd/system/iptables.service; disabled; vendor
preset: disabled)
   Active: inactive (dead)
```

不过，新装的 CentOS 7.x 下默认并不带 iptables 软件，需要先用 Yum 来安装。代码如下所示：

```
[root@192 ~]# yum -y install iptables-services
```

安装好以后，尝试把 iptables 开启，如果能如下显示，则说明工作正常。

```
[root@192 ~]# systemctl  start iptables
[root@192 ~]# systemctl  status iptables
● iptables.service - IPv4 firewall with iptables
   Loaded: loaded (/usr/lib/systemd/system/iptables.service; disabled; vendor
preset: disabled)
   Active: active (exited) since Sat 2019-05-18 02:04:53 CST; 5s ago
  Process: 15238 ExecStart=/usr/libexec/iptables/iptables.init start (code=exited,
status=0/SUCCESS)
 Main PID: 15238 (code=exited, status=0/SUCCESS)
May 18 02:04:53 192.168.0.142 systemd[1]: Starting IPv4 firewall with iptables...
May 18 02:04:53 192.168.0.142 iptables.init[15238]: iptables: Applying firewall
rules: [  OK  ]
May 18 02:04:53 192.168.0.142 systemd[1]: Started IPv4 firewall with iptables.
```

然而不管在 CentOS 6 还是 CentOS 7 下，当使用 ps 命令或者 top 命令时，看不到有防火墙的进程存在，代码如下所示，iptables 不存在这么一个进程，netstat 下也看不见 netstat 的内容。

```
[root@192 ~]# ps -ef | grep iptables
root     15128 14047  0 02:03 pts/1    00:00:00 grep --color=auto iptables
[root@192 ~]# netstat -tnlp | grep iptables
[root@192 ~]#
```

根据之前学的知识，Linux 下任何服务都有对应的进程存在，这是因为：在 Linux 上 iptables 防火墙其实是系统内核的一部分，真正工作的实际上是内核中一个叫作 Netfilter 的功能框架。也就是说，Linux 内核利用其自身对于网络数据包的流向判断，来间接起到防火墙的功能。而 iptables 其实只是作为方便用户随时控制内核中 netfilter 功能的一个平台或者桥梁。

总结来说，真正的防火墙是 Linux 的内核提供，iptables 可以理解为使用这个防火墙的工具（Linux 内核防火墙——专有命令行）。

说到这里也就回答了上面提出的那个疑问，因为防火墙其实是在内核中，并不是简单的一个软件跑在系统上，那么自然 ps top 命令就看不到 iptables 进程。也就明白了 Linux 防火墙到底是什么，不过为了方便理解和使用习惯，依然还是称 Linux 防火墙是 iptables。

图 16.3 方便理解 Linux 防火墙，在用户的层面，iptables 是提供的一个平台，用命令来操作防火墙，然而真正提供防火墙功能的是 Linux 内核中的一个模块，叫作 netfilter。

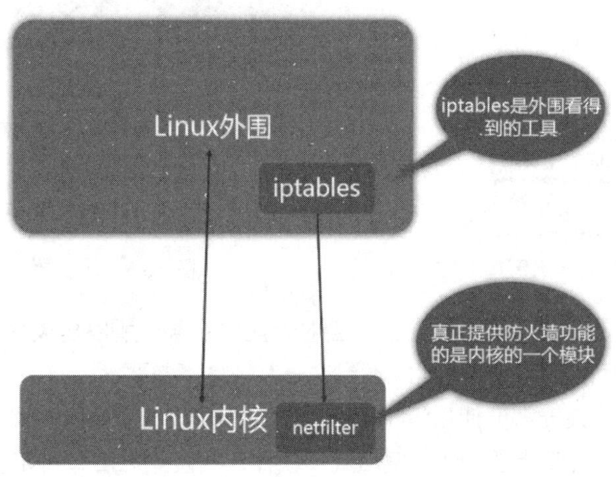

图 16.3　iptables 防火墙的本质

16.1.4　过滤型防火墙 filter 表

扫一扫，看视频

接下来接触一下 iptables 最容易理解的一个防火墙类型：filter 过滤型防火墙。先说一下过滤型防火墙，最直接的例子就是平时 Windows 安装的各种防火墙软件。Windows 各类防火墙其实最基本的一个作用就是过滤。例如，当使用浏览器要下载一个软件时，防火墙会弹出警告，如××软件可能会伤害你的操作系统等之类的提示语言。

要运行一个软件时会弹出一个窗口，告诉你××软件可能含有病毒，如图 16.4 所示。

其实这就是一个典型的过滤型防火墙，过滤指的就是当外界的新东西想进入当前的操作系统时，或者是本地希望向外访问未知区域并获取资源时，在这中间有一道关卡用来检查其安全性，出现疑似问题时给予警告和处理，这就是 Windows 的过滤型防火墙。

然而，Linux 的 iptables 防火墙也一样具备这种过滤的功能。虽然基本原理相通，不过与 Windows 防火墙比较起来，有很多的不同。如下：

（1）Linux 防火墙工作在内核，在操作系统更往下的底层，而 Windows 防火墙大多数是工作在应用层，也就是说是一个软件起到防火墙的作用。

（2）Linux 防火墙的安全防护更加彻底，且非常固执且严谨，而 Windows 防火墙很多时候就有点“老好人”，模棱两可。

（3）Linux 大多数是以一台服务器提供对外服务的身份工作，所以防火墙更多的是用来过滤外来的网络请求。如图 16.5 所示，服务器上的防火墙，主要是抵御外来的非法请求。

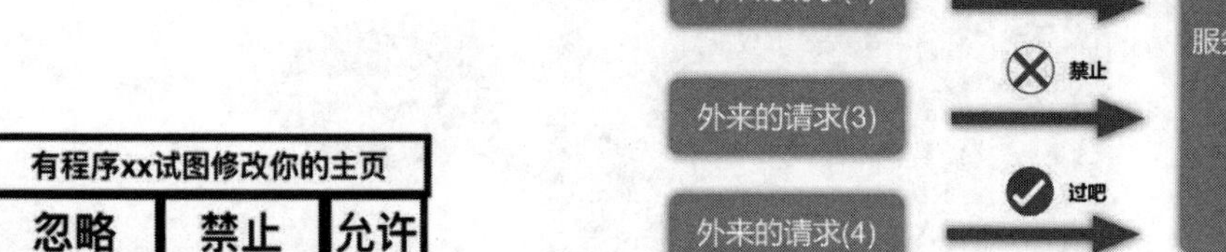

图 16.4　一般防火墙的弹出窗口

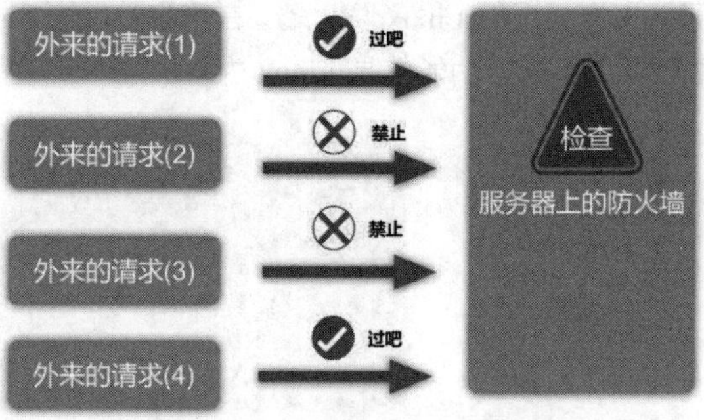

图 16.5　服务器上的防火墙

而 Windows 更多的是个人计算机使用，不会对外提供服务，所以防火墙更多是判断出去的请求或者本地即将执行的程序的可靠度，iptables 做不到这一点，也不需要。

（4）Linux iptables 防火墙需要使用者（工程师）对于防火墙本身有较深入的理解后才可以正常正确地使用，而 Windows 防火墙就是一个“傻瓜式”软件，安装好之后直接用就可以了。Windows 防火墙其实也支持更复杂的配置，不过一般 Windows 用户不屑于去学习这些东西。

接下来看两个过滤型防火墙的 iptables 配置，简单了解一下操作的方法。有时发现某个 IP 不停地往服务器发包，这时可以使用以下命令将指定 IP 发来的包丢弃。iptables 命令可以直接用来添加一条防火墙规则。

```
[root@server15 ~]# iptables -A INPUT  -s 172.16.0.0/16 -j DROP
```

上面这样添加的一条规则是凡是来自 172.16.0.0/16 这个网络的请求统统丢弃掉；-s 后面接上来源 IP 的范围，-j 后面接上动作（DROP 是丢弃，ACCEPT 则是通过）。

使用 iptables -L 可以查看当前正在生效的防火墙规则，代码如下所示，刚添加的一条规则已经生效。

```
[root@server15 ~]# iptables -L
Chain INPUT (policy ACCEPT)
Target     prot opt source               destination
DROP       all  --  172.16.0.0/16        anywhere
```

如果来源 IP 是 192.168 网段的就允许通过。代码如下所示：

```
[root@server15 ~]# iptables -A INPUT -s 192.168.0.0/16 -j ACCEPT
```

以上就是两个最简单的通过 iptables 设置过滤类型的防火墙配置，大家可以自己操作试一试。

16.1.5 iptables 4 个表

扫一扫，看视频

通过上面的学习，我们对过滤类型的防火墙有了一定了解，所谓过滤就是符合某种条件就通过，不符合就丢弃。接下来顺着过滤型继续学习，之前说过过滤型就是为了方便学习 iptables。

过滤型防火墙规则在 iptables 中，实际上对应的是 iptables 中的一个表，也就是 filter（过滤）表。iptables 在使用过程中，有 4 种标准化预定义的表(tables)。每一种表(table)代表了一种使用的类型或者说方向，比如之前提的 filter 表。除了 filter 表之外，其他还有三种 tables：nat、mangle、raw。

其中前两项 filter 表和 nat 表在日常工作中接触频率最高，同时也是主讲内容。关于 mangle 和 raw 属于高级的扩展用法，难度较大，且实际工作中出场率不算高，后面再介绍。filter 表和 nat 表是作为一名合格的 Linux 运维工程师必须优先掌握的。

filter 表主要是起到过滤的作用：根据一定的规则把即将发送到 OS 的请求或者即将发送出 OS 的请求（或者是转发的请求）预先做一个判断，根据判断结果决定是否放行。这个就是作为防火墙提供的最基础，也是使用频率最高的用法，如图 16.6 所示。

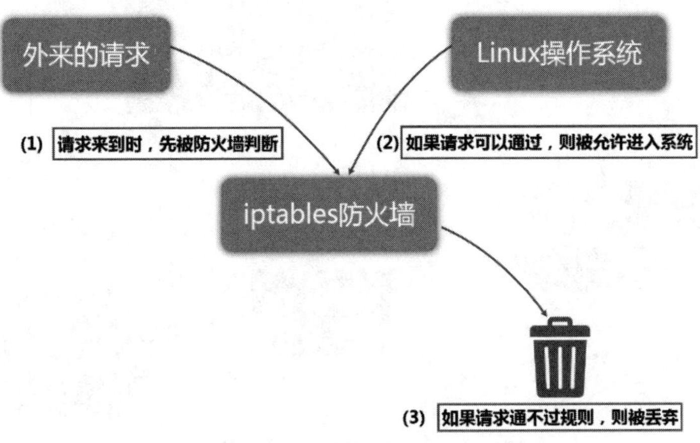

图 16.6　过滤型防火墙

nat 表的作用跟 filter 表就大不一样，跟过滤不再有任何关系。nat 全称是 Network Address Translation（网络地址转换），是一种对数据包的特殊处理，其主要通过 iptables 防火墙把原本发送过来的请求更改其原始的目的地址或者更改其来源地址（port 端口），以达到将请求转发的目的。

在图 16.7 中，从最左边原本一个请求发送到 IP 地址 A 的服务器，但经过 iptables-nat 规则之后把请求的目的地址从 IP:A 改成了 IP:B。

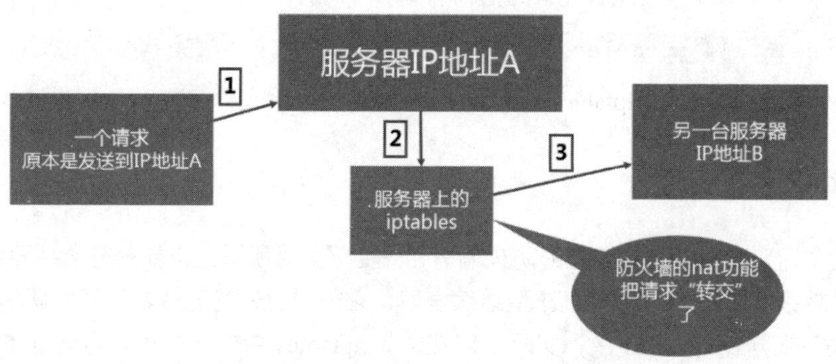

图 16.7　nat 型防火墙目的在于改变和转移请求

于是请求就这样被转发到 IP:B 这台服务器。除了 IP 地址的改变之外，再来看一个通过 nat 表改变端口的例子。如图 16.8 所示，这里只有一台服务器，有一个用户向这台服务器发送一个请求，原本请求是发送到这台服务器的 80 端口。通过 nat 表之后，请求的目的端口被改变到服务器上的 8080 端口，所以请求被送往 8080 端口所属的应用。

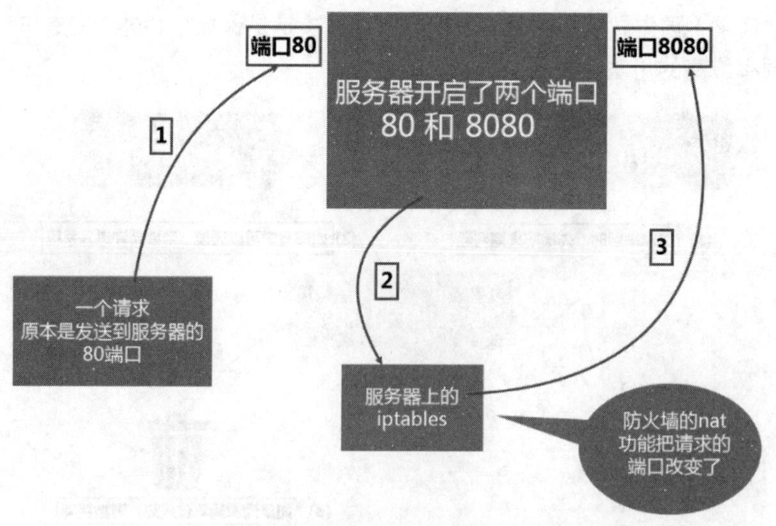

图 16.8　nat 防火墙改变端口的例子

通过以上两个例子大致明白了 iptables nat 表不是对请求进行过滤，而是把请求的 IP 地址或者端口进行临时的转换，以达到转发的目的。这种使用方法在实际工作中很常见，很多架构中的应用其实也是基于这种原理实现，如反向代理、负载均衡（LVS nat）等。

接下来看操作方法。iptables 使用中 -t 参数来指定一个表，如 iptables -t filter -L 显示 filter 表中都有什么规则。filter 表是默认表，不加 -t filter 也一样，但如果要指定其他的表，就要用上-t，如 -t nat。iptables -t nat -L 显示 nat 表中都有什么规则。

以上是对一个表的查询操作，而修改和添加也是一样的方法。例如，添加一条过滤类型的防火墙规则（filter 表）。代码如下所示：

```
iptables -A INPUT -t filter -s 172.16.0.0/16 -j DROP
```

又如，添加一条 nat 类型的防火墙规则(nat 表)。代码如下所示：

```
iptables -t nat -A PREROUTING -p tcp -d 192.168.102.37 --dport 422 -j DNAT --to
192.168.102.37:22
```

设置一个 nat 表的防火墙规则比较复杂，后面学会相关知识后，再练习如何配置。

16.1.6　iptables 5 个链

扫一扫，看视频

前面已经讲过表的概念，其实这个表在 iptables 防火墙中仅是一个逻辑的大分类，把制定的规则按照不同的功能分出了 4 个大类，分别是 filter、nat、raw、mangle。在分类定下来后，才真正开始定制规则。

在 Linux 中真正定义和实现防火墙功能的是 5 个链（5 chains）。什么是链？目前可以先理解为选择完表后，下一步要选择的功能项。如图 16.9 所示，添加一条 iptables 防火墙规则是按照这样一个顺序。

表 + 链 + 链修饰(规则) =>一条 iptables 防火墙规则

图 16.9　分三步定义一条防火墙规则

定义防火墙规则：按实现的功能不同指定某一个表，再在表下添加链，再加上对链的修饰，这样就最终组成了一条防火墙规则。

iptables 中默认情况下共有 5 个链，这 5 个链实际上对应着一个数据包流向的每个步骤，如下所示。

- PREROUTING：数据包进入路由表之前。
- INPUT：通过路由表后，目的是本地。
- FORWARD：通过路由表后，目的不是本地。

- OUTPUT：由本机产生，向外发送。
- POSTROUTING：发送到网卡接口之前。

学习 iptables 最大的难点就是对这 5 个链的理解，如果理解不够，会严重影响学习和使用。为了彻底理解这 5 个链，接下来我们深挖流程来解释一下。

扫一扫，看视频

16.1.7 iptables 的链与内核功能块的关系

首先搞清楚 5 个链是什么，怎么使用，如图 16.10 所示，代表了 Linux 操作系统（用户空间+内核空间）处理网络请求的完整底层流程图。其中标记 1~5 的地方就是要学习的 5 个链。

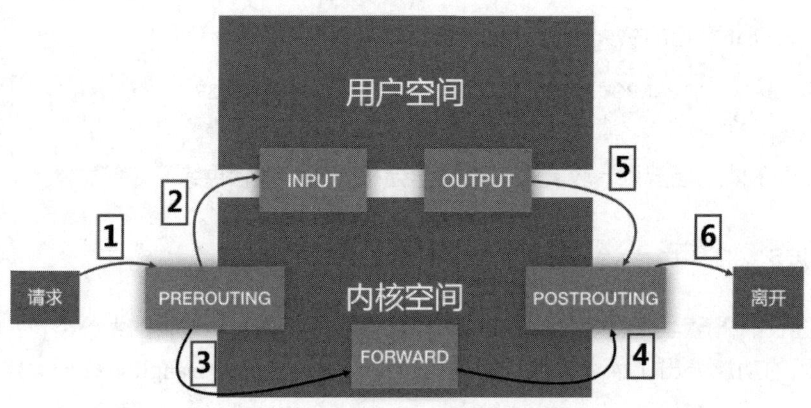

图 16.10 用户空间和内核空间

任何种类的网络请求在 Linux 中都是上面的流程，概念比较复杂，在开始细讲图 16.10 之前，有几个名词和核心概念必须先知道。

1. 内核空间

内核空间指的就是 Linux 内核数据包刚到达时第一个进入的处理场所。内核空间指的是系统的底层，也就是底层对网络数据包的判断、修改、转发、路由等功能。

2. 用户空间

用户空间指的就是我们平时接触最多的地方，例如，命令行、各种服务软件、图形界面、各种进程等。除去内核之外，其他的高层部分或者说外围部分都属于用户空间。用户空间是肉眼可见的，是直接面对和操作的地方。

重点：数据包刚到达时，不会立刻直接进入用户空间，而是都必须先经过 Linux 内核的筛选后，才会进入（不管是否设定了 iptables 防火墙）。

3．路由功能

路由功能指的是 Linux 的内核对数据包的转发功能。Linux 内核中有另一项重要的功能，就是 FORWARD 路由转发（自己作为路由器）用于将数据包发送到其他网络或者非本机地址，直连路由。

重点：内核有 FORWARD 路由功能/proc/… ipv4 forward =1，内核还有针对路由功能的防火墙链、FORWARD 链，这是两个直接相关的概念。

iptables 的 5 个链有好几层的含义，最表面的第一层含义：iptables 命令中直接调用某一个链，例如 iptables -t 表名字 -A 链名字；过渡到第二层的含义：iptables 配置的这 5 个链，其实对应的是内核中 netfilter 框架的 5 个功能模块；深入第三层的含义：5 个功能块再往下对应的是内核代码中的 5 个内核钩子函数，其实真正底层做事的是 5 个内核钩子函数对数据包进行处理、判断。

所以说真正提供防火墙功能是 Linux 的内核，而 iptables 说到底只不过是一个让用户可以轻松改变内核防火墙功能块的桥梁。原理如此，不过在实际工作中并不需要时刻都去面对内核，只要使用 iptables 即可。

如图 16.11 所示，由浅入深理解 iptables 的 5 个链。

iptables命令行的 5个链
内核 netfilter 5个功能块
5个内核钩子函数 代码

图 16.11　理解五个链的三个层次

大多数朋友对 Linux 的 iptables 存在这样一个误区：认为 iptables 本身是一个服务，只要启动了这个服务，那么防火墙也就跟着启动了。其实不是这样，iptables 或者说 iptables 服务只不过是控制内核防火墙功能的一个工具或者桥梁。

接下来，试试关闭 iptables 服务。代码如下所示：

```
# 尝试用 systemctl 关闭 iptables 服务器
 [root@192 ~]# systemctl stop iptables
[root@192 ~]# iptables -L -n
'Chain INPUT (policy ACCEPT)
target     prot opt source               destination
Chain FORWARD (policy ACCEPT)
target     prot opt source               destination
Chain OUTPUT (policy ACCEPT)
target     prot opt source               destination
```

如上所示，就算把 iptables 服务关闭 service iptables stop，也只不过是把全部的内核防火墙的表下的所有链都设置成允许。什么规则都没有，所有的链都设置为“通过”，就跟没有防火墙一样。

但是内核的防火墙功能块始终都存在，永远也不可能关闭。内核的防火墙功能块是作为内核重要的数据包处理组成部分，不可能被关闭。

扫一扫，看视频

16.1.8 内核 5 个链具体的功能

理解了五大核心概念和关键词汇，接下来进入更细致的学习。之前所提到的 iptables5 个链可以形象地比喻成内核空间和用户空间之间的五道关卡，内核其实就是通过这五道关卡来实现防火墙的功能。

接下来看一个细节的例子，更好地理解这五道关卡的作用（iptables 5 个链）。如图 16.10 所示，当一个请求从最左边到达 Linux 时，第一个要经过的就是内核中的 PREROUTING 链。

PREROUTING 从字面上看就是 PRE-ROUTING，即路由前，其实 PREROUTING 所做的工作和它的名字一致，就是在数据包经过 Linux 内核路由表之前对数据包进行第一次判断。这时对数据包的判断只有两种结果，第一种是需要进入路由转发；第二种是不需要进入路由转发。这两种结果用简单话就是第一种是发给本机，第二种是发给别的地方。

PREROUTING 链作为第一道关卡，它检查数据包的机制就是判断数据包的目的地址、端口。这里细心的同学会发现一个问题：既然一个数据包都已经被机器接收到，那它的原本的目的地址一定是这台机器，怎么可能还会是发给别的地址？其实这就要说到 PERROUTING 链功能的本质，PREROUTING 和 POSTROUTING 这两个链最终目的都是修改数据包的地址和端口，PREROUTING 链负责修改目的地址和端口，而 POSTROUTING 链则负责修改来源地址和端口。

之前了解到表下有链，链下有修饰（或者说动作）。数据包到达第一个 PREROUTING 链时，PREROUTING 链会根据它下面的事先定义好的规则（修饰），先来判断这个数据包是否要修改目的地址和端口，如 nat 表下的 PREROUTING 链，有以下这样的规则定义：

```
[root@192 ~]# iptables -t nat -A PREROUTING -s 172.16.0.0/8 -d 192.168.56.102 -p
tcp -j DNAT --to-destination 192.168.56.103
[root@192 ~]# iptables -t nat -L -n
Chain PREROUTING (policy ACCEPT)
target     prot opt source               destination
DNAT       tcp  --  172.0.0.0/8          192.168.56.102       to:192.168.56.103
```

如果符合了上面的规则，目标地址会被修改；如果不符合上面的规则，目标地址不会被修改。

如果发现这个数据包并不符合任何链下面的规则，也就是说这个包目的地址和端口都不会被修改。那么这种情况下数据包就会被 PREROUTING 链判定为这个数据包不需要被修改，这是一个进入主机的数据包。相反，如果数据包符合了其中一条 PREROUTING 链下面的规则，那么就会被判定：这个数据包需要被修改，并且这是一个要递交给路由的数据包。

所以说 PREROUTING 链的判定其实还要细分为两个步骤，先看是否符合自己的规则而被修改目标地址或端口，再看是走上路进入 INPUT 还是走下路提交给 FORWARD，如图 16.10 所示，上路是 [1] → [2]，下路是 [1] → [3] → [4]。

16.1.9　PREROUTING 的上路判定

扫一扫，看视频

先说走上路的情况，也就是数据包没有被修改目的地址或端口（进入本机转发），然后进入 PREROUTING→INPUT 链。INPUT 链：作为内核和用户空间的一个输入关卡，如图 16.12 所示。

INPUT 链就是 iptables 最常配置的链。所谓防火墙就是靠 INPUT 链的设置，防住任何对用户空间（操作系统）有害的请求。重要概念：网络请求在内核空间中可以理解为是无害的（不被操作系统破坏）。因为内核空间中只是对数据包的网络包头做各种判断或者修改，真正的破坏力都是在数据包进入高层应用层之后，所以内核进行过滤后才运行进入用户空间的应用层。

上面所说的这个上路其实就是属于过滤类型的防火墙，走的链顺序是 PREROUTING→INPUT。过滤类型的防火墙也就是 iptables 中的 filter 表。下面可以配置的链有三个，分别是 INPUT（进入）、OUTPUT（出去）、FORWARD。

OUTPUT 链只能是从用户空间出去进入内核再出去的请求，简单地说就是用户在本地发起的向外访问的请求，如图 16.13 所示，走的链顺序是5 → 6。

图 16.12　走上路，进入用户空间的情况

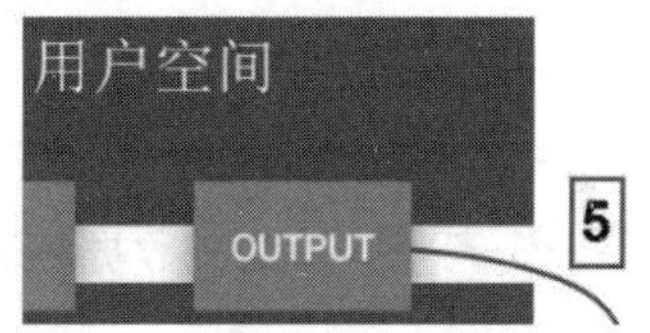

图 16.13　请求从本机出去的情况

16.1.10　PREROUTING 的下路判定

扫一扫，看视频

接下来通过 PREROUTING 判定走下路的状况，如图 16.10 所示，走下路的情况是1 → 3 → 4这个顺序。

借用之前的例子来说，一旦源地址和目标地址都符合了规则，那么目标地址会被 PREROUTING 链修改为 192.168.56.103。代码如下所示：

```
[root@192 ~]# iptables -t nat -L -n
[root@192 ~]#
[root@192 ~]# iptables -t nat -A PREROUTING -s 172.16.0.0/8 -d 192.168.56.102 -p
tcp -j DNAT --to-destination 192.168.56.103
[root@192 ~]# iptables -t nat -L -n
Chain PREROUTING (policy ACCEPT)
target     prot opt source               destination
DNAT       tcp  --  172.0.0.0/8          192.168.56.102      to:192.168.56.103
```

这种情况下，PREROUTING 链经过规则之后，最终判定数据包不会进入本机，而是需要被发送到其他的非本机地址，这时就会提交给下一步：FORWARD 链。FORWARD 之前也提过，其本身具有以下两个意义。

- Linux 内核本身具备 FORWARD 路由功能，也就是转发数据包（连接不同的网络）。
- Linux 内核的防火墙 netfilter 本身还有一个 FORWARD 链，跟其他 4 个链一样，也是用来做数据包判断，进而达到防火墙的目的。

那么像这一次的例子，数据包的目标地址从 192.168.56.102（本机）变为 192.168.56.103。

重要知识点：数据包提交给路由表并不代表一定执行所谓的路由功能，要取决于目标地址在路由表的判定，有可能是直连路由，也可能是路由（Linux 路由器），也可能是丢弃。

如图 16.14 所示，这时数据包就会进入下路，先到 FORWARD 链，判断是否符合任何自己的规则（如设定某些来源地址的数据包禁止被转发之类），如果 FORWARD 链判断后可以继续，那么就会再转发给 POSTROUTING 链。

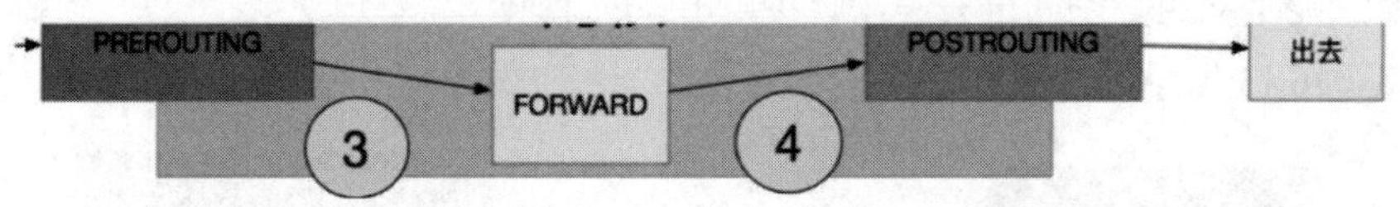

图 16.14　下路走过的模块

这样就是一个完整的下路的数据包流程：PREROUTING 链→FORWARD 链→路由表→路由功能判定→POSTROUTING 链→下一层网络目的地。

扫一扫，看视频

16.2　iptables 防火墙高级扩展篇

通过基础篇的学习，熟悉了 iptables 和防火墙以及 iptables 和 Linux 内核的关系。接下来，继续沿着这个框架和思路推进，把剩下的两个链和两个表学习之后，再补充 iptables 的几个进阶的重要知识点。

用一整套数据包在整个 iptables 中的经过流程进一步地清晰化，把 iptables 结合企业集群的实际情况学习合理的设置方法以达到最有价值的效果。iptables 结合内核的工作原理图已经学习过大部分，现在依然遵循这个框架走。

扫一扫，看视频

16.2.1　POSTROUTING 链的学习

16.1 节最后学习了 iptables 数据包传送的下路路线，走下路的数据包其实就是走 nat（数据包地址转换）的路线。这里再总结一下，PREROUTING 最终判定为下路之后，数据包经过的路径是 PREROUTING→FORWARD→POSTROUTING。

PREROUTING 链的作用：决定目标地址的改变与否，上路、下路最终判定是过滤型防火墙还是 nat 型防火墙。

FORWARD 链的作用：是否允许被防火墙继续转发，是否允许使用 Linux 的路由功能、转发功能。

POSTROUTING 链：是内核（防火墙功能）对数据包在经过路由表之后加以处理的最后一个链，其作用是决定数据包是否需要改变。

到这里不难发现 PREROUTING 和 POSTROUTING 是一对，一个改变目标地址，一个改变来源地址。这个是 iptables 定死的规则，不能交叉互换，例如想用 POSTROUTING 改变目标地址是不可能的，如图 16.15 所示。

PREROUTING
改变目标地址

POSTROUTING
改变来源地址

图 16.15　改变目标地址和来源地址

这里有一个问题：为什么 PREROUTING 只能改变目标地址，而 POSTROUTING 只能改变源地址？下面会给出解答。

16.2.2　PREROUTING/POSTROUTING 链的深入

扫一扫，看视频

学习了 POSTROUTING 链之后，其基本的作用就是修改数据包的源地址（在离开操作系统出去之前）。16.2.1 小节最后留下一个问题：为什么 PREROUTING 只能改变目标地址，而 POSTROUTING 只能改变源地址？为了讲清楚这个问题，需要扩展一下 Linux 网络传输的知识。

还是参照用户空间和内核空间的框架图，之前反复提过上路、下路以及链与链的衔接、跳转等，这些其实都是为了说明以下两方面的含义。

第一，表明 iptables 防火墙的链与链之间的先后顺序。

第二，表明数据包在内核中、在 Linux 中如何走向。

结合图 16.10，可以把数据包走势分成三个基本类型以便理解，如下所示。

（1）从外面进入本机的数据包：1 → 2。

（2）不进入本机，且需要过路由的数据包（或需要用到地址转换的数据包）：1 → 3 → 4 → 6。

（3）本机由用户主动发起出去离开本机的数据包：5 → 6。

这三个基本类型的数据包流向比较容易理解，其走向如图 16.16 所示。

图 16.16 中展示的三种基本的数据包流向都要经过一个叫作路由表的位置。PREROUTING 和 POSTROUTING 这一对链对于数据包修改的不同，其实就是围绕着路由表的概念而引起。

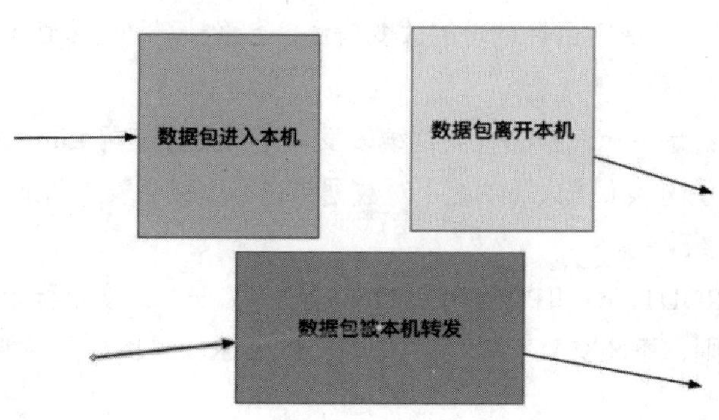

图 16.16　三种基本走向

为了能继续深入地学习这部分，先搞清楚 Linux 和路由相关的几个概念，然后再推进。

扫一扫，看视频

16.2.3　路由、路由表、转发的概念

学习之前，先了解几个概念。第一个概念：路由表。官方定义的路由表是指路由器或者其他互联网网络设备上存储的一张路由信息表，该表中存有到达特定网络终端的路径，在某些情况下，还有一些与这些路径相关的度量。

简单地说路由表在 Linux 中首先是一张可见、可更改的表，作用是当数据包发到 Linux 时，系统（或内核）根据这张表中定义好的信息决定这个数据包接下来该怎么走。

重要知识点：在 Linux 中要有网络传输的发生，就一定会跟路由表有最直接的联系，包括上面说的三种基本数据包流向图，一样都要经过路由表来决定这个数据包下一步该怎么走，如图 16.17 所示。

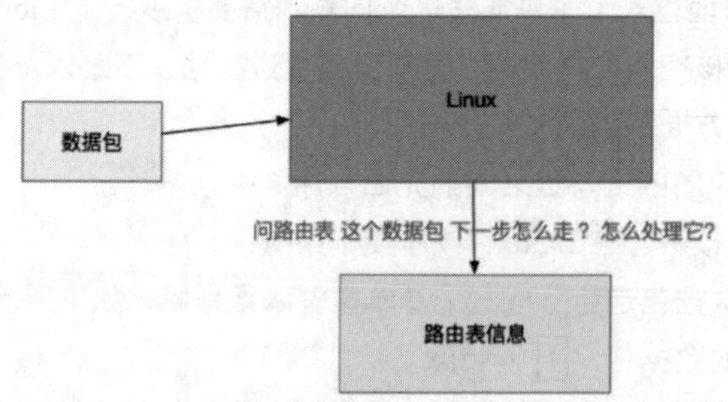

图 16.17　数据包和路由的关系

第二个概念：路由功能和路由器。有了路由表之后，Linux 就可以遵循这张表中的路由信息决定数据包的去向。不过数据包最终在跨越网段时（发往其他的网络）必须借助网关设备才可以。

网关设备是用于连接两个不同网络的媒介，可以是一个硬件的路由器（平时家里用的小路由器），也可以是一台开启了路由功能的 Linux 主机。一台开启了路由功能的 Linux 就可以作为一个网关设备使用，如图 16.18 所示。

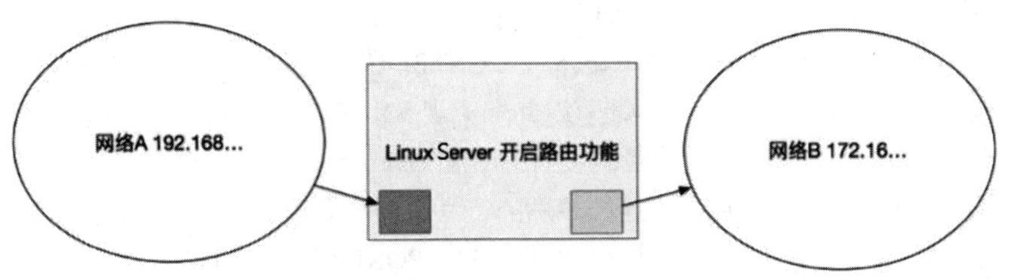

图 16.18　认识网关

第三个概念：转发（数据包转发）。数据包转发是一种网络上对一个数据包进行的特殊处理，可以理解为是在数据包传输过程中的一种中转或者说衔接。Linux 本身就提供了数据包转发功能，开启和关闭的方法，使能数据转发功能：

```
echo 1 > /proc/sys/net/ipv4/ip_forward
```

禁止数据转发功能：

```
echo 0 > /proc/sys/net/ipv4/ip_forward
```

重要知识点：Linux 开启了数据包转发功能后，其实起到两种功效。

（1）Linux 本身可以转发数据包，自身就形成了一个小路由器，可以用来当网关使用。既可以让全公司员工实现上互联网，也可以作为公司内部不同局域网之间的网关。

（2）Linux 开启了数据包转发功能后，iptables NAT 才可以正常使用。也就是说，NAT 这种针对网络地址转换的功能，必须建立在 Linux 开启数据包转发功能的基础上。

综上所述，Linux 数据包转发最少开启两种功能：路由器网关和数据包修改（NAT）。

有了这几个知识点的巩固之后，再回到之前的问题：PREROUTING 链和 POSTROUTING 链一个只能修改目标，一个只能修改来源，是因为 PREROUTING 链是在数据包过路由表之前发生（目标地址的修改）。假如一个数据包需要被转发到一个地址去，一定先经过路由表的查询之后才能被转发。

例如，通过 iptables 实现了一个 NAT 的功能，把来自 192.168.56.106 的请求不进入本机（56.102）而是转发给 192.168.56.104。如果数据包在进入路由表查询之前没有被修改目标地址（从 102 修改为 104），那么进入路由表后就来不及了，因为路由表就已经最终决定了这个包的下一步的去向，如图 16.19 所示。

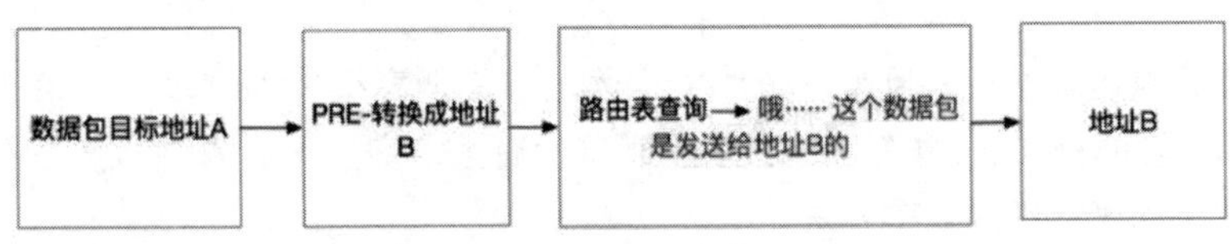

图 16.19　解释之前的疑问

所以说，PREROUTING 实现的修改目标地址必须在数据包进入路由表之前发生，也就证明了目标地址的修改绝不可能放在路由表之后的 POSTROUTING 链再修改，否则就没有任何作用。

接下来解释一下为什么源地址的修改只能放在 POSTROUTING 才行。源地址的修改一般情况下只是作为将原本的源地址修改为本机的 IP 地址，以此来实现 SNAT。这种情况下不可能在过路由之前就修改为本机一样的 IP 地址 A-A，否则数据包就没有办法被 Linux 判断。

而 POSTROUTING 是在数据包离开路由表后的行为，即将要离开本机之前修改源地址，以便数据包可以传回给自己本机。这样就明白了 PREROUTING 和 POSTROUTING 的本质。

扫一扫，看视频

16.2.4　DNAT 和 SNAT 技术学习

有了前面的基础后，开始向具体防火墙应用方面学习。首先提出两种 NAT 的模型：DNAT 和 SNAT。

DNAT：Destination Network Address Translation 目标地址转换。

SNAT：Source Network Address Translation 源地址转换。

通过之前的学习对于这两个概念的理解会很轻松。iptables 实现两种 NAT 就是通过 PREROUTING 链和 POSTROUTING 链来实现的。这里提醒初学者：NAT 技术是一种网络通用技术或者说一种技术标准，并不是 iptables 或 Linux 内核所特有的技术。其他的很多途径都会以各种方式提供或依赖这种 NAT 技术，如各种网络硬件设备、负载均衡设备或软件等。

下面看一下 DNAT 和 SNAT 的企业实际用途。iptables DNAT 在企业中用途主要为以下几种：实现内网站点或其他服务的对外发布，如图 16.20 所示。

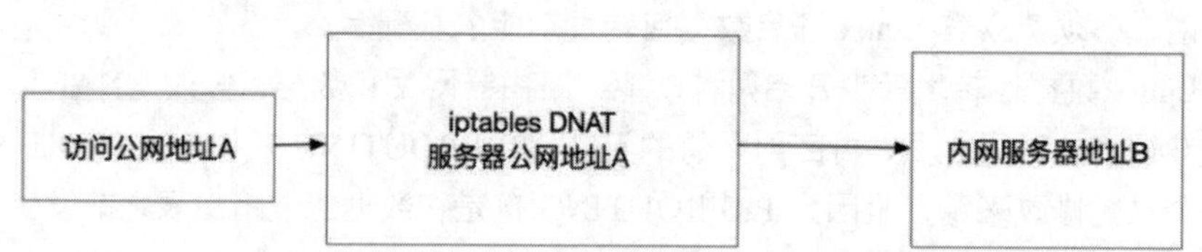

图 16.20　用 DNAT 技术对外发布一个内部网址

公司将内部服务器的某个站点使用 iptables DNAT 对外发布，可以实现员工远程连接企业内部资源，如内部的开发人员 DevOps、工具站点、监控系统、邮件系统、OA 系统等。不过这种实现的网站对外发布虽然简单方便，但会有一定的安全隐患，如果想做足安全系数，需要在 iptables 的基础上做大量的额外工作。

所以说这种方式的网站发布，目前在企业中正逐渐被其他高级技术所取代，如 VPN 技术（拨号 VPN、VPN 隧道）、验证+反向代理等。不过对于那些没有太多安全限制的内部服务的对外发布，这种 iptables DNAT 依然是速度最快的发布方法。

堡垒机（跳板机）的实现增强了安全系数，如图 16.21 所示，堡垒机或者跳板机是作为集群登录安全验证的一种统一化运维管理机制，强制员工先登录跳板机再登录后端其他机器，结合 iptables DNAT 之后可以通过编写简单的登录脚本实现快速后端间接登录。

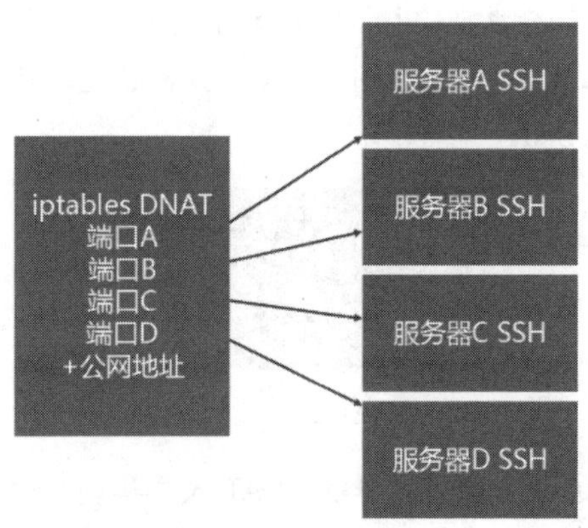

图 16.21　堡垒机的示意图

由于用户被限制在跳板机入口登录，所以这种方法既可以实现用户行为追踪，又可以很好地起到保护后端登录安全的目的。

服务器本机端口转换，软件服务的端口都是可以自行修改，这种借助 iptables DNAT 改变端口的情况适用于例如公有云或 ISP 只开放特定对外端口的情况下，可以快速实现端口转发。

另外，这种端口转发也会起到一定的安全防护作用，可以将服务上软件的默认端口先用 iptables 都禁止访问，然后使用其他端口 DNAT 到这些默认端口来使用。

接下来，再来看 iptables SNAT 在企业中用途，主要为转换源地址为公网出口地址实现企业上网（家庭网络也一样）。如图 16.22 所示，SNAT 实现上网的流程为：员工的计算机都只能设置内网 IP（192.168.），通过 iptables 的数据包实现转发功能（两块网卡中一块连接内网，一块连接公网）。

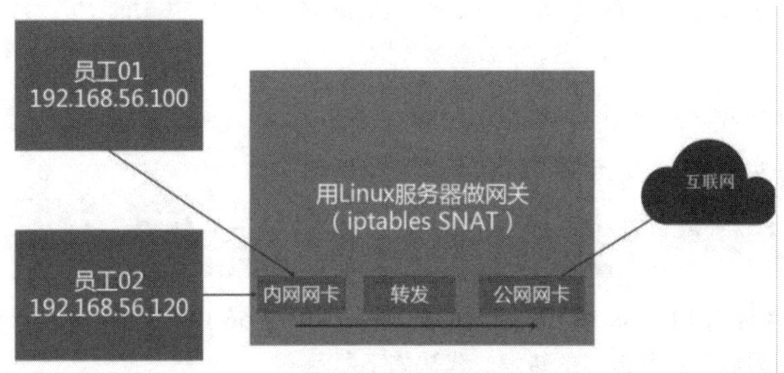

图 16.22　SNAT 示意图

可以将上网的请求发送到互联网上去（公网），不过内网 IP 无法在互联网上传送，并且内网 IP 的数据包也没有办法被互联网返回。

如图 16.23 所示，在经过内核防火墙下路通过路由转发后，在最后一步的 POSTROUTING 链会把数据包的源地址改变为本机公网网卡的地址，并且在防火墙自身留下一条记录，数据包之后就可以成功发送到互联网的对端，之后再返回时，数据包回到 Linux 网关，通过之前留下的记录把数据包再转发给后端对应的内网 IP，这就是完整的 SNAT 流程。

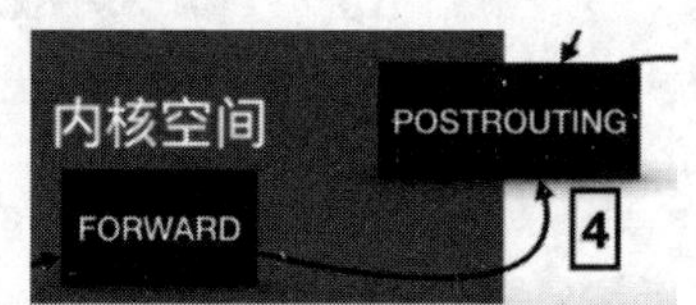

图 16.23　SNAT 功能对应的模块顺序

绝大部分所谓的上网，都是通过类似于这样的 SNAT 技术实现，除非计算机单独拨号或者直连公网 IP。只要是多人通过一根公网线上网，都是通过这样的技术实现，家庭或公司的路由器就是这个作用。

扫一扫，看视频

16.2.5　命令行讲解

下面通过几个实例对命令行进行详解。先熟悉一下最常用的 iptables 几个参数。

- -t：指定在哪张表下设置规则。
- -A：指定一个链并指定本条规则是追加到链末尾，对应的还有一个 -I 将规则放在最前。
- -s：限定源地址的符合规则。
- -d：限定目标地址的符合规则。
- -j：执行动作和处理。
- -p：指定协议。

首先 iptables 实现 nat 地址端口修改，必须用到 Linux 的数据包转发功能，必须先开启内核转发数据包功能：

```
echo '1' > /proc/sys/net/ipv4/ip_forward
```

PREROUTING 实现目标地址全转发。代码如下所示：

```
iptables -t nat -A PREROUTING -d 192.168.56.102 -j DNAT --to-destination
192.168.56.104
```

把数据包目标地址是 192.168.56.102 的全部转发到 192.168.56.104，这种属于全转发。

PREROUTING 限制来源和端口的转发。代码如下所示：

```
iptables -t nat -A PREROUTING -s 192.168.0.0/16 -p tcp --dport 3333  -j DNAT
--to-destination 192.168.56.104:22
```

把来自 192.168.0.0/16 网段且目标端口为 3333 的请求转发到 192.168.56.104:22（端口），即之前所讲跳板机的用法。

SNAT 实现源地址转换。代码如下所示：

```
iptables -t nat -A POSTROUTING -s 172.16.0.0/16 -p tcp -j SNAT
--to-source  211.199.xxx.xxx
```

把源地址为 172.16/16 的数据包的源地址改成 211.199.×××.×××（网关上的公网地址），就是通过 SNAT 实现上网。

接下来看一个设置 DNAT 的完整实例和需要注意的地方。用堡垒机的实例来说明，把 SSH 到不同端口的请求转发到不同的后端机器上的 22 端口。代码如下所示：

```
iptables -t nat -A PREROUTING  -d 192.168.56.102 -p tcp --dport 3333  -j DNAT
--to-destination 192.168.56.104:22
```

如此，就可以把发送到 3333 端口的 SSH 连接转发给 192.168.56.104:22。不过可以试一下以下设置后能不能立刻使用。

```
ssh 192.168.56.102 -p 3333
[root@server05 ~]# ssh 192.168.56.102 -p 3333
...
```

结果是不通，通过图 16.24 解释一下，左上角是 SSH 请求发起方，数据包到达下面的 iptables 时，经过 DNAT 的转换，目标地址由 102 转变为 104，当前所经过的路径是 A→B。

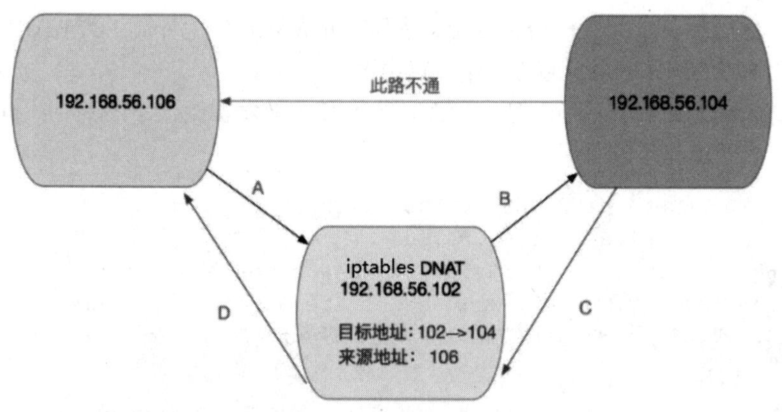

图 16.24　一个 DNAT 的例子

这里强调一点，数据包是有去有回的。之后请求到达 56.104（右边）之后，104 处理完成后需要将请求返回，这时数据包的来源地址依然是 106，104 尝试将数据包返回给 106（左上角的部分）。此时数据包返回会失败，因为最原始的数据包是 106，通过 A 路径发送给 102。

在 TCP 连接建立的基础上说，106 从来就没有给 104 发起过 TCP 连接请求，发出的 TCP 连接请求还在和 102（防火墙机器）建立着连接等待返回数据，就算数据包返回也会被拒收。所以说数据包通过代理（防火墙）转发的形式，路线必须遵从 A→B→C→D 的顺序发送。

以最下方防火墙为中心点，左右两边都是半边各自建立最短的直接连接，有去必有回。

解决的方法如图 16.24 所示，通过再设一条 SNAT 规则把源地址 106 转成 102（防火墙机器的地址），这样 B 路和 C 路就形成了回路。

完整的解决方案如下，这个也经常作为 Linux 操作系统工程师的面试题：

```
iptables -t nat -A PREROUTING  -d 192.168.56.102 -p tcp --dport 3333  -j DNAT
--to-destination 192.168.56.104:22
iptables -t nat -A POSTROUTING -d 192.168.56.104 -j SNAT --to-source  192.168.56.102
```

另外，一定要打开 Linux 内核转发功能，一旦关闭转发功能，NAT 功能就无法使用。

最终通过 iptables DNAT 成功地实现了堡垒机（跳板机）的功能。

扫一扫，看视频

16.2.6 iptables FORWARD 链学习

接下来看 FORWARD 链具体是做什么的，它具备以下两个含义。

- 代表 Linux 内核的路由和数据包转发。
- 代表 iptables 防火墙中 FORWARD 功能（FORWARD 链）。

数据包在什么情况下才会与 FORWARD 链发生关系，在之前定义说到 FORWARD 链只会与需要用到 Linux 内核转发功能的数据包发生关系。举几个实际案例来说明一下。

同网段下从一台机器 ping 另外一台机器会关系到 FORWARD 链吗？跟 FORWARD 链没关系，因为同网段下用不到路由或 Linux 转发，直连路由（路由表）。

所以即便在防火墙下加上了以下语句，拒绝一个 IP 使用转发功能，但依然可以 ping 通。代码如下所示：

```
iptables -A FORWARD -s 192.168.56.106 -j DROP
[root@server05 ~]# ping 192.168.56.102
PING 192.168.56.102 (192.168.56.102) 56(84) bytes of data.
64 bytes from 192.168.56.102: icmp_seq=1 ttl=64 time=0.252 ms
ssh 192.168.56.102 -p 3333 #(之前 NAT 堡垒机的例子)
...
```

如果分属两个不同网段的机器，从一台去 ping 另外一台机器会用到 FORWARD 链吗？机器 A（网段 A）→防火墙 FORWARD DROP/网关（路由转发）→机器 B（网段 B）。会用到 FORWARD 链，因为中间的防火墙机器充当路由器（Linux iptables 数据包的转发）使用，左右连接两个不同网络下的机器。那么数据包经过时会依赖 Linux 内核的路由功能（路由功能即是数据包转发功能）。所以这时如果限制了 FORWARD DROP，那么 ping 不通。

如果数据包要经过 DNAT 或者 SNAT 功能时，数据包的转发功能会用到 FORWARD 链吗？会用到，因为只要是 NAT 功能（地址转换）就必然会用到 Linux 的数据包转发。Linux 开启数据包转发时，把自身用来做网关（路由器）连接其他的不同的网络，开启 NAT。代码如下所示：

```
FORWARD -j drop
```

如果是在防火墙本机上往外 ping 一个公网地址，会用到 FORWARD 链功能吗？不会用到，因为防火墙本机向外发送数据包，等于是把数据包直接从本机发送出去，并未用到任何跟本机相关的路由功能。

通过上面几个例子的问答得出以下的结论：只要是用到 Linux 路由功能或者 Linux 数据包转发的请求，就必然会经过 FORWARD 链的关卡。

接下来进入更深层的对 FORWARD 链的探索，在命令行输入 iptables 查询，如图 16.25 所示。

```
[root@192 ~]# iptables -L -n -t filter
Chain INPUT (policy ACCEPT)
target     prot opt source               destination
ACCEPT     all  --  0.0.0.0/0            0.0.0.0/0            state RELATED,ESTABLISHED
ACCEPT     icmp --  0.0.0.0/0            0.0.0.0/0
ACCEPT     all  --  0.0.0.0/0            0.0.0.0/0
ACCEPT     tcp  --  0.0.0.0/0            0.0.0.0/0            state NEW tcp dpt:22

Chain FORWARD (policy ACCEPT)
target     prot opt source               destination
REJECT     all  --  0.0.0.0/0            0.0.0.0/0            reject-with icmp-host-prohibited

Chain OUTPUT (policy ACCEPT)
target     prot opt source               destination
```

图 16.25　FORWARD 链

可以看到在 filter 表下有三个链：INPUT、FORWARD、OUTPUT，也就是说，FORWARD 链附属于 filter 表。然而对应我们一直用的用户空间和内核空间图来说，FORWARD 链属于 1 → 3 → 4 → 6 下路的一个关卡（见图 16.10），跟上路没什么关系。

但通过之前的讲解也证实，即便是走上路的情况下也可能会跟 FORWARD 链产生关系。例如，Linux 充当网关使用时，走的是上路而不是下路，但由于需要用到转发功能，所以也会跟 FORWARD 有直接的关系。

16.2.7　两个 iptables 扩展知识点

扫一扫，看视频

接下来，介绍两个比较重要的 iptables 命令行扩展知识。第一个：DROP 与 REJECT。在设置 filter 表下三个链时-j 拒绝的动作其实有两种，即 DROP 和 REJECT。例如：

```
iptables -A INPUT -s 172.16.0.0/16 -j DROP
iptables -A FORWARD -s 192.168.0.0/16 -j REJECT --reject-with icmp-host-prohibited
```

两种-j 动作都可以起到拒绝数据包请求的目的，来看一下 DROP 的表现。代码如下所示：

```
[root@server05 ~]# ssh 192.168.56.102 -p 3333
```

如果被防火墙是以 DROP 拒绝的话，连接请求会被卡住，并且没有任何返回提示。所以 DROP 类的拒绝动作的定义是 iptables 防火墙将符合规则的数据包直接丢弃，并且不给发起请求端任何的返回信息。这时发起请求的一端就会一直不动，因为建立 TCP/IP 请求得不到任何返回，默认一直等待 TIMEOUT 的来临才会结束。

接下来看 REJECT 的表现。代码如下所示：

```
[root@server05 ~]# ssh 192.168.56.102 -p 3333
ssh: connect to host 192.168.56.102 port 3333: No route to host
```

使用 REJECT 拒绝之后，请求端会立刻结束，并且会被提示一条语句，就是在防火墙端提前设置好的。代码如下所示：

```
iptables -A FORWARD -s 192.168.0.0/16 -j REJECT icmp-host-prohibited
```

所以 REJECT 比较负责，不仅拒绝了请求还会返回一个回执。要明白两种拒绝数据包的动作其中的区别。

关于 REJECT 好还是 DROP 好，一直有各种争论。其实从个人经验来看，各自有适合的场景。对于 DROP 类的拒绝，属于比较直接彻底的且不负责的拒绝，适合于生产环境上 iptables 对于防范真正的有害请求时应该使用的措施。如果是攻击数据包或者恶意数据包，直接丢弃，没有任何义务给客户端返回回执，这样做的好处是可以让攻击者的请求直接被卡死，不会立刻结束而频繁反复尝试，对服务器（防火墙）造成不必要的压力、遮掩（攻击者端口）。

对于 REJECT 类的拒绝，属于比较负责任的拒绝，比较适合于运维工程师在生产环境预先调试 iptables 或者学习 iptables 时使用。因为会立刻返回并且告诉为什么被拒绝，可以给调试规则提供很大的便利。

关于两种拒绝方式学到这里，接下来看第二个扩展的知识：line-numbers 参数。这个很容易理解，代码如下所示：

```
[root@192 ~]# iptables -L -n
Chain INPUT (policy ACCEPT)
target     prot opt source               destination
ACCEPT     all  --  0.0.0.0/0            0.0.0.0/0           state
RELATED,ESTABLISHED
ACCEPT     icmp --  0.0.0.0/0            0.0.0.0/0
ACCEPT     all  --  0.0.0.0/0            0.0.0.0/0
ACCEPT     tcp  --  0.0.0.0/0            0.0.0.0/0           state NEW tcp dpt:22
REJECT     all  --  0.0.0.0/0            0.0.0.0/0           reject-with
icmp-host-prohibited
Chain FORWARD (policy ACCEPT)
target     prot opt source               destination
REJECT     all  --  0.0.0.0/0            0.0.0.0/0           reject-with
```

```
icmp-host-prohibited
Chain OUTPUT (policy ACCEPT)
target     prot opt source               destination
```

对 iptables 的设置随着时间的推移，会有越来越多行规则存在这里，如果想删除其中某一条规则怎么办？需要一种行号标注的方式按行删除，使用--line-numbers 先把所有规则都标行号。代码如下所示：

```
[root@192 ~]# iptables -L -n  --line-numbers
Chain INPUT (policy ACCEPT)
num  target     prot opt source               destination
1    ACCEPT     all  --  0.0.0.0/0            0.0.0.0/0           state
RELATED,ESTABLISHED
2    ACCEPT     icmp --  0.0.0.0/0            0.0.0.0/0
3    ACCEPT     all  --  0.0.0.0/0            0.0.0.0/0
4    ACCEPT     tcp  --  0.0.0.0/0            0.0.0.0/0           state NEW tcp dpt:22
5    REJECT     all  --  0.0.0.0/0            0.0.0.0/0           reject-with
icmp-host-prohibited
Chain FORWARD (policy ACCEPT)
num  target     prot opt source               destination
1    REJECT     all  --  0.0.0.0/0            0.0.0.0/0           reject-with
icmp-host-prohibited
Chain OUTPUT (policy ACCEPT)
num  target     prot opt source               destination
```

之后，指定一个行号删除即可。代码如下所示：

```
[root@192 ~]# iptables -D INPUT 5
[root@192 ~]# iptables -L -n --line-numbers
Chain INPUT (policy ACCEPT)
num  target     prot opt source               destination
1    ACCEPT     all  --  0.0.0.0/0            0.0.0.0/0           state
RELATED,ESTABLISHED
2    ACCEPT     icmp --  0.0.0.0/0            0.0.0.0/0
3    ACCEPT     all  --  0.0.0.0/0            0.0.0.0/0
4    ACCEPT     tcp  --  0.0.0.0/0            0.0.0.0/0           state NEW tcp dpt:22
Chain FORWARD (policy ACCEPT)
num  target     prot opt source               destination
1    REJECT     all  --  0.0.0.0/0            0.0.0.0/0           reject-with
icmp-host-prohibited
Chain OUTPUT (policy ACCEPT)
num  target     prot opt source               destination
```

我们平时在配置 iptables 时，是通过保存在本地，使用 service iptables save 即可，会提示保存的路径在哪里。代码如下所示：

```
[root@server02 dami01]# service  iptables save
iptables: Saving firewall rules to /etc/sysconfig/iptables:[  OK  ]
[root@server02 dami01]#
[root@server02 dami01]# cat /etc/sysconfig/iptables
# Generated by iptables-save v1.4.7 on Sun Mar 25 05:21:30 2018
*raw
:PREROUTING ACCEPT [563345:278019857]
:OUTPUT ACCEPT [560936:320738859]
-A PREROUTING -d 192.168.56.102/32 -p tcp -m tcp --dport 80 -j NOTRACK
COMMIT
# Completed on Sun Mar 25 05:21:30 2018
# Generated by iptables-save v1.4.7 on Sun Mar 25 05:21:30 2018
*nat
:PREROUTING ACCEPT [67:4536]
:POSTROUTING ACCEPT [0:0]
:OUTPUT ACCEPT [0:0]
-A PREROUTING -d 192.168.56.102/32 -p tcp -m tcp --dport 3333 -j DNAT --to-destination
192.168.56.104:22
-A POSTROUTING -d 192.168.56.104/32 -j SNAT --to-source 192.168.56.102
-A POSTROUTING -d 192.168.56.102/32 -j SNAT --to-source 192.168.56.102
-A POSTROUTING -d 192.168.56.102/32 -j SNAT --to-source 192.168.56.102
-A POSTROUTING -d 192.168.56.102/32 -j SNAT --to-source 192.168.56.102
-A POSTROUTING -d 192.168.56.102/32 -j SNAT --to-source 192.168.56.102
COMMIT
# Completed on Sun Mar 25 05:21:30 2018
# Generated by iptables-save v1.4.7 on Sun Mar 25 05:21:30 2018
*filter
:INPUT ACCEPT [10428:5051936]
:FORWARD ACCEPT [0:0]
:OUTPUT ACCEPT [10274:5838011]
-A FORWARD -s 192.168.56.106/32 -j REJECT --reject-with icmp-host-prohibited
COMMIT
# Completed on Sun Mar 25 05:21:30 2018
```

然后，可以在配置文件中删除或者添加修改某一行，这样做更规范一些。

扫一扫，看视频

16.2.8　iptables 4 种标准跟踪状态的学习

通过之前的学习，我们知道了 iptables 在指定规则时，可以根据数据包的源地址、目标地址、端口、协议、设备端口等常用数据包描述信息来制定防火墙的规则。现在介绍一种新的 iptables

数据包描述信息，也就是状态跟踪信息。

iptables 防火墙（内核模块）提供了一种数据包状态跟踪记录的功能，指的是当数据包由防火墙本机发送出去时，iptables 会记录每个连接每个阶段的状态，并按照这个状态制定更细节的防火墙规则。

iptables 对数据包的状态有以下 4 种。

- NEW：新建连接的第一个数据包。
- ESTABLISHED：已经成功连接的数据包。
- RALATED：发出的数据包相关的数据包。
- INVALID：无效的数据包。

为了更好地领会这 4 种状态在 iptables 中的存在意义，下面来看一个实例。一般在企业中，一台后端服务器上所设置的 iptables 规则往往是通过先设置 INPUT 链为默认拒绝的状态。代码如下所示：

```
iptables -P INPUT DROP                                  # 设置 INPUT 链默认规则为拒绝
```

然后把个别可以放进来的请求在 INPUT 链上单独设置 ACCEPT。例如：

```
iptable -A INPUT -s 192.168.56.0/24 -p tcp0 --dport 22  -j ACCEPT
                                                        #单独给一个网段开通 SSH 权限
iptable -A INPUT -s 192.168.56.0/24 -p tcp0 --dport 80  -j ACCEPT
                                                        #给服务端口开放权限
```

如上所示，是比较通用的生产环境 iptables 策略，默认所有输入请求都拒绝掉，只单独给有必要的端口或服务开通权限。然后，再加上对 OUTPUT 链设置的开放 Chain OUTPUT (policy ACCEPT)，就可以起到比较好的防御作用。

当在这台机器上（规则机器）向其他机器主动发起任意请求时，如 ping 172.16.0.100，发现 ping 不通，SSH 不通。明明 OUTPUT 链（送出去的请求）是开通的，说到这里再次强调一个观点，数据包是有去有回的，不能只考虑出去的方向。如图 16.26 所示，虽然 OUTPUT 开启，数据包可以发出去但当对方接收后再返回来时，却被 INPUT 默认规则给拒绝掉。

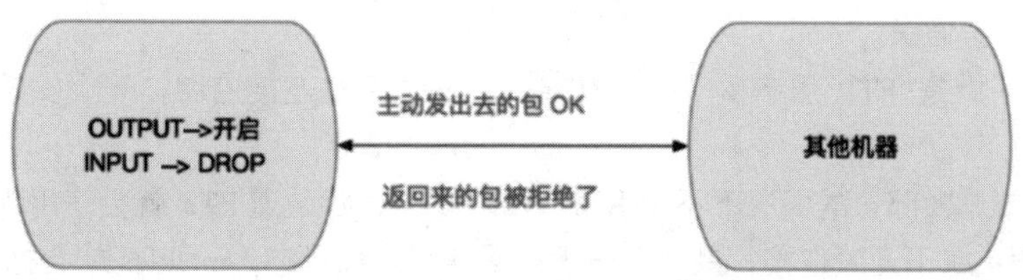

图 16.26　光能出去不行，还得能回来

那直接给 ping (ICMP)再开通 INPUT 开放规则即可，这样的确可以做到(iptables -A INPUT -p ICMP -j ACCEPT)。不过如果主机向外主动发出的请求不止一种，有几十种端口或协议的请求，还分多个网段的请求，怎么办？引出之前提到的 4 种状态追踪的意义，iptables 可以对每一个从本机发送出去的数据

包以及之后回传的数据包进行状态的标记和跟踪。

（1）NEW：字面意思是新的，也就是对发出的第一个数据包进行标记的类型，不管哪一种协议哪一种服务，只要发送出去的第一个数据包，就被标记为这种类型。

（2）ESTABLISHED：字面意思是已建立的，也就是当第一个数据包到达对端后，对端返回的应答数据包，也就是说，只要对端发送一个应答，就会被标记为这种状态。

学过 TCP 协议的读者很自然会联想到 TCP 连接中也有一个 ESTABLISHED 状态，最熟悉的 TCP 三次握手之后，真正开始建立连接传送数据时就会显示为这种状态。这个 ESTABLISHED 和这里的 iptables ESTABLISHED 有相似之处，但并不完全一样。首先 TCP 协议中的 ESTABLISHED 是基于 TCP 建立的连接，需要经历三次握手，而这里的 ESTABLISHED 要狭隘一些，对于 TCP、UDP、ICMP 等都是通用的状态，只要是有一个数据包应答回来，就会被标记 ESTABLISHED。即便是 ping 这样发送 ICMP 数据包 request 之后，reply 就会被标记为 ESTABLISHED，如图 16.27 所示。

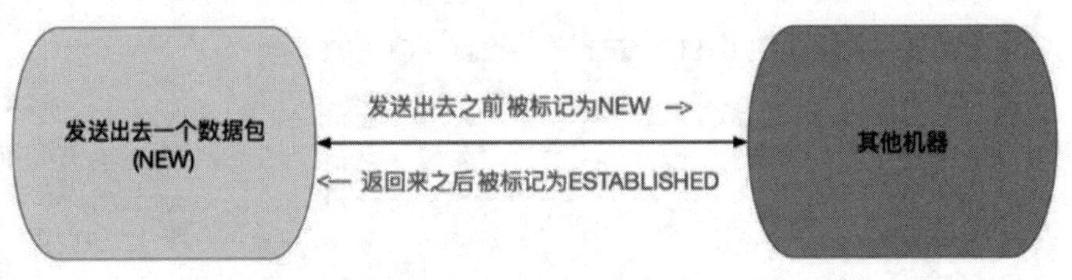

图 16.27　解释 ESTABLISHED

（3）RELATED：字面意思是相关的，指的是由当前已处于 ESTABLISHED 状态的连接再发起这个连接之外的又一个连接，这时会被标记为 RELATED。

用双通道和单通道的概念解释一下。一般情况下常使用的各种服务、命令、协议基本都是单通道连接，如发起一个 ping。发起一个 curl http://，发起一个 telnet TCP 连接，这些都是属于单通道连接。所谓单通道连接，就是建立一条通，在这一条通道上来回发送或者一次性往返，不会再产生额外的第二条通道，如 Linux netstat -an TCP LINKS。所谓双通道连接，就是建立一条通道后，这条通道又在自己的基础上再开辟相关的第二条通道。

比较经典的例子就是 FTP 服务的 20、21 端口，一个建立连接控制，一个发送数据，如图 16.28 所示。

单通道连接也就是大部分的情况下不用 RELATED 状态，双通道 FTP 就会使用到该状态。

（4）INVALID：属于无效连接，只要不属于上面任意一种状态，iptables 就会标记为这种状态。该状态的数据包通常直接拒绝掉，因为防火墙规则认为这种数据包有危险性。

充分理解了上面的概念之后就可以得出以下的解决办法，回到上面的案例中，默认 INPUT 为拒绝，OUTPUT 为开放，在这种状况下要加上以下这行：

```
iptables -A INPUT -m state --state ESTABLISHED -j ACCEPT
```

就可以对外 ping 通，因为 ping 一次一去一回，一样会被 iptables 把要返回来的应答（reply - icmp）数据包标记为 ESTABLISHED。

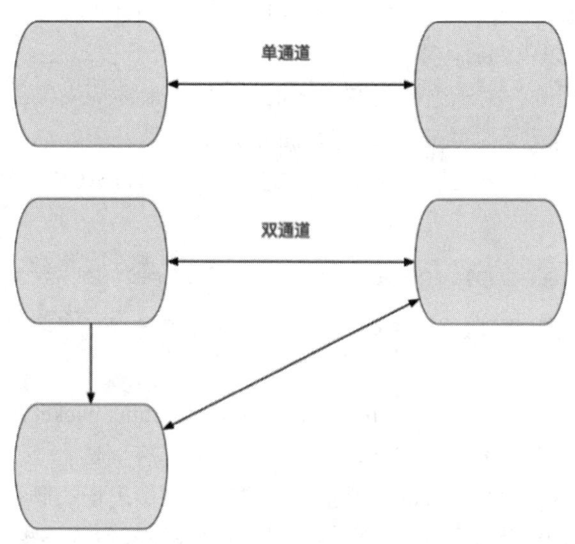

图 16.28　解释 RELATED

如果不用 ESTABLISHED，用 RELATED，删除上面的那一条规则，需加上以下这行：

```
iptables -A INPUT -m state --state RELATED -j ACCEPT
```

结果发现 ping 不通，这就证明了 ping 这种 ICMP 连接是单通道连接，不存在 RELATED 的状况，所以无效。因此一般情况下最常用的方法就是：

```
iptables -A INPUT -m state --state NEW,RELATED,ESTABLISHED -j ACCEPT
```

这样就可以达到，只要是从本机发送出去的连接，无须个别设置 INPUT，就可以通过状态的方法接收回来。

NEW 的状态是发起的第一个数据包，因为通常默认 OUTPUT 就是开启的，所以由本机发出去的第一个数据包自然可以通过，所以加不加 NEW 意义并不大。

一般本机→ping 包→路由表→OUTPUT→POSTROUTING→NEW。

INVALID 状态的话，直接 DROP 即可。

16.2.9　raw 表和 mangle 表概念简介

raw 表和 mangle 表在工作中用到的比较少，更多的还处在一个探索和实验的阶段，后期随着 iptables 的发展更新，这两张表可能也会加入主流用法中。接下来看这两张特殊表的定义和用法。

raw 表是 iptables 中第一优先级的表，它的作用是针对一个数据包，让它可以跳过连接跟踪和 NAT。一个数据包在进入 iptables 之后，默认会对其进行连接跟踪。Linux 操作系统中存在一个叫作 ip_conntrack 的模块，专门用于对所有进入内核处理的数据包连接进行状态标记和跟踪，并且保存在一张表中，其目的是深入分析数据包的信息以供调研。

如果设置了 raw 表的规则，由于这张表在 iptables 中处于最高优先级，那么这个数据包不会再被 Linux 执行 ip_conntrack 追踪记录，并且也会跳过 nat 的规则。

raw 表中只有 PREROUTING 和 OUTPUT，使用的动作是 NOTRACK。定义方法很简单。代码如下所示：

```
iptables -t raw -A PREROUTING -d 192.168.56.102 -j NOTRACK
```

理论上说 raw 跳过连接追踪可以提高性能，在企业中对于高流量的且不需要执行 nat 的 Web 服务器可以尝试使用这种设置。

另外，如果遇到日志发现错误为 ip_conntrack: table full, dropping packet 的状况，则可以通过检查防火墙中设置的 RAW 规则，并且查看是否已经超过追踪表的最高存储量。

mangle 表优先级处在 raw 表之后，nat 表之前，并且在企业中出场的概率要高于 raw 表。

mangle 表的作用是在数据包经过路由表之前根据规则修改数据包的一些标志位，以便其他规则或程序可以利用这种标志对数据包进行二次处理。比较常用的就是用这种方法来做策略路由。

如图 16.29 所示，使用 Linux 做上网的网关并且连接了两条 ISP 公网线路：联通和电信。最左边是内网的请求，现在想实现的功能是，当内网请求是访问寻常的网站时走联通线路，当内网请求是访问其他外网服务（如 FTP 邮件等）时走电信线路。

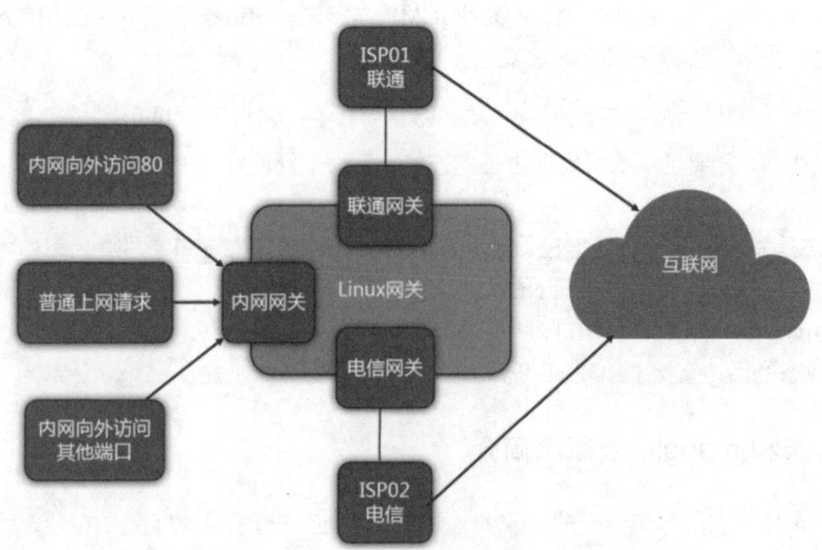

图 16.29　mangle 表的作用

这种上网分线路的方式在企业中称为策略路由，属于网络类的知识，非常常用。如果想实现以上这样的策略路由，使用传统的静态路由表的方式做不到。传统的分策略路由一般是按照修改静态路由的方式来做，但静态路由的设定属于三层模型，也就是说是根据 IP 地址的走向来定制。而这里的需求属于 TCP 四层模型的策略路由，以一种偏向服务类的路由划分。所以按照传统的方法很难做得到。

mangle 表就可以在这种情况下发挥作用，它可以调用 PREROUTING 链在经过路由表之前按照需求给某一类的请求打上一个标签，然后在后面经过路由表时，就可以根据这个标签做路由划分的二次处理。类似以下的方法：

```
iptables -t mangle -A PREROUTING -i eth0 -p tcp --dport 80:443 -j MARK --set-mark
1
iptables -t mangle -A PREROUTING -i eth0 -p tcp --dport 20:21 -j MARK --set-mark
2
```

给不通目的端口的请求打上标签 1 和 2，之后制定两张路由表 10 和 20，并且通过对两种标签分别做静态路由。代码如下所示：

```
ip route add default via 202.106.x.x dev eth1 table 10
ip route add default via 211.108.x.x dev eth2 table 20
ip rule add from all??fwmark 1 table 10
ip rule add from all??fwmark 2 table 20
```

这样就可以实现需要的策略路由。关于两种扩展表 raw 和 mangle 就讲这么多，感兴趣的读者可自行做测试环境来扩展。

16.2.10　iptables 四表优先级及完整流程图

扫一扫，看视频

iptables（内核）在处理网络数据包时，会先找表的设置，然后再找表下的链设置，最后找到具体的规则（修饰）。而在找表设置时，iptables 会遵从一个优先级顺序，即 raw→mangle→nat→filter，从左到右地找。

这 4 张表在 iptables 一直存在，不管有没有具体设置。有时使用者自己都不知道 raw 表和 mangle 表的存在，但并不表示 iptables 也会当它们不存在。

这里分别用 iptables -t (raw/mangle/nat/filter) -L -n 来查看一下。代码如下所示：

```
[root@192 ~]# iptables -t nat -L -n
Chain PREROUTING (policy ACCEPT)
target     prot opt source               destination
Chain INPUT (policy ACCEPT)
target     prot opt source               destination
Chain OUTPUT (policy ACCEPT)
```

```
target     prot opt source               destination
Chain POSTROUTING (policy ACCEPT)
target     prot opt source               destination
[root@192 ~]#
[root@192 ~]#
[root@192 ~]# iptables -t filter -L -n
Chain INPUT (policy ACCEPT)
target     prot opt source               destination
Chain FORWARD (policy ACCEPT)
target     prot opt source               destination
Chain OUTPUT (policy ACCEPT)
target     prot opt source               destination
[root@192 ~]#
[root@192 ~]# iptables -t raw -L -n
Chain PREROUTING (policy ACCEPT)
target     prot opt source               destination
Chain OUTPUT (policy ACCEPT)
target     prot opt source               destination
[root@192 ~]#
[root@192 ~]# iptables -t mangle -L -n
Chain PREROUTING (policy ACCEPT)
target     prot opt source               destination
Chain INPUT (policy ACCEPT)
target     prot opt source               destination
Chain FORWARD (policy ACCEPT)
target     prot opt source               destination
Chain OUTPUT (policy ACCEPT)
target     prot opt source               destination
Chain POSTROUTING (policy ACCEPT)
target     prot opt source               destination
```

从上面的操作可以看到，随便一台机器上 iptables 始终都存在着这 4 张表。只不过没有设置规则的话，默认就是全部 ACCEPT 而已，没有任何规则表。

可以在这儿把 iptables 想成是一家快餐店，当走进一家快餐店时，服务生会先向你按固定顺序推荐店里已有的套餐（表）。

服务生：您好，我们有套餐 A（raw 表），套餐里有汉堡（PREROUTING 链），还有饮料（OUTPUT 链）。您选这个套餐吗？

食客：不选择（相当于这个套餐被跳过，raw 表没有被设置而跳过）。

服务生：好的。我们还有套餐 B（mangle 表），这个套餐下有……

假如选择了这个套餐，那么服务生接下来会问。

服务生：好的。那您的汉堡（链）要加奶酪吗？要加洋葱吗？可乐是否加冰（链下的规则修饰）？

用这样的比喻可以更好地理解表→链→修饰以及表的优先级。

明白了这个之后，接下来看完整的 iptables 流程图。如图 16.30 所示，通过把之前的上路、下路的框架图改良变成最终的架构图。其中加入了 raw、mangle 两张表，并且遵从四表优先级以及每张表所涉及的链。

用户空间和内核空间都加入了路由表的模块。通过之前的学习也明白了，不管上路还是下路的请求，都有可能会涉及经过路由表以及数据包的转发。

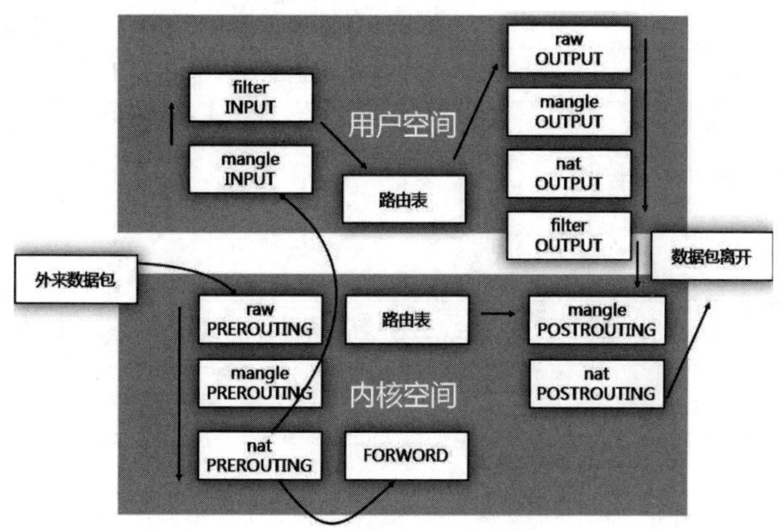

图 16.30　完整的 iptables 流程图

16.2.11　iptables 结合企业集群实际

扫一扫，看视频

在现阶段的企业线上架构中对于安全防护方面，趋向日益完善。

而针对服务器的网络攻击种类也是道高一尺魔高一丈，例如，当下听得最多的类似 DoS、DDoS 攻击、CC 攻击、SYN 洪水攻击、death ping tear drop 等。

所以，当下的生产服务集群的安全防护需要仰仗多方面的安全技术，统一进行部署才会达到一个良好的效果。现如今在生产服务集群中，iptables 越来越趋向于扮演一个辅助角色。

虽然说 iptables 本身工作在内核层在安全防护上比较稳妥，且自身还是免费的，但由于攻击种类的多样化趋势，单使用 iptables 做所有的生产防护并不现实，且工作量过于庞大，所以从人力成本考虑，一般企业也不会这么去做。

但不可否认 iptables 作为生产环境辅助安全策略，其发挥的作用和快速部署的特性还是很有效果。接下来结合企业中真实的架构案例来进行学习。

如图 16.31 所示是当下中小企业比较流行的线上集群分层架构图。左边是线上通用分层架构，右边是统一的线下集群，线上处理用户请求，线下是为线上做辅助和支撑。

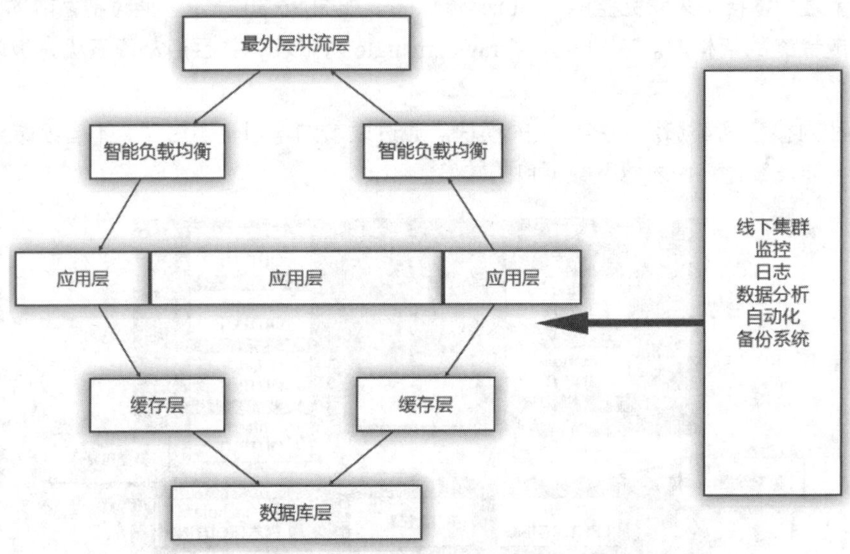

图 16.31　企业中最常见的分层框架

那么对于这样的架构图来说，如何合理地安排 iptables 的辅助性设置？这里按照不同的层级举一个实际案例来说明。

（1）最外层洪流层的 iptables 设置。作为最外层直接面对公网用户发过来的请求，在编写 iptables 规则时需要本着以下几点。

首先，因为直接面对互联网用户，公网用户巨大量的来源 IP，所以必须保证最外层的 iptables 默认对 INPUT 和 FORWARD 链是关闭的。

```
iptables -P INPUT DROP #不要使用 REJECT
iptables -P FORWARD DROP #默认不允许任何形式的转发
iptables -P OUTPUT ACCEPT #OUTPUT 出去的包可以设置为允许
```

端口的规则最外层是绝不允许任何公网用户访问类似 22 端口（SSH 登录），且最好连 22 号端口都不要让用户能发觉出来，可以通过改变默认端口的方法或者转发的方式，配置允许公司内部运维可以通过 22 登录端口进入。

```
iptables -t filter -A INPUT -p tcp --dport 22 -s "公司出口 ISP 地址" -j ACCEPT
```

另外，最外层一般都采用四层均衡的方式来迎战海量的访问请求，HAProxy 是当下一个比较好的作为最外层负载均衡，选择支持 4&7 层模型。所以对于特定的负载均衡端口，当然要执行开放政策。代码如下所示：

```
iptables -A INPUT -p tcp —dport 80:8080 -j ACCEPT #对外开放的端口
iptables -A FORWARD -d 10.172.100.0/24 -j ACCEPT #对负载代理后端的目标 IP 执行开放转发
iptables -A INPUT  -m state --state ESTABLISHED,RELATED -j ACCEPT #开放由本机主动
发送请求的回应包
```

接下来设置允许本机 lo 通信。代码如下所示：

```
iptables -t filter -A INPUT -i lo -j ACCEPT
iptables -t filter -A OUTPUT -o lo -j ACCEPT
```

允许内部的线下环境集群访问本机（如日志采集等）。代码如下所示：

```
iptables -A INPUT -s 10.171.100.0/24 -j ACCEPT
```

另外，最外层对于任何形式的公网外来 ping 都要禁止掉。因为很多攻击都是可以通过 ping+特殊参数的形式实现的。请按以下操作来禁止 ping：

```
iptables -A INPUT -p icmp -j DROP
```

（2）对于后端各个层面的 iptables 设置。如图 16.31 所示，在最外层之后的层级，一般情况下安全系数上就不会设置公网 IP。从这个角度来说本身就安全了一大半，iptables 的设置也相对轻松一些。

后端的防火墙规则基本上有以下三条。

- INPUT 默认设置为 DROP，且只允许上层的内网地址通过。
- INPUT 开启状态追踪以接收更后端的返回数据包。
- 允许线下集群的访问（same）。

具体设置如下所示：

```
iptables -P INPUT REJECT #这里最好就不设置 DROP，因为一旦出现失误，上层内网的请求会被卡住
iptables -A INPUT -s 10.173.100.0/24 -j ACCEPT
iptables -A INPUT -m state --state ESTABLISHED,RELATED -j ACCEPT
                                                  #开放由本机主动发送请求的回应包
iptables -A INPUT -s 10.171.100.0/24 -j ACCEPT       #允许线下集群连接
FORWARD, OUTPUT
```

后端层面的设置基本上按照如上类推即可。到这里对于如何在生产环境上使用 iptables 做防护也有了一定的认知。

16.2.12　iptables 总结

在做 iptables 时有以下几个地方需要特别注意。

（1）Linux 工程师最怕的就是配置 iptables 失误，把自己给挡在外面。这里介绍几个防护方法，可以有效地防止这种情况的发生。

配置 iptables 尤其是 INPUT 链时一定记得先 -p INPUT ACCEPT，再 -f。我们都知道，iptables -f 用来清空防火墙规则，但如果默认-p 是 DROP 就惨了，直接被挡出去，因为默认是拒绝，但允许通过的规则被清空。这是很多工程师非常容易忽略的问题。

配置 iptables 如果要清空规则，尽量使用 service iptables stop。这样的情况下默认规则也会都被指定为 ACCEPT。不过也需要注意，其他表中的临时规则也被清空，注意保存本地。

在具体配置细节规则时，可能一个 IP 写错就把自己挡在外面，这里提供一个方法来解决。可以定制一个小 crontab，让它定时清空规则。就算真的失误被挡，起码 crontab 可以保证一段时间后自动解除。crontab 任务执行的时间间隔一般 30~60min 即可。

（2）配置防火墙规则时，因为规则是有顺序的，需要时刻注意下面的问题。

越是细致（严格）的规则越靠前，越是笼统的规则越靠后。例如，设置了端口 8080 拒绝，但前面设置了来源是某一个段的都开放，且这个段又包含这个端口的 IP，就不起作用。

iptables 作为一个经典 Linux 防火墙，在企业中的应用以及运维的日常工作中出场概率很高。另外，由于其多数概念比较抽象，难度较高，是面试官考查候选人最爱选用的考点。

第 17 章

Linux 和网络不分家

在第 15 章中提到过，对于网络的认知可以分为宏观和微观两个学习阶段。所谓的宏观，就是表面上，举例来说，平时在家配置上网时，通常会先购买网线、路由器、接线、配置 IP 地址，配置网关的地址，设置域名解析，设置路由器上的 ISP 公网地址，打开浏览器输入网址上网等。这些都是宏观的技术，比较表面化，并不算真的懂网络，只能是入门的开始。

配置家用网络很简单，没必要深入探索网络的微观世界。不过，现在讨论的是如何把网络的知识融入企业当中去。不管什么方面的技术，只要是放到企业中就大不一样。就拿网络来说，企业中也需要搭建网络，但首先遇到的问题就是量级，家里上网不过就是几台计算机，而且在企业中，动辄就是几十人、几百人的规模，当然不能用家庭中的网络概念去工作。

除此之外，学习 Linux 最终还是为了生产环境下的服务器集群的维护，一旦提到生产环境，网络流量和访问次数跟家庭网络比起来就是天壤之别。量变会引起质变，网络流量很大的情况下，各种诡异的网络问题都会相继出现，这就需要深入探索网络才可以。

接下来，就开始本章的学习。

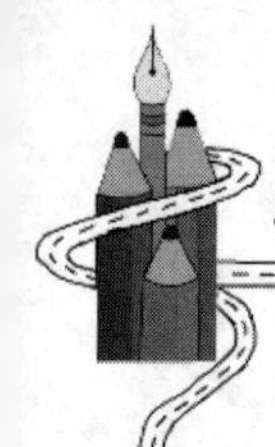

17.1 TCP/IP 协议

在第 15 章的最后引出了 TCP/IP 协议的概念，它是一门很庞大且复杂的学问。本章最主要的目的有以下两个。

第一，做好 TCP/IP 协议的入门，为日后的学习建立信心。

第二，强调 TCP/IP 协议的重要性，尤其针对 Linux 运维工程师及网络工程师，是必修的科目，没有商量的余地。

扫一扫，看视频

17.1.1 企业中真实案例简介

先从一个真实案例搞清楚为什么要学习 TCP/IP 协议。

一天早上，运维部门和公司高层开了一次大会，主题是关于如何解决当前线上（线上用户流量）集群所遇到的各类安全隐患，以及后续集群的优化方案。公司目前发展遇到两大瓶颈，第一个是安全防护的瓶颈：近期线上集群频繁受到各类网络攻击（DDoS），以及非法侵入（非法的登录埋点）。

例如，在上个月我们连续受到 2 次 DDoS（CC）攻击，1 次 SYN 洪水攻击，还有一次 ICMP 分包攻击，每一次的种类和规模都不一样。几次的攻击所造成的损失在几万元到十几万元不等，由于公司采用的是混合云，既有托管在 IDC 的物理服务器，也有分布在 2~3 个云计算平台的虚拟机集群。

我们曾经考虑过使用云计算的安全产品来做防护会比较省心，但由于安全产品价格实在太过昂贵，买一个月的安全产品差不多能抵上一个集群费用总和，况且安全产品种类异常的繁多，如果针对每一种攻击类型都去买对应的安全防护产品，那对于中小型企业完全不能承受。

另外，由于服务器分布平台的不同，即便买了安全产品，也不可能跨平台去防御各类攻击。所以公司期待运维架构师可以带领几位工程师起草一个安全防护方案，尽量在控制成本的情况下，提高线上集群的安全防护等级，减少每次被攻击所造成的损失。

具体要求：利用现有的服务器和网络设备，加上各类免费的安全防护软件，针对七层攻击、四层攻击、非法侵入、挖矿埋点（mine.xxx）加以防护，必要时可以要求研发人员配合一起制定，从而实现属于公司自己的安全架构。

还有集群优化方案。公司自创立已有三年，如图 17.1 所示，从近三个季度的统计报表来看，DAU 日活处在一个快速上涨的过程。DAU 日活指的是使用公司产品的活跃用户数，通常在公司领导层面对这一类的数据最关注，因为有流量才有市场，才有收益。

而线上集群一直以来都集中精力在产品功能的不断开发中，对于集群底层的各种优化做的少之又少。为了迎接后续不断的用户新增，现在必须开始考虑集群架构的优化扩展。

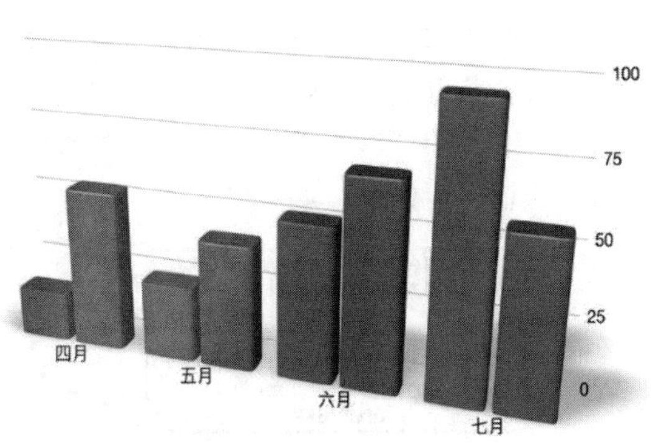

图 17.1 DAU 的持续增长

为此，需要在几个部门中招聘具有架构师级别能力的人，把整体的优化思路先渗透进入团队中，本着几个大方向对整个集群做优化。

第一项，提高吞吐量，支持高并发。这包括系统层面、网络层面、内核层面、代码层面、数据库层面的全方位调整设计优化。

- 系统层面：主要指的是围绕在线上/线下各类应用层服务的调优，如 Web Server、FTP Server、LB 负载均衡、各类缓存等。
- 网络层面：主要指的是对于各种网络连接，结合 TCP/IP 协议和内核调优，来获取更大的网络吞吐量。
- 内核层面：主要指的是内核参数调优，必要的时候还会涉及内核的瘦身剪裁。
- 代码层面：这里主要是研发人员的工作，如程序代码如何尽量减小对资源的开销，优化代码实现更短程的访问，实现代码的高可用性等。
- 数据库层面：主要是各类数据库的合理选材、数据库结构的调整、查询更新语句的调整、减小或避免慢查询的产生。

第二项，持续集成的引进，高度自动化结合（时间、人力成本）。这包括系统服务的集成、软件包集成、配置集成、发布集成、代码版本集成、自动化脚本矢量化集成、发布环境集成 CMDB 等。

上述涉及的持续集成内容在企业中都可以被概括为自动化，而高度的自动化在企业最终被体现为持续集成。企业的成本并非只有直接的金钱收益，对于员工成本、时间成本来说，也同样都体现在企业的利益中。

所以，高度自动化形成的持续集成，对于时间成本的控制、稳定性的控制都有着非常重大的意义，且很多中小型公司由于对这方面的重视程度不够，在后续集群架构发展的途径中会遇到非常大的阻碍。

17.1.2 OSI 七层模型和 TCP/IP 协议的关系

扫一扫，看视频

学习网络安全技术，必须先从 OSI 七层模型和 TCP/IP 协议谈起。这两个词听得很多，但扪心自问真的弄不懂这两个概念以及它们之间的关系。先说一说什么是 TCP/IP 协议。

TCP/IP 看上去只有两个词——TCP 和 IP，对于初学者来说，很有可能误认为只有两个协议——TCP 协议和 IP 协议。其实不然，TCP/IP 指的是一个协议簇。协议簇就是各式各样、各个层面的协议成员集合在一起所形成的一个大家族，如图 17.2 所示。

HTTP、TFTP、FTP、NFS、WAIS、SMTP
TELNET、RLOGIN、SNMP
SMTP、DNS
TCP、UDP
IP、ICMP、ARP、RARP、UUCP
ETHERNET、PPP
IEEE 8XX

图 17.2　各种协议的集合

运维工程师在日常工作中所用到的 SSH、FTP、TELNET、SMTP、HTTP 等，这些相关工具对于一个初级工程师来说，感觉就是一个日常使用的工具软件而已，但这些软件的名称实际上都可定义为各种协议。

例如，SSH 协议、FTP 协议、TELNET 协议、HTTP 协议等其实都可归纳进入 TCP/IP 协议族的大家庭中。只不过这些看似既是协议，又是工具的名词，不太容易能让人联想到底层的概念，很多人都认为 TCP/IP 中只有非常深奥底层的技术。

其实上面所提到的协议，详细一点来说，都可以归纳进入 TCP/IP 协议簇中的高层应用协议，如图 17.3 所示。

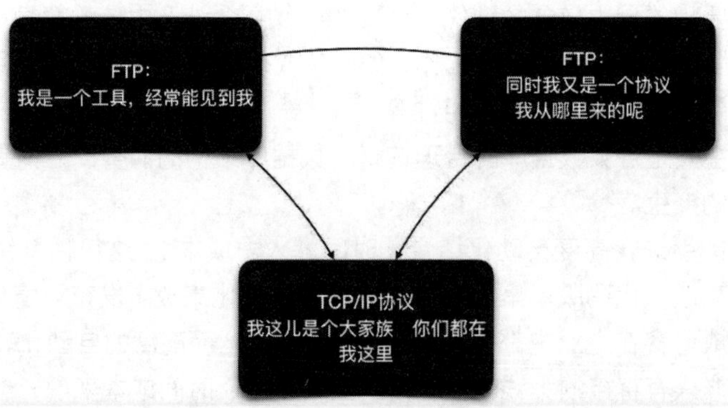

图 17.3　工具经常也是协议成员

而如果提到 TCP 协议、UDP 协议、IP 协议、ICMP 协议等，由于其名词并不实际对应某一种特定的日常工具，所以就更容易关联到偏向底层的协议。上面提到的很多名词，其实不管是什么层面的协议，现如今都会统一归纳进入 TCP/IP 协议簇中。

说这些表达的意思是：TCP/IP 真正含义是指一个庞大的协议集合，并且针对每一种协议（各个层面）都会详细定制其底层的具体细节。

接下来看一下什么是 OSI 七层模型。之前提过教学方式的核心是主干链路方式。提到 OSI 七层模型，如果想彻底明白，必须将它和 TCP/IP 一起解释。

在这里一样可以套用主干链路方式来简单解释一下。OSI 七层模型可以看作互联网的主干，而 TCP/IP 可以看作枝叶，枝叶之间形成链路，最终形成主干。下面借用图 17.4 来解释这两者之间是什么关系。

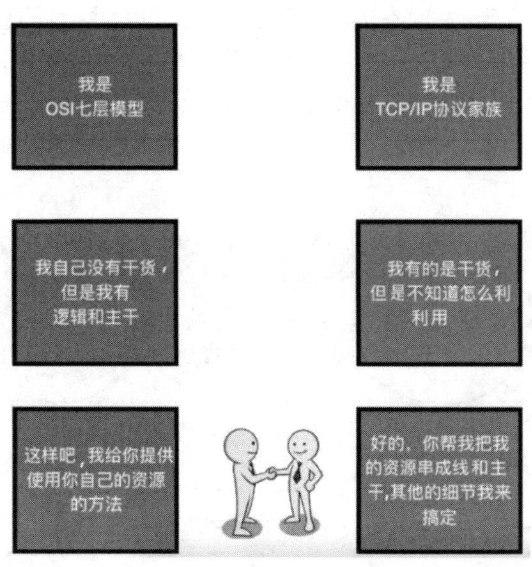

图 17.4　OSI 七层模型和 TCP/IP 协议之间的关系

如图 17.4 所示，首先 TCP/IP 作为协议的大集合，本身虽然是繁茂的枝叶，但自己无法发挥真正的作用。而互联网可以把它想成一棵参天大树，不但拥有繁茂的枝叶，而且枝叶还必须连接在一个主干之上。这个主干就是 OSI 七层模型，它奠定了互联网中任意节点之间通信的基本模式，同时再结合 TCP/IP 家族成员，才有了现如今这样规模的互联网。

17.1.3　什么是协议

扫一扫，看视频

17.1.2 小节用最简单的方式讲解了 TCP/IP 协议家族和 OSI 七层模型之间的基本关系，对于一个技术人员来说，这远远不够，需要逐层分解慢慢深入讲解。

在上面反复地提到了一个词，就是协议。协议，听起来挺深奥，因为在平时使用计算机和网络时，仅在使用层面上。例如，访问网站、听歌、发邮件等自然感觉不到协议的存在，但当作为一个技术人员（运维架构师）深究其理时，就不能再仅仅会使用。

其实所谓协议，简单来说，就是计算机之间通过网络实现通信前所达成的一种约定，这种约定让不同厂商的设备、不同的硬件、不同的操作系统之间实现通信。举两个例子来说明。

第一个例子：我们都知道世界各国都有自己的语言，每个国家内还存在方言，假如一个人想去周游世界和各国友人沟通交流，那么就得先学会其语言或方言。

但由于语言种类过多，而学习一门新的语言非常艰难，难道每去一个国家都得先学会那个国家的语言吗？能不能只学一门语言，到哪里都可以用？自然就演变成英语为世界通用语言。英语在这里就充当协议的角色，无论到哪里都可以被接受，自然而然就会成为一种标准。

第二个例子：如图 17.5 所示，古时在货币出现之前，都是以物换物的交易。假如 A 手里只有大米，有一天他想去换点大豆，遇到持有大豆的 B 后，却发现这人想要的是玉米，并不愿意用大米交换，于是 A 又找到了有玉米的 C，C 也不愿意用玉米换大米，C 想要的是面粉，于是 A 又跑到了 D 处，D 有面粉也同意使用面粉换大米，于是 A 就先换成面粉，再换成玉米，最后跑回 B 那里换成大豆，完成了最终的交易。

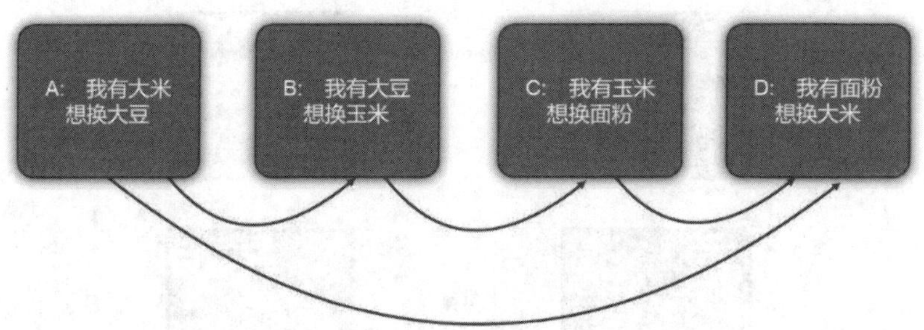

图 17.5 以物换物的比喻

不难发现以物换物的早期会遇到这样的问题，就是你想换物品时，别人并不认同你的物品跟你交换，还得再换成别的物品。再往后，大家发现有一类货物是所有人都容易接受的，所以就先把自己的物品换成这种大多数人都容易接受的，最终再换成自己需要的。这就慢慢演变出货币的诞生，如图 17.6 所示。

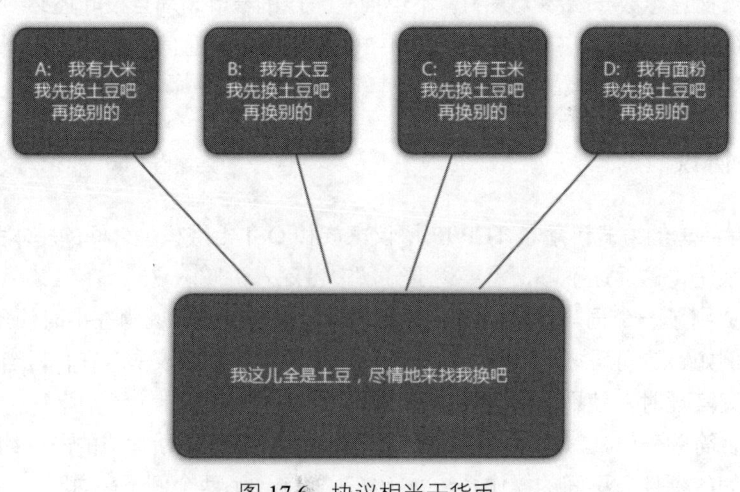

图 17.6 协议相当于货币

这个例子同样也适用于要学习的协议，就跟货币充当交易的桥梁一样，货币是为了跨越不同物品需求的差异而诞生，协议是为了跨越不同的硬件通信而诞生。

就如上面的两个例子，我们明白协议其实就是充当桥梁的角色来协助两边沟通通信，但计算机并不是人，可做不到人脑这么智能，当遇到沟通/交易障碍时，会很主观地去找合适的方法来帮助自己解决问题。

如果只是浅尝辄止，对于协议的理解可以用图 17.7 做最简单的解释，但作为技术人员深究其理，依然需要继续深入学习。

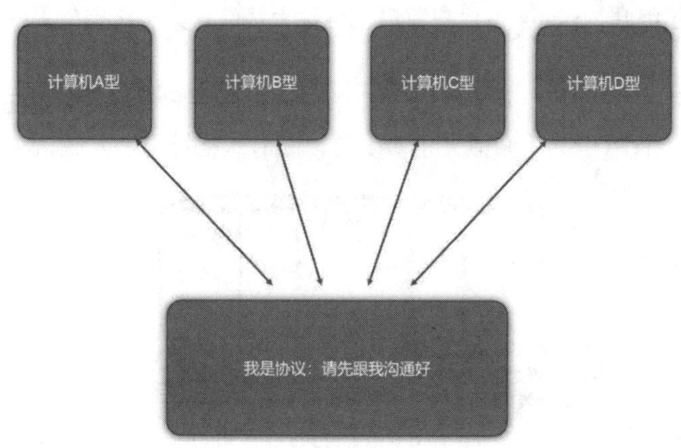

图 17.7　协议帮助计算机之间沟通

17.1.4　计算机和网络协议的演变

扫一扫，看视频

上一节介绍了协议，接下来为了加深对协议的理解，来看计算机与网络发展的历史。

1. 早期的分时系统状态

早期的时候（大概指 20 世纪 60 年代），别说互联网就连网络这个概念都没有，与其说是上网，不如说是分享。具体如图 17.8 所示。

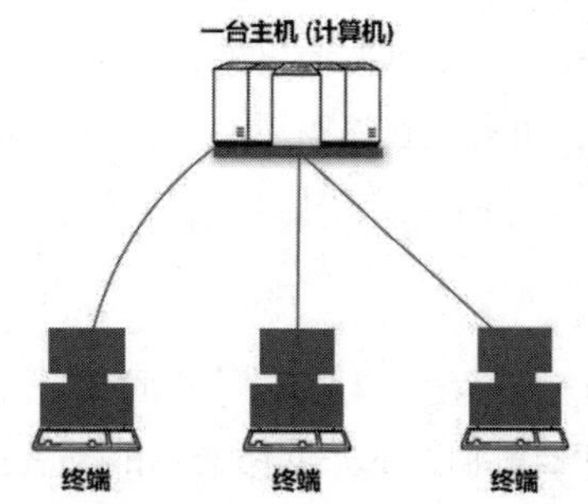

图 17.8　网络的雏形——分时系统

图 17.8 所示是 20 世纪 60 年代的计算机分时系统解释图。初次看到图 17.8，感觉是个局域网，几个人连着一台服务器在打游戏。但这个与现在提到的局域网根本就是天壤之别，只不过是多个编程人员通过一台叫作终端的东西，共享使用一台计算机，这个终端根本不是计算机而是终端机。

终端到底是什么？终端是一种作为计算机的加长延伸，可以提供输入/输出，让多个用户共享一台计算机（或者其他计算设备），且自己没有任何计算能力的设备。

虽然古老的用于简单分享一台计算机的终端早就被淘汰，但终端的理念却被一直沿用至今，即便到了今天，还是能在身边听到各种终端的声音，比如 Mac 笔记本就有终端（Terminal），云计算产品也有终端，还有各类硬件显示终端，Linux 多用户窗口也可称为终端，其实终端的诞生可以理解为最早的 C/S 模型。

那么图 17.9 所示是什么？这么大的体积，难道是一台服务器？这是一台在计算能力上比现在的个人计算机差了几百倍，且体积又不知道大了多少倍，同时价格抵得上几辆汽车的计算机。

图 17.9　早期商业计算机

图 17.9 所要说明的问题有以下三个。

（1）20 世纪 60 年代计算机初期，计算机太昂贵，根本不可能每个人独有一台，所以只能使用终端来分享一台。

（2）每一个终端和一台计算机形成星形图，但与网络毫不沾边。

（3）每一个终端并不是计算机，而且之间根本没有任何通信的联系。

20 世纪 60 年代分时系统的出现，虽然用现在的眼光来看太古老落后，但在当时有着跨时代的重要意义。它至少推动了三项技术的发展：

（1）小型机，机器小型化、价格低廉化、性能提高化。

（2）网络通信，推动网络的出现，以及协议的出现。

（3）编程语言，著名的 BASIC 语言就在这时诞生，促进了编程的高层化、应用化，即汇编语言 Fortran→BASIC→QBasic→VB→VC。

2. 早期的通信混沌时期

这里指的是进入 20 世纪 70 年代后。通过 17.1.3 小节的学习，知道 20 世纪 60 年代的分时系统推动了三项技术的发展，其中与本阶段课程最相关的是网络通信的发展。

进入 20 世纪 70 年代后，随着小型机的逐渐普及、价格的迅速下降，计算机不再是研究机构的专利，一般的企业也开始引进计算机。

随着企业中计算机的逐渐普及，人们对计算机之间的网络通信的呼声越来越高。在网络通信协议刚诞生时，企业怎么使用计算机？如图 17.10 所示。

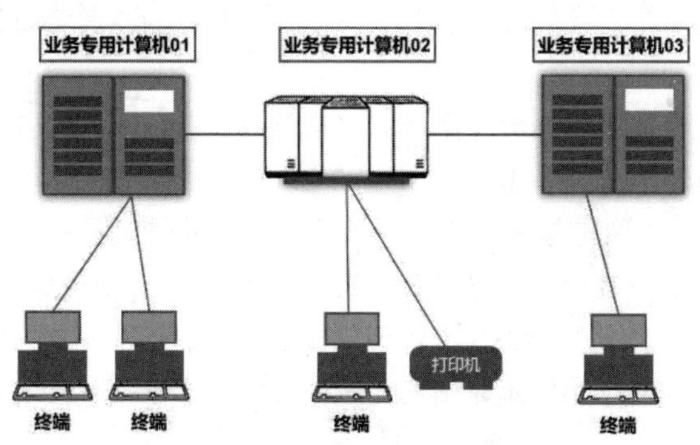

图 17.10　早期的计算机共享模式

图 17.10 很好地解释了企业对计算机的使用，这里至少说明以下三个问题。

（1）计算机已经趋于小型化，公司可以部门为单位采购并使用计算机。

（2）终端的应用大量普及，因为即便到了这时，计算机依然不可能做到人手一台，所以那时候还是一个部门可以有多个员工共享一台计算机来工作。

（3）以部门为单位的计算机之间的连线可不是现在的以太网线，而是固定厂商的计算机之间的专用数据线，能传输的数据非常有限，而且换一种品牌的计算机就无法使用。

上面提到的第三个问题才是本节最需要关注的。随着计算机开始进入商业化，且对网络的应用呼声越来越高，有需求就有市场，于是人们开始落实对网络通信协议的开发。其中以 IBM 公司在 1974 年发布的 SNA 通信协议作为里程碑，其他各个计算机厂商纷纷开始研发基于自己产品的通信协议。

如图 17.11 所示，不同厂商只研发自己产品的通信协议，但不同厂商之间却因为协议的互不兼容，无法实现互连通信，对互联网的发展极为不利。

图 17.11　厂商协议各不相同

从 17.1.5 小节开始，正式进入 TCP/IP 的学习。

扫一扫，看视频

17.1.5 U 形结构的 TCP/IP 协议

17.1.4 小节末尾，我们谈到了由于各个厂商开发的通信协议的不兼容，给互联网的发展带来了极大的不便。

其实讲到这里，大家已经猜出后面会发生什么，自然就是救世主 TCP/IP 协议的诞生。

然而，从本节标题来看，提出一个 U 形结构的 TCP/IP。顺着 17.1.4 小节的末尾继续往下说，进入 20 世纪 80 年代后，计算机的发展是越来越快，伴随着的自然就是对网络的需求。但是在这个发展时期又出现了一个比较严重的问题，就是之前提过 BASIC 编程语言和厂商的协议混乱。

BASIC 语言虽然古老，但在那个年代是一个非常重大的里程碑，它是第一个可在当时被称为高级编程语言的。高级编程语言指的是相对于原始的汇编语言和后来的 Fortran 语言这种接近机器底层语言而说的。

高级编程语言的出现，极其快速地推进了计算机单机的发展，很快就出现了所谓的应用程序、应用程序编程。什么是应用程序？简单来说，就是通过编程的发展把计算机的功能层层嵌套不断地往上堆积，如图 17.12 所示。

图 17.12　语言的高层化发展

让使用计算机的难度越来越低看上去是一件好事，但对于网络的发展来说却是一把双刃剑。这把双刃剑是什么？高级语言的诞生加快了单机的发展，然而协议的混乱状态又拖延了网络的发展。造成的结果就是，网络的发展跟不上单机的发展。拿游戏来举例，我们都知道单机游戏有着漫长的发展史，网络游戏的泛滥也不过是近十多年的事情，而单机游戏在 BASIC 时代其实就出现了，而游戏本身其实也是应用程序的一种体现。

接下来详细来看一下单机和网络出现的矛盾到底是什么。我们所理解的计算机到计算机的网络通信大概如图 17.13 所示。

图 17.13　宏观的通信

感觉是点到点可以通信，其实不是，刚才也说过，由于单机应用程序的快速发展，一台计算机形成了多层结构，如图 17.14 所示。

图 17.14　微观的通信

如图 17.14 所示，其实随着编程的提高，应用程序逐渐复杂，计算机这一个节点其实是分为多个层次，如果要实现互联网的通信，必须考虑到所有层次的综合的通信才可以。接下来看图 17.15 来解释遇到的问题。

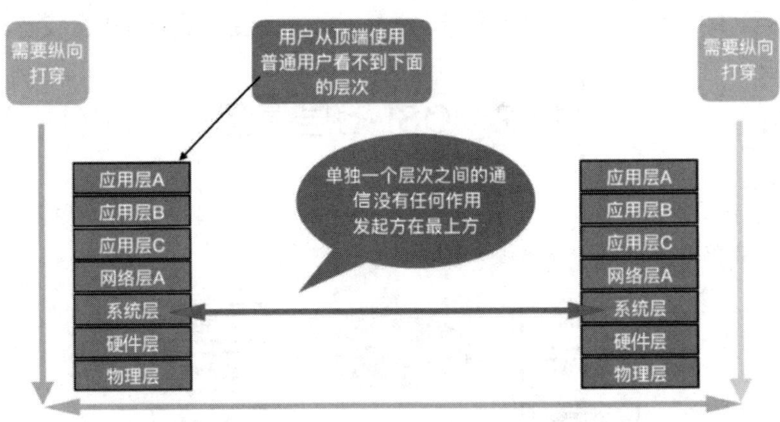

图 17.15　通信需要纵向打穿

图 17.15 解释了一个很重要的概念，由于计算机作为一个整体而言分成树形的多个层次。需要说明的问题是，由于编程的不断发展，使得计算机被从底层开始，层层向上封装起来，直到应用程序的出现。即便是在应用程序中也会有底层和顶层。

这种层层向上包装堆叠带来的好处就是计算机的使用难度越来越下降，现如今计算机已经被封装得太完美，以至于一个完全不懂技术的人简单学一下，用鼠标也能轻松给计算机下达工作指令。

然而我们目前关注点是在网络通信上，这种层层向上包装，如果想实现通信，就必须充分考虑到每一个层次，且还要考虑到层与层之间的传递。

从图 17.15 所示的顶端可以看到，作为一个不懂技术的用户来说，他处于计算机的顶端，也就是最

高的应用层之上，只会在这个层次上傻瓜式地操作。

就拿发送一封邮件来说，普通用户知道写好一封邮件，然后单击“发送”按钮，剩下的就不管了，也根本不懂后面会发生什么事。邮件的发送一样属于网络通信，普通用户可以不管背后发生的事，但作为技术人员却不能不管。

回到正题上，用户在顶端发起请求（网络通信请求），这个请求发生在最上层的应用层 A。请求的传递需要从这一个层次开始，一路向下，到达左边的底层，之后向右边传递（计算机网络中的通信真正背后发生在底层，用户感知不到并不代表就没有）。

从底层到达右边后（这里先简单理解为右边的计算机代表接受邮件的用户），从底层传过来的还得向上再打穿，一直打穿到右边的最高应用层 A。

这时，右边的用户才看到刚刚发送过来的邮件。回到图 17.15 中再来看一下，结合本节的标题，现在看到其实指的就是外围箭头流程。整个一个完整的网络通信需要走的是这样 U 字形，从左到右的过程。

不过，本小节提到的 U 形的示意图，仅代表了当时人们为了实现通信机制的一种期待，或者说一种解决问题的思路。之前说过 TCP/IP 是一个协议的族群，它依然需要正确的指引路径才能真正完善且普及。那么是什么给 TCP/IP 协议提供这种支持？就是 17.2 节所提到的 OSI 七层模型。

17.2　OSI 七层模型

如图 17.16 所示就是标准的 OSI 七层模型。之前说过 OSI 七层模型给 TCP/IP 协议提供了正确的指引，才能让 TCP/IP 完善至今，最终统一整个互联网世界。

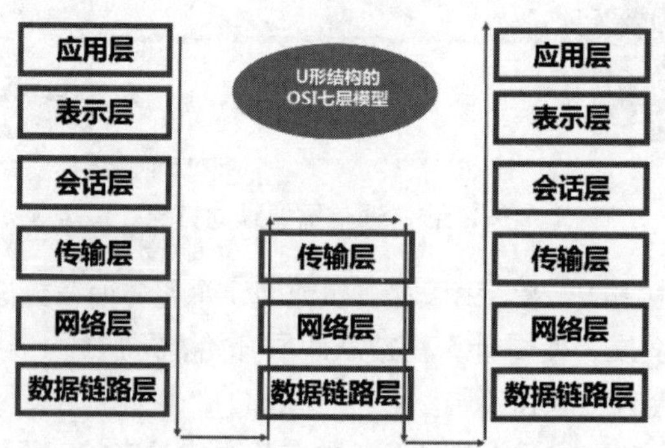

图 17.16　OSI 七层模型

扫一扫，看视频

17.2.1　OSI 七层模型简介

17.1 节中讲了什么是 U 形结构，这里也可以看得到 OSI 七层模型就是严格遵从这样的方式。不过从图 17.16 上也看出了一些区别，就是七层模型中每一个层次都严格地定义了名字。在网上查找相关资料，有以下定义。

第一层：物理层，主要用来定义物理设备标准。它的主要作用是传输比特流（由 1、0 转化为电流强弱来进行传输，到达目的地后再转化为 1、0，也就是常说的数模转换与模数转换），这一层的数据就叫作比特。

第二层：数据链路层，定义了如何让格式化数据进行传输，以及如何让控制对物理介质进行访问，这一层通常还会提供错误检测和纠正，以确保数据的可靠传输。

第三层：网络层，对位于不同地理位置的网络中的两个主机系统之间提供连接和路径选择。

第四层：传输层，定义了一些传输数据的协议和端口号（WWW 端口 80 等），它的作用主要是将从下层接收到的数据进行分段和传输，到达目标地址后再将数据进行重组，常常把这一层数据叫作段。

第五层：会话层，通过传输层（端口号：传输端口与接收端口）建立数据传输的通路，主要是在系统之间发起会话或者接收会话请求。

第六层：表示层，确保一个系统的应用层所发送的信息可以被另一个系统的应用层读取。

第七层：应用层，是最靠近用户的 OSI 层，这一层作为用户的应用程序（如电子邮件、文件传输和终端仿真）来提供网络服务。

这种网上的类官方定义随处可见，从大米哥的观点来看，这些官方化的资料对学习没有太多帮助，因为会的人不用看，不会的人看不懂。

为了学习 OSI 七层模型，这里分解出以下几个科目来详细讲解。

科目一：OSI 网络通信的触发机制。需要搞清楚何时或者遇到什么情况下，OSI 七层模型被使用到，才会被触发起来。

科目二：网络通信传输的是什么。需要搞清楚互联网在发生网络通信时，什么需要被传送。

科目三：应用层、会话层、表示层是最先需要搞清楚的，而且这里的含义相对比较模糊。

科目四：之前提过的纵向打穿是什么意思（数据包+首部传递）？数据在纵向传递时，之前提过的打穿只不过是一个笼统的比喻，需要详细知道是怎么回事（TCP/IP 数据包首部传递）。

科目五：确立传输层、网络层、数据链路层为核心。

下面根据这 5 个科目分 5 个小节分别解释。

17.2.2　科目一：OSI 网络通信的触发机制

扫一扫，看视频

接下来先走好第一步，理解 OSI 网络通信的触发机制。说得更简单些，就是 OSI 七层模型何时用到它，就是当用户在使用应用程序（应用软件）时，并且当准备立刻发起网络通信时，就会关系到 OSI 七层模型。举两个最简单的例子来说明。

第一个例子：发邮件。平时怎么发邮件，如图 17.17 所示。

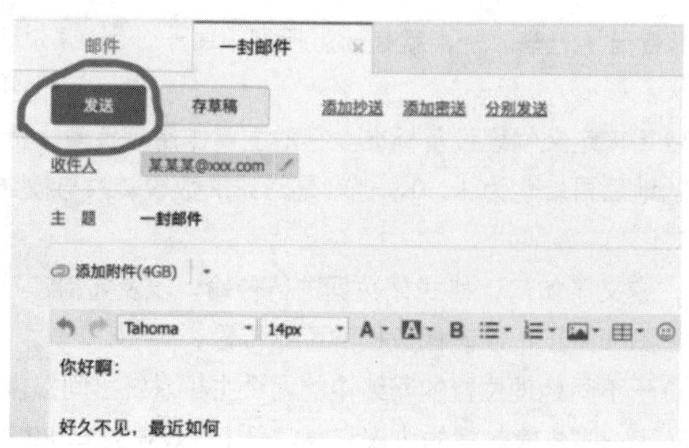

图 17.17　平时发送邮件

图 17.17 中圈出的部分对应刚才定义中的关键点，就是当用户在使用应用程序（应用软件）时，并且当准备发起网络通信时，就会关系到 OSI 七层模型。意思就是说，当单击“发送”按钮时，就会触发网络通信，触发 OSI 七层模型，进而触发后续的 TCP/IP 协议。

而在发生这个单击按钮之前的任何动作，如单击创建新邮件、填写用户邮件地址、加抄送人、写邮件具体内容等，都与网络通信无关（应用层本地的功能），也可以说跟 OSI 七层模型和 TCP/IP 协议无关，或者更严格地说，与网络没有直接对接的关系，因为没有触发需要网络的任何动作，不过其中的某些行为与网络通信后续有间接关系。

第二个例子：QQ 聊天。平时 QQ 聊天也有触发的动作，例如，写好一段准备发送给好友的话后，单击“发送”按钮才启动网络通信。

所以综上两个例子，说明的是学习以 OSI 七层模型为指导的 TCP/IP 协议，最重要的第一步就是找一个临界点即触发点。在使用任何网络相关的应用软件时，类似于“发送”按钮或者隐藏的发送触发功能就作为触发网络、触发 OSI 七层模型，进而触发 TCP/IP 协议的起始点。

现实互联网应用软件琳琅满目，很多情况下，并不是都存在明确的按钮作为分界点、起始点，这里用大家最爱的网络游戏来说明。

网络游戏可以说是互联网应用到达一种高层境界的产物，比其他的任何互联网应用都要复杂得多，涉及的知识面也广阔得多。

在网络游戏中，几乎无时无刻不存在网络通信，自然 99%都是以 OSI 七层模型为指导的 TCP/IP 协议，那剩下的 1%呢？极个别的网络游戏或者局域网游戏还会采用老式的非 TCP/IP 协议。

既然网游绝大多数都是 OSI-TCP/IP 协议，自然也会存在刚才说的网络触发机制，但由于网游太过复杂，主要因为与用户的互动太即时，所以说网游是 OSI-TCP/IP 协议的最高典范。

这里提到一个关键的概念：即时。在玩单机游戏时，其实就经常遇到一些词汇，如 RPG 代表什么类型的游戏？即时战略（RTS，Real-Time Strategy）。

即时战略（RTS）游戏的诞生，最大的一个突破就是，以往其他的类型游戏不管角色扮演、回合制还是战旗类型等，都可以说它们是触发类型的游戏。对应之前说的网络触发，虽然单机游戏不涉及网络，但意思一样。

也就是说以往的单机游戏都存在很多临界点，并不是时刻互动，例如在地图上行走，遇到战斗后会以踩地雷方式触发进入一个单独的战斗画面，中断了之前的互动模式，而战斗中，也不是时刻都在战斗，而是选择一下攻击，选择一下魔法，之后才触发一次的攻击，等战斗结束后，就又切换回大地图行走。

而 RTS 类游戏最大的不同点就是超高的实时互动，控制的游戏单位如一辆坦克，可以让它实时移动、停止、巡逻、开火，即便在战斗过程中也不会中断，都是时刻在控制和返回信息，另外还有一个地方也特别能说明问题，那就是即时战略游戏中，可以一边控制一群坦克、士兵战斗，后方还可以同时不间断地生产新坦克、新士兵，同时农民车还在不断地采集矿和钱。

用 RPG 和 RTS 游戏其实就是为了强调一个观点，就是即时互动。现如今网络游戏就是这样的高度即时互动，以一个玩家的角色进行操作，大多数都会发生网络通信。

但是，对比之前提过的那种显而易见的按钮方式发送，网游中不存在明显的触发形式，而是以更隐蔽的方式触发。举几个例子来说明：

（1）当你控制的人物在大地图上移动了一段距离后，这就会产生网络通信，为什么？因为地图上别的玩家能看得到你的移动。

（2）当你拿着极品武器砍了怪物后，也会产生网络通信，为什么？因为网游需要结算你对怪物每一次造成的伤害，进而这个怪物被你打倒后消失了，别的玩家也看不到这个怪物。

（3）当你和队友辛苦地通过一个副本后，也会产生网络通信，为什么？因为副本结束后要分战利品和金币，最终结算进入玩家角色数据库中。

从以上几个例子可以看出，网络游戏中这种通信的触发机制往往都比较隐蔽，并不是都有清晰的按钮去触发。其实总结起来就是告诉大家重要的观点：

（1）学习好 OSI-TCP/IP 必须先知道触发点的概念，这个触发点作为最上层应用和 OSI 七层模型的顶端接壤的临界线。一旦用户触发了这个临界线，那么 OSI 七层模型就开始生效了，进而 TCP/IP 协议也开始生效。

（2）触发 OSI 模型的临界线在应用中会以各种形式存在，如“发送”按钮，也会以隐藏在网络游戏、网络视频、网络音乐中比较隐蔽的方式体现。

17.2.3　科目二：网络通信传输的是什么

扫一扫，看视频

从科目一我们学到了 OSI 七层模型的网络通信是在一个临界点之后被触发，之后也就出现网络通信（TCP/IP）。通信开始之后，在网络中传输的是什么？

回头再看图 17.15，很自然能想到，所谓的网络通信、网络传输，传的是数据。从左到右的箭头方向指的就是数据传输的走势。接下来看在网络中传输的数据到底是什么，或者说什么样的数据需要在网络中传输。

这里先给出一个定义：通过 OSI-TCP/IP 传输的数据是必要的且有限的数据，这里给它再起一个新名词叫作传输实体。下面通过三个例子来解释这个问题。

第一个例子：QQ 聊天。使用 QQ 聊天时，当写好“你好”，然后单击按钮的一刹那（触发临界点）发送出去的是什么？自然是“你好”两个字，而且真正需要通过网络发送在这次事件中，除此之外没有其他的，如图 17.18 所示。

你好

图 17.18　发送“你好”

提出一个问题：像这种 QQ 在发送消息时，什么会通过网络发送？发生了几次通信？量有多大？只有“你好”两个字被发送出去了，只发生了一次网络通信。其他的如 QQ 头像、空间，以及之前的聊天记录都不会与网络产生关系。

在这里提出一个关键词：传输实体。这个例子中“你好”两个字就是传输实体，是真正需要被网络发送出去的东西。

第二个例子：浏览器上网。当打开一个网站首页，如新浪新闻主页，假设只有一个动作就是浏览器输入网址，之后等待首页的完全打开，然后使用鼠标滚轮上下看本网页内容。在这个过程中最少会发生几次网络通信？并且分别传输的是什么数据？能有多大？

至少会发生两次数据传输，第一次是 DNS 请求，也就是向公网的 DNS 服务器发送解析域名的请求，因为不管访问什么网站，都是以 DNS 域名，如 www.sina.com.cn 去访问。DNS 请求属于 TCP/IP 协议中的 UDP 请求，由于本身属于协议层次的请求，所以请求量很小。第二次是 HTTP 请求，也就是打开一个静态网页，会一次性返回页面中的所有静态内容。

图 17.19 所示是在 Linux 中使用 tcpdump 抓包作为证据的结果，证明访问一个站点首页，最少会发生两次的数据传输（数据实体的传输）。

```
[root@server01 ~]# tcpdump -nn  port not 22
tcpdump: verbose output suppressed, use -v or -vv for full protocol decode
listening on eth0, link-type EN10MB (Ethernet), capture size 65535 bytes
17:16:17.444482 IP 192.168.1.225.33991 > 100.125.1.250.53: 21625+ A? baidu.com. (27)
17:16:17.444608 IP 192.168.1.225.33991 > 100.125.1.250.53: 29912+ AAAA? baidu.com. (27)
17:16:17.446051 IP 100.125.1.250.53 > 192.168.1.225.33991: 21625 2/0/0 A 220.181.57.216, A 123.125.115
.110 (59)
17:16:17.446063 IP 100.125.1.250.53 > 192.168.1.225.33991: 29912 0/1/0 (70)
17:16:17.446429 IP 192.168.1.225.36960 > 220.181.57.216.80: Flags [S], seq 2841256895, win 14600, opti
ons [mss 1460,sackOK,TS val 769471184 ecr 0,nop,wscale 7], length 0
17:16:17.453583 IP 220.181.57.216.80 > 192.168.1.225.36960: Flags [S.], seq 3239901956, ack 2841256896
, win 8192, options [mss 1452,sackOK,nop,nop,nop,nop,nop,nop,nop,nop,nop,nop,nop,wscale 5], length 0
17:16:17.453618 IP 192.168.1.225.36960 > 220.181.57.216.80: Flags [.], ack 1, win 115, length 0
17:16:17.453811 IP 192.168.1.225.36960 > 220.181.57.216.80: Flags [P.], seq 1:163, ack 1, win 115, len
gth 162
```

图 17.19　tcpdump 抓包分析看网页的请求

由于是访问静态页面，其中会包括大量的文字、图片、弹窗，也包括视频、音频等，这些统统都称为网站的静态资源。

静态网站之前学习过，在这里简单回顾一下：访问网站凡是不需要用户互动提交的，一眼就能看到、听到的全都属于静态资源，20 世纪 90 年代初的网站基本都是这样。也就是说，一个人去浏览一个网站，它上面有什么，就只能看到什么，并不能智能互动。动态网站与用户有互动，用户会自行提交不一样的信息给网站，网站后端经过计算再返回，不一样的用户，不一样的提交，得到的返回结果也不一样。

简单复习一下静态和动态的概念，回到主题，在第二个例子中，在 DNS 解析之后，就是静态页面的返回，然而静态资源有一个非常显著的特点，那就是大。想象一下一个新闻主页，打开之后有多少东西会被返回，大量的文字、链接、图片、广告等。

所以说，打开一个网站页面（静态）时，需要的数据传输次数最少为两次，第一次需要传送的数据是 DNS 请求以及结果，这个很小，而第二次是网页的展示内容，会大很多。

另外，关于静态网站的访问，多补充一点。之前的内容中提过，最少会发生几次网络通信，也就是说有一些特殊情况，当打开一个网站首页时，可能不止两次网络传输。举一个最简单的例子：百度图片。输入一个搜索词后，出现了一片结果。继续用鼠标向下滚动时，会有更多的图片结果。

其实现在很多网站都会采用这种机制（分段缓冲返回页面）来返回页面或者结果集，因为如果一次性全都返回来，浏览器会很慢才能都打开，另外也会减少服务器端的压力。在这种情况下，一个网页的打开或者一个 App 主页的打开，并不见得只有两次网络通信，即便使用鼠标滚动，或者手机 App 下滑有可能再次产生额外的通信。

综上两个例子来看，不管 QQ 发送消息，还是访问一个网站，都必将发生网络通信，而且不管网络传输的是大是小，都必然存在一个传输实体。传输实体就是核心传送的本质，也就是在一次网络通信期间必须被送出去的东西。在这里可以把传输实体形象地比喻成一个快递包裹，不管这个包裹在邮寄的过程中经历多少道手续，包裹始终是我们传送的目的物。

通过看新闻网页，我们有这种理解：只要是互联网上的应用，看到的或者显现出来的，就一定都是属于网络传输过来的传输实体。例如当一个网页打开后，所有页面上的东西的确都是必须经过网络传输才发送过来，那么是否可以一概而论?

第三个例子：游戏。网游中也有登录，选择所在大区之后，就是输入游戏账号、密码登录，与平时登录邮箱、论坛一样。

想象一个场景，你控制战士/法师，玩了一天懒得再去刷副本/PK，就想一个人独自在一个荒凉无人烟的地方散步看风景，那么在这种情况下，我们来想象会发生什么样的必要网络通信。你的人物在地图上一直不停地走动，会有网络通信产生吗？当然一定会有，就是人物当前位置的不断改变。

那么在这里，必须经过网络传输的数据实体是什么？其实就是一个坐标而已（x，y，z）。网游中人物的移动其实是坐标定位的不断改变，对于平面 2D 游戏来说有(x，y)，对于 3D 游戏来说最少需要(x，y，z)，即横坐标、纵坐标和高度。所以说假设只有人物的移动，而没发生其他的状况下，网络通信中的传输实体就仅仅是一个坐标而已。

当你一个人在野外地图散步时，人物的动作、周围的环境都在实时改变，这会发生网络通信吗？当然不会发生网络通信，因为不管人物外形还是风景地貌其实都只是存储在客户端的程序而已。

网游中虽然对即时的信息传输要求很高。但为了尽量地节约网络带宽的开销，能不走网络的都尽量以客户端的形式保存在每一个玩家计算机中。人物造型、动作、风景、地貌地图等，只有在必须发生互动的情况下，才会以数据的形式走网络通信，所以大多数网游都必须实现下载客户端才可以。

通过以上三个例子——QQ 通信、访问首页、玩网游，可以清楚地明白两个道理：

（1）网络通信中传输实体的存在。

（2）只有必要的有限的传输实体才会被送入网络传输。

扫一扫，看视频

17.2.4 科目三：理解前三层

通过科目一，明白了网络传输有一个临界点、触发点的概念；科目二，网络传输必定存在一个传输实体。有了前面两个科目的铺垫，可以继续推进。高层应用软件，不管其编程难度的大小，其实对于 OSI 七层模型来说无差别，全都对应着七层模型中的前三层。

在图 17.16 中，七层协议中的最高的三层对应着之前提到的高级应用层，相对来说离用户最近。前三层既然都是对应着应用层，为什么第一层还会单独分出应用层？要解释清楚这个问题，就必须把 OSI 的前三层分别说清楚。之前说过，用户触发临界点后，就开始启动 OSI 七层流程。然而在 OSI 七层中的前三层，其实都算做是准备层。

准备层是把即将要送出去的传输实体，在真正进入传送过程之前进行必要的准备。在这期间，其实并未真正地与网络发生最直接的关系。

那么这三层分别如何进行准备？又准备的是什么？如图 17.20 所示。

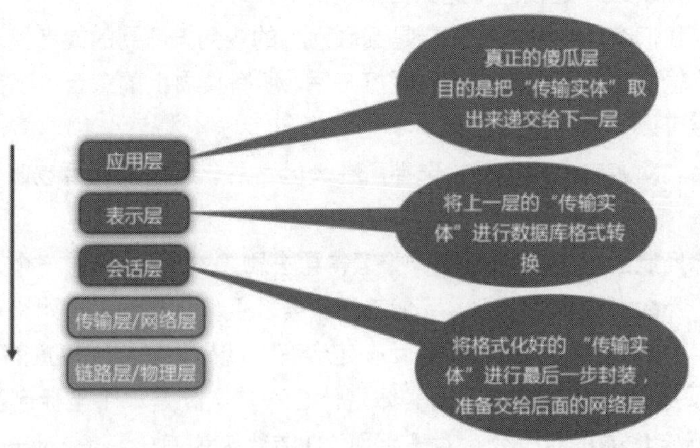

图 17.20　前三层的作用

应用层是真正的傻瓜层，也就是任何一个不懂技术的用户都可以直接看得到、摸得到。任何与网络通信不相关的功能全部都可以表示在这个层次中，只要尚未触发网络临界点就在这一层止步不前。应用层的量最大，其中只要是与网络不沾边的不需要关注。

而这一层在 OSI 七层模型中有两个最重要的功能需要了解。

其一，网络通信临界点的设定。互联网应用软件中，存在大量的临界点的概念，如 QQ 的发送按钮、邮件的发送按钮、网页的调整连接等。通过之前的学习已经明白临界点就是非网络应用程序和网络应用程序之间的最后一道关卡，越过这道关卡后，网络相关的程序就该上了。

其二，传输实体的提取和交付。除了临界点的定义外，这一层还会把传输实体单独抓出来，然后递交给下一层（表示层）。递交之后，本层的任务就到此结束。

表示层是应用层的下一级，这个层级中最重要的任务是什么？就是用来把第一层递交过来的传输实体，可能是文字、字符、图片、视频、音频、数字等，进行格式化工作。

再说的简单点，表示层的核心任务：为了方便后面真正数据传递，把数据转换成更适合传输的格式，二次加工再处理。例如，把文字先进行编码转换，图片视频进行流式格式转换，或者加入加密、解密等工作，都属于表示层完成。

由于数据格式的种类实在太多，这里仅以文字编码来做详细解释。平时编写一个文本文件、一封邮件，或者修改一些服务的配置文件时，经常看到几个词的出现。ASCII、Unicode、UTF-8，其实这些就是文字编码格式。

ASCII 编码是什么？如图 17.21 所示是我们熟悉的键盘，计算机中所存在的一切数据都是通过键盘一个个按键敲进去的。所以说键盘既是作为计算机的标准输入设备，同时也是大部分数据的来源。

图 17.21　普通的键盘

但我们也知道，计算机本身只能处理计算数字，如果需要处理文本，就必须先把文本转换成数字才可以处理。所以说，如果要让计算机接收文字的输入，必须制定一个规则，搭建一个桥梁，将键盘输入一一对应到数字，才可以让计算机识别。这就是最早的 ASCII 编码。

ASCII 编码采用一个字节（8 位二进制）对应一个按键（美式）的方式，把键盘和数字进行一一对应，如表 17.1 所示。

表 17.1　ASCII 编码表

Bin（二进制）	Oct（八进制）	Dec（十进制）	Hex（十六进制）	编写/字符	解　释
0000 0000	00	0	0x00	NUL(null)	空字符
0000 0001	01	1	0x01	SOH(start of headline)	标题开始
0000 0010	02	2	0x02	STX(start of text)	正文开始
0000 0011	03	3	0x03	ETX(end of text)	正文结束
0000 0100	04	4	0x04	EOT(end of transmission)	传输结束
0000 0101	05	5	0x05	ENQ(enquiry)	请求
0000 0110	06	6	0x06	ACK(acknowledge)	收到通知
0000 0111	07	7	0x07	BEL(bell)	响铃
0000 1000	010	8	0x08	BS(backspace)	退格
0000 1001	011	9	0x09	HT(horizontal tab)	水平制表符
0000 1010	012	10	0x0A	LF(NL line feed, new line)	换行键
0000 1011	013	11	0x0B	VT(vertical tab)	垂直制表符
0000 1100	014	12	0x0C	FF(NP form feed, new page)	换页键
0000 1101	015	13	0x0D	CR(carriage return)	回车键

这样就解决了键盘初期的输入问题。不过 ASCII 编码最早是美国人发明，为英文输入而诞生，它只能支持英文字母、数字、标点符号和数字的对应关系。可是计算机最终普及在世界各地每一个角落，那别国怎么办？所以，仅仅依靠 ASCII 码，没有办法实现。中国制定了 GB2312 编码，用来把中文编进去。日本把日文编到 Shift_JIS 里，韩国把韩文编到 Euc-kr 里，各国有各国的标准，就会不可避免地出现冲突，结果就是在多语言混合的文本中，显示出来会有乱码。

因此，Unicode 应运而生。Unicode 把所有语言都统一到一套编码里，这样就不会再有乱码问题。Unicode 标准也在不断发展，但最常用的是用两个字节表示一个字符。现代操作系统和大多数编程语言都直接支持 Unicode。

ASCII 编码和 Unicode 编码的区别：ASCII 编码是 1 字节，而 Unicode 编码通常是 2 字节。举例如下：

- 字母 A 用 ASCII 编码是十进制的 65，二进制的 01000001。
- 字符 0 用 ASCII 编码是十进制的 48，二进制的 00110000，注意字符 0 和整数 0 不同。

汉字中已经超出了 ASCII 编码的范围，用 Unicode 编码是十进制的 20013，二进制的 0100111-000101101。如果把 ASCII 编码的 A 用 Unicode 编码，只需在前面补 0 就可以，因此，A 的 Unicode 编码是 00000000 01000001。

新问题的出现：如果统一成 Unicode 编码，乱码问题从此消失。但如果写的文本基本上全部是英文，用 Unicode 编码比 ASCII 编码需要多一倍的存储空间，在存储和传输上十分不划算。

因此，又出现了把 Unicode 编码转化为可变长编码的 UTF-8 编码。UTF-8 编码把一个 Unicode 字符根据不同的数字大小编码成 1~6 字节，常用的英文字母被编码成 1 字节，汉字通常是 3 字节，只有很生僻的字符才会被编码成 4~6 字节。如果要传输的文本包含大量英文字符，用 UTF-8 编码就能节省空间，如表 17.2 所示。

表 17.2　ASCII 编码和其他两种编码方式的对比

字　　符	ASCII	Unicode	UTF-8
A	1000001	00000000 01000001	1000001
中	-	01001110 00101101	11100100 10111000 10101101

从表 17.2 中可以发现 UTF-8 编码一个额外的好处，就是 ASCII 编码实际上可以被看作 UTF-8 编码的一部分，所以大量只支持 ASCII 编码的历史遗留软件可以在 UTF-8 编码下继续工作。

现在我们明白了计算机中所有的文字都必须建立在各种字符编码格式上，按照顺序由 ASCII 发展出 Unicode，再发展出各类 Unicode 的增强版 UTF-8。

说到这里大家会误认为，既然 UTF-8 最新，那之前的 ASCII 和 Unicode 也就不需要了，其实并不是这样。这三者其实各自有优缺点：

- ASCII 编码虽然只能支持英文系统，但它节省空间，便于传输和存储。
- Unicode 编码支持几乎所有的语言系统，是一个大一统的标准，但它浪费空间，所以不便传输和存储。目前在计算机中基本上内存中都以 Unicode 编码来存放文字。
- UTF-8 编码属于 Unicode 变种，长短自由伸缩，便于传输和存储，不过普及度不够。

接下来，动手试试在 Linux 下 Vim 编辑一个文本 vim 1.txt，然后试试只输入英文字母或者数字。代码如下所示：

```
[root@server01 ~]# cat 1.txt
12ejioaej;owijfhiao;ehfiaweh9102uPJskdojfioajhdf;abdff;h]
 [root@server01 ~]# file 1.txt
1.txt: ASCII text
```

使用 file 查看文件格式时，显示的是 ASCII text，因为没有任何中文的输入，其他的不管是什么字符、数字、标点符号，ASCII 编码都可以搞定。

接下来，在 1.txt　第二行中加入中文。代码如下所示：

```
[root@server01 ~]# cat 1.txt
12ejioaej;owijfhiao;ehfiaweh9102uPJskdojfioajhdf;abdff;h]
你好
[root@server01 ~]# file 1.txt
1.txt: UTF-8 Unicode text
```

由于中文的出现，使得原本的 ASCII 编码无法再支持文件存储，所以可以看到自动被切换成 UTF-8 Unicode。所以说，文本编辑器的这种数据格式转换就是我们要学到的 OSI 七层模型中表示层对数据格式的处理工作。

关于文字编码格式说了很多，主要是为了强调表示层对数据的处理过程。其实表示层除了对文字的处理外，还有加密、解密、压缩等，也都是在这个层次中完成。

- 加密、解密：对应到 HTTPS，对明文的加密传输。
- 压缩、解压缩：对应之前学过的 Nginx 中启用 gzip。

关于表示层就讲到这里，接下来是再下一层：会话层。会话层的理解难度比起表示层要更难一些，一起来分解学习。如图 17.22 所示，会话层是前三层当中的最后一层，而之前提过，前三层虽然各自有各自的作用，但始终还是属于应用层的范围。

图 17.22　会话层的作用

所谓的应用层就是并不直接跟网络通信打交道，而是为了网络通信做准备。那么会话层做的是什么准备工作？这里用客户端发送邮件来说明。当发送一封邮件时，先打开邮件客户端，写入收件人地址(××××@×××.com)，写上抄送人地址(××××@×××.com)，写上标题，再写邮件内容。

上面所有这些过程，统统都属于第一层(应用层)的范畴，直到用户单击"发送"按钮后，第一层把需要的传输实体准备好，之后任务结束。

接下来第二层表示层的内容我们也知道，就是把第一层提出来的传输实体进行数据格式二次处理（编码等），如转换成 ASCII 编码或者转换成 UTF-8 编码，之后也有可能再进行加密或者压缩的处理，处理好之后，第二层任务结束。

接下来第三层会话层做什么？如果说一个邮件发送按钮可以认为是第一层应用层的临界点，那么会话层就可以被认为是前三层这个大应用层的最后临界点，也可以认为是从应用层到后面网络层的真正的临界点。其实就相当于进入一个发送按钮中，又细分了看到的更低层。

会话层既然是触发网络的最后一道关卡，那么在这一层中，它所起的作用就是在应用的角度上，怎么去触发这个临界点。

后面部分不是特别好理解，继续回到邮件来说明。填写了收件人和抄送人，那么会话层的作用就是假设收件人有 2 个，抄送人有 3 个，那么是先发送收件人的地址，还是先发送抄送人的地址，还是统一建立连接，然后 5 个邮件地址同时一起发送？这种逻辑就是会话层的任务。

再举一个例子，更能说明会话层的作用。在日常工作中，都会使用 SSH 去远程连接服务器，而连接以后如果长时间没有动作，SSH 客户端就会卡住，其实是 SSH 连接被断开。为什么会发生这种事情？是网络底层 TCP/IP 协议出问题，丢包或者 IP 地址变了，还是 MAC 地址变了？其实都不是，这是 SSH 本身的一种保护机制，属于处在前三层中的应用程序，它的会话层为了安全起见，会默认设定没有输入一段时间后，就把当前已建立的 SSH 通道主动断开。

以上用两个实例来理解会话层的作用，到这里对应用层、表示层、会话层有了一定的理解，方便继续推进。后面的课程还会再次提到这三个层次以加深理解。

17.2.5 科目四：纵向打穿是什么意思

扫一扫，看视频

回到图 17.16，通过前面三个科目对于 OSI 七层模型的学习知道以下知识：OSI 七层模型是网络通信的主干、主方向，而 TCP/IP 协议是一个大集合，旗下制定更细节的协议内容；OSI 七层模型的通信方向是一个 U 形结果，从左到右；OSI 七层模型前三个层次的概念，进而了解每一层其实都各司其职。

接下来为了更深入学习，需要提出一个问题：OSI 七层模型中，数据到底是怎么在每一个层之间传输？所谓的打穿每一层是什么意思？为了说清楚这个问题，提出一个新的且非常重要的概念，就是数据包+首部。

OSI 模型中的每一个层次都可以想象成是分布在 7 个楼层的独立邮递员，邮递员的任务就是把一个包裹最终传输出去。

但现在有一个问题，就是每一个楼层的邮递员彼此都不认识，也不知道对方要给什么样的包裹，如图 17.23 所示。

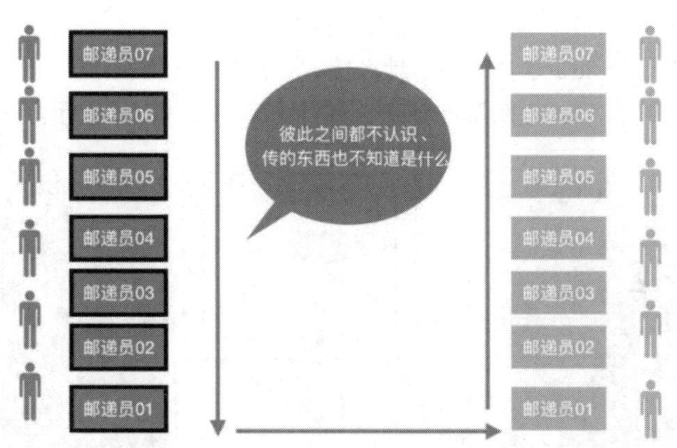

图 17.23 每一层比喻成不同的邮递员

为了解决这个问题，邮递员需要做两项工作，一是从上一个邮递员那里拿到包裹；二是把这个包裹打上一个标签，然后扔给下一个邮递员。

OSI 七层模型传输数据与邮递员传递包裹很相近，不过实际情况要复杂得多。那么在七层 OSI 模型中，具体是怎么传输数据的？如图 17.24 所示。

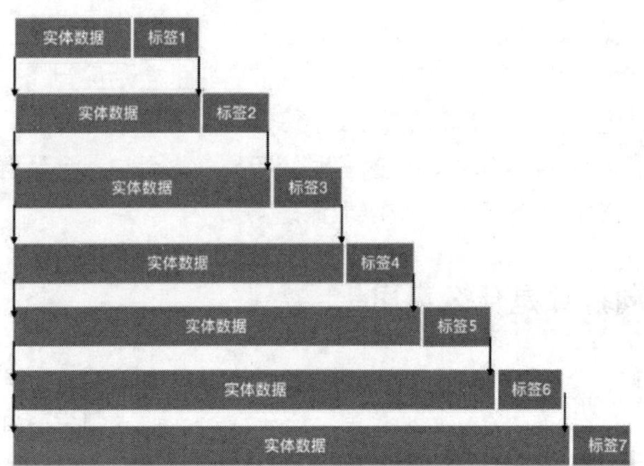

图 17.24　实体数据和标签

如图 17.24 所示，表明了数据在 OSI 七层模型中传输的一个基本方式。OSI-TCP/IP 网络通信中，在从左到右的过程中，由第一层（最高的应用层）提取出数据实体，并打上本层的标签传递给下一层。之后的每一层会把上一层传递过来的所有（包括上一层的实体数据及上一层的标签）都当作自己的数据实体，在这个基础上再打上本层标签继续传递。

OSI-TCP/IP 协议中，把每一层的这个实体数据统一叫作包，更专业点叫作报文。而每一层打的这个标签称作包首部，或者报文首部、报文头，都是一个意思。

所以说纵向打穿，其实就是把本层的报文打上一个首部，在这个首部信息中加入详细的注解（每一层所涉及的具体的协议内容）。

报文到了这一层，做了什么处理，使用了什么协议，然后下一层接到上一层的全部信息后，就通过这个首部知道我手里的是什么东西，以及接下来该做什么，如图 17.25 所示。

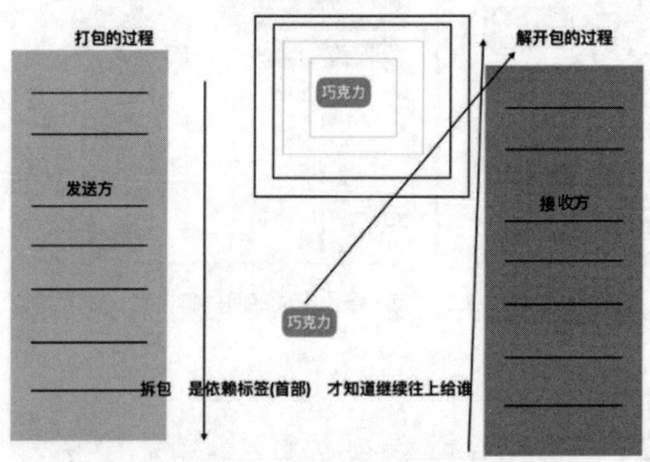

图 17.25　传输相当于打包和拆包

17.2.6　科目五：确立传输层、网络层、数据链路层为核心

通过上一个科目的学习，我们知道了数据包和首部分别都是什么意思。更详细地说，网络中传输的数据包由两个部分组成，一个是上一层传来的报文；一个是本层打上去的首部。

之前说过，OSI 七层模型是主干，是思路，TCP/IP 协议是枝叶，也就是协议家族以及每一个协议具体细节。经过几个科目的学习，对族也越来越清楚，接下来就要为学习具体的协议细节做准备。

那么每一个协议具体细节在哪里？其实就是在这个首部，就是最重要的关键所在，而且难度较大，因为每一个层次中的每一种协议都存在这个首部。

首部是作为协议的脸，读懂首部，就能读懂大半的协议的规范。但通过图 17.26 也知道其实在 OSI 七层协议中，每一层都有对应的协议所在。协议的数量很多，难道要把每一种协议的首部结构都学会，进而掌握协议的规范？

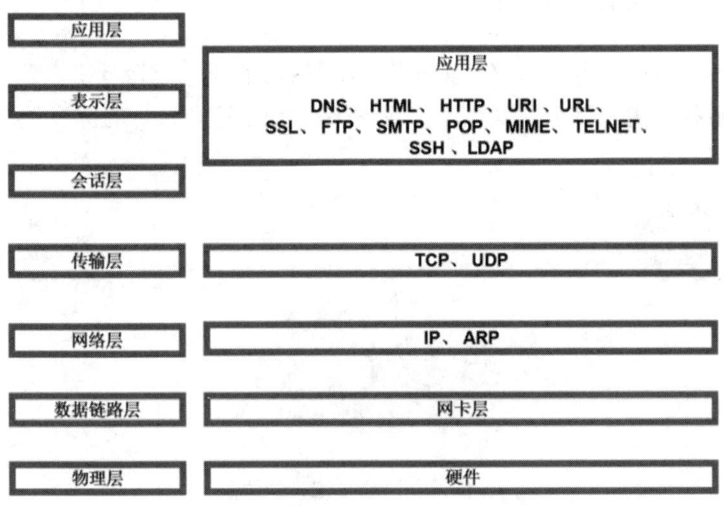

图 17.26　属于各层的协议

所以说，必须划出重点，在 OSI 七层模型中，按照纵向的层次划分，对运维工程师来说最重要的其实在于会话层之后进入网络的三个层次。也就是传输层、网络层、数据链路层，这才是对于运维工程师来说必须要优先掌握的。为什么这么说？其实不难解释，业界有这么一句话：有流量才有运维，有并发才有优化。

大家可以想想，如果一个做网站的企业，每天只有几十个人几百个人访问，这么低的流量，一台计算机就能搞定了，还需要服务器，需要运维吗？

而流量和并发，自然就是由网络通信而来，那么也就不难理解，为什么把和网络关联最大的两个层次圈出来。

而前三个应用层中虽然包含大量协议，但由于应用层程序的封装已经非常完善，而且在企业中，应用软件的开发主要集中在研发人员的工作中，跟运维关系并不大，不需要那么深层地去掌握所有的应用层协议。

不过应用层协议中，有个别协议还需要深挖，如 HTTP 协议。17.3 节就针对这类协议进行详细学习。

17.3 优先掌握网络层的 IP 协议

我们在 17.2 节中划出了传输层、网络层作为运维工程师的学习核心。按理来说应该按照顺序，先讲第四层传输层，但为什么颠倒一下顺序先讲第三层的网络层？由于网络层中有一个协议叫作 IP 网际协议，正是由于这个协议的存在，才让世界各地任意两台计算机之间可以实现真正的通信。

扫一扫，看视频

17.3.1 IP 协议的重要性

IP 协议又被称为互联网真实载体，所谓的互联网，宗旨就是把需要的数据包由一方传给另一方（中间的过程在用户看来可以忽略）。而最终实现了这个目标的协议正是 IP 网际协议，如图 17.27 所示。

图 17.27　IP 协议是真正的传送者

IP 网际协议听起来有点别扭，也可能不太知道到底是个什么，但如果把这个协议首部中的一个最重要的字段拿出来，就明白了是什么？那就是 IP 地址。

IP 地址，我们很熟悉，平时新安装好一台机器的 Linux 后，很重要的一个步骤就是设置好 IP 地址，计算机才能上网。所以说，计算机能初始实现通信，实际上就是靠 IP 地址。

说到这儿，可能会有疑问，计算机网卡的 MAC 地址不才是真正递交数据包吗？有这个疑问，说明你是比较有经验的，这个问题本身不能说是错的，但 MAC 地址有很多的局限性，例如，只能实现同一数据链路上的数据包传递，不可能实现世界范围内的网络通信。

IP 地址是实现基于 IP 协议的网络传送的最重要的基础。可以把连接在网络中的任意一个设备都称作一个节点，这个节点的涵盖范围很广，既可以是计算机，也可以是大型服务器、笔记本电脑，还可以是手机、打印机、IP 电话、IP 电视，这些都可以称作网络中的节点，而 IP 地址可以被认为是这些节点在网络中的唯一标识。有了这个唯一标识，从一个节点上去访问另一个节点，就可以对应地找到。

不过说到这里，如果 IP 地址可以当作一个门牌号，那么这个门牌号绝对是唯一的吗？万一有两个节点的门牌号重复了，不就乱套了。而平时接触过计算机的朋友都知道，IP 地址无论使用 Windows 还是 Linux，其实都可以自己定义。

这样一来，整个互联网上 IP 地址都乱套了怎么通信？不过现如今互联网一切运行正常，并没有出现以上假设的混乱状况，为什么？

正是因为 IP 网际协议以及和它相关的同一个层次中其他协议的辅助的存在，其中协议的各种规范把整个网络规划得井井有条，所以才不会出现以上的情况。

从下一小节开始，就用各种实例来逐渐推进 IP 协议的学习。

17.3.2　直连节点和网线知识

扫一扫，看视频

早期在 TCP/IP 协议刚诞生时，主要是指 20 世纪 80 年代末期 90 年代初期互联网还处于萌芽状态，大多数网络的应用都是以局域网体现的。局域网指的也就是由少数的几台计算机（节点）组成的小范围网络，实现各种网络应用。

所以认识 IP 协议，认识网络，先从局域网入手。认识局域网，先从最简单的两台计算机直连开始，如图 17.28 所示。

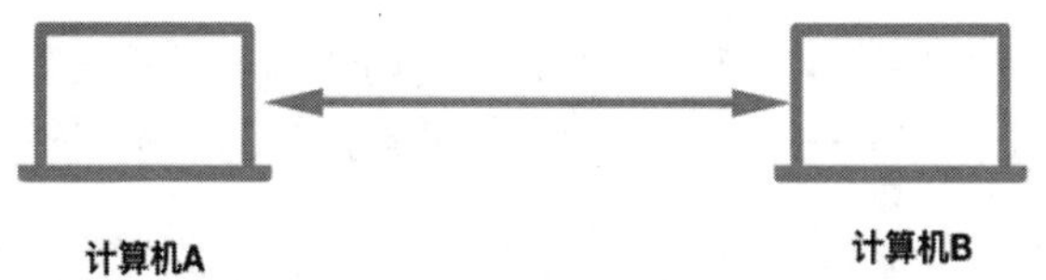

图 17.28　最小局域网

局域网也不是一开始就有的，最早期的所谓的连网就是先从两台计算机通过一根网线直接连接，除了一根网线外，其他设备一概没有。

记得大米哥在上初中时，家里有两台计算机，一台老式 486 计算机，一台奔腾 II 计算机。那个时代即便只是两台计算机间连网也不是那么简单，首当其冲的就是网线的问题。

两台计算机直连，必须通过一根网线，但那个年代由于网卡太落后，所以必须对网线有一定的了解才能使用。所谓的网线，学名是以太网双绞线，扯一根网线上网，其实说的都是它。以太网双绞线的样子如图 17.29 所示。

网线看上去整体是一根，但深入一步探索，就可以发现其实一根以太网线中，还内含 8 根芯线。毫不夸张地说，大部分所谓的互联网数据传输，其实就是在这 8 根线中传输。但是这 8 根线也不是随便就能传输数据，需要按照一定的顺序摆列才可以。如图 17.30 所示，我们可以看到在一根网线的两边，其实都有一个水晶头，水晶头中是 8 根线按一定顺序整齐地排列着的。

图 17.29　以太网双绞线

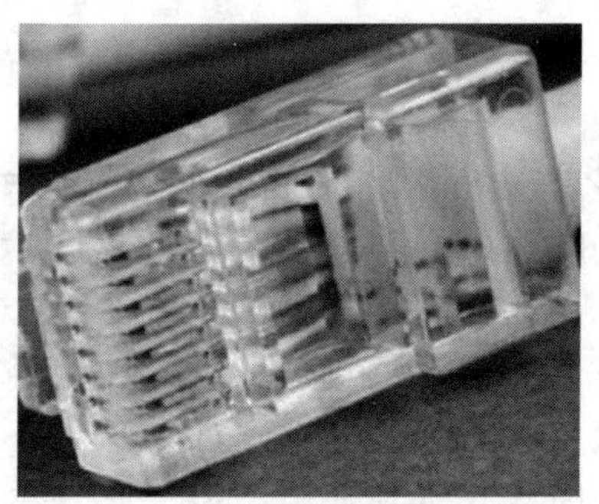

图 17.30　网线水晶头

这 8 根线按照不同的排列组合，可以分成两类不同的网线。一种叫作交叉线；另一种叫作直连线。既然一根以太网线又可以分为交叉线和直连线，分别在什么场合使用？先说交叉线，一根交叉线是用于连接两个相同设备，用于直接通信。

就拿上面的例子，大米哥的两台计算机，不管新旧都属于计算机，属于同一种设备。这种情况下就要使用交叉线才可以实现直连通信。除了计算机直连外，还有其他的设备直连，如集线器（HUB）、交换机、路由器等之间的直连通信。

直连线正好相反，用于连接不同种类设备。最简单的例子，我们在教室里上课，人手一台笔记本，计算机与计算机之间是直接用网线连接吗？当然不是。把自己的计算机先用网线统一接入一个网络设备，然后彼此之间才能实现通信。

而不管用的是集线器还是交换机，与个人计算机之间两边属于不同设备。如图 17.31 所示，如果笔记本算一个节点，集线器和交换机算一个节点，这两个节点之间的连接属于间接通信，使用直连线。

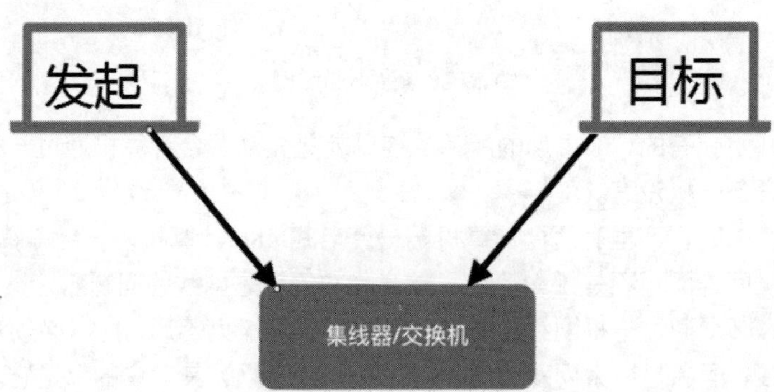

图 17.31　不同设备的联系

所以说，在那个年代想实现两台计算机用一根网线来通信，至少要懂得网线如何区分直连线和交叉线，并且还得会验证这两种线是否合格，有一点问题的话通信都会失败。

现在有一个问题，为什么现如今的计算机如果要连网，不用再操心是哪种规格的网线？是因为现在所有网络设备的接口还有计算机的网卡都具有了自适应性，可以自己判断出接上的是交叉线还是直连线，然后自动转换。

这里认识一下网线的排序。现如今绝大部分的网线都是采用刚学到的直连线的规格制作。之前也说过，网线中都存在 8 根芯线，剥开网线的外皮后，每一根都由不同的颜色来表示。以直连线为例，T568B 标准连线顺序从左到右依次为 1—橙白、2—橙、3—绿白、4—蓝、5—蓝白、6—绿、7—棕、8—棕。其中，1 端输出数据（+）；2 端输出数据（-）；3 端输入数据（+）；4 端保留为电话使用；5 端保留为电话使用；6 端输入数据（—）；7 端保留为电话使用；8 端保留为电话使用。

这个颜色的排序方式最好可以背下来，面试中可能会问，而且作为一名运维工程师，熟记网线的制作方法也是一种基本素养。

有了直连线后，两台计算机的连网也再简单不过，插上网线后，两边配置好同一网段的 IP 地址和掩码就可以互相连通。

17.3.3　局域网的建立

扫一扫，看视频

通过 17.3.2 小节，我们知道两台计算机可以直连，但这发生在 20 世纪 90 年代，现如今两点直连几乎看不到了。90 年代的中后期，局域网开始大量投入使用。局域网指的就是连接了一定数量的计算机的小型内部网络，其中的重要核心基础就是集线器的出现。

集线器，英文名称 HUB，是作为最早的一代用于实现局域网的网络级联设备。几台计算机+网线（那个时代必须是直连线），再加一个集线器就可以组建一个小型局域网。

如图 17.32 所示，先从最简单的局域网开始，一步步逐渐升级最终形成互联网。

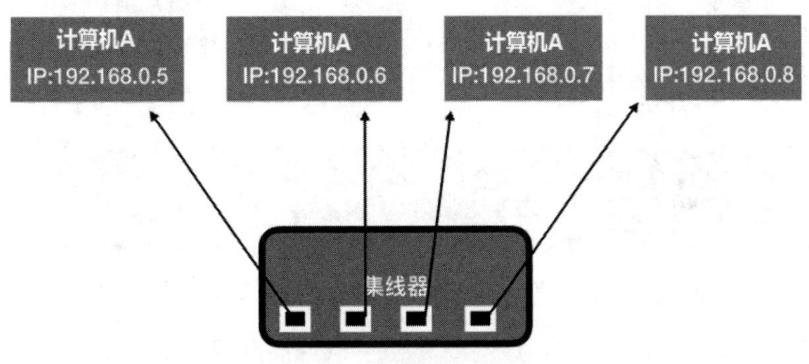

图 17.32　集线器的概念

很好理解，设置成同一个网段的 IP 地址（192.168.0.×）后，4 台计算机就可以互相访问。最早使用集线器就是这样简单地把几台计算机连接到一起，之后彼此可以互相访问。

如果说一个集线器不够（假设就 5 个口），还有更多计算机想共享这个局域网，那就会变成图 17.33 所示的方式。

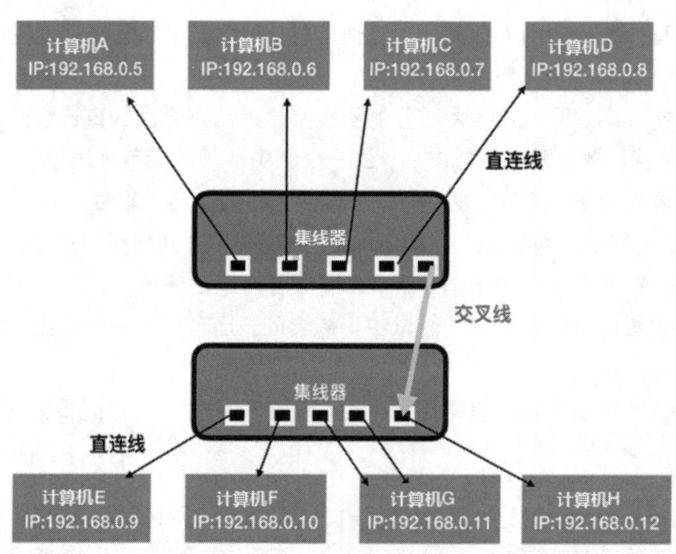

图 17.33　集线器的级联

如图 17.33 所示，如果更多的计算机想共享一个局域网，且一个集线器又不够，就要把两个集线器或者多个集线器级联起来才可以。

那试想一下，如果更多的计算机想共享一个局域网怎么办？会认为把几十个集线器全都级联起来，然后分别插网线到计算机，如图 17.34 所示。

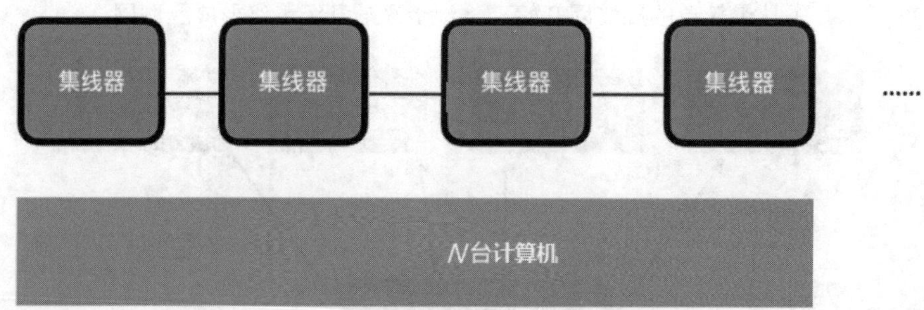

图 17.34　*N* 多台计算机如何级联

这么连接确实是可以实现，但这样组成的局域网的质量将奇差无比，且非常容易瘫痪。这是由于集线器的本质和缺陷所决定，接下来讲一下原理。首先要肯定的是，集线器的出现的确是局域网诞生的里程碑，但它有几个很致命的缺陷。

（1）带宽共享问题。集线器工作在物理层（OSI 的底层），本身完全没有智能的概念。看上去是一个分享设备，其实它的构造原理很单一，基本上就相当于是一条中间打了断点的网线而已。

如图 17.35 所示，可以这么理解，集线器就相当于一根共享用的网线，把 4 台计算机连接的网线都插进去，最后变成一根网线连上 4 台计算机。这样一来，4 台计算机之间的连接都走的是同一根网线，而网络通信的最大带宽其实就是由连接它的网线所决定。

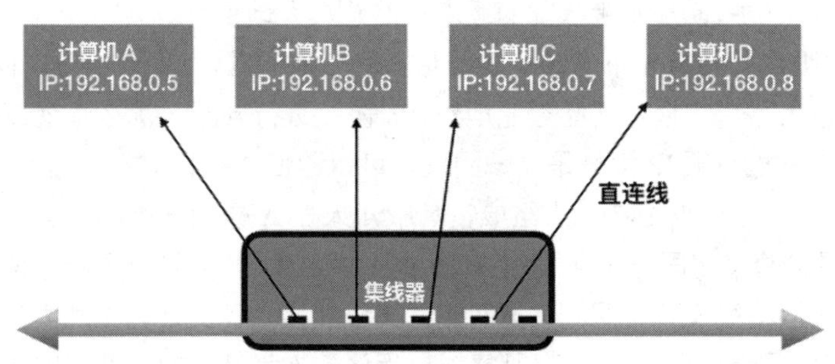

图 17.35　集线器的底层原理

在这种情况下，4 台计算机相当于共享一根网线，那么带宽也就只能共享这 10Mb/s。假设一台机器正在给另一台机器传送文件，使用 8Mb/s 的带宽，那么剩下的两台机器之间如果这时传送，也就只有 2Mb/s。

（2）广播风暴的问题。先要知道广播是什么，基于 IP 协议的网络通信，存在三种主要的通信方式：单播、多播、广播。这里解释一下单播和广播。所谓单播，就是一对一，单点和单点之间通信。互联网绝大多数的通信方式就是单播，我们平时看网页、电影、两台机器执行 ping、打游戏，几乎日常应用都是采用单播的形式。单播是最常使用的连网方式，只不过不知道罢了。

所谓广播，就是一对所有，单点对所有点的通信，我们对它了解不多，因为平时用到它的地方少。但需要强调的是，广播并不是说不受限制，一台计算机发出，所有计算机就全部能被波及，也有一定的作用和范围。

这里举一个离我们很近的使用广播的例子。当在一个局域网中去 ping 一台刚新装好的机器的 IP 地址时，其实就用到了广播。当我们尝试使用 IP 地址去访问一台机器时，其实真正做响应的是处于 IP 地址下一层的 MAC 地址。

但在第一次尝试去 ping IP 时，由于计算机并不知道 IP 地址对应的是网络中哪一个 MAC 地址，所以会先以 ARP 包的方式发送一次广播到当前所在同一个网段内的全部机器，之后才会得到正确的该 IP 和某 MAC 的对应关系，然后下一次就不用再发广播。

除此之外，广播还可以手动发送，之前学习过在 LNMP 环境中使用 keepalived 做 HA 高可用。所谓的高可用，说到底它的核心其实是健康检查+VIP 的游走，后面了解了 ARP（谁是 IP 对应的 MAC）和 GARP(Gratitude – ARP，即现在的 MAC 对应的是 IPA）原理之后，甚至也可以通过 bash 脚本，用发送广播的形式来实现这种 keepalived 的功能。

通过上面的两个例子对广播有了一定的概念后，回头来看集线器。由于集线器工作于物理层基于简单的信号放大器，等同于用一根线共享，根本做不到隔离，所以集线器可以想成是个大喇叭，只要有一台机器开始往外发信号，集线器也会拿着喇叭喊给连接自己的其他所有计算机（相当于发广播）。

并不是说发广播就一定造成广播风暴，而是大量地发送且在繁忙时有可能发生广播风暴。像集线器这样所有单播也都变成了广播，那发生状况的概率自然是大大地提高。

（3）地域和传输限制问题。先不考虑集线器带宽和广播问题，试想一下这种状况怎么解决。由于集线器是一个简单的放大器，它根本不能智能地对 IP 协议进行判断。那么也就造成了一个问题，那就是所有连接集线器的计算机必须 IP 地址是同一网段才可以通信。

看图 17.36，有一个工作小组由 7 个人组成，其中 4 人在 A 楼的一层和二层，另外 3 人在另外一栋办公楼。这 7 个人必须分享使用同一个网段的 IP 地址，以互相工作。这种情况下使用集线器能达成吗？难道要拉一根几百米长的网线横跨楼层间，把两边的集线器接上？另外，虽然集线器也可以级联，但集线器的级联数量有限制，不能超过 4 台，况且集线器无法接入光纤，如果使用网线级联，距离越长信号衰减越厉害，所以无法达成。

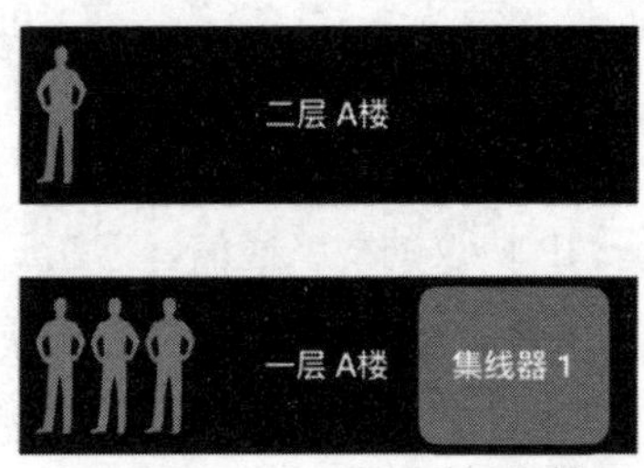

图 17.36　上网人所在地问题

通过本小节学习到了集线器的诞生对于局域网有着很重要的意义。但是随着局域网量的不断扩大，集线器由于自身的一些明显不足，无法再继续提供支援。那么要增加哪些方面的知识，才能扩大局域网？

扫一扫，看视频

17.3.4　集线器对局域网的发展限制

集线器是局域网诞生的里程碑，但随着局域网的不断发展，又变成了局域网的发展瓶颈。接着之前的题目继续往下延伸，先解决集线器的问题。

回看图 17.33，通过之前的学习已经清楚，集线器可以将多台计算机连接起来相互访问。但由于集线器存在多种缺陷：带宽独占、广播风暴、地域限制/IP 限制等。虽然说集线器可以通过级联的方式勉强地把大量计算机集合在一起，但随着规模的不断扩展，上述几个问题会越来越明显。

接下来就详细说一说不断扩大带来的影响。

（1）带宽的问题。图 17.33 所示，计算机 F 给计算机 A 发起网络传输，由于横跨两个不同的集线器，所以出现了集线器的级联，级联的方法是使用集线器上的单独一个 UPLINK。

集线器级联虽然可以不失为一种扩展局域网的方法，但它有很多弊端。其中会影响带宽的就是在实际使用中，不同集线器间的主机传送数据速度要略慢于同一个集线器内的主机间传送数据速度，因为级联的集线器通过一个级联端口用网线连接，其速度要慢于集线器内部广播的速度，而且级联端口上的数据冲突比率会较普通端口大，也会造成一些速度损失。

单独的集线器内共享一个带宽，如果通信要跨越集线器，那么会因为级联的问题造成更多的带宽损失。

（2）广播风暴的问题。多个集线器级联，并不会因为不在一个设备上就不会被广播波及。其实只要是同一个网段内的计算机发送任意通信，即使跨越集线器，其他计算机依然会被波及，相对的广播的范围也会越来越大，自然出问题的概率也就越大。

（3）地域问题/信号的衰减。这个问题更好理解，连接不同楼层之间集线器都很难互通，更别说再广的范围。

（4）IP 划分的问题。首先要提出来的是，企业中正确的网络规划，应该尽可能多地划分子网段，且每一个网段下的 IP 数量也不能过多。即便工程师对这个问题也不容易理解，思路往往是：内网 IP 多的是，自由使用，根本不缺 IP 地址，为什么还要分那么多子网段，全分在一个网段内？但事实并非如此，子网的划分，对于广播的隔离、带宽的使用以及网络管理权限的管理、防火墙的策略都有很好的帮助。但集线器由于是傻瓜设备，根本不能对划分的子网进行管理。

关于 IP 子网划分的问题补充一下。对于 IP 地址的分类，已有了解，不再细说。IP 地址分为公网 IP 和内网 IP。公网地址尤其是固定公网 IP 属于稀缺资源，所以对子网划分要求得非常严格，而且给的地址数量很少，因为钱很重要。

但是对于内网 IP，我们最熟悉的 C 类私有 IP 范围为 192.168.0.0~192.168.255.255，在组建网络时可能有误区，一个 192.168.0.0/24 可用的 IP 数量有 254 个，如图 17.37 所示。

如此看来即便是使用最常用的 24 掩码，也最少有 250 多个 IP 地址。如果 250 个 IP 地址不够用，把掩码往下减一减。减到 23 就有 510 个 IP 地址可以用，如图 17.38 所示。

网络和IP地址计算器

显示网络，广播，第一次和最后一个给定的网络地址:

IP/掩码位: 192 168 1 0 /24 计算 清除重算

结果:

可用地址	254			
掩码	255	255	255	0
网络	192	168	1	0
第一个可用	192	168	1	1
最后可用	192	168	1	254
广播	192	168	1	255

图 17.37　IP 地址计算器的显示

IP/掩码位: 192 168 1 0 /23 计算

结果:

可用地址	510			
掩码	255	255	254	0
网络	192	168	0	0
第一个可用	192	168	0	1
最后可用	192	168	1	254
广播	192	168	1	255

图 17.38　子网掩码降低为 23

减少到 22 就有 1022 个 IP 地址可以用，所以说私网 IP 数量足够使用，不过需要掌握一点的是，掩码越大，同一个网段的 IP 地址可用数越少，而网段数量越多；反之，掩码越小，同一个网段的 IP 地址可用数越多，而网段数量越少。

内网 IP 确实可以随意定掩码，随意使用，但如果是公网 IP，则要求分配时非常严格，通常一个企业都被 ISP 分配的固定公网 IP 掩码都在 28 以上，不太可能低于 28，如图 17.39 所示。

28 掩码给出 14 个可用 IP 地址，29 则只有 6 个可用 IP 地址，对于一般中小型企业来说已经比较奢侈了，如果掩码到了 30，实际可用 IP 地址只有 2 个，小型创业公司一般会这么用，掩码最高是 32，如图 17.40 所示。

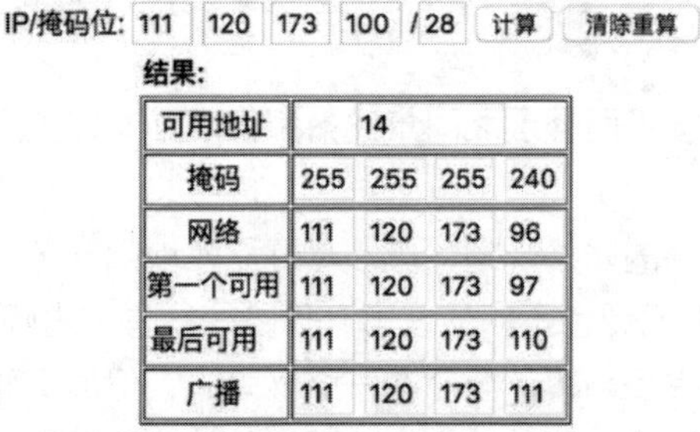

IP/掩码位: 111 120 173 100 / 28 计算 清除重算

结果:

可用地址	14			
掩码	255	255	255	240
网络	111	120	173	96
第一个可用	111	120	173	97
最后可用	111	120	173	110
广播	111	120	173	111

图 17.39　公网 IP 的掩码升高

IP/掩码位: 111 120 173 100 / 32 计算 清除重算

结果:

可用地址	one host			
掩码	255	255	255	255
网络				
第一个可用	111	120	173	100

图 17.40　掩码到了 32，可用 IP 只有 1 个

这里要补充说明一下，公网分配固定 IP 时，往往是采用 28 以上的掩码，因为公网 IP 地址很珍贵，如果分配 27 以下掩码（27 掩码实际可用 30 个 IP 地址），一般企业内部用不上这么多个公网 IP，不管公司内部员工上网使用，还是 IDC 机房。然而掩码设置的更高，也并不代表着就是更节约 IP 地址。就拿掩码 30 来说，实际上一共分配了 2 个 IP 地址，如图 17.41 所示。

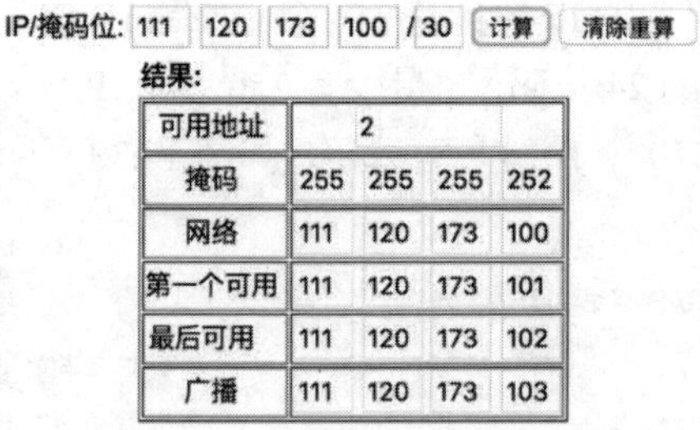

IP/掩码位: 111 120 173 100 / 30 计算 清除重算

结果:

可用地址	2			
掩码	255	255	255	252
网络	111	120	173	100
第一个可用	111	120	173	101
最后可用	111	120	173	102
广播	111	120	173	103

图 17.41　IP 地址的浪费问题

但这 4 个 IP 地址中，第一个 IP 地址用作网络位，最后一个 IP 地址用作广播位，所以实际可用的 IP 地址只有两个，那么来算一下，如果都按照 30 掩码来分配 IP 地址，是不是等于 50%的 IP 全都浪费了？所以很多 ISP 运营商会使用掩码 29，6 个实际可用 IP 地址，但是再把 6 个 IP 地址拆分给三家公司使用，所以说很多时候，并不是一个网段分给一个公司。

另外，公网所谓的固定 IP，也不等于永久 IP，公司会有变化，自然固定 IP 也会经常被回收再利用。

关于 IP 地址和子网划分的扩展知识就先讲这么多。集线器，一方面它是局域网依赖着互联网诞生的一个非常重要的奠基者；另一方面它的很多不足限制了局域网向广域网乃至互联网的发展。

接下来要讲的内容，自然就是集线器的替代者：交换机。在今天集线器依然存在，只不过换了一些形式。所谓的交换机替代了集线器，其实指的更多是企业级或 IDC 的大范围网络的使用，如几百人的公司，核心网络设备就必须上交换机。

17.3.5　交换机和路由器

扫一扫，看视频

交换机又叫作交换式集线器，作为新一代的局域网网络设备，可以说在各个方面都全面超越了集线器，成为企业级网络的首选设备。就拿之前讲过的集线器的几个缺陷来说，在交换机上都得到了完美的改善。交换机为什么就如此强大呢？有下面这几个特点。

（1）带宽共享问题。交换机的每一个端口都视为独享端口，当一台计算机连接在一台交换机的端口发送数据时，和其他端口无关。即便多台计算机同时发送数据，彼此之间也不会发生任何的冲突。所以，每一台连接交换机的计算机，都会有自己独享的带宽，这一点完胜集线器，如图 17.42 所示。

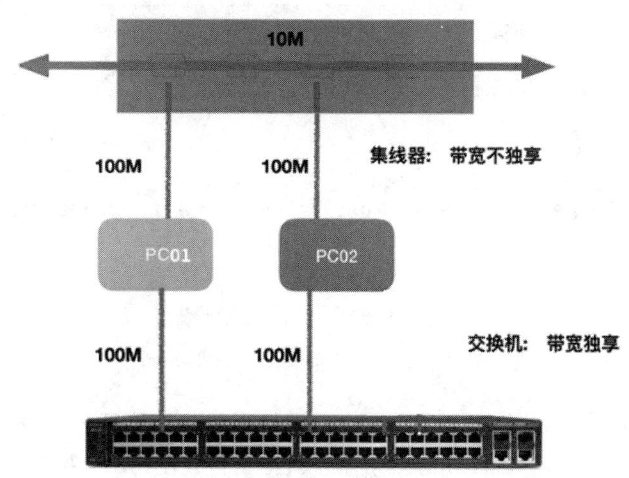

图 17.42　解决了带宽共享问题

（2）广播风暴的问题。交换机由于端口与端口之间是分开的，不会像集线器那样，即便是单播的请求，也会以广播的形式发给所有端口。所以，单从这一点来说，交换机发生广播风暴的概率就会大大的降低。

另外，智能交换机的 VLAN 也可以对广播风暴起到一定的抑制作用。但需要说明的是，包括很多工程师在内，都误认为有了交换机就不会产生广播，这个想法绝对错误。广播本身并不是一定有害的，很多场合是必须使用广播形式，所以交换机中一样会存在广播的产生。

（3）地域问题以及划分子网。这两个问题放在一起说，用实例来解释，用了交换机以后，在遇到之前的复杂局域网的问题时交换机如何表现。

图 17.43 所示是集线器，同一个集线器只能用来连接同一个网段 IP，如果出现了不同网段的机器，跟其他计算机无法通信。

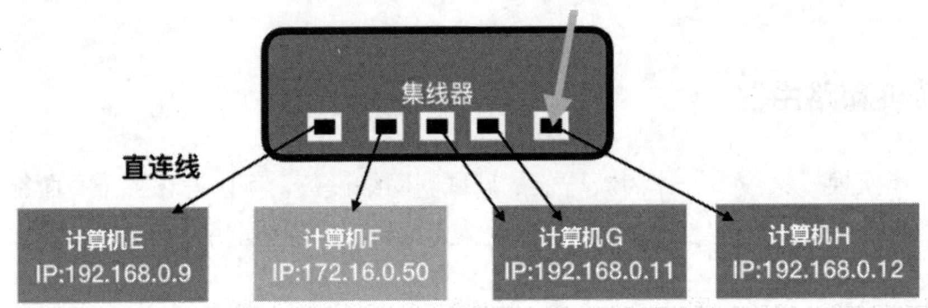

图 17.43 老式的集线器会有区域划分问题

图 17.44 所示是交换机，可以看到：不同网段的计算机，都可以接入同一台交换机。

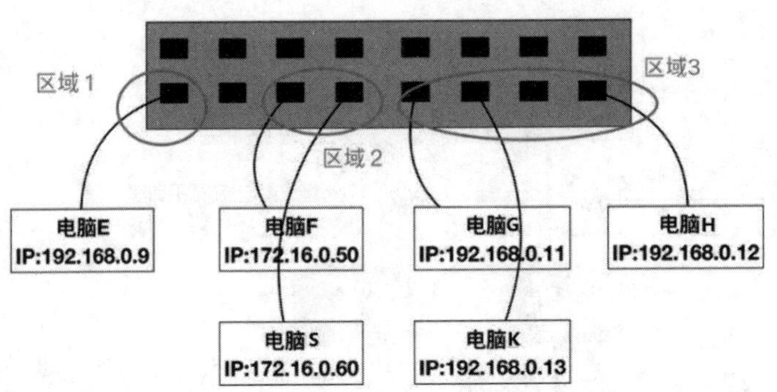

图 17.44 交换机如何解决区域划分问题

计算机 E、G、H、K 是 192.168 网段，互相之间可以通信，计算机 F、S 是 172.16 网段，直接也可以正常通信。为什么交换机可以让不同网段的机器正常接入且互不影响，是因为交换机中存在一个叫作虚拟子网的概念，也就是 VLAN。

交换机通过设置，可以把计算机 E、G、H、K 所对应的这 4 个端口划分进入一个 VLAN，叫作 VLAN01。计算机 F、S 所对应的两个端口划分进入另一个 VLAN，叫作 VLAN02。之后，就算有其他的属于这两个网段的计算机再接入交换机其他的端口，只要把端口再次划入这两个 VLAN 就可以通信。

其实 VLAN 也就可以理解为一个逻辑的子网，有了它就可以不再拘泥于任何端口和设备的限制，随时接入随时划分。

有了交换机的这种端口划分进入 VLAN 的方法，之前集线器对于地域的限制就可以迎刃而解，放到企业中以后是图 17.36 和图 17.45 所示的方式。

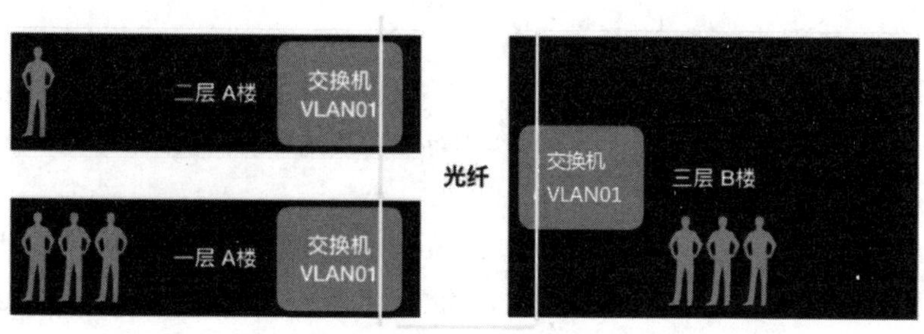

图 17.45　交换机在企业中

其中，集线器由于各种限制无法完成楼层间跨域级联，不过交换机就没问题，交换机可在每一个楼层每一个办公室设置。所有的员工可以完全不顾，只要就近有交换机就可以随时接入，端口也不限定，有口就接上，因为只要把端口划入需要的 VLAN 中，就等于全接在一个子网中。

另外，图 17.45 中的线代表光纤（光纤是一种以光信号代替电信号，获得更稳定、更快速、更长距离的新一代传输技术），交换机中有专门的光纤转换插槽。接入光纤模块后，就可以完成光纤的接入。另外，光纤也可以在楼宇间长距离部署，通过竖井打通两边，并通过 ODF（光纤配线架）接入小机房，并最终连接上交换机。通过光纤级联交换机是目前多数企业倾向的部署方法。

接下来要说到路由器，同网段之间如果要互相访问就必须借助路由器。路由器是具有路由功能/数据包转发功能的设备。路由器工作在 OSI 七层模型的第三层，简单地说它认识 IP 地址，也可以分析 IP 包内部。而之前说的交换机处于第二层，它不认识 IP 地址，只认识 MAC 地址，而集线器处于第一层，除了模拟信号外其他都不认识。

然而路由器的形式实际上多种多样，并不拘泥于某一种。路由器可以是一个类似家用那样的 D-Link 设备，也可以是企业级的硬剑路由器，也可以是一台 Linux 主机，也可以是一台三层交换机。不管设备的外形是哪种，其实做的基本的事情都一样，就是拥有路由数据包转发功能，把两个不同的网段分段连接在一起，相互转发请求。

接下来，用 Linux 机器充当路由器来看一下，如图 17.46 所示。

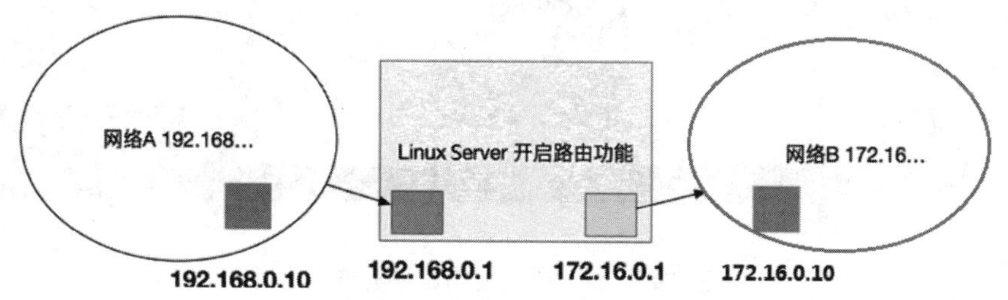

图 17.46　Linux 服务器充当路由器

假设现在有三台物理机，最左边的一台，一块网卡，IP 地址设置 192.168.0.10，并且网线连接到中间的一台服务器的一块网卡，默认网关设置 0.0.0.0→192.168.0.1，如果使用 ifcfg-eth0，添加 GATEWAY=192.168.0.1 即可。

中间的物理机就是作为路由器使用，需要真实地存在两块网卡。两块网卡的 IP 地址：192.168.0.1 和 172.16.0.1。

之后设置 Linux 开启路由转发功能 echo 1 > /proc/net/sys/ipv4/ip_forward，最右边一块网卡设置 IP 为 172.16.0.10，连接到中间机器的 172.16.0.1 的网卡，同样确认默认网关设置为 172.16.0.1。

中间提到一个关键字：网关，这个需要详细说一下。网关，对于客户端而言，当客户端有连接外网需求时，就必须设置网关。网关的设置，其实就是设置了另一个 IP 地址，意思是说，如果要访问某一个其他网段时，通过这个网关出去。另外，网关并不是存在客户端机器上的，而是存在离客户端机器连接到的路由器上。

说得再明白一点，最左边的机器，本身的 IP 地址为 192.168.0.10，如果没有路由器的存在，它就只能访问同一个网段的其他机器。如果有一台机器的 IP 是 172.16.0.10，与它就不在一个网段上，那么为了能访问它，必须借助路由器，然后把路由器上和自己直接连接的端口 IP 地址设置为自己的网关。网关的 IP 必须和自己的 IP 同在一个网段。

上面的例子是用三台计算机来实现路由器连接两个不同网段，但实际工作中，机器的数量是很大的，路由器的端口有限，不可能把所有计算机都直接物理连接到路由器上。所以，必须借助集线器或者交换机才可以。

先看使用集线器的状况。如图 17.47 所示，所有的计算机都先连接集线器，并且保证都在同一网段，然后集线器连接路由器。以这样的方式，来实现多台计算机不同网段之间的通信。集线器+路由器可以承担 10~20 台左右且地域跨度不大的局域网规模，如果数量级再大，就不行了。

图 17.47　集线器结合路由器的情况

接下来用交换机替换掉集线器，看组成的局域网是什么样子。首先是各个办公室，各个楼层的员工计算机，统一都接入交换机，分成三个网段，如图 17.48 所示。

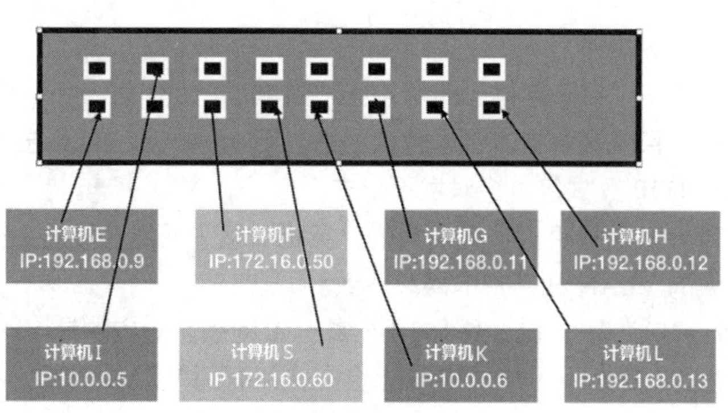

图 17.48　交换机的无限制接入方式

完整的如图 17.49 所示，4 台交换机分散在不同楼层不同的屋子，员工近 100 人，分散在不同的位置，按照自己规划的网段设置自己的 IP 地址，并且就近接入交换机，设置自己的网关。

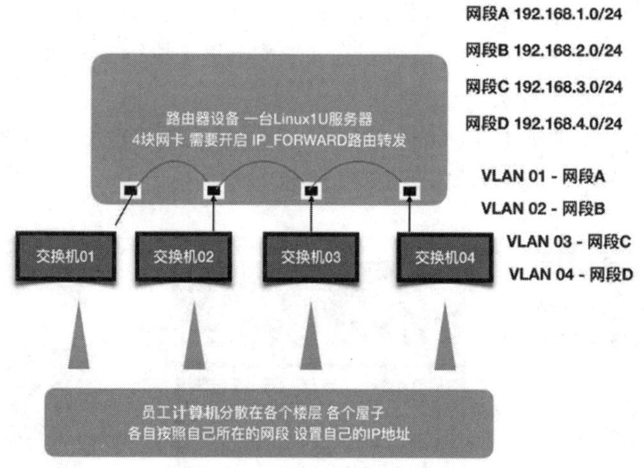

图 17.49　交换机和路由器结合的情况

网关的设置更确切地说是默认路由的设置，不管在 Linux 还是在 Windows 设置好网关后，都会出现如图 17.50 所示的一行显示。

```
[root@192 ~]# netstat -rn
Kernel IP routing table
Destination     Gateway         Genmask         Flags   MSS Window  irtt Iface
0.0.0.0         192.168.0.1     0.0.0.0         UG        0 0          0 enp0s3
192.168.0.0     0.0.0.0         255.255.255.0   U         0 0          0 enp0s3
192.168.122.0   0.0.0.0         255.255.255.0   U         0 0          0 virbr0
```

默认路由

图 17.50　Linux 查看默认路由

如图 17.50 所示，这是在 Linux 下查看本机的路由表，其中框出来的这一行就是设置网关后，在路由表中添加了一行默认路由。默认路由的意思是如果我这台机器想访问其他任何外网，都先发送到最近的网关地址（192.168.0.1 在路由器上）。

对于一个普通计算机用户，会设置自己的网关就不简单了，但作为一名运维技术人员，一定要多了解一层，就是网关的设置其实就是设置本机的默认路由，而 IP 数据包的发送必须结合路由表。如果没有路由表，即便同一网段的 IP 数据包也绝对发不出去。

接下来是交换机的部分。交换机直接和用户的计算机对接（网线直接连上交换机的一个端口），交换机上设置这个端口所属的 VLAN 和用户的网段一致。

如图 17.49 所示，若用户计算机 IP 192.168.1.5 属于 A 网段，对应的是 VLAN01，所以这个端口在交换机上要手动划分进入 VLAN01。一台交换机上会存在所有的 VLAN （01、02、03、04），并且所有交换机只要级联起来，就共享拥有所有的 VLAN。正是由于交换机 VLAN 的存在，用户接入局域网非常的便利，有口就接上。

另外，交换机很智能，支持远程 SSH TELNET 等方式让运维人员连接上去，之后使用命令行配置各台交换机端口。之后，4 台交换机使用一个端口分别连接到一台 1U 物理服务器上。这台物理服务器的 4 块网卡需要对应 4 个网段分别设置网卡地址。

之后开启 Linux 上的 IP_FORWARD，就可以在 4 块网卡直接执行 IP 数据包的转发，也就是充当路由器的功能，这样我们的局域网完成。

接下来给出一个真实的企业级 100~200 台左右局域网规模，使用 Cisco 二层交换机+Cisco 三层交换机+Juniper 路由器/防火墙+功能服务器，如图 17.51 所示。

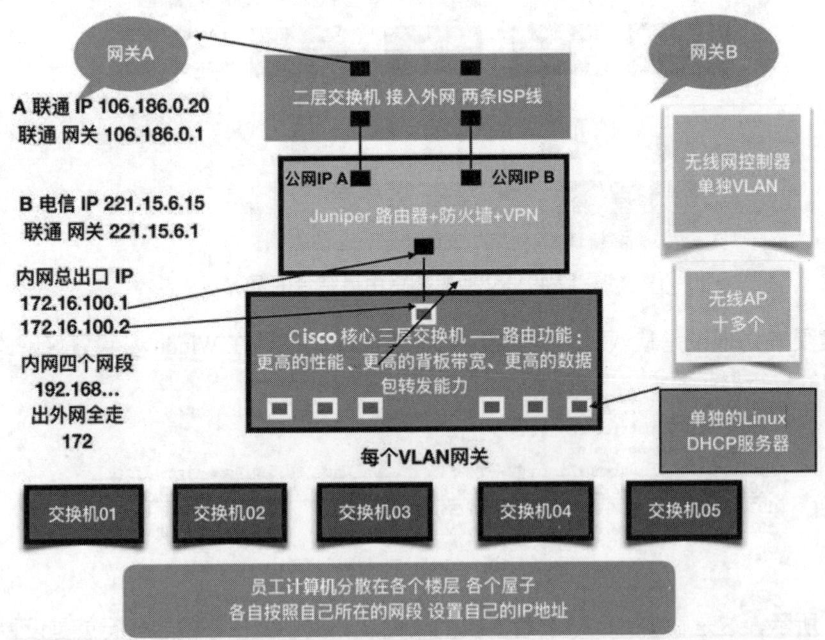

图 17.51　企业级的网络部署

图 17.51 所示是大米哥曾经兼做网络工程师时，设计并搭建的一个企业网络框架。从中可以看到，真实企业网络架构确实复杂很多，需要考虑的东西也很多，分以下几点。

（1）加入一个三层交换机。为什么交换机还分层？在网络设备中，凡是说到几层的概念，其实都指的是相对于 OSI 七层模型的第几层来说的。所谓的二层交换机，最简单的解释，只认识 MAC 地址的，不认识 IP 更不认识 IP 数据包首部的内容。

说到这里，可能会问，二层交换机只认识 MAC 地址，那为什么计算机连了二层交换机 IP 地址都可以 ping 通了？它不是不认识 IP 吗？其实是这样的，二层交换机虽然不认识 IP，但计算机在尝试去访问一个 IP 时，是先调用第三层的 ARP 协议，然后 ARP 协议以发广播帧的方式（广播帧是二层的概念，所以二层交换机可以识别）传到整个二层交换机，再把对应的 MAC 地址返回来。

三层交换机其实是在二层交换机的基础上，加入了更高层对 IP 数据包头的识别能力，所以它可以进而根据 IP 数据包头做不同网段之间的通信转发，这就是路由功能。

三层交换机拥有更强的性能、更高的数据包转发能力，所以将所有二层交换机统一连接到自己，把内网 192.168 的几个网段的网关都设置在三层交换机上，用于分担上一层路由器的压力。

这样，内网 192.168 的 4 个网段之间的访问就全由三层交换机分担。在这里需要记住一句话，所有的网关都是设置在路由器上，路由器上的网关越多，负载量相对也越大。

（2）在三层交换机的顶部看到还有一个端口，这个端口做什么？下面的所有的员工计算机并不是只有相互之间的互访，肯定还有大量的对外访问公网，所以最上面的端口负责继续向公网那一段传送数据包。

最上层的端口配置一个单独网段的 IP 地址——172.16.100.2。这里不太容易理解，可以把这个三层交换机想象也是一台计算机，如果能上网，就自然带着下面的所有层次都能上网。所以三层交换机也需要有自己上网的网关，网关在哪里？在上一层的路由器上。

（3）新加入了 Juniper 路由器+防火墙+VPN，其中的 Juniper 设备具体地说是 Juniper SRX220 三合一体网络设备。它同时具有路由器的功能+防火墙策略功能 + VPN 隧道功能。

路由器的功能：最容易理解，这里和一台开了 IP_FORWARD 的 Linux 主机一样，跟三层交换机也一样，路由器的功能就是可以让多个网段之间相互访问转发数据包，只不过在这里，Juniper SRX220 的数据包转发能力要弱于三层交换机，但强过于 Linux 服务器。

防火墙策略功能：与之前学过的 iptables 防火墙很相近，只不过 SRX 的防火墙功能比 iptables 要强大得多，也丰富得多。SRX 防火墙策略功能中除了拥有过滤型，支持 DNAT、SNAT 等这些基本防火墙公网外，最重要的是它支持安全策略的设置。

安全策略，简单地说可以把多个网段划分进入一个安全区域，在各个安全区域之间做单向或者双向访问策略。

另外，SRX 也支持策略路由，如图 17.51 所示中有两条外线，按照向外访问请求的类型分路出去，也可以支持两路相互备份。

Juniper 系列网络设备，目前在国内外都掀起一阵旋风，除了有路由器、防火墙设备外，也有 Juniper 交换机（主要是高端交换机），也有独立 VPN 设备。其实目前企业中，偏向于交换机使用 Cisco 或者华为，而防火墙路由器使用 Juniper。不过 Juniper 跟 Cisco 一样都有独立的一套 OS 操作系统和命令行，需要花费很长时间去具体学习操作方法。

下面简单介绍一下 VPN 是什么。VPN 虚拟专用网络，是一种在公网上建立专用网络并且兼有加密的功能。这么说可能不太好理解，如图 17.52 所示，VPN 技术主要分为两种方式，一种为拨号 VPNS；一种为 VPN 隧道。

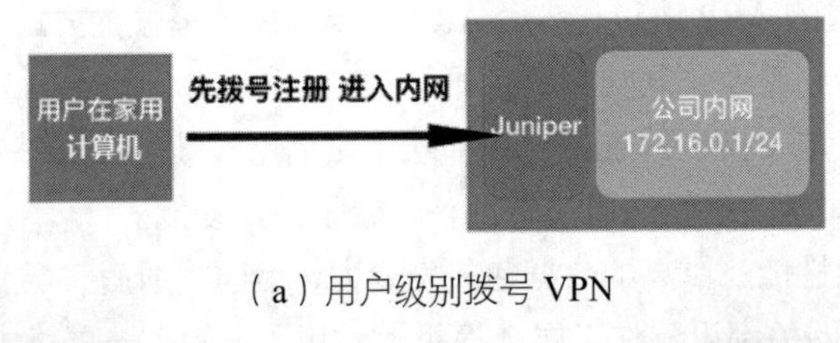

（a）用户级别拨号 VPN

（b）企业级别 VPN 隧道

图 17.52　VPN 的概念

VPN 主要的目的，其实就是打通内网；拨号 VPN，例如当一个员工下班回家后，就不可能再访问得到公司内部的任何机器或者服务器。

通过这种方法，先拨号进入 VPN 设备（也可以是软件），获得临时进入公司内网的权限和一个临时 IP 地址，之后与在公司上班一样，内部所有资源都可以使用。企业中这种用法很普遍，一般公司有很多内部服务器上的资源，如企业 OA 系统、财务系统、数据管理后台等都是保密性质比较强。

虽然通过之前学过的 iptables DNAT 也可以实现从外向内的访问，但并不安全，也不方便，最好的方式其实就是这种拨号 VPN。VPN 隧道，不需要经过拨号，就可以双向访问内网。这种技术一般在中型大企业中普遍使用，如公司内部有几百员工，需要时常访问 IDC 机房中的服务器内网，或者公司在北京和南京分部两边需要互访内网。

这种 VPN 隧道需要每一边都安置并配置 Juniper 防火墙设备，全部连接上公网，设置 IPSec、VPN 专用的路由表、加密方式，之后两边的员工就可以任意访问对方的内网 IP 地址，感觉不到公网的存在。

Juniper 设备这种独立硬件网络设备架构成本都很高，作为运维能不能用我们学到的技术免费实现？最后对上面这几个阶段总结一下。

从单点网络，到小局域网，到企业级局域网，再由多个局域网形成广域网，最终形成互联网。但如果从 TCP/IP 的第三层（IP 协议层）的角度来说，不管互联网架构多么复杂，说到底层的话，实际上都是 IP 数据包在无数交换机和无数路由器之间的传递而已，即 IP 封包→家用集线器→家用路由器→小区交换机→路由器→运营商交换机→主干网传输→目标地所在局域网（某一个网站）。万变不离其宗，其实都是网络层面的传送，其他的所有高层应用都是在这个之上。所以说 IP 封包作为最基础的载体拖着整个互联网应用，一定要再继续学习它更多的细节。

17.3.6　IP 协议四大基础点

有了充分的对于复杂局域网技术的掌握，对 IP 协议的下一步深入学习，分几个概念点逐一学习。

1. 路由存在底层含义

通过之前的学习认识到，路由器是网络传输中必不可少的重要环节，没有路由器的话就不可能将多个网段连接在一起。但到这里可能会有个疑问，为什么不同网段非要用路由器（或者是有路由功能的其他设备，如 Linux）才能互通?

要解释清楚这个问题，就必须深挖一层。回看 OSI 七层模型图（图 17.16），看一下网络层和数据链路层。之前提到，网络层能识别 IP 也就是能识别 IP 封包的首部，而数据链路层能识别 MAC 地址和首部。

这里要提出一个知识点：计算机和计算机通过网络识别对方，真正依靠的是第二层的 MAC 地址，而 MAC 地址只能工作在同一链路上的计算机。

什么叫作同一链路上的计算机？这里必须再次拿出集线器来说。例如，一个集线器连接上 4 台计算机，这 4 台计算机就工作在同一个链路上。MAC 地址就可以被识别，因为它们共享着同一个物理介质。

但集线器口没那么多，所以通过级联还可以把几个集线器连一起，再多连接 10 几台计算机，就又成为同一个链路。不过之前也提过，集线器不能无限扩展联合，因为会有以太网限制和信号衰减的问题。

所以说集线器的联合体所形成的能被 MAC 地址识别的同一物理链路最终一定会被中断。中断了就在别的地方另起集线器，再组成一个集群。不过集群与集群之间归根到底必须还是要连在一起，不然都各自为政，分开的局域网又有什么意义。

所以为了解决 MAC 地址不能跨越不同物理链路的问题，于是才使得 IP 协议诞生，也就是 IP 地址。但是 IP 协议必须有能读懂它的设备才行，于是有了路由器。

后面学习过交换机，直接连接计算机设备的交换机称作二层交换机，二层的意思也就是说交换机也不认识 IP。但是由于交换机认识 MAC，所以它可以把不同物理链路在自己身上划分出多个区域，这就是 VLAN。

虽然通过 VLAN 把几个区域都融入自己，但二层交换机也没有能力让这几个区域之间能相互通信（因为二层不认识 IP 协议），所以说即便升级为二层交换机的集群，也必须有三层交换机或者路由器设备加入才能让区域之间通信。

这样就明白有了 IP 才能突破 MAC 的限制，而 IP 协议的识别只能依靠有路由功能的设备。

2．路由跳点

现在明白只要访问外网，一定会经过路由器，那么如何知道 IP 封包在被递送的过程中经过了多少个路由器？TCP/IP 网络中，对于 IP 数据包来说，每经过一个路由器称为一跳。而 IP 协议首部中，有一个字段称作 TTL，意思是 Time To Live（生存时间），是为了追踪 IP 数据包在被每一个路由器转发时留下一个记录。

每当 IP 数据包经过一个路由器转发，这个数值就会被-1，如果到达目的地之前，这个数值被扣完，那么 IP 数据包会被丢弃。

TCP/IP 协议中之所以设置这个 TTL，初衷是为了预防 IP 封包在被路由器转发过程中出现死循环，而无限在一个或者多个路由器之间无休止地转圈，另外也有恶意转发数据包循环的可能，所以才设置，让它有一个生命周期，不可能无限地存在下去。

TTL 数值存在并设定在操作系统中，每一种不同的操作系统设置的基础 TTL 数值不一样，如下：Linux 为 64，Windows 为 128 (最新的 Windows)，UNIX 为 255。

那么如何利用上面学到的知识得知达到一个目标 IP 地址中间经过了多少个路由器？这个问题说实话比较复杂，先用熟知的 ping 命令来了解一下。尝试使用 ping www.sina.com，如图 17.53 所示。

```
[root@192 ~]# ping www.sina.com.cn
PING spool.grid.sinaedge.com (123.126.55.41) 56(84) bytes of data.
64 bytes from 123.126.55.41 (123.126.55.41): icmp_seq=1 ttl=55 time=6.98 ms
64 bytes from 123.126.55.41 (123.126.55.41): icmp_seq=2 ttl=55 time=4.71 ms
64 bytes from 123.126.55.41 (123.126.55.41): icmp_seq=3 ttl=55 time=8.59 ms
64 bytes from 123.126.55.41 (123.126.55.41): icmp_seq=4 ttl=55 time=13.5 ms
```

注意画圈的这里

图 17.53　ping 中看到的 TTL

图 17.53 所示画圈部分(ttl=55)是 ping 通后的结果，返回了一个 ttl=55 结果。这是什么意思？网上很多解释是这个数值是用客户端的基础 TTL 值减去中间的路由跳数得到的。也就是说，若用的是 Linux 系统，默认是 64TTL，64−48=16，然后得出来中间跳数（经过的路由器数量）是 16 个。这种说法是误人子弟，绝对错误。

用一个方法就能很轻松地证明这种说法的错误，分别用自己的 Linux（64TTL）和 Windows(128TTL) 去 ping 同一个地址，得到的结果是 ttl=55，都一样。

而 Windows 和 Linux TTL 默认值差了一倍，这就足够证明 ping 返回的 TTL 数值不是只由本地决定。实际上，TTL 返回的数值还需要由目标端的 TTL 默认值决定。如果目标端是 Windows 操作系统，返回来数值是 55，那么中间经过的跳点是 73(128−55)；如果目标端是 Linux，返回数值 55，那中间跳点就 9(64−55)。

这么一来就有一个问题，没办法通过 ping 的 TTL 返回值准确地判断中间经过的数量。那么接下来给出一种方法，可以使用反复测试的办法调试。如图 17.54 所示是一种更改本地 TTL 数值的方法。

```
[root@server01 ~]# echo 8 > /proc/sys/net/ipv4/ip_default_ttl ; ping www.baidu.com
^C
[root@server01 ~]# echo 9 > /proc/sys/net/ipv4/ip_default_ttl ; ping www.baidu.com
^C
[root@server01 ~]# echo 10 > /proc/sys/net/ipv4/ip_default_ttl ; ping www.baidu.com
^C
[root@server01 ~]# echo 11 > /proc/sys/net/ipv4/ip_default_ttl ; ping www.baidu.com
PING www.a.shifen.com (61.135.169.125) 56(84) bytes of data.
64 bytes from 61.135.169.125 (61.135.169.125): icmp_seq=1 ttl=55 time=6.57 ms
64 bytes from 61.135.169.125 (61.135.169.125): icmp_seq=2 ttl=55 time=5.38 ms
^C
--- www.a.shifen.com ping statistics ---
2 packets transmitted, 2 received, 0% packet loss, time 1001ms
rtt min/avg/max/mdev = 5.387/5.982/6.578/0.600 ms
```

图 17.54　限制 TTL 的方法

首先需要确认的是，虽然 ping TTL 返回的是对端 TTL 跳数。但是数据包真正能经过几个路由器却是由本地 TTL 数值决定。如果本地 TTL 设置为 1，那么经过一个路由器就被丢掉，根本到不了对端。所以通过这个方法可以反复修改本地的 TTL 值，来测试 8、9、10、11，最终 11 跳能通，说明 11 跳是准确的。

3. 路由表

其实 IP 数据包在网络中传输时，不光要依赖路由器，还必须有路由表才能真正地送到对端。路由表就是从发起端开始，到终点为止，中间每个节点上（不管计算机还是路由器）都存在一个用于给 IP 数据包指向的表格。

用最简单的一个路由设备连接两个节点来看，如图 17.46 所示，从最左边的开始看，当一个 IP 数据包要被发出去之前，一定会先查本机的路由表。路由表的格式其实很简单，就是 |目标网络| |使用网关 IP|。

如图 17.46 所示，如果希望到 172.16.0.0/16 这个网络，那么就必须使用 192.168.0.1 这个网关 IP 才能出去。如果要去同一个网络中 192.168，不需要经过路由，但是路由表中必须也指名。

用命令 netstat -rn 或者 route -n 都可以看到本机的路由表，如图 17.50 所示。

从中可以看到最重要的两条信息：

（1）0.0.0.0　192.168.0.1 是一条路由信息，也叫静态路由。

（2）192.168.0.0　0.0.0.0 是第二条路由信息。

需要说明的是，路由表中有一条算一条，都叫一条静态路由。那么，0.0.0.0 代表的是什么？0.0.0.0 代表所有 IP 地址网段，意思就是说不管去什么网络（注意指的是外网）都经过 192.168.0.1 这个出口。所以这一条静态路由也称为默认路由，可以替代全部的外网网段，一条信息就搞定。

192.168.0.0　0.0.0.0 是什么意思？这样一条去往同网段的路由信息又称为直连路由，意思是如果要去 192.168 的网段，不需要经过任何路由器，就可以来去自如。0.0.0.0 代表忽略网关。

现在又遇到一个问题，这两条路由信息之前不知道，也不是手动设定的，哪里来的？其实当设置 /etc/sysconfig/network/scripts/ifcfg-eth0 时，设置了 GATEWAY=？？？这里就是设置一条默认路由。而直连路由不需要设置，只要接上局域网配置好的本地 IP，service network start 后，自动添加。

除此之外，路由信息其实都可以手动设置。尝试使用以下命令来测试：

```
route del -net 0.0.0.0                       #把默认路由删除，试试看，外网公网还能 ping 通吗
route add -net 0.0.0.0 gw 192.168.100.1 #必须手动再加回来，或者重启网卡也可以
```

4．分包与重组

例如从网站下载一部电影，或者朋友之间传送一个大文件，感觉好像是这个文件一次性就传过去了。其实当深入 IP 协议的层面上，网络发送数据包，并不是打一个包直接就发过去对方就收到。而真正的情况是，网络发送 IP 数据包都是会分片传送，如图 17.55 所示。

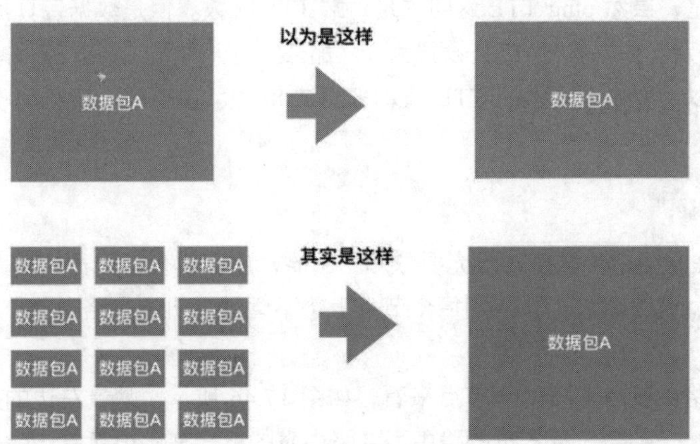

图 17.55　网络传输中的数据包分片

如图 17.55 所示，网络中发送 IP 封包会先由主机分片，然后一个个分片独立发送到达目标后，再一个个分片由目标主机重组起来。

从 17.3.7 小节开始讲解 IP 协议首部（IP 数据包的首部），之后就会对这个分片的概念有更清楚的了解。

17.3.7　深入学习 IP 封包首部结构

通过之前的学习，对于包首部已不陌生，数据实体+首部就是 OSI 七层模型中最重要的核心。之前学了很多如单点网络、局域网、交换机、路由安全策略，其实说到底，之前学习的这些内容就是如何利用 IP 协议来组建形成网络。

然而 IP 协议正是以 IP 首部为基准来进行工作，没有首部所有 IP 协议都会化为泡影。那么接下来，看图 17.56 所示 IP 协议的首部内容。首先，IP 协议的首部与数据实体比起来很小。从图 17.56 中最上面的左边可以知道，首部小到只能用比特来计量（bit）。

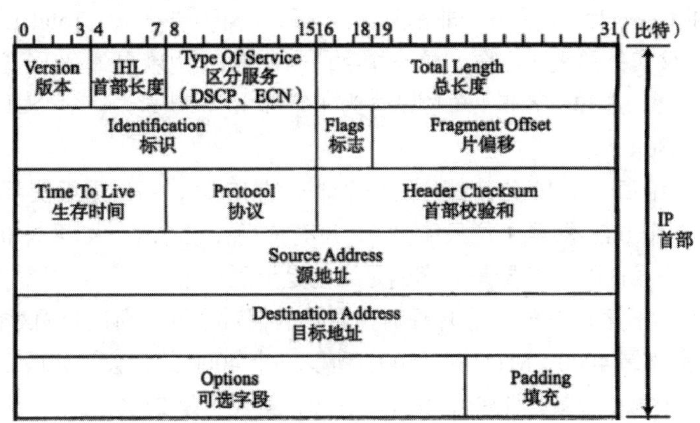

图 17.56　IP 协议的首部

IP 协议首部一共只有 32 个 bit。计算机中数据存储单位中最熟悉的就是 MB。

1MB = 1024KB = 1024×1024byte = 1024×1024×8 bit ，所以 1MB 等于 8 388 608 bit。

因为互联网文件越来越大，人们总习惯用大单位 MB、GB 等，其实计算机真正的存储单位就是 bit（比特）。一个比特这么小，能存什么？计算机只认识二进制数，一个比特是二进制中的一位。

明白单位大小后，来看 IP 首部中的每一个字段是什么概念和用途。

（1）版本号：一般情况下就是 4，代表的是 IPv4。其他的不常用，IPv6 以后会慢慢过渡过去，但是离我们目前太远了，我们的职业生涯都不见得能等到 IPv6 的普及，其他的版本号几乎没有用处，不用理会，如表 17.3 所示。

表 17.3　版本号

版　　本	简　　称	协　　议
4	IP	Internet Protocol
5	ST	ST Datagram Mode
6	IPv6	Internet Protocol version 6
7	TP/IX	TP/IX: The Next Internet
8	PIP	The P Internet Protocol
9	TUBA	TUBA

（2）首部长度：一般固定为 5（隐含单位是 4byte），所以就是 5×4byte = 20 byte (20 字节)。其实就是一个 IP 首部的总大小是多少。

在图 17.56 中可以看出，横坐标一共 32bit(4 字节)就是刚才说的单位。纵坐标一共分为 6 层，但是一般第 6 层的内容不需要，所以只剩下前 5 层，也就是 5×4 = 20 字节(160bit)。

（3）区分服务（TOS）：这个字段整个互联网都没有在使用，所以可以略过。

（4）Total Length（总长度）：是一个非常关键的字段，需要讲一下。Total Length 中存的数值代表着整个 IP 包，首部+传输实体总大小上限。这一个字段长 16bit，也就是最多 16 位的二进制数字，所以最大就是 2 的 16 次方，即 65 536 字节（单位隐含为 1 字节），也就是说，一个单个 IP 封包最大的大小在 IP 协议中限制在 65 536。

（5）标识位：用于给每一个 IP 分片都分配一个唯一的 ID 号，用作重组使用。

（6）标志位：有 3 个 bit，即第 1 位只能是 0，没有使用；第 2 位，如果是 0 则表示可以分片，如果是 1 则表示不能分片；第 3 位，如果是 0 指的是当前是最后一个分片，如果是 1 则否。

（7）偏移位（FO）：代表的是一个分片相对于原始的相对位置，而这个相对位置按照字节来计算。假设第 1 个 IP 数据包实体是 4000，MTU 是 1500，所以一个 4000 的包会被分成三份，即 1500 + 1500 + 1000。第 2 个分片相对于第 1 个就是 1500，第 1 个是 0，第 3 个是 2500。

（8）生存时间（TTL）：之前已经讲过，就是 ping 返回的那个 TTL 值。这个字段 8 位，最多就是 2 的 8 次方，所以 TTL 不管在任何操作系统中，都不能超过 256。

（9）协议（Protocol）：是最重要的字段之一，如图 17.57 所示，这个字段用来表示上一层下来协议首部是什么协议。

图 17.57　协议字段

（10）首部校验和：用来检查一个数据包的首部在传输过程中有没有损坏。

（11）源地址：IP 协议首部第二重要的字段，就是源 IP 地址。

（12）目标地址：IP 协议首部第一重要的字段，就是目标 IP 地址。

以上就是 IP 协议首部的所有字段，快速理解掌握确实有难度，需要实践来掌握。先进入下一小节，使用基于第三层协议的攻击来巩固上面的知识。

17.3.8　基于第三层的攻击和防御

我们在开始时就提过公司会议的内容、集群安全防护必须加强，其中一项就是对 Death Ping 的防

御。死亡之 ping 从这种攻击的名字上看，就能猜出来它和 ping 命令有关。

使用一个简单的 ping 命令就能发起攻击？听上去不可思议，但事实确实如此。早期，就算是一个不懂任何 TCP/IP 技术的、也不懂网络的普通人只要知道 ping 命令的使用方法，知道对方的 IP 地址，就可以轻松发动攻击，而且效果非常显著。

接下来，通过图 17.58 来解释死亡之 ping 攻击原理。

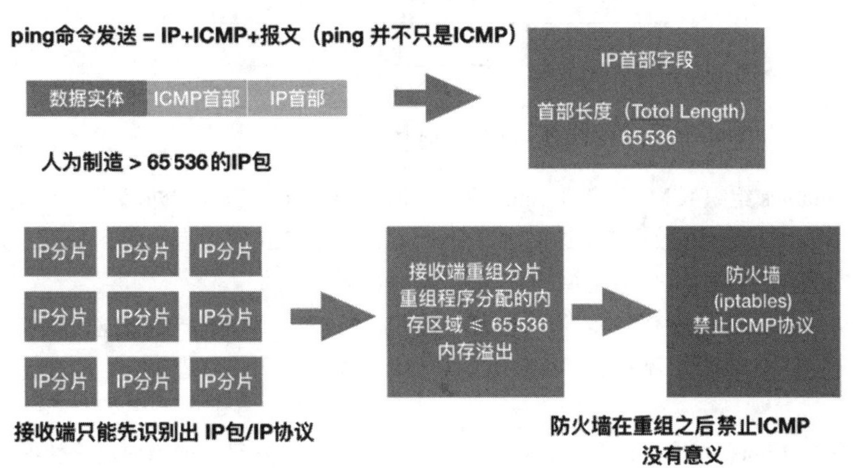

图 17.58　死亡之 ping 攻击原理

如图 17.58 所示，有点基础的同学应该知道，ping 命令使用的是 ICMP 协议，用于检查网络连通性。ICMP 协议和 IP 协议都处于 OSI 的第三层，但 ICMP 是作为一个给 IP 协议支撑辅助的角色，而网络数据包的传递，必须依赖 IP 协议打成 IP 包才能传送给对端。

所以说，ping 命令并不只有 ICMP 协议，它必须兼有 IP 协议（其他的还包括 UDP 协议，因为要处理 DNS 域名解析），不然单依靠一个 ICMP 协议，怎么可能在网络中传送。

ping 命令，把数据实体先加 ICMP 首部，再加 IP 首部，然后通过网络送到对端。IP 首部中有首部长度，限制三个部分加一起不能超过 65 536，但是 ping 命令可以人为创造超过这个上限的包。

之后 IP 数据包会被分片（因为 MTU 的存在），然后单独传送到对端。接收端收到分片后，开始分配内存区域并进行重组工作(Linux 内核完成)。

内核中的重组部分要优先于内核防火墙 INPUT 链，在重组的过程中，分配给一个完整 IP 数据包的总内存区域不会超过 65 536（因为遵循 IP 协议的规范）。这样在全部重组好之后，发现超过了最大值，于是超出的部分会进入其他的正常内存区域，这就是所谓的缓存溢出攻击。缓存溢出如果不断扩大，会造成整个内存的紊乱，进而进程崩溃，最终造成拒绝服务。

到这里会有个疑问，iptables 不是能禁止 ping 吗？顺带复习一下 iptables 怎么禁止 ping。代码如下所示：

```
iptables -A INPUT -p icmp --icmp-type echo-request -j ACCEPT
```

中间的 echo-request 其实就是对应 ICMP 协议首部中一个字段消息类型的两个字段：echo request 和 echo reply。

如图 17.59 所示，其中最后的序列号如果是 0 就代表应答（reply），是 8 就代表请求（request）。ping 就是这样，先把 0 或 8 加入 ICMP 首部，然后再用 IP 打包。

<table>
<tr><td>类型</td><td>代码</td><td>校验和</td></tr>
<tr><td colspan="2">标识符</td><td>序列号</td></tr>
<tr><td colspan="3">选项数据（如果有）</td></tr>
</table>

图 17.59　ping 的数据包

回到正题，iptables 组织 ICMP 协议（ping）能起到防御这种攻击吗？无法防御，因为防火墙是在数据包重组之后，有了完整的 IP 数据包（这时已经溢出），再去拨开 IP 的封包，找到 ICMP 头丢包已经来不及了。那么怎么解决这种攻击？企业中有以下两种方法。

（1）花钱买高级硬件防火墙（针对使用 IDC 物理机），买云计算安全产品。这是最简单的，用钱就能最快地搞定，不懂技术都行。不过这种方式同时需要保证局域网严格物理隔离，保证流量不会从后方进入。

（2）全面升级 Linux 内核，提高服务器的吞吐性能。让内核升级功能模块对于数据包重组部分，不再限定 IP 封包的最大大小，可以动态地扩容，不让多出来的数据写入其他内存区域。这是最有效的防御这种攻击的根本解决方法，现在所用的 Centos 6/7 其实早就打上这种补丁，所以死亡之 ping 起不了什么作用，所以服务器性能也要提高，因为补丁中重分配的功能本身也会消耗 CPU 和内存资源。

可以试一下：

```
ping -i 0.001 -s 65550 ip
```

不过可惜，用 Centos 6 /7 已经发不出去，只能是简单的了解。

讲到这里，第三层协议就说这么多了。从下一小节开始，来进行第四层的学习。

17.3.9　应用分类和稳定辅助

回到 U 形 OSI 七层模型（图 17.16），按照七层模型从上往下的传递顺序，应该是先第四层，再第三层。为什么先讲第三层，因为第三层中的 IP 协议是整个网络可以连通的最基础的保证。有了 IP 协议，才能把整个网络打通，先把包传过来。包被第三层 IP 协议传过来以后，必须向上一层层地解包打开包，把包最终递交给处于第七层的协议。

而七层协议中种类很多，有 DNS、HTTP、FTP、SMTP 等，解完 IP 数据包以后，下一步该递交给谁？如图 17.60 所示，HTTP 协议处于 OSI 的第七层（或者说 OSI 的应用层），而 HTTP 协议就是为网页网站服务，我们熟悉的 Nginx、Apache 其实都只是应用外壳而已，内部的内核都是 HTTP 协议。

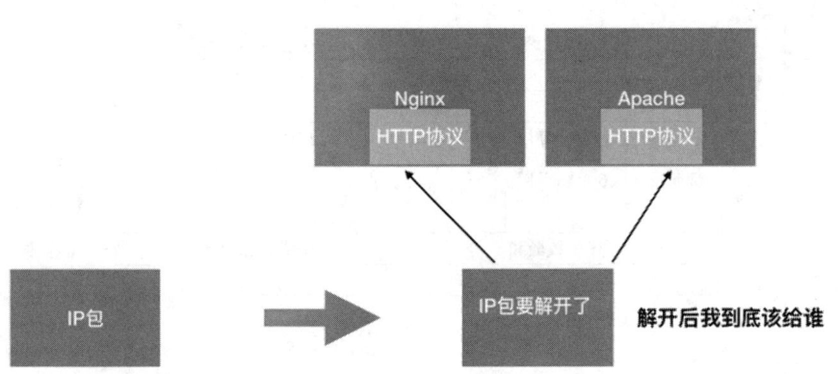

图 17.60　三层和四层的封包衔接

假设现在有一个用户来访问你的 Web 服务器，用户的请求会被封装进入 IP 封包，一路传过来到达服务器。到达以后，就会从第一层开始一层层地解包，当解到第三层 IP 数据包时，IP 数据包打开后，在没有第四层的协议的情况下，继续往上就是要交给 HTTP 协议（这里忽略第五层和第六层），可是机器上使用 HTTP 协议的应用软件不止一个，有 Nginx 和 Apache，该给哪个软件下 HTTP 协议?

说到这里，解决的方法就是端口号的设立。端口号处在 OSI 中的第四层，其中使用的协议首部都包含有端口号的设定。端口号之所以存在，就是为了让 IP 把数据传过来之后可以明确地细分给哪个应用或者哪个进程。如图 17.61 所示，IP 在解开后，如果附带的下一层的协议中（第四层协议）提供了端口号，那么就知道该给谁。

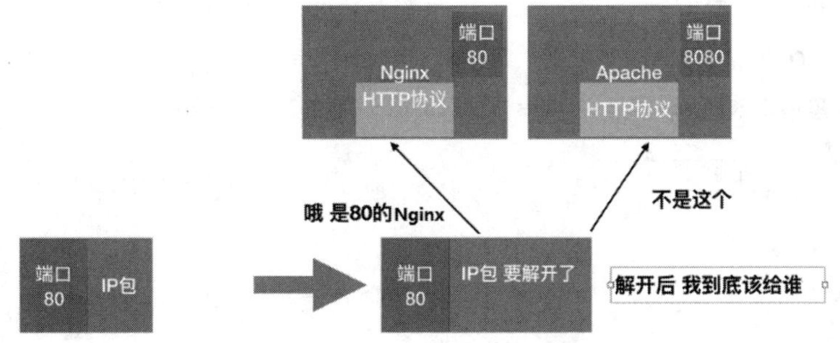

图 17.61　端口决定投递对象

这就是 OSI 第四层的第一个重要的意义，即通过端口号给应用层分类。接下来说 OSI 第四层存在的第二个重要意义：TCP 协议。

IP 协议只是一个地址协议，并不保证数据包的完整。如果路由器丢包，就需要发现丢了哪一个包，以及如何重新发送这个包，这就要依靠 TCP 协议。简单地说，TCP 协议的作用是保证数据通信的完整性和可靠性，防止丢包。

TCP 协议头信息如图 17.62 所示。

<table>
<tr><td colspan="8">16位源端口号</td><td>16位目标端口号</td></tr>
<tr><td colspan="9">32位序号</td></tr>
<tr><td colspan="9">32位确认序号</td></tr>
<tr><td>4 位首部长度</td><td>保留（6位）</td><td>URG</td><td>ACK</td><td>PSH</td><td>RST</td><td>SYN</td><td>FIN</td><td>16位窗口大小</td></tr>
<tr><td colspan="8">16位校验和</td><td>16位紧急指针</td></tr>
<tr><td colspan="9">选项</td></tr>
</table>

图 17.62　TCP 协议头信息

（1）序号：Seq 序号，占 32 位，用来标识从 TCP 源端向目标端发送的字节流，发起方发送数据时对此进行标记。

（2）确认序号：Ack 序号，占 32 位，只有 ACK 标志位为 1 时，确认序号字段才有效，Ack=Seq+1。

（3）标志位：共 6 个，即 URG、ACK、PSH、RST、SYN、FIN 等，具体含义如下。

① URG：紧急指针（urgent pointer）有效。

② ACK：确认序号有效。

③ PSH：接收方应该尽快将这个报文交给应用层。

④ RST：重置连接。

⑤ SYN：发起一个新连接。

⑥ FIN：释放一个连接。

TCP 的字段也很多，硬记每一项意义不大。下面通过学习 TCP 协议最重要的两个内容：三次握手和四次挥手来理解。TCP 重要的特性就是，采用三次握手来建立一个稳定可靠的链接，就是指建立一个 TCP 连接时，需要客户端和服务器端总共发送 3 个包以确认连接的建立，如图 17.63 所示。

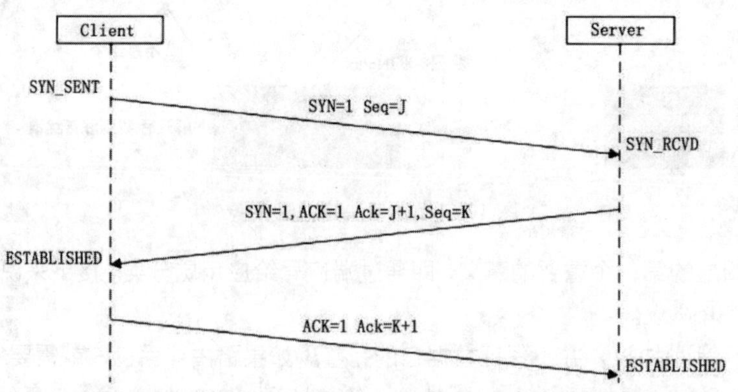

图 17.63　三次握手开始通信

如图 17.63 所示，左边是 Client（客户端），右边是 Server（服务器端），由客户端从左向右发起请求。

第一次握手：Client 将标志位 SYN 置为 1，并随机产生一个值 Seq=J，并将该数据包发送给 Server，等待 Server 确认。

第二次握手：Server 收到数据包后由标志位 SYN=1 知道 Client 请求建立连接，Server 将标志位 SYN 和 ACK 都置为 1，Ack=J+1，随机产生一个值 Seq=K，并将该数据包发送给 Client 以确认连接请求。

第三次握手：Client 收到确认后，检查 Ack 是否为 J+1，ACK 是否为 1，如果正确则将标志位 ACK 置为 1，Ack=K+1，并将该数据包发送给 Server，Server 检查 Ack 是否为 K+1，ACK 是否为 1，如果正确则连接建立成功，Client 和 Server 进入 ESTABLISHED 状态，完成三次握手，随后 Client 与 Server 之间可以开始传输数据了。

当客户端和服务器端通过三次握手建立了 TCP 连接以后，若数据传送完毕，肯定要断开 TCP 连接。那对于 TCP 的断开连接，这里就有了四次挥手，如图 17.64 所示。

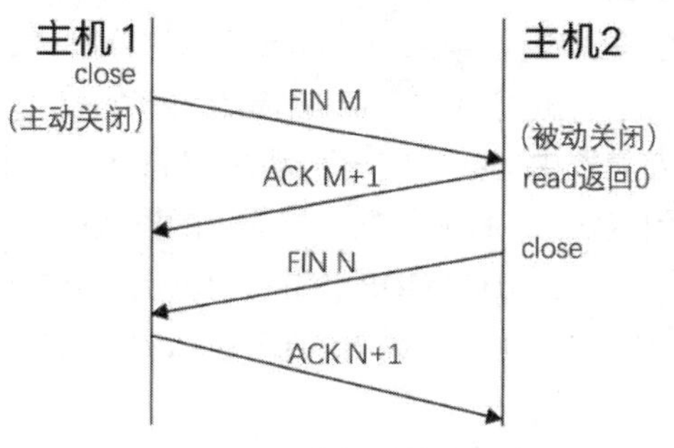

图 17.64　四次挥手结束通信

第一次挥手：主机 1 设置 Sequence Number 和 Acknowledgment Number，向主机 2 发送一个 FIN 报文；此时表示主机 1 没有数据要发送给主机 2 了。

第二次挥手：主机 2 收到了主机 1 发送的 FIN 报文，向主机 1 回一个 ACK 报文段，Acknowledgment Number 为 Sequence Number 加 1；主机 2 告诉主机 1 “我‘同意’你的关闭请求”。

第三次挥手：主机 2 向主机 1 发送 FIN 报文，请求关闭连接。

第四次挥手：主机 1 收到主机 2 发送的 FIN 报文，向主机 2 发送 ACK 报文，然后主机 1 进入 TIME_WAIT 状态；主机 2 收到主机 1 的 ACK 报文段以后，就关闭连接；此时，主机 1 等待一会儿后依然没有收到回复，则证明 Server 端已正常关闭，主机 1 也可以关闭连接了。

以上就是三次握手和四次挥手的全过程，一切都是为了安全可靠地传输数据。

17.4　企业网络安全技术

谈网络安全，首先要清楚：网络攻击的本质是什么？其实说到底就是对服务器现有资源的强力打击或者说是消耗。那么从运维架构的角度出发，企业中的服务器资源应该如何分类呢？

17.4.1 目标资源

一般把企业中的服务器资源分成以下三类。

（1）服务器物理层面的资源。这个最好理解，无非就是 CPU、内存、硬盘，这些都是作为计算机物理层面上的有限资源。

（2）OS 操作系统层面的资源。以运维的核心 OS Linux 为基准，操作系统的资源有端口数量、连接数、TCP 列队数、文件句柄数、进程调度、优先级等。

（3）网络资源。这里主要指的是网络带宽，是非常珍贵的资源。

上面提到的三种类型的资源都是作为一个集群架构的有限资源，攻击的本质其实就是对资源的消耗。资源的消耗殆尽最终会致使服务器无法再响应用户的请求，这也就是常说的 DoS 拒绝服务攻击。

另外，以上提到的三大类的资源彼此并不是独立的，之间实际上都有连带关系。现如今都是互联应用时代，一切都走网络，所以网络资源的消耗自然不言而喻。就算暂时忽略掉 IP 包在路由途中的过程，就算是直接到达了服务集群，在集群中也会产生一系列的连带其他资源的消耗。

例如，一个 HTTP 的请求到达之后，按照标准七层协议的框架由下到上从物理层一直到应用层都会串联起来。网卡会进行 IP 数据包重组，TCP/UDP 会进行传输层的连接建立，连接的建立必定又会继续向上消耗系统的 CPU、RAM、I/O、端口、连接数、TCP 列队数、文件句柄数等。任何一种资源如果出现瓶颈都会牵制其他的资源。

17.4.2 攻击方和防守方的变化

如图 17.65 所示，从攻击方来说，由高难度的 4 层攻击逐渐转变为 7 层攻击。

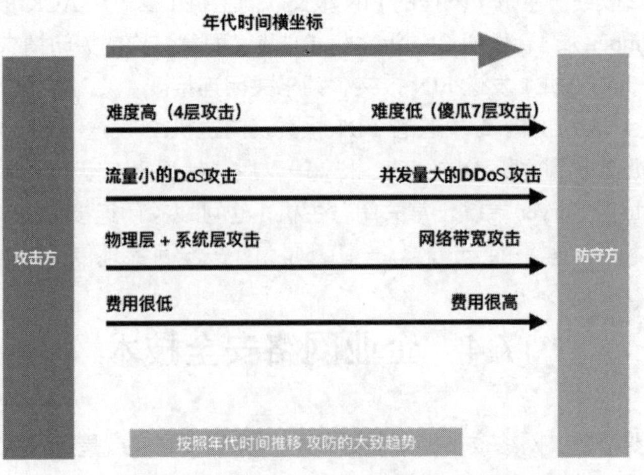

图 17.65 攻击和防守随时间的变化趋势

后面要讲到的基于 4 层的系统漏洞攻击（主要指的是 TCP/IP 三层和四层协议）要求攻击者不但要精通 TCP/IP 协议，还要掌握系统底层知识，并具备代码的功底。

从流量要求很小的 DoS 攻击，逐渐变成并发量大的 DDoS 攻击（Distributed Dental of Service）。原本在操作系统（主要指的是 Linux）内核较低、服务器性能较低时，少量的攻击即可造成系统瘫痪。

随着 OS 和服务器的提升，攻击流量的要求也越来越高，从早期的攻击物理层、系统层造成第一类、第二类资源的消耗，逐渐过渡到网络带宽的消耗。另外就是费用问题，攻击方和防守方的费用其实都是一直在增长。

17.4.3　老式的四层攻击和模拟实验

后面要介绍的几种攻击主要是集中在第三层、第四层（统一称为四层攻击）、第七层（5、6、7 可以合并为一层，统一称为应用层攻击）。

如图 17.58 和图 17.66 所示为四层攻击中的 ping 攻击实例。

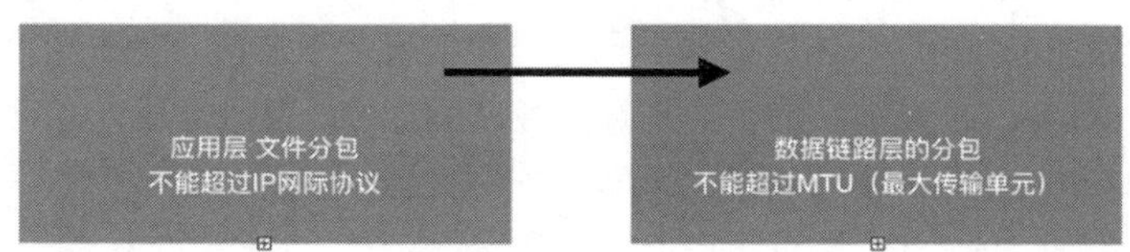

图 17.66　ping 攻击的原理

其中，一个 ping 命令也能发起攻击，感觉有点不可思议，其实在早期并不稀奇。平时使用 ping 不过就是为了检查网络通不通而已，其实 ping 到了底层之后，有很多的细节只不过没有看到。

根据 IP 协议的规定，IP 数据包在送出时会被分包，中间经过的路由器也会被分包，但是包的重组需要由接收端完成。IP 协议包头中有对 IP 数据包大小的限制（65 536 TL 字段，包头+数据实体），包的重组又需要借助 Linux 的内核才能完成。

早期的内核是假设 IP 数据包的大小不会超过最大限制，当攻击者发送一个超过 TL 最大限制的 IP 数据包后，在分片重组时，系统给包重组所分配的内存区域是固定的。且只有在所有包重组之后，才能识别其整个大小，所以说中途在重组过程中每一个包看上去都很正常。

一旦超过最大分配，系统只能将多出来的分片临时写入内存中的其他正常区域，这就是所谓的内存溢出方式的攻击，这种溢出并不是借用而是一种病态的占用，会把正常区域内的数据磨掉，如果是关键的数据，就有很大可能性会造成系统的崩溃。

但是随着 Linux 内核的不断更新，这种致命的漏洞已经被填补，现如今如果想简单通过 ping 命令或者基于 IP/ICMP 协议的程序发起这样的攻击，很难突破内核的保护。

接下来看四层攻击中的 SYN 半连接攻击。所谓的 SYN 半连接攻击，就是当接收方单方向确认了 ACK 后（接收方准备好数据传输），发起方不再发送最后一次的确认致使接收方无法继续推进握手的流程。接收方在收不到最后一次确认的情况下，会进行重试、等待，另外如果攻击方加上了 IP 欺骗，那

么接收方连接会阻塞。

不管接收方的重试、等待还是阻塞，其实都不是真正造成 DoS 拒绝服务的本质。真正造成拒绝服务的，是接收方所能发起的 SYN 连接数量的列队限制。在尚未进行内核调优的 Linux 操作系统中，默认能开启的 SYN 连接数最大是 256 个。一旦超过了这个限制，就很难再开启 SYN，而正常的用户 HTTP 请求（或者其他的四层请求）又必须建立在以 SYN 开头的连接中。那么这时攻击者的目的就达到了，正常用户的大量请求接收端都不能再分配 SYN 最终造成拒绝服务。

之前说过，高难度的抓系统漏洞的四层攻击效果越来越不明显，因为对攻击者本身有着很高的要求。于是一种傻瓜式的 DDoS 攻击方式应运而生，这就是基于七层（应用层）的 DDoS 攻击，也就是现在的 CC 攻击。

CC 攻击其实也是 DDoS 攻击的一个分支，其原理并不复杂，通过大量发送模拟正常用户的请求（一般 HTTP 请求居多）攻击接收端的资源。带宽资源严重被消耗，网站瘫痪，CPU、内存利用率飙升，主机瘫痪瞬间被快速打击，无法快速响应。

除此之外，我们也知道，对于攻击的发起方，也有很高的资源要求，包括主机配置、网络带宽、系统优化等，这些都是要钱的，所以攻击方如果自己建立集群发起攻击成本是非常高的。

所以，现如今的 CC DDoS 攻击，更多的是寻找各种宿主机，侵入之后，以它们作为自己的攻击跳板对目标发起攻击，这也就是俗称的"肉鸡"。

17.4.4 埋点式七层握手与免费防御 DDoS 攻击

先从线上架构说起，如图 17.67 所示，就是比较经典的线上五层架构。虽说不是所有互联网企业都是按照这样的方式搭建，但基本的线上架构现阶段始终逃不出这种布局。不管正常请求，还是攻击请求，都是从左到右进入。

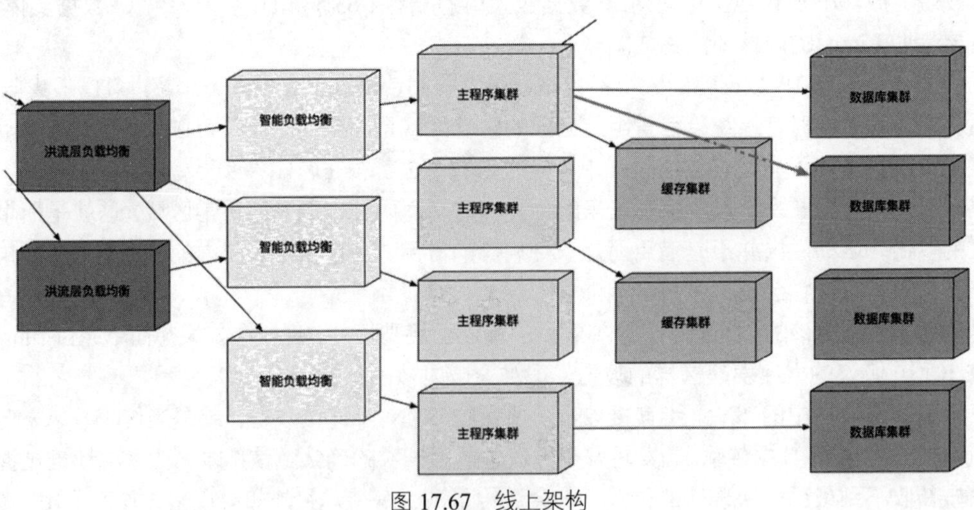

图 17.67　线上架构

图 17.67 中越向右各种资源的开销越大，连带性也越多；反之则否。所以需要尽可能地不让攻击流量向右打过来，控制在第一层、第二层的范围。这就是左推式优化方案，一样适用于安全防护。

很多人都知道反向代理的概念，但并不是十分清楚其实质作用。这里就基于 LNMP 的环境进行讲解，HTTP 的请求到来后，需要先经过 Nginx 处理 HTTP 协议和静态内容。

如果请求中有动态内容，则反向代理到 PHP（代码层）进行处理，关键也就在于此处。Nginx 可以做七层负载均衡，其实负载均衡的基本功能也是归属在反向代理中。反向代理的资源消耗要远小于 PHP（代码层）的资源消耗（Nginx 高并发处理，资源开销很小）。

所以，希望当攻击请求到来时，最多控制在反向代理为止，不让其连带到 PHP（代码层），尽可能切断这种关联。但这种切断需要判断请求的真伪，这是一个疑难问题，如图 17.68 所示。

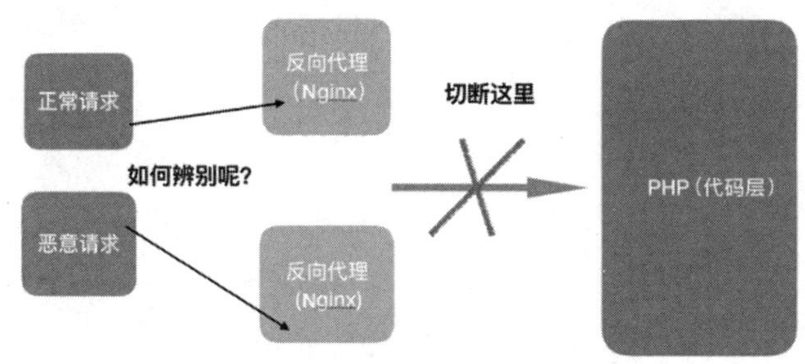

图 17.68　如何判断是不是恶意请求

如何甄别 CC DDoS 攻击，值得考虑。首先，之前也说过 CC DDoS 攻击是模拟真实用户请求，想通过很简单的方法，如用防火墙加 IP 黑名单的做法行不通。IP 数量庞大，且动态改变或者 IP 伪装。既然 CC 攻击处在七层，那么应对的方案也需要在七层中去想办法。这里分享的一种甄别的方法叫作埋点七层握手。

如图 17.69 所示，在客户端的 HTTP 请求中刻意加入几个参数，并计算这几个参数的 MD5 值。然后在服务器端的反向代理中加入判断的代码。这段代码会验证客户端是否正确提交了这几项参数，并且在服务器端重新把这几项参数做一次 MD5 值的验证。如果通过，才会继续提交给后端的 AP 服务器；如果不通过，则直接返回 403 错误码。

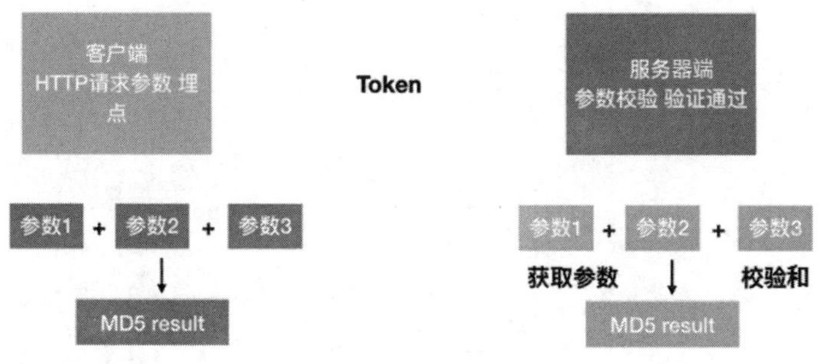

图 17.69　七层埋点方式

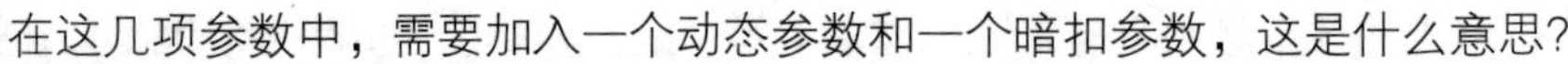

在这几项参数中，需要加入一个动态参数和一个暗扣参数，这是什么意思?

（1）动态参数。每一次客户端提交上来的这个参数都会不一样，例如，可以按时间的推移，把秒或者毫秒计算成一个参数，让它时刻都在改变。

（2）暗扣参数。有一个参数是客户端和服务器端藏起来，也就是不直接体现在 URL 中，而是由程序员私下定制放在代码中。

以上这么做都是为了防止黑客破解计算方法，让每一次的请求都存在不定因子，这样会安全得多。

第 18 章

Linux 下的日志系统

日志是系统维护中非常重要的一个组成部分。作为一名 Linux 运维工程师，需要依靠日志来排查技术问题，开发工程师需要自己在代码中生成日志，用它作为软件调试的手段。作为一名测试工程师，日志是唯一用来评估测试结果的依据。所以说，在技术的领域中，日志的地位居高不下。在这一章中就来进行日志的学习。

扫一扫，看视频

18.1 日志概念入门

本节进行日志的基础学习，看看日志到底是一个什么概念。后面再学习相关的分析和管理。

18.1.1 什么是日志

什么是日志？是不是与日记有点类似，如图 18.1 所示，“日志”两个字从最简单的意义上来讲，它就是一个普通的文本文件。

图 18.1 什么是日志

这个文本文件中的内容会不断地增加，不过这些内容是谁往里写进去的？如图 18.2 所示，计算机中的操作系统（如 Linux）、服务软件（如 SSH、crond、httpd 等）、脚本编程（如 Shell 脚本、Python 脚本等）都会产生日志，并且还在不断地往里添加新内容。

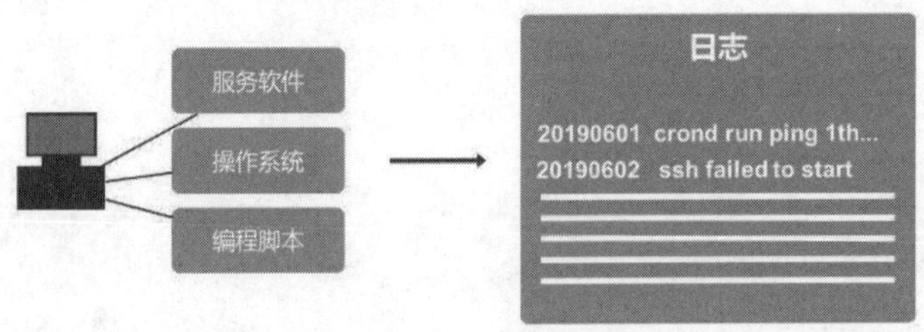

图 18.2 日志的产生

其中，脚本编程会在第 19 章来学习，当前先学习前面的两项内容：服务软件和操作系统。

18.1.2 日志中存放的内容

日志确实有一点类似日记，一直不停地在记录。不过，它到底记录的是什么？接下来用已经学过的 crontab 服务，例如，想要查看日志文件，要先知道它们在哪儿，Centos Linux 有一个默认的日志路径——/var/log/。这下面存放着很多服务、系统的日志，但并不是所有的日志都存放在这下面，这一点要注意。例如：

```
[root@192 ~]# ls /var/log/
Xorg.0.log      cups                libvirt   sa                tomcat
Xorg.0.log.old  dmesg               maillog   samba             tuned
anaconda        dmesg.old           messages  secure            vmware-vmusr.log
audit           firewalld           ntpstats  speech-dispatcher wpa_supplicant.log
boot.log        gdm                 pluto     spooler           wtmp
btmp            glusterfs           ppp       sssd              yum.log
chrony          grubby_prune_debug  qemu-ga   swtpm             yum.log-20190423
cron            lastlog             rhsm      tallylog
```

如上所示，这里的日志文件有不少，挑两个来举例子。第一个日志文件例子：/var/log/cron。cron 就是学过的 crontab 例行任务的日志文件。一起来看一下里面的内容，cron 日志文件的最后 10 行，每一行的内容有具体的记录时间、crontab 执行的命令、哪个用户的任务这样的信息。代码如下所示：

```
[root@192 ~]# tail /var/log/cron
May  6 01:04:01 192 CROND[4305]: (root) CMD (ping -w 2 -c 1 www.baidu.com >> ping2.log)
May  6 01:06:01 192 CROND[4326]: (root) CMD (ping -w 2 -c 1 www.baidu.com >> ping2.log)
May  6 01:08:01 192 CROND[4347]: (root) CMD (ping -w 2 -c 1 www.baidu.com >> ping2.log)
May  6 01:10:01 192 CROND[4370]: (root) CMD (/usr/lib64/sa/sa1 1 1)
May  6 01:10:01 192 CROND[4371]: (root) CMD (ping -w 2 -c 1 www.baidu.com >> ping2.log)
May  6 01:12:01 192 CROND[4395]: (root) CMD (ping -w 2 -c 1 www.baidu.com >> ping2.log)
May  6 01:12:47 192 crontab[4436]: (root) LIST (root)
May  6 01:14:01 192 CROND[4457]: (root) CMD (ping -w 2 -c 1 www.baidu.com >> ping2.log)
May  6 01:16:01 192 CROND[4506]: (root) CMD (ping -w 2 -c 1 www.baidu.com >> ping2.log)
May  6 01:18:01 192 CROND[4527]: (root) CMD (ping -w 2 -c 1 www.baidu.com >> ping2.log)
```

从上面的信息中可以得知，这个日志文件记录的就是 crontab 每到一个时间点执行任务的记录。果不其然，用 crontab 查看一下 root 的计划任务，每 2min 执行一次 ping 和日志中严丝合缝。代码如下所示：

```
[root@192 ~]# crontab -l
*/2 * * * * ping -w 2 -c 1 www.baidu.com >> ping2.log
```

接下来看第二个例子。代码如下所示，一眼就可以看出这是一个 Yum 日志，记录着安装软件的内容和时间。

```
[root@192 ~]# cat /var/log/yum.log
May 03 01:45:46 Installed: iptables-services-1.4.21-28.el7.x86_64
```

为了确认，现在使用 Yum 随便安装一个软件，来看它会不会记录下来。果然，随意安装一个软件之后，yum.log 就被记录下来了。代码如下所示：

```
[root@192 ~]# yum  -y install zsh
[root@192 ~]# cat /var/log/yum.log
May 03 01:45:46 Installed: iptables-services-1.4.21-28.el7.x86_64
May 06 01:32:41 Installed: zsh-5.0.2-31.el7.x86_64
```

18.1.3 日志的一般格式

在上一小节中，用 crontab 和 Yum 举例看到了它们对应的日志文件中都会记录什么样的内容。从两个日志文件的内容上，感觉都很相似。那么在这本小节中，就来详细看一下日志的一般格式，以及处理它们的一些常用命令，如图 18.3 所示。

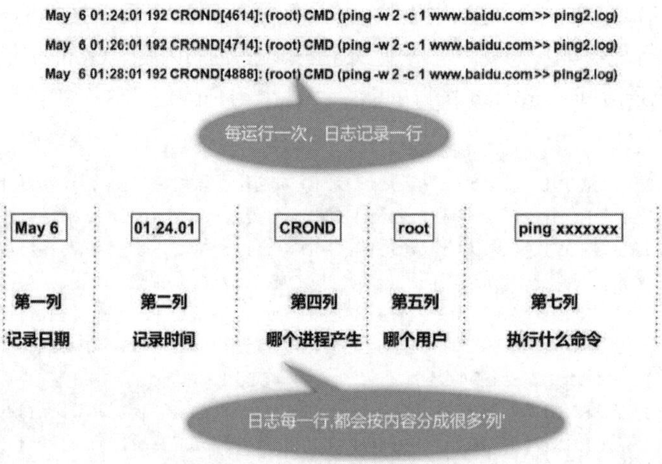

图 18.3　crontab 日志举例

如图 18.3 所示，还是用 crontab 的日志文件内容来举例说明。一般情况下，日志文件内容的格式都很相似，主要体现在以下三点。

（1）日志是某个软件、服务、系统功能，每当发生一次事件时，就会记录下来的内容。

（2）日志中的每一行内容就代表发生的一次事件记录。例如图 18.3 中，crontab 每 2min 执行一次任务就会记录一行内容。

（3）日志中的每一行内容都是按照“列”来细分具体的内容。如图 18.3 所示中，把一行内容中比较重要的几列给单独列出来，告诉大家每一列记录什么内容。

当然，Linux 操作系统中日志文件的数量很多，种类也很繁多。不同的日志文件之间，内容的排列方式肯定也会有差别，不过大体的结构就是上面的这三条。

接下来，再打开另外两个日志文件来看是否如此。以下是记录安全访问方面的日志文件，可以看出日志文件的格式大体都很类似。

```
[root@192 ~]# tail /var/log/secure
May  6 08:21:33 192 polkitd[2725]: Finished loading, compiling and executing 10 rules
May  6 08:21:33 192 polkitd[2725]: Acquired the name org.freedesktop.PolicyKit1 on
the system bus
May  6 08:21:35 192 sshd[3337]: Server listening on 0.0.0.0 port 22.
May  6 00:29:25 192 sshd[3767]: Nasty PTR record "192.168.0.105" is set up for
192.168.0.105, ignoring
May  6 00:29:25 192 sshd[3767]: Accepted publickey for root from 192.168.0.105 port
63283 ssh2: RSA SHA256:RiCVYB4l87Ypli7Pea1qjib854WYybHkf7J2AVcKXKI
```

如图 18.4 所示是一个系统综合日志文件。这个文件很重要，系统中凡是出现错误信息或者重要的信息，都有可能会记录在这个文件中。

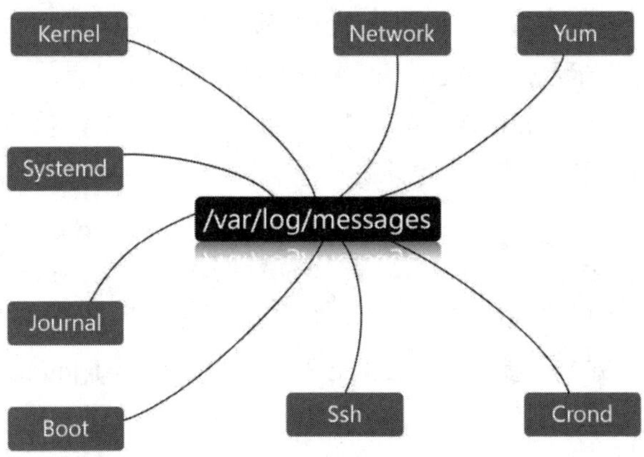

图 18.4　/var/log/messages 综合日志

所以说，如果遇到某种软件/服务，不知道去哪里找它们的日志时，都可以尝试到这个文件中来找。代码如下所示：/var/log/messages 中的内容格式也很类似。

```
[root@192 ~]# tail /var/log/messages
May  6 03:35:43 192 systemd: Started OpenSSH server daemon.
May  6 03:36:01 192 systemd: Started Session 123 of user root.
May  6 03:38:01 192 systemd: Started Session 124 of user root.
May  6 03:40:01 192 systemd: Started Session 125 of user root.
May  6 03:40:01 192 systemd: Started Session 126 of user root.
May  6 03:40:53 192 dbus[2702]: [system] Activating via systemd: service
name='org.freedesktop.PackageKit' unit='packagekit.service'
May  6 03:40:53 192 systemd: Starting PackageKit Daemon...
May  6 03:40:53 192 dbus[2702]: [system] Successfully activated service
'org.freedesktop.PackageKit'
```

```
May  6 03:40:53 192 systemd: Started PackageKit Daemon.
May  6 03:42:01 192 systemd: Started Session 127 of user root.
```

扫一扫，看视频

18.2 journalctl 强大的日志管理工具

我们之前在学习 SSH 服务时，曾经使用过 journalctl 这个命令，当时是用它来查看 SSH 服务启动失败的原因。journalctl 命令本身也是来自 systemd 中，因此它的功能设计也很全面。在本节中就来系统地学习一下这个命令的使用。

18.2.1 journalctl 命令

我们平时在配置各种服务时，难免会遇到各种问题和错误。CentOS 7.x 下还是比较贴心的，当有些错误发生时，系统本身就会提示，使用 journalctl 来查看相关的错误信息。

例如下面这个例子：尝试重启 SSHD 服务，却失败了。于是系统直接提示我们，可以使用 journalctl -xe 来查看日志细节，排查问题。代码如下所示：

```
[root@192 log]# systemctl restart sshd
Job for sshd.service failed because the control process exited with error code. See
"systemctl status sshd.service" and "journalctl -xe" for details.\
```

用起来很简单，不过其中的-xe 参数是什么意思？可以直接用 man journalctl 来搜索一下–x、-e 参数的意义。代码如下所示：

```
-e, --pager-end
        Immediately jump to the end of the journal inside the implied pager tool.
This implies
        -n1000 to guarantee that the pager will not buffer logs of unbounded size.
This may be
        overridden with an explicit -n with some other numeric value while -nall
will disable
        this cap. Note that this option is only supported for the less(1) pager.
-x, --catalog
        Augment log lines with explanation texts from the message catalog. This
will add
        explanatory help texts to log messages in the output where this is available.
These
        short help texts will explain the context of an error or log event, possible
solutions,
        as well as pointers to support forums, developer documentation, and any
```

```
other relevant
        manuals. Note that help texts are not available for all messages, but only
for selected
        ones. For more information on the message catalog, please refer to the
Message Catalog
         Developer Documentation[4].
```

如上所示，其实简单地来说，-e 代表的是跳到日志的末尾，而-x 是在日志中加入一些注解帮助信息，以变得更容易理解。所以说，journalctl -ex 一般是某个服务或软件刚出现错误提示时，立刻就用它来查看错误日志，比较有效。

如图 18.5 所示，因为刚出现问题，一定就会显示在最下面。如果过了一段时间再使用这个命令，可能别的日志信息就会混淆进来，还得往前翻页才行。

```
-- Unit sshd.service has begun starting up.
May 06 04:51:07 192.168.0.142 sshd[19411]: error: Bind to port 22 on 192.168.0.155 failed: Cannot assi
May 06 04:51:07 192.168.0.142 sshd[19411]: fatal: Cannot bind any address.
May 06 04:51:07 192.168.0.142 systemd[1]: sshd.service: main process exited, code=exited, status=255/n
May 06 04:51:07 192.168.0.142 systemd[1]: Failed to start OpenSSH server daemon.
-- Subject: Unit sshd.service has failed
-- Defined-By: systemd
-- Support: http://lists.freedesktop.org/mailman/listinfo/systemd-devel
--
-- Unit sshd.service has failed.
--
-- The result is failed.
May 06 04:51:07 192.168.0.142 systemd[1]: Unit sshd.service entered failed state.
May 06 04:51:07 192.168.0.142 systemd[1]: sshd.service failed.
lines 2965-2985/2985 (END)
```

这一段就是要找的错误信息

图 18.5 journalctl 日志显示

除了错误信息之外，各种服务的启动/关闭信息也都会体现在 journalctl 里面。接下来把 SSH 的配置文件修改正确后重启一下服务，再来看 journalctl 尾部的内容。代码如下所示：

```
[root@192 log]# systemctl restart sshd
[root@192 log]#
[root@192 log]# journalctl -ex
-- Unit sshd.service has finished shutting down.
May 06 04:56:48 192.168.0.142 systemd[1]: Starting OpenSSH server daemon...
-- Subject: Unit sshd.service has begun start-up
-- Defined-By: systemd
--
-- Unit sshd.service has begun starting up.
May 06 04:56:48 192.168.0.142 sshd[19508]: Server listening on 0.0.0.0 port 22.
May 06 04:56:48 192.168.0.142 systemd[1]: Started OpenSSH server daemon.
-- Subject: Unit sshd.service has finished start-up
-- Defined-By: systemd
-- Unit sshd.service has finished starting up.
```

从上面可以看到服务的正常关闭和启动的信息一样也会体现在 journalctl 中。看样子 journalctl 能记录下来的信息很全面。接下来通过 systemctl 随便找一个其他的服务，尝试重启一下，看能不能也在 journalctl 中体现。首先通过 systemctl 命令寻找另外一个服务，然后尝试重启。代码如下所示：

```
[root@192 log]# systemctl list-units --type=service
```

就用这个服务。代码如下所示：

```
cups.service                    loaded active running CUPS Printing Service
[root@192 log]# systemctl restart cups.service
```

接下来，立刻查看日志，果然刚操作的服务信息也体现在这里。代码如下所示：

```
[root@192 log]# journalctl -ex
-- Support: http://lists.freedesktop.org/mailman/listinfo/systemd-devel
--
-- Unit cups.service has finished shutting down.
May 06 05:01:58 192.168.0.142 systemd[1]: Started CUPS Printing Service.
-- Subject: Unit cups.service has finished start-up
-- Defined-By: systemd
-- Support: http://lists.freedesktop.org/mailman/listinfo/systemd-devel
--
-- Unit cups.service has finished starting up.
--
-- The start-up result is done.
```

通过上面这两个例子可以看出 journalctl 能覆盖的日志面非常广。之所以会这样，是因为 journalctl 本来就是 systemd 大家族中的重要成员之一，而凡是在 systemd 中注册的服务，它们的日志都会统一交由 journalctl 来记录和管理。它们之间的关系如图 18.6 所示。

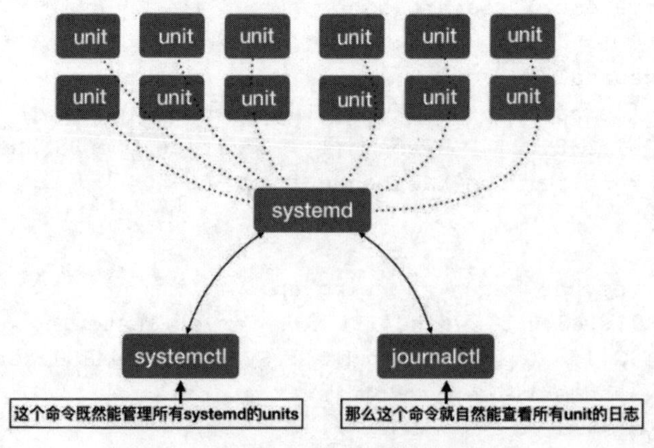

图 18.6　journalctl 记录管理 systemd 日志

18.2.2　journalctl 命令的扩展用法

journalctl 命令除了基本的-xe 用法之外，还有很多其他常用的扩展参数。

1．journalctl 扩展用法一：单独显示某个服务(service)的日志

默认情况下，journalctl 会把所有 unit 的日志都显示出来，这大可不必。其实它可以单独查看某一个服务的日志，-u +某一个服务的名称，就可以单独看这项服务(unit)的日志。代码如下所示：

```
[root@192 log]# journalctl -u sshd.service
-- Logs begin at Mon 2019-05-06 08:21:14 CST, end at Mon 2019-05-06 05:26:01 CST.
--
May 06 08:21:35 192.168.0.142 systemd[1]: Starting OpenSSH server daemon...
May 06 08:21:35 192.168.0.142 sshd[3337]: Server listening on 0.0.0.0 port 22.
May 06 08:21:35 192.168.0.142 systemd[1]: Started OpenSSH server daemon.
May 06 00:29:25 192.168.0.142 sshd[3767]: Nasty PTR record "192.168.0.105" is set
up for 192.168.0.105
May 06 00:29:25 192.168.0.142 sshd[3767]: Accepted publickey for root from
192.168.0.105 port 63283 ss
May 06 00:30:39 192.168.0.142 systemd[1]: Stopping OpenSSH server daemon...
May 06 00:30:39 192.168.0.142 sshd[3337]: Received signal 15; terminating.
May 06 00:30:39 192.168.0.142 systemd[1]: Stopped OpenSSH server daemon.
May 06 00:30:39 192.168.0.142 systemd[1]: Starting OpenSSH server daemon...
May 06 00:30:39 192.168.0.142 sshd[3856]: Server listening on 0.0.0.0 port 22.
May 06 00:30:39 192.168.0.142 systemd[1]: Started OpenSSH server daemon.
```

不过，假如一个服务的日志就很多，即便用上面的命令，还得向下翻页到底下，才能看到最新发生的日志。其实完全可以结合之前的一个参数-e 一起使用(end of page，跳到日志的末尾)。如下这样，两个参数连在一起用就可以。

```
[root@192 log]# journalctl -e -u sshd.service
```

2．journalctl 扩展用法二：模拟 tail -f 的用法

tail -f 曾经学习过，用它来追查某一个文本文件的末尾，非常方便查看实时更新的记录。而 journalctl 也有一样的用法，而且参数也是一样。如下这样，也使用-f。

```
[root@192 log]# journalctl -f -u sshd.service
May 06 05:32:58 192.168.0.142 systemd[1]: Stopping OpenSSH server daemon...
May 06 05:32:58 192.168.0.142 sshd[19508]: Received signal 15; terminating.
```

```
May 06 05:32:58 192.168.0.142 systemd[1]: Stopped OpenSSH server daemon.
May 06 05:32:58 192.168.0.142 systemd[1]: Starting OpenSSH server daemon...
May 06 05:32:58 192.168.0.142 sshd[20052]: Server listening on 0.0.0.0 port 22.
May 06 05:32:58 192.168.0.142 systemd[1]: Started OpenSSH server daemon.
```

这样就可以在一个窗口中实时查看一项服务的末尾，方便做一些调试。

3．journalctl 扩展用法三：设置硬盘容量

journalctl 之所以能显示这么全面的日志信息，必然会有对应的日志文件。这个日志文件在哪里？如下是这个文件的位置，不过这个文件没办法直接用 cat 或者 Vim 来看，注意看它的格式。

```
[root@192 ~]# ls -ltrh /run/log/journal/ec72068225e84169ae4dfb20a819790e/
system.journal
-rwxr-x---+ 1 root systemd-journal 6.2M May  6 05:52 /run/log/journal/
ec72068225e84169ae4dfb20a819790e/system.journal
[root@192 ~]# file /run/log/journal/ec72068225e84169ae4dfb20a819790e/
system.journal
/run/log/journal/ec72068225e84169ae4dfb20a819790e/system.journal: data
```

除此之外，还可以通过 journalctl --disk-usage 命令来查看日志文件的大小。代码如下所示：

```
[root@192 ~]# journalctl --disk-usage
Archived and active journals take up 6.1M on disk.
```

使用--vacuum-size 选项，则可硬性指定日志的总体体积，意味着其会不断删除旧有记录直到所占容量符合要求。代码如下所示：

```
[root@192 ~]# journalctl --vacuum-size=1G
Vacuuming done, freed 0B of archived journals on disk.
```

4．journalctl 扩展用法四：限定时间和周期

例如，可以通过以下命令查看全部 2019 年 5 月 10 日下午 5:15 之后的条目：

```
journalctl --since "2019-05-10 17:15:00"
```

要获得早 9:00 到 1h 前这段时间内的报告，可使用以下命令：

```
journalctl --since 09:00 --until "1 hour ago"
```

获取昨天数据的命令如下：

```
journalctl -since yesterday
```

关于 journalctl 查阅日志，就讲这么多，更多的参数用法可以参考 man 手册扩展学习。

扫一扫，看视频

18.3　rsyslog 日志管理系统

前面刚讲完了 journalctl 这个强大的日志查询工具，现在又出现一个 rsyslog 日志管理系统，这两个之间有什么关系？如图 18.7 所示。

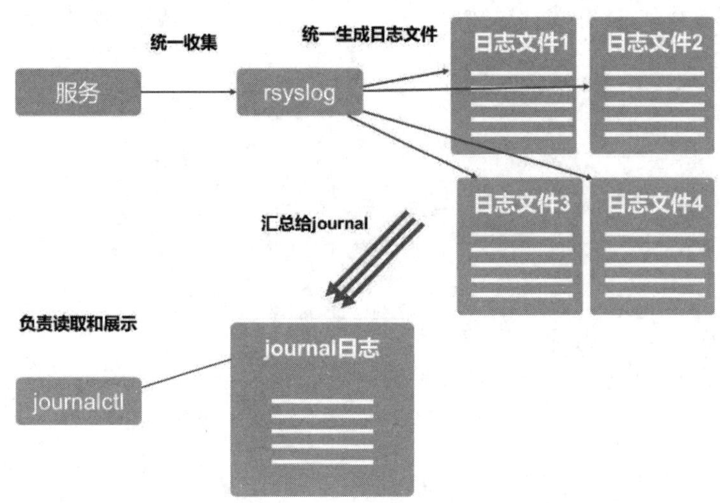

图 18.7　rsyslog 和 journalctl 之间的关系

如图 18.7 所示，在 CentOS 中，各种服务（自带的服务）先把自己的日志信息统一汇总给 rsyslog，然后 rsyslog 为每一个服务生成单独的日志文件。最后，journalctl 把通过 journal 进程收集的所有 unit 的日志展示出来。所以说，journalctl 并不是日志的原产地，它只是做了一个二次加工而已。rsyslog 最先收集日志，其本身也是一个运行在后台的服务，有自己独立的配置文件。

接下来，就来看这个配置文件。代码如下所示：

```
[root@192 ~]# cat /etc/rsyslog.conf
# rsyslog configuration file
# For more information see /usr/share/doc/rsyslog-*/rsyslog_conf.html
# If you experience problems, see http://www.rsyslog.com/doc/troubleshoot.html
#### MODULES ####
# The imjournal module bellow is now used as a message source instead of imuxsock.
$ModLoad imuxsock # provides support for local system logging (e.g. via logger
command)
$ModLoad imjournal # provides access to the systemd journal
#$ModLoad imklog # reads kernel messages (the same are read from journald)
#$ModLoad immark  # provides --MARK-- message capability
```

```
# Provides UDP syslog reception
#$ModLoad imudp
#$UDPServerRun 514
# Provides TCP syslog reception
#$ModLoad imtcp
#$InputTCPServerRun 514
#### GLOBAL DIRECTIVES ####
# Where to place auxiliary files
$WorkDirectory /var/lib/rsyslog
# Use default timestamp format
$ActionFileDefaultTemplate RSYSLOG_TraditionalFileFormat

# File syncing capability is disabled by default. This feature is usually not
required,
# not useful and an extreme performance hit
#$ActionFileEnableSync on
# Include all config files in /etc/rsyslog.d/
$IncludeConfig /etc/rsyslog.d/*.conf
# Turn off message reception via local log socket;
# local messages are retrieved through imjournal now.
$OmitLocalLogging on
# File to store the position in the journal
$IMJournalStateFile imjournal.state
#### RULES ####
# Log all kernel messages to the console.
# Logging much else clutters up the screen.
#kern.*                                                  /dev/console
# Log anything (except mail) of level info or higher.
# Don't log private authentication messages!
*.info;mail.none;authpriv.none;cron.none                /var/log/messages
# The authpriv file has restricted access.
authpriv.*                                              /var/log/secure
# Log all the mail messages in one place.
mail.*                                                  -/var/log/maillog
# Log cron stuff
cron.*                                                  /var/log/cron
# Everybody gets emergency messages
*.emerg                                                 :omusrmsg:*
# Save news errors of level crit and higher in a special file.
uucp,news.crit                                          /var/log/spooler
# Save boot messages also to boot.log
local7.*                                                /var/log/boot.log
```

```
# ### begin forwarding rule ###
# The statement between the begin ... end define a SINGLE forwarding
# rule. They belong together, do NOT split them. If you create multiple
# forwarding rules, duplicate the whole block!
# Remote Logging (we use TCP for reliable delivery)
#
# An on-disk queue is created for this action. If the remote host is
# down, messages are spooled to disk and sent when it is up again.
#$ActionQueueFileName fwdRule1 # unique name prefix for spool files
#$ActionQueueMaxDiskSpace 1g   # 1gb space limit (use as much as possible)
#$ActionQueueSaveOnShutdown on # save messages to disk on shutdown
#$ActionQueueType LinkedList   # run asynchronously
#$ActionResumeRetryCount -1    # infinite retries if host is down
# remote host is: name/ip:port, e.g. 192.168.0.1:514, port optional
#*.* @@remote-host:514
# ### end of the forwarding rule ###
```

上面的配置中，我们最需要关注的，其实是中间****RULES****的部分，这里定义了 rsyslog 具体把哪些服务收集成日志。例如，下面这几行配置的意思是：

```
*.info;mail.none;authpriv.none;cron.none          /var/log/messages
```

*.info 是把 info 或更高级别的信息送往/var/log/messages 中。

mail.none 是 mail 的日志不发送到/var/log/messages，后面两个同理。

mail.*是把所有 mail 的日志都送到/var/log/maillog 中去。例如：

```
# Log all the mail messages in one place.
mail.*                                            -/var/log/maillog
```

cron.*把所有 cron 计划任务的日志都送到/var/log/cron 中去。例如：

```
# Log cron stuff
cron.*                                            /var/log/cron
```

另外，刚涉及的日志级别可以参考下面的关键字信息日志级别字段说明。

- Ebug：有调试信息的，日志信息最多。
- Info：一般信息的日志，最常用。
- Notice：最具有重要性的普通条件的信息。
- Warning：警告级别。
- Err：错误级别，阻止某个功能或者模块不能正常工作的信息。
- Crit：严重级别，阻止整个系统或者整个软件不能正常工作的信息。
- Alert：需要立刻修改的信息。

- Emerg：内核崩溃等严重信息。
- None：什么都不记录。

rsyslog 除了可以在本机收集日志以外，还可以在两台服务器之间相互传递收集日志，如图 18.8 所示。

图 18.8　rsyslog 的 C/S 模式

本章所学习的是 Linux 自身的日志系统收集的日志信息，都是系统自身或者 Linux 自带的服务日志。其实在企业的生产环境中，还会出现很多自定义安装的服务，如各种 HTTP 服务(Apached、Nginx)等，这些服务的日志通常都是相对独立存在，没办法依靠像 journalctl 这样的平台。

那么就需要另寻其他途径来收集和分析这些日志，如第 19 章中即将学习到的 Shell 脚本编程就是理想的途径。

第19章

Shell 脚本编程入门

学编程必须从一门编程语言学起。然而，不管有没有从事过编程相关的工作，也不管有没有接触过代码，一定听说过C语言，古老且经典的编程语言，而且永远也不会过时。对于一个编程小白来说，很多人都会先学C语言，然后再学习其他的编程语言。这样本身没有错，不过这是对于一个立志成为专业的编程开发人员的既定路线。而对于学习Linux的人来说，并不一定非要做专职的开发人员，而是只要把编程作为协助工作的一种手段就可以了。

所以，推荐从脚本编程语言开始学起，因为脚本编程语言入门非常简单，就像本章即将学到的Shell脚本编程，可以说一学就会。

另外，还有一个重要的特点就是脚本编程语言更加贴近实际工作，也就是说，哪怕只要学一点，就可以立刻运用到Linux相关工作中去。尤其是对于Linux操作系统运维人员，脚本编程更是密切相关。毫不夸张地说，前一分钟遇到工作中的需求，后一分钟现学一点脚本编程，立刻就可以用在工作中。而其他所谓的真正编程语言，如C语言、Java语言、Go语言等入门学习的难度较大，而且需要学到一定程度才能联想和运用到实际工作中去，路比较漫长。

接下来我们就一起来打开Shell脚本编程学习的大门。

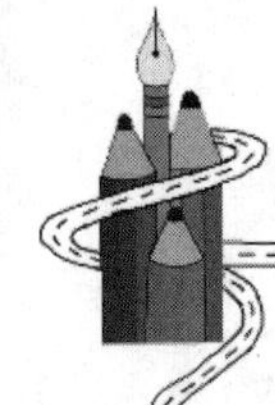

19.1　Shell 脚本编程入门阶段

万事都有个起头，学习脚本编程也一样。对于学习脚本编程来说，最快入门的方法是什么？那就是跟着大米哥敲字母开始。

在本章中从一个最简单的初级脚本开始，慢慢过渡到基本的语法，再过渡到编写一小段具有实际功能的脚本。顺着这个思路来达到学习目的。

扫一扫，看视频

19.1.1　Shell 和 Bash 的概念与关系

先问大家一个问题，平时用的 Linux 的命令行是什么？有人会回答：是平时我们敲命令的地方。没错，这个命令行有个名字，就叫作 Shell，翻译过来是贝壳的意思，它的功能是什么？平时用计算机，其实真正干活的是计算机的硬件，也就是 CPU、硬盘、内存等，但人没有办法直接跟硬件打交道。如图 19.1 所示，所以需要走一个流程来实现沟通。

（1）发送指令给 Shell 命令行。

（2）命令行帮我们把指令翻译给 Linux 内核。

（3）内核翻译给底层的硬件，硬件开始工作。

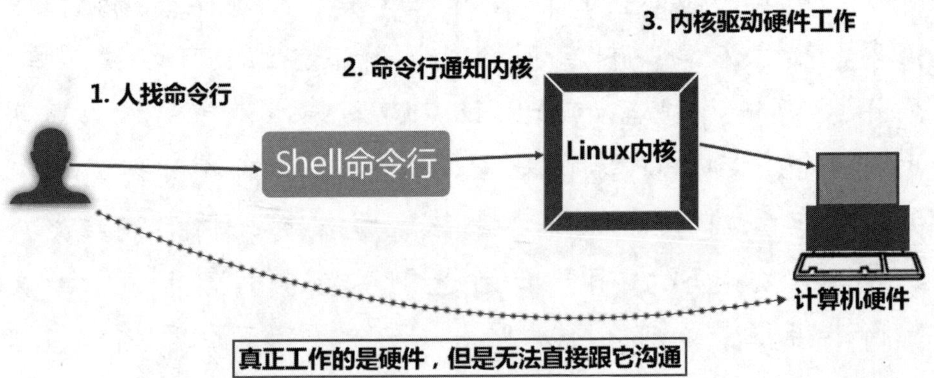

图 19.1　Shell 的功能是什么

通过图 19.1 明白了 Shell 指的就是我们平时用的命令行，而命令行是作为一个沟通用的桥梁。接下来看 Bash 是什么意思。如图 19.2 所示，可以很清楚地看到：其实所谓的 Bash 就是 Shell 的一种类型而已。只不过，由于它的易用性，现如今是各大 Linux 发行版本的默认 Shell，也是使用率最高的 Shell。

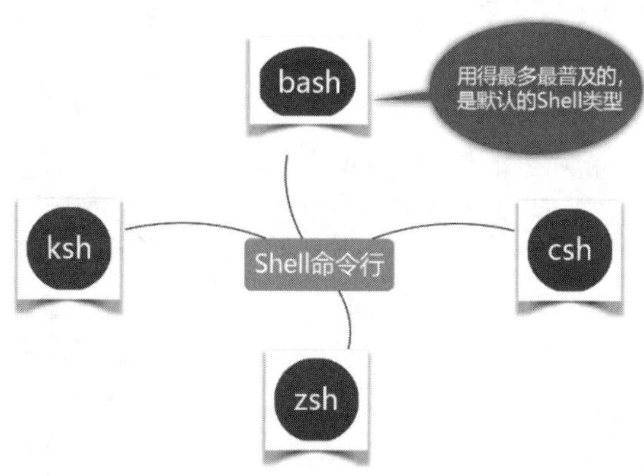

图 19.2　Bash 是什么意思

其他的几种 Shell 使用率不高，只做了解即可。

到这里，相信大家已经搞清楚 Shell 和 Bash 的关系。其实，平时不管 Bash 也好，还是 Shell 也好，指的就是同一个东西。

19.1.2　用几行命令做出一个脚本

扫一扫，看视频

Shell 命令行最基本的功能就是执行命令，不过 Shell 除了执行命令外，还有一个重要的功能，就是程序编程。Shell 命令行自身就是一个编程平台，可以在命令行上面直接写程序，这听起来不可思议。作为编程小白的我们，从哪里下手写程序。接下来就进行以下的操作。

第一步，找个地方创建一个空文件。代码如下所示：

```
[root@192 ~]# mkdir shell
[root@192 ~]# cd shell/
[root@192 shell]#
[root@192 shell]# touch myfirt_shell.sh
```

第二步，Vim 进到文件中，往里面写入几行命令。代码如下所示：

```
[root@192 shell]# vim myfirt_shell.sh
```

文件中可输入以下这几行的内容：

```
[root@192 shell]# cat myfirt_shell.sh
#!/bin/bash
echo "this is my first shell script"
```

```
hostname
whoami
id
echo "very easy!~"
```

第三步，给这个文件一个可执行权限 x：

```
[root@192 shell]# chmod +x myfirt_shell.sh
[root@192 shell]# ls -l myfirt_shell.sh
-rwxr-xrw-. 1 root root 91 May  8 13:28 myfirt_shell.sh
```

第四步，执行以下命令来运行第一个 Shell 脚本：

```
[root@192 shell]# bash myfirt_shell.sh
this is my first shell script
192.168.0.142
root
uid=0(root) gid=0(root) groups=0(root)
very easy!~
```

如此简单就完成了第一个 Shell 脚本。接下来用图 19.3 来解释一下上面的操作。

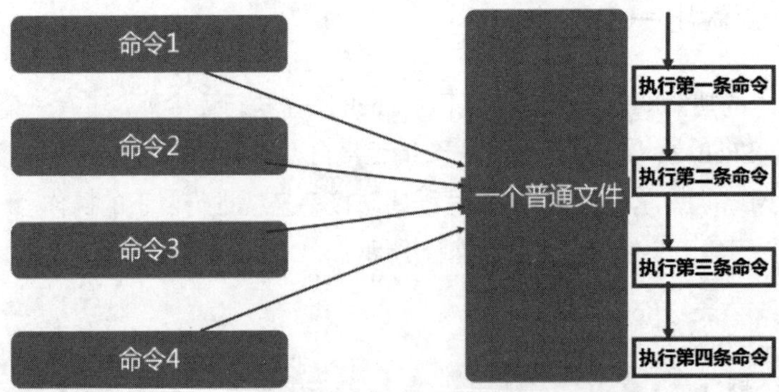

图 19.3　最简单的 Shell 脚本

如图 19.3 所示，其实一个最简单的 Shell 脚本就是把一条条的命令原封不动地粘贴进去，然后，它就可以依次顺序地从上往下执行，直到结束为止。

运行一个脚本文件，需要先给它可执行权限，之前在学习权限时，给普通文件加上一个 x，目的就在于此。运行一个脚本的方法：bash + 脚本文件名。

另外，在刚才的脚本中加入了一个新命令 echo。这个命令的作用是在命令行上输出一行指定的文字（字符串或数字）。

19.1.3　初识变量的用处

扫一扫，看视频

我们在 19.1.2 小节中初识并完成了第一个 Shell 脚本。其实 Shell 脚本编程就是这么简单，即便只是简单的重复命令，也一样算是一个脚本。在本小节中来认识一下作为编程的真正第一步：设定变量。什么叫作变量？通过图 19.4 进行解释。

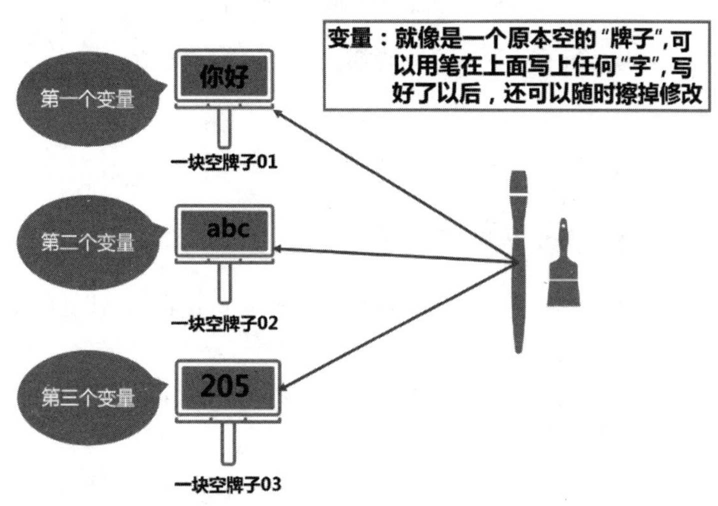

图 19.4　第一次接触变量

如图 19.4 所示，可以把变量想象成一块牌子或黑板，可以用笔在上面写任何字。例如，写上一个 abc、205，甚至是一句话“你好”，都行。写好字后，这块牌子就和你写的字捆绑在一起，可以拿出去用了。除此之外，牌子上的字还可以随时修改，或者完全擦掉。

接下来，把变量的这种特性在实际操作中来熟悉一下。请按以下操作：打开一个文本，在里面写上以下几行，前三行分别定义了三个变量：a、b、c，然后给每一个变量都赋值。赋值其实就相当于在 a 牌子上写字，a="nihao"就相当于是在 a 这块牌子上写上 nihao。最后三行的意思是，用 echo 命令分别把 a、b、c 三个变量里的值都给打印出来。代码如下所示：

```
[root@192 shell]# cat shell2.sh
a="nihao"
b=200
c=250
echo $a
echo $b
echo $c
```

图 19.5 解释了什么是给变量赋值，可以理解为把一个值交给变量存着。

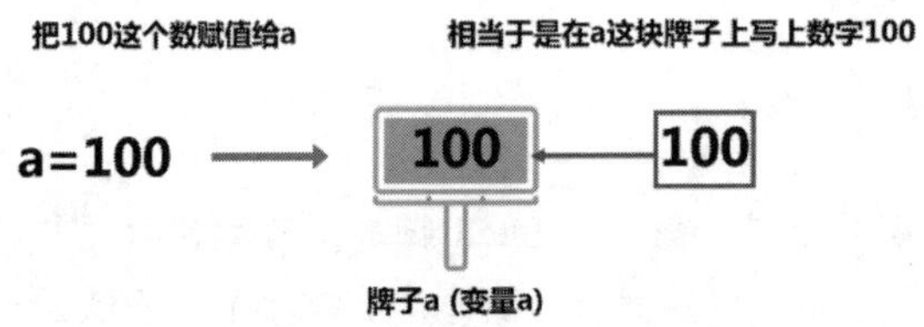

图 19.5　变量的赋值和打印

扫一扫，看视频

19.1.4　命令行上可以直接编程

我们之前学习时，总是把几行脚本代码放到一个文件中，然后执行它。其实 Shell 命令行很强大，它可以更加简便地来运行一段脚本。

其实，在学习过程中，在命令行上直接敲入脚本代码就可以运行，没有必要非放到一个文件中再运行。按以下这样的方法，直接输入代码：

```
[root@192 shell]# a=100
[root@192 shell]# b=200
[root@192 shell]# c="nihao"
[root@192 shell]# echo $a
100
[root@192 shell]# echo $b
200
[root@192 shell]# echo $c
nihao
[root@192 shell]#
```

看到了上面的结果，Shell 命令行就是这么强大，直接就可以运行脚本代码。这个形式非常实用，因为这样可以立刻知道一行代码的运行结果。

在学习过程中，也可以多使用这样的方法。不过，等脚本学习进入中后期时，由于脚本内容越来越多，就得放入文件中执行。图 19.6 解释了上面的情形。

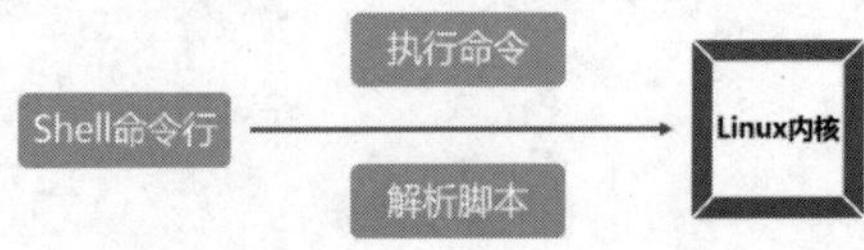

图 19.6　Shell 是命令行，也是解释器

19.1.5　简单算术引出字符

在前面两小节中仅仅是定义出来变量，然后把变量里的值打印出来。这样的脚本运行起来是没什么问题，不过也没有什么实际用途。接下来就用变量来实现一个简单的算术。请按以下步骤输入：

（1）赋值 5 给 a。

```
[root@192 shell]# a=5
```

（2）赋值 10 给 b。

```
[root@192 shell]# b=10
```

（3）let 关键字是用来做数学运算的，把 a 加 b 的结果赋值给变量 c。

```
[root@192 shell]# let c=a+b
```

（4）打印出变量 c 的值。

```
[root@192 shell]# echo $c
15
```

以上就是一个最简单的加法运算。接下来扩展一点知识。现在故意把上面的代码改的难一点，看大家的领悟能力如何。

（1）把 5 赋值给变量 a。

```
[root@192 shell]# a=5
```

（2）把 8 赋值给变量 a，请问现在 a 的值是多少？答案是 8。

```
[root@192 shell]# a=8
```

（3）赋值 10 给 b。

```
[root@192 shell]# b=10
```

下面数学运算结果是 18。

```
[root@192 shell]# let c=a+b
[root@192 shell]# echo $c
18
```

猜猜看下面这样写的话，c 最后的结果是什么？估计有人会回答：这样 c 不还是 18？回答错误!答案应该是 a+b。代码如下所示：

```
[root@192 shell]# c=a+b
```

```
[root@192 shell]# echo $c
a+b
```

为什么结果不是 18，而会出现上面这样的结果，如图 19.7 所示，有 let 和没有 let，效果完全两样的。有 let 的情况下，a + b 相当于 8+10=18；没有 let 的情况下，就不再是数学运算，而变成普通的字符。

什么是字符？简单地说就是输入的按键本身，a 就是 a，+就是+，b 就是 b，不再是什么变量。

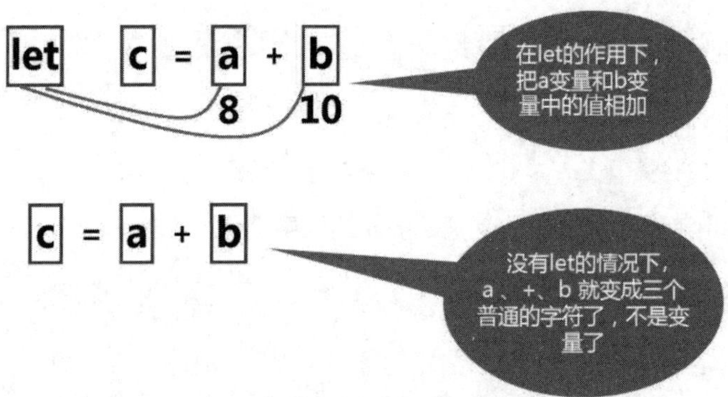

图 19.7　字符和数字的区别

扫一扫，看视频

19.1.6　变量的规范化定义和用户输入

在本小节中把上面的数学计算完善一下，加入乘法、减法、除法，并且还支持用户随意输入数值。把以下这段脚本代码放入一个 count.sh 文本中，先保存好。

```
# ################# #################
num1=$1
num2=$2
echo -n "您输入的两个数字分别为"
echo -n "$num1 和"
echo  "$num2"
let result_jia=num1+num2
let result_jian=num1-num2
let result_cheng=num1*num2
let result_chu=num1/num2
echo 加法结果是:$result_jia
echo 减法结果是:$result_jian
echo 乘法结果是:$result_cheng
echo 除法结果是:$result_chu
# ################# #################
```

先不解释代码，按照下面的方法直接运行一下看有什么效果。

```
[root@192 shell]# bash count.sh 10 5
```

执行结果如下：

```
您输入的两个数字分别为 10 和 5
加法结果是 15
减法结果是 5
乘法结果是 50
除法结果是 2
```

虽然还没解释代码的意思，但从上面的执行效果来看，也能猜出一二。貌似是：输入两个数字，然后分别计算出这两个数字的加、减、乘、除的结果，最后显示出来。接下来，解释一下代码中出现的$1、$2 代表的是什么意思，如图 19.8 所示。

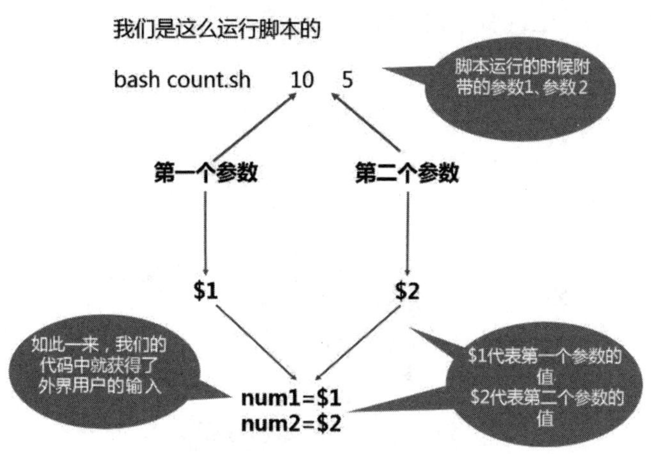

图 19.8　脚本的输入参数

如图 19.8 所示，在执行一个 Shell 脚本时，后面可以带上多个参数。而在运行时输入的参数都可以在代码中轻松地获得到，这就是$1、$2、$x…的作用。

参数和参数之间用空格来区分，第一个参数的值会通过$1 获取到，第二个参数的值会通过$2 获取到，以此类推。这样当执行：num1=$1，num2=$2 时，就等于是把外界的数值引进来，让用户可以自由地输入数字。

这种利用$1、$2…获取输入参数的做法在日常工作中非常常用，一定要把这里反复练习以便掌握。除此之外，上面这个例子中还有几个新的小知识点也说明一下。

echo 输出的方法代码中下面的三行，这里有两个关键点。

第一个是 echo 命令可以把变量的值以及普通字符放在一起输出。例如，“$num1”与“$num2”是把变量的值显示出来，其中“和”就是普通的中文字，这两个可以一起输出。

第二个是-n 参数的作用。echo 这个命令默认情况下，输出一行后会换行，加上这个参数后，输出就

不会换行了。

```
echo -n "您输入的两个数字分别为"
echo -n "$num1 和"
echo  "$num2"
```

由此，就可以通过上面的方法让 echo 命令的输出变得更加美观。代码如下所示：

```
[root@192 shell]# bash count.sh 10 5
```

输入的两个数字分别为 10 和 5。

扫一扫，看视频

19.1.7 编写偏向实际工作内容的脚本

从本小节开始进入脚本的语法学习。第一个要学习的语法：循环。先来通过图 19.9 认识一下什么是循环。

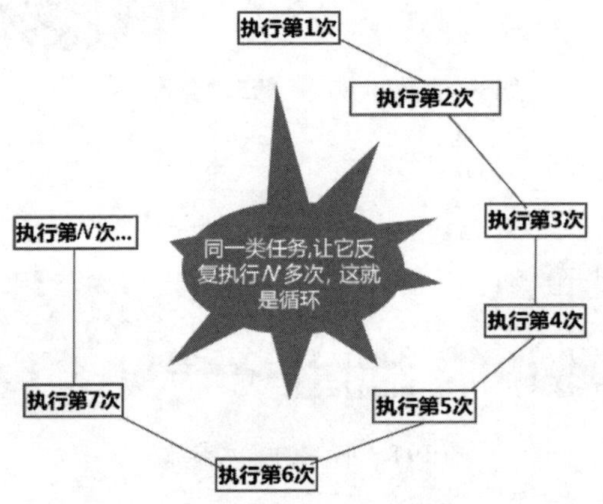

图 19.9 第一次接触循环

举一个最简单的例子：用循环的方法写一个加法，从 1 累加到 100，最后得出结果。按以下方法在命令行中输入：

```
i=0;sum=0
while [ $i -le 100 ]
do
 let sum+=$i
 let i++
done
echo $sum
```

最后得到结果是 5050。结果是没错，不过上面的代码是什么意思？通过图 19.10 解释一下。

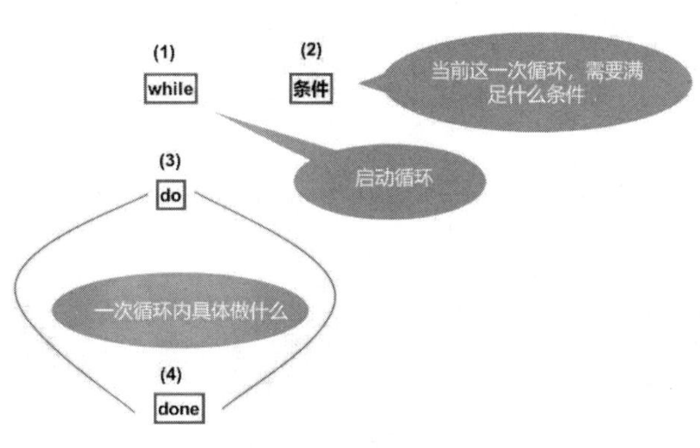

图 19.10 while 循环

如图 19.10 所示，在这里标记了（1）~（4）4 个关键地方。

（1）是 while 这个关键字，表示启动循环功能。

（2）是循环的条件，意思就是说，当前如果执行一次循环，需要满足什么样的条件，如果条件不满足了，那么循环就终止。

（3）和（4）是 do 和 done 中间的部分，就是指定一次循环中具体做什么事。

有了对这个基本模型的概念后，再来看刚才的代码，如图 19.11 所示。

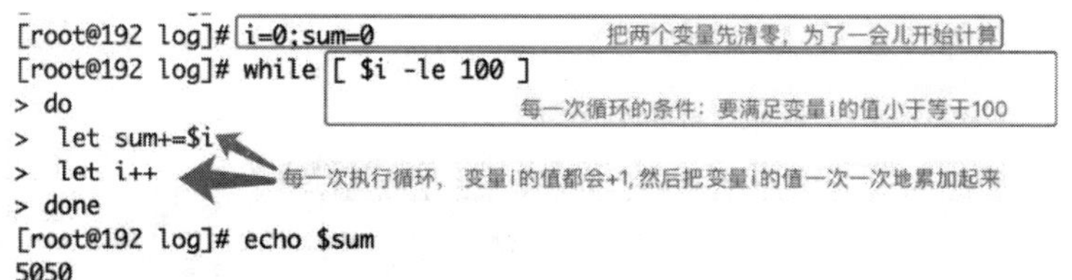
```
[root@192 log]# i=0;sum=0
[root@192 log]# while [ $i -le 100 ]
> do
>  let sum+=$i
>  let i++
> done
[root@192 log]# echo $sum
5050
```


图 19.11 第一个循环实例

如图 19.11 所示，先设置两个变量，第一个是 i，第二个是 sum。在开始循环之前，先把两个变量的值都归零。我们要实现的功能：是从 1 累加到 100，最后得出结果。

那么我们想一想，为了实现这个功能，那到底是让什么循环起来？所谓的循环，就是把同一类的事情反复地做，那么在这个例子中，什么事情在反复地做？这就是 1+2+3+4+5+6+7+…+99+100 中，每次出现的数字都是比之前多 1，就按照这个线索来写脚本。

在图 19.11 中，先确定整个循环的结束条件是什么。while [$i -le 100]的意思就是变量 i 的数值小于 100，也就是到 98、99、100 时就停止。然后在循环内容中(do 和 done 之间)做两件事：第一是让 i 这个变量每次循环都自加 1，以实现 1，2，3，4，5，6…直到 100。然后每次变量 i 都要自己和自己相加，这样来做 let sum+=$i。最后，就实现了从 1 开始，每次增加 1，然后每次都自己加上自己，一直累加到 100 结束。最后输出 sum 变量的总值。

做完这个例子后，对循环就有了一定的概念。接下来举一个偏向工作内容的例子。在实际工作中，随着服务器的长时间运行，我们经常需要定期检查某些目录下是不是存在大的日志文件，如果有的话，就把它们压缩一下。如果放任不管，这些日志文件很快就会把硬盘撑满。如果手动实现这样的工作，我们会怎么做?

假设现在有三条路径下的文件需要检查，分别是/var/log/、/run/、/tmp/三个目录，那么很自然使用 find 命令，分别手动执行三次来检查三个目录。代码如下所示：

```
[root@192 log]# find /var/log/ -size +10M -exec gzip {} \;
[root@192 log]# find /tmp/ -size +10M -exec gzip {} \;
[root@192 log]# find /run/ -size +10M -exec gzip {} \;
```

这个 find 命令还真是不好写。另外，如果检查的目录多达十几个几十个，难道每次都要手动执行?多浪费时间。接下来用刚学习的循环知识把这个功能写成脚本。代码如下所示：

```
# vim file.sh
PATHLIST="/var/log/  /tmp/ /run/"
for i in $PATHLIST
do
echo "检查目录"$i"中"
find $i -size +10M -exec gzip {} \;
done
```

这段代码是什么意思？通过图 19.12 来解释一下。

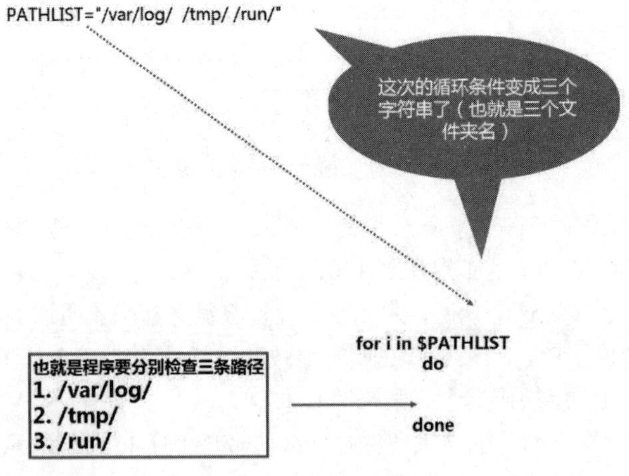

图 19.12　用循环做点实事

如图 19.12 所示，这次的循环条件变成在三个文件名中进行循环，先找/var/log/，再找/tmp/，然后找/run/。每一次循环时，要做的事情就是 find $i -size +10M -exec gzip {} \，里面的变量 i 就是路径名称，每一次循环取一个名字，直到最后一个名字结束。最后运行这个脚本看效果。

```
[root@192 shell]# bash file.sh
检查目录/var/log/中
检查目录/tmp/中
检查目录/run/中
```

如下所示，在脚本运行之后，可以看到/var/log/目录下的文件压缩结果。

```
-rw-------. 1 root  root  122K May  8 18:04 yum.log-20190423.gz
```

19.1.8　条件语句的加入

扫一扫，看视频

在上一小节中实现了一个快速查找和压缩日志的小脚本。代码如下所示：

```
PATHLIST="/var/log/  /tmp/ /run/"
for i in $PATHLIST
do
echo "检查目录"$i"中"
find $i -size +10M -exec gzip {} \;
done
```

接下来把之前学习过的用户输入参数运用进去，让脚本更灵活一些。在上面的 find 命令中，可以把这个 10M 作为一个参数，让用户在执行脚本时可以自己选择文件大小。脚本变成了图 19.13 所示的样子，这样就可以实现 size 参数动态输入。

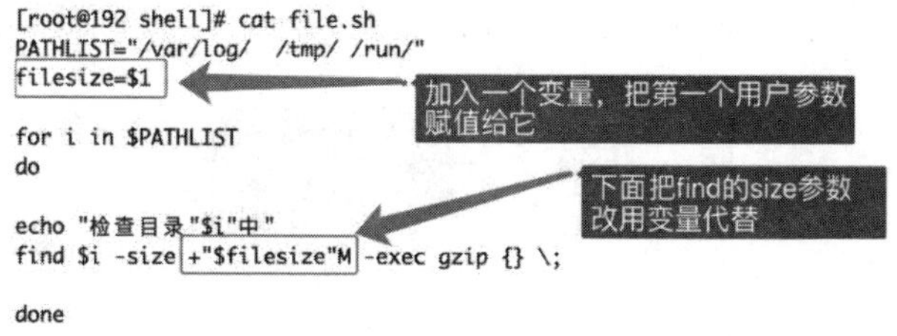

图 19.13　参数动态输入

如下这样来运行：

```
[root@192 shell]# bash file.sh 10
检查目录/var/log/中
检查目录/tmp/中
检查目录/run/中
```

不过这里有一个潜在问题，假如使用这个脚本时忘了输入参数，就会出现下面这样的错误。因为 find 命令中现在是使用$filesize，如果用户忘了输入参数，这个变量就没有值（变成一个空值）。在这种情况下，find 命令自然会出错。代码如下所示：

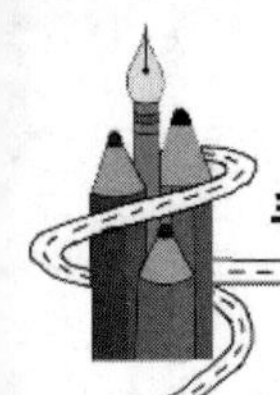


```
[root@192 shell]# bash file.sh
检查目录/var/log/中
find: Invalid argument '+M' to -size
检查目录/tmp/中
find: Invalid argument '+M' to -size
检查目录/run/中
find: Invalid argument '+M' to -size
```

基于这样的问题，有没有什么办法能在脚本中判断一下来解决，这就是本小节要学习的条件语句。下面是改善后的脚本代码：

```
PATHLIST="/var/log/  /tmp/ /run/"
filesize=$1
if [ -z $filesize ]
then
echo "执行错误,参数不能为空"
exit
fi
for i in $PATHLIST
do
echo "检查目录"$i"中"
find $i -size +"$filesize"M -exec gzip {} \;
done
```

在上面的这段代码中加入了 if 条件语句，这个语句是用来判断一个条件是不是成立，如图 19.14 所示。

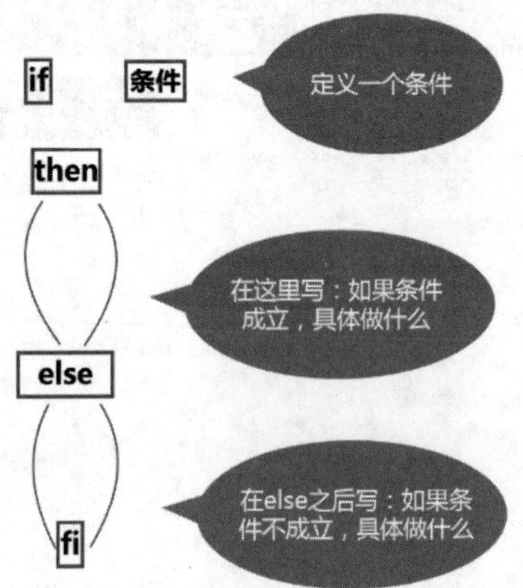

图 19.14　第一次接触条件语句

如图 19.14 所示，第一行是 if + 条件，then 之后是如果条件成立具体做些什么；else 之后是如果条件不成立具体做什么。else 是可选项目，可有可无，但是 then 必须有。

接下来回到刚才的这一段代码：

```
if [ -z $filesize ]
then
echo "执行错误,参数不能为空"
exit
fi
```

filesize 变量里的值来自用户输入的参数$1，-z 的意思是判断后面的变量是不是空，如果是空，则条件成立。这个判断的意思就是如果 filesize 变量是空值（用户忘了输入参数），接下来就怎么样。在关键字 then 后，是条件成立的情况下具体做的事情：先是输出一段话“执行错误，参数不能为空”，然后执行 exit(exit 表面意思是退出，在 Shell 脚本中一旦执行，脚本就可以从当前的位置立刻结束，后面的代码不再执行)。像这种判断条件还有很多常用的关键字。接下来举几个例子。

算术比较运算符：

- num1-eq num2：如果 num1 等于 num2。
- num1-ne num2：如果 num1 不等于 num2。
- num1-lt num2：如果 numl 小于 num2。
- num1-le num2：如果 numl 小于等于 num2。
- num1-gt num2：如果 numl 大于 num2。
- num1-ge num2：如果 numl 大于等于 num2。

文件比较运算符：

- -e filename：如果 filename 存在，则为真[-e /var/log/]。
- -d filename：如果 filename 为目录，则为真[-d /tmp/]。
- -f filename：如果 filename 为常规文件，则为真[-f /usr/bin/ls]。
- -L filename：如果 filename 为符号链接，则为真[-L/etc/systemd/system/multi-user.target.wants/rpcbind.service]。
- -r filename：如果 filename 可读，则为真[-r /var/log/syslog]。
- -w filename：如果 filename 可写，则为真[-w /var/mylog.txt]。
- -x filename：如果 filename 可执行，则为真[-x /usr/bin/grep]。

19.1.9 三种引号的应用

扫一扫，看视频

在 Shell 编程中有三种引号很常用，分别是单引号、双引号、反引号。在本小节中分别来讲解一下。

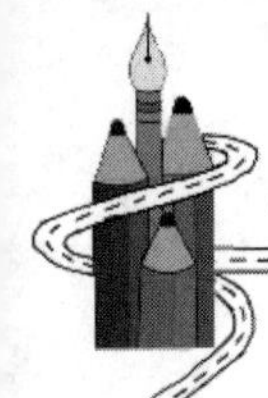

1. 单引号的用法

简单地说，单引号中的内容就是纯纯的字符或者字符串，保持原本的样子，任何特殊符号、变量都会变成普通字符。接下来看一个例子：给一个变量 a 赋值 100，然后用$a 输出它的值，就是 100。代码如下所示：

```
[root@192 ~]# a=100
[root@192 ~]# echo $a
100
```

可是，如果把$a 外面套了一个单引号，输出的结果就变成了$a 了，$不再是取值符号，而 a 也不再是变量，就按照原样输出。代码如下所示：

```
[root@192 ~]# echo '$a'
$a
```

再举一个例子。这次定义三个字符串的变量，不管有几个变量，只要被单引号套上，就全变成本色输出。代码如下所示：

```
[root@192 ~]# a=I
[root@192 ~]# b=LOVE
[root@192 ~]# c=LINUX
[root@192 ~]#
[root@192 ~]# echo $a $b $c
I LOVE LINUX
[root@192 ~]# echo '$a $b $c'
$a $b $c
[root@192 ~]#
```

2. 双引号的用法

简单地说，双引号就是保持各种特殊符号和变量、命令的作用，可以起到隔离字段的作用。看一个例子：其实如果仅仅是单独一个变量，使用双引号或者不使用，效果看不出区别。代码如下所示：

```
[root@192 ~]# a=word
[root@192 ~]# echo $a
word
[root@192 ~]#
[root@192 ~]# a=word
[root@192 ~]# echo "$a"
word
```

接下来再看一个例子。代码如下所示：

```
[root@192 ~]# name=大米哥
```

```
[root@192 ~]# string=$name_hello
[root@192 ~]# echo $string
[root@192 ~]# string="$name"_hello
[root@192 ~]# echo $string
大米哥_hello
```

上面这个例子中，先是定义了一个 name 变量，把“大米哥”这一串字符赋值给它，然后，把 name_hello 的值给 string(string=$name_hello)，然后再输出 string 变量的值，不过这里加不加双引号出现了很大的区别。第一种方式最后居然还是个空值，通过图 19.15 解释一下。

图 19.15　双引号怎么用

如图 19.15 所示，很多情况下，变量名字会跟其他的字符串混在一起，造成取值时错位。这种情况下，就可以使用双引号来进行隔离，达到本来的目的。

3. 反引号的用法

先在键盘上找到这个反引号，如图 19.16 所示，靠近键盘的左上角，和 Esc 键的下面紧挨着。

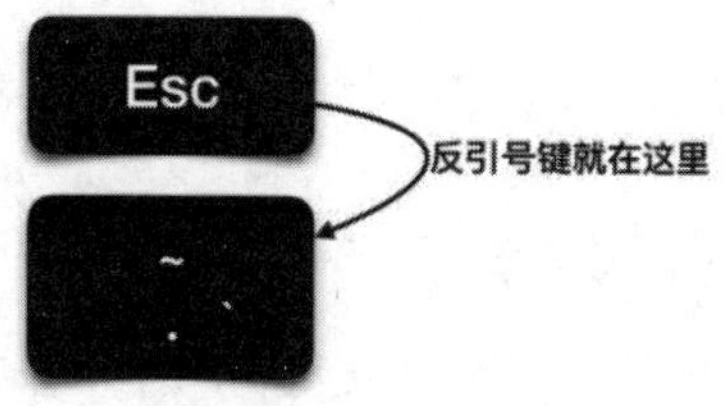

图 19.16　反引号在哪里

这个反引号貌似看上去很不起眼，但用好它却是迈向 Shell 脚本编程高手的必经之路。反引号的概念不太容易理解，先来看一个例子。代码如下所示：

```
[root@192 ~]# list='ls -l /var/log/'
```

```
[root@192 ~]# echo "$list"
Xorg.0.log
Xorg.0.log.old
anaconda
audit
boot.log
btmp
chrony
cron
cronl
cups
dmesg
dmesg.old
firewalld
gdm
glusterfs
grubby_prune_debug
httpd
lastlog
libvirt
maillog
messages
ntpstats
pluto
ppp
qemu-ga
rhsm
sa
samba
secure
speech-dispatcher
spooler
sssd
swtpm
tallylog
tomcat
tuned
vmware-vmusr.log
wpa_supplicant.log
wtmp
yum.log
yum.log-20190423
```

如图 19.17 所示，反引号的作用是把里面的命令先执行，然后把得到的结果赋值给 list 变量。这种用法在高级 Shell 脚本编程中使用的非常普遍，可以说一旦掌握，会对它爱不释手。

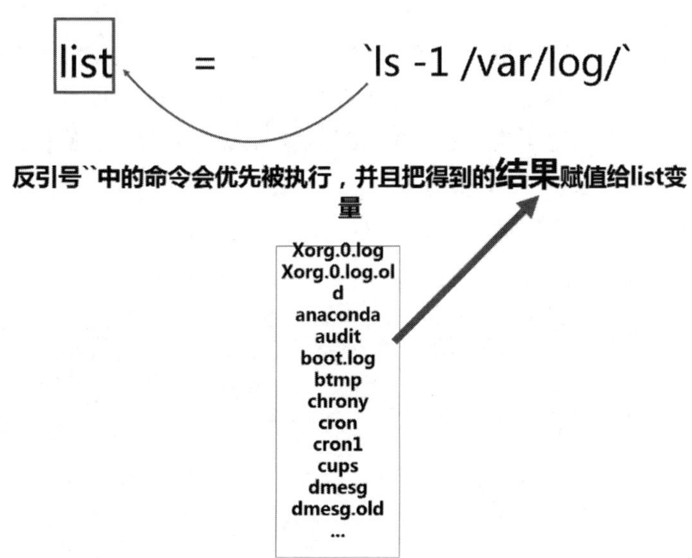

图 19.17　反引号的作用

19.1.10　巧用 Linux 命令行的返回值

扫一扫，看视频

在本小节中再来学习一项重要的新知识：命令行的返回值。在 Linux 的命令上，每当执行一个命令时，它最后都会存在一个返回数值。下面这个例子简单地说就是当一个命令执行成功时，本次执行的返回值就是 0；反之则不是 0。查看一次执行的返回值，使用“$?”来获取。代码如下所示：

```
[root@192 ~]# whoami
root
[root@192 ~]# echo $?
0
[root@192 ~]#
[root@192 ~]# ls -ld /etc/
drwxr-xr-x. 146 root root 12288 May  9 03:30 /etc/
[root@192 ~]#
[root@192 ~]# echo $?
0
[root@192 ~]#
[root@192 ~]# ls /test2/
ls: cannot access /test2/: No such file or directory
```

```
[root@192 ~]#
[root@192 ~]# echo $?
2
```

有了这个技巧以后，可以把它运用在 Shell 脚本中，以用来判断一行命令是否执行成功。下面这个例子的目的是判断一个文件夹在不在，若不在就创建出来。用 ls /root/test5 来测试文件夹在不在，如果这个文件夹不存在，整个命令的返回值就是非 0。然后，用 if 来判断这个返回值，分两种情况，如果等于 0，说明已经存在，那么就执行“:”，其代表什么都不做，只用来占位而已；如果数值非零，那么就创建出来。代码如下所示：

```
[root@192 shell]# cat test.sh
ls /root/test5 2>/dev/null
result="$?"
if [ $result == 0 ]
then
:
else
mkdir /root/test5
fi
```

19.1.11　运算符号“&&”和“||”的巧用

人类思考的一种基本模式是如果满足了一种条件，就去做什么；如果满足了另一种条件，就又去做什么。这种思维模式运用到编程上，就是 if 条件语句的由来。在 Shell 脚本中已经学会 if 这种条件语句的用法，不过觉得用起来还是很啰唆，要写好多行代码，就像下面这样：

```
if [xxxx]
then
xxx
else
xxx
```

其实，在 Shell 脚本编程中，有一种比较另类的替代 if 的方法，这就是“&&”和“||”这两种符号。在上一小节的最后学习了通过命令行返回值来判断一个目录是不是存在。代码如下所示：

```
ls /root/test5 2>/dev/null
result="$?"
if [ $result == 0 ]
then
:
```

```
else
mkdir /root/test5
fi
```

其实像这样啰唆的一堆代码，完全可以用一行更简便的模式来替代。上面用那么多行才实现的功能，用了“||”符号后，一下子变得轻便了。代码如下所示：

```
ls /root/test5/ 2> /dev/null || mkdir /root/test5
```

可是这一行的意思是什么？如图 19.18 所示，“||”读作(huò)，是一种运算符号，它的功能是连接左右两边的命令，按照从左往右的顺序先后执行，如果左边的执行成功，右边的就用不着执行，相对地，如果左边的执行失败，右边才会执行。这就是所谓的二选一。

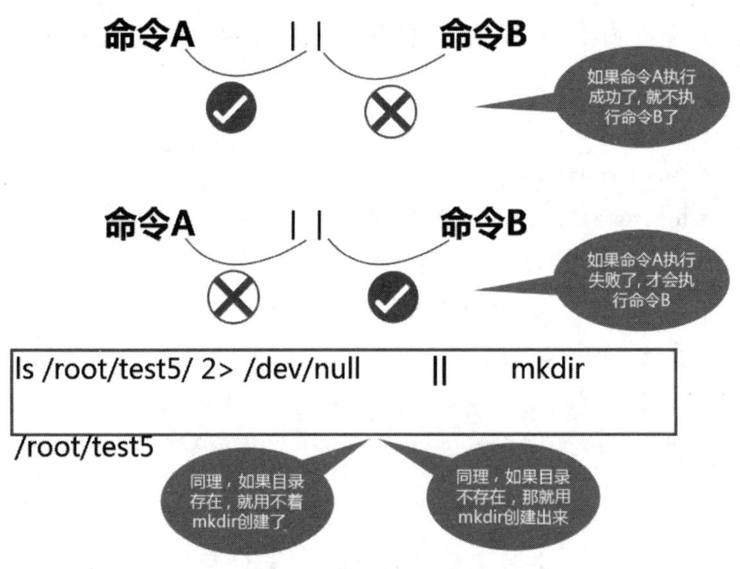

图 19.18　运算符“||”的作用

用这个“||”，就可以替代某种条件下的 if 语句。例如上一小节末尾的例子：希望达到的目标是，如果目录不存在就创建，如果存在就不用创建。这个例子就正好让“||”派上用场。

左边的命令是 ls /root/test5/ 2> /dev/null，如果没有这个目录，这个 ls 肯定执行失败，所以在这种情况下就会执行右边的 mkdir /root/test5，如果左边 ls 命令执行成功，说明目录已经存在，那么第二次再执行这个“||”语句时，右边的 mkdir 命令就不会被执行。用这种方式就取代了之前那么多行的 if then else 语句，很轻便。

说完了“||”，该说“&&”了。“&&”读作(yǔ)，也是一种运算符号，与“||”有点类似。接下来看它的用法。如图 19.19 所示，这就是“&&”号的作用，运行的顺序也是先左后右。只有在命令 A 成功的前提下，才会运行命令 B，如果命令 A 失败，命令 B 也不用再执行。

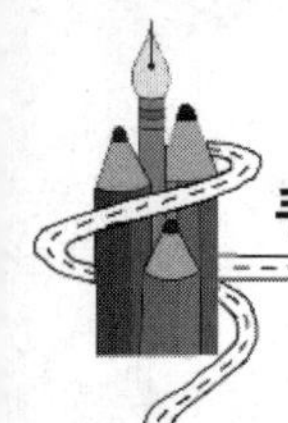

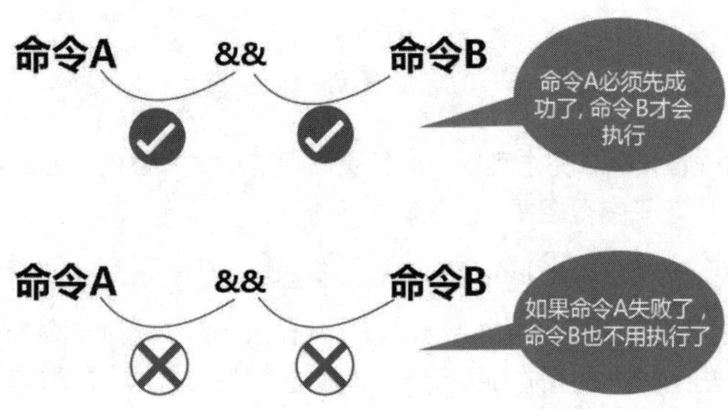

图 19.19　运算符“&&”的作用

理解起来可能难一点，下面看一个例子。之前学过 SSH 的免密码登录，如果要实现免密码登录，需要在服务器上设置以下几项。

（1）服务器上需要有.ssh/目录。

（2）服务器上需要有.ssh/authorized_keys 文件。

（3）服务器上的.ssh 和 authorized_keys 文件权限都得是 600。

（4）服务器上的.ssh/authorized_keys 内已经放入了公钥。

同时满足这几项条件，才可以实现 SSH 免密码登录，缺一不可。如果现在要检查以上这几个项目的脚本，使用“&&”怎么做？代码如下所示：

```
[root@192 ~]# ls -ld .ssh/authorized_keys > /dev/null  && chmod 600 .ssh/ && chmod
600 .ssh/authorized_keys && grep ssh-rsa .ssh/authorized_keys  > /dev/null && echo
"ssh check ok"
ssh check ok
```

这一行命令很长，从左往右看：先满足了.ssh/authorized_keys 存在，然后才执行修改.ssh 权限，.ssh 权限修改成功后，才执行修改.ssh/authorized_keys 权限，权限改好后，才执行查找.ssh/authorized_keys 中是不是存在公钥，只有存在公钥，最后才输出一句 ssh check ok。

所以说，“&&”的使用场景是必须先满足一定的条件，才执行一定的指令。通常用于前提条件的确认，只要是其中一项条件不满足，就退出。

关于脚本编程的基础学习就到这里，从下一节开始练习具体的实例。

扫一扫，看视频

19.2　脚本编程的实践案例篇

上一节的学习是通过基础实例来掌握 Shell 脚本的语法和一些使用技巧，有了这些基础后，其实已经可以开始运用在实际工作中。

在本节中通过一些实际工作中会涉及的小案例来巩固 Shell 脚本的学习。

19.2.1　案例一：Shell 脚本+crontab 实现定时 ntpdate 校正时间

校正时间的重要性之前已经学习过，在本小节中用脚本来实现一下。先准备好一个文件，写上以下这一行即可，这个“||”已学过，只要保证至少有一个 NTP 服务器可用就行。代码如下所示：

```
ntpdate s1b.time.edu.cn || ntpdate ntp1.aliyun.com
```

然后，放进 crontab 任务里即可，很简单。不过这里需要注意一点，凡是在 crontab 中调用执行脚本，必须养成写全路径的习惯，这是血的教训。代码如下所示：

```
[root@192 shell]# crontab  -l
*/10 * * * * bash /root/shell/ntpdate.sh
```

手动测试这个脚本。代码如下所示：

```
[root@192 shell]#  bash /root/shell/ntpdate.sh
11 May 16:21:05 ntpdate[12265]: no server suitable for synchronization found
11 May 16:21:11 ntpdate[12273]: adjust time server 120.25.115.20 offset 0.024588
sec
```

如上所示，第一个 NTP 服务器这会儿果然连不上，幸亏用“||”设置了第二个双保险。

19.2.2　案例二：编写一个同时检查 CPU、内存、硬盘的 Shell 脚本

检查一台服务器各种性能指标是逃不掉的责任，如果能通过一个 Shell 脚本一次性把一台机器上该查的地方都检查一遍，那多方便。接下来就实现这个功能。

在以下这段代码中，灵活运用已学过的条件语句、反引号、变量赋值、比较运算符、正则表达式等来取出 CPU、内存、硬盘的数值。

CPU 的计算：uptime 命令的第一位数值代表最近一段时间的负载量，如果这个数值小于机器 CPU 的核数，就认为目前 CPU 不忙碌。

内存的计算：直接从 free 中取出最后一列的数据，这里还需要用 sed 去除一下多余的空行。

硬盘的计算：只取出根目录的已用量即可。

这种脚本有点类似于监控采集，现在就是提前预览一下。代码如下所示：

```
#!/bin/bash
#  CHECK CPU
cpu_cores='cat /proc/cpuinfo | grep processor | wc -l'
loads='uptime | awk '{print $8}' | tr ',' ' ' | cut -d'.' -f1'
```

```
if [ $loads -lt $cpu_cores ]
then
echo "CPU WORKS OK"
else
echo "CPU TOO HIGH"
fi
# CHECK MEMORY
ram_left='free -m | awk '{print $7}' | sed '/^$/d''
if [ $ram_left -gt 200 ]
then
echo "RAM OK"
else
echo "LACKING OF RAM"
fi
# CHECK DISK
disk_letf='df -h | grep 'centos-root' | awk '{print $5}' | sed "s/%//g"'
if [ $disk_letf -gt 90 ]
then
echo "DISK RUNNING FULL"
else
echo "DISK OK"
fi
```

运行效果如下：

```
[root@192 shell]# bash monitor.sh
CPU WORKS OK
RAM OK
DISK OK
```

19.2.3 案例三：分析文本文件内容

其实写脚本，有很大一部分是用来处理大量的文本内容。在本小节中就来学习一下方法。之前学过使用 journalctl 来查看和分析日志，假设现在写一个 Shell 脚本，统计一下 journalctl 日志中的某些类型日志的数量。例如现在想统计一下，当前全部 journalctl 日志中与 ping 相关的日志有多少条，还有与 SSH 相关的，与 Network 相关的。代码如下所示：

```
#!/bin/bash
journalctl > journalctl_log
pinglog_count=0
sshlog_count=0
networklog_count=0
```

```
while read line
do
echo $line | grep -i 'ping'  && let pinglog_count=pinglog_count+1
echo $line | grep -i 'ssh'  && let sshlog_count=sshlog_count+1
echo $line | grep -i 'network'  && let networklog_count=networklog_count+1
done < journalctl_log
echo $pinglog_count
echo $sshlog_count
echo $networklog_count
```

以上的这段代码每次运行时先导出整个的 journalctl 日志到一个文件 journalctl.log，然后用 while read line + “<”的方法循环地读取 journalctl.log 的内容，每次循环读取一行内容。每读到一行就判断一下，看看这一行中是否会出现三种关键词，如果出现，就让三个 xxx_count 变量+1，最后得出一个总数即可。

19.2.4　案例四：循环远程登录服务器执行任务

最后一个脚本实例把之前学过的知识点融合一下，来实现对多台服务器的远程登录检查。首先，确认一下当前的任务是什么。如图 19.20 所示，我们之前写好了一个可以查看本地服务器状态的小监控脚本，现在希望这个脚本可以到其他所有服务器上运行，以获得每台服务器的监控状态。所以，需要实时更新 monitor.sh 到远程服务器。

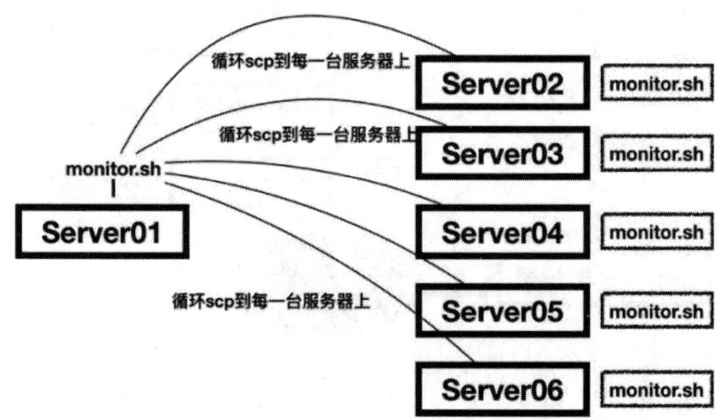

图 19.20　scp 循环更新本地脚本文件

如图 19.21 所示，monitor.sh 监控文件被部署到所有远程服务器后，在 server01 上新建一个脚本 check_all_servers.sh，这个脚本会做两件事：

- scp monitor.sh 文件到远程服务器的某个目录下。
- 使用 SSH 远程调用各台服务器上的本地脚本 monitor.sh。

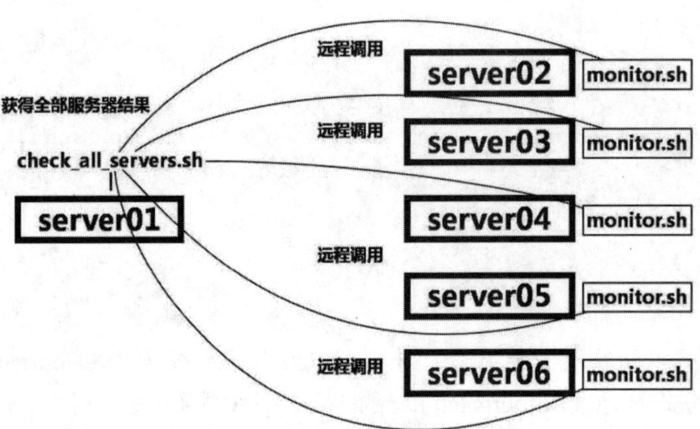

图 19.21　循环远程执行脚本

最后看图 19.22，不是说脚本运行完就完了，还需要每隔一段时间，就远程执行一次检查，并且把每次检查的结果都记录下来，便于我们平时分析问题。

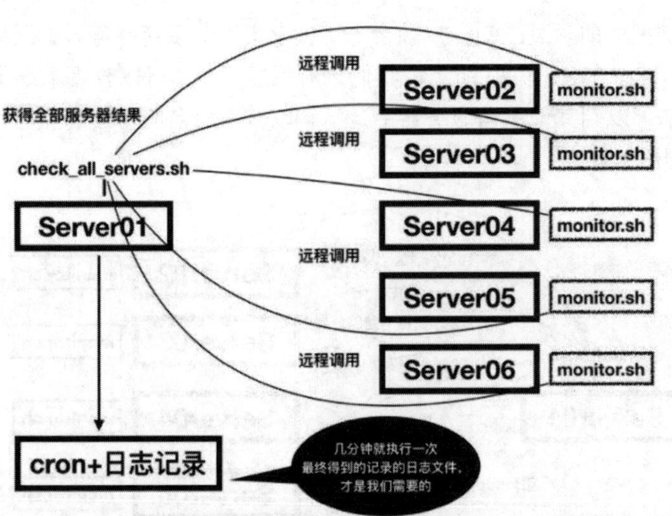

图 19.22　例行性执行并记录每次执行的日志

下面开始操作。

（1）把 server01 的 SSH 公钥推送到所有其他服务器上，配置好免密码登录。

（2）配置好机器名。为了方便脚本的调用，也为了美观。之前的 SSH 登录都是使用 IP 地址，但这种方式非常不直观。

在 Linux 中有一个/etc/hosts 文件，在这里做机器名解析，意思也就是说用名称来代替 IP 地址（这也是修改本地 DNS 解析的方法）。具体操作方法是 vim /etc/hosts 后，在后面写入类似下面的内容，这个文件的格式是 IP 地址+完整机器名+简写机器名。代码如下所示：

```
192.168.1.100 server01.example.com server01
192.168.1.101 server02.example.com server02
192.168.1.102 server03.example.com server03
192.168.1.103 server04.example.com server04
192.168.1.104 server05.example.com server05
192.168.1.105 server06.example.com server06
```

配置好以后，用 ping server02 的方式来测试是否已经生效，没问题的话，脚本就可以这样来调用机器名了。

（3）在 server01 上准备好两个脚本。第一个脚本是总的脚本，定义好一个 hostlist 变量，用来存储所有的服务器名。然后编写一个 for 循环，for i in $hostlist 的意思就是变量 i 在 server02、server03、…、server06 中依次取值。这样每次循环变量 i 就是一个机器名，使用 scp 命令把 monitor.sh 循环复制到所有服务器上。

在脚本的最后，用 SSH 远程登录每台服务器，然后执行上面的/tmp/monitor.sh 脚本，获取监控结果。代码如下所示：

```
[root@server01 ~]# cat shell/check_all_servers.sh
hostlist="server02 server03 server04 server05 server06"
for i in $hostlist
do
echo "updating script to host $i"
scp /root/shell/monitor.sh "$i":/tmp/ > /dev/null
if [ $? == 0 ];
then
echo "updated $i ok"
else
echo "updating $i failed"
fi
echo "checking on host $i"
ssh $i "chmod 777 /tmp/monitor.sh"
ssh $i "/tmp/monitor.sh"
done
```

monitor 脚本用之前第 19.2.2 小节中写好的那个就可以，无须做任何改动。准备好之后，先手动在 server01 上运行一下，试看结果如何，代码如下所示。这就是我们要的效果。

```
[root@server01 ~]# bash shell/check_all_servers.sh
updating script to host server02
updated server02 ok
checking on host server02
```

```
CPU WORKS OK
RAM OK
DISK OK
updating script to host server03
updated server03 ok
checking on host server03
CPU WORKS OK
RAM OK
DISK OK
updating script to host server04
updated server04 ok
checking on host server04
CPU WORKS OK
RAM OK
DISK OK
updating script to host server05
updated server05 ok
checking on host server05
CPU WORKS OK
RAM OK
DISK OK
updating script to host server06
updated server06 ok
checking on host server06
CPU WORKS OK
RAM OK
DISK OK
```

（4）在 server01 上添加 crontab 任务，让上面的脚本每分钟执行一次，并且把每次执行得到的结果保存到一个日志文件中。

在下面的计划任务中可以额外再添加一个 date 输出到每次的日志文件中，这样就可以了解到每次执行是在什么时间发生的。

```
[root@server01 ~]# crontab -l
* * * * * bash /root/shell/check_all_servers.sh  >> /var/log/check_servers.log
* * * * * date >> /var/log/check_servers.log
```

关于 Shell 编程就学到这里，更多的脚本编程内容将在后续的 Linux 编程书中再学习。

Linux 常用命令案例总结

本附录是一个命令总结篇，把平时 Linux 操作系统下最常用的命令以及参数和案例逐个列举出来，以供大家参考和复习。

一、文本处理和正则表达式相关命令

在 Linux 操作系统中，可以直接对文本内容进行打开、编辑。当然也可使用相关的指令调用相应的文本编辑器来实现相同的功能。下面将主要介绍基本的文本文件编辑指令的使用方法。

1. grep 指令：查找文件里面符合条件的字符串

【语法】grep [-abEFGhHi…] [--help][需要查找的字符串][文件或目录……]

【功能介绍】该指令主要用于查找文件里面符合条件的字符串。

【参数说明】

参 数	功 能
-a	不需要忽略二进制的数据
-b	在显示符合范本样式的那一列之前，标示出该列第一个字符的位编号
-E	将范本样式作为延伸的普通表示法来使用
-F	指定范本文件，其内容含有一个或多个范本样式
-G	将范本样式视为普通的表示法来使用
-i	忽略字符的大小写
-h	在显示符合范本样式的那一列之前，不标示出该列所属的文件名称
-H	在显示符合范本样式的那一列之前，标示出该列所属的文件名称
--help	显示帮助信息

【经验技巧】

- grep 指令用于查找内容包含指定的范本样式的文件，如果发现某文件的内容符合所指定的范本样式，预设 grep 指令会把含有范本样式的那一列显示出来。
- 若不指定任何文件名称，或是所给予的文件名为“-”，则 grep 指令会从标准输入设备读取数据。

【示例】使用 grep 指令对文件 1.txt 进行字符串查找，则输入下面的命令：

```
[root@192 ~]# grep route 1.txt
ip route add default via 202.106.x.x dev eth1 table 10
ip route add default via 211.108.x.x dev eth2 table 20
```

执行以上命令以后，控制台窗口将高亮显示所查找到的字符串（这里是 route）。

2. sed 指令：利用 script 来处理文本文件

【语法】sed [-hnv][-e<script>][-f<script 文件>][文本文件]

【功能介绍】该指令主要用于利用 script 来处理文本文件。

【参数说明】

参　数	功　能
-e<script>	以选项中指定的 script 来处理输入的文本文件
-f<script 文件>	以选项中指定的 script 文件来处理输入的文本文件
-h	显示帮助信息
-n	仅显示 script 处理后的结果
-v	显示版本信息
-i	直接修改文件

【经验技巧】

sed 指令处理编辑指定的文本文件。

【示例】使用 sed 指令执行替换。

```
[root@192 ~]# cat hello.txt
hello my name is dami
[root@192 ~]#
[root@192 ~]# sed -i  "s/dami/DAMI/g" hello.txt
[root@192 ~]#
[root@192 ~]# cat hello.txt
hello my name is DAMI
```

注意：

在上面的命令中，使用-i 参数直接把源文件中的内容替换掉。

3．sort 指令：将文本文件中的内容进行排序

【语法】sort [-bcdfimMnr][-o<输出文件>][-t<分隔字符>][+<起始栏位>-<结束栏位>][--help][--verison][文件]

【功能介绍】该指令主要用于将文本文件中的内容进行排序。

【参数说明】

参　数	功　能
-b	忽略每行前面开始处的空格字符
-c	检查文件是否已经按照顺序排序
-d	排序时，除英文字母、数字及空格字符外，忽略其他的字符
-f	排序时，将小写字母视为大写字母

续表

参　　数	功　　能
-i	排序时，除了 040 至 176 之间的 ASCII 字符外，忽略其他的字符
-m	将几个排序好的文件进行合并
-M	将前面 3 个字母依照月份的缩写进行排序
-n	依照数值的大小排序
-o<输出文件>	将排序后的结果存入指定的文件
-r	以相反的顺序来排序
-t<分隔字符>	指定排序时所用的栏位分隔字符
+<起始栏位>-<结束栏位>	以指定的栏位来排序，范围由起始栏位到结束栏位的前一栏位
--help	显示帮助信息
--version	显示版本信息

【经验技巧】

sort 指令可针对文本文件的内容，以行为单位来排序。

【示例】使用 sort 指令对文件 demo.txt 中的数据判断是否排序，则输入以下命令：

```
$ sort -c 文件路径' '/home/rootlocal/桌面/demo.txt'        #运行 sort 指令
```

如果指定的文件内容并没有进行排序，则将输出信息提示用户。代码如下所示：

```
sort: /home/rootlocal/桌面/demo.txt:2:无序:
```

以上信息表明指定的文件并没有进行排序。那么设置相应的参数对其进行排序，并将排序后的文件进行保存，输入以下命令：

```
$ sort -f -n '/home/rootlocal/桌面/demo.txt'        #运行 sort 指令进行排序
```

4. tr 指令：转换字符

【语法】tr [-cdst][--help][--version][第一字符集][第二字符集]

【功能介绍】该指令主要用于转换字符。

【参数说明】

参　　数	功　　能
-c	取代所有不属于第一字符集的字符
-d	删除所有属于第一字符集的字符
-s	把连续重复的字符以单独一个字符表示
-t	先删除第一字符集较第二字符集多出的字符
--help	显示帮助信息
--version	显示版本信息

【经验技巧】

tr 指令从标准输入设备读取数据，经过字符串转换后，输出到标准输出设备。

【示例】假设文件 demo.txt 中的数据为 abc def ghijklm。使用 tr 指令删除指定的字符串 abc，则输入以下命令：

```
$ tr -d 'abc' < '/home/rootlocal/桌面/demo.txt'          #运行 tr 指令
```

运行上面的命令以后，指令将删除字符串 abc，并且将剩下的文件数据进行输出

5．uniq 指令：检查及删除文本文件中重复出现的行列

【语法】uniq [-cdu][-f<栏位>][-s<字符位置>][-w<字符位置>][--help][--version][输入文件][输出文件]

【功能介绍】该指令主要用于检查及删除文本文件中重复出现的行列。

【参数说明】

参　　数	功　　能
-c	在每列旁边显示其重复出现的次数
-d	仅显示重复出现的行列
-f	忽略比较指定的栏位
-s	忽略比较指定的字符
-u	仅显示一次的行列
-w	指定要比较的字符
--help	显示帮助信息
--version	显示版本信息

【经验技巧】

uniq 指令可检查文本文件中重复出现的行列。

【示例】使用 uniq 指令统计这些字符串所出现的次数，并显示在数据旁边，则输入以下命令：

```
[root@192 ~]# cat /var/log/messages | awk '{print $1}' | uniq -c
    550 Jun
```

运行上面的命令，可以得到日志中出现 Jun 的统计结果。

6．wc 指令：计算文本文件中的字数

【语法】wc [-clwL][--help][--version][文件……]

【功能介绍】该指令主要用于计算文本文件中的字数。

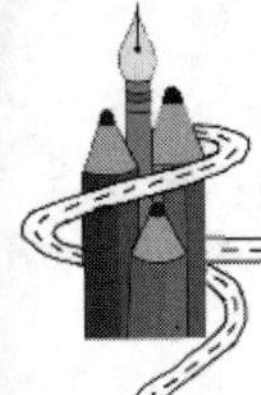

【参数说明】

参　数	功　能
-c	只显示 Bytes 数
-l	只显示列数
-w	只显示字数
--help	显示帮助信息
--version	显示版本信息
-L	显示最长行的长度

【经验技巧】

wc 指令的参数如果为“-”，则表示将从标准输入设备中读取数据。

【示例】假设文件 demo.txt 中的数据如下所示：

```
测试
测试测试数据数据
```

那么，使用 wc 指令获取其中最长行数据的长度并且显示，则输入以下命令：

```
$ wc -L < '/tmp/demo.txt'                                    #运行 wc 指令
```

运行上面的命令，其结果如下所示：

```
16
```

二、文件与目录管理相关命令

在 Linux 操作系统中，用户可以使用指令对文件和目录进行管理。例如，文件和目录的比较、连接、查找功能。最为重要的是通过这些指令可以修改文件和目录的时间、属性及其权限等。下面将具体介绍这些管理指令的原型、参数和使用方法等。

1. diff 指令：比较文本文件的差异

【语法】diff [-abBcdefHilnNpPqrstTuvwy][-<行数>][-C<行数>][-D<巨集名称>][-I<字符或字符串>][-S<文件>][-W <宽度>][-x<文件或目录>][-X<文件>][--help][--left-column][--suppress-common-line][文件或目录 1][文件或目录 2]

【功能介绍】该指令主要用于对文本文件之间进行差异比较，并列出不同之处。

【参数说明】

参　　数	功　　能
-<行数>	指定要显示多少行的文本，该参数必须与参数-c 或-u 一起使用
-a	将所有的文件均作为文本文件进行处理
-b	不检查文件中的空格字符的不同
-B	不检查文件的空白行
-c	显示全部的文件内容，并标示出其不同之处
-C<行数>	与参数-c、-<行数>含义相同
-d	使用不同的演算法，以较小的单位进行比较
-D<巨集名称>	此参数的输出格式可以用于前置处理器巨集
-e	此参数的输出格式可以用于 ed 指令的 script 文件
-f	输出的格式类似于 ed 指令的 script 文件，但按照原来文件的顺序显示不同处
-H	对大的文件进行比较时，可以加快其比较速度
-I<字符或字符串>	如果两个文件在某几行有不同，并且这几行同时都包含了选项中指定的字符或字符串，则不显示这两个文件的差异
-i	不检查文件数据的大小写不同
-n 或-rcs	将比较结果以 RCS 的格式进行显示
-N	在比较目录时，如果文件 1 仅仅出现在某个目录中，则默认显示“only in 目录名”。若比较文件 1 时使用了该参数，则 diff 指令将文件 1 与一个空白文件进行比较
-p	如果比较的文件为 C 语言代码文件，则将显示差异所在的函数名称
-P	与参数-N 功能相似。但只有当目录 2 中包含了目录 1 所没有的文件时，才会将这个文件与空白的文件进行比较
-q	仅仅显示有无差异，并不显示详细的信息
-r	比较子目录中的文件
-s	如果没有发现任何差异，将仍然显示相关的信息
-S<文件>	在比较目录时，将从指定的文件开始比较
-t	在输出信息时，会将 tab 字符展开
-T	在每行前面都加上 tab 字符进行对齐
-u 或-U<列数>	以合并的方式显示文件内容的不同
-v	显示版本信息
-w	忽略全部的空格字符
-W<宽度>	在使用参数“-y”时，指定栏宽
-x<文件或目录>	不比较选项中所指定的文件或目录
-X<文件>	可以将文件或目录类型保存为文本文件
-y	以并列的方式显示文本文件的异同

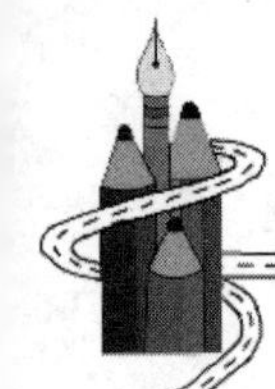

续表

参　　数	功　　能
--help	显示帮助信息
--left-column	在使用参数“-y”时，如果两个文件的某一行内容相同，则只在左侧的栏位中显示该行的内容
-- suppress-common-line	在使用参数“-y”时，只显示其不同之处

注意：

如果用户使用“-”表示文件或目录名时，将默认从标准输入设备中读取数据进行比较。

【经验技巧】

- diff 指令是以逐行的方式，比较文本文件的异同处。
- 如果该指令指定进行目录的比较，则将会比较该目录中具有相同文件名的文件，而不会对其子目录文件进行任何比较操作。

【示例】将目录“/usr/li”下的文件 test.txt 与当前目录下的文件 test.txt 进行比较，则输入下面的命令：

```
$ diff /usr/li test.txt                              #使用 diff 指令对文件进行比较
```

上面的命令执行以后，会将比较后的不同之处以指定的形式列出。代码如下所示：

```
n1 a n3,n4
n1,n2 d n3
n1,n2 c n3,n4
```

其中，字母 a、d、c 分别表示添加、删除以及修改操作。而 n1、n2 表示在文件 1 中的行号，n3、n4 表示在文件 2 中的行号。

注意：

以上说明指定了两个文件中不同处的行号及其相应的操作。在输出形式中，每一行后面将跟随受到影响的若干行。其中，以“<”开始的行属于文件 1，以“>”开始的行属于文件 2。

2. file 指令：识别文件的类型

【语法】file [-beLvz][-f<名称文件>][-m<魔法数字文件>……][文件或目录……]

【功能介绍】该指令主要用于识别指定的文件类型。

【参数说明】

参　　数	功　　能
-b	列出识别结果时，并不显示文件名
-e	详细显示该指令的执行过程，以便于排错或者分析程序执行的情况
-f<文件名称>	指定文件名或者路径，若为多个文件时，该指令将依次进行识别
-L	直接显示符合连接所指向的文件类型
-m<魔法数字文件>	指定魔法数字文件或者其路径
-v	显示版本信息
-z	尝试读取压缩文件中的内容

【经验技巧】

- 使用该指令的最为简单的方法是在指令后面不使用任何参数，而直接指定文件名或者文件路径。
- 该指令默认的魔法数字文件是/usr/share/magic，用户可以通过环境变量进行设置。
- 该指令对文件类型检查分为几个步骤，分别为文件系统的检查、魔法数字文件的检查及其使用语言的检查。
- 该指令可以识别任何类型的文件。并且只要该文件的类型在魔法数字文件内有相应的记录，file 指令就可以返回其类型的相关信息。

注意：

关于魔法数字文件，用户使用 cat 指令查看一下系统文件即可知道。

【示例】使用 file 指令对文件“/bin/cp”进行类型识别，则输入下面的命令：

```
$ file /bin/cp                                    #查看指定文件的类型
```

运行以上命令，其运行结果如下所示：

```
ELF 32-bit LSB executable, Intel 80386,
Version 1 (SYSV), for GNU/Linux 2.6.8,
Dynamically inked (uses shared libs), stripped
```

3. ln 指令：连接文件或者目录

【语法】ln [-bdfinsv][-S <字尾备份字符串>][-V <备份方式>][--help][--version][源文件或目录][目标文件或目录]

或者

ln [-bdfinsv][-S<字尾备份字符串>][-V<备份方式>][--help][--version][源文件或目录……][目标目录]

注意：

该指令具有两种语法格式，但是根据需要使用其中一种即可。

【功能介绍】该指令主要用于连接文件或者目录。

【参数说明】

参　数	功　能
-b	删除，覆盖目标文件之前的备份
-d	建立目录的硬链接
-f	强行建立文件或目录的链接，不论其是否存在
-i	覆盖已经存在的文件之前将询问用户
-n	将符号链接的目标目录看作一般文件对待
-s	对源文件建立符号链接，而非硬链接
-S<字尾备份字符串>	用“-b”参数备份目标文件后，备份文件的字尾会被加上一个备份字符串，预设的字尾备份字符串是符号“~”，可通过“-S”参数来改变它
-v	显示指令的执行过程
-V<备份方式>	用“-b”参数备份目标文件后，备份文件的字尾会被加上一个备份字符串，这个字符串不仅可用“-S”参数变更，当使用“-V”<备份方式>参数指定不同备份方式时，也会产生不同字尾的备份字符串
--help	显示帮助信息
--version	显示版本信息

【经验技巧】

- 若该指令指定两个以上的文件或目录，并且最后一个目标目录是已经存在的目录，则会把前面所指定的文件或目录复制到该目录中。
- 若该指令指定两个以上的文件或目录，并且最后一个目标目录不存在，则将会出现错误信息。

【示例】使用指令 ln 以符号链接的形式链接两个指定的目录，则输入下面的命令：

```
$ ln -s /bin/less /usr/local/bin/less                    #链接指定的两个目录
```

执行上述命令后，指定的两个目录之间将会以符号链接的形式进行连接。这样，用户就不需要在使用的目录下都保存相同的文件。而只需在某个固定的目录中放置该文件，在其他的目录下用 ln 指令即可。

注意：

以此种方式进行操作，则避免了重复地占用磁盘空间。

4．locate 指令：查找文件

【语法】locate [-d <数据库文件>][--help][--version][范本样式……]

【功能介绍】该指令主要用于文件的查找。

【参数说明】

参　　数	功　　能
-d<数据库文件>	设置该指令使用的数据库。locate 指令默认的数据库位于/var/lib/slocate 目录下，文件名为 slocate.db。也可以根据需要对其进行修改
--help	显示帮助信息
--version	显示版本信息

【经验技巧】

- locate 指令在使用之前可以使用指令 updatedb 创建一个数据库。
- 该指令会在保存文件与目录名称的数据库中查找符合范本样式条件的文件或目录。

【示例】使用指令查找文件名中含有关键字 demo 的文件路径，则输入下面的命令：

```
$ locate demo                                          #查找指定的文件
```

执行上述命令后，程序将会显示所有包含关键字 demo 的文件路径。代码如下所示：

```
/home/rootlocal/demo.txt                               #显示路径列表
/home/rootlocal/demo2.txt
```

5．lsattr 指令：显示文件属性

【语法】lsattr [-adlRvV][文件或目录……]

【功能介绍】该指令主要用于显示指定的文件属性。

【参数说明】

参　　数	功　　能
-a	显示所有文件和目录，包括以"."开始的当前目录和上层目录".."
-d	只显示目录名称
-l	该参数只作预留，没有任何作用
-R	做递归处理，将指定目录下的所有文件和子目录一起进行处理
-v	显示文件或目录版本
-V	显示版本信息

【经验技巧】

- 用指令 chattr 执行过修改文件或目录的属性，可使用 lsattr 指令查询其属性。
- lsattr 指令显示的文件属性是文件的物理属性。

【示例】使用指令 lsattr 显示目录“/home/rootlocal/桌面”的文件系统属性，则输入下面的命令：

```
$ lsattr /home/rootlocal/桌面                #显示指定目录的文件系统属性
```

执行上述命令后，程序将会显示指定目录下的所有子目录和文件及其属性。代码如下所示：

```
-----------------e-/usr/local/include
-----------------e-/usr/local/games
-----------------e-/usr/local/bin
-----------------e-/usr/local/share
-----------------e-/usr/local/lib
-----------------e-/usr/local/etc
-----------------e-/usr/local/sbin
```

注意：

从显示结果来看，这些子目录或文件都设置了 e 属性。

6. mv 指令：移动或更名现有的文件或目录

【语法】mv[-ifv][--help][源文件或目录][目标文件或目录]

【功能介绍】该指令主要用于移动或更名现有的文件或目录。

【参数说明】

参　　数	功　　能
[文件……]	执行操作的文件相对路径或者绝对路径
-i	防止覆盖的提示
-f	文件操作无提示
-v	显示过程

【经验技巧】

- 指令 mv 还能够实现文件的更名操作。
- 一般情况下，参数“-i”或“--interactive”使用较多，因为该参数能够有效地防止错误覆盖重要文件。

【示例】使用 mv 指令移动当前 file1、file2、file3 这三个文件到当前目录 test 中，则输入下面的命令：

```
$ mv file[1-3] test                #将文件 file1、file2、file3 移动到 test 目录下
```

使用该指令之前，首先使用指令 ls 查看当前的文件列表信息。代码如下所示：

```
$ ls                                    #查看当前文件列表
file1 file2 file3                       #显示文件列表
```

然后，执行 mv 指令后，再次使用指令 ls 对目录 test 中的信息进行查看。代码如下所示：

```
$ ls test                               #查看目录 test 中的信息
file1 file2 file3                       #显示指定目录中的文件列表信息
```

注意：

从上面的指令执行情况来看，mv 指令已经成功地将三个文件移动到了指定的目录中。

7. rm 指令：删除文件或目录

【语法】rm [-dfirv][--help][--version][文件或目录……]

【功能介绍】该指令主要用于删除文件或目录。

【参数说明】

参　数	功　能
-d	直接把将要删除的目录硬链接数据删除为 0，并删除该目录
-f	强制删除指定的文件或者目录
-i	删除既有文件或者目录之前必须先询问用户
-r	递归处理，将指定目录下的所有文件以及子目录一起进行处理
-v	显示指令的执行过程
--help	显示帮助信息
--version	显示版本信息

【经验技巧】

- 执行 rm 指令可以删除文件或目录，如果将要删除目录必须加上参数“-r”，否则默认情况下将仅删除文件。
- 使用“-i”参数能防止误删除，该参数会在删除文件前给出提示信息且让用户确认删除，使用该参数可提高系统安全性。
- 使用参数“-f”可以在不给出任何警告信息的情况下删除文件或目录，因此用户应慎用。

【示例】使用指令 rm 删除当前目录下的 test 子目录，则输入下面的命令：

```
$ rm -r test/                           #删除当前目录下的 test 子目录
```

进行删除操作前，使用指令 ls 查看当前目录结构。代码如下所示：

```
$ ls                                    #查看当前目录结构
examples.desktop README file test testfile1 testfile
```

执行删除操作之后，其结果如下所示：

```
$ rm test/                                    #直接删除将产生错误
rm: 无法删除"test/":是一个目录                    #提示不能直接删除目录
```

8. split 指令：切割文件

【语法】split [--help][--version][-<行数>][-b <字节>][-C <字节>][-l <行数>][要切割的文件][输出文件名]

【功能介绍】该指令主要用于文件的切割操作。

【参数说明】

参　数	功　能
-<行数>	指定多少行就将要切成一个小文件
-b<字节>	指定每多少字节就将要切成一个小文件
--help	显示帮助信息
--version	显示版本信息
-C<字节>	与参数“-b”相似，但是在切割时将尽量维持每行的完整性
[输出文件名]	设置切割后文件的前置文件名，split 命令会自动在前置文件名后再加上编号

【经验技巧】

- 一般情况下，特别大的文件很难用文本编辑器直接打开，可以先使用指令 split 将其进行分割后，再用文本编辑器打开。
- 该指令将大文件分割成较小的文件，在默认情况下将按照每 1000 行分割成一个小文件。

【示例】使用指令 split 将文件 README 每 6 行分割成一个文件，则输入下面的命令：

```
$ split -6 README                             #将 README 文件每 6 行分割成一个文件
```

以上命令执行以后，指令 split 会将原来的大文件 README 分割成多个以 x 开头的小文件。而在这些小文件中，每个文件都只有 6 行内容。例如，使用指令 ls 查看当前目录结构。代码如下所示：

```
$ ls                                          #执行 ls 指令
README xaaxadxagxabxaexahxacxafxai            #获得当前目录结构
```

9. tee 指令：读取标准输入的数据，并将其内容输出成文件

【语法】tee [-ai][--help][--version][文件……]

【功能介绍】该指令主要用于读取标准输入的数据，并将其内容输出成文件。

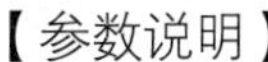

【参数说明】

参　　数	功　　能
-a	附加到既有文件的后面，而不是将其覆盖
-i	忽略掉中断信号
--help	显示帮助信息
--version	显示版本信息

【经验技巧】

- 使用参数“-a”以将输入的内容追加到指定文件的后面。
- 指令 tee 可以从标准输入设备读入数据并打印一行到标准输出设备上，同时还可以将其保存为多个文件。
- 指令 tee 存在缓存机制，每 1024 字节将输出一次。若从管道接收输入数据，应该是缓冲区满，才将数据转存到指定的文件中。若文件内容不到 1024 字节，则接收完从标准输入设备读入的数据后，将刷新一次缓冲区，并转存数据到指定文件。

【示例】使用指令 tee 将用户输入的数据同时保存到文件 file1 和 file2 中，则输入下面的命令：

```
$ tee file1 file2                                    #在两个文件中复制内容
```

以上命令执行以后，将提示用户输入需要保存到文件的数据。代码如下所示：

```
My Linux                                             #提示用户输入数据
My Linux                                             #输出数据，进行输出反馈
```

此时，可以分别打开文件 file1 和 file2，查看其内容是否均是 My Linux 即可判断指令 tee 是否执行成功。

10．touch 指令：修改文件或目录的时间

【语法】touch [-acfm][-r<参考文件或目录>][-t<日期时间>][--help][--version][文件或目录……]

或者

touch[-acfm][--help][--version][日期时间][文件或目录……]

【功能介绍】该指令主要用于修改文件或者目录的时间属性，包括存取时间和更改时间。

【参数说明】

参　　数	功　　能
-a	只更改文件的存取时间
-c	不建立任何文件
-f	该参数可以忽略，仅仅用于解决兼容性问题
-m	只更改变动时间

续表

参　数	功　能
-r<参考文件或目录>	把指定文件或目录的日期时间统一设为与参考文件或目录的日期时间相同
-t<日期时间>	使用指定的日期时间，而不是现在的时间
--help	显示帮助信息
--version	显示版本信息

【经验技巧】

- 文件的时间属性记录了对文件的所有操作时间。而指令 touch 可以对这些时间值进行修改。但是，前提条件是操作者对该文件具有写权限。另外，指令 touch 只能改变文件的最后访问时间和最后修改时间。
- 该指令搭配适当的 Shell 通配符可以批量创建空文件。
- 使用该指令可以创建原来不存在的空文件，新建的空文件的最后访问时间和最后修改时间均为当前系统时间。
- 如果不使用参数“-r”“-t”，则文件的时间属性将被修改为当前系统时间。

【示例】使用指令 touch 修改文件 testfile 的时间属性为当前系统时间，则输入下面的命令：

```
$ touch testfile                                        #修改文件的时间属性
```

首先，使用 ls 命令查看 testfile 文件的属性。代码如下所示：

```
$ ls -l testfile                                        #查看文件的时间属性
-rw-r--r-- 1 hddhdd 55 2011-08-22 16:09 testfile        #原来文件的修改时间为 16:09
```

执行指令 touch 修改文件属性以后，再次查看该文件的时间属性。代码如下所示：

```
$ touch testfile                                        #修改文件的时间属性为当前系统时间
$ ls -l testfile                                        #查看文件的时间属性
-rw-r--r-- 1 hddhdd 55 2011-08-22 19:53 testfile        #修改后文件的时间属性为当前系统时间
```

11．umask 指令：指定在建立文件时预设的权限掩码

【语法】umask [-S][权限掩码]

【功能介绍】该指令主要用于指定文件创建时所预设的权限掩码。当新文件被创建时，其最初的权限由文件创建掩码决定。用户每次注册进入系统时，umask 命令都被执行，并自动设置掩码改变默认值，新的权限将会把旧的覆盖。

【参数说明】

参　数	功　能
-S	以文字的方式表示权限掩码

【经验技巧】

- 权限掩码是由 3 个八进制的数字所组成的，将现有的存取权限减掉权限掩码后，即可产生建立文件时预设的权限。
- 该指令可以不使用任何参数而直接使用，表示获取当前的权限掩码。

【示例】使用指令 umask 查看当前权限掩码，则输入下面的命令：

```
$ umask                                                    #获取当前权限掩码
```

上面的指令执行以后，将返回相应的权限掩码。具体如下所示：

```
644
```

以上返回的权限掩码表示为新建文件的权限。

注意：

新创建的目录，权限一般应该是 755（计算机内部按与运算求得权限），但是对于新创建的普通文件，权限并不是 755。由于 umask 掩码对于普通文件的执行权限不起作用，要排除执行权限，因此新建文件的权限应该为 644。

如果需要设置权限掩码，则直接在命令后面接要设置的权限掩码即可。代码如下所示：

```
$ umask 044                                                #设置权限掩码
```

注意：

以上命令表示将设置当前权限掩码为八进制数据 044。

12．whereis 指令：查找文件

【语法】whereis [-bfmsu][-B <目录>……][-M <目录>……][-S <目录>……][文件……]

【功能介绍】该指令主要用于找到指定程序的源文件、二进制文件或手册。

【参数说明】

参　　数	功　　能
-b	只查找二进制文件
-B<目录>	只在设置的目录下查找二进制文件
-f	不显示文件名前面的路径
-m	只查找说明文件
-M<目录>	只在指定的目录下查找二进制文件

续表

参　数	功　能
-s	只查找原始代码文件
-S<目录>	只在指定的目录下查找原始代码文件
-u	查找不包含指定类型的文件

【经验技巧】

- 该指令会在特定目录中查找符合条件的文件。这些文件应属于原始代码、二进制文件或是帮助文件。
- 该指令只能用于查找二进制文件、源代码文件和 man 手册页，一般文件的定位需使用 locate 命令。

【示例】使用指令 whereis 查看指令 bash 的位置，则输入下面的命令：

```
$ whereis bash                                   #查看指定指令的程序路径和 man
                                                  手册页路径
```

上面的指令执行以后，输出信息如下所示：

```
bash:/bin/bash/etc/bash.bashrc/usr/share/man/man1/bash.1.gz
```

注意：

以上输出信息从左至右分别为查询的程序名、bash 路径、bash 的 man 手册页路径。

如果用户需要单独查询二进制文件或帮助文件，可使用以下命令：

```
$ whereis -b bash                                #显示 bash 命令的二进制程序
$ whereis -m bash                                #显示 bash 命令的帮助文件
```

输出信息如下：

```
$ whereis -b bash                                #显示 bash 命令的二进制程序
bash: /bin/bash /etc/bash.bashrc /usr/share/bash #bash 命令的二进制程序的地址
$ whereis -m bash                                #显示 bash 命令的帮助文件
bash: /usr/share/man/man1/bash.1.gz              #bash 命令的帮助文件地址
```

13．cat 指令：把档案串连接后传到基本输出设备

【语法】cat [-bns] [--help] [--version] [fileName]

【功能介绍】该指令主要用于将档案串连接后传送到基本输出设备中显示或者通过“>文件”保存到文件中。

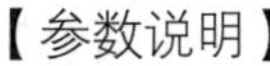
【参数说明】

参　数	功　能
-n	从 1 开始对所有输出的行数进行编号
-b	与参数“-n”相同，但是对于空白行不进行编号
-s	当遇到有连续两行以上的空白行时，就将其替换为一行空白行

【经验技巧】

- 该指令主要是为指定的文件内容添加行号以后，输出到屏幕等标准输出设备上进行显示或者保存到另一文件中。
- 利用该指令可以将指定的文件内容输出到标准输出设备上进行显示的特点，用户可以使用其实现输出、查看文件内容的功能。

【示例】使用指令 cat 将文件 testfile1 中的内容进行行号的添加，并且保存到文件 testfile2 中，则输入下面的命令：

```
$ cat -n testfile1 > testfile2                    #添加行号并保存到文件中
```

上面的指令执行以后，用户可以打开文件 testfile2 查看其内容是否已经添加行号。

14. chgrp 指令：变更文件或目录的所属群组

【语法】chgrp[-cfhRv][--help][--version][所属群组][文件或目录……]

或者

chgrp [-cfhRv][--help][--reference=<参考文件或目录>][--version][文件或目录……]

【功能介绍】该指令主要用于变更文件或目录的所属群组，设置方式采用群组名称或群组识别码。

【参数说明】

参　数	功　能
-v	显示指令执行过程
-c	与参数“-v”相同，但是只显示更改的部分
-f	不显示错误信息
-h	只对符号链接的文件进行修改，而不修改其他任何相关的文件
-R	进行递归处理，将指定目录下的所有文件及其子目录中的文件一起进行处理
--help	显示帮助信息
--reference=<参考文件或目录>	将指定文件或目录下的所属群组全部设置为与参考文件或目录所属群组相同
--version	显示版本信息

【经验技巧】

- 如果大量文件需要改变所有权，而这些文件又在同一目录下，则可使用参数“-R”一次性完成修改；如果修改的文件名有一定的规律，则可以借助通配符来简化操作。

- 目标文件或目录必须存在。引用的文件或目录也必须存在。
- 指定的组用户必须是系统中存在的。
- 组名可以使用组 ID 代替。
- 在 UNIX 操作系统中，文件或目录权限的掌控由拥有者及所属群组来管理。用户可以使用指令 chgrp 去变更文件与目录的所属群组。

【示例】使用指令 chgrp 修改文件 testfile 的文件属性，使其所属组变为 root 组，则输入下面的命令：

```
$ chgrp -v 0 testfile                                    #修改群组属性
```

注意：

其中，参数“-v”是显示详细的指令执行过程，参数 0 表示所属组 ID 为 0，即 root 组。

使用该命令前，先使用指令 ls 查看文件原有的属性。代码如下所示：

```
$ ls-l testfile                                          #查看原有属性
-rw-r--r-- 1 cmdcmd 598 2011-09-04 13:57 testfile
```

以上输出信息从左至右依次表示文件类型及权限、链接数、所有者、所属组、大小、最后访问时间、文件名。

15. chmod 指令：变更文件或目录的权限

【语法】chmod [-cfRv][--help][--version][<权限范围>+/-/=<权限设置……>][文件或目录……]

【功能介绍】该指令主要用于更改指定文件或目录的权限。

注意：

该指令有三种使用语法，用户根据实际需要选择其一即可。

【参数说明】

参　　数	功　　能
-v	显示指令执行过程
-c	与参数“-v”相同，但是只显示更改的部分
-f	不显示错误信息
-R	进行递归处理，将指定目录下的所有文件及其子目录中的文件一起进行处理

续表

参　数	功　能
--help	显示帮助信息
--version	显示版本信息
<权限范围>+<权限设置……>	开启权限范围的文件或目录的对应权限设置
<权限范围>-<权限设置……>	关闭权限范围的文件或目录的对应权限设置
<权限范围>=<权限设置……>	指定权限范围的文件或目录的对应权限设置

【经验技巧】

- 该指令主要用于更改文件或目录的访问权限，Linux 操作系统提供了字符方式和八进制方式改变文件的访问权限。
- 该指令不能修改符号链接的权限。当需要使用该命令改变符号链接的权限时，实际改变的是符号链接所指向的文件的权限。
- 如果使用该指令的参数“-R”进行递归操作，则指令 chmod 将忽略所遇到的符号链接。
- 在 Linux 操作系统中，文件或目录权限的控制分别以读取、写入、执行 3 种一般权限来进行区分，另有 3 种特殊权限可供运用。然后，再搭配拥有者与所属群组管理权限范围。具体的权限范围的表示方法如下所示：u（即文件或目录的拥有者 User）、g（即文件或目录的所属组群 Group）、o（Other，除了文件或目录拥有者及其所属群组之外，其他用户都属于此范围）、a（All，即全部用户）、[+-=]（分别表示增加权限范围、取消权限范围以及设置指定权限）。
- 在实际使用时，用户仅需使用权限代号即可，该代号的表示如下所示。

（1）r：可读取权限，数字代号为 4。

（2）w：可写入权限，数字代号为 2。

（3）x：可执行或切换权限，数字代号为 1。

（4）-：不具任何权限，数字代号为 0。

（5）s：特殊?b>功能说明，变更文件或目录的权限。

【示例】使用指令 chmod 修改文件 testfile 的属性，为其增加所有者可执行权限，组内增加可写权限，其他用户减去可读权限，则输入下面的命令：

```
$ chmodu+x,g+w,o-rtestfile
#增加所有者可执行权限，组内增加可写权限，其他用户减去可读权限
```

为了更加清楚整个过程，首先通过指令 ls 查看其原始属性，文件 testfile 的原属性如下：

```
$ ls-l testfile                                    #查看原有属性
-rw-r--r-- 1 cmdcmd 598 2011-09-04 14:57 testfile  #所有者可读、可写，组内可读，
                                                    其他用户可读
```

接下来，使用指令 chmod 修改文件属性，并再次查看属性，以便进行对比。其结果如下：

```
$ chmodu+x,g+w,o-rtestfile                      #增加所有者可执行权限，组内增加可
                                                 写权限，其他用户减去可读权限
$ ls-l testfile                                  #查看修改后的属性
-rwxrw---- 1 cmdcmd 598 2009-09-01 15:00 testfile
#所有者可读、可写、可执行，组内可读、可写，其他用户不可读、不可写、不可执行
```

16. chown 指令：变更文件或目录的拥有者或所属群组

【语法】chown [-cfhRv][--dereference][--help][--version][拥有者<所属群组>][文件或目录……]

或者

chown [-chfRv][--dereference][--help][--version][.所属群组][文件或目录……]

【功能介绍】该指令主要用于变更文件或目录的拥有者或所属群组。

【参数说明】

参　数	功　能
-v	显示指令执行过程
-c	与参数“-v”相同，但是只显示更改的部分
-f	不显示错误信息
-h	只对符号链接的文件进行修改，而不修改其他任何相关的文件
-R	进行递归处理，将指定目录下的所有文件及其子目录中的文件一起进行处理
--help	显示帮助信息
--version	显示版本信息
--dereference	与指定参数“-h”的效果相同

【经验技巧】

- 当批量修改同目录下的文件的所有者和组信息时，可以使用参数“-R”。如果被修改文件命名有一定的规则，则可使用通配符。
- 该指令指定的用户名和组信息可以使用用户 ID 与组 ID 来代替。
- 可以使用指令 chown 修改文件与目录的拥有者或所属群组，设置方式采用用户名称或用户识别码，设置群组则用群组名称或群组识别码。

【示例】使用指令 chown 修改文件 testfile 的所有者为 root，则输入下面的命令：

```
$ chown-v root testfile                          #修改文件所有者为 root，“-v”
                                                 参数为显示详细过程
```

为了使读者更加清楚过程，首先通过指令 ls 查看其原属性。该文件的原属性如下所示：

```
$ ls -l testfile                                 #查看原属性
-rw-r--r-- 1 cmdcmd 598 2011-09-04 15:05 testfile  #所有者为 cmd，所属组为 cmd
```

然后，执行指令 chown 修改其所属组，并且再次查看属性。结果如下所示：

```
$ chown -v root testfile                                  #修改属性
changed ownership of 'testfile' to 'root'
$ ls -l testfile                                          #查看修改后的属性
-rw-r-r-- 1 root cmd 598 2011-09-04 15:07 testfile        #文件所有者改为 root
```

17. cut 指令：输出指定长度的文字

【语法】cut [-num1][-num2][filename]

【功能介绍】该指令主要用于输出指定长度的文字。

【参数说明】

参　数	功　能
-num1	输出文字开始的位置
-num2	输出文字结束的位置
filename	文件名或者文件路径

【经验技巧】

该指令主要是显示参数[-num1]和[-num2]之间的内容，而其余位置的内容将被忽略掉。

【示例】使用指令 cut 输出显示文件 testfile 中第 2~6 个字元，则输入下面的命令：

```
$ cut -c2 6 testfile                                      #输出指定宽度的文字
```

在执行上面的命令之前，首先使用指令 cat 查看一下文件的内容。代码如下所示：

```
$ cat testfile                                            #显示内容
Liang wei 25
```

接下来，执行指令 cut 以后，可以看到输出的指定文件。代码如下所示：

```
iang
```

注意：

从上面的输出结果来看，指令 cut 将一个空格字符也是作为一个字元进行处理的。

三、系统管理相关指令

1. ftp 指令：登录 FTP 服务器

【语法】ftp [-dignv][FTP 主机名称或 IP 地址]

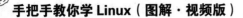

【功能介绍】该指令主要用于远程登录 FTP 服务器。

【参数说明】

参数	功能
-d	详细显示指令执行过程，便于排错或分析程序执行的情形
-i	关闭互动模式，不询问任何问题
-g	关闭本地主机文件名称支持特殊字符的扩充特性
-n	不使用自动登录
-v	显示指令执行的整个过程

【经验技巧】

- 用户直接使用 ftp 指令时，可以在该指令后输入需要连接的 FTP 服务器的主机名或者是 FTP 服务器的 IP 地址。
- 用户也可以使用 ftp 指令进入 FTP 模式下以后，使用指令 open 连接并登录 FTP 服务器。

【示例】使用 ftp 指令登录服务器，则输入下面的命令：

```
$ftp 202.120.111.7                                  #直接使用 ftp 指令登录 FTP 服务器
```

或者进入 FTP 模式下使用 open 指令登录服务器，则输入下面的命令：

```
$ ftp                                               #进入 FTP 模式下
ftp>open202.120.111.7                               #使用 open 指令登录 FTP 服务器
```

2. gzip 指令：GNU 的压缩与解压缩工具

【语法】gzip [-acdfhlLnNqrtvV][-S <压缩字尾字符串>][-<压缩效率>][--best/fast][文件……]

或者

gzip [-acdfhlLnNqrtvV][-S <压缩字尾字符串>][-<压缩效率>][--best/fast][目录]

【功能介绍】该指令主要用于压缩文件。

【参数说明】

参数	功能
-a	使用 ASCII 文字模式
-c	将压缩后的文件输出到标准输出设备上，而不对原始文件进行变动
-d	将压缩文件进行解压
-f	强行压缩文件，而不理会文件名称或硬链接是否存在以及该文件是否为符号链接
-h	显示帮助信息

续表

参　数	功　能
-l	列出压缩文件的相关信息
-L	显示版本与版权信息
-n	压缩文件时，不保存原来的文件名称及其时间戳记
-N	压缩文件时，将保存原来的文件名及其时间戳记
-q	不显示警告信息
-r	进行递归处理，将指定目录下的所有文件及其子目录一并进行处理
-S<压缩字尾字符串>	更改压缩字尾字符串
-t	测试压缩文件是否正确
-v	显示指令的执行过程
-V	显示版本信息
-<压缩效率>	压缩效率是一个介于 1~9 的数值，默认值是 6，指定的数值越大，压缩效率也就越高
--best	该参数的效果与指定参数为 9 的效果相同
--fast	该参数的效果与指定参数为-1 的效果相同

【经验技巧】

- 使用该指令压缩后的文件，其后缀名均为“*.gz”。
- gzip 程序是一个使用非常广泛的压缩程序。

【示例】使用指令 gzip 将文件 demo.txt 以二进制模式进行压缩，则输入下面的命令：

```
$ gzip-a /home/rootlocal/桌面/demo.txt                    #以二进制模式压缩文件
```

上面的命令执行以后，将在桌面上创建一个以“*.gz”为后缀名的压缩文件。

接下来，指令 gzip 还可以获取压缩文件的相关信息。输入命令如下所示：

```
$ gzip-l /home/rootlocal/桌面/demo.txt                    #查看压缩文件相关信息
```

通过上面的命令可以查看压缩文件的信息，包括压缩文件的大小、压缩率、路径等信息。

3．gunzip 指令：解压缩.gz 压缩包

【语法】gunzip [-acfhlLnNqrtvV][-S <压缩字尾字符串>][文件……]

或者

gunzip [-acfhlLnNqrtvV][-S <压缩字尾字符串>][目录]

【功能介绍】该指令主要用于对 gzip 压缩的文件进行解压缩。

【参数说明】

参　数	功　能
-a	使用 ASCII 文字模式
-c	将解压后的文件输出到标准输出设备上
-f	强行解开压缩文件，而不理会文件名称或硬链接是否存在以及该文件是否为符号链接
-h	显示帮助信息
-l	列出压缩文件的相关信息
-L	显示版本与版权信息
-n	解压缩文件时，如果压缩文件中含有原来的文件名及时间戳记，则将其忽略不予处理
-N	解压缩文件时，如果压缩文件中含有原来的文件名及时间戳记，则将其回存到解压的文件上
-q	不显示警告信息
-r	进行递归处理，将指定目录下的所有文件及其子目录一并进行处理
-S<压缩字尾字符串>	更改压缩字尾字符串
-t	测试压缩文件是否正确
-v	显示指令的执行过程
-V	显示版本信息

【经验技巧】

- 指令 gunzip 是一个使用广泛的解压缩程序，主要是对指令 gzip 压缩过的文件进行解压缩。
- 指令 gunzip 是 gzip 的硬链接，因此不论压缩还是解压缩，都可通过指令 gzip 单独完成。

【示例】使用指令 gunzip 对压缩文件 demo.txt.gz 进行解压，可以输入下面的命令：

```
$gunzip -a -N /home/rootlocal/桌面/demo.txt.gz                #对指定的压缩文件进行解压
```

上面的命令执行以后，指令 gunzip 将指定的文件“/home/rootlocal/桌面/demo.txt.gz”解压缩后进行删除。

注意：

解压后的成员文件路径与压缩文件路径是一致的，并且解压后，压缩文件将被删除。

4．date 指令：显示或设置系统时间与日期

【语法】date [参数选项][控制格式]

【功能介绍】该指令主要用于以指定的格式显示或者设置系统时间与日期。

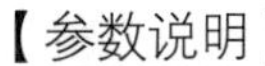

【参数说明】

参　数	功　能
-d<字符串>	显示指定字符串所描述的时间，而不是当前时间
-f<日期文件>	从日期文件中按行读入时间描述
-r<文件>	显示指定文件的最后修改时间
-R	以指定格式输出日期和文件，格式包括 RFC-2822 和 RFC-3339 两种
-s<字符串>	设置指定字符串来分开时间
-u	输出或者设置协调的通用时间
--help	显示帮助信息
--version	显示版本信息

输出控制格式如下所示：

控制格式	功　能
%%	文字符号“%”
%a	缩写的当前星期名（例如，星期日即为日）
%A	星期名的全称
%b	缩写的当前月名称
%B	月名的全称
%c	当前日期和时间
%C	世纪，通常为省略掉当前年份的后两位数字
%d	按月计算的日期（例如，01）
%D	按月计算的日期，与%m/%d/%y 相同
%e	在按月计算的日期中添加空格，等价于%_d
%F	完整的日期格式，与%y-%m-%d 相同
%g	ISO-8601 格式年份的最后两位
%G	ISO-8601 格式的完整年份
%h	与%b 相同
%H	小时数（00~23）
%I	小时（00~12）
%j	按照年计算的日期（001~366）
%k	时（00~23）
%l	时（01~12）
%m	月（01~12）
%M	分钟（00~59）
%n	换行

续表

控制格式	功　能
%N	纳秒
%p	当前时间的上午或者下午，未知时输出为空
%P	与%p 相似，但是输出的是小写字母
%r	当前系统下的 12h 时间
%R	24h 时间的时和分钟，等价于%H:%M
%S	秒
%s	自 1970-01-01 00:00:00 以来所经过的秒数
%t	输出 tab 制表符
%T	输出当前时间
%u	输出星期数
%U	一年中的第几周，以周日为每周第一天
%W	一年中的第几周，以周一为每周第一天
%w	一星期中的第几日（0~6）
%x	当前系统下的日期描述
%X	当前系统下的时间描述
%y	年份的最后两位数字（00~99）
%Y	输出年份

【经验技巧】

- 默认情况下，日期的数字区域全部使用数字 0 进行填充。
- 该指令中，以“%”开头的参数选项表示输出控制标识。

【示例】使用该指令输出当前系统下的日期、时间等相关的信息，则输入下面的命令：

```
[root@192 ~]# date +%x%X%p
06/05/1901:09:37AM
```

上面的命令执行以后，将显示当前系统的日期、时间以及是上午还是下午等信息。

5．exit 指令：退出当前的 Shell

【语法】exit[返回值]

【功能介绍】该指令主要用于退出 Shell，并且返回状态值。

【参数说明】

参　　数	功　　能
[返回值]	设置 Shell 返回值

【经验技巧】

- 如果不设置返回值，则该指令将返回上一条指令的返回值。
- 与该指令相似的指令有 logout 和组合键 Ctrl+D。
- 该指令可以用于 Shell 脚本中，执行后将返回给定值或者上一条指令的返回值给其调用者。

【示例】退出 Shell，则输入下面的命令：

```
$ exit                                                    #退出 Shell
```

上面的命令执行以后，将退出当前所登录的 Shell，并且将上一条指令的返回值作为该指令的返回值进行使用。

注意：

若用户在命令行窗口中输入该指令，则将关闭命令行窗口。

6. finger 指令：查找并显示用户信息

【语法】finger [参数选项]

【功能介绍】该指令主要用于显示指定用户的详细信息。

【参数说明】

参　数	功　能
-s	显示用户的登录名、真实名字等相关信息
-l	以多行格式显示用户信息
-m	用户名区分大小写。默认情况下，该指令不区分大小写
[用户名]	设置要查询信息的用户名

【经验技巧】

该指令可以显示指定用户的在线信息。若用户已经登录系统，则该指令将显示用户的登录终端及其登录时间信息。

【示例】显示当前已登录系统的用户信息，则输入下面的命令：

```
$ finger                                                  #显示信息
```

上面的命令执行以后，将显示所有已经登录系统的用户信息。若需要显示指定用户的信息，则应该输入下面的命令：

```
$ finger user01                                           #显示指定用户的信息
```

7. free 指令：显示内存状态

【语法】free [参数选项]

【功能介绍】该指令主要用于显示当前内存的状态。

【参数说明】

参　数	功　能
-b	以字节为单位显示内存使用情况
-k	以千字节为单位显示当前内存使用情况，该参数为默认
-m	以兆字节为单位显示内存使用情况
-t	显示汇总信息
-s<间隔秒数>	以指定间隔的秒数显示内存使用情况
-o	不显示 buff 部分数据

【经验技巧】

- 在该指令的输出信息中，可以忽略掉 shared 部分的内容，原因是这部分内容已经被废弃了。
- 当该指令不使用参数“-o”时，该指令会输出一列 buff 内容。
- 该指令所输出的内存使用情况来自文件“/proc/meminfo”，在该文件中记录了更为详细的内存使用情况。

【示例】分别以千字节和兆为单位显示当前内存使用情况，则输入下面的命令：

```
$ free                                                              #以千字节显示
$ free -m                                                           #以兆显示
[root@192 ~]# free
              total        used        free      shared  buff/cache   available
Mem:        1014820      142708      471948        7232      400164      678948
Swap:        839676           0      839676
[root@192 ~]#
[root@192 ~]# free -m
              total        used        free      shared  buff/cache   available
Mem:            991         139         461           7         390         663
Swap:           819           0         819
```

上面的命令执行以后，将以不同单位显示当前内存的使用情况。其中，total 表示物理内存总数；used 表示已经使用并分配的内存总数；free 表示空闲的物理内存数目；buff 表示已经分配但还未使用的 buffer 内存；cache 表示已经分配但还未使用的 cache 内存；Swap 表示交换空间的使用情况。

8. id 指令：显示用户的 ID 以及所属群组的 ID

【语法】id [参数选项]

【功能介绍】该指令主要用于显示指定用户及其群组的相关信息。

【参数说明】

参　　数	功　　能
-a	目前忽略，仅仅作为其他版本相兼容而设计的
-Z	仅仅显示当前用户的安全环境
-g	仅仅显示有效的用户组 ID
-G	显示所有组的 ID
-n	显示组名称而不是数字，不与-ugG 一起使用
-r	显示真实的 ID 而不是有效 ID，与-ugG 一起使用
-u	仅仅显示有效用户的 ID
--help	显示帮助信息
--version	显示版本信息

【经验技巧】

该指令如果不设置任何参数选项时，将显示可供识别用户身份的有用信息。

【示例】使用该指令显示当前系统用户的 ID 和组信息，则输入下面的命令：

```
$ id                                                    #显示信息
```

上面的命令执行以后，将显示当前系统下的用户信息。

9．kill 指令：删除执行中的程序或工作进程

【语法】kill [参数选项]

【功能介绍】该指令主要用于管理进程和作业程序，通过对其发送信号以实现相应的管理功能。

【参数说明】

参　　数	功　　能
-l	显示系统所支持的信号
-s	指定向进程发送的信号
[进程或作业标识号]	指定要终止删除的进程或作业标识号

【经验技巧】

- 该指令默认使用信号 15，用于结束进程或者作业程序。若进程或作业程序忽略此信号，则可以使用信号 9，强制终止删除。
- 该指令用于删除指定作业或者进程时，必须在作业标识号前加“%”。

注意：

作业标识号可以通过指令 jobs 获得。

【示例】使用该指令终止删除指定的进程，首先使用参数选项“-l”获取当前系统所支持的信号列表，则输入下面的命令：

```
$ kill -l                                            #获取系统所支持的信号
```

使用指令 jobs 显示作业列表，输入下面的命令：

```
$ jobs                                               #显示作业列表
```

上面的命令执行以后，将显示作业列表。代码如下所示：

```
[1]- Stopped vi
```

如上所示，改作业标识号为 1，现在可以使用指令 kill 将该作业终止，则输入下面的命令：

```
$ kill %1                                            #终止作业 1
```

10. last 指令：列出当前与过去登入系统的用户相关信息

【语法】last [参数选项]

【功能介绍】该指令主要用于显示当前与过去登录系统的用户相关信息。

【参数说明】

参　　数	功　　能
-a	将登录系统的主机名或者 IP 地址显示在最后一行
-d	将 IP 地址转换为主机名
-f<记录文件>	指定记录文件
-n<显示列数>	设置显示列表的列数
-R	不显示登录系统的主机名或者 IP 地址
-x	显示系统关机、重新开机以及执行等级的改变等信息

【经验技巧】

单独执行该指令时，将会读取位于“/var/log”目录下名称为 wtmp 的文件，并把该文件所记录的登录系统的用户信息全部显示出来。

【示例】使用该指令显示全部登录系统的用户信息，则输入下面的命令：

```
[root@192 ~]# last | head
root     pts/0        192.168.0.108    Wed Jun  5 00:52   still logged in
```

```
root    pts/1       192.168.0.106   Tue Jun  4 20:56 - 23:19  (02:22)
root    pts/3       192.168.0.106   Tue Jun  4 20:05 - 22:33  (02:28)
root    pts/0       192.168.0.106   Tue Jun  4 20:03 - 22:33  (02:29)
root    pts/2       192.168.0.106   Tue Jun  4 18:43 - 20:57  (02:13)
root    pts/1       192.168.0.106   Tue Jun  4 18:17 - 20:37  (02:19)
root    pts/0       192.168.0.106   Tue Jun  4 17:22 - 19:32  (02:10)
root    pts/2       192.168.0.106   Tue Jun  4 15:54 - 18:08  (02:14)
root    pts/1       192.168.0.106   Tue Jun  4 14:28 - 16:49  (02:20)
root    pts/0       192.168.0.106   Tue Jun  4 22:26 - 16:49  (-5:-36)
```

上面的命令执行以后，将显示所有的登录用户信息。

11．chkconfig 指令：检查、设置系统的各种服务

【语法】chkconfig [参数选项]

【功能介绍】该指令主要是与红帽系统相兼容的 Linux 发行版中的系统服务管理工具。该指令主要用于查询和更新不同运行等级下的系统服务的启动状态。

【参数说明】

参　　数	功　　能
--list<服务名>	显示不同运行等级下服务的启动状态
--add<服务名>	添加指定的系统服务
--del<服务名>	删除指定的系统服务
--level<运行等级><服务名><启动选项>	设置指定运行等级下的服务在开机时的启动状态。所支持的启动选项有 on、off、reset

【经验技巧】

- 在红帽系统相兼容的 Linux 发行版本中所有的系统服务都是通过系统脚本程序来进行控制。这些脚本程序保存在目录“/etc/init.d”或者“/etc/rc.d/init.d”。
- 安装系统服务时分成两个步骤，第一步将服务控制脚本保存到目录“/etc/init.d”或者“/etc/rc.d/init.d”；第二步是使用该指令的参数选项“--add”完成系统服务的添加。

【示例】使用该指令查询 xinetd 服务的开机启动，则输入下面的命令：

```
$ chkconfig --list xinetd                    #查询开机启动状态
```

执行上面的命令以后，显示信息如下所示：

```
xinetd0:off 1:on 2:off 3:on 4:off
```

如果需要向系统中添加一项服务，则使用参数选项“—add”即可。代码如下所示：

```
$ chkconfig --add news                       #添加系统服务
```

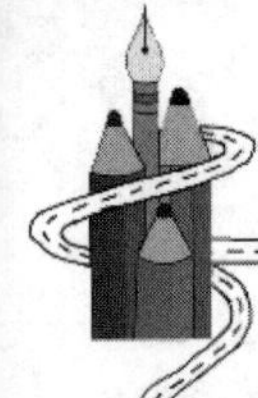

12．chroot 指令：改变根目录

【语法】chroot [参数选项]

【功能介绍】该指令主要用于在指定的根目录下运行指令。

【参数说明】

参　　数	功　　能
--help	显示帮助信息
--version	显示版本信息
[目录]	指定新的根目录
[指令]	指定要执行的指令

【经验技巧】

- 该指令运行时，首先会将根目录切换到指定的目录下，以实现在新的根目录环境下运行指令的效果。
- 使用该指令可以将具有安全隐患的指令封闭在新的根目录环境下，以增强系统安全性。
- 该指令指定的新的根目录下必须具有“/bin”“/sbin”“/etc”等 Linux 操作系统运行所必备的目录和文件。

【示例】使用指令 chroot 将根目录切换至新目录“/newdir/”，则输入下面的命令：

```
$ chroot /newdir/                                        #切换根目录
```

13．export 指令：设置或显示环境变量

【语法】export [参数选项]

【功能介绍】该指令主要用于设置或显示环境变量。

【参数说明】

参　　数	功　　能
-f	将 Shell 函数输出为环境变量
-p	打印 Shell 中已经输出的环境变量
-n	删除指定的环境变量
[变量]	指定要输出或者删除的环境变量

【经验技巧】

该指令如果使用参数选项“-n”可以删除指定的环境变量。

【示例】使用该指令将变量输出为环境变量，首先定义一个变量，输入下面的命令：

```
$ order=abc                                              #定义变量
```

然后再使用指令 export 将新定义的变量输出为环境变量，输入下面的命令：

```
$ export order                                      #输出为环境变量
```

执行成功后，使用指令 export 的选项“-p”将环境变量全部进行输出，输入下面的命令：

```
$ export -p                                         #输出全部的环境变量
```

执行上面的命令后，将输出当前所有的环境变量。

14．lspci 指令：显示 PCI 设备列表

【语法】lspci [参数选项]

【功能介绍】该指令主要用于显示当前主机的所有 PCI 总线信息，以及所有已经连接的 PCI 设备信息。

【参数说明】

参　数	功　能
-n	以数字方式显示 PCI 厂商和设备代码
-t	以树形结构显示 PCI 设备的层次关系，包括所有的总线、设备等
-b	以总线为中心的视图，显示 PCI 上所有的终端号和地址
-d<厂商：设备>	仅仅显示给定厂商和设备的相关信息。其中，厂商和设备都使用十六进制数据表示
-s<总线>:<插槽>.<功能>	仅仅显示指定总线、插槽上的设备或者设备上的功能块信息。“总线”“插槽”以及“功能”都是使用十六进制数据表示，若省略这些数据则表示所有设备（例如，0 表示在 0 号总线上的所有设备；0.3 表示所有总线上 0 号设备的第 3 个功能块；“.4”表示仅仅显示每一个设备上的第 4 个功能块）
-i<文件>	指定 PCI 编号列表文件，而不使用默认的文件“/usr/share/hwdata/pci.ids”
-m	以机器可读的方式显示 PCI 设备信息

【经验技巧】

该指令所显示的硬件信息均来自目录“/proc/bus/pci”下的文件。

【示例】使用指令 lspci 显示 PCI 设备，则输入下面的命令：

```
$ lspci                                             #显示 PCI 设备
```

执行上面的命令以后，将显示当前 PCI 设备的相关信息。

并且用户还可以以树形结构的形式显示以上信息，则输入下面的命令：

```
$ lspci -t                                          #以树形结构显示 PCI 信息
```

执行上面的命令后，将以树形结构的形式显示 PCI 信息。

15. df 指令：报告磁盘空间使用情况

【语法】df [参数选项]

【功能介绍】该指令主要用于显示磁盘分区上可以使用的磁盘空间，默认的单位是 KB。

【参数说明】

参　数	功　能
-a	显示所有文件系统，包括伪文件系统
-B<块大小>	指定显示时的块大小
-h	以容易阅读的方式显示磁盘空间的使用情况
-H	与参数“-h”的效果相似，但是是以 1000 字节为换算单位，而不是默认的 1024 字节
-i	用索引节点信息代替磁盘块信息
-k	指定块大小为 1KB
-l	仅仅列出本地文件系统的磁盘空间使用情况
-no-sync	获取磁盘空间使用情况前不执行磁盘同步操作，该参数为默认选项
-sync	获取磁盘空间使用情况前执行磁盘同步操作
-t<文件系统类型>	仅仅列出指定文件系统类型的磁盘空间使用情况
-T	输出时，打印出文件系统类型
-x<文件系统类型>	不列出指定文件系统类型的磁盘空间使用情况
[文件]	指定文件系统上的文件名

【经验技巧】

如果使用该指令时，不设置参数选项“文件”，则该指令将显示所有磁盘分区的使用情况。如果指定了该参数选项，则仅仅显示指定文件所在分区的磁盘空间使用情况。

【示例】使用指令 df 显示所有磁盘分区的磁盘使用情况，则输入下面的命令：

```
[root@192 ~]# df
Filesystem              1K-blocks    Used Available Use% Mounted on
/dev/mapper/centos-root   6486016 5521996    964020  86% /
devtmpfs                   495468       0    495468   0% /dev
tmpfs                      507408       0    507408   0% /dev/shm
tmpfs                      507408    7232    500176   2% /run
tmpfs                      507408       0    507408   0% /sys/fs/cgroup
/dev/sda1                 1038336  145452    892884  15% /boot
tmpfs                      101484       0    101484   0% /run/user/0
```

执行上面的命令以后，将显示当前磁盘分区的磁盘使用情况。

用户也可以使用该指令获取指定文件所在分区的磁盘空间使用情况，则输入下面的命令：

```
$ df /tmp/                                       #显示指定文件所在分区空间使用情况
```

执行上面的命令以后，将显示用户指定文件所在分区的磁盘空间使用情况。

```
$ df -h -T                                          #定制该指令的输出格式
```

其中，参数选项“-T”表示显示文件系统类型，而参数选项“-h”是使输出信息更容易阅读。

16. cd 指令：切换目录

【语法】cd [参数选项]

【功能介绍】该指令主要用于切换用户的当前工作目录。在默认情况下，单独使用该指令可以切换到用户的宿主目录（该目录是由环境变量 HOME 所定义的）。

【参数说明】

参　数	功　能
-P	如果要切换到的目标目录是一个符号链接，则将直接切换到该符号链接所指向的目标目录。例如，命令 cd /test，若“/test”是指向目录“/root/桌面”的符号链接，则该条命令的实际含义是“cd /root/桌面”
-L	与参数选项“-P”的功能相反，如果要切换到的目标目录是一个符号链接，则将直接切换到该符号链接名所代表的目录，而不是符号链接所指向的目标目录。例如，命令 cd/test 不论符号链接执行哪个目录，都会直接切换到目录“/test”
-	当仅仅只是使用该参数时，表示当前工作目录将被切换到环境变量 OLDPWD 所设置的目录
[目录]	指定要进行切换的目录

【经验技巧】

- 使用该指令时，经常会使用到 Tab 键来利用命令行的自动补齐功能加快参数的输入速度和准确度。
- 在 Linux 操作系统中，每个用户都会有宿主目录，即用户登录后所在的默认目录。当用户切换到其他目录以后，若希望快速返回到宿主目录，则使用命令“cd -”或者“cd $HOME”即可。

【示例】首先使用指令 pwd 查看当前工作目录，则输入下面的命令：

```
$ pwd                                               #查看当前工作目录
```

执行上面的命令后，将显示当前用户所工作的目录。输出信息如下所示：

```
/root
```

然后，将当前工作目录切换到“/var”，则输入下面的命令：

```
$ cd /var                                           #切换工作目录
```

执行成功后，再次使用指令 pwd 查看切换后的工作目录，则输入下面的命令：

```
$ pwd                                               #查看工作目录
```

输出信息如下所示：

```
/var
```

17．du 指令：显示目录或者文件的大小

【语法】du [参数选项]

【功能介绍】该指令主要用于显示目录或者文件的大小。

【参数说明】

参　数	功　能
-a	显示目录中个别文件的大小
-b	显示目录或者文件大小时，以 byte 为单位
-c	除了显示个别目录或文件的大小以外，同时也显示所有目录或者文件的总和
-D	显示指定符号链接的源文件大小
-h	以 KB、MB、GB 为单位，提高信息的可读性
-H	与参数“-h”相似，但是 KB、MB、GB 是以 1000 为换算单位的，并非是以 1024 为换算单位的
-k	以 1024 bytes 为单位
-l	重复计算硬链接的文件
-L<符号链接>	显示选项中所指定符号链接的源文件大小
-m	以 1MB 为单位
-s	仅仅显示总和
-S	显示个别目录的大小时，并不含其子目录的大小
-x	以开始处理时的文件系统为准，若遇到其他不同的文件系统目录则滤掉
-X<文件>	指定文件或者目录
--exclude=<目录或文件>	滤过指定的目录或者文件
--max-depth=<目录层数>	超过指定层数的目录以后，便忽略
--help	显示帮助信息
--version	显示版本信息

【经验技巧】

该指令还会显示指定的目录或文件所占用的磁盘空间使用情况。

【示例】使用指令 du 显示目录和文件的大小，则输入下面的命令：

```
$ du                                        #显示目录和文件的大小
```

上面的命令执行以后，将输出目录和文件的大小。

18. ls 指令：列出目录内容

【语法】ls [参数选项]

【功能介绍】该指令主要用于显示目录内容。

【参数说明】

参　　数	功　　能
-a	显示包含隐藏文件在内的所有文件
-A	显示除了隐藏文件以外的所有文件列表
-C	多列显示输出结果，这是默认选项
-F	在每个输出项后面追加文件的类型标识符。含义如下："*"表示具有可执行权限的普通文件；"/"表示目录；"@"表示符号链接；"|"表示命名管道；"="表示 sockets 套接字。当文件为普通文件时，不会输出任何标识符
-b	将文件名中的不可输出字符以反斜杠"\"加字符编码的方式输出
-c	与参数选项"-lt"一起使用时，将按照文件的状态改变时间排序来输出目录内容。其排序的依据是文件的索引节点中的 ctime 字段。与参数"-l"一起使用时，则排序的依据是文件的状态改变时间
-d	仅仅显示目录名，而不是显示目录下的内容列表。显示符号链接文件本身，而不显示其所指向的目录列表
-f	按照文件在磁盘上的存储顺序来显示列表，对输出内容不进行排序。选项"-f"可以显示隐藏文件。与该参数选项可以一起使用的选项有"-l""--color"和"-s"
-i	显示文件的索引节点，一个索引节点代表一个文件
--file-type	与参数选项"-F"的功能相同，但不会显示"*"
-k	以 KB 为单位显示文件大小
-l	以长格式显示目录下的内容列表。输出的信息从左到右依次包括文件名、文件类型、权限模式、硬链接数、所有者、组、文件大小和最后修改时间等
-m	以水平方式显示文件（每个文件之间使用","和一个空格隔开）
-n	文件所属的用户和组使用用户 ID 和组 ID 来表示。使用该参数选项时，会自动采用长格式输出目录内容列表
-r	以文件名反序排列并输出目录内容列表
-s	以块（1:1024KB）为单位显示文件的大小
-t	安装文件的最后修改时间降序显示目录内容列表，最近修改过的文件则显示在最前面
-L	忽略符号链接本身的信息，而显示符号链接所执行的目标文件信息
-R	递归显示目录下的所有文件列表和子目录列表
--full-time	显示完整的时间日期，而不是使用标准时间的缩写。该指令的时间和日期与指令 date 的默认格式相同
[目录]	指定要显示内容列表的目录，也可以是具体的文件
--color=<值>	使用指定颜色高亮显示不同类型的文件。其值可以是 never、always 和 auto

【经验技巧】

- 该指令是包含在软件包 coreutils 中的。
- 该指令的参数选项“--colors”可以使用该指令输出的内容按照文件类型使用彩色加亮显示。
- 当该指令结合“|”使用时，该指令的输出结果将被送入管道后失去彩色加亮的功能。
- 默认情况下，该指令将只能够显示非隐藏类型的文件，如果要显示隐藏文件，则可以使用参数选项“-a”。

【示例】使用指令 ls 显示目录列表，则输入下面的命令：

```
$ ls                                                        #显示目录列表
```

该指令执行以后，将显示目录列表。

如果要显示隐藏文件，则可以输入下面的命令：

```
$ ls -a                                                     #显示隐藏文件
```

该命令执行以后，将显示隐藏文件。

如果以长格式输出目录列表，则可以输入下面的命令：

```
# ls -l
total 2708
-rwxrwxr--. 2 sshdsshd    190 Jun  4 14:35 1.txt
-rwxrwxr--. 2 sshdsshd    190 Jun  4 14:35 11
-rw-r--rw-. 2 root root 1048576 Apr 10 00:04 1Mfile
-rw-r--rw-. 2 root root 1048576 Apr 10 00:04 1Mfile_hl
-rw-r--r--. 1 root root       0 Mar 13 02:11 2
-rwxr-xr--. 1 root root     190 Jun  5 00:54 2.txt
-rw-r--rw-. 1 root root       0 Mar 13 02:12 3
```

执行上面的命令后，将以长格式输出目录列表。

19. mkdir 指令：建立目录

【语法】mkdir [参数选项]

【功能介绍】该指令主要用于建立目录。

【参数说明】

参　数	功　能
-Z	设置安全上下文，只有当使用 SELinux 时有效
-m<权限>	设置新创建的目录的默认权限。如果不设置该选项，则新创建的目录权限为 rwxrwxrwx 减去 umask 指令所设置的权限
-p	创建指定路径中所缺少的中间目录
--verbose	详细信息模式，会显示创建目录的详细过程

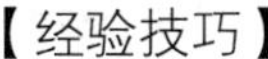
【经验技巧】

- 该指令的参数选项“-p”可以创建目录路径中的所有不存在的目录。
- 该指令可以使用参数选项“-m<权限>”指定新创建的目录的默认权限，从而使新创建的目录权限不受指令 umask 设置的影响。
- 当该指令与适合的 Shell 通配符搭配使用时，可以一次性创建大量的目录。

【示例】使用指令 mkdir 创建新目录，则输入下面的命令：

```
$ mkdir /tmp/test                                    #创建新目录
```

执行上面的命令后，没有任何的输出信息，但是会在指定的位置创建新目录。

20．pwd 指令：显示工作目录

【语法】pwd [参数选项]

【功能介绍】该指令主要用于显示当前用户的工作目录。

【参数说明】

参　　数	功　　能
--help	显示帮助信息
--version	显示版本信息

【经验技巧】

- 在使用 Linux 操作系统进行命令行操作时，经常需要在不同的目录之间进行切换，使用该指令可以快速地显示当前的工作目录。
- 当做系统维护的 Shell 脚本开发时，可以结合该指令和反单引号在脚本中实现特殊的一些操作。

【示例】使用指令 pwd 显示当前工作目录，则输入下面的命令：

```
$ pwd                                                #显示当前工作目录
```

指令执行后，将显示当前工作目录。输出信息如下所示：

```
/root
```

21．umount 指令：卸载文件系统

【语法】umount [参数选项]

【功能介绍】该指令主要用于卸载已经加载的文件系统。

【参数说明】

参　　数	功　　能
-V	显示版本信息
-h	显示帮助信息

续表

参　　数	功　　能
-v	冗长模式，输出指令执行的详细信息
-n	卸载没有写入文件“/etc/mtab”中的文件系统
-r	如果卸载失败，则尝试将文件系统加载为只读模式
-d	如果卸载的设备是回环设备，则释放此设备
-a	卸载文件“/etc/mtab”中所描述的文件系统
-f	强制卸载
[文件系统]	指定要卸载的文件系统

【经验技巧】

如果文件系统正在被用户访问，则该指令无法对其进行卸载操作，即使是使用参数选项“-f”进行强制卸载。

【示例】使用该指令卸载文件系统，输入下面的命令：

```
$ umount /dev/sda2                                    #卸载文件系统
```

注意：

如果指定的文件系统没有挂载，则执行上面的命令将出现错误提示信息。

22. mount 指令：加载文件系统

【语法】mount [参数选项]

【功能介绍】该指令主要用于加载指定的文件系统。

【参数说明】

参　　数	功　　能
-V	显示版本信息
-l	显示已经加载的文件系统列表
-h	显示帮助信息
-v	以冗长模式输出信息
-n	加载没有写入“/etc/mtab”中的文件系统
-r	将文件系统加载为只读模式
-a	加载文件“/etc/mtab”中描述的所有文件系统
[设备文件名]	指定要加载的文件系统所对应的设备文件名
[加载点]	指定加载点目录

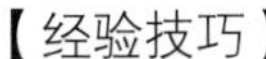

【经验技巧】

该指令加载文件系统的时候，要求加载点目录必须存在并且为空。如果加载点目录不为空，则加载成功后加载点原目录下的文件将不能够被访问，直到文件系统被卸载后才可以被访问。

【示例】使用该指令显示已经加载的文件系统列表，输入下面的命令：

```
$ mount -l                                        #显示已经加载的文件系统列表
```

执行上面的命令后，将显示已经加载的文件系统列表。

23. mkfs 指令：创建文件系统

【语法】mkfs [参数选项]

【功能介绍】该指令主要用于在设备上创建文件系统。

注意：

上面所提到的设备，通常是指在硬盘上。

【参数说明】

参　数	功　能
-V	输出详细信息
-t<文件系统类型>	指定要创建的文件系统类型。默认类型为 ext2
-c	创建文件系统前检查磁盘的坏道
-l<坏道文件>	指定要读取坏道信息的文件
[文件系统]	指定要创建的文件系统所对应的设备文件名
[块数]	指定文件的磁盘块数

【经验技巧】

该指令可以根据参数选项“-t<文件系统类型>”的值选择相应的文件系统进行创建。常见的文件系统选项有 ext2、ext3、msdos 以及 vfat。

【示例】创建文件系统，输入下面的命令：

```
$ mkfs-t ext2 /dev/sda1                           #创建文件系统
```

其中，分区类型为 ext2，而分区“/dev/sda1”是假设已经创建成功的。如果用户的 Linux 操作系统中没有成功创建分区，则会显示错误信息。

24. mke2fs 指令：创建 ext2、ext3 文件系统

【语法】mke2fs [参数选项]

【功能介绍】该指令主要用于在磁盘分区上创建 ext2、ext3 文件系统。

【参数说明】

参　　数	功　　能
-c	创建文件系统之前，进行坏道检查
-E	设置文件系统的扩展选项
-f	指定文件系统的碎片大小
-F	强制执行创建文件系统的操作
-g	指定一个块组中块的数目
-i	指定每个索引节点的字节数
-j	创建 ext3 文件系统
-J	指定 ext3 文件系统的日志属性
-l	从指定的文件中读取磁盘坏道信息
-L	设置文件系统的卷标
-m	指定为超级用户保留的块地百分比
-n	不真正创建文件系统，但是会真正执行其所需的操作
-q	静默模式，该选项通常用在脚本程序中
-r	指定新文件系统的修订号
-S	写超级块和组的描述符
-v	以冗余模式执行
[设备文件]	指定要创建文件系统的分区设备文件名
[块数]	指定要创建文件系统的磁盘块数，该选项可以省略

【经验技巧】

创建文件系统实际上就是对分区进行格式化操作。只有进行过格式化操作的磁盘才能够存储数据。

注意：

在 Linux 操作系统中，格式化分区都被称为“创建文件系统”。

【示例】创建 ext2 文件系统，输入下面的命令：

```
$ mke2fs /dev/sda1                                    #创建 ext2 文件系统
```

注意：

当用户不使用参数选项“-j”时，表示默认创建的文件系统为 ext2。

25．dd 指令：读取转换并输出数据

【语法】dd [参数选项]

【功能介绍】该指令主要用于读取文件数据并转换后输出显示。

【参数说明】

参　数	功　能
if=<输入文件>	从指定的文件中读入信息，如果不指定选项 if，则会从标准输入设备中读取信息
of=<输出文件>	指定输出文件，否则将输出到标准输出设备上
ibs=<字节数>	指定每次读取的字节数，默认值是 512 字节
obs=<字节数>	指定每次写入的字节数，默认值是 512 字节
bs=<字节数>	设置每次读写的字节数，使用该选项将覆盖选项 ibs 和 obs
cbs=<字节数>	为块转换和非块转换指定转换的字节数
skip=<块数>	在复制之前将忽略输入文件的最开始所指定的块数内容，块大小由选项 ibs 指定
seek=<块数>	在复制之前将跳过输出文件的前面的指定块数内容，块大小由选项 ibs 指定
count=<块数>	只复制输入文件的前面所指定块数的内容，块大小由选项 ibs 指定
conv=<关键字>	将文件按照指定关键字的方式进行转换，支持的转换方式包括： ① ascii：将 ebcdic 码转换成 ascii 码。 ② ebcdic：将 ascii 码转换成 ebcdic 码。 ③ block：每一行输入信息，不论其长度，输出的都是选项 cbs 所指定的字节数，并且其中的换行使用空格进行替换。如果有必要，将在行尾填充空格。 ④ unlock：使用“换行”替换每个输入块末尾的空格。 ⑤ lcase：将大写字母转换成小写字母。 ⑥ ucase：将小写字母转换成大写字母。 ⑦ swab：交换每对输入字节。如果读入的字节数是奇数，则最后一个字节只是简单地复制到输出流中。 ⑧ noerror：当读取信息出现错误时，将仍然继续执行。 ⑨ sync：使用 0 填充每个输入块的末尾，使其大小为选项 ibs 所指定的值

【经验技巧】

- 该指令可以在复制文件的同时对文件内容进行转换或者格式化处理。
- 使用该指令可以制作软盘或者光盘的映像文件。制作光盘映像文件的指令格式是 dd if=/dev/cdrom /path/cdrom.iso；制作软盘映像文件的指令格式是 dd if=/dev/fd0/path/floppy。

26．fdisk 指令：磁盘分区

【语法】fdisk [参数选项]

【功能介绍】该指令主要用于磁盘的分区操作，并且可以操纵硬盘分区表，以便完成对硬盘分区进

行管理的各种操作。

【参数说明】

参　数	功　能
-l	显示所有磁盘的分区列表
-b<扇区大小>	指定磁盘的扇区大小，可用的值为 512、1024 以及 2048
-C<柱面数>	指定磁盘的柱面数
-H<磁头数>	指定磁盘的磁头数
-S	指定磁盘中每个磁道的扇区数
-u	列出分区表时，使用扇区大小代替柱面
-s<分区>	打印指定分区的大小，即磁盘块数
[设备文件]	指定要进行分区的磁盘设备文件

【经验技巧】

- 该指令并不支持 GUID 分区表，若使用 GPT 分区请使用指令 parted。
- 使用该指令进行硬盘分区时，需要借助该指令的内部命令完成分区的所有操作。
- 使用该指令进行硬盘分区时，在执行命令 w 之前并不会真正地修改硬盘分区表。

【示例】使用该指令显示硬盘分区列表，则输入下面的命令：

```
[root@192 ~]#fdisk  -l

Disk /dev/sda: 8589 MB, 8589934592 bytes, 16777216 sectors
Units = sectors of 1 * 512 = 512 bytes
Sector size (logical/physical): 512 bytes / 512 bytes
I/O size (minimum/optimal): 512 bytes / 512 bytes
Disk label type: dos
Disk identifier: 0x000b29ab

   Device Boot      Start         End      Blocks   Id  System
/dev/sda1   *        2048     2099199     1048576   83  Linux
/dev/sda2         2099200    16777215     7339008   8e  Linux LVM

Disk /dev/sdc: 1147 MB, 1147273216 bytes, 2240768 sectors
Units = sectors of 1 * 512 = 512 bytes
Sector size (logical/physical): 512 bytes / 512 bytes
I/O size (minimum/optimal): 512 bytes / 512 bytes
```

执行上面的命令以后，将显示当前硬盘的详细分区列表信息。

27. fsck 指令：检查文件系统并尝试修复错误

【语法】fsck [参数选项]

【功能介绍】该指令主要用于检查文件系统并尝试修复错误。

【参数说明】

参　　数	功　　能
-a	自动修复文件系统，而不会询问任何问题
-A	按照"/etc/fstab"配置文件中的内容，检查文件内所列出的全部文件系统
-N	不执行指令，仅仅列出实际执行的操作
-P	与参数"-A"一起使用时，会同时检查所有的文件系统
-r	采用互动模式，执行修复时将询问问题
-R	与参数"-A"一起使用时，将会跳过目录"/"的文件系统而不进行检查
-s	依次执行检查作业，而不是同时进行
-t<文件系统类型>	指定要检查的文件系统类型
-T	指定该指令时，不会显示标题信息
-V	显示指令的执行过程

【经验技巧】

当文件系统发生错误时，可以使用该指令去尝试修复出现错误的文件系统。

【示例】使用该指令自动修复受损的文件系统，则输入下面的命令：

```
$ fsck-a                                    #自动修复受损的文件系统
```

28. wget 指令：从指定 URL 地址下载文件

【语法】wget [参数选项]

【功能介绍】该指令主要用于从指定 URL 地址下载文件。该指令所支持的协议包括 HTTP 协议、HTTPS 协议和 FTP 协议。该指令将以非交互式的方式进行运行，可以使用该指令来完成对网站的镜像操作。

【参数说明】

参　　数	功　　能
-a<日志文件>	在指定的日志文件中记录资料的执行过程
-A<后缀名>	指定要下载文件的后缀名，多个后缀名之间可以使用逗号进行分隔
-b	以后台方式运行指令 wget
-B<链接地址>	设置参考的链接地址和基地址
-c	继续执行上次中断的任务
-C<标志>	设置服务器数据块取功能的标志 on 为激活状态，off 为关闭。默认值为 on
-d	以调试模式来运行指令

续表

参　　数	功　　能
-D<域名列表>	指定域名列表，域名之间使用“,”进行分隔
-e<指令>	作为文件“.wgetrc”中的一部分来执行指定的指令
-F	当输入从一个文件中读取时，将输入的文件强制认为是“.html”格式
-h	显示帮助信息
-i<文件>	从指定文件获取要下载的 URL 地址
-I<目录列表>	指定目录列表，多个目录之间使用“,”进行分隔
-L	仅仅顺着关联的链接
-r	递归下载方式
-R<文件类型列表>	设置忽略下载的文件类型，多个文件类型之间使用“,”进行分隔
-nc	文件存在时，下载的文件不会覆盖原有的文件
-nd	所有的文件包都下载到当前目录下，如果文件名有重复，则会依次加上数字后缀名
-nv	下载时只显示更新和出错信息，而不显示指令的详细执行过程
-q	不显示指令的执行过程
-nh	不查询主机名称
-v	显示指令的详细执行过程
-V	显示指令的版本信息
--passive-ftp	使用被动模式 PASV 来连接 FTP 服务器
--follow-ftp	从 HTML 文件中下载 FTP 链接的文件
[URL]	下载指定的 URL 地址

【经验技巧】

对该指令的选项进行适当的组合可以实现对整个网站的全部内容进行镜像。

【示例】使用该指令下载一个网页，则输入下面的命令：

```
$wgetwww.sina.com.cn                                      #下载 sina 主页
```

如果用户需要下载指定主页及其下面的 3 层网页，则可以使用下面的命令来实现：

```
$ wget -r -l 3 www.google.com                             #下载 3 层网页
```

29．iptables 指令：内核包过滤与 NAT 管理工具

【语法】iptables [参数选项]

【功能介绍】该指令是 Linux 操作系统中在用户空间运行的用来配置内核防火墙的工具。该指令主要用于设置、维护和检查 Linux 内核中的 IPv4 包过滤规则和管理网络地址的转换（NAT）。

注意：

若用户想掌握 Linux 下的防火墙，就必须理解该指令中的“表”“链”和“规则”的关系，并且掌握规则链内的规则定义。

【参数说明】

参　　数	功　　能
-t<表>	指定要操作的表，其支持 filter、nat 或 mangle
-A	向规则链中追加条目
-D	从规则链中删除条目
-I	向规则链中插入条目
-R	替换规则链中的相应条目
-L	显示规则链中的已有条目
-F	清除规则链中现有的条目，而不改变规则链的默认目标策略
-Z	清空规则链中的数据包计数器和字节计数器
-N	创建新的用户自定义规则链
-P	定义规则链中的默认目标
-h	显示帮助信息
-p<协议>	指定要匹配的数据包的协议类型。支持 TCP、UDP、ICMP 和 ALL4 种选项。其中 ALL 表示所有的协议。用户如果在协议前加上“!”则表示否定
-s<源地址>	指定要匹配的数据包的源 IP 地址。源地址可以是分配给主机的单个 IP 地址，也可以是基于子网掩码的 IP 网络
-j<目标>	指定要跳转的目标、支持的内置目标和自定义链
-i<网络接口>	指定数据包进入本机的网络接口。只能够在 INPUT 链、FORWARD 链和 PREROUTING 链中进行使用。如果在网络接口前加上“!”，则表示否定
-o<网络接口>	指定数据包离开本机所使用的网络接口。只能够在 INPUT 链、FORWARD 链和 PREROUTING 链中进行使用。如果在网络接口前加上“!”，则表示否定
-c<数据包计数><字节计数>	在执行插入操作、追加操作以及替换操作时初始化数据包计数器和字节计数器

【经验技巧】

- 该指令仅仅是用户空间的 Linux 内核防火墙管理工具，真正的功能实现是由 Linux 内核模块所实现的。在配置服务器策略前必须加载相应的内核模块。
- 该指令只支持 IPv4，如果使用的 IP 协议是 IPv6，则需要使用专门的管理工具 ip6tables。
- NAT 称为网络地址翻译或者网络地址转换，通常应用在 IP 地址紧缺或者需要提高主机安全性的场合。使内部主机的所有数据包被伪装成网关的 IP 地址发送出去。

【示例】使用该指令显示 iptables 规则，则输入下面的命令：

```
[root@192 ~]# iptables -L -n
Chain INPUT (policy ACCEPT)
target     prot opt source               destination
ACCEPT     all  --  0.0.0.0/0            0.0.0.0/0           state RELATED,ESTABLISHED
ACCEPT     icmp--  0.0.0.0/0             0.0.0.0/0
ACCEPT     all  --  0.0.0.0/0            0.0.0.0/0
ACCEPT     tcp  --  0.0.0.0/0            0.0.0.0/0           state NEW tcp dpt:22

Chain FORWARD (policy ACCEPT)
target     prot opt source               destination
REJECT     all  --  0.0.0.0/0            0.0.0.0/0           reject-with
icmp-host-prohibited

Chain OUTPUT (policy ACCEPT)
target     prot opt source               destination
```

成功执行上面的命令以后，将输出相应的信息

该指令在默认情况下，所操作的表是 filter。若用户需要显示表 NAT 中的内容，则必须使用选项“-t nat”，则输入下面的命令：

```
$ iptables -L -t nat                                    #显示内核中当前的NAT表
```

30. ip 指令：显示或操作路由、网络设备

【语法】ip [参数选项]

【功能介绍】该指令主要用于显示或者操作 Linux 主机上的路由设备、网络设备以及策略路由等，是 Linux 操作系统下较新的具有强大功能的网络配置工具。

【参数说明】

参　数	功　能
-V	显示版本信息
-s	显示该指令的详细执行过程
-f<协议类型>	强制使用指定的协议，支持的协议如下所示： ① inet：使用 IPv4 协议簇。 ② inet6：使用 IPv6 协议簇。 ③ link：特殊的协议类型，表示不涉及网络协议。 ④ ipx：使用 ipx 协议簇。 如果用户不指定所使用的协议簇，则默认使用 inet 或者 any

续表

参　数	功　能
-4	指定使用的网络层协议是 IPv4，与指定“-f inet”的功能相同
-6	指定使用的网络层协议是 IPv6
-0	特殊的协议类型，表示不涉及网络协议
-o	输出信息，每条记录仅仅显示一行，即使内容很多也不会换行显示
-r	显示主机时，不使用 IP 地址，而使用主机域名
[网络对象]	指定要进行管理的网络对象，如下所示： ① link：管理系统中的网络设备。 ② addr：管理系统中设备的协议类型。 ③ route：管理 Linux 内核中的路由表。 ④ rule：管理 Linux 内核中的策略路由表。 ⑤ neigh：管理系统中的 ARP 或者 NDISO 缓存表。 ⑥ tunnel：管理 IP 隧道。 ⑦ maddr：管理系统中的多播地址。 ⑧ mroute：管理多播路由缓存表
help	显示帮助信息
[具体操作]	对指定的网络对象进行的具体操作。一般情况下，每一个具体操作命令后面都有一组相关的命令选项。按照操作的网络对象给出其支持的常见操作命令： ① link 支持的命令有 set、show。 ② addr 支持的命令有 add、del、flush、show。 ③ route 支持的命令有 list、flush、get、add、del、change、append、replace。 ④ rule 支持的命令有 list、add、del、flush。 ⑤ neigh 支持的命令有 add、del、change、replace、show、flush。 ⑥ tunnel 支持的命令有 add、change、del、show。 ⑦ maddr 支持的命令有 add、del。 ⑧ mroute 支持的命令有 show

【经验技巧】

- 该指令可以显示和配置几乎所有的网络参数，用户在使用该指令时必须指定相应的网络对象及其相应的操作命令。
- 用户可以使用该指令的选项 help 获取相应网络对象的帮助信息。例如，获取网络对象 link 的帮助信息，则使用命令 ip link help 即可。

【示例】使用该指令显示当前网络设备的运行状态，则输入下面的命令：

```
[root@192 ~]#ip a
1: lo: <LOOPBACK,UP,LOWER_UP>mtu 65536 qdiscnoqueue state UNKNOWN group default qlen
1000
```

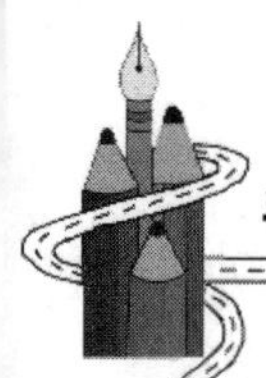


```
    link/loopback 00:00:00:00:00:00brd 00:00:00:00:00:00
inet 127.0.0.1/8 scope host lo
valid_lft forever preferred_lft forever
    inet6 ::1/128 scope host
valid_lft forever preferred_lft forever
2: enp0s3: <BROADCAST,MULTICAST,UP,LOWER_UP>mtu 1500 qdiscpfifo_fast state UP group
default qlen 1000
    link/ether 08:00:27:a0:97:ce brdff:ff:ff:ff:ff:ff
inet 192.168.0.142/24 brd 192.168.0.255 scope global noprefixroute dynamic enp0s3
valid_lft 5264sec preferred_lft 5264sec
    inet6 fe80::71df:caeb:89f3:8371/64 scope link noprefixroute
valid_lft forever preferred_lft forever
3: virbr0: <NO-CARRIER,BROADCAST,MULTICAST,UP>mtu 1500 qdiscnoqueue state DOWN
group default qlen 1000
    link/ether 52:54:00:d7:63:1f brdff:ff:ff:ff:ff:ff
inet 192.168.122.1/24 brd 192.168.122.255 scope global virbr0
valid_lft forever preferred_lft forever
4: virbr0-nic: <BROADCAST,MULTICAST>mtu 1500 qdiscpfifo_fast master virbr0 state
DOWN group default qlen 1000
    link/ether 52:54:00:d7:63:1f brdff:ff:ff:ff:ff:ff
```

31. telnet 指令：远程登录

【语法】telnet [参数选项]

【功能介绍】该指令主要用于远程登录主机，并且对远程主机进行相应的管理。该指令所使用的协议为 TELNET 协议。

【参数说明】

参　数	功　能
-K	不会自动登录到远程主机
-S<IP 服务类型>	指定 IP 服务类型（TOS）的选项。其服务类型可以是 TOS 所代表的十进制数字或者十六进制数字（是以 0x 开头的数字）或者是八进制数字（以 0 开头的数字）。IP 服务类型还可以是一个在文件“/etc/iptos”中出现的符号表示
-a	尝试自动登录
-c	不会读取用户文件“.telnetrc”
-d	将 debug 标志的值设置为 true
-l<用户>	指定用户连接远程主机时的用户名
-n<trace 文件>	打开指定的追踪文件，主要用于记录追踪信息
-x	打开数据流的加密功能。当用户激活该功能时，如果认证无法协商或者无法打开，该指令将会退出

续表

参　　数	功　　能
-F	使用 Kerberos V5 认证时，把本地主机的认证数据上传到远程主机
-k<域名>	使用 Kerberos V5 认证时，会使远程主机采用指定的域名
[远程主机]	指定要登录并进行管理的远程主机
[端口]	指定 TELNET 协议使用的端口号。默认值为 23

【经验技巧】

- 该指令是使用 TCP 协议。TELNET 服务器默认的端口号是 TCP 协议的 23 号端口。
- 用户如果在 telnet 指令的命令行中没有指定远程主机，则该指令会进入自身的提示符下。在这种情况下，用户需要使用该指令的内部命令 open 打开与远程主机的连接功能。
- 默认情况下，为了提高 Linux 操作系统的安全性，该指令不允许直接使用 root 用户登录远程主机，必须是先以普通用户的身份登录远程主机。然后，再使用指令 su 切换到 root 身份即可。

【示例】telnet 命令在实际工作中，一般只用来测试端口的连通性。

```
[root@192 ~]# telnet 127.0.0.1 22
Trying 127.0.0.1...
Connected to 127.0.0.1.
Escape character is '^]'.
SSH-2.0-OpenSSH_7.4

Protocol mismatch.
Connection closed by foreign host.
```

32. ifconfig 指令：显示或设置网络设备

【语法】ifconfig [参数选项]

【功能介绍】该指令主要用于配置和显示 Linux 内核中的网络接口的网络参数。

注意：

该指令执行后将会立即生效。

【参数说明】

参　　数	功　　能
[网络接口]	指定要设置或者显示的网络接口
[IP 地址]	设置网络接口的 IP 地址

续表

参　数	功　能
配置指令	对网络接口执行的配置指令如下。 ① up：激活指定的网络接口。 ② down：关闭指定的网络接口。 ③ mtu：设置网络接口的最大传输单元。 ④ dstaddr：设置点到点连接的远程 IP 地址。 ⑤ netmask：设置网络掩码。 ⑥ add：为网络接口添加 IPv6 地址。 ⑦ del：删除网络接口 IPv6 地址。 ⑧ irq：指定网络接口的中断号。 ⑨ io_addr：设置网络接口的 I/O 地址。 ⑩ media：设置物理端口或者媒体的类型。 ⑪ broadcast：设置广播地址。 ⑫ hw：设置网络接口的物理地址。 ⑬ multicast：设置网络接口的多播地址

【经验技巧】

- 该指令所做的修改只能够反映到当前的 Linux 内核中，而重新启动系统后，这些配置数据将丢失。用户将这些配置数据写入相应的配置文件，就能够使配置文件在重新启动后自动生效。
- 若希望为同一个网络接口配置多个 IP 地址，则将该指令的参数“网络接口”使用类似 eth0:0 的格式即可。

【示例】使用该指令配置网络接口的 IP 地址。首先使用该指令设置网络接口 eth0 的 IP 地址，则输入下面的命令：

```
$ ifconfig eth0 192.168.1.1                    #设置指定网络接口的 IP 地址
```

注意：

在上面的命令中将会指定 IP 地址而没有指定子网掩码，则使用默认的子网掩码。

用户可以使用该指令显示指定网络接口的配置信息，则输入下面的命令：

```
$ ifconfig eth0                                #显示指定网络接口的配置信息
```

执行上面的命令以后，将输出配置信息。

33．netstat 指令：显示网络状态

【语法】netstat [参数选项]

【功能介绍】该指令主要用于显示当前系统的网络状态。

【参数说明】

参　数	功　能
-a	显示所有连接状态
-A<网络类型>	列出指定网络类型的连接地址
-c	实时显示网络状态
-C	显示路由器配置的快取信息
-e	显示网络中的其他相关信息
-F	显示 FIB
-g	显示多重广播功能群组的组员名单
-h	显示帮助信息
-i	显示网络界面信息表单
-l	显示监控中的服务器套接字
-M	显示伪装的网络连接
-n	直接使用 IP 地址，而不通过域名服务器
-N	显示网络硬件外围设备的符号连接名称
-o	显示计时器
-p	显示正在使用套接字的程序识别码和程序名称
-r	显示 Routing Table
-s	显示网络工作信息统计表
-t	显示 TCP 传输协议的连接状况
-u	显示 UDP 传输协议的连接状况
-v	显示指令的详细执行过程
-V	显示版本信息
-w	显示 RAW 传输协议的连接状况
-x	其效果与指定“-A unix”的效果相同
--ip	其效果与指定“-A inet”的效果相同

【经验技巧】

该指令可以使系统管理员或者网络管理员熟练掌握整个 Linux 操作系统的网络情况。

【示例】使用该指令显示当前系统的所有连接状态信息，则输入下面的命令：

```
$ netstat -an                                    #显示系统中的连接状态信息
```

执行上面的命令以后，将显示当前系统中的所有连接状态信息。

以下是非常常用的查看网络监听的状态信息。

```
[root@192 ~]# netstat -tnlp
Active Internet connections (only servers)
Proto Recv-Q Send-Q Local Address      Foreign Address    State    PID/Program name
tcp      0      0 0.0.0.0:111          0.0.0.0:*          LISTEN     1/systemd
tcp      0      0 192.168.122.1:53     0.0.0.0:*          LISTEN     3753/dnsmasq
tcp      0      0 0.0.0.0:22           0.0.0.0:*          LISTEN     3483/sshd
tcp      0      0 127.0.0.1:631        0.0.0.0:*          LISTEN     3481/cupsd
tcp6     0      0 :::111               :::*               LISTEN     1/systemd
tcp6     0      0 ::1:631              :::*               LISTEN     3481/cupsd
```

34．ping 指令：检测主机

【语法】ping [参数选项]

【功能介绍】该指令主要用于检测主机之间的网络是否连通。该指令主要使用 Internet 控制消息协议。当该指令发出 ICMP Request 报文到指定的目标主机，目标主机接收到该报文后给出 ICMP Request 回应信息。如果发送端获取到该回应信息，则表示两台主机间的网络连通；否则表示两台主机间的网络没有连通。

【参数说明】

参　数	功　能
-c<次数>	指定发送报文的次数。否则，该指令将一直发送报文
-f	设置在源主机没有收到应答信息或者超时时间没有到达时，将立即发送下一条报文。只允许 root 用户使用该选项
-i<间隔时间>	指定该指令发送报文的间隔时间
-I<网络接口>	当主机含有多个网络接口时，可以指定发送报文的网络接口
-n	不查询主机名，直接显示其 IP 地址
-q	只显示指令开始信息和结束时的统计信息。忽略其运行过程中的信息
-r	不查询本机的路由表而直接将数据包发送到网络上
-R	显示报文警告的路由器信息
-s<数据包大小>	设置发送报文的大小
-t<生存期>	设置发送数据包的生存期即 TTL 时间值
[目的主机]	指定目标主机 IP 地址或者主机名

【经验技巧】

- 该指令将会显示一个时间作为衡量网络延迟的参数，用以判断源主机与目标主机之间的网络速度。

- 该指令所显示的 TTL 值是目标机器的默认 TTL 减去经过的路由器后所得到的值。
- 该指令会自动调用域名解析器将指定的域名转换为对应的 IP 地址。

【示例】使用该指令测试网络是否连通，则输入下面的命令：

```
$ ping -c 3 127.0.0.1                              #测试网络是否连通
```

注意：

其中，IP 地址 127.0.0.1 表示本机的回环 IP 地址。在没有网络连接的情况下，网络程序员或者网络管理员都可以使用该 IP 地址来作为测试之用。

上面的命令执行以后，将向主机发送 3 次报文。